成本管理（下冊）

—— 決策、規劃與控制

Cost Management II

原著／Maryanne M. Mowen
Don R. Hansen
譯者／吳惠琳

序言

第二版的「成本管理」仍然著重探討當代企業組織的成本管理機制。過去二十年間企業經營環境的劇烈變化，仍然不斷地深深影響成本會計與成本管理的理論與實務。舉凡企業逐漸強調提供認定價值給消費者、全面品質管理、將時間視爲競爭要素、資訊與製造技術的大幅革新、市場的全球化趨勢、服務業的快速成長以及生命管理等等，莫不反映出企業經營環境的變遷。這些變革其實都是因應企業創造與維持競爭優勢的需求而生。對於許多企業而言，傳統的成本管理資訊系統不再能夠提供用以創造與維持競爭優勢所需要的資訊。因此，身處當代環境的企業需要更爲精密複雜的資訊，方能擬訂出迅速、正確的決策。基本上，當代成本管理制度較傳統成本管理制度更爲詳盡確實；不容諱言地，施行當代成本管理制度的成本勢必高出許多。當代成本管理制度的存在意味著，其所帶來的好處顯然遠遠超過成本。相反地，食古不化的企業如一味地固守傳統的成本管理制度，將可能爲了節省有限的成本而錯失可觀的利得。

傳統與當代成本管理制度並存的現象同樣暗示著，企業必須深入研究瞭解兩種制度的優缺得失。換言之，筆者在構思成本管理一書的內容時，便決定採用能夠提供便捷的、符合邏輯的架構之系統方法。系統方法有助於讀者清楚地分辨出傳統與當代成本管理制度之異同，更容易抓住全書的重點。有系統地研讀方法同樣有助於避免人工的「整合」這兩種制度。眞正的整合應該是研擬出共同的術語——幫助讀者定義每一種制度，進而探討兩種制度的異同的共同語言。接下來，筆者再以個別的章節來解說傳統與當代的成本方法與控制方法。筆者相信如此將可避免讀者的混淆，進而眞正瞭解當代與傳統方法之間的差異。此外，讀者亦可視需要反覆地深入研讀當代方法或傳統方法。儘管如此，筆者並未統一採用介紹決策的章節之型式。本書當中介紹決策的章節能夠幫助讀者瞭解資訊的改變對於決策的影響。例如，當企業決定放棄傳統的單位基礎成本管理制度，而改採更豐富的作業基礎成本管理制度時，對於自製或外購決策究竟有何影響？

讀者群

本書係專爲大學程度的學生所撰寫。書中分別針對傳統與當代的成本管理、會計制度、控制等課題進行探討，相當適合一個學期或兩個學期的課程。此外，本書亦可做爲研究所的選用教材。

主要特色

本書共有幾項獨特的特點——有助於簡化教學，循序漸進地介紹讀者認識現今企業經營大環境。筆者撰寫本書的目標之一是減少教師所必須花費的時間與資源，但是同樣能夠達到讓學生們瞭解與熟悉當代成本管理的相關課題。爲了方便教師與學生對於本書的創新教學方法有一清楚的認知，謹此詳述本書的每一項主要特色。

系統化架構

本書採用系統化的架構組織。第一章至第三章旨在介紹成本管理資訊系統的相關基本概念與工具。第四章至第九章則以產品成本制度爲討論重點。第二篇的內容即爲成本管理資訊系統的第一項重要目標:提供計算服務、產品與其它管理階層所關心的標的之成本所需的資訊。第二篇又可細分爲傳統成本方法與當代成本方法。提供決策所需資訊也是成本管理資訊系統的另一重要目標。第十章至第十五章的內容則以傳統決策方法與當代決策方法爲主題。至於成本管理資訊系統的第三項重要目標則在於規劃與控制。第十六章至第二十二章正是探討規劃與控制的議題。本篇內容同樣可以細分爲傳統的規劃與控制方法以及當代的規劃與控制方法。

當代議題

本書著重於深入且整合的成本管理之當代議題。然而，整合並不僅僅意味著在介紹傳統成本管理之餘，再增加幾頁的篇幅來點綴如此而已。整合成本管理的當代議題代表著本書提供了有系統的架構來介紹傳統與當代議題，並且找出能夠連結兩種制度與方法的共同術語。整合成本管理的當代議題同樣意味著筆者認同傳統方法與當代方法之間的差異，進而必須分別予以研究和剖析。以下說明了當代議題的性質與內容。

歷史觀點

第一章扼要說明了成本會計的歷史發展。從歷史的角度觀之，讀者方能瞭解爲什麼曾經興盛多時的傳統成本管理制度不再適用某些環境。第一章同樣也說明了促使成本管理實務改變的因素。此外，第一章也針對管理會計人員的角色轉變，提出說明，並強調何以發展跨職能的專業知識是身處當代企業經營環境的關鍵因素。筆者深深感覺本書第一章的內容頗具新意，而且遠比一般教科書籍的開場白來得豐富紮實。第一章可謂本書的菁華所在。

提供認定價值給顧客

落實價值鍊的觀念，能夠提供認定價值給顧客。「價值鍊」的觀念首先出現在第一章，爾後在第二章當中則有更詳盡的定義與說明。第九章更針對價值鍊分析，進行了完整的探討。價值鍊分析係指經理人必須瞭解與善用內部與外部關連，以創造長期的競爭優勢。文章當中並且舉例說明了如何進行價值鍊分析。這些釋例清楚地說明了如何靈活運用價值鍊的概念——這是其它教科書籍所沒有的特色。因此，筆者認爲這些結合實務的例子正是本書的一大特色。

會計制度與成本管理制度

第二章針對會計資訊系統與其次要系統提出了明確的定義。書中並明確地分辨財務會計制度與成本管理資訊系統（此一作法具有許多不同的用意）。成本管理資訊系統又可細分爲成本會計資訊系統與作業控制系統。第二章並針對傳統成本管理制度與當代成本管理制度提出明確的定義與釋例解說。第二章並提出了企業選擇當代成本管理制度，而非傳統成本管理制度的考量因素。

第二章也介紹了三種成本分配方法：直接追蹤、動因追蹤、與分攤。作業、資源、和成本動因也都有明確的定義。一旦建立一般成本分配模式之後，便可用以幫助學生們瞭解傳統成本管理制度與當代成本管理制度之間的差異。書中並且清楚地解說不同的成本管理制度對於組織結構之影響。

作業制成本方法與作業制管理制度

本書討論了許多作業制成本制度的用途與應用。

作業制產品成本模式首先出現於第二章，到了第八章則有詳細的說明。第八章並且提出作業制成本法相較於單位基礎成本法的優點。此外，第八章也說明了如何認定與分類作業，以便找出同質成本群。除了作業屬性與作業存貨的定義之外，第八章也說明了如何利用資源動因，將成本分配至各項作業。筆者相信，本書對於作業制成本制度的說明遠遠勝過其它任何教科書籍。

爲了充份瞭解作業制成本制度的運作，學生們也必須瞭解用以支撐此一制度所需要的資料。因此，筆者便定義並舉例說明了作業制關連性資料庫。學生們得以藉此瞭解作業制成本制度的實際意義，堪稱本書的另一項主要特色。

作業成本會隨著作業產出的改變而改變。第二章首先定義了變動、固定、以及混合作業成本習性。第三章則接續著介紹分解固定作業成本與變動作業成本的方法。本書對於成本習性分析的解說遠比其它教科書籍來得淺顯易懂。傳統作法通常強調成本是產量的函數。筆者則揚棄這種作法，而認爲成本是會隨著生產作業而改變的作業產出之函數。

第三章除了定義與探討作業資源使用模式之外，並且利用作業資源使用模式來定義作業成本習性。作業資源使用模式在許多當代的理論架構與實務應用上扮演著相當重要的角色。作業資源使用模式可以應用於價值鍊分析（第九章）、戰略性決策與相關成本分析（第十一章）以及作業制責任會計制度（第二十章）。廣泛地應用作業資源使用模式則是本書的另一項主要特色。

及時效果

第九章、第十三章與第二十章分別針對及時製造制度、及時採購制度及其成本管理實務提出定義，並且進行討論。書中並比較了及時制度與傳統製造實務的異同。舉凡及時制度對於成本可追蹤性、存貨管理、產品成本方法、責任會計制度等等，本書均有深入的剖析。

生命週期成本管理

第九章定義並比較了三種不同的生命週期觀點：生產生命週期、行銷生命週期與消費生命週期。書中並且說明如何利用這些概念來進行策略規劃與分析。後續的章節則解說如何將生命週期的概念應用於定價與獲利分析（第十四章與第十五章）。最後，本書並在當代責任會計制度的章節裡（第二十章）探討生命週期預算制度。這些生命週期的釋例內容既深且廣，有助於學生們瞭解其從未被發覺的成效與意涵。

責任會計制度與製程價值分析

新的責任會計制度強調製程的控制與管理，亦即透過製程價值分析的機制來控制與管理製程。第二十章當中則有製程價值分析的明確定義與詳盡討論。爲了幫助讀者確實瞭解製程價值分析，書中列舉了爲數可觀的實例。此外，本書亦說明了附加價值成本報告與不具附加價值成本報告。

第二十章比較了傳統責任會計制度與當代責任會計制度的異同，幫助學生瞭解這兩種制度方法之間的主要概念差異。第二十章同樣也顯示傳統方法用於控制新製造環境的限制。

品質成本：衡量與控制

一般教材通常只是簡略地說明品質成本的定義，並且一筆帶過品質成本報告的格式與內容。本書第二十一章除了討論品質成本績效報告之外，也說明了品質作業的附加價值內涵。最後，筆者還介紹了當今許多企業奉爲圭臬的ISO 9000的認證制度。

生產力：衡量與控制

新的製造環境必須搭配新的績效衡量方法。生產力便是其中之一，然而大多數的成本會計與管理會計教科書卻未針對此一課題進行深入的探討。本書第二十二章則是完整地探討生產力的相關議題，其中包括了如何衡量作業生產力與製程生產力等前所未見的全新內容。

策略性成本管理

第八章詳盡地介紹了策略性成本管理的內容。瞭解策略性成本分析是新的製造會計制度成功的重要關鍵。筆者相信本書的介紹與說明是目前市面上一般教科書籍所不及的一大特色。

限制理論

第十三章完整地介紹了限制理論(TOC)。第十三章利用線性規劃的架構來說明限制理論。線性規劃架構不僅能夠清楚地闡釋限制理論的精義，更有助於學生們瞭解線性規劃的價值。

服務業

本書並未忽略服務業在現今經濟體制當中的重要程度，因此也利用相當的篇幅來說明成本管理制度下分配服務成本的原則與規定。本書除了彰顯服務業的環境和製造業的環境同樣複雜的事實之外，也逐一介紹了服務業的諸多特點。這些特點使得實務上不得不針對成本管理會計原則進行修正。許多章節都談到了服務業的相關議題，像是產品成本方法、定價方法以及品質與生產力衡量制度等等。

專業倫理道德

強烈的專業倫理道德是每一位會計人員必須具備的個人特質。筆者相信學生們對於企業的倫理道德議題會感到相當興趣，因此特別點出許多可能發生倫理道德衝突的情形。第一章提及倫理道德的角色，並轉載管理會計協會所訂定的倫理道德標準。爲了強化專業倫理道德的觀念，每一章結尾的個案研究裡面都會出現一題倫理道德的相關議題。舉例來說，重點爲定價方法與收入分析的第十四章便要求學生們去調查周圍的人們對於定價的公平正義與倫理道德標準的觀感。介紹國際情勢的第十九章則更進一步地探討了不同倫理道德制度之間的兩難局面。

行爲課題

倫理道德行爲只是人類受到成本管理制度影響的種種行爲當中的其中一項。用以規劃、控制與做決策的成本管理制度會影響人們的行爲表現。本書便在許多地方適時地提出行爲決策理論的觀點。舉例來說，第十五章便介紹了簡單的期望理論來探討經理人對於利潤與損失的態度。第十六章也不忘以專門的篇幅來討論預算的行爲面影響。筆者相信將會計問題與行爲問題整合分析有助於學生們更透徹地瞭解會計人員的時代角色。

實例說明

筆者自教授成本會計與管理會計的經驗中瞭解到，學生們比較能夠接受和瞭解以實例來闡述會計觀念的教學方式。眞實世界的例子能使抽象的會計觀念變得具體，更爲枯燥的學術理論增添許多趣味和生氣。此外，眞實的例子往往也比較富有變化與樂趣。有鑑於此，本書的每一個章節都引用許多眞實的釋例。

先進的教學方法

筆者將本書定位爲幫助學生們學習成本會計與成本管理概念的工具書籍。有別於一般教科書籍的地方是本書的可讀性極高。筆者除了努力豐富各章的內容之外，亦不忘引用例子和眞實世界的情形來解說抽象的理論。本書特有的「學生適用」(student-friendly)之特色分述如下。

全書當中總共設計了兩篇圖片論文，生動地解說成本管理的概念。第一篇圖片論文是接續在第七章的結尾，主要是闡述採用傳統方法的企業所持有的成本觀念。第二篇圖片論文則是在第十五章結尾處，內容則在於闡述採用當代方法的企業所持有的成本觀念。這兩篇圖片論文的主要目的其實在於佐證兩種方法對於身處現代經濟體制的企業都各有其一定的影響。

所有的章節（第一章除外）至少都有一道課後練習的題目與解答。這些問題係專爲每一章的重點內容所設計的計算題目，旨在加強學生們對於章節內容的瞭解與印象，以便進行其它的練習與研究工作。

所有的章節末尾都有整合性的問題與討論。這個部份強調的是開發學生們的溝通技巧。本書針對每一章節的學習重點，都設計了相關的問題與練習。在文章當中，不時在左邊的註解欄裡穿插了學習目標與章節重點。個案研究的題目是由淺而深，逐漸加重題目的困難度。此外，每一章的個案研究至少都會包括一道倫理道德的題目。

本書的創新作法之一是以路跑自行車公司爲例，將學習過的成本會計與成本管理課題不斷地加入個案研究的題目當中。讀者可以靈活應用學習過的觀念，利用 Excel 或 Lotus 1-2-3 等套裝軟體來設法解決路跑公司所面臨的種種問題。

每一章末尾的個案研究當中，如遇有必須利用 Lotus 與 Excel 套裝軟體來解答的題目，都會以下列符號予以標註。筆者設計這些題目的用意在於督促學生們善用電腦工具來解答成本會計問題。

本書最後並備有字彙簡索。每一章的末尾同樣也列出了各章的重要字彙，並標示出這些字彙出現的頁數。

筆者儘可能地利用精簡的圖表來取代冗長的文字說明。在筆者多年的教學經驗中，許多學生必須「看到」圖表才能夠眞正瞭解抽象的理論與學說，因此筆者針對許多關鍵的概念精心設計了許多圖表，以期提升讀者的吸收程度。可想而知，筆者當然也引用了相當多的數據實例。

在每四篇的末尾，筆者另外設計了一個綜合研究個案，方便講師們整合前面章節所介紹過的觀念。每一個綜合研究個案同樣也包含了練習題目，講師可以視需要挑選其中任何一道題目來做重點複習與講解。

鳴謝

本書能夠順利付梓，應當感謝許多熱心人士的鼎力協助。填答問卷的受訪者與討論小組成員也爲本書建立了紮實的理論架構。所有審閱者所提出的見解與觀感更是豐富本書內容的一大活水源頭。筆者謹此致上最深謝意。

Adnan M. Abdeen
California State University-Los Angeles

Al Chen
North California State University

Philip G. Cottell Jr.
Miami University

Steven A. Fisher
California State University-Los Angeles

Robert Giacoletti
Eastern Kentucky University

Donald W. Gribbon
Southern Illinois University at Carbondale

Mahendra Gupta
Washington University

Robert Hansen
Western Kentucky University

Jon R. Heler
Auburn University at Montgomery

Jay S. Holmen
University of Wisconsin-Eau Claire

David E. Keys
Northern Illinois University

Leslie Kren
University of Wisconsin, Milwaukee

Joseph Lambert
University of New Orleans

Douglas Poe
University of Kentucky

Anthony Presutti
Miami University

Roderick B. Posey
University of Southern Mississippi

Jack M. Ruhl
Louisiana State University

John H. Salter
University of Central Florida

Douglas Sharp
Wichita State University

Dan Swenson
University of Wisconsin-Oshkosh

Les Turner
Northern Kentucky University

Catherine A. Usoff
Bentley College

Philip Vorherr
University of Dayton

Timothy D. West
Iowa State University

另外筆者也要特別感謝負責校閱本書與解答手冊內容的愛荷華州立大學的Marvin Bouillon。經由他的仔細校閱，全書的品質才得以提升。

我們同樣感謝Marvin Bouillon能夠鼎力協助修正Open Road, Inc.的補充教材。Marvin Bouillon的努力使得本書的系統架構更爲加完備紮實，有助於讀者以全新的角度來瞭解成本管理資訊系統如何能夠輔助管理決策的擬訂、規劃與控制。

對於許許多多在奧克拉荷馬州立大學就讀，並曾針對「成本管理：會計與控制」一書提出建議的學生們，筆者在此一併致上謝意。這些優秀的學生們其實就是本書的眞正讀者群。這些受訪的學生們不僅具有良好的常識，而且幽默感十足，更爲本書增添了清楚明瞭、豐富生動的閱讀樂趣。

筆者更欲藉此機會向管理會計師協會表達最深的謝意。管理會計師協會非常熱心慷慨地同意筆者引用管理會計師資格考試的題目，以及管理會計人員的倫理道德標準。我們同樣感謝美國執業會計師協會，同意筆者引用執業會計師資格考試的部份題目。

最後，筆者特此感謝SouthWestern College Publishing專案小組全體成員的參與和貢獻。專案組長Mary Draper始終是筆者背後的有力推手。沒有Draper女士的組織能力與優秀創意，本書將可能停留於雜亂無章的文字階段。開發編輯Mignon Worman則是本書能夠如期付梓的幕後功臣。生產編輯Peggy Williams，Litten Editing and Production的Malvine Litten負責將原稿改編成爲適合二十一世紀的現代化教材。封面與內頁設計師Joe Devine以及圖片編輯Jennifer Mayhall讓抽象的會計概念轉換爲新穎的圖表、章節導讀和圖片輔助說明等生動有趣的型式。另外，Mark Hubble、Steve Hazelwood、Dave Shaut和Elizabeth Bowers等好友一路的支持與協助則讓筆者銘記在心。

Don R. Hansen
Maryanne M. Mowen

作者簡介

本書作者 Don R. Hansen 博士任教於美國奧克拉荷馬州立大學的會計系。Hansen 教授除了具有楊百翰大學的數學系學士學位之外，並於一九七七年自美國亞歷桑納大學取得博士學位。Hansen 教授主要專精於生產力衡量制度、作業制成本方法以及數學模式等領域的研究。Hansen 教授發表過許多關於會計和工程的著作與文章，並曾刊載於 The Accounting Review、The Journal of Management Accounting Research、Accounting Horizons 以及 IIE transactions 等知名刊物上。另外，Hansen 教授也曾擔任 The Accounting Review 的編輯，而且目前也是 Journal of Accounting Education 的聯合編輯。此外，Hansen 教授也非常愛好打籃球、觀賞運動節目以及研讀西班牙文與葡萄牙語。

本書的另一位作者 Maryanne M. Mowen 博士則是美國奧克拉荷馬州立大學的會計系副教授。Mowen 副教授是於一九七九年取得亞歷桑納州立大學的博士學位。Mowen 博士以科際整合的方式從事成本與管理會計的教學工作。值得一提的是，Mowen 博士還擁有歷史與經濟學的雙學士學位。此外，Mowen 博士在行爲決策理論的研究上也頗有建樹。Mowen 博士訪談過許多知名企業，其中包括了 IBM、Clarke Industries、Phelps Dodge、Energy Education、Arizona State Department of Education。Mowen 博士除了認眞教學以外，對於高爾夫球、旅遊和猜字遊戲也都十分熱衷。

目錄

成本管理（下冊）

決策、規劃與控制

當代控制制度

第三篇

決策：傳統與當代決策方法

第十章
成本－數量－利潤分析

學習目標

研讀完本章內容之後，各位應當能夠：

一. 判定達到損益兩平點或預定利潤的銷貨數量。

二. 判定達到損益兩平點或預定利潤的銷貨收入。

三. 將成本－數量－利潤分析應用於多重產品的環境中。

四. 編製利潤－數量圖與成本－數量－利潤圖，並解說這些圖表的意涵。

五. 解說風險、不確定性以及更改變數對於成本－數量－利潤分析之影響。

六. 探討作業制成本法對於成本－數量－利潤分析之影響。

成本－數量－利潤分析（簡稱爲CVP分析）是企業規劃與決策的有力工具。由於CVP分析強調成本、銷貨數量與價格之間的交互關係，因此必須全盤整合考量企業的各種財務資訊。CVP分析可以做爲瞭解企業所面臨的經濟問題之工具，有助於找出可行且必要的解決方案。舉例來說，一九九O年通用汽車購併了紳寶汽車 (Saab)，試圖拯救後者的財務危機。在購併後四年期間，通用汽車資遣了半數的原有員工，損益兩平點也由130,000輛汽車降爲80,000輛汽車。CVP分析的效用不僅限於此，尚包括：達到損益兩平點的銷售量、固定成本的降低對於損益兩平點的影響以及提高售價對於利潤的影響等。此外，CVP分析亦能協助經理人進行靈敏度分析，檢視不同的價格或成本水準對於利潤的影響。

本章重點在於介紹CVP分析的內容與術語，然而讀者的目標不應侷限於此。各位應當瞭解，CVP分析實乃整合了財務規劃與決策行爲，每一位會計人員與經理人均應確實瞭解CVP分析的概念與意涵。

銷貨數量的損益兩平點

學習目標一

求出達到損益兩平點或預定利潤的銷售量。

企業關注銷售量改變的時候對於收入、費用與利潤的影響，自然而然會優先想要瞭解銷貨數量的損益兩平點。常用於找出銷貨數量損益兩平點的兩種方法爲營業收益法與貢獻邊際法。此處將先討論這兩種方法如何求出**損益兩平點** (Break-even Point)（即利潤爲零的點），然後再說明如何利用這兩種方法來求出達到預定利潤的銷貨數量。

企業採行CVP分析的銷貨數量方法的時候，必須先能提出銷貨單位的定義。就製造業而言，答案非常明顯。以從事民生消費用品聞名的寶鹼公司 (Procter & Gamble) 可能會將銷貨單位定義爲一塊象牙皂。然而服務業卻很難定義出明確的銷貨單位。本章首頁介紹的西南航空公司可能會將銷貨單位定義爲每一位乘客飛行一英哩的距離或是一趟單趟的飛行任務。而設於美國佛羅里達州與加勒比海，專門提供美國海軍所需的航海、工業、與一般用具的傑克森公司 (Jacksonville Naval Supply Center) 則將「生產性銷貨單位」定義爲與遞送服務相關的作業。如此一來，難度較高的服務則會分配到較多的生產性銷貨單位，難度較低的服務則分配到較少的生產性銷貨單位，有助於服務內容的標準化。

繼之，企業必須能夠區分固定成本與變動成本。CVP分析著重影響利潤的因素。進行銷售量的CVP分析時，吾人必須找出成本當中固定與變動的部份，以及與銷貨單位相關的收入。（當我們整合作業制成本法與CVP分析的時候，則可忽略此一假設。）吾人必須謹記，企業是一個整體的概念。換言之，我們所談論的成本囊括了整體企業的所有成本：製造、行銷、與管理。當我們提及變動成本的時候，係指與銷貨單位相關的所有成本，包括了直接物料、直接人工、變動費用、變動銷貨與管理等成本。同樣地，固定成本也包括了固定費用、固定銷貨與管理等支出。

營業收益法 (Operating-Income Approach)

營業收益法強調利用損益表做爲區分固定成本與變動成本的有利工具。損益表可以藉由文字表達成爲：

營業收益 = 銷貨收入 － 變動費用 － 固定費用

值得注意的是，公式當中的**營業收益** (Operating Income) 係指稅前的收入或利潤。營業收益僅僅包括企業正常營業狀態下的收入與支出。至於營業收益扣除收益稅之後的淨額則稱爲**淨收入** (Net Income)。

一旦決定銷貨單位之後，便能以銷貨數量與銷貨金額來表達營業收益的公式。其中，銷貨收入等於銷貨單價乘上銷貨數量而求得，並將單位變動成本乘上銷貨數量而求得總變動成本。換言之，營業收益表亦可表達成爲：

營業收益 =（售價×銷貨數量）－
（單位變動成本×銷貨數量）－ 總固定成本

假設我們想要瞭解欲達損益兩平點的銷貨數量，則可令營業收益爲零，然後代入公式求出必須的銷貨數量。

茲舉例說明如何求算損益兩平點的銷貨數量。假設惠德公司生產家用除草機，公司的會計長針對下一年度提出了預估的損益表如下：

銷貨（1,000 單位，單價爲 $400）	$400,000
減項：變動費用	(325,000)
貢獻邊際	$ 75,000
減項：固定費用	(45,000)
營業收益	$ 30,000

就惠德公司而言，單位售價是 $400，單位變動成本則爲 $325（$325,000/1,000 單位）。固定成本爲 $45,000。在損益達到平衡時，營業收益公式應爲：

0 = ($400 × 銷貨數量) − ($325 × 銷貨數量) − $45,000

0 = ($75 × 銷貨數量) − $45,000

$75 × 銷貨數量 = $45,000

銷貨數量 = 600

換言之，惠德公司必須賣出 600 單位的除草機，方能涵蓋所有的固定與變動費用。檢視此一結果的最佳方法就是根據此一數據編製一份損益表。

銷貨（600 單位，單價爲 $400）	$240,000
減項：變動費用	(195,000)
貢獻邊際	$ 45,000
減項：固定費用	(45,000)
營業收益	$ 0

結果證實，惠德公司賣出 600 單位的除草機時，利潤確實爲零。

營業收益法的主要優點是可以從變動成本法損益表內導出所有的 CVP 公式。換言之，吾人可以利用營業收益法來解決所有 CVP 問題。

貢獻邊際法 (Contribution-Margin Approach)

貢獻邊際法與營業收益法稍有不同。實務上，我們認爲達到損益兩平點的時候，總貢獻邊際等於固定費用。所謂**貢獻邊際** (Contribution margin) 係指銷貨收入減去總變動成本後之餘額。如果我們將單位貢獻邊際替換成損益表上的售價減去單位變動成本的數據，則可導出下列損益公式：

銷貨數量 = 固定成本／單位貢獻邊際

再以前文當中的惠德公司爲例，我們可以從兩方面來求算單位貢獻邊際。首先，將總貢獻邊際除以銷貨數量，結果得到單位貢獻邊際爲 \$75 (\$75,000/1,000)。其次，將售價減去單位變動成本，結果得到單位貢獻邊際亦爲 \$75 (\$400-\$325)。現在，我們再利用貢獻邊際來計算損益兩平點的銷貨數量。

銷貨數量 = \$45,000 / (\$400 - \$325)
= \$45,000 / \$75 單位
= 600 單位

可想而知，此處的答案必定和營業收益法的答案完全相同。

利潤目標 (Profit Targets)

損益兩平點雖然可以做爲有利的分析資訊，然而絕大多數的企業都不會滿足於營業收益維持在零的狀態。CVP 分析能夠輔助我們瞭解如欲達到特定的目標收入，則必須賣出多少單位數量的產品。目標營業收益可以銷售金額 (例如 \$20,000) 或以銷貨收入的百分比〔例如銷貨收入的百分之十五 (15%)〕表示。實務上可以修正營業收益法與貢獻邊際法來求取目標收入。

以銷售金額表示的目標收入

假設前文當中的惠德公司希望賺取 \$60,000 的營業收益，那麼必須賣出多少台的除草機才能夠達到此一結果？利用營業收益法，我們可以求出下列結果：

\$ 60,000 = (\$400 × 銷貨數量) - (\$325 × 銷貨數量) -\$45,000
\$105,000 = \$75 銷貨數量

銷貨數量 = 1,400

利用貢獻邊際法，我們只需將 \$60的目標利潤加上固定成本之後，就可以求出銷貨數量。

銷貨數量 = (\$45,000 + \$60,000) / (\$400 - \$325)

銷貨數量 = \$105,000 / \$75

銷貨數量 = 1,400

惠德公司必須賣出1,400台的除草機，才能夠賺到 \$60,000的稅前利潤。下面的損益表恰可驗證此一結果：

銷貨（1,400單位，單價為 \$400）	\$560,000
減項：變動費用	(455,000)
貢獻邊際	\$105,000
減項：固定費用	(45,000)
營業收益	\$ 60,000

另一項檢視銷貨數量的方法則可利用損益兩平點來驗證。誠如前述，惠德公司必須賣出1,400台的除草機——或者比損益兩平點的600台更多出800台的數量——才能夠賺取 \$60,000的利潤。每一台除草機的貢獻邊際為 \$75。將 \$75乘上比損益兩平點多出的800台，則可獲得 \$60,000 (\$75 × 800) 的利潤。此一結果顯示超過損益兩平點的數量，其單位貢獻邊際完全相同。由於損益兩平點為已知的數據，因此我們可以將單位貢獻邊際除以目標利潤，將得出的結果加上損益兩平點的數量之後，即可求出惠德公司如欲賺取 \$60,000的利潤所必須達到的銷貨數量。

一般而言，假設固定成本不變，則銷貨數量的改變對於企業獲利的影響可由單位貢獻邊際乘上銷貨數量的差異之後的數據得知。舉例來說，假設惠德公司賣出1,500台除草機，而非1,400台，則會增加多少利潤？銷貨數量增加了100台，且單位貢獻邊際為 \$75，亦即利潤會增加 \$7,500 (\$75 × 100)。

以銷貨收入的百分比表示的目標收入

假設惠德公司希望瞭解爲了達到銷貨收入的百分之十五 (15%) 的利潤，所必須賣出的除草機台數。銷貨收入等於售價乘上銷貨數量，且目標營業收益爲售價乘上銷貨數量之乘積的百分之十五 (15%)，因此我們可以導出下列結果：

.15($400)銷貨數量 = ($400 × 銷貨數量) - ($325 × 銷貨數量) - $45,000
$60 × 銷貨數量 = ($400 × 銷貨數量) - ($325 × 銷貨數量) - $45,000
$15 × 銷貨數量 = $45,000
銷貨數量 = 3,000

當銷貨數量爲 3,000 台的時候，惠德公司的利潤是否眞的等於百分之十五 (15%) 的銷貨收入？當銷貨數量爲 3,000 台的時候，總收入爲 $1,200,000 ($4003,000)。當銷貨數量超過損益兩平點的時候，單位貢獻邊際即爲單位利潤。已知損益兩平點爲 600 台除草機。如果惠德公司賣出 3,000 台除草機，則銷貨數量比損益兩平點多出 2,400 (3,000 - 600) 台，稅前利潤爲 $180,000 ($752,400)，亦即爲銷貨收入的百分之十五 ($180,000 / $1,200,000)。

稅後利潤目標 (After-Tax Profit Targets)

當我們在計算損益兩平點之際，因爲收入爲零時，收益稅也爲零，因此並未將收益稅納入考量。然而當企業想要瞭解必須賣出多少單位的產品方能達到特定的淨收入時，勢必需要考慮更多的因素。請各位回想一下，淨收入係指營業收益扣除收益稅之後的餘額，而前文當中的目標收入均爲稅前的數據。如果要以淨收入來表示目標收入，則必須加上收益稅之後才是眞正的營業收益。換言之，無論採取營業收益法或貢獻邊際法，均應將稅後目標利潤轉換成稅前目標利潤。

一般而言，稅賦係以收入的百分比來表示。營業收益（或稅前利潤）扣除收益稅之後，即爲稅後利潤。

淨收入 = 營業收益－收益稅
= 營業收益－（稅率營業收益）
= 營業收益（1－ 稅率）
營業收益 = 淨收入 / （1－稅率）

於是，如欲將稅後利潤轉換成稅前利潤，僅需將稅後利潤除以（1－稅率）即可求出。

假設惠德公司想要賺取 $48,750 的淨收入，且適用的稅率為百分之三十五 (35%)。則將稅後目標利潤轉換成稅前目標利潤的步驟應為：

$48,750 = 營業收益 - 0.35（營業收益）
$48,750 = 0.65（營業收益）
$75,000 = 營業收益

換言之，當稅率為百分之三十五 (35%) 的時候，惠德公司必須賺到 $75,000 的稅前收入，才能夠得到 $48,750 的稅後利潤。如此一來，我們亦可求出欲達此一稅後利潤所應賣出的單位數量。

銷貨數量 = ($45,000 + $75,000) / $75
銷貨數量 = $120,000 / $75
銷貨數量 = 1,600

接下來，我們根據 1,600 個的銷貨數量來編製損益表，檢視此一結果的眞僞。

銷貨（1,600 單位，單價為 $400）	$640,000
減項：變動費用	(520,000)
貢獻邊際	$120,000
減項：固定費用	(45,000)
稅前利潤	$ 75,000
減項：收益稅（稅率為 35%）	(26,250)
稅後利潤	$ 48,750

銷貨金額的損益兩平點

學習目標二

求出達到損益兩平點或預定利潤的銷貨收入。

在採用CVP分析的某些情況下，經理人可能會偏好採用銷貨收入——而非銷貨數量——來衡量銷貨情況。實務上可以將售價乘上銷貨數量之後，轉換成爲銷貨收入的衡量指標。舉例來說，已知惠德公司的損益兩平點爲600台除草機，每一台除草機的售價爲$400，則損益兩平點的銷貨收入爲$240,000 ($400 × 600)。實務上可以直接將銷貨數量乘上單價之後，求出銷貨收入。但是我們亦可導出銷貨收入的專用公式。銷貨收入的公式必須以金額——不再是單位數量——來表示。此處謹以變動成本爲例，說明如何以銷售金額來表示。

爲了計算損益兩平點的銷貨收入金額，我們將變動成本定義爲銷貨收入的百分比，而非每單位的售價金額。**圖** 10-1說明了如何將銷貨收入分割爲變動成本與貢獻邊際。在**圖** 10-1當中，售價是$10，變動成本是$6，則剩餘的$4 ($10 - $6) 當然就是貢獻邊際。當銷貨數量爲10單位的時候，總變動成本爲$60 ($6 × 10銷售單位)。此外，由於每賣出一單位的收入爲$10，因此我們可以說每賺取$10的收入，就會發生$6的變動成本，或者我們也可以說每賺取$1的收入當中有百分之六十 (60%) 屬於變動成本。於是，當營業收益爲$100

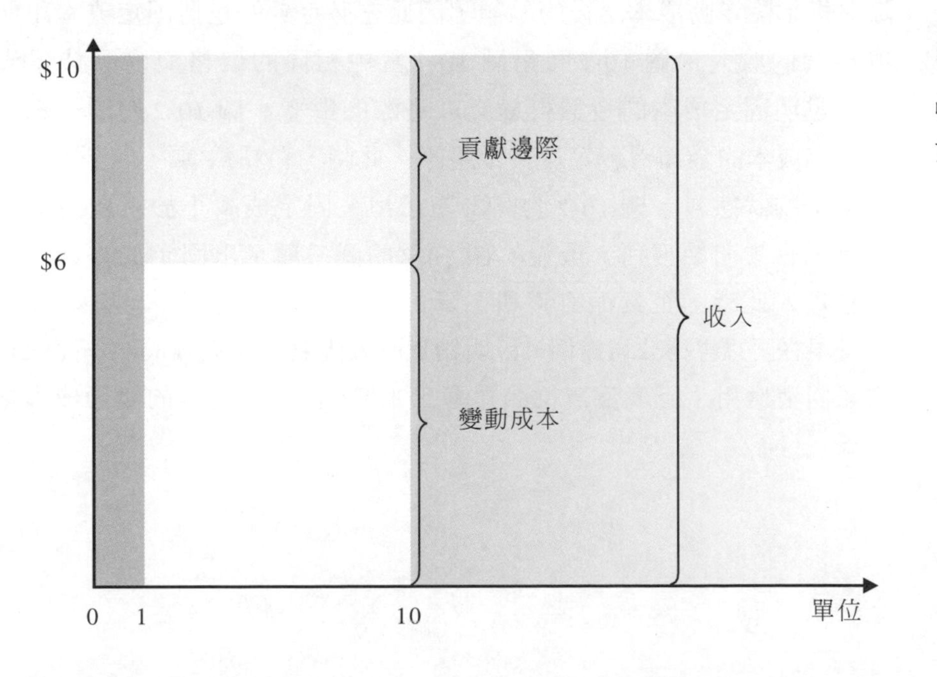

圖 10-1

收入等於變動成本外加貢獻邊際

的時候，我們可以預期會有 $60 (0.60$100) 的變動成本。

以銷售金額表示變動成本時，我們必須求出**變動成本比率** (Variable Cost Ratio)。變動成本比率係指銷售取得的每 1 塊錢中所應包含變動成本的比率。我們可以利用總數或單位數量來求出變動成本比率。可想而知，扣除變動成本之後的收入比例即為貢獻邊際比率。**貢獻邊際比率** (Contribution Margin Ratio) 係指銷售取得的每 1 塊錢中所應包括固定成本與利潤的比率。在**圖** 10-1 當中，如果變動成本比率為銷貨收入的百分之六十 (60%)，則貢獻邊際比率即為剩餘的百分之四十 (40%)。我們可以推斷，銷貨收入扣除變動成本比率之後，即為貢獻邊際比率。畢竟扣除掉變動成本之後的銷貨收入當然就會屬於貢獻邊際。

由於我們可以利用總數或單位數量來求算變動成本比率，因此我們也可以利用同樣的兩種方式來求算貢獻邊際比率〔**圖** 10-1 當中的百分之四十 (40%)〕。亦即，我們可以將總貢獻邊際除以總銷貨收入 ($40 / $100)，或者可以將單位貢獻邊際除以單價 ($4 / $10)。當然如果在變動成本已知的情況下，只需將 1 減去變動成本比率之後即可求得貢獻邊際比率 (1 - 0.60 = 0.40)。

各位或許會問，那麼我們應該如何處理固定成本呢？由於貢獻邊際係指扣除變動成本之後的餘額，因此它必定是能包括固定成本和促成利潤的收入。**圖** 10-2 利用**圖** 10-1 當中相同的價格與變動成本資料，說明固定成本的金額對於貢獻邊際的影響。**圖** 10-2 的圖一顯示出固定成本的金額恰會等於貢獻邊際。此時，利潤為零（企業處於損益兩平的狀態）。**圖** 10-2 的圖二顯示出，固定成本小於貢獻邊際。此時，企業開始獲利。最後，**圖** 10-2 的圖三顯示出固定成本大於貢獻邊際。此時，企業面臨獲利下降的問題。

現在再以惠德公司為例，說明**銷貨收入法** (Sales-Revenue Approach) 的意涵與應用。下表為惠德公司賣出 1,000 台除草機時的變動成本損益表。

	金額	銷貨收入百分比
銷貨收入	$400,000	100.00
減項：變動成本	325,000	81.25
貢獻邊際	$ 75,000	18.75
減項：固定成本	45,000	
營業收益	$ 30,000	

圖一：固定成本 = 貢獻邊際；利潤 = 0

固定成本

貢獻邊際

收入

總變動成本

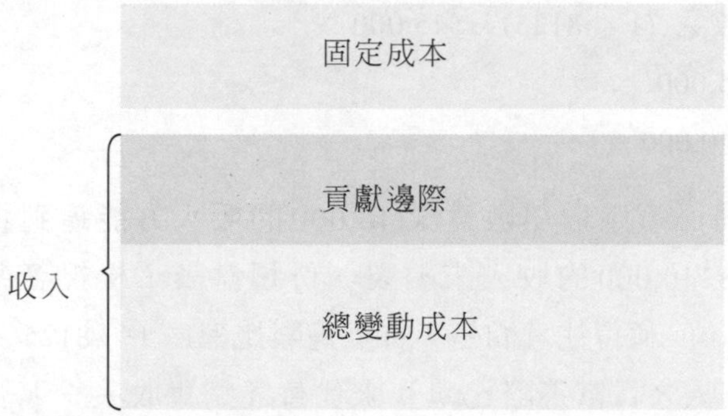

圖二：固定成本 < 貢獻邊際；利潤 > 0

固定成本　利潤

貢獻邊際

收入

總變動成本

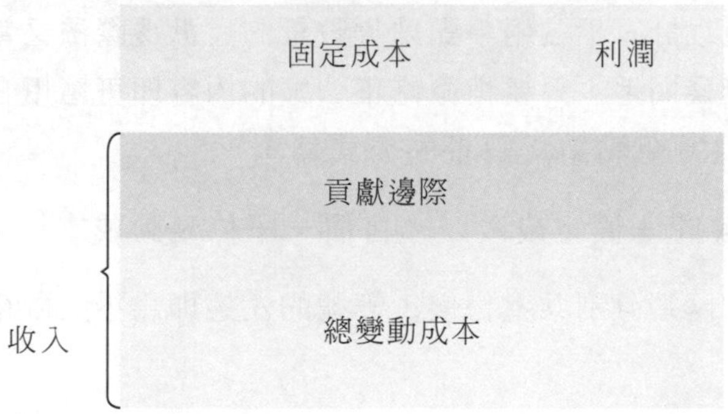

圖三：固定成本 > 貢獻邊際；利潤 < 0

固定成本　虧損

貢獻邊際

總變動成本

收入

圖 10-2
固定成本對於利潤之影響

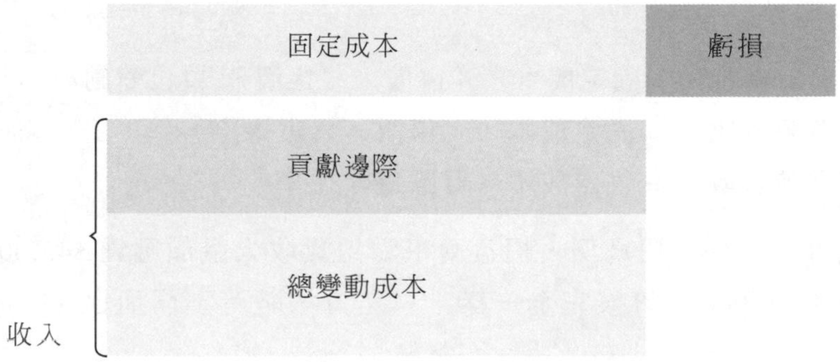

值得注意的是，此處的銷貨收入、變動成本與貢獻邊際均以銷貨收入的百分比表示。變動成本比率為 0.8125 ($325,000 / $400,000)；貢獻邊際比率為 0.1875 (可由 1 - 0.8125 或 $75,000 / $400,000 求得)。固定成本則為 $45,000。根據損益表內的資訊，惠德公司必須賺取多少銷貨收入方能達到損益兩平？

營業收益 = 銷貨收入－變動成本－固定成本

0 = 銷貨收入－（變動成本比率×銷貨收入）－固定成本

0 = 銷貨收入（1－變動成本比率）－固定成本

0 = 銷貨收入 (1 - .8125) - $45,000

銷貨收入 (.1875) = $45,000

銷貨收入 = $240,000

換言之，惠德公司必須賺取總數為 $240,000的收入方能達到損益兩平（各位不妨以 $240,000的收入來編製一份損益表，檢視惠德公司的利潤是否眞為零。）值得注意的是，貢獻邊際比率為 1 - .8125 。實務上可以用〔銷貨收入×貢獻邊際比率〕來代替〔銷貨收入－（變動成本比率銷貨收入）〕，簡化計算過程。

各位或許會問，用以計算損益兩平點銷貨數量的貢獻邊際法又當如何應用在此處？毫無疑問地，只要稍微修正公式的內容即可應用在此處。還記得決定損益兩平點銷貨數量的公式為：

損益兩平點銷貨數量 = 固定成本／（售價－單位變動成本）

我們只需在等號的兩端分別乘上售價，等號的左邊即為損益兩平點的銷貨收入。

損益兩平點銷貨數量×售價 = 售價〔固定成本／（售價－單位變動成本)〕

損益兩平點銷貨收入 = 固定成本×〔售價／（售價 －單位變動成本)〕

損益兩平點銷貨收入 = 固定成本×（售價／貢獻邊際）

損益兩平點銷貨收入 = 固定成本×貢獻邊際比率

此處再以惠德公司為例，損益兩平點銷貨收入金額應為 $45,000 / .1875 或 $240,000 。答案完全一樣，只是方法略有不同而已。

利潤目標(Profit Targets)

請各位思考一下：惠德公司必須賺取多少銷貨收入，才能達到$60,000的稅前利潤？（此處的問題與前文當中的銷貨數量問題類似，然而此處的焦點則爲銷貨收入。）如欲回答這個問題，則可利用貢獻邊際法，將目標營業收益 $60,000 加上固定成本 $45,000 之後，再除以貢獻邊際比率。

銷貨收入 = ($45,000 + $60,000) / 0.1875
　　　　 = $105,000 / 0.1875
　　　　 = $560,000

惠德公司必須賺取相當於 $560,000 的收入，方能達到 $60,000 的目標利潤。由於損益兩平點爲 $240,000，亦即惠德公司必須賺取比損益兩平點多出 $320,000 ($560,000 - $240,000) 的收入。值得注意的是，貢獻邊際比率乘上超出損益兩平點的銷貨收入，則可求得 $60,000 (0.1875 × $320,000) 的利潤。當銷貨收入超過損益兩平點的時候，貢獻邊際比率即爲獲利比率；亦即其代表了每賺得 1 元銷貨收入所應歸入利潤的部份。舉例來說，超過損益兩平點之後，每多賺 1 塊錢的銷貨收入能讓利潤增加 $0.1875 。

基本上，假設固定成本維持不變，則可利用貢獻邊際比率來找出銷貨收入的改變對於獲利的影響。如欲瞭解銷貨收入的改變對於總利潤的影響，只需將貢獻邊際比率乘上銷貨收入的差額即可。舉例來說，如果銷貨收入爲 $540,000 而非 $560,000，則預期利潤將會受到何種影響？當銷貨收入減少 $20,000 的時候，獲利也會隨之減少 $3,750 。

兩種方法之比較

在單一產品的環境當中，如欲將以銷貨數量表示的損益兩平點轉換成以銷貨收入表示的損益兩平點，只需將單位售價乘上銷貨數量即可。既然如此，爲什麼多此一舉地單獨求算銷貨收入法的公式呢？就單一產品的環境而言，上述兩種方法並沒有特殊的優點可言。這兩種方法的意涵和計算的難易程度都不相上下。

然而在多重產品的環境當中，CVP分析變得較爲複雜，銷貨收入法卻顯得簡單許多。銷貨收入法保留了單一產品環境的相同概念，但是銷貨數量法卻變得較爲困難。由於產品項目增加，CVP分析的概念亦變得較複雜，但在作業上卻較直接。

多重產品分析

學習目標三
將成本－數量－利潤分析應用於多重產品的環境。

惠德公司決定推出兩種不同型式的除草機：售價爲 $400 的手動式除草機和售價爲 $800 的電動式除草機。行銷部門相信，下一年度能夠賣出 1,200 台的手動式除草機和 800 台的電動式除草機。會計長根據預估銷售數據編製了下列預估損益表：

	手動式除草機	電動式除草機	總數
銷貨收入	$480,000	$640,000	$1,120,000
減項：變動費用	(390,000)	(480,000)	(870,000)
貢獻邊際	$ 90,000	$160,000	$ 250,000
減項：直接固定費用	(30,000)	(40,000)	(70,000)
產品邊際	$ 60,000	$120,000	$180,000
減項：共同固定費用			(26,250)
稅前利潤			$153,750

值得注意的是，會計長將直接固定費用與共同固定費用區分開來。所謂的**直接固定費用** (Direct Fixed Expenses) 係指可以追蹤至個別產品，且當該產品不存在時即不發生的固定成本。**共同固定費用** (Common Fixed Expenses) 則指無法追蹤至個別產品，且即使某一種產品被剔除，也依然會發生的固定成本。

損益兩平點的銷貨數量

惠德公司的老闆對於增加新產品的提議頗感興趣，因而希望瞭解不同型式的產品必須分別賣出多少台才能夠達到損益兩平。如果指定各位來回答此一問題，各位將會做何答覆？

方法之一是利用前文當中導出的公式，將固定成本除以貢獻邊際。然而這個問法卻有立即而明顯的漏洞，因為這道公式適用的是針對單一產品環境。當企業擁有兩項產品時，就會產生兩種單位貢獻邊際。手動式除草機的單位貢獻邊際為 $75 ($400 - $325)，而電動式除草機的單位貢獻邊際則為 $200 ($800 - $600)。

方法之二是將此一公式分別求算個別產品的損益兩平點銷貨數量。當銷貨收入定義為產品邊際的時候，則可求算出個別產品的損益兩平點。因此，手動式除草機的損益兩平點應為：

手動式除草機損益兩平點銷貨數量
= 固定成本 /（售價－單位變動成本）
= ($30,000) / $75
= 400台

電動式除草機的損益兩平點則為：

電動式除草機損益兩平點銷貨數量
= 固定成本 /（售價－單位變動成本）
= ($400,000) / $200
= 200台

換言之，惠德公司必須賣出400台手動式除草機和200台電動式除草機，方能達到損益兩平的產品邊際。然而損益兩平的產品邊際僅僅涵蓋直接固定成本，惠德公司仍須考慮共同固定成本。如果惠德公司僅僅賣出上述數量的產品，將會產生和共同固定成本金額相等的損失。惠德公司仍須找出公司整體的損益兩平點，因此必須將共同固定成本納入考量的範圍。

在計算損益兩平點之前，先分配每一個產品線的共同固定成本，或可解決此一問題。美中不足的是，共同固定成本的分配可能失之主觀。換言之，我們無法明顯看出具有意義的損益兩平點。

另一項可能的解決方案是將多重產品的環境轉換成為單一產品的環境。如此一來，即可直接應用單一產品的CVP分析。轉換的關鍵在於找出以單位數量表示的產品預期銷售組合。

銷售組合

銷售組合 (Sales Mix) 意指企業銷售之產品的組合。銷售組合可以銷貨數量表示，亦可以銷貨收入的百分比表示。舉例來說，如果惠德公司計劃銷售1,200台的手動式除草機和800台的電動式除草機，則其銷售組合即為1,200：800。一般而言，實務上會將銷售組合簡化成最小整數值。因此，1,200：800可以先簡化成為12：8，最後簡化成為3：2。換言之，惠德公司每賣出三台手動式除草機，就會同時賣出兩台電動式除草機。

同樣地，銷售組合亦可由各項產品佔總銷貨收入的百分比例來表示。此時，手動式除草機的收入為$480,000 ($400 × 1,200)，而電動式除草機的收入則為$640,000 ($800 × 800)。手動式除草機佔總銷貨收入的百分之四十二點八六 (42.86%)，而電動式除草機則佔總銷貨收入的百分之五十七點一四 (57.14%)。乍看之下，前述兩種銷售組合似乎並不相同。以銷貨數量表示的銷售組合比例為3：2；換言之，每賣出五台除草機當中，百分之六十 (60%) 是手動式除草機，百分之四十 (40%) 是電動式除草機。然而，以銷貨收入表示的銷售組合卻產生手動式除草機只佔了百分之四十二點八六 (42.86%)。事實上並無差異可言。以銷貨收入表示的銷售組合係以銷貨數量為基礎，再乘上售價。因此，雖然兩種除草機的銷售組合仍為3：2，但因手動式除草機的售價較低，因此權重相較之下也較低。本書在後續章節中，將以銷貨數量表示的銷售組合為討論重點。

不同的銷售組合可以用於定義損益兩平點的銷貨數量。舉例來說，2：1的銷售組合可以定義為550台手動式除草機和275台電動式除草機。此一銷售組合所產生的總貢獻邊際為$96,250 [($75550) + ($20075)]。同樣地，如果惠德公司賣出350台手動式除草機和350台電動式除草機（即為1：1的銷售組合），總貢獻邊際仍為$96,250 [($75350) + ($200 350)]。由於總貢獻邊際維持$96,250不變，因此上述兩種銷售組合均可用以定義損益兩平點。幸運的是，實務上毋須考慮所有可能的銷售組合。惠德公司是否真能達成2：1或1：1的銷售組合？惠德公司每賣出兩台手動式除草機，可以同時賣出多少台電動式除草機呢？又或者，惠德公司每賣出一台手動式除草機，是否可以同時賣出一台電動式除草機？

根據惠德公司所做的行銷研究指出，3：2的銷售組合較為可行。惠德公司大可採用此一銷售組合，毋須考慮其它可能選擇。實務上應該使用預期可能實現的銷售組合，做為 CVP 分析的基礎。

銷售組合與 CVP 分析

定義出特定的銷售組合之後，即可將多重產品的環境轉換成為適合 CVP 分析的單一產品環境。由於惠德公司預期每賣出兩台電動式除草機，亦可同時賣出三台手動式除草機，因此亦可進一步地將三台手動式除草機與兩台電動式除草機合併定義為產品組合 (Package)。當我們定義出產品組合之後，即可將多重產品環境轉換成單一產品環境。為了套用損益兩平銷貨數量法，必須先求出產品組合售價與每一個產品組合的變動成本。為了計算產品組合價值，必須先瞭解銷售組合、個別產品的售價、以及個別變動成本等內容。根據預估損益表上個別產品的資料，可以算出產品組合價值如下：

產品	售價	單位變動成本	單位貢獻邊際	銷售組合	產品組合貢獻邊際
手動式	$400	$325	$ 75	3	$225[a]
電動式	800	600	200	2	400[b]
產品組合總計					$625

[a] 產品組合的銷貨數量 (3) 乘上單位貢獻邊際 ($75)

[b] 產品組合的銷貨數量 (2) 乘上單位貢獻邊際 ($200)

	手動除草機	自動除草機	總計
銷貨收入	$184,800	$246,400	$431,200
減項：變動成本	(150,150)	(184,800)	(334,950)
邊際貢獻	$ 34,650	$ 61,600	$ 96,250
減項：直接固定成本	(30,000)	(40,000)	(70,000)
分項邊際	$ 4,650	$ 21,600	$ 26,250
減項：共同固定成本			(26,250)
稅前損益			$ 0

圖 10-3
損益表：損益兩平情況

在產品組合貢獻邊際已知的情況下，可以利用單一產品的CVP公式來決定爲達損益兩平所必須賣出的產品組合數量。從惠德公司的損益表來看，已知公司整體的總固定成本爲$96,250；換言之，損益兩平點的銷貨數量應爲：

損益兩平點產品組合 = 固定成本 / 產品組合貢獻邊際
= $96,250 / $625
= 154個產品組合

惠德公司必須賣出462台手動式除草機 (3154) 和308台電動式除草機 (2154)，方能達到損益兩平的目標。**圖**10-3說明了如何利用損益表來驗證此一結果。

在銷售組合已知的情況下，可以視爲單一產品環境，而來進行CVP分析。然而，改變個別產品的價格會影響銷售組合，因爲消費者可能因此多買或少買特定項目的產品。如此一來，定價決策可能意味著新的銷售組合將會產生，也就是說定價決策必須能夠反映此一可能性。請各位記住，新的銷售組合又將影響爲達目標利潤所需賣出的各項產品的銷貨數量。如果無法確定未來的銷售組合，那麼或可考慮不同的銷售組合。如此一來，經理人方能掌握企業將可能面對的結果。

當產品項目增加，損益兩平點銷貨數量法的複雜程度也會隨之大幅提高。試想，如果企業同時擁有數百種產品，將要如何應用損益兩平點銷貨數量法。實務上並不如想像中複雜。我們可以借助電腦來處理龐大的資料。再者，許多企業利用分析產品群——而非個別產品——的方式來簡化分析的過程。另一項解決方案則是捨棄銷貨數量，改採銷貨收入法。如此一來，我們只需採用損益表內的簡化資料來進行多重產品的CVP分析。計算過程即得以大幅簡化。

銷貨金額法(Sales Dollars Approach)

爲了說明以銷貨金額表示的損益兩平點，此處再以惠德公司爲例。然而，此時我們只需要預估損益表的內容即可。

銷貨收入	$1,120,000
減項：變動成本	(870,000)
貢獻邊際	$ 250,000
減項：固定成本	(96,250)
稅前利潤	$ 153,750

值得注意的是，損益表的數據恰與前面介紹過的更爲詳細的損益表的數據相同。這一份預估損益表是根據惠德公司將會賣出 1,200 台手動式除草機和 800 台電動式除草機的假設（即 3：2 的銷售組合）所編製而成。以銷貨收入表示的損益兩平點同樣是根據預期的銷售組合來推演而得。（和銷貨數量法相同的是，不同的銷售組合會產生不同的結果。）

上述預估損益表亦可適用一般的 CVP 分析。舉例來說，爲達損益兩平點，必須賺取多少銷貨收入？回答這個問題的時候，可以將總固定成本 $96,250 除以貢獻邊際比率 0.2232 ($250,000 / $1,120,000) 即可求得。

損益兩平點銷貨收入 = 固定成本 / 貢獻邊際比率
= $96,250 / 0.2232
= $431,228

以銷貨金額表示的損益兩平點採用的是假設的銷貨組合，但是省卻了定義產品組合貢獻邊際的必要。然而我們仍然需要瞭解個別產品的相關資料。此處的計算過程與單一產品環境相似。答案同樣也是以銷貨收入來表示。和以銷貨數量表示的損益兩平點不同的是， CVP 分析仍以單一總指標來表示。然而值得注意的是，銷貨收入法忽略了個別產品績效的相關資訊。

成本一數量一利潤關係之圖解

學習目標四

編製利潤一數量圖與成本一數量一利潤圖，並解說這些圖表的意涵。

如果藉助圖表的說明，相信更能瞭解 CVP 分析的意涵與關係。圖表能夠輔助經理人瞭解變動成本與收入之間的差異，經理人亦能由此看出凡是影響銷貨收入增減的因素亦會影響損益兩平點的位置。此處將要介紹兩種圖表，分別爲利潤－數量圖與成本－數量－利潤圖。

利潤－數量圖(Profit-Volume Graph)

利潤－數量圖 (Profit-Volume Graph) 係以圖解方式來說明利潤與銷貨數量之間的關係。利潤－數量圖其實就是營業收益公式的圖解〔營業收益 = （售價銷貨數量） - （單位變動成本銷貨數量） - 固定成本〕。在利潤－數量圖中，營業收益是自變數，銷貨數量則爲因變數。一般而言，因變數的值以橫軸表示，自變數的值則以縱軸表示。

爲了更進一步說明利潤－數量圖，茲以簡化的資料做爲說明。假

圖 10-4

利潤－數量圖

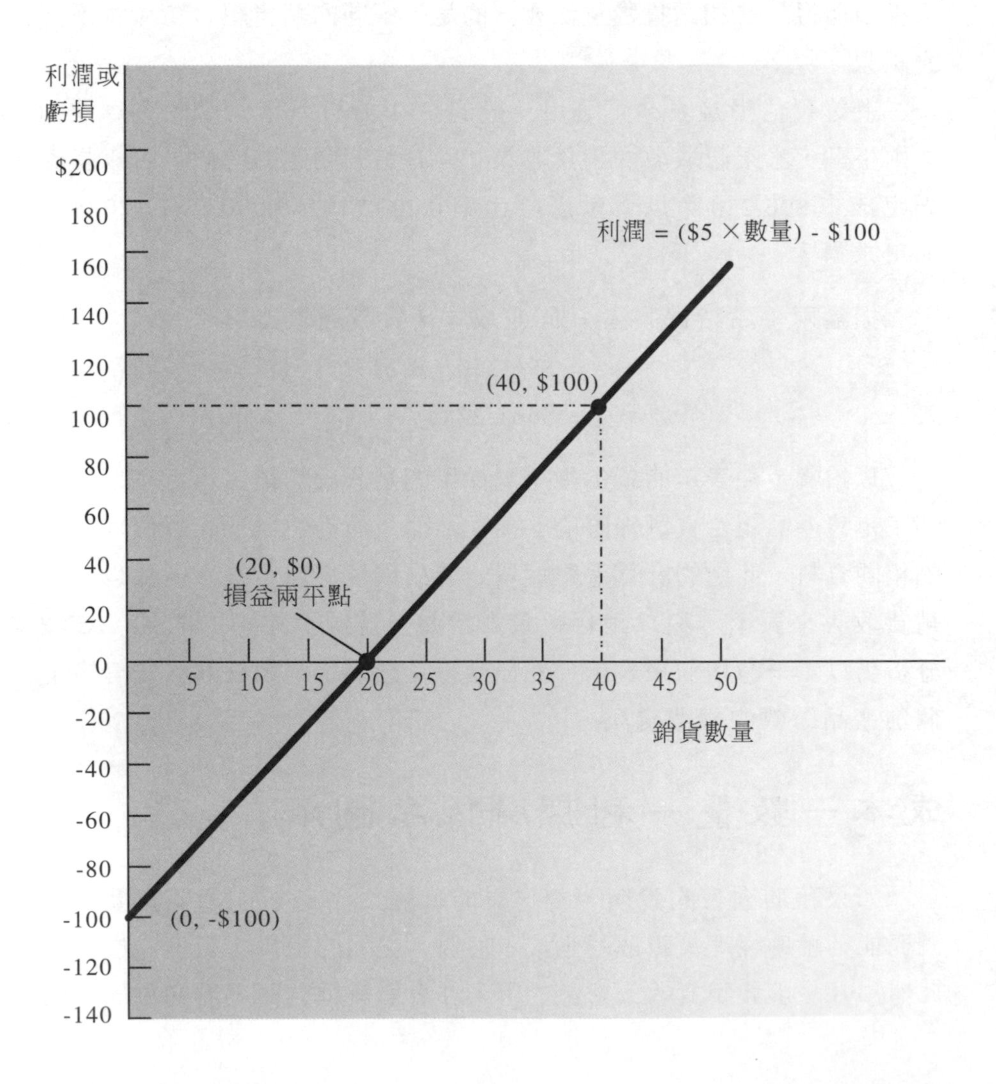

設泰森公司生產單一產品，其成本與售價列示於下：

總固定成本	$100
單位變動成本	5
單位售價	10

根據上述資料，則知營業收益應為

營業收益 = $10 銷貨數量 - $5 銷貨數量 - $100
　　　　= $5 銷貨數量 - $100

我們可以沿著橫軸點出不同的銷貨數量，然後在縱軸標示出對應的營業收益（或損失）。由於兩點決定一線，因此通常選擇銷貨數量為零與利潤為零的點連成一線。當銷貨數量為零的時候，泰森公司出現 $100 的營業損失（或是 -$100 的營業收益），此時對應的點即為 (0, -$100)。換言之，當泰森公司沒有賣出任何產品的時候，其損失等於總固定成本。當營業收益為零的時候，銷貨數量為 20，此時對應的點則為 (20, $0)。這兩點即可決定如**圖** 10-4 所示範的利潤－數量圖表。

圖 10-4 亦可用於瞭解泰森公司在不同銷售作業下的損益情形。舉例來說，當泰森公司賣出 40 單位的產品的時候，可以 (1) 自橫軸畫一條垂直線交於利潤線，然後再 (2) 自利潤線的交點畫一條水平線交於縱軸。如**圖** 10-4 所示，我們可以得到對應 40 單位的利潤應為 $100。利潤－數量圖雖然簡單易懂，但是卻無法表現成本跟隨銷貨數量變動的情形。另一類圖表則能克服此一缺點。

成本－數量－利潤圖 (Cost-Volume-Profit Graph)

成本－數量－利潤圖 (Cost-Volume-Profit Graph) 可以說明成本、數量與利潤之間的交互關係。為了表現更為詳細的關係，我們必須劃出兩條線：一為總收入線、另一為總成本線。這兩條線分別代表著兩道不同的公式：

收入 = 售價銷貨數量

總成本 =（單位變動成本銷貨數量）+ 固定成本

利用前文當中泰森公司的例子，其收入與成本公式分別爲：

收入 = $10 銷貨數量

總成本 =（$5 銷貨數量）+ $100

爲了在同一圖表內顯示這兩道公式，縱軸的單位爲金額，橫軸則爲銷貨數量。

由於兩點決定一直線，因此我們可以利用和繪製利潤 - 數量圖同樣的方法。就收入公式而言，當銷貨數量爲零的時候，收入亦爲零；當銷貨數量爲 20 的時候，收入爲 $200。因此，我們可由 (0, $0) 和 (10, $200) 來劃出收入線。就成本公式而言，當銷貨數量爲 0 和 20 的時候，成本分別爲 $100 和 $200。**圖** 10-5 即涵蓋了代表這兩道公式的直線。

值得注意的是，總收入線自原點開始遞增，斜率恰巧等於單位售價（斜率 10）。總成本線的縱軸截距恰巧等於固定成本，其斜率則

圖 10-5

成本－數量－利潤圖

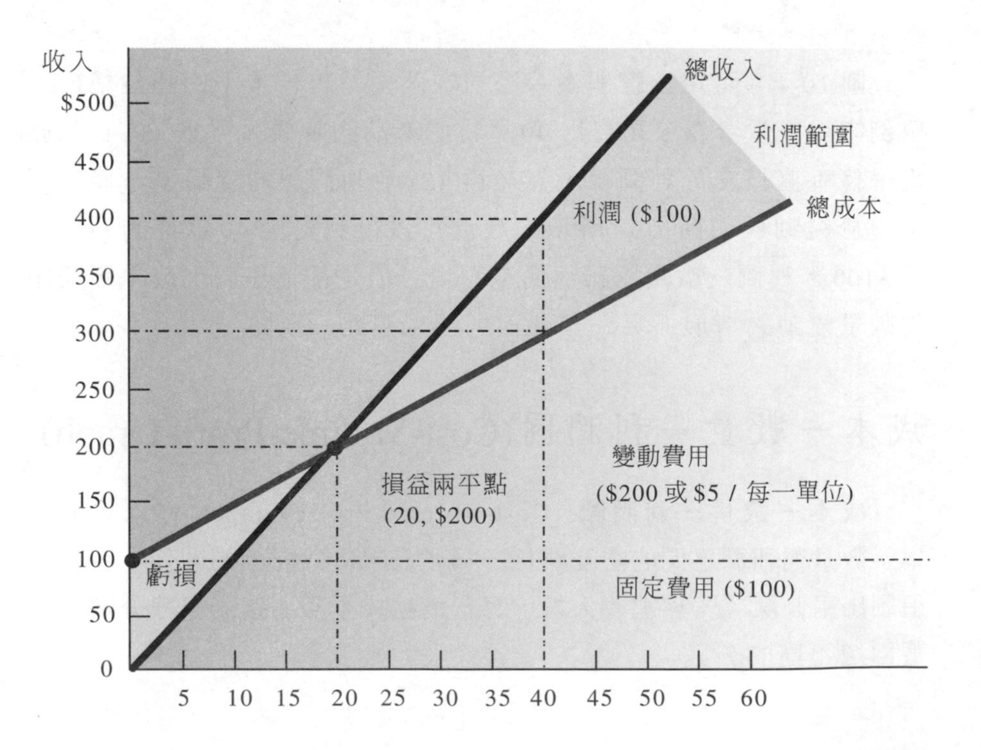

與單位變動成本（斜率為5）相同。當總收入線在總成本線下方時，會產生損失。同樣地，當總收入線在總成本線上方時，則有利潤產生。而總收入線與總成本線之交點即為損益兩平點。為了達到損益兩平，泰森公司必須賣出20單位的產品，換言之即須賺取$200的總收入。

現在讓我們來比較CVP圖表與利潤－數量圖表的異同。首先，假設泰森公司賣出40單位的產品。各位應該記得，根據利潤數量圖可以得知銷售40單位的產品可以獲得$100的利潤。讓我們再回到**圖10-5**。CVP圖表同樣也顯示出$100的利潤，但是我們同時可以獲知當銷售量為40單位的時候，總收入為$400，總成本則為$300。此外，總成本還可以進一步細分為$100的固定成本和$200的變動成本。CVP圖表提供了利潤－數量圖表所沒有的收入與成本資訊。因此，CVP圖表雖然需要較多的計算工作，然而企業經理人多半認為CVP圖表是較為有利的分析工具。

成本－數量－利潤分析之假設

前文當中介紹的利潤－數量圖表與成本－數量－利潤圖表必須成立於特定的假設之下。這些假設包括了：

1. 假設收入函數與成本函數呈現線性關係。
2. 假設可以精確地計算出價格、總固定成本、與單位變動成本，且其在相關範圍內維持固定不變。
3. 假設產出單位數量全部售出。
4. 就多重產品而言，假設銷售組合已知。
5. 假設售價與成本確實已知。

上述第一項關於收入函數與成本函數呈現線性關係之假設值得進一步探討。現在讓我們來看看經濟學裡所介紹的收入與總成本函數。**圖10-6**的圖一中，收入函數與成本函數屬於弧狀線性關係。銷貨數量增加，收入亦隨之增加，然而最後增加的幅度卻較從前為弱。當銷貨數量增加而必須降價的時候，即符合此一情況。至於總成本函數的部份則較為複雜。一開始，總成本增加地很快，到了某一點（經濟規模的報酬開始出現的時候）則趨於平緩，然後到了另一點（經濟規模的報酬開始減少的時候）則又再度攀升。我們應該如何處理這些複雜的關係呢？

圖 10-6

成本與收入之關係

圖一：成本—數量—利潤之曲線關係

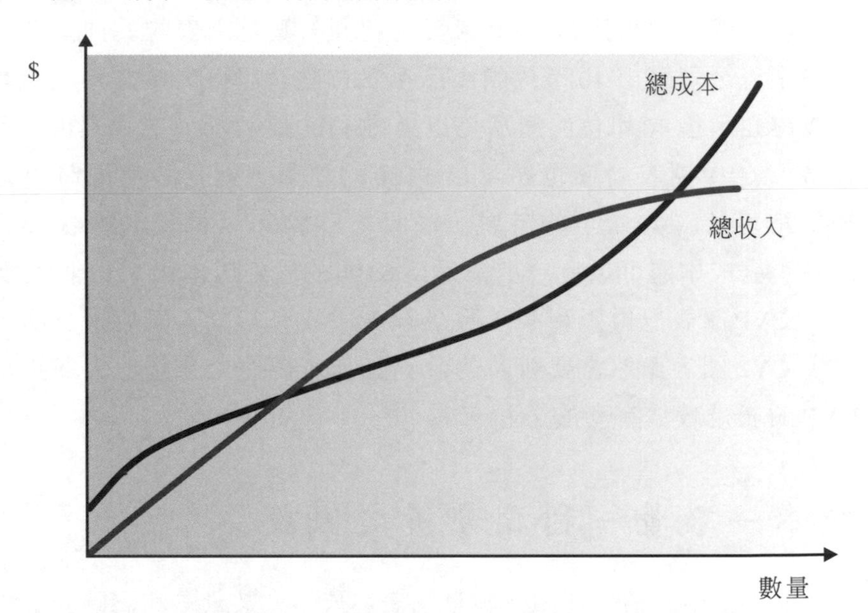

圖二：相關範圍與成本—數量—利潤之線性關係

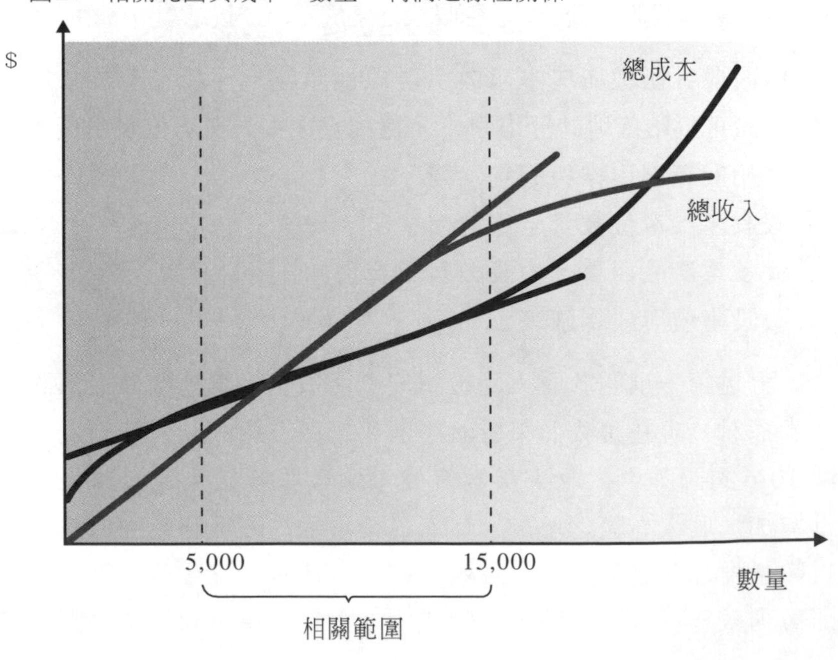

相關範圍 (Relevant Range)

實務上其實並不需要考慮生產與銷售的所有可能情況。各位應該還記得，CVP分析是一項短期的決策工具。（因爲某些成本是固定不變的。）換言之，我們只需找出目前線性成本與收入關係適用的範圍——或稱**相關範圍** (Relevant Range) ——即可。**圖** 10-6的圖二顯示出相關範圍居於5,000單位與15,000單位之間。值得注意的是，成本與收入關係在此相關範圍內大致上就是屬於線性關係，因此可以適用CVP的線性公式。可想而知，當相關範圍改變時，自然必須採用不同的固定成本、變動成本與價格。

第二項假設則與相關範圍的定義有關。一旦定出相關範圍之後，則可假設成本與價格關係即爲已知，且維持固定不變的常態關係。

產量與銷貨數量相等 (Production Equal to Sales)

第三項假設的內容爲產出的單位數量全部售出。分析期間內的存貨並無任何增減改變，因此對於損益兩平分析並無影響。損益兩平分析屬於短期決策工具，因此必須考慮特定期間內的所有成本。存貨代表著前一期的成本，因此毋須列入考慮。

常態銷售組合 (Constant Sales Mix)

就單一產品分析而言，明顯地，銷售組合是固定不變的——因爲百分之一百 (100%) 的銷售都是屬於同一產品。多重產品的損益兩平分析也需要常態的銷售組合，然而我們幾乎不可能準確地預測出此一常態銷售組合。於是，實務上多半利用靈敏度分析來克服此一障礙。藉由試算表的分析，我們可以瞭解不同的變數對於不同銷售組合的靈敏程度。

價格與成本確實已知 (Prices and Costs Known with Certainty)

實務上，企業很少能夠精確地掌握價格、變動成本與固定成本。任一變數的改變往往會連帶影響其它變數的價値。變數之間往往具有特定的機率分佈關係可供參考。再者，企業亦可將不確定性納入 CVP 分析之內。本書將在後面的章節再行探討。

成本－數量－利潤變數之改變

學習目標五

解說風險、不確定性以及更改變數對於成本－數量－利潤分析之影響。

由於現代企業身處多變的經營環境之中，因此必須能夠體察價格、變動成本與固定成本之改變，必須顧及風險與不確定性之影響。首先要介紹的是，價格、單位變動成本、與固定成本之改變對於損益兩平點之影響。本節也將探討企業經理人如何因應 CVP 架構之下的風險與不確定性。

假設惠德公司最近進行一項市場調查，調查結果顯示出幾種可行的作法。

作法一：如果廣告費用增加 $8,000，則銷貨數量亦將由 1,600 單位增至 1,725 單位。

作法二：如果除草機的單價由 $400 降至 $375，則銷貨數量將由 1,600 單位增至 1,900 單位。

作法三：如果除草機的單價降爲 $375，且廣告費用增爲 $8,000，則銷貨數量將由 1,600 單位增至 2,600 單位。

試問，惠德公司應該維持目前的售價與廣告政策，抑或應該選擇市場調查結果當中的任何一項建議作法？

讓我們先來討論第一項作法。如果廣告成本增加爲 $8,000，且銷貨數量提高到 125 單位，對於利潤有何影響？此處毋須進行繁複的公式，只需求出單位貢獻邊際即可得知。我們知道單位貢獻邊際爲 $75。由於銷貨數量增加爲 125 單位，可知總貢獻邊際增加了 $9,375（$75 × 125 單位）。然而由於固定成本也增加了 $8,000，因此利潤只增加了 $1,375 ($9,375 - $8,000)。**圖** 10-7 說明了第一項作法對於利潤的影響。值得注意的是，我們必須利用增加的總貢獻邊際與固定費用，來求出總利潤增加的部份。

就第二項作法而言，固定費用並未增加。換言之，此處僅需分析其對總貢獻邊際之影響即可。由於目前的售價爲 $400，因此單位貢獻邊際爲 $75。如果賣出 1,600 單位，則總貢獻邊際爲 $120,000 ($751,

圖 10-7

第一項可行方案之影響的摘要說明

	提高廣告預算之前	提高廣告預算
銷貨數量	1,600	1,725
單位貢獻邊際	$75	$75
總貢獻邊際	$120,000	$129,375
減項：固定成本	(45,000)	(53,000)
利潤	$ 75,000	$ 76,375

	利潤之差異
銷貨收入之改變	125
單位貢獻邊際	$75
貢獻邊際之改變	$9,375
減項：固定費用之增加	(8,000)
利潤之增加	$1,375

600)。如果售價降至 $375，則單位貢獻邊際亦降至 $50 ($375 - $325)。如果以新價格賣出 1,900 單位，則新的總貢獻邊際為 $95,000 ($501,900)。降價的結果會導致利潤短少 $25,000 ($120,000 - $95,000)。第二項作法之影響摘錄於**圖** 10-8。

第三項作法會降低單位售價，並增加廣告成本。如同第一項作法，我們可以由貢獻邊際與固定費用之變動來瞭解其對利潤之影響。首先，

圖 10-8

第二項可行方案之影響的摘要說明

	降價之前	降價
銷貨數量	1,600	1,900
單位貢獻邊際	× $75	× $50
總貢獻邊際	$120,000	$95,000
減項：固定費用	(45,000)	(45,000)
利潤	$75,000	$50,000

	利潤之差異
貢獻邊際之改變 ($95,000 - $120,000)	$(25,000)
減項：固定費用之改變	—
利潤之減少	$(25,000)

圖 10-9

第三項可行方案之影響的摘要說明

	降價與提高廣告預算之前	降價並提高廣告預算
銷貨數量	1,600	2,600
單位貢獻邊際	$75	$50
總貢獻邊際	$120,000	$130,000
減項：固定費用	(45,000)	(53,000)
利潤	$75,000	$77,000

	利潤之差異
貢獻邊際之改變 ($130,000 - $120,000)	$10,000
減項：固定費用之改變 ($53,000 - $45,000)	(8,000)
利潤之增加	$2,000

(1) 計算總貢獻邊際之變動，其次，(2) 計算固定費用之變動，最後，(3) 再加總前兩項的結果。

已知目前的總貢獻邊際（當銷貨數量為 1,600 單位時）為 $120,000。由於新的單位貢獻邊際為 $50，因此新的總貢獻邊際應為 $130,000（$502,600 單位）。換言之，總貢獻邊際增加了 $10,000 ($130,000 - $120,000)。然而如欲達到此一增加的貢獻邊際，固定成本也必須增加 $8,000。第三項作法的淨效益即為增加 $2,000 的利潤。第三項作法之影響摘錄於**圖** 10-9。

就市場調查所擬訂的三項作法當中，以第三項作法所能夠創造的利益最大。第三項作法所帶來的總利潤將會增加 $2,000。第一項作法僅能增加 $1,375 的利潤，而第二項作法甚至會導致利潤縮減 $25,000。

上述釋例係以銷貨數量法為分析基礎，當然實務上亦可改採銷貨收入法。兩種方法的結果一模一樣。

風險與不確定性之說明

CVP 分析的一項重要假設是價格與成本確實已知。然而實務上卻少見此一理想情況。企業的經營在決策過程中無可避免地會涉及風險與不確定性，因而不得輕忽。基本上，風險與不確定性並不相同。就風險而言，其變數的機率分佈屬於已知。就不確定性而言，機率分佈則屬未知。然而為了解說之便，此處將不嚴格區分風險與不確定性之差異。

企業經理人應當如何因應風險與不確定性？事實上，方法很多。首先，當然管理階層必須具備未來價格、成本與數量不確定的認知。其次，除了損益兩平點的考量之外，企業經理人尚必須體認損益兩平區間的存在。換言之，由於資料的不確定，或許當銷貨數量在 1,800 至 2,000 單位時——而非恰好 1,900 單位時——企業可達損益兩平的狀態。再者，企業經理人可以利用試算表來建立損益兩平（或目標利潤）的關係，進而瞭解變動的成本與價格對於銷貨數量之影響。此時，企業經理人亦可參酌另外兩個概念，分別為***安全邊際*** ***(Margin of Safety)*** 與*經營槓桿 (Operating Leverage)*。安全邊際與經營槓桿均可做為風險的衡量指標。這兩項指標均須以固定成本與變動成本為分析基礎。

安全邊際 (Margin of Safety)

安全邊際係指為超過損益兩平所賣出或預期賣出的銷貨數量，或指超過損益兩平所賺取到或預期賺取到的收入。舉例來說，如果某企業的損益兩平銷貨數量是 200 單位，而公司目前的銷貨數量為 500 單位，則其安全邊際即為 300 單位 (500-200)。安全邊際亦可以銷貨收入表示之。如果前例當中企業的損益兩平銷貨收入為 $200,000，而目前的銷貨收入為 $350,000，則其安全邊際即為 $150,000。

安全邊際可以視為風險的原始衡量指標。企業在實際經營的時候，往往會遭遇到擬訂計畫時尚未出現的各種事件，因而造成銷貨情況低於原始的預期水準。如果根據來年的預期銷售數據，企業的安全邊際很大，則即使銷貨情況不如預期，企業出現虧損的風險亦會小於安全邊際很小的時候出現虧損的風險。如果安全邊際過小，則企業經理人或應設法採取行動來提高銷貨數字或者降低成本。舉例來說，美國的西南航空公司的人事成本遠較其它的大型民航公司（諸如美國航空公司、聯合航空公司和達美航空公司）為低。因此，西南航空公司的變動成本較低，每一飛行英哩的安全邊際則高出同業許多。如此一來，當景氣下滑或者是油價上漲的時候，西南航空公司因應變化的緩衝空間也較同業大出許多。

經營槓桿 (Operating Leverage)

在物理學上，槓桿是用以倍增力量的簡單設計。基本上，槓桿可以使施力加倍，做更多的工。在施力大小固定的情況下，能夠移動的重量愈大，則槓桿的機械效益愈高。在財務上，經營槓桿係指企業的固定成本與變動成本的相對組合。當變動成本減少的時候，單位貢獻邊際增加，則每銷售一單位所增加的貢獻邊際就更大。如此一來，銷貨數量的變動對於利潤的影響會提高。因此，藉由提高固定成本的比例而降低變動成本的企業，在銷貨數量增加的時候，其所獲得利潤會比固定成本比例較低的企業爲多。固定成本可以作爲提高利潤的槓桿。美中不足的是，經營槓桿較高的企業在面臨銷貨數量減少的時候，利潤縮減的情形也較爲嚴重。因此，**經營槓桿** (Operating Leverage) 是藉助固定成本來提高銷貨數量改變時對於利潤的影響。

經營槓桿愈高，銷貨數量對於利潤的影響愈大。因此，企業選擇的成本組合對於其營業風險與利潤水準有著相當程度的影響。

經營槓桿率 (Degree of Operating Leverage) 可以衡量出特定銷售情形下，貢獻邊際佔利潤的比率：

經營槓桿率 = 貢獻邊際／利潤

如果我們說可以利用固定成本來降低變動成本，進而使得貢獻邊際增加而利潤降低的話，則經營槓桿比率的增加即代表著風險的提高。

爲了說明這些概念，假設某家公司正計劃增加一條生產線。這家公司可以選擇高度自動化的生產線、或者是以人工生產爲主的生產線。如果這家公司以自動化生產爲重，則固定成本較高，單位變動成本較低。當銷貨數量爲 10,000 單位的時候，相關資料分別如下：

	自動化制度	人工制度
銷貨收入	$1,000,000	$1,000,000
減項：變動費用	(500,000)	(8000,000)
貢獻邊際	$ 500,000	$ 200,000
減項：固定成本	(375,000)	(100,000)
稅前利潤	$ 125,000	$ 100,000
單位售價	$100	$100
單位變動成本	50	80
單位貢獻邊際	50	20

自動化制度的經營槓桿比率是 4.0 ($500,000 / $125,000)。人工制度的經營槓桿比率則是 2.0 ($200,000 / $100,000)。當銷售增加百分之四十的時候，對於這兩種制度的利潤有何影響？我們可以根據下面的損益表來分析。

	自動化制度	人工制度
銷貨收入	$1,400,000	$1,400,000
減項：變動成本	(700,000)	(1,120,000)
貢獻邊際	$ 700,000	$ 280,000
減項：固定成本	(375,000)	(100,000)
稅前利潤	$ 325,000	$ 180,000

自動化制度的利潤會增加百分之一百六十 (160%)，即增加 $200,000 ($325,000 - $125,000)。人工制度的利潤則僅增加百分之八十 (80%)，即僅增加 $80,000。由於自動化制度的經營槓桿比率較高，因此利潤增加的幅度也較大。

在選擇不同制度的時候，經營槓桿作用是極具參考價值的資訊。誠如前文所述，銷貨增加百分之四十 (40%) 會對企業帶來相當程度的利潤。然而，經營槓桿卻如利刃之兩面。銷貨減少的時候，自動化制度利潤縮減的情形同樣比較嚴重。此外，由於固定成本增加，因此自動化制度的經營槓桿也會隨之增加。自動化制度的損益兩平點爲

圖 10-10

人工與自動系統之差異

	人工系統	自動系統
價格	相同	相同
變動成本	相對較高	相對較低
固定成本	相對較低	相對較高
貢獻邊際	相對較低	相對較高
損益兩平點	相對較低	相對較高
安全邊際	相對較高	相對較低
營業槓桿程度	相對較低	相對較高
轉劣風險	相對較低	相對較高
轉好可能性	相對較低	相對較高

7,500 單位 ($375,000 / $50)，而人工制度的損益兩平點則為 5,000 單位 ($100,000 / $20)。換言之，採行自動化制度的經營風險較高。當然，風險較高，則（只要銷貨數量超過 9,167 單位時）可能帶來的利潤水準也就較高。

在選擇自動化制度或人工制度的時候，企業經理人必須確實瞭解銷貨數量超過 9,167 單位的可能性。如果經過仔細的研究分析，認定銷貨數量超過此一水準的可能性極高，答案就非常明顯：自動化制度。否則，如果銷貨數量不太可能超過 9,167 單位的話，則宜採用人工制度。**圖** 10-10 以部份 CVP 的概念說明人工制度與自動化制度之間的相對差異。

靈敏度分析與 CVP

由於個人電腦與試算表的日益普及，絕大多數的企業經理人已能輕鬆地進行成本分析。有一項重要的工具稱為**靈敏度分析** (Sensitivity Analysis)，旨在檢試各種假設的可能結果。經理人可以利用電腦輸入價格、變動成本、固定成本與銷售組合的資料，然後建立公式來計算損益兩平點與預期利潤。經理人亦可視需要變換這些資料，來瞭解各種假設情況對於預期利潤的影響。

在前文的經營槓桿的例子當中，這家公司分析了採用自動化制度或人工制度對於利潤所可能帶來的影響。其計算過程多以人工進行，然而必須考慮的變數卻相當繁多。藉由電腦的輔助，我們可以輕鬆地得知當銷貨數量不變，而售價在 $75 與 $125 之間的時候，每增加 $1 的售價對於利潤的影響。同時，我們亦可輕鬆地調整變動成本與固定成本的組合。舉例來說，假設自動化制度的固定成本為 $375,000，但是在採行新制的第一個年度裡，固定成本有可能增加一倍，到了第二和第三個年度，由於機器設備的故障減少，操作人員的熟練程度提高，因此固定成本會再回復到正常的水準。同樣地，我們可以利用試算表來處理這些複雜的計算工作。

最後，值得注意的是，試算表雖然可以處理繁複的計算工作，但是卻無法進行 CVP 分析當中許多困難度較高的部份。這些高難度的分析工作會受到輸入的原始資料的影響。因此，會計人員必須熟知成本與價格的分佈，以及經濟景氣改變時對於這些變數的影響。雖然實務上很難能夠確知這些變數，但卻不得因此輕忽不確定性對於 CVP 分析結果的影響。幸運的是，即使某一項變數的預估偏離眞實，靈敏度分析仍有助於經理人約略瞭解此特定變數對於利潤的影響。此亦或可稱為靈敏度分析的優點之一。

成本－數量－利潤分析與作業制成本法

學習目標六

探討作業制成本法對於成本－數量－利潤分析之影響。

傳統的 CVP 分析假設企業的所有成本均可分為兩類：一類會隨銷貨數量而變動（變動成本），另一類則不隨銷貨數量而變動（固定成本）。此外，所有的成本均與銷貨數量之間呈線性關係。

在作業制成本制度當中，成本分為單位基礎與非單位基礎兩類。作業制成本法也接受某些成本會隨產出單位而改變，某些成本則不會的事實。然而，作業制成本法雖然接受非單位基礎成本係固定不變，不會受到產量的影響，但也提出許多非單位基礎的成本其實會隨其它成本動因改變的質疑。

採用作業制成本法並不代表著 CVP 分析較不適用。事實上，由於 CVP 分析有助於吾人更加瞭解成本習性，反倒是作業制成本法的一大有利工具。如果能夠更精確地掌握成本習性，便能制定更好的決策。然而實務上必須進行部份修正，方能將 CVP 分析應用在作業制的架構中。為了解說之便，我們假設某家公司的成本可由三項變數來解釋：單位水準的成本動因－銷貨數量，批次水準的成本動因－設定次數，和產品水準的成本動因－工程小時。這家公司的作業制成本公式可以表示爲：

總成本＝固定成本＋（單位變動成本×單位數量）＋（設定成本×設定次數）＋（工程成本工程小時）

誠如前述，營業收益等於總收入減去總成本，亦即：

營業收益＝總收入－〔固定成本＋（單位變動成本×單位數量）＋（設定成本×設定次數）＋（工程成本×工程小時）〕

現在讓我們利用貢獻邊際法來計算以單位數量表示的損益兩平點。在損益兩平點之處，營業收益爲零，爲了達到損益兩平所必須賣出的單位數量如下：

損益兩平單位數量＝〔固定成本＋（設定成本×設定次數）＋（工程成本×工程小時）〕／（售價－單位變動成本）

如將作業制的損益兩平點與傳統的損益兩平點做一比較，將可發現兩項重要差異。首先，固定成本並不相同。許多原被視爲固定成本的項目事實上可能會隨著非單位基礎的成本動因而改變，例如本例當中的設定次數與工程小時。其次，作業制損益兩平公式當中的分母擁有兩項非單位基礎的成本項目：其中之一屬於批次作業的成本，另外一項則屬於產品維護作業的成本。

傳統成本－數量－利潤分析與作業制成本法之異同

爲了讓前文當中的討論更加具體，可由傳統成本－數量－利潤分析與作業制成本法之比較得知。讓我們假設某家公司希望計算出爲獲得 $20,000的稅前收益所必須賣出的單位數量。分析工作係以下列資料爲基礎：

變數的資料：

成本動因	單位變動成本	成本動因水準
銷貨數量	$10	—
設定	1,000	20
工程小時	30	1,000

其它資料：

總固定成本（傳統）	$100,000
總固定成本（作業制）	50,000
單位售價	20

為獲得$20,000的稅前利潤所必須賣出的單位數量計算過程如下：

單位數量 =（目標收益 + 固定成本）/（售價 - 單位變動成本）
　　　　= ($20,000 + $100,000) / ($20 - $10)
　　　　= $120,000 / $10
　　　　= 12,000單位

利用作業制成本公式，為了獲得$20,000的營業收益所必須賣出的單位數量計算過程則為：

單位數量 = ($20,000 + $50,000 + $20,000 + $30,000) / ($20 - $10)
　　　　= 12,000單位

兩種方法所計算而得的單位數量一致。理由相當簡單。在傳統成本制度當中，總固定成本群包括非單位基礎的變動成本，再加上無論成本動因為何的固定成本。作業制成本法則將區分出非單位基礎的變動成本。這些成本分別與固定的成本動因水準相關。就批次水準的成本動因而言，其水準為二十次的設定；就產品水準的變數而言，其水準為1,000工程小時。只要非單位基礎成本動因的作業水準維持不變，則傳統成本方法與作業制成本法的結果必然一致。然而這些水準可能改變，正因為如此，這兩種方法所提供的資訊可能出現極大差異。CVP分析裡的作業制成本公式能夠更完整地解釋成本習性，對於重大策略的擬訂具有極高的價值。為了瞭解此一特點，讓我們利用同樣的資料再進行另外一種分析。

策略意涵：傳統成本—數量—利潤分析與作業制成本分析

假設經過傳統的CVP分析之後，行銷調查顯示不太可能賣出12,000單位。事實上，這家公司僅可能賣出10,000單位。於是公司的總經理指示產品設計工程師找出降低製造產品成本的方法。這些工程師已經獲知傳統成本公式當中的固定成本為$100,000，單位變動成本則為$10。單位變動成本$10當中包括了：$4的直接人工、$5的直接物料、和$1的變動費用。為了達到降低損益兩平的銷貨數量之目標，工程師找出一項可以使用較少的人工的新設計。這些新設計可以減少每單位$2的直接人工成本，但不會影響物料或變動費用。於是，新的單位變動成本為$8，損益兩平點則為：

單位數量 = 固定成本 /（售價 - 單位變動成本）

= $100,000 / ($20 - $8)

= 8,333單位

當公司賣出10,000單位時的預估收益為：

銷貨收入 ($20 × 10,000)	$200,000
減項：變動費用 ($810,000)	(80,000)
貢獻邊際	$120,000
減項：固定費用	(100,000)
收益	$ 20,000

公司的總經理對於這樣的預估數字感到興奮，並且同意改採新的設計。一年之後，公司總經理發現預期增加的收益並未實現。事實上，公司反而出現虧損。原因何在？答案可由CVP分析的作業制成本法一窺究竟。

例子當中的原始作業制成本關係應為：

總成本 = $50,000 +（$10 × 單位數量）+（$1,000 × 設定次數）

+（$30 × 工程小時）

假設新設計需要更複雜的設定，使得每一次設定的成本由 $1,000 提高為 $1,600。另外亦假設由於新設計的技術層次較高，因而其所需的工程支援亦增加了百分之四十 (40%)，由 1,000 小時增為 1,400 小時。於是，包括單位水準變動成本縮減的新的成本公式應為：

總成本 = $50,000 +（$8 × 單位數量）+（$1,600 × 設定次數）
+（$30 × 工程小時）

利用作業制成本公式，可以求得當營業收益為零的損益兩平點應為（假設仍然執行二十次的設定）：

單位數量 = [$50,000 + ($1,600 × 20) + ($30 × 1,400)] / ($20 - $8)
= $124,000 / $12
= 10,333 單位

而公司賣出 10,000 單位的損益應為（記住前文當中曾經提過，最多僅可能賣出 10,000 單位）：

銷貨收入 ($20 × 10,000)		$200,000
減項：單位基礎變動費用 ($8 × 10,000)		(80,000)
貢獻邊際		$120,000
減項：非單位基礎變動費用：		
設定 ($1,600 × 20)	$32,000	
工程支援 ($30 × 1,400)	42,000	(74,000)
可追蹤邊際		$ 46,000
減項： 固定費用		(50,000)
損益		$ (4,000)

工程師所預估的結果何以出現如此的落差？難道工程師不知道新的設計會提高設定成本、增加工程支援？答案既是肯定的，也是否定的。工程師們或許約略知道新的設計會增加上述兩項變數，但是傳統的成本公式卻無法讓他們確知究竟設計上的改變會對這兩項變數產生多少影響。傳統成本公式所提供的資訊會讓工程師們誤認為，由於人工作業水準的改變不致影響固定成本，因此只要降低人工成本——且

不影響物料或變動費用——即可降低總成本。然而作業制成本公式卻指出，人工成本的降低卻可能同時對於設定作業或工程支援產生負面效果。惟有提供更完整的資訊，方能擬訂更好的設計決策。如果工程師們能夠取得作業制成本資訊，或許就能找出不同的解決方案——對於公司更爲有利的方案。

成本－數量－利潤分析與及時制度

企業如果採行及時制度，則可降低銷貨的單位變動成本，提高固定成本。舉例來說，直接人工將會視爲固定成本，而非變動成本。另一方面，直接物料則仍爲單位基礎的變動成本。事實上，由於及時制度強調全面品質與長期採購，因此直接物料成本與產量息息相關的假設更趨實際（因爲廢料、碎料、與數量折扣等均不存在）。其它諸如電力與業績獎金等單位基礎變動成本同樣存在。此外，批次水準的變動成本則會消失（在及時制度當中，批次即爲一單位）。於是，及時制度的成本公式可以表示爲：

總成本 = 固定成本 +（單位變動成本 × 單位數量）+
（工程成本工程小時）

由於此乃作業制成本公式的特殊個案，因此不再另行舉例來說。

結語

成本－數量－利潤分析強調價格、收入、數量、利潤與銷售組合之間的互動關係。實務上可以利用成本－數量－利潤分析來決定爲達損益兩平或爲達目標利潤所應賣出的銷貨數量或應賺取的銷貨收入。固定與變動成本模式的改變可影響企業的獲利狀況。企業可以利用 CVP 分析來瞭解價格或成本的特定改變對於損益兩平點的影響。

在單一產品的環境當中，損益兩平點能以銷貨數量或以銷貨金額來表示。本章介紹過兩種方法：營業收益法與貢獻邊際法。

在多重產品的環境當中，必須針對預期銷售組合進行假設。在特定的銷售組合下，多重產品的問題方可轉換成爲單一產品分析。然而，各位必須記得的是，當銷售組合改變的時候，答案也會隨之改變。如果多重產品的企業改變其銷售組合，則其損益兩平點亦會隨之改變。一般而言，高貢獻邊際產品的銷售增加會使損益兩平點降低，而低貢獻邊際產品的銷售增加則會使損益兩平點提高。

實務上應用 CVP 分析的時候，必須謹慎考量許多假設。CVP 分析假設收入與成本函數之間存在線性關係，企業並無期末的在製品存貨，且銷售組合維持不變。CVP 分析同樣也假設售價、固定成本、與變動成本等均屬確實已知。這些假設有助於吾人利用利潤－數量圖表與成本－數量－利潤圖表來進行簡易的圖表分析。

風險與不確定性的衡量指標——諸如安全邊際與經營槓桿等——有助於企業經理人更加瞭解 CVP 分析結果的意涵。靈敏度分析則可讓經理人更明確地掌握各項變數的改變對於 CVP 關係之影響。

CVP 分析亦可應用於作業制成本法，但須經過部份修正。實務上，在作業制成本制度之下亦可進行靈敏度分析。固定成本會和許多跟隨特定作業動因改變的成本區隔開來。此時，吾人可以輕鬆地將變動成本區分為：單位水準、批次水準、與產品水準等不同類別。接下來，便可檢視 CVP 架構下各項決策對於批次與產品之影響。

成本－數量－利潤分析可以透過許許多多的公式來進行。**圖 10-11** 摘錄了數條本章介紹過較常使用的公式。

圖 10-11

重要公式之摘要說明

1. 營業收益 =（價格×數量）-（單位變動成本×數量）- 固定成本
2. 以數量表示之損益兩平點 = 固定成本 /（價格 - 單位變動成本）
3. 銷貨收入 = 價格×數量
4. 以銷貨收入表示之損益兩平點 = 固定成本 / 貢獻邊際比率 或
= 固定成本 /（1 - 變動成本比率）
5. 變動成本比率 = 總變動成本 / 銷貨收入 或 = 單位變動成本 / 價格
6. 貢獻邊際比率 = 貢獻邊際 / 銷貨收入 或 =（價格 - 單位變動成本）/ 價格
7. 安全邊際 = 銷貨收入 - 損益兩平之銷貨收入
8. 營業槓桿程度 = 總貢獻邊際 / 利潤
9. 利潤改變之比例 = 營業槓桿程度×銷貨收入改變之比例
10. 稅後收益 = 營業收益 -（稅率×營業收益）
11. 所得稅 = 稅率×營業收益
12. 稅前收益 = 稅後收益 /（1 - 稅率）
13. 作業制總成本 = 固定成本 +（單位變動成本×數量）+
（批次水準成本×批次動因）+（產品水準成本×產品動因）
14. 作業制損益兩平銷貨數量 =〔固定成本 +（批次水準成本×批次動因）+
（產品水準成本×產品動因）〕/（價格 - 單位變動成本）

習題與解答

I.

卡列斯公司預估明年度的利潤如下：

	總數	單位
銷貨收入	$200,000	$20
減項：變動成本	(120,000)	(12)
貢獻邊際	$ 80,000	$ 8
減項：固定費用	(64,000)	
淨收益	$ 16,000	

作業：

1. 請計算以單位數量表示的損益兩平點。
2. 卡列斯公司必須賣出多少單位的產品才能夠賺取 $30,000 的利潤？
3. 請計算貢獻邊際比率。並請利用此一比率，計算如果卡列斯公司的銷貨收入比預期的數據增加了 $25,000 時的額外利潤。
4. 假設卡列斯公司希望賺取達銷貨收入百分之二十 (20%) 的營業收益。爲了實現上述目標，卡列斯公司必須賣出多少單位的產品？並請編製損益表來支持你的答案。
5. 請就預期的銷貨水準，計算安全邊際。

解答

1. 損益兩平點爲

單位數量 = 固定成本 /（售價－單位變動成本）
= $64,000 / ($20 - $12)
= $64,000 / $8
= 8,000

2. 爲了賺取 $30,000 的利潤所必須賣出的單位數量爲

單位數量 = ($64,000 + $30,000) / $8
= $94,000 / $8
= 11,750

3. 貢獻邊際比率爲 \$8 / \$20 = 0.40。當銷貨收入額外增加 \$25,000 的時候，額外的利潤則爲 0.40 × \$25,000，即 \$10,000。

4. 爲了計算利潤等於銷貨收入的百分之二十 (20%) 所必須賣出的單位數量，令目標收益等於 (0.20)（售價×單位數量）。

營業收益 =（售價×單位數量）－（單位變動成本×單位數量）
　　　　－固定成本

(.2)(\$20)單位數量 = (\$20 × 單位數量)－(\$12 × 單位數量)－ \$64,000

\$4 × 單位數量 = \$64,000

單位數量 = 16,000

損益表如下：

銷貨收入 (16,000 × \$20)	\$320,000
減項：變動費用 (16,000 × \$12)	(192,000)
貢獻邊際	\$128,000
減項：固定費用	(64,000)
營業收益	\$ 64,000

營業收益 / 銷貨收入 = \$64,000 / \$320,000 = 0.20，亦即百分之二十 (20%)。

5. 安全邊際爲 10,000 - 8,000 = 2,000 單位，或 \$40,000 的銷貨收入。

II.

多利製造公司生產以網版印刷不同球隊隊徽的運動上衣。每一件運動上衣的定價是 \$10。成本明細如下：

成本動因	單位變動成本	成本動因水準
銷貨數量	\$ 5	—
設定	450	80
工程小時	20	500

其它資料：

總固定成本（傳統制度）	\$96,000
總固定成本（作業制成本制度）	50,000

作業：

1. 請計算傳統成本方法之下，以銷貨數量表示的損益兩平點。
2. 請計算作業制成本法之下，以銷貨數量表示的損益兩平點。
3. 假設多利公司可以將每一次設定的成本降爲 $150，並將所需的工程小時縮減至 425 小時。試問在此一情況下，爲達損益兩平所須賣出的單位數量爲何？

解答

1. 損益兩平的銷貨數量 = 固定成本 /（售價 − 單位變動成本）
 = $96,000 / ($10 - $5)
 = 19,200 單位
2. 損益兩平的銷貨數量 =〔固定成本 −（設定次數 × 設定成本）−（工程小時 × 工程成本）〕/（售價 − 單位變動成本）
 = [$50,000 + ($450 × 80) + ($20 × 500)] / ($10 - $5)
 = 19,200 單位
3. 損益兩平的銷貨數量 = [$50,000 + ($450 × 80) + ($20 × 425)] /($10 - $5)
 = $82,500 / $5
 = 16,500 單位

重要辭彙

Break-even point 損益兩平點

Common fixed expenses 共同固定費用

Contribution margin ratio 貢獻邊際比率

Cost-volume-profit graph 成本－數量－利潤圖

Degree of operating leverage 經營槓桿比率

Direct fixed expenses 直接固定費用

Margin of safety 安全邊際

Net income 淨收益

Operating income 營業收益

Operating leverage 經營槓桿

Profit-volume graph 利潤－數量圖

Relevant range 相關範圍

Sales mix 銷售組合

Sales-revenue approach 銷貨收入法

Sensitivity analysis 靈敏度分析

Variable cost ratio 變動成本比率

問題與討論

1. 解說 CVP 分析如何應用於管理決策。
2. 說明 CVP 分析中，銷貨數量法與銷貨收入法之差異。
3. 提出「損益兩平點」之定義。
4. 解說超過損益兩平點之後，單位貢獻邊際成爲單位利潤之原因。
5. 如果單位貢獻邊際爲 $7，損益兩平點爲 10,000 單位，則賣出 15,000 單位會產生多少利潤？
6. 何謂變動成本比率？何謂貢獻邊際比率？這兩種比率之間有何關聯？
7. 假設某家公司的固定成本爲 $20,000，且貢獻邊際比率等於 0.4。試問爲達損益兩平，則應賣出多少單位的產品？
8. 假設某家公司的貢獻邊際比率爲 0.5，如果增加 $10,000 的廣告費用，則銷貨收入會增加 $30,000。試問增加廣告費用是否爲良好的決策？
9. 提出「銷售組合」之定義，並舉例支持你的答案。
10. 解說如何將單一產品環境的 CVP 分析應用於多重產品的環境。
11. 假設某家公司生產兩項產品——甲產品和乙產品。去年度，這家公司總共賣出了 2,000 單位的甲產品和 1,000 單位的乙產品。預估明年度的銷售組合維持不變。已知總成本爲 $30,000，甲產品的單位貢獻邊際爲 $10，乙產品的單位貢獻邊際爲 $5。試問，爲達損益兩平，這家公司必須賣出多少單位的甲產品和多少單位的乙產品？
12. 威爾森公司的貢獻邊際比率爲 0.6。損益兩平的銷貨收入爲 $100,000。今年度，威爾森公司的總收入爲 $200,000。試問，威爾森公司的利潤是多少？
13. 解說銷售組合的改變會影響企業的損益兩平點的原因。
14. 提出「安全邊際」的定義，並解說如何利用安全邊際作爲營業風險的原始衡量指標。
15. 解說「經營槓桿」之定義，以及經營槓桿的提高對於風險之影響。
16. 解說 CVP 分析的作業制成本法較傳統成本方法更爲完備深入的原因。
17. 及時制度對於企業的成本公式有何影響？對於 CVP 分析又有何影響？
18. 解說如何將靈敏度分析與 CVP 分析搭配應用？

個案研究

10-1
以銷貨數量表示的損益兩平點

安度公司生產汽車音響喇叭。每一組喇叭的單位變動成本爲 \$35，售價爲 \$60，固定成本則爲 \$37,500。

作業：

1. 每一組喇叭的貢獻邊際爲何？
2. 爲了達到損益兩平，安度公司必須賣出幾組喇叭？
3. 如果安度公司賣出 2,300 組喇叭，其營業收益爲何？

10-2
以銷貨數量表示的損益兩平點

凱洛公司從事樂譜的印製。每一年的固定成本爲 \$45,000。每一份樂譜的單位變動費用爲 \$0.75，每一份樂譜的平均售價爲 \$3。

作業：

1. 爲達損益兩平，凱洛公司必須賣出多少份樂譜？
2. 如果凱洛公司在某一年度賣出 25,000 份樂譜，則其營業收益爲何？
3. 如果每一份樂譜的變動費用增加 \$1，而售價與固定費用均維持不變，則新的損益兩平點爲何？

10-3
銷貨數量的損益兩平點；目標收益

麥絲琳在各地的手工藝展覽會場銷售各式各樣的陶器製品。每一年的固定費用（製陶設備的折舊）是 \$5,000，每一件陶器的平均售價是 \$5.50，每一件陶器的平均變動成本（例如陶土、價格標籤等）則是 \$3.50。

作業：

1. 如欲打平所有的開支費用，麥絲琳必須賣出多少件陶器？
2. 如果麥絲琳希望賺取 \$7,000 的利潤，則須賣出多少件陶器？並請編製變動成本法的損益表來驗證你的答案。

10-4
銷貨數量的損益兩平點

包凱洛和包珍妮姐妹一起創業，成立包氏清潔公司，專門提供家庭清潔的到府服務。每一個月的固定費用——包括辦公室租金、廣告、總機接待等——是 \$4,000。變動費用則爲清潔用品的費用，而每一件到府清潔服務的紙張用品費用是 $22。平均每一件到府清潔服務的收費是 $42。

作業：

1. 為達損益兩平，包氏姐妹平均每個月必須接下幾件到府清潔服務？
2. 如果某個月接下 240 件到府清潔服務，則包氏姐妹的營業收益為何？如果接下 190 件到府清潔服務，則營業收益為何？
3. 假設包氏清潔公司決定將每一件到府清潔服務的收費提高為 $45，則為達新的損益兩平點，包氏清潔公司必須接下幾件到府清潔服務？

> 10-5 以銷貨數量表示的損益兩平點

愛斯頓公司的固定成本為 $125,000。在損益兩平的狀態下，銷貨數量為 100,000 單位。如果已知單位變動成本為 $2.68，試問售價應為多少？

> 10-6 以銷貨數量表示的損益兩平點；稅後目標收益；CVP 分析之假設

艾墨公司生產與銷售汽車房屋和拖車專用的可調整式蓬蓋。市場涵蓋了第一次採購新蓬蓋的消費者，與替換舊蓬蓋的消費者。艾墨公司根據單位售價為 $400 的假設，擬訂了一九九八年的營業計畫。每一件蓬蓋的變動成本預估為 $200，年度總成本預算則為 $100,000。艾墨公司的稅後利潤目標是 $240,000，適用的稅率為百分之四十 (40%)。

雖然歷年來第二季的業績往往會增加，但是今年度五月份的財務報表上卻未出現預期的結果。今年度的前五個月當中，僅以新的價格賣出 350 件蓬蓋，變動成本則和預期相同。除非艾墨公司能夠及時採取補救行動，否則將難達成今年度的稅後利潤目標。艾墨公司的總經理指派經營小組分析目前的情勢，並擬訂解決方案。經過一番研究之後，經營小組向總經理提交三項互斥的解決方案。

甲： 將售價降為 $40，則預估在剩餘月份當中共可賣出 2,700 單位。總固定成本與單位變動成本仍將維持不變。

乙： 使用價格較低的原料，並小幅修正製造技術，可減少 $25 的單位變動成本。售價減少 $30，則預估在剩餘月份當中共可賣出 2,200 單位。

丙： 縮減 $10,000 的固定成本，售價調降百分之五 (5%)。單位變動成本維持不變，則預估在剩餘月份當中共可賣出 2,000 單位。

作業：

1. 假設艾墨公司並未改變售價和成本結構，請計算其為達損益兩平所應賣出的單位數量。
2. 請計算艾墨公司為達稅後利潤目標，所應賣出的單位數量。
3. 試問艾墨公司為達年度稅後利潤目標，應該選擇哪一項解決方案。務必以適當的計算數據來支持你的答案。
4. CVP分析的正確性與可靠度往往會受到許多假設的影響。試找出至少四項假設。

10-7
銷貨金額的損益兩平點

捷傑汽車公司僱用四十五位業務員來推銷豪華的車款。每一輛汽車的平均售價為 \$23,000，業務員每賣出一輛豪華汽車可以獲得百分之六 (6%) 的佣金。捷傑汽車公司正在考慮改變佣金制度，改以支付每一位業務員 \$2,000的固定月薪外加每賣出一輛汽車可得百分之二 (2%) 的佣金。試問，當每一個月的汽車銷貨收入達到多少的時候，捷傑汽車公司其實可以不必大費周章地考慮究竟應該採取哪一種制度？

10-8
銷貨金額的損益兩平點；各項變數的改變

巴尼公司生產滑雪板，目前正在編製下一年度的預算。今年度的損益表明細如下：

銷貨收入		\$1,500,000
銷貨成本：		
直接物料	\$250,000	
直接人工	150,000	
變動費用	75,000	
固定費用	100,000	575,000
毛利		\$ 925,000
銷售與行政費用：		
變動	\$200,000	
固定	250,000	450,000
營業收益		\$ 475,000

作業：

1. 今年度巴尼公司的損益兩平點爲何？（四捨五入至整數位）
2. 明年度，巴尼公司預期變動成本將增加百分之十(10%)，固定費用增加 $45,000。試問明年度的損益兩平點爲何？

10-9
銷貨數量的損益兩平點

馬堂恩和他的兩位同事正在考慮在大都會區開設一家法律事務所，以一般民衆可以負擔的收費，提供各項法律服務。爲了達到便民的目的，新的事務所打算一年三百六十五天都開門營業，每天營業時間並長達十六小時（從早上七點到晚上十一點）。事務所每八小時爲一班次，每一班次都僱有一位律師、一位律師助理、一位秘書和一位接待人員。

爲了瞭解此一計畫的可行性，馬堂恩聘請了一位行銷顧問來協助進行市場的預測工作。研究結果顯示，如果新的律師事務所在開業第一年花費 $500,00 的廣告費用，則每一天的新客戶數目的機率分佈如下：

每天新客戶的數目	機率
20	.10
30	.30
55	.40
85	.20

馬堂恩和他的同事認爲這些預估數據相當合理，並準備投注 $500,000 在廣告費用上。其它相關資訊分述如下：

針對每一位新客戶，僅收取 $30 的首度諮詢費。所有需要進一步法律服務的案件，如果客戶同意事務所收取勝訴所能求償金額的百分之三十 (30%)，事務所則會接下這些案件。馬堂恩估計百分之二十的新客戶的案件會勝訴，平均每一次勝訴可以收取 $2,000 的費用。馬堂恩並不認爲開業第一年會有重覆的客戶。

事務所員工的鐘點薪資預計爲律師 $25、助理律師 $20、秘書 $15 和接待人員 $10。員工福利支出爲薪資支出的百分之四十 (40%)。預期第一年將會需要400小時的加班時數，且將平均分配給秘書和接待人員。加班時薪為正常時薪的一點五倍。

馬堂恩找到了面積六千平方英呎的辦公室，租金為每年每平方英呎 $28。相關費用包括產物保險的 $22,000 和水電費用的 $32,000。

律師事務所必須投保執業保險，預期每一年的保費為 $180,000。

辦公設備的始業投資為 $60,000；這些辦公設備的預估使用年限為四年。

辦公用品的成本預估為每一件新客戶諮詢案件 $4。

作業：

1. 請計算在開業的第一年，新的律師事務所必須承接多少位新客戶的諮詢才能夠達到損益兩平。
2. 請根據行銷顧問所提供的資訊，決定新的律師事務所是否能夠達到損益兩平。

10-10
稅後收益目標；利潤分析

西伯利亞滑雪公司最近擴增製造設備。新的製造設備擁有多達15,000雙的登山用長程滑雪鞋或旅行用長程滑雪鞋。業務部門向管理部門保證，每一年公司可以賣出每一種款式 9,000 雙到 13,000 雙的滑雪鞋。由於這兩種款式非常相近，因此西伯利亞滑雪公司將只生產其中一種款式。

公司的會計部門整理出下列資訊。

	每單位（每雙）資料	
	登山用	旅行用
售價	$88.00	$80.00
變動成本	52.80	52.80

如果只生產登山用滑雪鞋，則固定成本總計為 $369,600；如果只生產旅行用滑雪鞋，則總固定成本僅為 $316,800。西伯利亞滑雪公司適用百分之四十 (40%) 的收益稅率。

作業：

1. 如果西伯利亞公司希望達到 $24,000的稅後淨收益，則必須賣出多少雙的旅行用滑雪鞋？
2. 假設西伯利亞公司決定只要生產其中一個款式的滑雪鞋。則當無論西伯利亞公司決定生產哪一種款式，都會達到同樣的利潤或虧損時的總銷貨收入為何？
3. 如果業務部門可以保證每一種款式的滑雪鞋的年度銷售量可以達到12,000雙，則西伯利亞公司應該選擇生產哪一種款式？原因為何？

10-11
利用電腦試算表來求算多重產品的損益兩平點；改變銷售組合

此處再度提出惠德公司的預估損益表。各位應該記得，這些預估數據係以 1,200 台人工除草機和 800 台電動除草機的銷售量為基礎。

	人工除草機	電動除草機	總數
銷貨收入	$480,000	$640,000	$1,120,000
減項：變動費用	(390,000)	(480,000)	(870,000)
貢獻邊際	$ 90,000	$160,000	$ 250,000
減項：直接固定費用	(30,000)	(40,000)	(70,000)
產品邊際	$ 60,000	$120,000	$ 180,000
減項：共同固定費用			(26,250)
營業收益			$153,750

作業：

1. 將上述損益表建立在試算表上（例如：Lotus 1-2-3 或 Excel）。接下來，將下列銷售組合代入，並請計算營業收益。務必將每一種銷售組合（第 1 到第 4）的結果列印出來。

	人工除草機	電動除草機
1.	1,100	1,000
2.	1,500	500
3.	500	1,500
4.	800	1,200

2. 請就第一題提出的四種銷售組合，計算每一項產品的損益兩平銷貨數量。

10-12
損益兩平的銷貨數量；稅後利潤；安全邊際

摩斯公司製造與銷售玉米脆片。目前，摩斯公司僅僅生產一種玉米脆片，以十一盎斯的份量裝入紙袋，賣給零售商的價格是每袋 $1.50。每一袋的變動成本如下：

玉米	$0.70
蔬菜油	0.10
其它添加物	0.03
銷售	0.17

每一年的固定製造成本是 $300,000。行政管理成本（固定）總計為 $100,000。

作業：

1. 請計算為達損益兩平，摩斯公司必須賣出多少袋的玉米脆片？
2. 請計算為賺取 $150,000 的稅前利潤，摩斯公司必須賣出多少袋的玉米脆片？
3. 假設摩斯公司適用百分之六十(60%)的稅率，請計算為賺取 $284,000 的稅前利潤，摩斯公司必須賣出多少袋的玉米脆片？
4. 假設摩斯公司預期賣出一百二十萬袋的玉米脆片。請問安全邊際為何？

10-13
貢獻邊際；銷貨數量與銷貨收入

下表為四家獨立的企業的資訊。請計算每一個問號所代表的正確金額。

	甲公司	乙公司	丙公司	丁公司
銷貨收入	$10,000	?	?	$9,000
總變動成本	(8,000)	(11,700)	(9,750)	?
貢獻邊際	$ 2,000	$ 3,900	$?	$?
總固定成本	?	(5,000)	?	(750)
淨收益	$ 1,000	$?	$ 400	$2,850

	甲公司	乙公司	丙公司	丁公司
銷貨數量	?	1,300	125	9
單價	$5	?	$ 130	?
單位變動成本	?	$9	?	?
單位貢獻邊際	?	$3	?	?
貢獻邊際比率	?	?	40%	?
損益兩平的銷貨數量	?	?	?	?

10-14
銷貨金額的損益兩平點；安全邊際

去年度，天路航空公司的收入爲 $675,000，總變動成本爲 $202,500，固定成本爲 $200,000。

作業：

1. 根據去年度的資料，請問天路公司的貢獻邊際比率爲何？其損益兩平的銷貨收入爲何？
2. 天路公司去年度的安全邊際爲何？
3. 天路公司正在考慮一項多媒體的廣告計畫，預期每年可以提高 $150,000 的業績。這項廣告計畫的成本爲 $106,000。試問，進行這項廣告計畫是否是一項好的想法？並請解說你的理由。

10-15
銷貨數量的損益兩平點

史帝文森公司的損益兩平點是 1,000 單位的產品。單位變動成本爲 $150，每一年的固定成本總數爲 $80,000。試問，史帝文森公司的產品價格應該是多少？

10-16
貢獻邊際；CVP 分析；淨收益；安全邊際

甜酥公司生產一種特製的堅果夾心軟糖。每一袋重量爲十盎斯的盒裝售價爲 $5.50。單位變動成本如下：

胡桃	$ .75
糖	.35
奶油	1.75
其它添加物	.24
紙盒，包裝材料	.76
銷售佣金	.55

每一年的固定費用成本是 $24,000。每一年的固定銷售與行政管理成本是 $9,000。去年度甜酥公司總共賣出 35,000 盒的堅果軟糖。

作業：

1. 請問每一盒堅果軟糖的單位貢獻邊際爲何？貢獻邊際比率又爲何？
2. 請問爲達損益兩平，甜酥公司必須賣出多少盒堅果軟糖？損益兩平的銷貨收入爲何？
3. 請問去年度甜酥公司的淨收益是多少？
4. 請問安全邊際爲何？
5. 假設甜酥公司將每一盒堅果軟糖的售價提高 $6.00，但是預期銷售量將會下滑至 31,500 盒。請問新的損益兩平的銷貨收入是多少？試問，甜酥公司是否應該提高售價？並請解說你的理由。

10-17
銷貨金額的損益兩平點；變動成本比率；貢獻邊際比率；安全邊際

藍伯公司生產與銷售經濟型的滑雪大衣。明年度的預算損益表爲：

銷貨收入	$600,000
減項：變動費用	(400,000)
貢獻邊際	$200,000
減項：固定費用	(120,000)
稅前利潤	$ 80,000
減項：收益稅	(24,000)
稅後利潤	$ 56,000

作業：

1. 請問藍伯公司的變動成本比率爲何？其貢獻邊際比率爲何？
2. 假設藍伯公司的實際收入比預算收入多出 $60,000，則其實際稅前利潤會比預算稅前利潤超出多少？回答此題時毋須編製損益表。
3. 請問爲達損益兩平，藍伯公司必須賺取多少銷貨收入？藍伯公司的預期安全邊際爲何？
4. 請問爲達 $100,000 的稅前利潤，藍伯公司必須賺取多少銷貨收入？如欲達 $84,000 的稅後利潤，藍伯公司又必須賺取多少銷貨收入？並請編製邊際損益表來驗證你的答案。

10-18
經營槓桿

兩家同屬一個產業的公司的損益表如下：

	甲公司	乙公司
銷貨收入	$500,000	$500,000
減項：變動成本	(350,000)	(200,000)
貢獻邊際	$150,000	$300,000
減項：固定成本	(50,000)	(250,000)
營業收益	$100,000	$ 50,000

作業：

1. 請計算每一家公司的經營槓桿比率。
2. 請計算每一家公司的損益兩平點，並請解說何以乙公司的損益兩平點較高的原因。
3. 假設兩家公司的銷貨收入都增加了百分之五十 (50%)，請計算每一家公司利潤增加的百分比例。並請計算乙公司利潤的增加幅度高於甲公司利潤增加的幅度的原因。

10-19
多重產品的 CVP 分析

湯普森公司生產科學用與商業用的計算機。明年度，湯普森公司預期銷售 200,000 台的科學用計算機與 100,000 台的商業用計算機。這兩項產品的損益表如下：

	科學用計算機	商業用計算機	總計
銷貨收入	$5,000,000	$2,000,000	$7,000,000
減項： 變動成本	(2,400,000)	(900,000)	(3,300,000)
貢獻邊際	$2,600,000	$1,100,000	$3,700,000
減項： 直接固定成本	(1,200,000)	(960,000)	(2,160,000)
分項邊際	$1,400,000	$ 140,000	$1,540,000
減項： 共同固定成本			(800,000)
營業收益			$ 740,000

作業：

1. 請計算為達損益兩平，湯普森公司必須賣出多少台的科學用計算機與商業用計算機。
2. 請利用上表當中的總計數據，計算湯普公司為達損益兩平所必須賺取的銷貨收入。

10-20
單價之改變對於損益兩平點之影響

山德公司的損益表如下：

銷貨收入	$500,000
減項： 變動費用	(275,000)
貢獻邊際	$225,000
減項： 固定費用	(180,000)
營業收益	$ 45,000

山德公司生產與銷售單一產品。上述損益表係以10,000單位的銷貨數量為基礎所編製。

作業：

1. 請計算損益兩平的銷貨數量與銷貨收入。
2. 假設產品售價提高百分之十 (10%)，請問新的損益兩平點會增加還是減少？請再重新計算一次。
3. 假設單位變動成本增加 $0.35，請問新的損益兩平點會增加還是減少？請再重新計算一次。
4. 如果售價與單位變動成本同時增加，你是否能夠預測新的損益兩平點會增加還是減少？請利用第2題與第3題的變化趨勢，再重新計算一次。
5. 假設總固定成本增加 $50,000（假設原始資料沒有任何其它改變），請問新的損益兩平點會增加還是減少？請再重新計算一次。

歐法公司生產單一產品。明年度的預估損益表如下：

10-21
損益兩平；稅後目標收益；安全邊際；經營槓桿

銷貨收入（50,000單位，單價 $40）	$2,000,000
減項：變動成本	(1,100,000)
貢獻邊際	$ 900,000
減項：固定成本	(765,000)
營業收益	$ 135,000

作業：

1. 請計算為達損益兩平，歐法公司必須賣出的銷貨數量與單位貢獻邊際。假設銷貨數量比損益兩平點超出 30,000 單位，請問此時的利潤是多少？
2. 請計算損益兩平的銷貨收入與貢獻邊際比率。假設銷貨收入比損益兩平點超過 $200,000，請問此時的總利潤是多少？
3. 請計算安全邊際。
4. 請計算經營槓桿，並請計算當銷貨數量比預期超過百分之二十 (20%) 的時候，新的利潤水準為何？
5. 請問為賺取相當於銷貨收入百分之十的利潤，歐法公司必須賣出多少單位的產品？
6. 假設歐法公司適用百分之四十 (40%) 的稅率，請問為賺取 $180,000 的稅後利潤，歐法公司必須賣出多少單位的產品？

西佛公司生產水蜜桃果醬。目前每一罐果醬的售價是 $3.50，每一罐果醬的單位變動成本是 $1.40，固定成本是 $50,000。西佛公司適用百分之三十三 (33%) 的稅率。去年度，西佛公司總共賣出 27,300 罐的水蜜桃果醬。

10-22
CVP 分析；稅前與稅後的目標淨收益

作業：

1. 請問去年度，西佛公司稅後淨收益是多少？
2. 請問西佛公司的損益兩平銷貨收入是多少？
3. 假設西佛公司希望賺取 $13,000 的稅前收益，則必須賣出多少罐的水蜜桃果醬？

4. 假設西佛公司希望賺取 $13,000 的稅後收益，則必須賣出多少罐的水蜜桃果醬？

10-23
CVP 分析之基本概念

多比公司生產各式各樣的玻璃製品。其中一個部門生產小型汽車的擋風玻璃。明年度，這個部門的預估損益表如下：

銷貨收入	$7,500,000
減項：變動費用	(3,500,000)
貢獻邊際	$4,000,000
減項：固定費用	(3,200,000)
營業收益	$ 800,000

作業：

1. 請計算單位貢獻邊際與損益兩平的銷貨數量。請利用貢獻邊際比率，再重新計算一次。
2. 部門經理決定增加 $100,000 的廣告費用，並將售價降爲 $45。這些舉動將能增加 $1,000,000 的銷貨收入。請問這些決定是否能爲這個部門帶來更高的利潤？
3. 假設銷貨收入比損益表的預估金額超出 $540,000。請問利潤低估了多少？（回答此一問題時，毋須編製新的損益表。）
4. 爲了賺取 $1,254,000 的稅後利潤，多比公司必須賣出多少單位的小型汽車擋風玻璃？假設多比公司適用百分之三十四 (34%) 的稅率。如果多比公司希望達到相當於銷貨收入百分之十 (10%) 的稅後利潤目標，則必須賣出多少單位的小型汽車擋風玻璃？
5. 請根據上述損益表，計算安全邊際。
6. 請根據上述損益表，計算經營槓桿。如果銷貨收入比預期的數據超出百分之二十 (20%)，請問利潤增加的百分比例爲何？

10-24
CVP 成本公式：基本概念：未知數的解決方案

椰酥公司生產杏仁巧克力棒。每一支巧克力棒的售價是 $0.40。每一支巧克力棒的變動成本（包括糖、巧克力、杏仁、包裝材料和人工等）總計爲 $0.25。總固定成本是 $60,000。最近一個年度裡，椰酥公司總共賣出了 1,000,000 支的巧克力棒。耶酥公司的總經理對於巧克力棒的利潤績效表現並不十分滿意，因此正在考慮下列方案以提高巧克力棒的獲利：(1) 提高廣告費用、(2) 提高添加物的品質並同時提高售價、(3) 提高售價以及 (4) 綜合上述三項方案。

作業：

1. 業務經理相信廣告計畫能讓銷貨數量增加一倍。如果椰酥公司總經理的目標是今年度的利潤比去年度提高百分之五十 (50%)，請問可以花費在廣告上面的最高金額是多少？
2. 假設椰酥公司提高產品添加物的品質，使得單位變動成本增加爲 $0.30。請回答下列問題：
   a. 爲了維持同樣的損益兩平點，椰酥公司必須將售價提高多少？
   b. 如果椰酥公司希望將原來的貢獻邊際比率再提高百分之五十 (50%)，則新的售價應該是多少？
3. 椰酥公司已經決定將售價提高爲 $0.50。銷售量由 1,000,000 單位縮減爲 800,000 單位。請問提高售價是否爲良好的決策？並請計算椰酥公司爲了維持和去年度一樣的利潤所必須賣出的銷貨數量。
4. 業務經理相信藉由提高產品添加物的品質（單位變動增加爲 $0.30）、廣告添加物的品質提升（廣告費用會再增加 $100,000）等方式可以將銷售量提高一倍。他同時還指出，只要調高後的售價不超過目前售價的百分之二十 (20%)，則提高售價將不致影響銷貨數量增加一倍的機會。請計算爲達提高百分之五十 (50%) 的利潤之目標，椰酥公司所應訂定的售價。業務經理的計畫是否可行？你會選擇何種售價？原因何在？

10-25
銷貨收入法之基本概念

凱峰公司生產一種玩具手槍。明年度的預估損益表如下：

銷貨收入	$480,000
減項：變動成本	(249,000)
貢獻邊際	$230,400
減項：固定成本	(180,000)
營業收益	$ 50,400

作業：

1. 請計算玩具手槍的貢獻邊際比率。
2. 請問為達損益兩平，凱峰公司必須賺取多少銷貨收入？
3. 請問如果凱峰公司希望達到相當於銷貨收入百分之八的稅後利潤，則應賺取多少銷貨收入？
4. 請問如果單位售價與單位變動成本都增加百分之十，則對貢獻邊際比率有何影響？
5. 假設凱峰公司的管理階層決定發放百分之三 (3%) 的銷售佣金。預估損益表並不會影響此一銷售佣金。假設凱峰公司將會支付上述佣金，請重新計算貢獻邊際比率。試問，此一新的貢獻邊際比率對於損益兩平點有何影響？
6. 如果凱峰公司決定支付第五題的銷售佣金，管理階層預期銷貨收入會增加 $80,000。請問此一佣金決策是否有效？並請以適當的計算過程來支持你的答案。
7. 請沿用同樣的資料，計算安全邊際與經營槓桿。並請計算當銷貨數量增加百分之十五 (15%) 的時候，利潤隨之增加的百分比例。

10-26
CVP 分析：銷貨收入法；定價；稅後利潤目標

凱令顧問公司是一家以機械系統、水利系統與數值系統的設計、安裝與服務見長的專業服務機構。舉例來說，許多製造業者的機械設備在運轉期間無法暫時關閉，因此需要某種系統來潤滑使用中的機械。為了替客戶解決此類問題，凱令公司設計了一套中央潤滑系統，可以利用幫浦將潤滑劑送至機械的軸承與移動中的零件。

凱令公司一九九七年的營業結果如下：

銷貨收入	$802,429
減項：變動成本	(430,000)
貢獻邊際	$372,429
減項：固定費用	(154,750)
營業收益	$217,679

一九九八年度，凱令公司預期變動成本會增加百分之五 (5%)，固定成本會增加百分之四 (4%)。

作業：

1. 請問一九九七年的貢獻邊際比率爲何？
2. 請計算一九九七年，凱令公司的損益兩平銷貨收入。
3. 假設凱令公司希望一九九八年的淨收益能夠提高百分之六 (6%)。請問爲了涵蓋預期增加的成本並達到預期的淨收益，凱令公司必須提高（平均）多少百分比的售價？假設凱令公司預期一九九八年的銷售組合與服務件數和一九九七年相同。
4. 一九九八年度，爲了達到 $175,000 的稅後目標，凱令公司必須賺取多少銷貨收入？並假設凱令公司適用百分之三十四 (34%) 的稅率。

10-27
多重產品；損益兩平分析；經營槓桿；分項損益表

營養食品公司生產兩種不同的零食。營養公司以箱爲單位將產品賣給零售商。甲零食的售價是每箱 $30，乙零食的售價則是每箱 $20。明年度的預估損益表如下：

銷貨收入	$600,000
減項：變動成本	(400,000)
貢獻邊際	$200,000
減項：固定費用	(150,000)
營業收益	$ 50,000

營養公司的老闆估計，甲零食的銷貨收入將佔總銷貨收入的百分之六十 (60%)，乙零食的銷貨收入將佔總銷貨收入的百分之四十 (40%)。同時，甲零食也佔了變動費用的百分之六十 (60%)。至於固定費用的部份，兩種零食總共佔了三分之二，剩餘的三分之一則可直接追蹤至甲零食的產品線。

作業：

1. 請計算爲了達到損益兩平，營養公司所必須賺取的銷貨收入。
2. 請計算爲了達到損益兩平，營養公司所必須分別賣出的甲零食與乙零食的箱數。
3. 請計算營養公司的經營槓桿比率。現在假設實際收入比預估收入超出百分之四十 (40%)，請問利潤隨之增加的百分比例。

10-28
多重產品的損益兩平；固定成本的改變

蓋里公司製造兩種產品：甲產品和乙產品。固定成本總計為 $146,000。甲產品的單價是 $12，單位變動成本是 $6。乙產品的單價是 $8，單位變動成本是 $5。

作業：

1. 請問甲產品與乙產品的單位貢獻邊際與貢獻邊際比率分別是多少？
2. 如果蓋里公司賣出 20,000 單位的甲產品與 40,000 單位的乙產品，請問其淨收益是多少？
3. 假設以第 2 題的銷售組合為準，請問為達損益兩平，蓋里公司必須賣出多少單位的甲產品和多少單位的乙產品？
4. 假設蓋里公司有機會可以重新安排工廠只生產乙產品。如果蓋里公司只生產乙產品，則固定成本會增加 $35,000，且能生產並賣出 70,000 單位的乙產品。請問此一改變是否適當？並請解說你的理由。

10-29
銷貨數量與銷貨金額的損益兩平點；安全邊際

艾利斯公司生產單一產品。去年度的損益表如下：

銷貨收入	$1,218,000
減項：變動成本	(812,000)
貢獻邊際	$ 406,000
減項：固定成本	(300,000)
營業收益	$ 106,000

作業：

1. 請分別計算以銷貨數量與銷貨收入表示的損益兩平點。
2. 請問去年度，艾利斯公司的安全邊際是多少？
3. 假設艾利斯公司正在考慮投資一項新的技術。這項新技術將會使得每一年的固定成本提高 $250,000，但會使得變動成本降為銷貨收入的百分之四十五 (45%)。銷貨數量仍將維持不變。假設艾利斯公司決定進行上述投資，請編製預算損益表，並請問新的損益兩平銷貨數量是多少？

10-30
多廠損益兩平

加華公司的斷電裝置部門生產農業設備所需的斷電裝置。總部位於比歐利亞市的斷電裝置部門在該市擁有一座最近才重新改裝過的工廠，另外在莫林市也有一座較爲老舊、自動化程度較低的工廠。這兩座工廠當生產相同的農業用拖曳機所須的斷電裝置，出售給國內外的農業用拖曳機製造商。

斷電裝置部門預期明年度生產並銷售 192,000 個斷電裝置。部門經理提供兩座工廠的單位成本、單位售價與生產產能資訊分別如下。

	比歐利亞廠		莫林廠	
售價		$150.00		$150.00
變動製造成本	$72.00		$88.00	
固定製造成本	30.00		15.00	
佣金(5%)	7.50		7.50	
一般與行政費用	25.50		21.00	
總單位成本		135.00		131.50
單位利潤		$ 15.00		$ 18.50
每日產能	400 單位		320 單位	

所有的固定成本係以每年 240 個工作天的正常水準爲基礎。年度工作天數超過 240 天時，比歐利亞廠的單位變動製造成本會增加 $3.00，莫林廠的單位變動製造成本則會增加 $8.00。兩座工廠的產能都是 300 個工作天。

加華公司向兩座工廠收取行政管理服務費，其中包含了薪資、一般會計、與採購等，因爲加華公司認爲這些服務屬於這兩座工廠所執行的工作範圍。加華公司向這兩座工廠收取每生產一單位產品 $6.50 的服務費用，代表一般與行政管理費用的變動部份。

爲了使得莫林廠的單位利潤達到最高水準，斷電開關部門經理決定每一座工廠都將生產 96,000 個斷電裝置。此一生產計畫將使得莫林廠的產能發揮到極限，而比歐利亞廠的產能則在正常水準內。加華公司的會計長對於這項生產計畫並不滿意，他希望瞭解如果比歐利亞廠能夠發揮較多的產能的話，是否更爲理想。

作業：

1. 請計算兩座斷電裝置工廠的年度損益兩平銷貨數量。
2. 如果在 192,000 的總產量中，比歐利亞廠生產 120,000 單位，而莫林廠生產 72,000 單位的話，請計算總產量 192,000 單位的營業收益。
3. 如果依照部門經理的生產計畫，每一座工廠都生產 96,000 單位的話，請計算總產量 192,000 單位的營業收益。

10-31
CVP 分析與假設

馬斯頓公司製造醫藥產品，並透過位於美國與加拿大境內的經銷商來銷售產品。現階段，經銷商收取百分之十八 (18%) 的佣金。一九九八年六月份會計年度結束時所編製的損益表即根據此一佣金比率計算而得。

馬斯頓公司
損益表
一九九八年六月三十日（單位：千元）

銷貨收入		$26,000
銷貨成本：		
變動	$11,700	
固定	2,870	14,570
毛利		$11,430
銷售與行政管理成本：		
佣金	$ 4,680	
固定廣告成本	750	
固定管理成本	1,850	$ 7,280
營業收益		$ 4,150
固定利息成本		650
稅前收益		$ 3,500
收益稅(40%)		1,400
淨收益		$ 2,100

完成上述損益表之後，馬斯頓公司獲悉經銷商要求下一年度的佣金比率提高到百分之二十三 (23%)。因此，馬斯頓公司的總經理決

定針對自行僱用業務員來取代經銷商的可行性進行瞭解，並且指派會計長羅湯姆蒐集此一改變的相關成本資訊。

羅湯姆估計，馬斯頓公司必須僱用八位業務員才能夠涵蓋目前的市場範圍，而每一位業務員的年度薪資成本平均為 $80,000（包括福利支出在內）。預期每一年的差旅和交際費用為 $600,000，而僱用一位業務經理和一位業務秘書的年度成本則為 $150,000。除了薪資之外，業務員的業績達到第一個兩百萬的時候必須支付百分之十 (10%) 的獎金，超過兩百萬的部份則須支付百分之十五 (15%) 的獎金。為了規劃的目的，羅湯姆預期這八位業務員的業績都將超過兩百萬，而年度業績則將與預期數字相同。羅湯姆相信，公司的廣告預算也將增加 $500,000。

作業：

1. 如果馬斯頓公司僱用自己的業務員，並且增加廣告預算的話，請計算一九九八年六月三十日結束的會計年度之損益兩平銷貨金額。
2. 如果馬斯頓公司仍然保有目前的經銷商網路，並且支付更高比例的佣金給這些經銷商，請問為了達到和上述損益表中相同的淨收益，馬斯頓公司在一九九八年六月三十日結束的會計年度之預估銷貨金額應為多少？
3. 請提出可能會限制了損益兩平分析的假設內容。

10-32
多重產品服務業之個案探討：損益兩平；定價與排程決策

猶他大都會芭蕾舞團位於美國鹽湖城的首都劇院。猶他芭蕾舞團每年會演出五齣不同的芭蕾舞劇碼。今年度，猶他芭蕾舞團演出的劇碼為 The Dream, Petrushka, The Nutcracker, Sleeping Beauty 和 Bugaku。

猶他芭蕾舞團的團長針對下一季的演出場次做了如下的安排：

The Dream	5
Petrushka	5
The Nutcracker	20
Sleeping Beauty	10
Bugaku	5

爲了製作這些戲碼，必定會產生服裝、提詞、排演、版權、客串演出費、幕後工作人員薪資、音樂與化裝間等成本。無論演出場次多寡，每一齣戲碼的這些成本都是固定不變的。以下列出每一齣戲碼的直接固定成本：

The Dream	Petrushka	The Nutcracker	Sleeping Beauty	Bugaku
$275,500	$145,500	$70,500	$345,000	$155,500

其它固定成本如下：

廣告	$ 80,000
保險	15,000
行政人員薪資	222,000
辦公室租金、電話費等	84,000
總計	$401,000

每場芭蕾舞表演也會發生以下的成本：

猶他交響樂團	$3,800
場地租金	700
舞者薪資	4,000
總計	$8,500

芭蕾舞劇上演的劇院設有1,854席座位，分爲A、B、C三個等級。A級座位視野最好，B級座位介於中間，C級座位的視野最差。這三種座位的資訊分述如下：

	A座位	B座位	C座位
席次	114	756	984
票價	$35	$25	$15
每一場演出售出的百分比例*			
The Nutcracker	100%	100%	100%
其它	100	80	75

*根據以往的經驗，預估下一季的售票情況仍將維持不變。

作業：

1. 請計算這些預定表演的預期收入，並請編製分項損益表。
2. 請計算爲了達到損益分項邊際，每一齣劇碼所必須進行的表演場次。
3. 請計算爲了達到全團的損益兩平，每一齣劇碼所必須進行的表演場次。如果你是芭蕾舞團的團長，你會如何改變預定的表演？
4. 假設芭蕾舞團可以白天加演最受歡迎的胡桃鉗，票價則比晚場少 $5。已知劇院的白天租金爲 $200。芭蕾舞團的團長認爲應該可以加演五場，而且可以賣出百分之八十 (80%) 的座位。請問白天加演的場次對於芭蕾舞團的獲利有何影響？對於全團的損益兩平點又有何影響？
5. 假設除了目前預定的表演場次之外，不可能在晚間再加演任何場次。假設芭蕾舞團將在白天加演五場胡桃鉗。同樣地，芭蕾舞團預期將會獲得 $60,000 的政府補助和民間贊助款項。芭蕾舞團是否能夠達到損益兩平？如果不能，你會採取哪些行動來創造收入？假設加演任何場次的胡桃鉗都不可行。

10-33
成本習性與損益兩平分析個案：可供評估與決策參考之CVP分析

雷諾運輸和倉儲公司是在一九六二年，由雷諾先生於內布拉斯加州林肯市所創立。一九七八年，雷諾公司首次達到一百萬元的營業額。接下來的兩年當中，雷諾公司的營業額穩定成長；一九八O年政府放鬆運輸業的管制之後，雷諾公司的營業額甚至連續數年大幅攀升。遺憾的是，到了一九九四年末，雷諾公司的收入卻出現滑落的現象。接下來的兩年當中，收入僅能與支出打平。一九九七年末的收入總計爲 $5,300,000，當年度的損益表列示於後。

創辦人雷艾倫看過一九九七年的損益表之後，召開了一次會議討論公司的財務狀況。他召集了業務經理杰海蒂和會計長比艾克與會。

雷艾倫：我們的稅前收益由佔銷貨收入百分之十二 (12%) 的最高點滑到至去年度的百分之四 (4%)。我知道你們兩位都曉得這個問題，相信你們對於如何改善營業額下滑的問題也有很好的建議。我想聽聽你們的意見。

杰海蒂：雷諾，我們這個行業的同業競爭愈來愈激烈。對於提高營業額，我個人有兩點建議。首先，必須增加廣告預算。我們公司的信譽一向良好，我認爲應該善用此一特點。我建議多強調我們在電子設備與其它精密儀器方面的專業知識。我們公司在這方面的損失相當微小。我們公司的記錄一向比競爭者好上許多，我們必須讓顧客——包括潛在顧客——知道我們的服務品質。

雷艾倫：這個建議聽起來不錯。你需要增加多少廣告預算？還有你預估可以增加多少營業額？

杰海蒂：爲了確實達到效果，我必須增加比目前還要多一倍的廣告預算。我猜測銷貨收入將可提高百分之二十 (20%)。另外，我還有一項建議。我認爲我們應該考慮進軍國際商品與貨物運送市場。許多企業都有將貨物運至國外的需求，我相信如果我們進軍國際市場的話，這些企業一定會選擇我們。根據初步的分析顯示，第一年我們就可以拿下 $500,000 的營業額。

雷艾倫：這兩項建議似乎都可能改善公司的獲利情況。比艾克，你可不可以負責蒐集相關資料，針對這兩項可能對利潤造成的影響提出合理的預估？

比艾克：當然可以。我也有一項建議——我計劃採行成本會計制度。根據目前的作法，我們無法確實瞭解每一項服務的眞正成本。我相信在不改變服務品質的前題下，仍有降低成本的希望。

雷艾倫：我絕對贊成儘可能地降低成本。但是我必須強調的是，目前我還不希望進行任何的裁員動作。我希望能夠保障員工的工作權益。非有必要，我寧可減薪，也不願意輕易縮減公司的人員編制。截至目前爲止，就算公司營業額不斷下滑，我們也還能保有所有的員工。我認爲這是正確的政策。如果杰海蒂的兩項建議都可行的話，毋須增加新的員工，我們大可針對現有的忠誠度較高的員工進行一連串的訓練。

收入：		
本地	$1,433,500	
跨州	510,000	
州內	2,490,500	
貨櫃	330,000	
包裝	437,000	
倉儲	289,000	
總收入		$5,493,000
減項：費用		
外勤車輛修理	$ 220,000	
汽油	352,000	
業績獎金	102,000	
輪胎、油料	20,500	
工資（駕駛和助手）	1,584,000	
內部維護	293,000	
廣告	88,000	
設備租金	422,000	
包裝材料	557,000	
薪資	821,000	
貨物遺失賠償	234,000	
水電費	16,700	
保險	44,000	
燃料稅與關稅	132,000	
呆帳	193,000	
折舊	205,000	
總費用		(5,284,200)
稅前收益		$ 208,800
減項：收益稅（州政府與聯邦政府：42%）		(87,696)
淨收益		$ 121,104

作業：

1. 請將一九九七年損益表內的所有費用區分爲變動費用或固定費用。假設相對於銷貨收入而言，每一項費用都屬於典型的變動費用或典型的固定費用。完成分類之後，請編製變動成本法損益表。
2. 請利用第1題的資訊，計算爲達損益兩平，雷諾公司所必須創造的銷貨收入。現在再請計算爲達相當於銷貨收入百分之十二 (12%) 的利潤，雷諾公司所必須賺取的銷貨收入。
3. 如果誠如杰海蒂所預測，一九九八年度的利潤將維持不變且銷貨收入將會增加百分之二十 (20%)，請問雷諾公司可以花費在廣告上面的額外費用最高金額是多少？假設杰海蒂在廣告上面花費了她所要求的額外金額，並且銷貨收入的確增加了百分之二十 (20%)，請問對於利潤有何影響？杰海蒂的建議應否被採納？
4. 假設可以直接追蹤至國際市場的固定費用爲 $200,000，並假設此一項目的變動成本比率和第1題所編製的一九九七損益表所計算的數據相同。請計算爲達國際市場的損益兩平，雷諾公司必須在此一項目上賺取多少銷貨收入？預期的安全邊際是多少？你是否會建議雷諾公司進軍國際市場？原因何在？
5. 假設雷艾倫先生決定同時提高廣告費用並進軍國際市場，並假設實際總銷貨收入增加了百分之十 (10%)，其中有 $340,000 是來自於過際市場的銷貨收入，剩餘的部份則是來自於增加的廣告。請利用第1題與第4題的資料，回答下列問題：
   a. 這兩項決策會對稅前利潤產生多少影響？
   b. 增加的利潤當中可以歸功於廣告計畫的部份有多少？可以歸功於國際市場的部份又有多少？針對下一年度，你會提出什麼建議？雷諾公司是否應該繼續執行這兩項策略？或者雷諾公司是否應該只採取其中一項？又或者兩者都應放棄？並請解說你的理由。
   c. 假設在廣告計畫與國際市場方面並未獲得預期的利潤，但是雷諾公司仍然達成銷貨收入百分之十二的目標利潤。利潤增加的其餘部份係來自變動成本的削減。請問新的變動成本比率爲何？

10-34
使用各項變數之假設

請就下列各選擇題中圈選最適當的答案。

1. 成本－數量－利潤分析涵蓋了許多相關的、隱含的假設。下列何者爲非？
   a. 成本和收入是可以預測的，且其在相關範圍內呈線性關係。
   b. 變動成本會隨銷貨數量呈一定比例的變動。
   c. 期初與期末存貨水準在金額上的改變並不重要。
   d. 在相關範圍之外，當固定成本增加的時候，銷售組合會隨之改變。
2. 「相關範圍」一詞在成本會計上的定義係指下列何者的範圍：
   a. 成本可能波動的範圍。
   b. 成本關係成立的範圍。
   c. 生產可能實現的範圍。
   d. 相關成本發生的範圍。
3. 在計算以銷貨數量表示的預期銷貨水準時，會採用下列何者：

	單位貢獻	估計營業損失
a.	分子	分母
b.	分母	分子
c.	不採用	分子
d.	分母	分子

4. 有關標籤公司的甲產品的相關資料如下：

銷貨收入	$300,000
變動成本	240,000
固定成本	40,000

假設標籤公司提高了甲產品銷貨收入的百分之二十 (20%)，則來自甲產品的淨收益應該有多少？

a. $20,000

b. $24,000

c. $32,000

d. $80,000

5. 下表係飛寧公司在特定期間內的資料：

單位總變動成本	$3.50
貢獻邊際／銷貨收入	30%
損益兩平的銷貨收入（根據目前的銷貨數量）	$1,000,000

飛寧公司希望以目前的售價與貢獻邊際再增加額外 50,000 單位的銷貨數量。如欲達到相當於上述額外 50,000 單位的銷貨收入百分之十 (10%) 的毛利潤，飛寧公司可以增加多少的固定成本？

a. $50,000
b. $57,500
c. $67,500
d. $125,000

10-35
CVP 分析；作業制成本法之影響

史林電子公司目前生產兩種產品：工程用計算機與錄音機。根據最近的一項行銷研究指出，消費者對於印有史林品牌的收音機反應良好。史林公司的老闆布肯尼對於這項研究結果感到相當的興趣。然而在採取實際行動之前，布肯尼希望瞭解可能增加的固定成本以及爲了打平這些成本所必須賣出的收音機數量。

爲了解答老闆的疑惑，史林公司的行銷經理江貝蒂蒐集了當期的資料以預測新產品的費用成本。這些費用成本（以直接人工小時衡量的高產量與低產量係用以分析成本習性）如下：

	固定	變動
設定	$ 60,000	$—
物料處理	—	18,000
電力	—	22,000
工程	100,000	—
機器成本	30,000*	80,000
檢查	40,000	—

* 所有折舊

江貝蒂所蒐集到的作業資料如下：

	計算機	錄音機
產出單位數量	20,000	20,000
直接人工小時	10,000	20,000
機器小時	10,000	10,000
物料移動	120	120
仟佤小時	1,000	1,000
工程小時	4,000	1,000
檢查小時	700	1,400
設定次數	20	40

江貝蒂瞭解到，目前是以直接人工小時爲基礎，利用全廠單一費用比率來分配費用成本。此外她還從工程部門獲知，如果生產並賣出2,000台收音機（以江貝蒂的行銷研究結果爲依據），則其作業資料會與錄音機相同（使用同樣的直接人工小時、機器小時和設定次數等）。

工程部門同時也針對預估產量提出下列預測：

單位主要成本	$ 18
新設備折舊	18,000

根據上述估計，史貝蒂很快地計算出結果，並對結果感到相當興奮。當售價爲 $26，且僅增加額外的 $18,000 固定成本，史林公司只要賣出 4,500 單位的收音機就可以達到損益兩平。由於江貝蒂相信可以賣出 20,000 單位的收音機，因此準備向老闆強烈建議增設收音機的生產線。

作業：

1. 請利用傳統成本分配，重新進行損益兩平的計算。根據傳統的成本分配方法，假設史林公司賣出 20,000 單位的收音機，將可預期帶來多少的額外利潤？
2. 請利用作業制成本法，重新計算損益兩平點與賣出 20,000 單位的收音機時所帶來的額外利潤。
3. 請解說何以第 2 題的 CVP 分析比第 1 題的分析較爲正確的原因。你會提出什麼樣的建議？

10-36
作業制成本法與CVP分析；多重產品

美味公司生產兩種古龍水，分別為玫瑰花香與紫羅蘭花香，其中又以玫瑰花香較受歡迎。這兩項產品的相關資料如下：

	玫瑰花	紫羅蘭
預期銷貨數量（箱）	50,000	10,000
每箱售價	$100	$80
直接人工小時	36,000	6,000
機器小時	10,000	3,000
接受訂單	50	25
包裝訂單	100	50
每箱物料成本	$50	$43
每箱直接人工成本	$10	$7

美味公司採用傳統成本制度，以直接人工小時為基礎來分配產品的費用成本。年度費用成本列述於下。這些成本係以直接人工小時為根據，區分為固定成本或變動成本。

	固定成本	變動成本
直接人工利益	$ —	$200,000
機器成本	200,000*	262,000
接單部門	225,000	—
包裝部門	125,000	—
總成本	$550,000	$462,000

*所有折舊

作業：

1. 請利用傳統成本法，計算為達損益兩平，美味公司必須分別賣出多少箱數的玫瑰色古龍水和多少箱數的紫羅蘭古龍水。
2. 請利用作業制成本法，計算為達損益兩平，美味公司必須分別賣出多少箱數的玫瑰花古龍水和多少箱數的紫羅蘭古龍水。

10-37
作業制成本制度與CVP分析：迴歸分析之應用

成立一年的所倫帝諾公司製造特製的義大利麵食。生產這些麵食產品的第一道步驟是在混合部門，將麵粉、雞蛋、和水混合成麵團。麵團發酵之後，壓成扁圓形，切割成不同的麵條形狀，再經過烘乾之後便進行包裝。

所倫帝諾公司會計長吉保羅對於公司尚未出現獲利感到相當關切。第一季的銷售情況並不理想，但是到了年尾的時候銷售情況逐漸好轉。第一年總共賣出726,800盒的麵條。吉保羅想要瞭解公司必須賣出多少盒的麵條才能夠達到損益兩平。他開始蒐集相關的固定與變動成本，並且累積了下列單位資料。

售價	$0.90
直接物料	0.35
直接人工	0.25

吉保羅試圖把費用成本區分出固定部份與變動部份時，卻遇到相當的難題。在檢視費用相關作業時，吉保羅注意到機器小時與產量之間似乎具有密切關連——每一機器小時可以生產100盒的麵條。設定作業是相當重要的批次水準作業。吉保羅累積了過去十二個月以來。關於費用成本、設定次數與機器小時的資料。

	費用成本	設定次數	機器小時
一月	$5,700	18	595
二月	4,500	6	560
三月	4,890	12	575
四月	5,500	15	615
五月	6,200	20	650
六月	5,000	10	610
七月	5,532	16	630
八月	5,409	12	625
九月	5,300	11	650
十月	5,000	12	550
十一月	5,350	14	593
十二月	5,470	14	615
總計		160	7,268

去年度，固定的銷售與行政管理費用總計為 $180,000。

作業：

1. 請利用一般的最小平方（迴歸）分析，將費用成本區分出固定部份與變動部份。並請利用下列三項自變數，進行迴歸分析：(1) 設定次數、(2) 機器小時以及 (3) 設定次數和機器小時的多重迴歸。哪一道迴歸公式最好？原因何在？
2. 請利用（第 1 題）多重迴歸公式的結果，計算所倫帝諾公司為達損益兩平所必須賣出的麵條盒數。

10-38
多重產品之 CVP 分析；作業制成本制度

沿用個案 10-37 之資料。所倫帝諾公司決定增加醬料的生產，以提高麵條產品的銷售。醬料生產的第一道步驟也是由混合部門開始，利用同樣的機器設備。這些醬料經過混合、烹調之後，便裝入塑膠容器當中。一罐醬料的售價是 $2，其需要 $0.75 的直接物料和 $0.50 的直接人工。每一機器小時可以生產五十罐的醬料。設定作業和麵條的生產完全相同，成本也完全相同。生產經理相信，只要經過仔細地安排生產時程，他可以維持和去年度一樣的設定作業（同時包括麵條與醬料在內）。行銷主管相信，所倫帝諾公司每賣出一罐醬料，同時可以賣出兩盒麵條。

作業：

1. 請利用個案 10-37 的資料與迴歸分析的結果，計算為達損益兩平，所倫帝諾公司必須分別賣出多少盒的麵條和多少罐的醬料。
2. 假設生產經理的判斷錯誤，而實際的設定作業增加了一倍。請計算為達損益兩平，所倫帝諾公司必須分別賣出多少盒的麵條和多少罐的醬料。
3. 請就銷售組合的不確性以及風險成本估計的不確定性對所倫帝諾公司所造成的影響，提出你的見解與看法。

第十一章

作業資源使用模式與相關成本法：戰略性決策

學習目標

研讀完本章內容之後，各位應當能夠：

一. 描述並解說戰略性決策模式。

二. 定義並解說相關成本與收入之概念。

三. 解說如何利用作業資源使用模式來評估成本的相關性。

四. 將戰略性決策概念應用於不同的企業環境中。

成本管理資訊系統的一項重要角色便是提供有用的成本與收入資料，以輔助戰略性決策之擬訂。本章的重點即在於介紹如何應用成本與收入資料來擬訂戰略性決策。為了擬訂健全的決策，成本資料的使用者必須有能力決定哪些資料與決策之間具有高度的相關性，哪些資料與決策之間則不具任何相關性。

戰略性決策

學習目標一

描述並解說戰略性決策模式。

戰略性決策 (Tactical Decision Making) 之意涵係指為了立即或有條件限制之目的，從不同的方案中選擇最適者。接受低於正常報價的訂單以利用閒置產能，進而提高當年度的利潤便是常見的戰略性決策之一。立即目標是為了善用閒置產能，以使提高短期利潤。因此，部份戰略決策傾向具有短期成效之性質；然而必須強調的是，短期決策仍然具有長期的效果。作者再以另外一個例子說明。假設某家公司正在考慮自行生產零組件來取代外購零組件的可能性，立即目標或許是為降低生產主要產品的成本。此一戰略性決策可能只是這家公司為了建立成本領導地位的整體策略的其中一環。戰略性決策往往是為了達到較為深遠的目的所採取的小規模 (Small-scale) 行動。各位應該記得，策略性決策的整體目標是在不同的策略當中選擇最適者，以期建立長期的競爭優勢。雖然戰略性決策的立即目標可能是短期的（接受一次性訂單以提高利潤）或小規模的（自製而非外購零組件），但是戰略性決策的擬訂仍應與企業的整體目標一致。因此，健全的戰略性決策即指這些決策不僅能夠達成立即目標，更能符合企業的長遠目標。事實上，所有的戰略性決策均應符合企業的整體策略目標。

戰略性決策之擬訂過程

在瞭解了戰略性決策的重要先決條件之後，即可描繪出戰略性決策之擬訂過程。戰略性決策之擬訂過程可以分為以下五道步驟：

1. 找出並定義問題。
2. 確認問題的可能解決方案，刪除不可行之方案。

3. 確認每一項可行方案之預測成本與利益，刪除與決策不相關之成本與利益。
4. 比較每一項可行方案的相關成本與利益。針對每一項可行方案與企業的整體策略目標和其它重要量化數據進行比較分析。
5. 選擇能夠帶來最大利益，且與企業策略目標相符之最佳解決方案。

步驟一：定義問題

爲了說明戰略性決策之擬訂過程，此處謹以蘋果果農爲例。每一年收成的蘋果當中，有百分之二十五 (25%) 體積較小、而且外觀較不圓潤。這些蘋果無法透過正常通路銷售，因此就棄置在蘭花園裡做爲肥料之用。這項作法的成本似乎很高，果農對於這樣的處理方式不儘滿意。因此，果農所面對的問題是如何處理這些體積較小、賣相不佳的蘋果。

步驟二：找出可行方案

果農考慮了下列解決方案：

1. 把蘋果賣給養豬農。
2. 把蘋果包裝成袋（每袋五英磅重），低價賣給附近的超級市場。
3. 承租一個附近的裝罐工廠，把這些蘋果做成蘋果醬。
4. 承租一個附近的裝罐工廠，把這些蘋果做成蘋果派的餡料。
5. 維持目前丟棄的作法。

上述五項方案當中，由於並沒有足夠的當地養豬戶對此表示與趣，因此不予考慮。蘋果農亟思改變，因此也不考慮第五項方案。至於第四項方案，因爲當地的裝罐工廠必須投注大筆資金購買製造蘋果派餡料的機器設備，而蘋果農無法募集到這些資金，因此也不可行。但是目前裝罐工廠的設備則可用於製作蘋果醬。換言之，第三項方案或許可以解決蘋果農的問題。此外，附近的超市願意接受次級蘋果包裝成五英磅一袋的作法，而且裝袋工作可以在倉庫裡面進行，因此也在考慮之列。屆此，共有兩項可行方案。

步驟三：預測成本與利益，並刪除不相關的成本

假設蘋果農預估包裝成袋的人工與物料（塑膠袋和封環）成本是每英磅 \$0.05。而每一袋重量五英磅的蘋果賣給超級市場的價格爲 \$1.03。製造蘋果醬的成本則爲 \$0.04，其中包括了租金、人工、蘋果、罐子和其它物料等（租金係以處理的蘋果磅數來計算）。每六英磅的蘋果可以製作成十六盎司重的罐裝蘋果醬，每一罐的售價則爲 \$0.78。蘋果農認爲栽種蘋果的成本和選擇哪一項解決方案並無相關之處，因此不將此成本納入考慮。

步驟四：比較相關成本與策略性成本

裝袋出售的成本是每一袋（五英磅重）\$0.25，收入則爲每一袋 \$0.13（或每一英磅 \$0.26）。換言之，每英磅的淨利爲 \$0.21 (\$0.26 - \$0.05)。至於製作成蘋果醬的部份，每六英磅的蘋果可以做成十六盎司的蘋果醬，每五罐蘋果醬的收入爲 \$3.90 (5 × \$0.78)，亦即每英磅蘋果醬的收入爲 \$0.65 (\$3.90 / 6)。因此，每一英磅的淨利爲 \$0.25 (\$0.65-\$0.40)。以這兩種方案來說，製成蘋果醬的收入比裝袋出售的收入每英磅多出 \$0.04。就蘋果農的觀點而言，製成蘋果醬的方案需要向前整合的策略；然而截至目前爲止，蘋果農對於製作以蘋果爲物料的民生消費產品並無接觸。此外，由於蘋果農對於蘋果醬生產的產業價值鍊沒有任何經驗，因此對於此一方案感到猶豫。他可能必須另外僱用一位專家來協助此一方案的順利進行。再者，蘋果農對於蘋果醬的銷售通路並不瞭解。最後，裝罐工廠的承租必須以一年爲期。長期而言，蘋果農將須投入可觀的資金。然而另一方面，蘋果裝袋出售雖屬產品差異化策略，但是卻能讓蘋果農維持在其熟悉的產業價值鍊當中。

步驟五：選擇可行方案

由於蘋果農對於向前整合的策略裹足不前，因此可能選擇包裝成袋出售的解決方案。此一方案可以讓蘋果農維持其目前在產業價值鍊的相同位置，甚至可以藉由差異化策略（體積較小、賣相較差的蘋果）

來強化其生產者的地位。

決策過程之總結

上述五道步驟即爲簡單的決策模式。所謂「**決策模式**」(Decision Model) 係指一連串導致決策產生的步驟（如果獲得採納的話）。**圖 11-1** 扼要地歸納出戰略性決策的決策過程與步驟。步驟三與步驟四

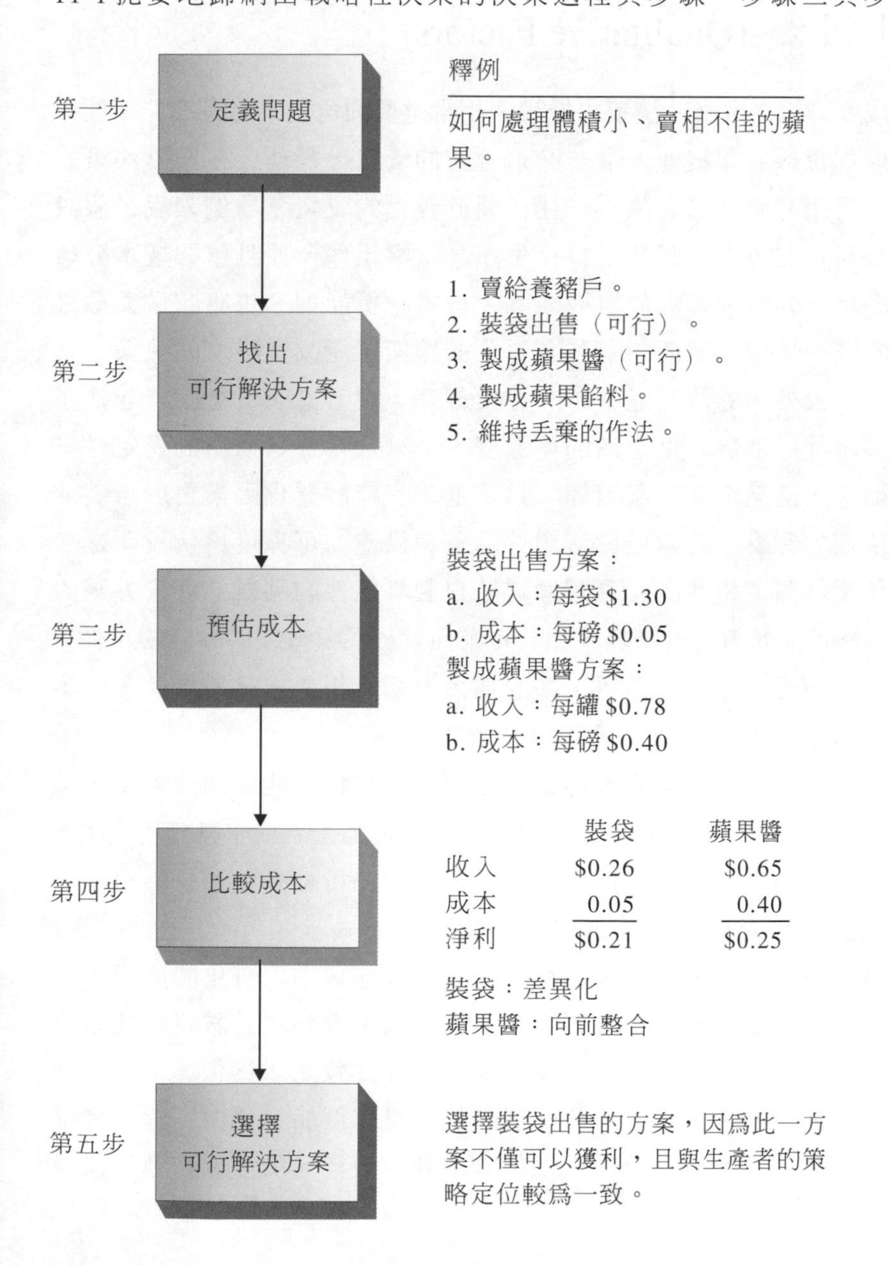

圖 11-1

決策模式：戰略性決策過程

稱爲戰略性成本分析。**戰略性成本分析** (Tactical Cost Analysis) 係指利用相關成本資料，找出提供最大利益的解決方案。戰略性成本分析包括了預估成本、確認相關成本和比較相關成本。

值得一提的是，戰略性成本分析僅僅是整體決策過程中的一個環節。決策者仍然必須考慮質化的資料。

質化因素 (Qualitative Factors)

成本分析在戰略性決策中扮演著相當重要的角色，但是亦非萬能。相關成本資料並非經理人唯一必須考慮的資訊。經理人在制訂決策的時候，仍應考慮其它資訊——往往屬於質化的資訊。舉例來說，假設某家公司正在考慮外購或是自行生產一項零組件，並且根據成本分析結果顯示，外購成本低於自製成本。成本分析能夠、也應該做爲最終決策的唯一指標。然而仍有許多質化的因素可能改變經理的決策。在擬訂自製或外購的決策過程中，企業經理人會考慮的質化因素包括了外購零組件的品質、供應商的可靠度、未來數年外購價格的穩定性、勞資關係，乃至企業形象等等。爲了進一步瞭解質化因素對於自製或外購決策的影響，此處僅就零組件品質與供應商可靠度爲例說明之。

如果外購零組件的品質明顯低於自製零組件的品質，那麼外購的量化優勢可能想像大於實際。如果企業屈就於品質較差的外購零組件，顯然會影響最終產品的品質，甚至進而影響銷售量。有鑑於此，企業經理人或許會轉而採取自製零組件的方式。

同樣地，如果供應商不可靠，那麼生產排程可能會因此中斷，顧客的訂單可能會延後交貨。這些因素可能會增加人工成本與費用成本，甚至影響銷售量。再者，即便是戰略性成本分析結果有利於外購，企業經理人仍然可能決定採取自製零組件的方式。

讀者或許會問，在決策過程中究竟應該如何處理質化的因素。首先，決策者必須找出質化的因素。其次，決策者應該嘗試將這些質化的因素予以量化。在實務上，質化因素往往比較難以量化，但亦並非完全不可能。舉例來說，外部供應商的不可靠度能夠藉由可能延遲交貨的天數乘上工因而閒置的人工成本求知。最後，決策者在執行決策模式的最後一道步驟（選擇能夠帶來最大利益的解決方案）時必須將完全的質化因素——例如延遲交貨對於顧客關係的影響——納入考量。

相關成本與收入

學習目標二

定義並解說相關成本與收入之概念

選擇最佳解決方案的重要考量是成本。當其它條件相等時，決策者應該選擇成本較低的解決方案。如果只有兩項解決方案的時候，決策者僅應考慮與決策相關的成本與收入。找出並比較相關成本與收入——如**圖** 11-1 所示——便成為戰略性決策模式的立要工作。因此，吾人必須瞭解相關成本與收入的定義。**相關成本或收入** (Relevant Costs/Revenues) 係指因解決方案的不同而將分別發生的未來成本（或收入）。由於相關成本與相關收入的定義相同，適用同樣的準則，因此本節以相關成本為探討的重點。所有的決策都是為了達到未來目標而擬訂的；因此，只有未來成本會與決策產生關連。然而相關成本不僅是未來發生的成本，仍須具備因為解決方案的不同而有所不同的條件。如果某項未來成本不會因為解決方案的不同而有所改變，則應視為與決策並不相關。這樣的成本稱為*不相關 (Irrelevant)* 成本。分辨相關成本與不相關成本實為重要的決策技巧。

相關成本釋例

為了進一步說明相關成本的概念，此處將以凱包公司為例說明之。凱包公司目前採取自製主要產品之一所需的一項零組件（零組件 67）的方式。某家供應商和凱包公司接洽，表達其希望以頗具吸引力的價格生產零組件 67 的意願。於是，凱包公司面臨了自製或外購零組件 67 的決策。假設生產零組件 67 需使用的直接物料成本為每年 $270,000（以正常產量為準）。此一成本是否應該做為決策的考量因素？直接物料成本是否屬於會隨著決策的不同而改變的未來成本？直接物料成本當然是未來成本。為了在下一年度生產零組件 67，凱包公司當然必須採購直接物料。那麼在自製或外購零組件 67 的時候，直接物料成本分別是多少？如果凱包公司改採外購的方式，將不需要內部的生產，因此直接物料的成本為零。換言之，直接物料會因為解決方案的不同而出現不同的結果（自製時爲 $270,000，外購時爲 $0）此即所謂的相關成本。

上述分析隱含的一項假設是利用歷史成本來估計未來成本。舉例來說，假設爲了生產零組件 67 所發生的最近一次的物料成本是 $260,000。爲了反映預期未來價格上揚的可能性，因此預測成本應爲 $270,000。於是，雖然歷史成本本身與決策並無相關，但是常被用來做爲預測未來成本的基礎。

不相關成本釋例

凱包公司利用機器生產零組件 67。這個機器是是在五年前購買，折舊率是每一年 $50,000。試問，$50,000 是否爲相關成本？也就是說，折舊是否屬於會因解決方案的不同而出現不同結果的未來成本？

歷史成本 (Past Costs)

前文當中的折舊代表著已發生之成本的分攤（分配至不同期間的成本）。這一類的成本稱爲**吸入成本** (Sunk Cost)，是已經分攤的部份歷史成本。因此，無論凱包公司選擇哪頸解決方案，都無法避免機器的取得成本。對每一項解決方案而言，其機器成本都是一模一樣。雖然我們將此一吸入成本分攤至未來的期間，並將其稱爲**折舊** (Depreciation)，然而此一原始成本仍然是無可避免的。吸入成本是歷史成本。不同解決方案的吸入成本都是一樣的，而且永遠都是屬於不相關成本。換言之，機器的取得成本和其折舊都不應該視爲自製或外購決策的考量因素。

未來成本 (Future costs)

假設工廠的空調成本——每一年 $40,000——是採取分配至各個生產部門的方式處理。其中，生產零組件 67 的部門分配到了 $4,000 的空調成本。試問，$4,000 是否屬於自製或外購零組件 67 決策的相關成本？

由於工廠水電成本必須在未來年度裡支付，因此屬於未來成本。但是這成本是否會因爲解決方案的不同而有所改變？事實上，工廠空調成本不太可能會受到自製零組件 67 與否的影響。換言之，無論凱包公司選擇自製或外購零組件 67，空調成本將不致改變。如果凱包公司停止生產零組件 67，則其餘部門分配到的空調費用金額將會改變，但是費用總額不受決策的影響。亦即，空調成本屬於不相關成本。

相關性、成本習性與作業資源使用模式

學習目標三

解說如何利用作業資源使用模式來瞭解成本的相關性。

瞭解成本習性是決定成本相關性的基本條件。基本上，單位基礎的成本可以簡單地區分爲固定成本與變動成本。然而，作業制成本制度卻涵蓋了單位水準、批次水準、產品水準與設備水準等類別的成本。單位水準成本、批次水準成本與產品水準成本屬於變動成本，各有不同的作業動因。資源使用模式可以幫助我們找出不同作業成本的習性，進而瞭解各項成本與決策之間的相關性。

作業資源使用模式可以分爲三種資源類別：(1) 需要使用時才取得的資源、(2) 使用之前預先取得的（單一期間的或短期間的）資源、以及 (3) 預先取得的（可供數個期間使用的）資源。接下來介紹這三種類別的資源及其如何應用於相關成本中。

需要時才取得的資源

資源的耗用代表了取得作業產能的成本。爲了提供特定作業所支付的代價即爲該項作業的成本。就需要的時候才取得的資源而言，需求的（或使用的）作業資源等於提供的資源。因此，如果不同解決方案的作業需求不同，則其資源耗用多寡不一，且其作業成本與決策相關。舉例來說，內部提供的電力必須利用燃料來驅動發電機。燃料就是需要的時候才取得的資源。假設現在出現兩項不同的方案：(1) 接受特別、一次性的訂單，和 (2) 拒絕該特殊訂單。如果接受特殊訂單會增加仟佰小時（電力的作業動因）的需求，那麼第一項方案的電力成本會因爲燃料消費的增加而提高（假設燃料是需要的時候才取得的唯一資源）。因此，電力成本與決策之間具有相關性。

使用之前預先取得的資源（短期）

利用契約方式在使用之前預先取得的資源通常採取大量購買的方式。此類資源往往代表與企業內領取月薪與時薪的員工相關的資源耗用，其隱含著即使作業使用量可能出現暫時性的下跌的情況，企業仍會維持僱用員工人數的一定水準。換言之，作業可能尚有未使用產能的存在。因此，不同的方案對於特定作業的需求雖然增加，但不代表作業成本也會隨之增加（因爲增加的需求可能是由未使用作業產能所吸收）。例如，假設某家公司僱用了五位製造工程師，希望爲公司提供 10,000 個工程小時的總產能（每一位 2,000 工程小時）。此一作業產能的成本爲 $250,000，或每小時 $25。假設今年度公司預期在正常產量之下只會使用 9,000 個工程小時，亦即尚有 1,000 個工程小時的產能尚未使用。公司在決定是否接受或拒絕一項需要 500 工程小時的特殊訂單的時候，工程成本與決策之間並不相關。公司可以利用尚未使用的工程產能來完成前述特殊訂單，而無論接受或拒絕此一特殊訂單的資源耗用都是相同的（無論接受或拒絕此一特殊訂單，公司都將花費 $250,000）。

然而，如果對於不同作業的需求改變造成資源使用改變，那麼作業成本亦將改變，此時則與決策產生關連。資源供給的改變意味著資源使用的改變以及後續作業成本的改變。資源使用的改變可能以下列任一方式發生：(1) 資源的需求超過供給（提高資源的使用）、(2) 資源的長期需求減少，供給超過需求的程度過高以致於可以降低作業產能（減少資源使用）。

爲了說明第一項改變，再以前例當中的工程作業爲例。假設特殊訂單需要 1,500 工程小時。需求已經超過供給。爲了滿足需求，公司必須再僱用第六位工程師，或者尋找顧問工程師的協助。無論公司採取哪一種方法，只要接受此一特殊訂單就會增加資源的使用；此時，工程成本遂成爲相關成本。

爲了說明第二項改變，假設公司的經理人正在考慮外購一項零組件，取代目前自製的方式。假設前述條件仍然存在；亦即公司擁有 10,000 工程小時的產能，目前使用了 9,000 工程小時。如果公司改採外購零組件的方式，則工程小時的需求將由9,000降爲7,000。由於公司不再需要生產此一零組件，因此需求的減少屬於永久性的改變。此時未使用產能是3,000小時，其中2,000屬於永久性的減少、1,000小時則爲暫時性的減少。此外，由於工程產能的取得是以2,000小時爲單位，意味著這家公司可以解僱一位工程師，或者指派一位工程師到另一座需要工程資源的工廠。無論這家公司採取哪一種方法，資源供給都將縮減爲8,000小時。由於一位工程師的薪水是$50,000，因此不同解決方案的工程成本差異即爲$50,000。換言之，工程成本屬於相關成本。然而如果工程作業需求的減少未達2,000小時，則其未使用產能不足以用於降低資源供給與資源使用；如此一來，工程作業的成本則爲不相關成本。

預先取得的資源（可供數期使用的產能）

資源的取得往往會採可供多期使用的方式——在資源需求已知之前。承租或購買建物即是常見的例子。購買可供多期使用的產能往往是採預付現金的方式取得。如此一來，企業可以認列年度費用，但是所需的資源使用卻不再額外增加。預付的資源使用屬於吸入成本，因此永遠都是屬於不相關成本。基本上，定期性的資源使用——例如建物的承租——與資源的使用無關。即使企業必須永久性地減少作業使用，卻受限於正式契約的關係而難以減少資源使用。

舉例來說，假設一家公司承租一座廠房，租期長達十年，租金是每一年$100,000。這座廠房的產能可以生產20,000單位的產品。五年之後，假設產品需求降低，工廠每一年僅需生產15,000單位的產品。即使生產作業減少，這家公司仍應支付每一年$100,000的租金。現在假設產品需求超過20,000單位的產能。遇此情況，這家公司可能會考慮購買或承租另一座廠房。不同的決定可能會改變資源使用的情況。然而購買長期作業產能的決策並不屬於戰略性決策的範疇。購買長期作業產能並非短期的、亦非小規模的決策。涉及多期能力的決策稱爲資本投資決策，本書將在第十二章再做介紹。換言之，就可供多期使用的資源而言，各種解決方案在作業需求上的變動並不會影資源的使用，也因此往往與戰略性決策無關。一旦資源的使用改變，則必須利用資本投資決策模式重新檢討長期契約的內容。圖 11-2 節錄作業資源使用模式在評估成本相關性時所扮演的角色。

戰略性決策之釋例

學習目標四

將戰略性決策概念應用於不同的企業環境

作業資源使用模式與相關性的概念是擬訂戰略性決策的重要工具。因此，吾人必須瞭解如何利用此一工具來解決不同的問題。常見的應用領域包括了自製或外購零組件的決策、保留或裁撤特定的產品線、接受或拒絕低於正常價格的特別訂單，以及繼續加工聯產品或者在分離點的時候就出售聯產品等決策。可想而知，實務上的應用並非僅限於此。然而，上述決策準則仍可適用其它環境與條件。一旦瞭解如何應用這些準則之後，便可在適當的時機活用這些準則。為了方便說明應用之道，於此假設戰略性決策模式的前兩道步驟（參見**圖 11-2**）已經完成。換言之，接下來的重點便為戰略性成本分析。

圖 11-2

作業資源使用模式與相關性

資源類別	供需關係	相關性
在需要時才取得的資源	供給 = 需求	
	a. 需求改變	a. 相關
	b. 需求不變	b. 不相關
預先取得的資源（短期）	供給 - 需求 = 未使用產能	
	a. 需求增加 < 未使用產能	a. 不相關
	b. 需求增加 > 未使用產能	b. 相關
	c. 需求減少（永久性）	
	1. 作業產能減少	1. 相關
	2. 作業產能不變	2. 不相關
預先取得的資源（可供數期使用）	供給 - 需求 = 未使用產能	
	a. 需求增加 < 未使用產能	a. 不相關
	b. 需求減少（永久性）	b. 不相關
	c. 需求增加 > 未使用產能	c. 資本決策

自製或外購決策

企業往往必須面臨**自製或外購決策** (Make-or-buy Decisions) ——亦即決定自製或外購為了生產產品或提供服務所需的零組件或服務。例如，醫生可以向外部供應商（例如醫療院所或是營利的實驗室等）購買實驗室測試結果，亦可自行進行這些測試。同樣地，電腦製造商可以自製磁碟機或亦可向外部供應商購買磁碟機。自製或外購決策的本質雖非短期的決策，但仍屬於小規模的戰略性決策。舉例來說，自製或外購決策可能會受到成本領導策略或差異化策略之影響。自製而非外購，或者外購而非自製的目的可能在於降低生產主要產品的成本。抑或，選擇自製或者選擇外購的目的可能在於提升零組件的品質，進而提升最終產品的整體品質（創造品質的差異）。

成本分析：當代成本管理制度

為了說明自製或外購決策的成本分析，假設大馬公司自行生產引擎所需要使用的機械零件（大馬公司生產吹雪機的引擎）。有一家外部供應商向大馬公司接洽，提出以 $4.75 的價格承製這項零件（零件 34B）。正常情況下，大馬公司每一年生產 100,000 單位的零件 34B。**圖** 11-3 列示出與生產此項零件的相關作業資訊。利用單位數量做為作業動因的成本公式僅適用零件 34B。其餘作業成本公式的適用範圍較廣，並可反映出對於特定作業的需求。所有的作業產能均為年度產能數據。提供空間的成本包括年度廠房折舊、財產稅以及年度維護費用。成本係以各項產品生產設備所佔的平方英呎空間為基礎，分配至各項產品中。每一項作業的變動部份代表在需要時才取得的資源成本。固定成本部份則代表預先取得的資源成本。無論是否具有固定成本的成份，所有的作業產能代表在使用之前預先取得的產能。採購單位數量代表一次（如果超過一次，則視為「大量」）可以取得的作業單位數量（根據各項作業的動因來衡量）。就使用之前預先取得的資源而言，取得大量資源的成本可由作業固定成本除以作業產能之後再乘上採購的單位數量求知。如取得三單位的管理資源的成本為 $60,000 [($300,000 / 15) × 3]。

圖 11-3

作業與成本資訊

作業	成本動因	成本公式	作業產能	預期作業使用	零件 34B 作業使用	採購數量
使用物料	單位	Y = $0.5X	視需要	100,000	100,000	1
使用直接人工	單位	Y = $2X	視需要	100,000	100,000	1
提供管理	生產線數目	Y = $300,000	15	15	15	3
移動物料	移動次數	Y = $250,000 + $0.60X	250,000	240,000	40,000	25,000
提供電力	機器小時	Y = $3X	視需要	30,000	30,000	1
檢查產品	檢查小時	Y = $280,000 + $1.50X	16,000	14,000	2,000	2,000
設定設備	設定小時	Y = $600,000	60,000	58,000	6,000	2,000
提供空間	平方英呎	Y = $1,000,000	50,000	50,000	5,000	50,000
設備折舊	單位	Y = $0.50X	120,000	100,000	100,000	15,000

從戰略性成本分析的角度觀之，大馬公司應該繼續自行生產零件 34B，或者應該向外部供應商購買，乃依照降低資源使用（外購取代自製）究竟可以減少多少資源耗用的程度來決定。如果大馬公司轉而購買零件 34B，則九項作業的資源使用都將減少（零件 34B 作業使用欄所標示的金額）。換言之，就預先取得可供多期使用的作業而言，資源耗用並不會改變，因此這些作業的成本並不具有相關性（參見**圖** 11-2）。這些作業包括了：提供空間與設備折舊。就需要的時候才取得的作業而言，不僅作業需求改變，這些資源的成本也和決策本身相關（參見**圖** 11-2）。這些作業包括了：物料使用、直接人工使用、電力提供以及物料移動與產品檢查的變動部份。資源使用的改變即爲動因的單位成本乘上成本公式的變動比率。舉例來說，就物料而言，如果大馬公司改採外購零件 34B 的方式取代自製 ($0.05 × 100,000)，資源耗用將會減少 $50,000。另一方面，物料移動的變動成本則會增

加 $24,000（$0.06 × 40,000 次移動）。五項具有變動部份（在需要時才取得的資源）的作業其成本變化分別如下：

作業	自製[a]	外購[b]	成本變動[c]
物料使用	$ 50,000	$ 0	$ 50,000
直接人工使用	200,000	0	200,000
物料移動	144,000	120,000	24,000
電力提供	90,000	0	90,000
產品檢查	21,000	18,000	3,000

[a] 變動比率×預期作業使用

[b] 變動比率×（預期使用－零件 34B 使用）

[c] 自製作業成本－外購作業成本

使用之前預先取得的短期資源是分析過程中難度最高的部份。這一類的資源計有四項作業：管理提供、物料移動、產品檢查以及設備設定。就自製或外購決策而言，這述四項作業的需求均會產生永久性的縮減。因此，分析的重點便在於是否能夠因此降低作業產能，進而減少資源耗用（參見**圖** 11-2）。假設所有目前尚未使用的產能（產能－預期使用）是暫時性的，那麼僅可由零件 34B 作業使用的減少情況來衡量永久性的需求縮減程度。如果作業產能因爲資源使用的永久縮減而得以減少，那麼資源耗用方可減少。舉例來說，管理提供作業必須一次取得 3 個單位；換言之，管理提供的成本具有相關性，因爲管理資源的耗用可以減少 $60,000 [($30,000 / 15)× 3]。吾人亦可從物料移動作業的分析來進一步地瞭解此一特性。如果大馬公司不再自製零件 34B，則此項作業的需求將會減少 40,000 單位。儘管如此，由於物料移動的產能必須一次取得 25,000 [($250,000 / 250,000)× 25,000]。此一作業和決策之間具有相關性，然而由於此一資源大量取得的特性，兩項解決方案之間的成本差異會少於資源使用。產品檢查與設備設定作業亦可進行類似的分析。就預先取得的短期資源而言，其作業成本的改變如下：

作業	自製[a]	外購[b]	成本變動[c]
管理提供	$300,000	$240,000	$60,000
物料移動	250,000	225,000	25,000
產品檢查	280,000	245,000	35,000
設備設定	600,000	540,000	60,000

[a] 固定作業成本

[b]（固定成本－作業產能）×作業產能的減少

[c] 自製作業成本－外購作業成本

成本分析只需要因為外購取代自製而增加的作業成本之相關資訊。這些資訊當中，最明顯的是零件本身的採購成本。為了簡要說明，假設採購作業（購買、收料、付款）擁有充份的未使用產能來吸收因為採購零件 34B 所增加的需求。如此一來，自製或外購決策的分析工作即告一段落。**圖** 11-4 歸納出成本分析的重點。將每一類作業資源的成本加總起來，便可瞭解自製或外購決策的總體影響。戰略性成本分析的結果顯示外購取代自製是較理想的決策。此一決策產生的利益比自製決策超出 $72,000。當零件 34B 的需求為 100,000 單位時，外購的單位成本比自製的單位成本少了 $0.72 ($72,000 / 100,000)。當其它條件不變的情況下，大馬公司應該選擇外購零件 34B，而非自製。

圖 11-4

當代自製或外購分析：大馬公司

作業	自製	外購	成本差異
使用物料	$ 0,000	$ 0	$ 50,000
使用直接人工	200,000	0	200,000
提供管理	300,000	240,000	60,000
移動物料	394,000	345,000	49,000
提供電力	90,000	0	90,000
檢查產品	301,000	263,000	38,000
設定設備	600,000	540,000	60,000
取得零件 34B	0	475,000	(475,000)
總計	$1,935,000	$1,863,000	$ 72,000

作業	自製	外購	成本差異
使用物料	$ 50,000	$ 0	$ 0,000
使用直接人工	200,000	0	200,000
提供管理	300,000	240,000	60,000
提供電力	90,000	0	90,000
取得零件 34B	0	475,000	(475,000)
總計	$640,000	$715,000	$(75,000)

圖 11-5

當代自製或外購分析：大馬公司

成本分析：傳統成本管理制度

傳統成本管理制度無法提供關於非單位水準作業與成本的詳細資訊，它僅能提供單位水準的作業資料。相對於產量的變化，非單位水準的成本一律假設固定不變。典型的傳統分析會將零件 34B 的物料、人工、電力與管理成本等視爲相關成本。（零件 34B 的管理視爲直接固定成本，當零件 34B 停產時，管理成本爲零；因此與決策之間具有相關性）。所有其它的成本不會隨著產量的改變而改變，因此一律視爲不相關成本。**圖** 11-5 簡要說明了傳統的自製或外購分析的重點。傳統分析的結果顯示自製的利益比外購的利益超出 $75,000。然而由於此一分析考量到的作業資訊較少，因此效果有限。有限的資訊往往可能導致錯誤的決策。

保留或撤銷決策

企業經理人往往必須決定是否保留或撤銷特定的事業項目——例如特定的產品線。**保留或撤銷決策** (Keep-or-Drop Decisions) 係利用相關成本分析來決定是否保留或撤銷特定的事業項目。在傳統成本管理制度當中，利用單位基礎的固定或變動成本所編製的分項損益表可以用來提升保留或撤銷決策的效益。同樣地，藉由提高可追蹤性的方式，利用作業制分類法與資源使用模式所編製的分項報表亦可用來提升以單位爲基礎、變動成本式的分項報表之正確性與可信度。及時製造制度的效益更不止於此。藉由找出原本屬於許多產品的共同成本（例如維護、物料處理和檢查等），以及改變部份成本（例如直接人工）的習性，即可增加可直接追蹤成本的數目。在及時製造環境下，可直接追蹤的成本愈多，愈有利於保留或撤銷特定事業項目之決策。

保留或撤銷：傳統分析

傳統的保留或撤銷分析隱含的邏輯相當清楚明確。傳統分析會找出屬於特定事業項目的收入與成本。舉凡可以眞接追蹤的收入以及可以直接追蹤的固定成本等均定義爲屬於各該事業項目的成本。如果撤銷該事業項目，只有可追蹤的收入與成本應該消失；換言之，可以追蹤的收入成本和決策之間具有相關性。再者，可追蹤的收益（損失）能決定是否保留或撤銷特定的事業項目。如果某事業項目的收益爲正，則予保留；如果其收益爲負，則決定撤銷該事業項目（此乃假設該事

圖 11-6
傳統分項損益表

	椅套	踏墊	總計
銷貨收入	$950,000	$1,680,000	$2,630,000
減項：變動成本			
直接物料	300,000	400,000	700,000
直接人工	210,000	210,000	420,000
維護	90,000	90,000	180,000
電力	35,000	25,000	60,000
佣金	30,000	40,000	70,000
貢獻邊際	$285,000	$ 915,000	$1,200,000
減項：直接固定成本			
廣告	30,000	20,000	50,000
管理	50,000	50,000	100,000
產品邊際	$205,000	$ 845,000	$1,050,000
減項：共同固定費用			
折舊－機器			100,000
折舊－工廠			160,000
檢查產品			200,000
顧客服務			150,000
一般行政			180,000
物料處理			140,000
銷售行政			80,000
稅前收益			$ 40,000

業項目的收益預期維持不變）。**圖** 11-6 當中的傳統分項損益表將不同的產品定義爲不同的事業項目。損益表中列示出許多正常情況下不會出現的詳細資訊，以便更清楚地說明改採作業制損益表所將產生的影響。從損益表中可以看出椅套和踏墊的產品邊際爲正。根據這些資料，這家公司應該不能撤這兩條產品線。然而由於公司的整體獲利並不理想——勉強超過損益兩平點。此處的重點——事實上，也是分項分析的重要議題——便是追蹤個別事業項目成本的能力。作業制分類方法恰可提升成本追蹤的能力。

保留或撤銷：作業制分析

圖 11-7 爲作業基礎的分項損益表。此處採用和傳統分項報表相同的資料來源，以便比較傳統與當代保留或撤銷決策之異同。就作業制成本方法而言，機器折舊可以利用機器小時來衡量使用情形（產量折舊法）的方式，來追蹤每一分項的成本。批次水準的成本——檢查產品與物料處理——則是利用批次水準的動因（批次數目與移動次數）來分配至各項產品中。假設成本分析結果顯示這兩項批次水準作業同時擁有預先取得的資源和在需要時才取得的資源。在需要時才取得的資源被視爲非單位基礎變動費用。使用之前預先取得的資源成本則被視爲固定費用，且儘可能地細分爲兩類：*可追蹤的固定費用* *(Traceable Fixed Expenses)* ——代表可以利用作業動因來追蹤至每一分項的固定資源使用情形，和*未使用作業費用* *(Unused Activity Expenses)* ——視爲共同固定費用。值得注意的是，設備水準的作業成本並未追蹤至兩項產品上。另有兩項產品水準成本——顧客服務和業務行政——則是利用抱怨次數和訂單份數來分配至兩項產品中。和這兩項作業相關的資源均在使用之前就已先取得，而且每一項產品所使用的資源均視爲可追蹤的固定費用。比較有爭議的作法是廣告與管理是否屬於產品水準作業（這些作業的成本會隨著產品數量的增加而增加）。當然此處毋須費事利用作業動因來追蹤每一項產品的廣告或管理成本。廣告與管理成本可以利用直接追蹤法來直接追蹤至每一項產品中，並且視爲直接固定成本處理。

作業制分項損益表所表達出來的產品獲利能力和傳統分項損益表

圖 11-7

作業制分項損益表

	椅套	踏墊	總計
銷貨收入	$ 950,000	$1,680,000	$2,630,000
減項：單位水準變動費用			
直接物料	300,000	400,000	700,000
直接人工	210,000	210,000	420,000
維護	90,000	90,000	180,000
電力	35,000	25,000	60,000
佣金	30,000	40,000	70,000
貢獻邊際	$ 285,000	$ 915,000	$1,200,000
減項：可追蹤費用			
廣告，直接固定	30,000	20,000	50,000
管理，直接固定	50,000	50,000	100,000
機器折舊，可追蹤固定	50,000	50,000	100,000
檢查產品，非單位變動	20,000	10,000	30,000
檢查產品，可追蹤固定	80,000	50,000	130,000
物料處理，非單位變動	10,000	14,000	24,000
物料處理，可追蹤固定	70,000	26,000	96,000
顧客服務，可追蹤固定	45,000	75,000	120,000
銷售行政，可追蹤固定	50,000	30,000	80,000
產品邊際	$(120,000)	$ 590,00	$ 470,000
減項：共同費用			
未使用作業：			
檢查產品			40,000
物料處理			20,000
顧客服務			30,000
設備水準：			
工廠折舊			160,000
一般行政			180,000
稅前收益			40,000

差異頗大。首先，我們可以看出這家公司一直在支付並未使用到的資源成本，總數達 $90,000 之譜。其次，事實上椅套並沒有獲利——而且大量耗用公司的資源。因此，作業制分項損益表恰能顯示出三種提高收益的可能方法：(1) 開發目前的未使用作業產能以降低資源耗用、(2) 去除沒有獲利的產品線 (3) 第 2 和第 3 項方法併用。

在上述三項提高收益的方法當中，最後兩項考慮到了撤銷椅套產品線的可能性。在決定保留或撤銷沒有獲利的產品線之前，經理人必

作業	作業動因	作業產能	未使用作業	椅套作業使用	採購數量
檢查產品	批次數目	170	40	45	85
物料處理	移動次數	2,320	400	1,400	350
顧客服務	抱怨次數	300	60	90	60
銷售行政	訂單份數	500	0	150	500

圖 11-8

作業資訊：保留或撤銷分析

須瞭解資源耗用將會如何改變。首先，一旦撤銷此一產品線，則所有的單位與非單位變動費用以及直接固定費用都將消失。然而值得注意的是，機器折舊——雖然已經使用過了——與決策之間仍不具相關性（折舊係吸入成本之分攤）。撤銷無獲利的產品線會使得未使用資源的成本由 $90,000 增爲 $335,000（椅套的可追蹤固定成本減去不相關的機器折舊）。如果撤銷椅套的產品線，則產品檢查、顧客服務、物料處理與業務行政等需求將會減少。於是，完成保留或撤銷分析的關鍵在於瞭解這些作業的未使用產能成本究竟可減去多少。**圖** 11-8 列出產能、椅套使用情形、未使用產能（撤銷產品線之前）、四項作業的採購數量，及其可能相關的可追蹤固定費用。產品檢查與顧客服務的未使用產能（撤銷產品線之前）視爲永久性的狀態——因爲去年度執行品質提昇計畫的結果。至於物料處理的未使用產能則被視爲暫時性的狀態。

根據**圖** 11-8 的資訊，即可完成保留或撤銷的決策。**圖** 11-9 說明了完整的分析過程。如果公司決定撤銷椅套的產品線，每一年將可省下 $45,000。部份的利益是來自增加現有的未使用產能，進而降低作業產能，最終使得資源耗用得以減少。檢查產品作業也有類似的可能。檢查產品作業可以由兩位領取月薪的品檢員完成。兩位品檢員每一年可以檢查 85 批次的產品。如果將 45 批次的未使用產能加入現有的未使用作業，那麼或許公司可以考慮裁撤一名品檢人員。

特殊訂單決策

美國的價格差異法要求企業必須以同樣的價格銷售同樣的產品給同一市蝪上彼此間具有競爭關係的顧客。這些法令限制並不適用競標型式或彼此間不具競爭關係的顧客。企業可以針對同一市場上的不

圖 11-9

當代保留或撤銷分析

	保留方案	撤銷方案
貢獻邊際	$285,000	$ 0
管理，直接固定	(30,000)	0
廣告，直接固定	(50,000)	0
檢查產品[a]，非單位變動	(20,000)	0
檢查產品，可追蹤固定	(80,000)	0
檢查產品，未使用產能	(40,000)	0
物料處理[b]，非單位變動	(10,000)	0
物料處理，可追蹤固定	(70,000)	0
顧客服務[c]，可追蹤固定	(45,000)	(15,000)
總計	$(60,000)	$(15,000)

[a] 撤銷椅套的產品線將使得未使用產能 40 批次增加爲 85 批次。由於作業產能之取得係 以 85 單位爲一次，因此撤銷椅套產品線將可減少資源的耗用，減少的部門即可追蹤 固定費用外加未使用產能的成本之總和。

[b] 撤銷椅套產品線將使得未使用產能由 400 次增加爲 1,800 次，（相對於椅套的作業使 用而言）然而只有 1,400 次的未使用產能是永久性的。由於移動產能必須一次取得 350 單位，因此產能恰可減少 1,400 次移動，亦即節省下所有的可追蹤固定作業費用。

[c] 由於產能之取得必須一次取得 60 單位，因此目前的未使用產能將可減少 60 單位，且 無論是否保留或撤銷此一產品線。如果撤銷椅套產品線，則可再創造 90 單位的未使 用產能。這 90 單位當中，有 60 單位可以刪除，使得資源耗用成本減少 $30,000 [($45,000 + $75,000 + $30,000) / 300]× 60。

同顧客，提出不同的競標價格；因此，企業往往會有機會考慮是否接受潛在顧客所提的一次性特殊訂單。**特殊訂單決策** (Special-order Decisions) 強調是否應該接受或者拒絕特殊價格的訂單。特殊訂單決策屬於具有短期效果的戰略性決策。提高短期獲利就是這一類決策常見的目標。值得特別注意的是，接受特殊訂單並不會也不應影響正常的銷貨通路，更不應影響其它策略要素。在符合此一條件的情況下，特殊訂單往往非常具有吸引力，尤其是當企業的營運低於最大產能以及當其它作業擁有充份的未使用產能得以吸收訂單可能帶來的額外需求的時候。在此情況下，企業的分析工作可以強調在需要時才取得的資源——因爲此類資源可以歸屬於資源耗用增加的來源。只要瞭解作業需求增加的內容，即可建立各項成本的相關性。

例如，假設生產冰淇淋的北極光公司目前的營運僅達產能的百分之八十 (80%)，而其它非單位水準作業的情況也相當類似。北極光公司的產能爲二千萬個半加侖的單位產品，並期望各生產八百萬單位的一般冰淇淋和高級冰淇淋。**圖** 11-10說明了和生產與銷售八百萬單位的高級冰淇淋相關的總成本。

一家平常和北極光公司少有往來的地區經銷商表示願意以每單位$1.75的價格購買兩百萬單位的高級冰淇淋，但是條件是產品上必須貼上這家經銷商的標籤。這家經銷商同意支付運輸成本。由於這家經銷商是直接和北極光公司聯繫，因此這份訂單沒有銷售佣金。北極光公司估計這份特殊訂單將使採購單增加10,000份，接受訂單增加20,000份，設定增加13次。此外，雖然此一特殊訂單會提高這些作業和其它作業的需求，但是目前的未使用作業產能仍足以吸收增加的需求。試問，北極光應該接受或拒絕這份特殊訂單？

	總計[a]	單位成本
單位水準變動成本：		
乳製品添加物	$ 5,600	$0.70
糖	800	0.10
調味料	1,200	0.15
直接人工	2,000	0.25
包裝	1,600	0.20
佣金	160	0.02
鋪貨	240	0.03
其它	400	0.05
總單位水準成本	$12,000	$1.50
非單位水準變動成本：		
採購（$8 × 40,000 份訂購單）	$320	$0.04
收料（$6 × 80,000 份收料單）	480	0.06
設定（$8,000 × 50 次設定）	400	0.05
總非單位水準成本	1,200	$0.15
固定作業成本：		
總固定成本[b]	$ 1,600	$0.20
總成本	$14,800	$1.85
批發售價	$20,000	$2.50

[a] 所有成本均以千元爲單位。

[b] 提供北極工公司用以製造特級冰淇淋之所有作業產能之總成本。

圖 11-10

北極光公司之相關資料：特級冰淇淋

經銷商提出的價格 $1.75 遠低於正常的售價 $2.50；事實上，這樣的價格甚至低於總單位成本。儘管如此，接受此一訂單卻仍然為北極光公司帶來獲利。目前北極光公司有閒置產能，接受此一特殊訂單將會影響生產正常售價的產品。此外，許多成本均與決策之間不具關連，無論北極光公司接受或者拒絕此一特殊訂單，使用之前預先取得的資源之耗用都不致改變。

如果北極光公司接受此一特殊訂單，將可實現每單位 $1.75 的收入。除了配銷費用 ($0.03) 和銷售佣金 ($0.02) 之外的所有其它單位水準變動成本仍然會發生，總計為每單位 $1.45。再者，非單位水準的變動成本也將發生，預計將會增加 $304,000（或者當訂單數量為二百萬單位時，每單位 $0.152）。因此，北極光公司仍可賺取 $0.148 的淨利 ($1.75 - $1.602)。換言之，北極光公司的利潤將可增加 $296,000 ($0.148 × 2,000,000)。**圖 11-11** 摘要說明了相關成本分析。

圖 11-11

特殊訂單成本分析：北極光公司

	接受	否決	影響差異
收入	$3,500,000	$0	$3,500,000
乳製品添加物	(1,400,000)	0	(1,400,000)
糖	(200,000)	0	(200,000)
調味料	(300,000)	0	(300,000)
直接人工	(500,000)	0	(500,000)
包裝	(400,000)	0	(400,000)
其它	(100,000)	0	(100,000)
採購	(80,000)	0	(80,000)
物料	(120,000)	0	(120,000)
設定	(104,000)	0	(104,000)
總計	$ 296,000	$0	$ 296,000

出售或再加工決策

在分離點之前，**聯產品** (Joint Products) 之間擁有共同的製程和生產成本。到了分離點，聯產品便可區分為不同的獨立產品。舉例來說，某些礦物——諸如銅和金——可能存在同一礦源。這個礦源必須經過開採、擊碎、冶煉之後才能夠將銅礦與金礦分開。兩種礦物分開的時間點稱為**分離點** (Split-off Point)。開採、擊碎和冶煉的成本則是兩種礦物的共同成本。

企業往往在分離點的時候將聯產品予以出售。但是在某些情況下，將聯產品再繼續加工的獲利可能會超出在分離點就出售聯產品的獲利。決定出售或再加工聯產品是企業經理人必須擬訂的重要決策。

爲了說明之便，謹以生產與銷售新鮮農產品與罐頭食品的廠商戴利公司爲例。戴利公司的山莊部門專門生產蕃茄製品。山莊擁有一座廣大的蕃茄園，栽種其產品所使用的所有蕃茄。這座蕃茄園被劃分爲幾塊面積適中的小區域，以便管理。每一塊區域大約可以生產 1,500 英磅的蕃茄，定義爲一期的產量。每一塊區域都必須鋤土、施肥、灑水和採摘。蕃茄成熟之後，便可採摘。摘取下來的蕃茄運送到倉庫進行清洗與分類。上述作業的成本約爲每一期 $200。

摘取下來的蕃茄分爲兩級（甲級和乙級）。甲級蕃茄的體積比乙級的大，外觀也比較漂亮。甲級蕃茄賣給大型超市；乙級蕃茄則送往罐頭工廠，加工成爲蕃茄醬、蕃茄汁等製品。每一期約可生產 1,000 英磅的甲級蕃茄和 500 英磅的乙級蕃茄。最近，罐頭工廠廠長提議利用甲級蕃茄來生產戴利公司的辣調味醬。根據研究指出，甲級蕃茄的口味和品質比乙級蕃茄更適合用來生產辣調味醬。此外，乙級蕃茄已經全數提供其它產品使用。

辣調味醬的生產將會使用（山莊蕃茄園）全部的甲級蕃茄。目前甲級蕃茄賣給大型超市的售價是每英磅 $0.40。在決定於分離點時就出售甲級蕃茄或者繼續加工成爲辣調味醬的時候，鋤土、灌溉等成本均不相關。無論戴利公司選擇直接出售或繼續加工，都必須支付每一期 $200 的費用來取得這些作業。儘管如此，戴利公司在分離點的時候直接出售甲級蕃茄所賺取的收入和繼續加工成爲辣調味醬所賺取的收入卻有所不同。因此，收入屬於相關項目。

加工成本的相關性取決於資源需求的性質。顯而易見地，在需要時才取得的資源之需求及其成本和決策之間具有相當關連（例如人工、胡椒、水、瓶子和調味佐料等）。就在使用之前預先取得的資源而言，資源耗用的增加取決於目前的作業產能究竟可以提高多少。舉例來說，收料作業的產能或可提高以處理產量增加的蕃茄。收料資源耗用的增加屬於相關的加工成本。儘管如此，檢查作業可能也有充份的未使用產能，足以應付辣調味醬所需要的檢查作業。如果上述爲眞，那麼檢查成本就不屬於相關成本（無論是否生產辣調味醬，檢查資源的成本都不會改變）。

假設辣調味醬的售價是每一瓶 $1.50。另假設額外的加工成本——包括在需要時才取得的資源以及作業產能的增加——增加了 $1,000。於是，甲級蕃茄在分離點時的總收入爲 $400($0.40 × 1,000)。如果戴利公司把甲級蕃茄繼續加工成爲辣調味醬，則總收入爲 $1,500($I.50 × 1,000 瓶)。繼續加工所增加的收入是每半公噸甲級蕃茄 $1,100($1,500-$400)。由於收入增加 $1,100，加工成本增加 $1,000，因此繼續加工甲級蕃茄的淨利爲每半公噸 $100。分析數據簡述如下：

	出售	再加工	再加工之差額
收入	$400	$1,500	$1,100
加工成本	—	(1,000)	(1,000)
總成本	$400	$ 500	$ 100

相關成本方法與倫理道德行爲

相關成本可以用以擬訂戰略性決策－－具有立即效果或有限目標的決策。然而在擬訂決策的時候,決策者必須遵循倫理道德的規範。達到既定目標雖然重要，但是如何達到既定目標的方法可能更爲重要。遺憾的是，許多企業經理人的觀點恰恰相反。問題的根源可能在於許多企業經理人所感受到的高度壓力。執行效力不佳的經理人往往可能面臨被解僱或者降職的命運。面臨此一情勢，企業經理人往往無法自持地陷入道德上或有瑕疵的行爲。

舉例來說，一九九Ｏ年代初期，喀什米爾毛料的價格大幅滑落。受到物料價格下跌的影響，毛衣脫離了高價時代，而來自中國大陸與香港的進口毛衣急速成長，甚至超過了兩倍。這些毛衣大都銷往美國的百貨公司和毛衣專賣店。可惜，這些毛衣的品質卻不儘理想。梅恩百貨公司測試了它在一九九四年推出的香港進口自有品牌毛衣，結果發現羊毛（不是喀什米爾毛料）的成份從百分之十到三十 (10-30%)

不等，因此重新貼上顯示正確成份的標籤。許多其它同業的百貨公司卻選擇了另外一種「變通方式」，繼續打上「百分之百喀什米爾毛料」的名號大肆廣告宣傳。

關於類似個案的對錯與否恐怕難有定論。誠如本書第一章所言，擬訂道德標準的用意在於提供個人的行爲準則。此外，許多企業紛紛僱用專職的倫理道德管理人員，建立電話服務熱線，讓員工能夠自由表達、抱怨或者詢問公司特定行動的內容。儘管如此，誠如「財富」雜誌的一篇專文指出：「老祖宗的話仍然有其道理：別在工作中做出任何事情是你不希望你的母親在吃早餐看報紙的時候所讀到的新聞。」

結語

戰略性決策的擬訂不外在衆多立竿見影或有限目標的可行方案中，選擇最佳的方案。戰略性決策可能具備短期的或小規模的特性，但仍須符合較大規模的策略性目標。戰略性決策的擬訂分爲五道步驟，主要的重點工作稱爲戰略性成本分析。戰略性成本分析包括了找出各項可行方案的預測成本與利益，刪除不具相關性的成本與利益，以及比較相關成本與利益等。假設其它條件不變的情況下，企業應該選擇能夠帶來最大淨利的可行方案。

戰略性成本分析的主要工作之一是找出相關成本與利益。如果特定成本與收入的影響擴及未來，且不同的可行方案會出現不同的成本與收入的話，則視其爲相關成本與收益。所有的歷史成本都是吸入成本，因此和決策之間不具關連。歷史成本在戰略性決策擬訂的過程中所扮演的角色是做爲預測的基礎。實務上可以利用歷史成本來估計未來成本。

成本習性是瞭解相關特性的基礎。作業資源使用模式則爲決定相關性的有利工具。資源可以分爲三類：在需要時才取得的資源、預先取得的（短期的）資源以及在使用之前預先取得的（可供多期使用的）資源。如果各項可行方案的需求不同，則第一類資源的成本屬於相關成本。如果各項可行方案的需求改變會造成作業產能的改變，則第二類資源屬於相關成本。作業產能的改變會帶動資源耗用的改變。就戰略性決策的擬訂而言，第三類資源往往不具關連。

常見的戰略性決策計有自製或外購決策、保留或撤銷決策、特殊訂單決策以及出售或再加工決策等。特殊訂單決策屬於具有短期效果的戰略性決策。其它三項則屬於小規模的戰略性決策。

習題與解答

作業資源使用模式、策略要素與相關成本方法

百金公司目前擁有閒置產能。最近，一位平常不在服務地區範圍內的新顧客和百金公司接觸，表示有意購買2,000單位的產品。這家新顧客提出的價格是每單位$10。正常情況下，這項產品的售價是每單位$14。根據作業制會計制度製作的資料如下：

	成本動因	未使用產能	需求數量*	作業比率** 固定	作業比率** 變動
直接物料	單位	0	2,000	—	$3.00
直接人工	直接人工小時	0	400	—	7.00
設定	設定小時	0	25	$50.00	8.00
機器	機器小時	6,000	4,000	4.00	1.00

*此處僅代表特殊訂單所需要的資源數目。
**固定作業比率係指爲取得每一單位的作業產能所必須支付的價格。變動作業比率係指在需要時才取得的資源之單位價格。

雖然設定作業的固定作業比率是每小時$25，然而此一資源的增加必須以大量的方式取得。設定的取得必須以100小時爲單位。換言之，設定作業的擴張必須以100小時爲單位。每一小時的價格即爲固定作業比率。

作業：

1. 如果百金公司決定接受此一特殊訂單，請計算收益的改變。並請就百金公司是否應該接受或拒絕此一特殊訂單，提出你的看法（試就策略觀點探討之）。
2. 假設設定作業尚有50小時的未使用產能。此一事實對於分析結果有何影響？

解答

1. 相關成本係指如果接受訂單之後會隨之改變的成本。這一類的成本包括有變動作業成本（在需要的時候才取得的成本）、加上爲取得額外作業產能的成本（在使用之前預先取得的成本）。收益將會有

如下改變：

收入（$10 × 2,000 單位）	$20,000
減項：資源耗用的增加	
直接物料（$3.00 × 2,000 單位）	(6,000)
直接人工（$7 × 400 直接人工小時）	(2,800)
設定〔（$50 × 100 小時）＋（$8 × 25 小時）〕	(5,200)
機器（$1.00 × 4,000 機器小時）	(4.000)
收益改變	$2,000

企業在接受特殊訂單之前,必須經過嚴謹的考慮和審視。題目當中的特殊訂單可以增加 $2,000 的收入，但是卻必須擴張設定作業產能。若設定作業的產能擴張屬於短期性質，那麼或許值得一試。然而如須長期的投入，那麼百金公司等於是拿 $2,000 的一年期利益來交換每一年 $5,000 的花費。如此一來，百金公司應拒絕此一特殊訂單。即使設定作業產能的擴張屬於短期性質，百金公司仍應考慮其它策略因素。此一特殊訂單是否會影響正常的銷貨？百金公司是否在尋找解決閒置產能的永久性方案、又或者特殊訂單將變成常態——最後終將帶來惡果的行動？接受此一特殊訂單是否會影響百金公司的正常通路？接受特殊訂單與否必須與公司的策略性姿態一致。

2. 如果設定作業擁有 50 小時的剩餘產能，那麼設定作業可以吸收特殊訂單對於作業的需求，毋須爲了額外的產能而增加額外的資源耗用。如此一來，特殊訂單的獲利可以增加 $5,000（亦即所需的資源耗用增加的程度）。換言之，如果百金公司接受此一特殊訂單，則總收益將會增加 $7,000。

重要辭彙

Decision model 決策模式

Joint products 聯產品

Keep-or-drop decision 保留或撤銷決策

Make-or-buy decision 自製或外購決策

Relevant costs (revenues) 相關成本（收入）

Sell or process further 出售或再加工決策

Special-order decisions 特殊訂單決策

Split-off point 分離點

Sunk cost 吸入成本

Tactical cost analysis 戰略性成本分析

Tactical decision making 戰略性決策擬訂

問題與討論

1. 何謂「戰略性決策擬訂」？
2. 「戰略性決策往往是達成較大目標的小規模決策。」請解釋這句話的意義。
3. 何謂「戰略性成本分析」？
4. 戰略性決策模式當中的哪些步驟和戰略性成本分析相互呼應？
5. 何謂「相關成本」？何謂「相關收入」？
6. 請解說現有資產的折舊永遠屬於不相關成本的原因。
7. 請舉出一個不具相關性質的未來成本之例。
8. 相關成本往往決定了應該選擇哪一項解決方案。你同意這樣的說法嗎？爲什麼？
9. 在自製或外購決策中，直接物料是否永遠屬於不相關成本？請解說你的理由。
10. 請舉出一個具有相關性的固定成本之例。
11. 在什麼情況下，折舊屬於相關成本？
12. 歷史成本在戰略性成本分析當中扮演何種角色？
13. 在什麼情況下，需要時才取得的資源和決策之間會具有關連？
14. 在什麼情況下，（透過非明文的契約方式）預先取得的資源成本和決策之間具有關連？
15. 請解說預先取得的可供多期使用的資源通常和戰略性決策之間不具關連的原因。
16. 傳統自製或外購分析與當代自製或外購分析的主要差異爲何？
17. 請解說作業制分項報表能夠提供更多有利於自製或外購決策的資料之原因。
18. 假設某項產品在分離點的時候出售可以賣得 $5,000；如果繼續加工則將發生 $1,000 的成本，但是可以 $6,400 的價格賣出。請問這項產品是否應該繼續加工？
19. 在擬訂出售或再加工決策的時候是否應將聯合成本納入考量？並請解說你的理由。
20. 企業爲什麼會願意以低於完全成本的價格出售產品？

個案研究

11-1
找出問題與解決方案；相關成本

諾頓公司是一家生產調阻器的公司（調阻器是一種調整電阻的儀器）。目前，生產調阻器所需要的零件都是由諾頓公司自行製造。諾頓公司在美國堪薩斯州的威奇塔市設有一座廠房。這座廠房是採租賃方式，目前租約尚有五年才到期。生產設備均爲諾頓公司自有資產。由於產品需求不斷提高，最近五年以來廠房的生產大幅擴張，租用的廠房幾乎不敷使用。目前看來，諾頓公司需要更多的倉儲、辦公室，以及生產塑膠模具的空間。這些用來生產調阻器的塑膠模具的產能必須再增加，才能符合主要產品不斷增加的需求。

諾頓公司的老闆兼總經理帝里歐要求行銷副總帝約翰和財務副總蔡琳達召開一次會議，商討產能不足的問題。這是這三位高階主管爲了此一問題所召開的第二次會議。在前一次的會議當中，蔡琳達提出興建自有廠房的提議，但是遭到帝里歐的否決。帝里歐認爲現階段投入大筆資金興建自有廠房的動作風險太高。會中也曾提出再租一座更大的廠房，然後將現有的廠房轉租出去的構想，但也同樣遭到否決。事實上，即使轉租目前的廠房之提議可行，但是技術上卻相當困難。第一次會議結束的時候，帝里歐要求帝約翰針對承租另一座規模和目前廠房相當的廠房之可能性進行瞭解。帝里歐同時也要求蔡琳達找出其它的可能解決方案。於是，在第二次會議的開頭，帝里歐要求帝約翰報告承租方案的可行性。

「經過仔細的研究之後，」帝約翰表示，「我認爲再租一座規模相當的廠房之提議並不理想。雖然我們面臨到了空間不足的問題，但是我們目前的產量還沒有達到可以充份利用另一座廠房的程度。事實上，我認爲五年之內我們不必考慮承租另一座規模相當的廠房的問題。根據我的市場調查研究指出，未來五年的產品需求上升幅度平緩。我們目前的生產產能即可吸收。過去五年來產品需求激增的景象不太可能再發生。因此，承租另一座廠房的構想並不恰當。」

「即使未來只有小幅成長，對於我們目前的空間問題仍會造成嚴重影響，」帝里歐提出他的看法。「相信兩位都知道，工廠目前已經是採三班制的生產模式。但是帝約翰，或許你的看法正確－－除了塑膠模具之外，我們可以設法提高產量，尤其是在大夜班的時候。蔡琳達，我希望妳已經找出其它可行的解決方案。我們需要有所行動。」

「很幸運地，」蔡琳達答道，「我已經想出兩種可行的方案。其中之一是再租下一棟建物，專供倉儲之用。如果我們將倉儲需求轉移到另一棟建物，那麼多出來的空間便可挪作辦公與塑膠模具生產之用。我已經在距離目前廠房兩英里以內的區域找到一棟適合的建物。這棟建物不僅可以因應目前的需求，亦可滿足帝約翰提到的未來小幅成長的需求。第二項方案可能更爲理想。目前生產調阻器所需的零件都是由公司自行製造，其中包括了軸心和軸襯。過去幾個月以來，這兩項零件在市場上出現供過於求的現象，因此價格大幅滑落。如果公司改採外購這兩項零件來取代目前自行製造的方式，或許可以節省可觀的成本與空間。總經理，你認爲呢？這些方案是否可行？或者我應該繼續搜尋其它可行的解決方案？」

「這兩項方案我都贊同，」帝里歐表示。「事實上，這些正是我們想要找尋的解決之道。我們現在必須做的是從中選擇對公司最有利的方案。」

作業：

1. 請闡釋諾頓公司的產品所面臨的問題。
2. 請指出諾頓公司所提出的所有解決方案—那一項方案並不可行，爲什麼？哪些方案又是可行的？
3. 針對可行方案而言，和每一項方案相關的可能成本與利益分別爲何？在你所找出的成本當中，哪些是與決策相關的成本？

11-2
決定相關成本

金梅菲在一九九七年的時候，以 $5,000的價格買了一輛一九九二年出廠的敞篷汽車。自從買了這輛車之後。她在零件與工資上的花費分列於下。

汽油幫浦	$120
敞篷車頂	265
主軸承	135
碟煞	150

（接續下頁）

管線	80
人工	250
總計	$1,000

金梅菲對於這輛車並不十分滿意。爲了讓這輛車達到她到認爲的合理狀況，她預估將會需要下列裝修成本：

引擎整修	$700
重新烤漆	800
輪胎	360
新的內裝	500
其它維修	340
總計	$2,700

在參觀一家二手車商的時候，金梅菲注意到一輛車齡四年、車況頗佳的三菱跑車，售價則爲 $7,000。在刊登出售廣告之後，金梅菲發現目前這輛敞篷車只能以 $3,000 的價格出售。如果她想要買下那輛三菱跑車，她必須支付現金，但是在這之前她必須先賣掉手上的敞篷車。

作業：

1. 在決定是否重新整修敞篷車或者買下三菱跑車的時候，金梅菲發現自己已經在敞篷車上花費了 $6,000，因而感到相當懊惱。如果現在賣掉，似乎相當可惜。針對金梅菲的感覺，你有何看法？
2. 請列出和金梅菲的決策相關的所有成本。你會提出什麼樣的建議？

11-3
資源供給與使用；成本習性；相關性

百能公司僱用了三位全職員工來處理採購訂單。每位員工的薪水是 $30,000，而且每人每年可以處理 5,000 份訂單（如果員工的效率良好的話）。每一位員工在工作的時候都會使用一部個人電腦和一台雷射印表機。每一年，每一套個人電腦系統的工作時間足夠處理 5,000 份訂單。每一年，每一套個人電腦系統的折舊是 $1,200。除了薪水以外，百能公司花費 $9,000 購買表格、郵資等（假設處理了 15,000

份訂單）。今年度，總共處理了 13,000 份訂單。

作業：

1. 請將與採購作業相關的資源分別分類為：(1) 需要時才取得的資源、(2) 預先取得的（短期）資源、或 (3) 預先取得的（可供多期使用）資源。
2. 請計算整體的可得作業產能，並區分出作業使用與未使用作業。
3. 請計算提供的資源的總成本（即作業成本），並區分出已使用作業成本與未使用作業成本。
4. (1) 假設一項特殊訂單將可增加額外的 1,000 份訂單。試問，哪採購成本屬於相關成本？如果接受上述特殊訂單，則採購成本將會增加多少？(2) 假設上述特殊訂單將可增加額外的 2,500 份訂單。試問，第 (1) 小題的答案分別又是多少？

11-4
特殊訂單決策；傳統成本分析；質化因素

方代公司的經理白辛蒂正在審閱一項 7,000 盒生日卡片的訂單。方代公司目前只使用了百分之七十 (70%) 的產能，應該可以增加額外的作業。美中不足的是，上述訂單的價格是每一盒 $7.75，比生產卡片的成本還低。方代公司的會計長反對接受此一造成損失的訂單。然而，人事經理認為雖然這份訂單不會賺錢，但是可以藉此避免裁員的問題並可維持公司的形象，因此公司應該接受。生產一盒卡片的全部成本列示如下：

直接物料	$2.00
直接人工	3.00
變動費用	1.50
固定費用	2.50
總計	$9.00

這份特殊訂單來自於平常並沒有往來的顧客。這份訂單並沒有相關的變動銷售或管理費用。非單位水準作業成本僅佔總成本的一小部份，因此不予列入考慮。

作業：

1. 假設方代公司接受這份特殊訂單的前題是訂單能夠提高總利潤。試問，方代公司應該接受或者拒絕此一特殊訂單？並請提出計算過程與數據來支持你的答案。
2. 請仔細考慮人事經理的觀點。請探討雖然這份特殊訂單會使得總利潤縮減，但方代公司仍然接受此一特殊訂單的好處。

11-5
自製或外購：傳統成本分析

史威公司目前生產零件 67Y，每一年的產量是 5,000 單位。這項零件係用於生產史威公司的許多產品。零件 67Y 的單位成本如下：

直接物料	$3.00
直接人工	2.00
變動費用	1.00
固定費用	1.50
總計	$7.50

在零件 67Y 所分配到的總固定費用當中，$1,500 屬於直接固定費用，其餘則爲共同固定費用。一家供應商向史威公司表示，願意以 $7.05 的價格來生產零件 67Y。史威公司目前用於生產零件 67Y 的設備無法轉做其它用途。零件 67Y 的生產也沒有大額的非單位基礎費用成本。

作業：

1. 史威公司應該自行製造零件 67Y，或者改採外部供應商購買零件 67Y？
2. 史威公司願意支付外部供應商的價格最高是多少？

11-6
自製或外購：傳統與作業制成本分析

最近有一家供應商向克拉森公司表示，願意賣給克拉森公司一項其用於生產主要產品所需的零組件，數量則爲 6,000 單位。目前克拉森公司自行製造這項零組件。這家供應商提出的單價是 $44。克拉森公司目前採用傳統的單位基礎成本制度，根據直接人工小時來分配每一項工作的費用成本。據估計，生產這項零組件的全部成本如下：

直接物料	$20
直接人工	10
變動費用	10
固定費用	32

在做出決定之前，克拉森公司的執行長要求針對這項特殊訂單是否能夠減少固定費用成本進行研究。研究結果如後：

2次設定——每一次$5,000（設定作業將可避免，每一次設定的總支出可以減少$5,000）。

可以減少一位品檢員，$28,000。

可以減少處理物料的人員，$20,000。

工程作業：500小時，每一小時$15。（雖然工程作業可以減少500小時，但是原來指派擔任這項零組件的工程師仍將繼續處理其它產品。）

作業：

1. 先不考慮研究的結果，請判斷克拉森公司應該繼續自行製造或者應該向外部供應商購買題目當中的零組件。
2. 現在，請利用研究的結果，重覆第1題的分析。
3. 請探討會影響自製或外購決策的質化因素，其中包括了策略性意涵。
4. 參閱過研究結果之後，克拉森公司的會計長做出下列評論：「這份研究忽略了採購作業所將引起的額外作業需求。舉例來說，雖然生產線上的品檢作業需求降低，但是我們是不是必須在收料區增加額外的空間來檢查進來的零件？我們是不是眞的能夠節省品檢成本？」試問，會計長的顧慮是否正確？如果克拉森公司採用的是作業制成本制度，是否能夠避免此一問題？

11-7
資源使用模式；特殊訂單

英格公司目前只發揮了百分之八十五(85%)的產能。外部供應商向英格公司提出以$20的單價生產4,000單位的特殊設計工具的意願。這項產品的正常售價則爲每單位$27。根據作業制會計制度所編製的資料如下：

	作業動因	未使用產能	需求數量**	作業比率*	
				固定	變動
直接物料	單位數量	0	3,000	—	$10
直接人工	直接人工小時	0	500	—	14
設定	設定小時	30	50	$200	16
檢查	檢查小時	200	100	10	3
機器	機器小時	6,000	4,000	20	4

*此為除以作業產能的預期作業成本。

**處僅代表特殊訂單需要的資源之金額。

設定、檢查與機器生產等作業產能之擴充必須以整批單位來進行。就設定作業而言，一個整批單位可以提供額外 25 小時的設定作業，並以固定作業比率計算其成本。就檢查作業而言，作業產能的擴充以每一年 2,000 小時為單位，成本則為每一年 $20,000（額外增加一位品檢員的薪資）。機器產能得以每一機器小時 $20 的比率承租一年，然而機器產能的取得必須以 2,500 機器小時為單位。

作業：

1. 請計算如果英格公司接受題目當中的特殊訂單，則收益將會如何改變。請就英格公司是否應該接受或者拒絕此一特殊訂單，提出你的看法（尤以策略性議題為主）。
2. 假設設定作業擁有 60 小時的未使用產能，則對分析結果有何影響？
3. 假設設定作業擁有 60 小時的未使用產能，且機器生產擁有 3,000 小時的未使用產能，則對分析結果有何影響？

11-8
保留或撤銷傳統分析與作業制分析

林肯公司生產兩種花生醬：泥狀與顆粒狀，其中以泥狀花生醬較受市場歡迎。這兩種產品的相關資料如下：

	泥狀	顆粒狀	未使用產能 *	購買單位 **
預期銷貨（以箱計）	50,000	10,000	—	—
每箱售價	$100	$80	—	—
直接人工小時	40,000	10,000	—	視需要
機器小時	10,000	2,500	—	2,500
接收訂單	500	250	250	500
包裝訂單	1,000	500	500	250
每箱物料成本	$50	$48	—	—
每箱直接人工成本	$10	$8	—	—
廣告成本	$200,000	$60,000	—	—

* 實際產能減去使用產能（所有未使用產能均屬永久性質）。
** 在某些情況下，作業產能必須以整體單位取得。每一單位的成本係固定作業比率乘上整體單位的數量。固定作業比率則爲預期固定作業成本除以實際作業產能。

林肯公司的年度費用成本列示於後。這些成本係根據其作業動因分類爲固定成本或變動成本。

作業內容	固定 a	變動 b
直接人工利益	$ —	$200,000
機器	200,000	250,000
接收	200,000	22,500
包裝	100,000	45,000
總計	$500,000	$517,500

a 與實際作業產能相關的成本。機器固定成本係專指折舊。

b 這些成本係指成本動因的實際水準。

作業：

1. 請分別編製傳統分項收益表與作業制分項收益表。在傳統成本制 度當中，請採用以直接人工小時爲基礎的單位水準費用比率。
2. 請利用傳統成本方法，判斷林肯公司是否應該保留或撤銷顆粒狀花生醬的產品線。
3. 請利用作業制成本方法，重覆第 2 題的保留或撤銷分析。

11-9
出售或再加工：基本分析

李格公司擁有多座肉類加工工廠。其中一座位於美國歐馬略市的工廠專門處理雞肉加工。這座工廠利用二道共同的製程生產三種產品：盒裝雞胸肉、盒裝雞腿與雞翅、碎肉。碎肉產品包括了雞骨頭與雞脖子，並以英磅為單位出售給當地的製湯業者。包裝好的產品則是賣到超級市場。傳統工作週裡的聯合成本如下：

直接物料	$30,000
直接人工	20,000
費用成本	15,000

每一項產品的收入分別為：雞胸肉 $43,000、雞腿與雞翅 $32,000、碎肉 $25,000。

歐馬哈廠的管理階層正在考慮繼續加工分離點的雞胸肉。如此一來，銷售價值可以增加到 $76,000（將雞胸肉切成塊狀、醃漬、包裝之後可以做成雞塊賣給超級市場）。然而，連帶而來的額外加工作業意味著工廠必須租用每週成本達 $1,250 的特殊設備。每一週所需要的額外物料與人工則必須花費 $12,750 的成本。其它作業的資源耗用也必須同步增加。每一週，這些作業的資源耗用估計會增加 $15,000。

作業：

1. 請問三項產品每一週所賺取的毛利是多少？
2. 歐馬哈工廠是否應該在分離點的時候就出售盒裝的雞胸肉，或者應該將雞胸肉繼續加工成為雞塊？任一決策對於每週毛利的影響為何？

11-10
保留或撤銷；周邊效應；傳統成本分析

達森公司生產跑步鞋與網球鞋。這兩項產品的預估收益表如下：

	跑步鞋	網球鞋
銷貨收入	$450,000	$750,000
減項：變動成本	270,000	300,000
貢獻邊際	$180,000	$450,000
減項：直接固定費用	200,000	220,000
分項邊際	(20,000)	$230,000
減項：共同固定成本（分配）	50,000	75,000
淨收益（損失）	70,000	155,000

達森公司的總經理正在考慮裁撤跑步鞋的產品線。然而如果達森公司撤銷此一產品線，網球鞋的銷售量將會下跌百分之十 (10%)。這兩項產品均無大額的非單位水準作業成本。

作業：

1. 達森公司是否應該撤銷或保留跑步鞋的產品線？請提出計算過程與數據來支持你的答案。
2. 假設增加 \$20,000 的廣告預算將可提高跑步鞋百分之五 (5%) 的銷售量與網球鞋百分之三 (3%) 的銷售量。請編製分項損益表來反映提高廣告預算的影響。試問，達森公司是否應該提高廣告預算？

11-11
特殊訂單；傳統成本分析

蘭佳絲公司利用聯合製程生產兩種潤髮乳——滋潤型與護色型。每一個標準的生產循環會發生 \$840,000 的聯合（共同）成本，並可生產出 360,000 加侖的滋潤型護髮乳和 240,000 加侖的護色型潤髮乳。分離點之後的額外加工成本分別爲：滋潤型每加侖 \$2.80 和護色型每加侖 \$1.80。滋潤型護髮乳的售價是每加侖 \$4.80，而護色型護髮乳的售價則爲每加侖 \$7.80。

一家連鎖超市凱米達向蘭加絲提出以每加侖 \$7.30 的價格購買 480,000 加侖護色型潤髮乳的意願。凱米達超市計劃推出重量爲 16 盎斯、並貼有凱米達自有標籤的瓶裝潤髮乳。

如果蘭佳絲公司接受這份訂單，將可節省護色型潤髮乳的包裝成本，計爲每加侖 \$0.10。然而由於滋潤型潤髮乳的市場呈現飽和，因此滋潤型潤髮乳的銷售量就算增加的話，售價將只有每加侖 \$3.20。假設這兩項產品均無大額的非單位水準作業成本。

作業：

1. 請問每一道標準生產循環所生產的滋潤型護髮乳與護色型潤髮乳所賺取的正常利潤是多少？
2. 請問蘭佳絲公司是否應該接受題目當中的特殊訂單？並請解說你的理由。

11-12
資源使用：特殊訂單

百利醫療中心僱用五位醫技人員負責進行醫學測試。每一位醫技人員的薪資是 $36,000，每位醫技人員每年可以完成 1,000 件測試工作。測試儀器已經購入一年，當初購買的價格是 $150,000，預期尚可使用五年。儀器的產能預估在使用年限內共可處理 25,000 件測試。折舊是依直線基礎攤提，預估將無殘值可言。測試的結果係交由外部的專技人員進行確認，費用則為每一件測試 $10。百利醫療中心會將醫技人員的測試結果連同外部專技人員的確認表格送交外部專技人員。除了薪資與儀器之外，百利醫療中心尚須支付 $10,000 在表格、紙張、電力與其它操作儀器所必須的耗用物料上（假設在處理 5,000 件測試的情況下）。百利醫療中心在購買測試儀器的時候，預估將可發揮儀器的最大產能，即每一年處理 5,000 件測試。事實上，在儀器開始運作的第一年的確處理了 5,000 件測試。然而，一家大型醫院也在百利醫療中心內開設了一家診所，因而分食了百利醫療中心的部份生意。在未來年度裡，百利醫療中心預期僅能處理 4,200 件測試。以往，百利醫療中心的收費是每一件測試 $65——足以涵蓋測試的直接成本外加分配的一般費用（例如醫療中心建築的折舊、燈光與空調以及警衛服務等）。

第二年初，鄰近社區的一所醫院向百利醫療中心提出將其顧客的測試交由百利醫療中心負責的意願，惟每一件測試的價格是 $35。這家醫院估計每一年約有 500 位顧客需要進行此一測試。這家醫院同時還指出，此項安排屬於暫時性——期間僅有一年。這家醫院預期將在一年內購置自有的測試儀器。

作業：

1. 請將與測試作業相關的資源分別分類為：(1) 預先供給的長期資源、(2) 預先供給的短期資源、或 (3) 需要的時候才供給的資源。
2. 請計算測試作業的作業比率，並請將作業比率區分出固定部份與變動部份。現在請根據下列不同的方案，將每一項作業資源分類為相關作業或不相關作業：(1) 接受鄰近醫院的提議，以及 (2) 拒絕鄰近醫院的提議。並請解說你的理由。
3. 假設如果百利醫療中心可以降低營運成本，則將接受鄰近醫院的提議。試問，百利醫療中心是否應該接受此一提議？

4. 百利醫療中心的會計長白哈瑞不同意接受鄰近醫院的提議。他認為百利醫療中心應該做的是提高每一件測試的收費標準，不要接受無法涵蓋全額成本的生意。同時，他也關切如果百利醫療中心接受 $35 收費標準的風聲傳出，當地醫生所可能產生的反應。試探討白哈瑞的觀點，並請就如果百利醫療中心的目標是維持第一年的測試收入水準的話，是否應該提高收費標準的問題提出你的看法。
5. 百利醫療中心的行政主管戴伊蓮獲悉一位醫技人員打算離職到另一家規模更大的醫院就職。戴伊蓮和其它幾位醫技人員商談之後，這些醫技人員同意增加工作時數以省去百利醫療中心再僱用一位醫技人員的需求。如此一來，每一年，每一位醫技人員將可完成 1,050 件測試。這些醫技人員同意每一年多領 $2,000 的薪水來平衡增加的工作時數。試問，此一結果將對百利醫療中心是否應該接受鄰近醫院提議的分析造成何種影響？
6. 假設百利醫療中心希望賺取第一年的測試收入減去可歸屬於僅使用四位醫技人員所減少的資源耗用後的餘額。試問，百利醫療中心的測試收費標準應為多少？

11-13
作業制資源使用模式；自製或外購

帝白恩最近買下生產溜冰鞋的尼諾公司。帝白恩決定接收尼諾公司的經營管理，因此在完成購併之後不久，即指派她自己擔任尼諾公司的總經理一職。帝白恩在買下尼諾公司的時候所做的一項調查顯示，除了冰刀之外的其它零件都是由尼諾公司自行生產。這項調查還顯示出，尼諾公司曾經一度自行生產冰刀，而且目前還保有生產冰刀的設備。生產冰刀的設備狀況良好，並且存放在附近的倉庫裡。尼諾公司的前任老闆是在三年前決定向外部供應商購買冰刀。

帝白恩正在審慎考慮自行製造冰刀，取代目前向外部供應商購買的方式。冰刀的採購係以一組為單位，每一組的成本是 $8。現階段，尼諾公司每一年購買 100,000 組的冰刀。

溜冰鞋的購買係以批次方式進行，不同的尺寸會有不同的批次數量。每生產一批次,必須重新設定生產設備。廠房內可以騰出一塊區域來生產冰刀。主要成本平均是每一組 $5.00。工廠內擁有足夠的設備可以設定三條生產線，每一條生產線可以生產 80,000 組的冰刀。每一條生產線必須配有一位主管，每一位主管的薪資是 $40,000。此外，電力、油料和其它設備操作費用爲每一機器小時 $1.50。由於尼諾公司將要生產三種冰刀，因此在設定作業上將會出現額外需求。其它受到影響的費用作業包括採購、檢查與物料處理等。尼諾公司的作業制成本制度針對可能受到影響的費用作業之現狀，整理出下列資料。（大筆數量代表當尼諾公司必須擴張作業供給時，必須取得的產能——亦即採購的單位數量。每一單位的採購成本爲固定作業比率。變動比率則爲每一項作業在需要時才取得的資源之單位成本。）

作業	成本動因	作業產能	目前作業使用	大筆數量	固定作業比率	變動作業比率
設定	設定次數	1,000	800	100	$200	$500
採購	訂單份數	50,000	47,000	5,000	10	0.50
檢查	檢查小時	20,000	18,000	2,000	15	無
物料處理	移動次數	9,000	8,700	500	30	1.50

冰刀的生產對於費用作業的需求分別如下：

機器	50,000 機器小時
設定	250 次設定
採購	4,000 份採購訂單（與原料相關者）
檢查	1,500 檢查小時
物料處理	650 次移動

如果尼諾公司改採自製冰刀的方式，則將停止向外部供應商採購冰刀。因此，採購訂單將會減少 6,500 份（與採購相關的採購訂單份數）。同樣地，冰刀進料的移動會減少 400 次。如有未使用產能，則均視爲永久性的未使用產能。

作業：

1. 請問尼諾公司是否應該自製冰刀，或者應該向外部供應商購買冰刀？

2. 請解說作業制資源使用模式對於本題的分有何助益。此外，亦請就傳統成本方法對於本題分析的影響，提出你的看法。

11-14
分項損益表；保留或撤銷決策；特殊訂單決策；及時製造制度與作業制成本法；策略性考量

愛莫里公司是一家採行及時採購與製造制度的洗衣機馬達製造商。經過數年的運作之後，愛莫里公司已經成功地把存貨降至最低水準。下一年度裡，愛莫里公司預期生產 200,000 具馬達，其中包括 150,000 具一般馬力馬達與 50,000 具超大馬力馬達。這些馬達是由製造中心負責生產。預期的產量係爲一般馬達製造中心百分之八十（80%）的產能，和超大馬達製造中心百分之一百（100%）產能。（上述產能包括製造中心維護與物料處理的時間。）一般馬達的售價爲 $60；超大馬達的售價則爲 $70。

下一年度預期生產的相關資料如下：

	一般馬達製造中心	超大馬達製造中心
直接原物	$3,500,000	$1,000,000
人工＊	$ 900,000	$ 315,000
電力	$ 250,000	$ 100,000
折舊	$ 800,000	$ 300,000
生產週期	100	100
製造中心工人	20	5
平方英呎	20,000	10,000

＊負責生產、維護與物料處理。

每一個製造中心的共同費用成本如下：

廠房折舊	$900,000
生產排程	300,000
自助餐	100,000
人事	150,000

上述成本係利用製造中心作業資料中選出的成本動因來分配至各製造中心。

除了費用成本之外，愛莫里公司預期將會發生下列製造成本：

佣金（銷貨收入的2%）	$250,000
廣告：	
一般馬力馬達	400,000
超大馬力馬達	200,000
行政（均爲固定）	500,000

愛莫里公司的總經理郭基輔相當關切每一種馬達的獲利績效。他希望瞭解如果公司裁撤超大馬力馬達生產線對於公司獲利將會有何影響。在考慮撤銷大馬力馬達產品線的同時，一家平常沒有往來的顧客向愛莫里公司提出以$30的單價購買30,000具一般馬力馬達的意願。由於這位顧客是直接和愛莫里公司接洽，因此上述訂單毋須支付任何佣金。但因爲上述訂單的價格低於正常售價，所以郭基輔打算輔打算拒絕。然而在做出決定之前，郭基輔還是希望瞭解接受此一特殊訂單對於公司獲利的影響。

下列資料可以輔助決策的擬訂：

作業	成本動因	供給	使用	大筆數量*	固定比率
排程	週期	250	200	25	$1,200
自助餐	製造中心員工人數	45	25	15	1,800
人事	製造中心員工人數	40	25	20	3,750

*大筆數量係指如果作業產能擴張（縮減）時必須取得（或節省）的資源之數量；固定比率係指（僅得大量方式取得的）資源的單位價格。

上述三項作業當中自助餐作業是唯一具有變動作業比率之作業其作業比率爲每一位製造中心工人$760。

作業：

1. 請依照產品別，編製愛莫里公司的作業制分項損益表。愛莫里公司是否能夠開發未使用產能來提高整體獲利？並請解說你的理由。
2. 如果愛莫里公司撤銷超大馬力馬達的產品線，將會影響多少利潤？

3. 請就愛莫里公司若接受殊訂單對於公司獲利的影響，進行分析。試問，愛莫里公司的總經理郭基輔對於特殊訂單的感覺是否正確？
4. 現在假設愛莫里公司生產的馬達是賣給生產中級至高級品質洗衣機的製造商。提出特殊訂單的顧客則將使用購入的馬達來生產低品質的洗衣機。此外，這家顧客並計劃推出廣告，強調消費者可以更低的價格買到和所謂的高價位品牌一樣的品質。基於上述資訊與第 2 題的結果，試問愛莫里公司是否應該接受或拒絕此一特殊訂單？並請解說你的理由。

11-15
自製或外購；傳統成本分析；質化因素

葛雷牙醫診所是一間位於大型都會區的醫療機構。現階段，葛雷牙醫診所擁有自己的牙醫實驗室，製作磁牙套和黃金牙套。生產牙套的單位成本如下：

	磁牙套	黃金牙套
物料	$60	$90
直接人工	20	20
變動費用	5	5
固定費用	22	22
總計	$107	$137

固定費用明細如下：

薪資（主管）	$300,000
折舊	5,000
租金（實驗室設備）	20,000

費用分配係以直接人工小時爲基礎。上述比率係以 5,500 直接人工小時爲計算基礎。生產過程中沒有大額的非單位水準費用成本。

一家當地的牙醫實驗室向葛雷牙醫診所提出分別以 $100 與 $132 的價格代爲生產葛雷牙醫診所需要的全部牙套——然而附帶條件是生產兩種牙套，而非只有其中任何一種。如果葛雷牙醫診所接受此一訂單，則原有的實驗設備將被淘汰（目前的設備已經老舊，沒有任何市場價值），且實驗室將會關閉。每一年，葛雷牙醫診所須使用 3,000

個磁牙套和 1,500 個黃金牙套。

作業：

1. 葛雷牙醫診所是否應該繼續自行製造牙套，或者應該向外部供應商購買牙套？試問，向外購買的影響有多少（以金額表示之）
2. 試問，葛雷牙醫診所在擬訂決策的時候應該考量哪些質化的因素？
3. 假設葛雷牙醫診所的實驗設備是自有而非承租的，且每一年的折舊是 $20,000。試問，此一事實對於第 1 題的分析結果有何影響？
4. 沿用原始的資料。假設每一年葛雷牙醫診所使用 3,000 個磁牙套和 2,000 個黃金牙套。試問，葛雷牙醫診所應該繼續自行製造牙套，或者應該向外購買牙套？並請解說你的理由。

11-16
出售或繼續加工

巴斯多公司購買三種化學物質，並將其加工成兩種咳嗽糖漿所需要的暢銷成份。這三種化學物質均為液體狀態。購入的化學物質經過混合二至三小時後，再予以加熱十五分鐘，便可製成兩種個別的添加物——止咳劑 AB2 和止咳劑 AB3。每使用 2,200 加侖的化學物質，可以製成兩種均為 1,000 加侖的止咳劑。巴斯多公司也把這兩種止咳劑賣給其它公司，繼續加工製成單獨的止咳藥劑。止咳劑 AB2 和止咳劑 AB3 的售價分為每加侖 $10 和 $25。生產 1,000 加侖的止咳劑 AB2 和止咳劑 AB3 的成本分述如下：

化學物質	$11,000
直接人工	9,000
費用	7,000

止咳劑是採四加侖塑膠裝的方式包裝與出售。每罐的成本 $1.50，每罐的運輸成本則為 $0.20。

巴斯多公司可以將止咳劑 AB2 與其它粉末混合製成咳嗽藥錠。這些藥錠可以直接賣給零售藥局。如果改採此一方式，每一加侖的止咳劑 AB2 可以加工製成五箱咳嗽藥錠，且每一箱藥錠的收入是 $6.00。加工製成藥錠的成本總計為每一加侖的 AB2 是 $5.00。每一箱藥錠的包裝成本是 $2.00。每一箱藥錠的運輸成本則為 $0.40。

作業：

1. 巴斯多公司應該在分離點的時候就出售止咳劑 AB2，或者應該將止咳劑繼續加工製成藥錠後再予以出售？
2. 如果在正常情況下，巴斯公司一年銷 360,000 加侖的止咳劑 AB2，則如果巴斯多公司決定將止咳劑 AB2 繼續加工，利潤將會有何改變？

11-17
關廠或繼續營業；質化因素；傳統成本分析

吉安公司生產一般汽車、廂型車和卡車。吉安公司在美國境內設有許多工廠，其中一座位於丹佛市的工廠負責生產與縫製座椅和車輛內部等所需要的布料。

馮寶安是丹佛廠的廠長。丹佛廠是吉安公司在當地設置的第一座工廠。由於吉安公司在其它地區紛紛設立廠，管理能力受到肯定的馮寶安便被公司指派管理其它地區的廠。馮寶安的工作屬於地區經理，但是她本人和她底下工作人員的薪資預算還是分配到丹佛廠。

馮寶安最近拿到一份報告。報告中指出，吉安公司能夠以三千萬的價格向供應商購買丹佛廠的年度總產量。由於丹佛廠的經營成本預算是五千兩百萬，因此馮寶安對於供應商提出的超低價格感到驚訝不已。馮寶安認爲公司爲了節省每一年高達兩千兩百萬的成本，將會關閉丹佛廠。

下一年度，丹佛廠的經營成本預算如下（單位爲千元）：

物料		$12,000
人工：		
直接	$13,000	
管理	3,000	
非直接工廠	4,000	20,000
費用：		
折舊—設備	$5,000	
折舊—建物	3,000	
退休金費用	4,000	
廠長與員工	2,000	
公司分配	6,000	20,000
總預算成本		$52,000

關於丹佛廠的其它事實敘述如下：

由於丹佛廠致力於使用高品質的布料，因此要求採購部門與主要供應商簽訂合約以便確保明年度可以收到足夠的物料。如果因爲關廠的緣故而取消這些訂單，則吉安公司必須支付直接物料成本的百分之十五 (15%) 做爲違約金。

如果關閉丹佛廠，則約有700位的員工將會面臨失業的命運。這些員工包括了直接人工、主管，以及水電工和其它技術人員等被歸爲非直接員工的人員。部份員工可以找到新的工作，但是多數人卻很難找到新的工作。所有的員工都很難找到在當地屬於最高水準$9.40的基本時薪的工作。丹佛廠和工會簽訂的合約當中有一條規定或許有助於員工爭取應有的權益——公司在關廠後的十二個月內，必須提供舊員工就業協助。執行此項服務的成本估計爲一百萬元。

部份員工可能選擇提早離職，因爲丹佛廠擁有相當優厚的退休制度。事實上，無論吉安公司決定關廠與否，明年度仍將支出三百萬元的退休費用。

馮寶安和她底下的員工將不致受到丹佛廠關閉的影響。他們仍須負責管理其它地區的三座工廠。

丹佛廠將設備折舊視爲變動成本，並使用產量法來攤提設備折舊；丹佛廠是吉安公司各廠中唯一採用此一折舊方法的工廠。另一方面，丹佛廠採用特殊的直線法來攤提建物的折舊。

作業：

1. 請進行量化分析以輔助吉安公司決定是否關閉丹佛廠，並請解說你如何處理「下不爲例」的相關成本。
2. 請將你認爲重要的質化因素加進第1題的分析當中。試問，你的決定爲何？

11-18
自製或外購：傳統成本分析

莫力公司生產兩種不同的計量器：密度計量器與厚度計量器。在典型的一季當中，分項損益表的資料如下：

	密度計量器	厚度計量器	總計
銷貨收入	$150,000	$80,000	$230,000
減項：變動費用	80,000	$46,000	126,000
貢獻邊際	$70,000	$34,000	$104,000
減項：直接固定費用 *	20,000	38,000	58,000
分項邊際	$50,000	$(4,000)	$ 46,000
減項：共同固定費用			30,000
淨收益			$ 16,000

*包含折舊

密度計量器使用自外部供應商以 $25 的單價購得的零組件。每一季，莫力公司採購 2,000 單位的零組件。生產的單位數量全部售出，而且沒有零件的期末存貨。莫力公司正在考慮自行製造零組件來取代目前的外購方式。

單位水準的變動製造成本如下：

直接物料	$2
直接人工	3
變動費用	2

生產過程中沒有大額的非單位水準成本。

莫力公司正在考慮兩種方案來提供零組件的生產產能。

1. 承租所需的空間與設備。每一季，空間的租賃成本是 $10,000。另外，僱用一位生產主管的成本是每一季 $10,000。沒有其它固定費用。
2. 裁撤厚度計量器的產品線。莫力公司無支付額外的成本來調整原有設備，目前用以生產厚度計量器的空間則可用於生產零組件。直接固定費用——包括主管薪資在內——將為 $38,000，其中 $8,000 屬於設備折舊。莫力撤銷厚度計量器的產品線，對於密度計量器的銷售並無影響。

作業：

1. 請問莫力公司應該自行製造題目當中的零組件，或者應該向外購買？如果莫力公司決定自行製造零組件，則應選擇哪一項方案？請解說你的理由，並請利用計算的過程與數據來支持你的答案。
2. 假設撤銷厚度計量器產品線將會使得密度計量器的銷售減少百分之十 (10%)。試問，此一事實對於決策有何影響？
3. 假設撤銷厚度計量器產品將會使得密度計量器的銷售減少百分之十，且每一季莫力公司需要 2,800 個零組件。假設零組件沒有期末存貨，且所有生產的單位數量全部售出。此外亦假設單位售價與單位變動成本和第 1 題一樣。試問，哪一項才是正確的決策？（思考問題的時候應該將承租的方案納入考量）。

11-19
自製或外購；倫理道德考量

麥蜜拉是米瑞公司的管理會計師與會計長。她正在和公司電力部門的經理白羅傑一道吃什餐。過去六個月以來，麥蜜拉和白羅傑發展出男女朋友的關係，並且有結婚的打算。為了避免公司內部謠言滿天飛的困擾，麥蜜拉和白羅傑對於彼此的關係一直保持低調，因此公司的同事對於這兩人的關係毫不知情。午餐的話題進展到米瑞公司總經理江賴里即將對電力部門做出的決策。

麥蜜拉：羅傑，在我們上一次主管會議當中，總經理表示一家本地的電力公司願意提供我們公司所需的電力，而且未來三年的價格都將維持不變。這家公司甚至表示可以和我們公司簽訂長期契約。

白羅傑：這倒是我第一次聽說。這家公司提出的價格好嗎？他們的售價會比我們自製的成本還低嗎？為什麼沒有人告訴我這件事呢？我也應該有發言的權利。這眞是令人氣憤。我今天下午要打個電話給總經理，強烈表示我的不滿。

麥蜜拉：羅傑，冷靜一點。我最不希望見到的就是你打電話給總經理。總經理要求我們保守秘密直到做出最後決策為止。他不希望你參與的原因是希望能夠做出公正的決策。你也知道的，公司的情況並不是非常理想，他們希望能夠找出節省成本的方法。

白羅傑：是啊，但是卻要我付出一切代價？要我的部門員工付出代價？到了我這個年紀，恐怕很難找到薪水、福利和現在一樣的工作。究竟這家公司提出的價格有多低？

麥蜜拉：之前我在渡假的時候，副會計長雷傑克進行了一次研究分析。根據分析結果指出，自行生產的成本比向外購買低，但是差異不大。雷傑克已經把分析結果交給我，好在下星期三的會議上提出最後的建議。我看過雷傑克的分析之後，發現分析結果並不正確。他忽略了你的部門和其它服務部門的互動。如果把這些互動關係考慮進去，分析結果會朝向外購買一面倒。如果公司改採外購電力的方式，每年約可節省 \$300,000。

白羅傑：如果總經理聽到這個結果，我的部門就完蛋了。蜜拉，妳不能這麼做。再過三年，我就可以退休了。我的員工有的要付汽車貸款、有的小孩還在上大學、他們都有家要養。不可以，公司不應該這麼做。蜜拉，妳只要把副會計長的分析結果告訴總經理就可以了。反正他也看不出來有什麼異樣。

麥蜜拉：羅傑，你的提議也不盡然是對的。如果我不把正確的分析結果報告總經理，恐怕會違反專業的倫理道德吧？

白羅傑：倫理道德？難道妳認爲只爲了塡飽老闆的荷包而裁掉一輩子忠心耿耿爲公司賣命的員工就是對的嗎？公司已經有錢到不知道該如何利用這些錢。在這種情況下卻要犧牲掉我和我的員工才是不道德的。爲什麼要我們來承受錯誤的行銷決策的後果？再不然，那些決策的影響已經快過了，只要再過一年左右的時間公司應該就可以回到正軌上來。

麥蜜拉：或許你的看法是對的。或許你和你的員工的福利要比公司節省下 \$300,000 的成本來得重要得多。

作業：

1. 請問麥蜜拉是否應將公司尚未定案的決策告訴白羅傑？麥蜜拉提及這些資訊的時候，是否違反了本書第一章所論及的道德標準？
2. 請問麥蜜拉是否應將關於電力部門的正確資料報告總經理？又或者她應該選擇保護電力部門的員工？如果你是麥蜜拉，你會怎麼做？

11-20
管理決策個案：集中與分權

位於美國中西部，學生人數約有 13,000 人的央中大學現正面臨預算危機。這已經是連續第三年，政府補助高等教育的經費在原地踏步（中央大學目前是在一九九七學年度）。而在此同時，水電費、社會安全福利、保險和其它營業費用等卻不斷攀升。更有甚者，由於教職員的工作量愈來愈大，因此部份教職員已另謀高就，尋找薪資更高的工作機會。

中央大學的校長兼副教務長宣佈校方正在考慮取消部分教學計畫、並減少其它計畫。如此一來，節省下來的成本將用於支付日益攀升的營業費用和教職員的加薪。無可諱言地，校方可能進行的資遣動作在校園內掀起一陣不小的風潮。

基於上述原因，校長兼副教務長召集了所有科系的系主任和學院院長一起來探討下一學年度的預算。在討論預算的時候，校長注意到過去數年來推廣教育——一個獨立的集中式管理的單位——已經累積了高達 $504,000 的赤字。校長認爲在下一年度裡務必削減此一赤字。校長同時還注意到，將赤字平均分配到七個學院的作法將會使得部份學院的預算除了教職員的薪資以外所剩無幾。

經過一番討論之後，會計系的系主任提出一項決方案：將推廣教育系解散，授權各科系負責各自的推廣教育計畫。如此一來，將可避免集中化的推廣教育費用。

副教務長表示可以將這項建議納入考慮，但是與會成員的反應普遍冷淡。副教務長發現，推廣教育系的收入逐漸超過成本——而且情況愈來愈好。

一週之後，副教務長在院長會議上重新檢討了推廣教育系的角色。如果將推廣教育分散到各科系自行負責，那麼推廣教育系的系主任仍可領取目前的薪水—— $50,000。然而這位系主任將會返回行政部門，如此一來，由於校方將可節省 $20,000，因爲系上將不需要那麼多的臨時教職。這個單位的其它人員都以職員的身份僱用。推廣教育負責所有沒有學分的課程。此外，在名義上，推廣教育系也必須負責校內的夜間學分課程與校外的學分課程。然而這些校內的夜間學分課程與校外學分課程的安排實際上是由教務長負責。開設哪些課程以及課程的師資必須徵得各科系系主任的同意。根據副教務長的說法，推廣教育對於夜間學分課程與校外學分課程的主要貢獻之一是廣告。他估計每一年的支出是 $30,000。

經過瞭解之後，副校長提出過去幾年來關於推廣教育系之績效的相關資訊（一九九七學年度爲預估數據）。副校長再一次表達保留集中式管理科系的態度，並強調會計資料（所有的資料均以千元爲單位）也有利於保留推廣教育系的事實。

	1994學年	1995學年	1996學年	1997學年
學費收入：				
校外	$300	$400	$400	$410
夜間部	—*	525	907	1,000
無學分	135	305	338	375
總計	$435	$1,230	$1,645	$1,785
營業成本：				
行政	$(132)	$(160)	$(112)	$(112)
校外：				
直接**	(230)	(270)	(270)	(260)
間接	(350)	(410)	(525)	(440)
夜間部	(—)*	(220)	(420)	(525)
無學分	(135)	(305)	(338)	(375)
總計	$(847)	$(1,365)	$(1,665)	$(1,712)
收益（損失）	$(412)	$ (135)	$ (20)	$ (73)

*一九九四學年，推廣教育尚未負責夜間部課程。從一九九五學年開始，推廣教育系必須負責支付聘僱臨時或長期師資來教授夜間部課程的所有教學成本。同一時間起，夜間部課程的學費收入亦開始分配至推廣教育系。

**教師薪資。

商學院院長對於副教務長所提出的觀點並不十分贊同，並且認爲將推廣教育功能授權由各科系自行負責，對中央大學來說才是最好的辦法。他認爲分權雖然不能完全解決赤字的問題，但是如此一來每一年對於所有七個學院的預算都將有具體貢獻。

副教務長不同意這樣的看法。他相信推廣教育系正要開始轉虧爲盈，將可爲中央大學帶來更多的資源。

作業：中央大學校長指派你評估哪一項解決方案——集中化或是分權化——對學校才是最有利的。如果分權方案確能節省可觀成本，同時推廣教育功能仍能正常執行的話，校長願意考慮分權方案。請寫一份呈給校長的卷宗，詳述你的分析過程理由與建議的方案。卷宗裡，請提出量化的數據和質化的考量因素。

第十二章
資本投資決策

學習目標

研讀完本章內容之後，各位應當能夠：

一. 解說何謂「資本投資決策」，並區分出獨立資本投資決策與互斥資本投資決策。

二. 計算投資的回收期間與會計報酬率，並解說這些概念在資本投資決策中所扮演的角色。

三. 將淨現值分析應用於包含獨立計畫的資本投資決策中。

四. 利用內部報酬率來評估獨立計畫的可接受程度。

五. 解釋淨現值比內部報酬率更適合應用於包含互斥計畫的資本投資決策。

六. 將總現金流量轉換成稅後現金流量。

七. 描述當代製造環境中的資本投資。

企業往往會面臨要在資產上或在代表長期承諾的計畫上投資的機會（或需要），舉凡新的生產系統、新廠房、新設備與新產品開發等均屬之。一般而言，企業在從事投資時，往往會有數種選擇。舉例來說，聯邦快遞選擇投注資金在飛機、分檢設備與理貨設施等方面。聯邦快遞位於美國梅菲斯市的理貨中心代表著重要的資金分配（資本分配）。此類健全的資本投資決策必須佐以有計畫的現金流量之估算。本章的重點即在於利用現金流量來評估計畫的優缺點。本章將介紹四種可以應用在資本投資分析的財務模式：回收期、會計報酬率、淨現值、和內部報酬率。

資本投資決策之類型

學習目標一

解說何謂「資本投資決策」，並區分出獨立資本投資決策與互斥資本投資決策。

資本投資決策 (Capital investment Decisions) 涵蓋了規劃、設定目標與優先順序、安排財務事宜以及利用特定的條件來篩選長期資產等過程。資本投資決策是在一定風險之下，長時期地投注大筆金額的資源，進而同時影響企業未來發展的計畫，因此實爲企業經理人必須擬訂的重要決策之一。每一所企業必須維持其有限資源，或進而提升長期獲利。品質低劣的資本投資決策可能會導致無法收拾的後果。舉例來說，全球性的零售業務需要龐大的投資，企業往往爲此投注過多或過少的資金。波斯的百貨業者拉法葉投下了二千萬美金在其位於美國紐約的據點，最後卻關門大吉。班尼頓公司也是耗費過多資金擴張業務的例子之一。美國的大型賣場業者 Wal-Mart（和其合作夥伴 Cifra）則是不斷地祈禱他們斥資十億美元在墨西哥境內的六十七家連鎖店和折扣店的決策是正確的。顯而易見地，擬訂正確的資本投資決策絕對是企業長期存活之道.。

擬訂資本投資決策的過程通常稱爲**資本預算** (Capital Budgeting)。此處將會探討兩類資本預算計畫。一爲**獨立計畫** (independent Projects)，其係指無論接受或否決，均不致影響其它計畫的現金流量。假設行銷部門與研發部門的經理人聯合提議增設一條產品線，此一計畫將對人工資本與設備產生重大影響。通用汽車公司決定設置新廠生產釷星汽車的生產線，以及豐田汽車公司決定在美國肯德基州的雷星頓市設置新廠生產 Camry 汽車的生產線等均爲獨立資本投資決策的實例。

另一類的資本預算計畫係指企業必須在提供相同服務的不同計畫中選擇其一。接受其中一項計畫代表著否決其它所有的計畫。換言之，**互斥計畫** (Mutually Exclusive Projects) 係指一經接受即表示排除其它計畫的計畫。舉例來說，一九八五年摩聖多公司的布料部門決定將其位於美國佛羅里達州潘塞可拉市的工廠施行自動化生產。當時，摩聖多公司面臨了應繼續現有的人工生產方式，或者改採自動化生產方式。摩聖多公司躊躇不前的可能原因是究竟應該採行何種自動化制度。假設摩聖多公司考慮了三種不同的自動化制度，意味著摩聖多公司面臨了四種選擇——維持當時的制度或者在三種自動化制度中任選其一。一旦選定了其中一項方案，另外三項方案就不再適用；亦即這四種方案之間彼此互斥。

值得注意的是，前例當中的其中一項選擇是維持現況（人工生產制度）。此一特點強調取代現有投資的新投資計劃之經濟效益上必須優於舊制。當然在某些情況下，企業如果希望繼續生存，就必須被迫淘汰舊有的制度（例如舊有制度的設備已經不堪使用，使得維持舊制不再是可行的方案）。遇此情況，如果沒有任何一項新投資可以帶來獲利的話，結束營業或許就成了另一項解決的方案。

資本投資決策往往涉及投資長期資本資產。除了土地之外，這些資產會在使用年限內逐年折舊；當使用年限屆滿之後，原始的資產也就不再具有任何價值。一般而言，健全的資本投資必須在使用年限內賺回原始的資本投入，同時亦須提供合理的投資報酬。因此，經理人的任務之一便是判斷特定的資本投資是否能夠賺回原始的資本投入，且能提供合理的報酬。惟有經過適當的瞭解與分析之後，經理人才能判定獨立計畫是否可以被接受，進而比較每一項計畫的經濟效益。然而究竟什麼才可稱為「合理的報酬」？一般咸認，新計畫必須涵蓋投入資金的*機會成本 (Opportunity Costs)*。舉例來說，如果某家公司自資本市場上取得可以賺得百分之六 (6%) 的利息之資金，並將其投資在新的計畫上，那麼新計畫的報酬率至少必須達到百分之六 (6%) 的水準〔因為如果將資金留在資本市場的話，應可獲得百分之六 (6%) 的報酬〕。當然在實務上，投資資金往往取自不同的來源－－每一種來源代表不同的機會成本。此時，合理的報酬即為各種來源的不同機會成本之組合。換言之，如果某家公司使用兩種資金來源，其中一項的機會成本是百分之四 (4%)，另一項則爲百分之六 (6%)，那麼新計畫的合理報酬率乃介於百分之四和百分之六 (4-6%) 之間，視兩種來源所投入的比例而定。此外，實務上通常假設經理人應該選擇能爲公司的企業主帶來最大利益的計畫。

爲了擬訂健全的資本投資決策，企業經理人必須估算出現金流量的金額與時間、分析投資風險、並評估計畫對於公司獲利的影響。其中最爲困難的部份包括了現金流量的估算。預測未來數年的現金流量是相當困難的工作，然而可想而知的是，現金流量的預測愈正確，則決策的實現程度愈佳。經理人在進行預測工作的時候，必須找出與計畫相關的好處，並予以量化。例如，一台自動櫃員機（相對於櫃台人工作業）可以提供下列好處：銀行服務費減少、生產力提高、表格成本減少、資料整合程度提高、訓練成本減少、稽核時間與銀行交換時間減少等。經理人還必須以金額來表示這些好處。雖然預測未來的現金流量是資本投資決策的重要過程，然而此處將不討論預測方法。因此，本章均假設在現金流量已知的情況下，如何來擬訂資本投資決策。經理人必須設定資本投資的目標與優先順序。經理人亦應找出接受或否決投資方案的基本條件限制。本章將探討四種基本方法，做爲經理人接受或否絕投資方案的參考。這些方法計有非折扣與折扣法（每一類均可再細分爲兩種方法）。折扣法同時適用於獨立計畫與互斥計畫的投資決策。

非折扣模式

學習目標二

計算投資的回收期間與會計報酬率，並解說這些概念在資本投資決策中所扮演的角色。

基本投資決策模式可以分爲兩大主要類別：非折扣模式與折扣模式。**非折扣模式** (Nondiscounting Models) 不考慮金錢的時間價值，而**折扣模式** (Discounting Models) 則將金錢的時間價值列入考慮。由於非折扣模式忽略了金錢的時間價值，故爲多數會計理論所排斥，但是實務上許多企業仍然採用非折扣模式來擬訂資本投資決策。儘管如此，近年來折扣法的應用愈來愈普遍，鮮少有企業只採用其中一種模式——事實上，大多數企業似乎會同時考慮兩種模式的分析結果。

由此可知，非折扣模式與折扣模式均能提供有用的資訊，做為經理人擬訂資本投資決策的重要依據。

回收期 (Payback Period)

非折扣模式的第一種方法是回收期。**回收期** (Payback Period) 係指企業為了賺回原始投資所需要的時間。舉例來說，假設一位牙醫投資了 $80,000 添購一台新的鑽牙設備。這項新設備帶來的現金流量（現金流入減去現金流出）為每一年 $40,000。因此，回收期即為兩年 ($80,000 / $40,000)。假設計畫的現金流量一致的話，則可利用下列公式來求算回收期：

回收期＝原始投資／年度現金流量

倘若現金流量並不一致的話，則回收期的計算可利用加總每一年的現金流量直到累積至原始的投資總額為止。如果需要一年當中部份的現金流量，則採年度當中發生的現金流量平均一致的假設。例如，假設一套新的洗車設備需要投資 $100000，使用年限為五年，預期每一年的現金流量分別為 $30,000、 $40,000、 $50,000、 $60,000 和 $70,000。此一計畫的回收期是 2.6 年，計算過程如下：$30,000（1 年）＋ $40,000（1 年）＋ $30,000（0.6 年）。第三年的時候，只需要 $30,000，實際上卻有 $50,000，因此為賺取 $30,000 所需的時間即為所需金額除以全年度現金流量（$30,000 / $50,000)。本例的分析過程列於**圖** 12-1。

圖 12-1

回收分析：不平衡現金流量

年度	未回收投資（年初）	年度現金流量
1	$100,000	$30,000
2	70,000	40,000
3	30,000*	50,000
4	—	60,000
5	—	70,000

* 第三年初的時候，只需要 $30,000 即可回收全部的投資金額。由於預期當年度的現金 流量是 $50,000，因此回收 $30,000 只需要 0.6 年 ($30,000 / $50,000)。換言之，回收期為 2.6 年 (2 + 0.6)。]

回收期的應用方式之一是設定每一項計畫的最長回收期，並否決所有超過最長回收期的計畫。回收期的分析，究竟有何意義呢？部分分析師指出，回收期可以做爲風險的粗略指標，亦即回收期間愈長的計畫，風險就愈高。同樣地，現金流量風險較高的企業就需要回收期間較短的投資計畫。此外，資產流動性較低的企業往往對於回收快的計畫較爲熱衷。某些產業對於風險的承受能力較高，因此產業內的企業往往傾向於很快地回收投資的資金。

另一個原因可能也會造成影響——雖對於企業來說較不利。許多必須擬訂資本投資決策的經理人可能基於私利而從事回收期較短的計畫。如果經理人的績效是由年度淨收益等短期數據來衡量的話，則可能會促使經理人選擇回收期短的計畫以便儘快地展現出淨收益增加的效果。試想部門經理必須負責擬訂資本投資決策，並根據部門獲利來評估其績效。然而一般而言，部門經理的任期多半不長——平均爲三到五年。因此，部門經理往往捨棄可以長期帶來平穩獲利的計畫，而傾向短期內相對可以帶來可觀報酬的計畫。如果企業能夠建立完整的預算政策，成立預算審核委員會，或可避免此類問題。

回收期可以用來做爲選擇不同方案的指標。基本上，回收期最短的計畫比回收期較長的計畫更常爲人採用。然而由於「回收期」這項指標擁有下列兩項主要缺點，因此仍然不夠週全完備：(1) 忽略了回收期之外的投資績效，以及 (2) 忽略了金錢的時間價值。

這兩項缺點相當簡單明瞭。假設某家工程公司正在考慮兩種電腦輔助設計系統－－系統 A 和系統 B。每一套系統都需要 $150,000，使用年限爲五年，其個別的年度現金流量分述如下：

投資	第一年	第二年	第三年	第四年	第五年
系統 A	$90,000	$60,000	$50,000	$50,000	$50,000
系統 B	40,000	110,000	25,000	25,000	25,000

兩項投資的回收期均爲兩年。因此，如果經理人利用回收期來決定投資方案，那麼這兩項投資不相上下。然而事實上，系統 A 的方案應該優於系統 B 的方案。原因有二。首先，回收期屆滿之後，系統 A

的方案的報酬高於系統 B（分別爲系統 A 的 $150,000 和系統 B 的 $75,000）。其次，在投資的第一年，系統 A 的方案之報酬爲 $90,000，而系統 B 的方案卻只有 $40,000。系統 A 在第一年所多賺的 $50,000 可以轉做其它生產用途，例如轉投資在另一項計畫上。實務上寧可擁有現在的一塊錢，而不是一年以後的一塊錢，因爲現在手中的一塊錢可以進行投資，到了一年以後就可以開始獲利。

簡而言之，回收期可以提供經理人不同的資訊，並做下列運用：

1. 有助於控制與未來現金流量不確定性相關的風險。
2. 有助於將投資對於公司資產流動的影響減至最低。
3. 有助於控制風險的承受能力。
4. 有助於控制投資對於績效衡量指標的影響。

儘管如此，回收期仍有幾項重大缺點：回收期忽略了計畫的整體獲利能力以及金錢的時間價值。回收期雖可以做爲經理人擬訂決策的參考依據，但是卻不足以做爲資本投資決策的唯一參考依據。

會計報酬率 (Accounting Rate of Return)

會計報酬率是第二種常用的非折扣模式的分析方法。**會計報酬率 (Accounting Rate of Return)** 是以收益，而非現金流量來衡量計畫的報酬。計算會計報酬率的公式如下：

會計報酬率＝平均收益／原始投資

或＝平均收益／平均投資

收益和現金流量並不相等，因爲在計算收益的時候尙須考慮加減項目等因素。計畫的平均收益係將每一年度的淨收益加總起來，再將總數除以使用年限。平均淨收益大致等於平均現金流量減去平均折舊後的餘額。假設特定期間內賺到的總收入均已取得，且折舊僅僅只是非現金的費用，那麼淨收益恰會等於平均現金流量。再者，投資可以定義爲原始投資或平均投資。如以 I 代表原始投資、S 代表剩餘價值，並假設投資的投入係平均一致使用，那麼平均投資的定義即爲：

平均投資 = (I+S) / 2

爲了說明如何計算會計報酬率，假設某項投資需要 $100,000 的原始資金。這項投資的年限共計有五年，現金流量分別爲：$30,000, $30,000, $40,000, $30,000 以及 $50,000。假設資產在五年之後沒有剩餘價值，而且每一年賺進的收入都在當年度取得。五年期間的總現金流量是 $180,000，平均現金流量則是 $36,000 ($180,000/5)。平均折舊是 $20,000 ($100,000/5)。平均淨收益則是前述兩項數據的差額，亦即 $16,000 ($36,000 - $20,000)。利用平均淨收益和原始投資的數據可以求知，會計報酬率是百分之十六 (16%，$16,000 / $100,000)。如果採用平均投資而非原始投資來計算，則會計報酬率將爲百分之三十二 (32%，$16,000 / $50,000)。

會計報酬率會受到報表收益與長期資產水準的影響，因此一般的債務合約多會要求企業維持一定的會計報酬率。換言之，會計報酬率可以做爲篩檢工具，確保新投資不致影響收益水準。此外，由於經理人的紅利往往是以會計上的收益和資產報酬做爲發放的根據，因此經理人可能對於能夠帶來可觀淨收益的投資計畫格外感到興趣。想要拿高薪的經理人將會選擇每投資一塊錢可以賺回最高淨收益的投資計畫。

和回收期不同的是，會計報酬率將計畫的獲利能力納入考量；和回收期相同的是，會計報酬率忽略了金錢的時間價值，而這也是它主要的缺點；此一缺點可能導致經理人選擇無法帶來最大利潤的投資計畫。由於回收期與會計報酬率都忽略金錢的時間價值，因此被歸類爲*非折扣模式 (Nondiscounting Model)*。至於折扣模式使用的則是**折扣現金流量** (Discount Cash Flows)，即以現在的價值來表示未來的現金流量。使用折扣模式之前，必先瞭解現值的概念。本書附錄一介紹了現值的概念。讀者務必確實瞭解這些概念之後，方能繼續研讀資本投資的折扣模式。

折扣模式：淨現值法

學習目標三

將淨現值分析應用於包括獨立計畫的資本投資決策中。

折扣模式的分析方法清楚地將金錢的時間價值納入考量，因此，折扣模式結合了折扣現金流入與流出的概念。本節將要介紹兩種折扣方法：*淨現值（NPV, Net Present Value）*與*內部報酬率（IRR, Internal*

Rate of Return）。首先要介紹的是淨現值；下一節當中再行介紹內部報酬率。

淨現值的定義

淨現值 (Net Present Value) 係指與特定計畫相關的現金流入現值與流出現值之間的差額：

$$NPV=[\Sigma CF_t/(1+i)^t]-I$$
$$=[\Sigma(CF_t)(df_t)]-I$$
$$=P-I$$

I = 計畫成本的現值（通常爲原始資金）

CF_t = 第 t 期將會收到的現金流入，$t = 1...n$

i = 預定的報酬率

n = 計畫的有效年限

t = 期間

P = 計畫中未來現金流入的現值

$df_t = 1/(1+i)^t$，折扣係數

淨現值可以衡量投資的獲利能力。如果淨現值爲正，則代表財富的增加。就企業的角度而言，正數的淨現值指標的大小代表企業的價值因爲某項投資而增加的程度。爲了使用淨現值法，必須先定義預定報酬率。**預定報酬率** (Required Rate of Return) 係指可被接受的報酬率之最小值。預定報酬率也可稱爲折扣報酬率或是資金成本。

如果淨現值爲正，意味著：(1) 原始投資已經回收，(2) 預定報酬率已經達成，(3) 已經取得超過前述第 (1) 項和第 (2) 項的報酬。因此，如果淨現值大於零，則投資有利可圖，因此可以接受。如果淨現值等於零，則決策者可以受或否決投資計畫。最後，如果淨現值小於零，因爲投資計畫帶來的利益小於預定報酬率，應該予以否決。

淨現值之釋例

百能公司開發出手提式放音機（CD和錄音帶）專用的新耳機。

百能公司相信這項新產品是市場上最好的耳機。行銷經理進行了一次詳細的市場調查，結果顯示預期每年將可帶來 \$300,000 的收入。行銷經理對於新產品寄望甚高。預估耳機的生命週期將有五年時間。生產耳機所需的設備成本爲 \$320,000 。五年後，設備可以賣到 \$40,000 的價錢。除了設備之外，由於存貨與應收帳款增加的緣故，因此工作資本預期將會增加 \$40,000 。百能公司預期在五年生命週期屆滿的時候就可以賺回投入的工作資本。年度的現金營業費用估計爲 \$180,000 。假設預定報酬率是百分之十二 (12%)，百能公司是否應該生產這個新耳機？

爲了回答此一問題，必須採取兩道步驟：(1) 必須找出每一年度的現金流量，以及 (2) 必須利用第1道步驟的現金流量來計算淨現值。**圖** 12-2 列出此一問題的解決方案。值得注意的是，第 2 道步驟提供兩種計算淨現值的方法。第二之一道步驟是利用**圖** 12B-1的折扣係數來計算淨現值。第二之二道步驟則是利用**圖** 12B-2 當中第一至第四年的平均現金流量的單一折扣係數來簡化計算過程。

內部報酬率

學習目標四

利用內部報酬率來瞭解獨立計畫的可接受程度。

折扣模式的另一種方法是內部報酬率模式。內部報酬率的定義是令計畫現金流量的現值與計畫成本的現值相等的利率。換言之，內部報酬率即令計畫的淨現值爲零的利率。計算內部報酬率的公式如下：

$$I = \Sigma CF_t/(1 + i)^t$$

$$\text{其中 } t = 1 \ldots n$$

等號的右邊爲未來現金流量的現值，等號的左邊則爲投資金額。上述公式係假設 I 、 CFt 和 t 均爲已知。因此，吾人可以利用試誤法來找出內部報酬率（即公式當中的 I）。一旦找出計畫的內部報酬率之後，即與企業的預定報酬率進行比較。如果內部報酬率高於預定報酬率，則可接受此一計畫；如果內部報酬率等於預定報酬率，則接受或否決與否均無差別；如果內部報酬率低於預定報酬率，則應予否決。

內部報酬率是最爲廣泛採用的資本投資技巧，原因之一或許是因爲此乃企業經理人在使用上最不繁複的工具。另一項可能原因或許是

圖 12-2

現金流量與淨現值分析

第一道步驟：找出現金流量		
年度	項目	現金流量
0	設備	$(320,000)
	工作資本	(40,000)
	總計	$(360,000)
1-4	收入	$ 300,000
	營業費用	(180,000)
	總計	$120,00
5	收入	$300,000
	營業費用	(180,000)
	剩餘價值	40,000
	工作資本回收	40,000
	總計	$ 200,000

第二之一道步驟：淨現值分析			
年度	現金流量 [a]	折扣因素 [b]	現值
0	$(360,000)	1.000	$(360,000)
1	120,000	0.893	107,160
2	120,000	0.797	95,640
3	120,000	0.712	85,440
4	120,000	0.636	76,320
5	200,000	0.567	113,400
淨現值			117,960

第二之二道步驟： 淨現值分析			
年度	現金流量	折扣因素	現值
0	$(360,000)	1.000	$(360,000)
1-4	120,000	3.037	364,440
5	200,000	0.567	113,400
淨現值			$ 117,840 [c]

[a] 數據得自第一步。

[b] 數據得自圖 12B-1。

[c] 由於四捨五入的關係，數據和第二之一步的結果會有些微誤差。

因爲經理人（大多數情況下是錯誤地）認爲內部報酬率代表了正確的或實際的原始投資的綜合報酬率。無論內部報酬率被廣爲採用的眞正原因爲何，吾人均應對於內部報酬率建立基本的瞭解。

釋例：現金流量一致的多期情況

爲了說明如何計算多期情況的內部報酬率，假設一所醫院正在考慮投資 $120,000 購買一套新的超音波設備。這項新投資預期在未來三年內，每一年年底可以帶來 $49,950 的淨現金流入。內部報酬率是令三個年度裡相同的 $49,950 進帳之淨現值等於 $120,000 投資金額的利率。由於現金流量是一致的，因此可以利用圖 12B-2 當中的單一折扣係數來計算年金的現值。令 df 等於折扣係數，CF 等於年度現金流量，則前文當中的公式可以寫成：

$$I = CF(df)$$

如欲求得 df，則可寫成：

$$df = I/CF$$
$$= \text{投資} / \text{年度現金流量}$$

一旦係數求出，便回到**圖** 12B-2，找出對應計畫年限的橫列，逐列往下移直至找到求得的折扣係數爲止。對應此一折扣係數的利率即爲內部報酬率。

舉例來說，醫院投資的折扣係數是 2.402 ($120,000 / $49,950)。由於投資的回收期是三年，我們必須先找**圖** 12B-2 的第三橫列，然後逐列往下移，直到找到 2.402 爲止。對應 2.402 的利率是百分之十二 (12%)，即爲內部報酬率。

圖 12B-2 並未列出所有可能利率的折扣係數，爲了說明之便，假設醫院預期的年度現金流量是 $51,000，而非 $49,950。此時，新的折扣係數是 2.353 ($120,000 / $51,000)。現在再回到**圖** 12B-2 的第三橫列，我們將會發現折扣係數——亦即內部報酬率——介於 12 到 14 之間。我們可以利用截距來求算更爲精確的內部報酬率；然而在此處，仍以表格預設的區間表示之。

多期情況：不一致的現金流量

如果現金流量並不一致，則必須採用公式 12.2。在多期的情況下，可以利用試誤法、商業用計算機、或利用 Lotus 1-2-3 等套裝軟體來求出公式 12.2 的解答。爲了說明如何利用試誤法來求解，假設一套 $10,000 的電腦系統可以在兩年期間內分別省下 $6,000 和 $7,200。內部報酬率即令上述兩種現金流量的現值等於 $10,000 的利率：

$$P = [\$6,000/(1+i)] + [\$7,200/(1+i)^2]$$
$$= \$10,000$$

如欲利用試誤法來求上列公式的解，首先選擇一個可能的 i 值。將 i 值代入公式，可以求出未來現金流量的現值，再與原始投資的金額做一比較。如果現值大於原始投資，則利率過低；如果現值低於原始投資，則利率過高。讀者便可根據此一原則繼續調整 i 值。

假設代入第一個 i 值求出的結果是百分之十八 (18%)。利用 i 等於 0.18，從圖 12B-1 可以求出下列折扣係數：0.847 和 0.718。這些折扣係數分別可以導出兩種現金流量的現值：

$$P = (0.847 \times \$6,000) + (0.718 \times \$7,200)$$
$$= \$10,252$$

由於 P 值大於 $10,000，可知選擇的利率過低。此時必須另選一個更高的利率。如果接下來選擇的是百分之二十(20%)，代入公式後可以求出：

$$P = (0.833 \times \$6,000) + (0.694 \times \$7,200)$$
$$= \$9,995$$

由於這個 P 值已經相當接近 $10,000，因此可以說此一投資計畫的內部報酬率是百分之二十 (20%)。〔事實上，內部報酬率正好是百分之二十 (20%)；受到圖 12B-1 當中折扣係數四捨五入的誤差之影響，現值會略低於投資金額。〕

互斥計畫

學習目標五

說明淨現值比內部報酬率更適用於包含互斥計畫的資本投資決策。

本章內容截至目前爲止，均以獨立計畫爲探討重點。然而許多資本投資決策往往涉及互斥計畫。究竟應該如何運用淨現值分析與內部報酬率來選擇最適合的計畫是相當有趣的問題。另一道更有趣的問題則是思索在輔助經理人面對不同方案而須做出能爲企業帶來最大利益的決策時，淨現值與內部報酬率究竟有何差異。舉例來說，我們已經知道因爲非折扣模式忽略了金錢的時間價值，因此可能導致錯誤的選擇。由於此一缺點，一般咸認折扣模式是比較好的分析工具。同樣地，在選擇互斥方案時，淨現值模式也比內部報酬率較廣爲人所採用。

淨現值與內部報酬率之間主要有兩項差別。首先，淨現值假設每一次取得的現金流入會重新投資在預定報酬率上，而內部報酬率則假設每一次取得的現金流入則是重新投資在內部報酬率上。其次，淨現值法是以絕對值來衡量獲利能力，而內部報酬率則是以相對值來衡量獲利能力。由於絕對值與相對值所產生的結果往往不盡相同，因此淨現值與內部報酬率會導出不同的最適方案也就不足爲奇了。當兩種方法產生矛盾時，淨現值法的結果才是正確的。以下謹以簡單的例子說明之。

假設一位經理人必須從兩項互斥投資計畫中選擇其一。這兩項投資的現金流量、時機、淨現值與內部報酬率分別列示於**圖** 12-3〔淨現值的計算是以百分之八 (8%) 的預定報酬率爲基準〕。這兩項計畫的年限一樣，原始投資的金額亦同。淨現值均爲正數、內部報酬率也都大於預定報酬率。然而不同的是，計畫 A 的淨現值大於計畫 B，計畫 B 的內部報酬率則大於計畫 A。淨現值和內部報酬率這項指標所產生的結果出現矛盾之處。

若我們能夠稍加修正其中一項計畫的現金流量，逐年比較兩項計畫的年度現金流量，則可解決上述問題。**圖** 12-4 說明修正的方式是假設計畫 B 第一年的現金流量 $686,342 會投資於賺取預定報酬率中，而將第一年的現金流量轉入第二年當中。根據此一假設，$686,342 的未來價值等於 $741,249 (1.08 × $686,342)。第二年底，$741,249

年度	計畫甲	計畫乙
0	$(100,000)	$(1,000,000)
1	—	686,342
2	1,440,000	686,342
內部報酬率	20%	24%
淨現值	$234,080	223,748

圖 12-3

淨現值與內部報酬率：矛盾的訊號

年度	計畫甲	修正之計畫乙
0	$(1,000,000)	$(1,000,000)
1	—	—
2	1,440,000	1,427,591*

圖 12-4

計畫甲與計畫乙之修正比較

加入 $686,342 之後，求出計畫 B 的預期現金流量為 $1,427,591。

誠如**圖** 12-4 所示，計畫 A 會優於計畫 B。計畫 A 的原始投資金額和計畫 B 相等，但第二年的現金流量卻大於計畫 B（差異為 $12,409）。由於淨現值法的結果顯示計畫 A 優於計畫 B，因此提供了能為企業帶來最大利益的正確選擇。

某些人可能反對這樣的推論，認為計畫 B 在第一年底的現金流量為 $686,342，可重新投資在比預定報酬率更高的投資上，因此計畫 B 應優於計畫 A。即使如此，仍然應選擇計畫 A，然後借用 $686,342 的資金成本，將其投資在其它有利的投資計畫上，然後到了第二年底的時候再將借用的金額加計利息後還清。舉例來說，假設另一項投資計畫的報酬率是百分之二十 (20%)。**圖** 12-5 列出計畫 A 和計畫 B 修正過後的現金流入（假設第一年底的額外投資可能用於計畫 A 或計畫 B 均可）。值得注意的是，計畫 A 仍然優於計畫 B——而且差異仍然是 $12,409。

當我們必須從眾多互斥方案中進行選擇的時候，淨現值可以提供正確的結果。在此同時，淨現值可以衡量不同的計畫對於企業價值的影響。選擇淨現值最大的計畫代表著為股東謀取最大利益。另一方面，內部報酬率常常無法選擇出能夠帶來最大利益的計畫。內部報酬率是一種衡量獲利能力的相對指標，優點是能夠正確地衡量出內部投資資金的報酬率。然而內部報酬率最高的計畫不一定能為股東帶來最大利

圖 12-5

因其他機會而修正的現金流量

年度	計畫甲	修正之計畫乙
0	$(1,000,000)	$(1,000,000)
1	–	–
2	1,522,361[a]	1,509,952[b]

[a]$1,440,000 + [(1.20 × $686,342) - (1.08 × $686,342)]。此項目係爲在第二年底回收資本與其成本所需之金額。

[b]$686,342 + (1.20 × $686,342)

益，因爲內部報酬率並未將計畫中絕對的金額貢獻納入考量。在最後的分析步驟裡，重點在於賺取的總金額——絕對利潤——而非相對利潤。因此，當我們必須從互斥計畫或者資本額有限的計畫中做出最適選擇的時候，應以淨現值，而非內部報酬率做爲決策依據。

獨立計畫的淨現值爲正數時，則可接受。就互斥計畫而言，則應選擇淨現值最大的計畫。從不同的計畫當中選擇最適計畫的步驟有三：(1) 瞭解每一項計畫的現金流量型式、(2) 計算每一項計畫的淨現值、以及 (3) 找出淨現值最大的計畫。以下舉例說明如何應用淨現值分析來選擇互斥計畫。

釋例：互斥計畫

米蘭旅行社目前在美國的米瓦基市設置辦公室，並打算選購一套電腦系統。目前列入考慮的有兩種不同的系統：藍文系統和修伯系統（這兩套系統是由不同的系統商所提供，而且都包含了設備與軟體）。修伯系統比藍文系統更爲精密，因此需要的投資較多，年度的操作成本也較高；然而修伯系統也能夠帶來更多的年度收入。這兩套電腦系統（稅後現金流量）的預期年度收入、年度成本、資金需求、與使用年限等分述如下：

	藍文系統	修伯系統
年度收入	$240,000	$300,000
年度操作成本	120,000	160,000
系統投資	360,000	420,000
使用年限	五年	五年

假設米蘭旅行社的資金成本是百分之十二 (12%)。

藍文系統需要的原始投資金額是 $360,000，年度淨現金流入是 $120,000（收入 $240,000 減去成本 $120,000）。修伯系統需要的原始投資金額則是 $420,000，年度淨現金流入是 $140,000 ($300,000 - $160,000)。根據上述資訊，即可瞭解每一套系統的現金流量型式，進而求算淨現值與內部報酬率。**圖** 12-6 列出計算的結果。根據淨現值分析可以發現，修伯系統的獲利能力較爲良好；修伯系統的淨現值高於藍文系統的淨現值。換言之，米蘭旅行社應該選擇修伯系統。

有趣的是，這兩套系統的內部報酬率完全相同。誠如**圖** 12-6 所示，這兩套系統的折扣係數都是 3.0。從**圖** 12B-2 可以更容易地看出，當折扣係數爲 3.0，且使用年限爲五年的時候，對應的內部報酬率約爲百分之二十 (20%)。雖然兩套系統的內部報酬率都是百分之二十 (20%)，但是米蘭旅行社不宜就此決定選擇任一系統。前文當中的分析結果指出，修伯系統的淨現值較高，亦即可爲米蘭旅行社增加更多的價值，因此米蘭旅行社應該選擇修伯系統。

資本投資與倫理道德議題

資本投資決策往往可能造成更大的誤解。部門經理人時常爭取稀有的資本資源。面對資源稀有的事實，經理人可能會因此而涉及欺騙行爲。實務上的例子不勝枚舉。經理人可能刻意誇大現金流入的數據，低估現金投資的金額，以便假造出能讓決策者接受的淨現值或內部報酬率。此一景象最常發生在預期初期現金流量大，但後續現金流量驟減的情況。將低額的現金流量向上調整的結果可能會誤導決策者選擇了初期績效優異，但是後繼無力的計畫。此外，還有其它的可能。舉例來說，一位經理人可能需要爭取決策者同意超過一定水準的資本支出。爲了達到目的，經理人必須提出計畫將可產生正淨現值或可被接受的內部報酬率的證據。實務上，地區經理人可能會利用分項逐項購買的方式來購買一套電腦化系統，如此一來，每一單項的成本都不會超過核決權限內的資本支出。試就內部管理會計的倫理道德標準來看，這樣的作法是否正當？

圖 12-6

現金流量模式淨現值與內部報酬率分析：藍文系統 v.s.賀伯系統

年度	現金流量模式 藍文系統	賀伯系統
0	$(360,000)	$(420,000)
1	120,000	140,000
2	120,000	140,000
4	120,000	140,000
5	120,000	140,000

藍文系統：淨現值分析

年度	現金流量	折扣因素＊	現值
0	$(360,000)	1.000	$(360,000)
1-5	120,000	3.605	432,600
淨現值			$ 72,600
內部報酬率			20%

內部報酬率分析

折扣因素 = 原始投資 / 年度現金流量

= $360,000 / $120,000

= 3

賀伯系統：淨現值分析

年度	現金流量	折扣因素＊	現值
0	$(420,000)	1.000	$(420,000)
1-5	140,000	3.605	504,700
淨現值			$ 84,700

內部報酬率分析

折扣因素 = 原始投資 / 年度現金流量

= $420,000 / 140,000

= 3

由圖 12B-2 得知，df = 3 且年限爲五年時，內部報酬率爲 20%。

＊數據得自圖 12B-2。

經理人應當體認，如何達到目標和達到目標的事實一樣重要（甚至更爲重要）。再者，企業在設計績效評估制度的時候，應注意避免獎金制度營造出誘導經理人從事不道德行爲的情境。最近有一篇文章寫道，「如果企業內總是由那些報喜不報憂的員工得到升遷和加薪機會的話，就算企業總經理大力疾呼倫理道德規範也無所助益。」同一篇文章中還提出另一個有趣的現象——尤其適用於資本支出架構。正的淨現值代表計畫能夠提高企業的價值。這篇文章提到，嬌生公司的執行長白爾克指出了許多非常重視倫理道德標準的優良企業。從一九五O年代到一九九O年代當中，這些企業的市價以每年百分之十一點三 (11.3%) 的比例逐年增加，比道瓊工業指數的平均成長率百分之六點二 (6.2%) 高出近兩倍。或許長遠來看，確實遵守倫理道德標準才是企業永續經營成長的關鍵。

現金流量之計算與調整

學習目標六

將毛現金流量轉換成稅後現金流量。

資本投資分析的重要步驟之一是決定每一項計畫的現金流量型式。事實上，計算現金流量可能是資本投資過程中最具關鍵的步驟。無論採用的決策模式如何精密完備，錯誤的估計仍然可能導致錯誤的決策。計算現金流量可以分為兩道步驟：(1) 預測收入、費用與資金金額，以及 (2) 調整考慮過通貨膨脹與賦稅效應的毛現金流量。這兩道步驟當中，以第一道步驟難度較高。預測現金流量在技術上相當不易，因此預測現金流量的方法常為管理科學與統計科學研究的重點課題。一旦估計出毛現金流量之後，即應針對通貨膨脹的影響進行調整。最後，再直接利用稅法的公式來計算稅後現金流量。此處均係假設毛現金預測為可得的數據，並強調應該調整預測的現金流量以提高資本支出分析的正確性與效用。

調整預測數據的通貨膨脹影響

在美國的經濟體系內，通貨膨脹的情況一向維持在相對較低的水準，因此調整通貨膨脹對於現金流量的影響或將不是非常攸關的工作。然而對於介入國際市場的企業而言，由於部份國家或地區的通貨膨脹率可能偏高，仍不容忽視其對資本投資決策的影響。以巴西為例，巴西就曾經出現連續數年當中每一個月都出現兩位數的通膨率。因此，吾人必須瞭解如何調整通貨膨脹對於資本預算模式的影響－－當美國企業在其它國度進行資本投資決策的情況下，尤屬必要。

在出現通貨膨脹的環境裡，金融市場會以提高資金成本的方式來反映通膨的存在。因此，資金的成本包含兩項要素：

1. 實質利率。
2. 通貨膨脹因素（投資人要求一定的回饋以補償當地貨幣之一般購買力的損失）。

由於資本投資分析當中的預定報酬率（應爲資金的成本）能夠反映出進行淨現值分析的同時其通貨膨脹因素，因此在預測營運現金流量時也必須將通貨膨脹的因素列入考慮。如果沒有調整營運現金流量以確實反映通貨膨脹的影響，則可能導致錯誤的決策。調整預測現金流量的時候，應儘可能採用特定價格變動指數。如果無法取得特定價格變動指數，亦可改採一般價格指數。

然而值得注意的是，如果稅法上規定折舊必須根據原始投資金額予以攤提的話，那麼因爲折舊的稅賦效應所帶來的現金流入不必進行通貨膨脹的調整，遇此情況，折舊減免不應該隨著通貨膨脹而調高。

爲了說明之便，假設某家美國公司位於墨西哥境內的分公司正在考慮進行一項投資計畫。這項投資需要 \$5,000,000 匹索的資金，並預期在未來兩年內帶來每一年 \$2,900,000 匹索的現金流入。預定報酬率是百分之二十 (20%)，其中已就通貨膨脹進行過調整。預期未來兩年期間，墨西哥的一般通貨膨脹率平均達百分之十五 (15%)。**圖** 12-7 分別列出調整過通膨率和沒有調整過通膨率的淨現值分析。（注意事項：**圖** 12-7 當中所有的現金流量均以匹索爲幣值單位。）誠如分析結果顯示，沒有調整過通膨率的結果爲否決這項投資計畫，然而調整過通膨率的結果卻是接受這項投資計畫。換言之，沒有調整過通膨率的預測現金流量可能導致不正確的結論。

毛現金流量轉換成稅後現金流量

假設調整過通膨率的毛現金流量是在指定的正確性範圍內進行預測，分析師必須調整稅賦對於這些現金流量的影響。爲了分析稅賦效應之便，往往將現金流量分爲兩類：(1) 爲取得計畫的資產所需的原始投資資金，以及 (2) 計畫生命週期內所產生的現金流入。經過稅

圖 12-7

通貨膨脹對於資金投資之影響

不考慮通貨膨脹之調整			
年度	現金流量	折扣因素[a]	現值
0	$(5,000,000)	1.000	$(5,000,000)
1-2	2,900,000	1.528	4,431,200
淨現值			$ (568,800)

考慮通貨膨脹之調整			
年度	現金流量	折扣因素[b]	現值
0	$(5,000,000)	1.000	$(5,000,000)
1	3,335,000	0.833	2,778,055
2	3,835,250	0.694	2,661,664
淨現值			$ 439,719

[a] 數據得自圖 12B-2。
[b] 3,335,000 匹索 = 1.15 × 2,900,000 匹索（一年通貨膨脹之調整）。
3,835,250 匹索 = 1.15 × 1.15 × 2900000 匹索（二年通貨膨脹之調整）。
[c] 數據得自圖 12B-1。

賦效應調整的現金流出與現金流入分別稱爲淨現金流出與淨現金流入。淨現金流量包括了收入、營業費用、折舊與相關的稅賦。這些都是擬訂資本投資決策時必須考量的因素。

稅後現金流量：第 0 年

第 0 年（開始投入資金的第一年）的淨現金流出即指計畫的原始成本和與計畫本身直接相關的現金流入之間的差額。計畫的毛成本包括有土地成本、設備成本（包括運輸與安裝）、資產買賣利得的稅賦以及工作資產的增加：取得的同時所發生的現金流入包括有資產買賣的節稅金額、資產買賣的現金以及其它稅賦優惠等。

根據現行稅法規定，所有與取得資產——除了土地以外——相關的成本均須予以資本化，並於資產的使用年限內分攤（利用折舊的方式）完畢。在使用年限內，每一年計算稅後收益的時候均應自收入當中扣除折舊；然而在取得資產的時候，並不計算任何的折舊費用。因此，在第 0 年的時候，折舊並不屬於相關成本。取得資產時的主要稅務規定是認列現有資產買賣的損益與認列投資稅賦優惠。

資產買賣的利得會產生額外的稅賦，因此會減少舊資產買賣所收取的現金。另一方面，資產買賣的損失係非現金費用，會減少應稅收益，進而節省稅賦負擔。於是，舊資產買賣所收取的現金便會增加，增加的金額即為節省下來的稅賦。

想要調整稅賦對於現金流入與現金流出的影響，則應對目前的營業稅率有一定的認知與瞭解。目前，大多數的企業必須繳納百分之三十五 (35%) 的聯邦稅。各州的營業稅率則不盡相同。為了分析之便，假設聯邦政府與州政府的營業稅率合計為百分之四十 (40%)。

接下來舉例說明如何調整稅賦對於現金流量的影響。目前眞品公司使用兩種數值控制機器 (CNC-11 和 CNC-12) 來生產其中一項產品。最新科技發展出來的單一 CNC 機器可以取代目前正在使用的 CNC-11 和 CNC-12。眞品公司的管理階層希望瞭解取得這種新機器所需要的投資金額。如果買進新機器，則舊的機器將會出售。

舊機器處理

	帳面價値	出售價格
CNC-11	$200,000	$260,000
CNC-12	500,000	400,000

新機器購買

採購成本	$2,500,000
運費	20,000
安裝	200,000
額外工作資本	180,000
總計	$2,900,000

先求出舊機器出售的淨利得，再扣除新機器的成本之後即為淨投資的金額。淨利得則是先求出舊機器買賣的稅賦負擔，再調整毛收入之後的餘額。

實務上可將售價減去帳面價値後，求得舊機器買賣的稅賦負擔。如果售價減去帳面價値之後的餘額為正，則企業有買賣利得，必須繳納稅款。買賣所得的金額必須扣減掉應納的稅額。另一方面，如果差額為負，則企業有買賣損失——屬於非現金損失。然而，非現金損失並無任何稅賦上的負擔。買賣損失可以從收入當中扣除，結果，收入便不會被課稅。因此，損失造成的現金流入等同於所省下的稅金。

為了說明之便，再以**圖** 12-8 當中眞品公司出售機器 CNC-11 和 CNC-12 的稅賦效應為例。眞品公司出售這兩台機器，所得到的淨收入如下：

售價，CNC-11	$260,000
售價，CNC-12	400,000
節稅	16,000
淨收入	$676,000

取得上述淨收入之後，便可計算淨投資金額：

新機器總成本	$2,900,000
減項：舊機器的淨收入	(676,000)
淨投資（現金流出）	$2,224,000

稅後現金流量：計畫年限

除了原始投資金額外，經理人也必須針對投資計畫在生命週期內每一年的稅後現金流量進行適當的預測。如果計畫能夠創造收入，那麼現金流量的主要來源在於營業。實務上可以從計畫的損益表上瞭解營業現金的流入。至於年度稅後現金流量則為計畫的稅後利潤和其非

資產	盈（虧）
CNC-11[a]	$ 60,000
CNC-12[b]	(100,000)
淨盈（虧）	(40,000)
稅率	0.40
節稅	$ 16,000

[a] 售價減去帳面價值，等於 $260,000 - $200,000。
[b] 售價減去帳面價值，等於 $400,000 - $500,000。

圖 12-8

銷售CNC-11與CNC-12之稅賦影響

現金費用的總和。以簡單的公式來看，稅後現金流量的計算過程為：

稅後現金流量 = 稅後淨收益＋非現金費用

CF = NI ＋ NC

其中，

CF = 稅後現金流量

NI = 稅後淨收益

NC = 非現金費用

最典型的非現金費用當屬折舊和損失。乍看之下，利用非現金費用來計算稅後現金流量的作法似乎有點奇怪。非現金費用並非現金流量，但由於非現金費用具有節稅的功能，因此的確能夠產生現金流量。由於有節稅的收入，實質的現金便於焉產生。前文當中的例子正是利用損益表來決定稅後現金流量。此處借用同樣的例子來說明非現金費用如何透過節稅的方式來增加現金流入。

假設某家公司計畫生產一項新產品，需要成本 $800,000 的設備。公司預期每一年新產品將可提高 $600,000 的收入。每一年，原料、人工和其它使用現金的營業費用總計達 $250,000。設備的使用年限是四年，並依直線法攤提折舊。四年屆滿之後，新設備沒有剩餘價值。這項投資計畫的損益表如下：

收入	$ 600,000
減項：現金營業費用	(250,000)
減項：折舊	(200,000)
稅前收益	$ 150,000
減項：所得稅 (40%)	60,000
淨收益	$ 90,000

損益表的現金流量計算過程如下：

$$
\begin{aligned}
CF &= NI + NC \\
&= \$90,000 + \$200,000 \\
&= \$290,000
\end{aligned}
$$

利用收益法來決定營業現金流量的方式亦可用以分解出損益表上每一個單項的稅後現金流量效應。分解法是利用計算損益表上每一個單項的稅後現金流量的方式，來求算營業現金流量：

CF =〔(1 - 稅率）×收入〕-〔(1 - 稅率）×現金費用〕+
（稅率×非現金費用）

等號右邊的第一項，〔(1 - 稅率）×收入〕，代表現金收入當中的稅後現金流入。沿用前文當中的例子，預測現金收入是 $600,000。所以，公司預期可以保有取得收入當中的（1 - 稅率）×收入 = 0.60 × $600,000 = $360,000。稅後收入是企業的買賣作業所取得的稅後現金的實際金額。

等號右邊的第二項，〔(1 - 稅率）×現金費用〕，代表現金營業費用當中稅後現金流出。由於收入減去現金費用之後才是應稅收益，因此稅後現金流出具有減少應稅收入、節省稅賦、進而降低與特定支出相關的實際現金流出。沿用前文當中的例子，公司的現金營業費用是 $250,000。實際現金流出不是 $250,000，而應該是 $150,000 (0.60 × $250,000)。營業費用的現金資金減少了 $100,000 的原因是因爲稅賦上的節省。假設營業費用是唯一的費用，且公司擁有 $600,000 的收入。如果營業費用沒有可以扣抵的部份，那麼應該繳納的稅賦應爲 $240,000 (0.40 × $600,000)。如果營業費用可以扣抵，那麼應稅收益是 $350,000 ($600,000 - $250,000)，亦即應納稅賦應爲 $140,000 (0.40 × $350,000)。由於營業費用扣減之後可以省下 $100,000 的稅賦，因此這一筆支出的實際資金便減少了 $100,000。

等號右邊的第三項，（稅率×非現金費用），代表非現金費用所產生節稅稅賦的現金流入。非現金費用——例如折舊——同樣具有節稅的效果。前例當中的折舊可以減少 $200,000 的應稅收入，亦即可以節省 $80,000 (0.40 × $200,000) 的稅賦負擔。上述三項的總額列於下表。

稅後收入	$360,000
稅後現金費用	(150,000)
折舊節稅	80,000
營業現金流量	$290,000

圖 12-9

計算營業現金流量：分解式

稅後現金收入 = (1 - 稅率)×現金收入
稅後現金費用 = (1 - 稅率)×現金費用
節稅，非現金費用 = 稅率×非現金費用

分解法的結果和收益法一樣。為了簡便起見，謹將三個單項彙整於**圖** 12-9。

分解法的特色之一是能夠以試算表的格式，計算稅後現金流量。試算表的格式可以利用試算表軟體，適切地強調出個別項目的現金流量效應。所謂的試算表格式是建立四個直的欄位，每一個現金流量的項目各佔一欄，第四欄則是稅後現金流量的總額。**圖** 12-10 利用前文當中的例子，介紹了試算表的格式。各位應當記得，前三年當中每一年的現金收入是 \$600,000，年度的現金費用是 \$250,000，年度折舊則是 \$100,000。

分解法的另一項特色是能夠逐項計算稅後現金效應。例如，假設某家公司正在考慮一項投資計畫，但是不確定應該採用哪一種折舊方法。藉由計算出每一項折舊方法所能夠產生的節稅效應，這家公司就能夠很快地瞭解哪一項折舊方法適用，哪一項折舊方法則不適用。

就稅務目的而言，所有會折舊的資產——除了不動產之外——均被視為自有資產。自有資產分為六類，每一類均有規定的折舊年限。儘管實際預期使用年限可能與規定的年限不同，但是分類的用意主要在於方便認定，而且往往比實際年限為短。大多數的機器、設備與辦公傢俱被歸類為**七年期資產** (Seven-year Assets)。照明設備、汽車、

圖 12-10

試算表之釋例

年度	(1-t)R[a]	-(1-t)C[b]	tNC[c]	CF
1	\$360,000	\$(150,000)	\$80,000	\$290,000
2	360,000	(150,000)	80,000	290,000
3	360,000	(150,000)	80,000	290,000
4	360,000	(150,000)	80,000	290,000

[a] R代表收入；t代表稅率；
[b] C代表現金費用；
[c] NC代表非現金費用；

和電腦設備等被歸爲**五年期資產** (Five-year Assets)。大多數的小型工具則北被歸類爲三**年期資產** (Three-year Assets)。由於大多數的自有資產均可歸入上述三類當中，因此接下來的討論便以這三類資產爲限。

納稅人可以自由選擇使用直線法或**修正加速成本回收制度** (MACRS，Modified Accelerated Cost Recovery System) 來計算年度折舊。目前的法令將修正加速成本回收制度定義爲加速遞減餘額法，亦即計算折舊的時候並不需要考慮資產的剩餘價值。然而無論是採用直線法或修正加速成本回收制度來攤提折舊，都可適用**半年期規定** (Half-year Convention)。所謂半年期規定係假設一項新資產在取得後第一個應稅年度的前半年便已經開始使用，無論實際上開始使用的日期爲何。新資產使用年限屆滿的時候，最後的另一個半年的折舊可以被記入下一年度。如果資產在使用年限前被處掉，那麼根據半年期規定仍可計算處理年度當中半年期間的折舊。

舉例來說，假設公司在一九九七年三月一日購入一輛價值 $20,000 的汽車。公司採用直線法來攤提折舊。又根據稅法規定，汽車的使用年限是五年，則五年期間內每一年的折舊是 $4,000 ($20,000 / 5)。然而如果採用半年期規定的話，公司在一九九七年度只能扣減 $2,000，亦即直線折舊金額的一半 (0.5 × $4,000)。剩餘半年的折舊金額可以在第六年攤提（或者如果更早的話，可以在處理的當年度裡攤提）。折舊情形如下：

年度	攤提折舊
1997	$2,000（半年期金額）
1998	4,000
1999	4,000
2000	4,000
2001	4,000
2002	2,000（半年期金額）

假設這項資產在一九九九年四月一日處理掉。如此一來，一九九九年度僅能攤提 $2,000 的折舊。

圖 12-11

MACRS 折舊比率

年度	三年期資產	五年期資產	七年期資產
1	33.33%	20.00%	14.29%
2	44.45	32.00	24.49
3	14.81	19.20	17.49
4	7.41	11.52	12.49
5		11.52	8.93
6		5.76	8.93
7		—	8.93
8		—	4.46

若採用加倍遞減餘額法，則第一年攤提的折舊金額則爲直線法的兩倍。根據加倍遞減餘額法的規定，折舊金額會愈來愈小，直到低於直線法攤提的折舊金額爲止，然後再依直線法繼續攤提。**圖** 12-11 分別列出三年期資產、五年期資產以及七年期資產在加倍遞減餘額法下的折舊比率。這些折舊比率綜合了半年期規定與修正加速成本回收制度。

加速法和加倍遞減餘額法在資產使用年限內所攤提的折舊總額一樣。這兩種方法的節稅效果也是一樣（假設資產在使用年限內所適用的稅率一致）。然而由於加倍遞減餘額法在取得資產的前幾年所攤提的折舊金額較高，因此在前幾年度裡的節稅效果也較好。如果從金錢的時間價值來考量，愈早實現，節稅效果愈好。因此，企業應該儘量選擇修正加速成本回收法，而非直線法。此處再舉例子來做爲本節的總結。

某家公司正在考慮採購一套價值 $20,000 的電腦設備。根據稅法規定，電腦設備的成本應該分爲五年攤提折舊。然而稅法並未強制企業採用直線法或加倍遞減餘額法來攤提折舊。由於加倍遞減餘額法的節稅效果較好，因此這家公司應該採用加倍遞減餘額法來攤提折舊。

由分解法可以得知，資產折舊的節稅效果等於折舊金額乘上稅率 (t × NC)。**圖** 12-12 説明了每一項折舊方法所產生的現金流量與現值〔假設折扣率是百分之十 (10%)〕。如圖所示，採用修正加速成本回收法所產生節稅效果的現值大於採用直線法所產生節稅效果的現值。

圖 12-12

加速折舊法之釋例

直線法

年度	折舊	稅率	節稅	折扣因素	現值
1	$2,000	0.40	$800.00	0.909	$ 727.20
2	4,000	0.40	1,600.00	0.826	1,321.60
3	4,000	0.40	1,600.00	0.751	1,201.60
4	4,000	0.40	1,600.00	0.683	1,092.80
5	4,000	0.40	1,600.00	0.621	993.60
6	2,000	0.40	800.00	0.564	451.20
淨現值					$5,788.00

MACRS 法

年度	折舊*	稅率	節稅	折扣因素	現值
1	$4,000	0.40	$1,600.00	0.909	$1,454.40
2	6,400	0.40	2,560.00	0.826	2,114.56
3	3,840	0.40	1,536.00	0.751	1,153.54
4	2,304	0.40	921.60	0.683	629.54
5	2,304	0.40	921.60	0.621	572.31
6	1,152	0.40	460.80	0.564	259.89
淨現值					$6,184.15

* 將圖 12-11 當中的五年期比率乘上 $20,000 後即可求得。
舉例來說，第一年的折舊爲 0.20 × $20,000 。

資本投資：當代製造環境

學習目標七

描述當代製造環境當中的資本投資。

在當代製造環境當中，長期投資一般而言都會涉及製造制度的自動化。然而企業在確定採行自動化製造制度之前，首先應該發揮現有技術的最大效率。藉由重新設計與簡化現有製程的方式，可以實現許多好處。支持此一理論的常見例子就是物料處理的自動化。物料處理作業的自動化往往必須耗費數百萬元的成本——然而此一作法往往並非必要，因爲透過及時制度即可減少存貨並簡化物料移轉的需求。

然而一旦達到重新設計與簡化的好處之後，自動化制度顯然可以帶來更多的好處。許多企業利用機器人、彈性製造制度和全面整合的製造制度等來改善競爭地位。自動化的終極目標是建立綠色廠房。綠色廠房係指從無到有，重新設計、重新建造的廠房；綠色廠房代表了企業完全改變製造方法的策略性決策。

雖然折扣現金流量分析（利用淨現值與內部報酬率）在資本投資決策當中仍然扮演著關鍵角色，然而面對日新月異的製造環境，企業必須更加注意折扣現金流量模式的內容。究竟應該如何定義投資、如何估計營業現金流量、如何處理剩餘價值以及如何選擇折扣比率等都與傳統方法不儘相同。

另外還有一點值得一提。當代投資管理涵蓋了*財務 (Financial)* 與*非財務 (Nonfinancial)* 的層面。投資管理過程必須配合企業的策略。關於先進製造技術的分析必須考慮其能否支援包括產品提升、差異化、降低風險等在內的策略。舉例來說，先進的科技或許可以使得企業更有彈性地回應浮動的需求，進而有助於產品的提升。改善品質也是產品提升的特色之一。部份產品提升的特色可予以量化。例如，實務上便可估計出因為品質改善所節省下來的成本。其它的因素則較難以量化。想要瞭解因為製造彈性增加所節省下來的成本或所增加的收入就比較困難。因此，非財務因素同樣是投資管理過程中的重要考量。儘管實務上或有困難，企業仍應盡最大的努力來量化足以影響投資決策的因素。

投資計畫的差異

自動化製程的投資比以往標準化製造設備的投資更為複雜。就標準化設備而言，取得的直接成本基本上就代表了全部的投資。然而就自動化製造制度而言，直接成本可能只佔全部投資的百分之五十 (50%) 或百分之六十 (60%)；舉凡軟體、工程、訓練和執行等都佔了總成本相當可觀的比例。因此，企業必須花費更多心力方能瞭解自動化制度的實際成本。我們很容易就會忽略看似不重要的週邊成本，然而這些週邊成本卻可能佔有相當可觀的份量。美國的銀行與保險業者便發現，他們在電腦科技方面的投資延宕到了現在才開始回收。企業在熟悉新技術之前，往往無法充份地發揮新技術的力量、更無法有效提高生產力。

估計營業現金流量的差異

估計標準化設備投資所能帶來的營業現金流量必須根據可以明白找出的有形利益，例如直接節省人工、電力和廢料等。以摩聖多公司的布料部門爲例，他們便以直接人工的節省做爲評估其位於美國佛羅里達州潘聖克拉市的工廠自動化制度的主要依據。無形的好處與間接的節省往往只出現在傳統資本投資分析裡，因此多被省略不提。然而在新的製造環境當中，無形的與間接的好處卻可能對計畫本身具有關鍵影響。舉凡更好的品質、更高的可信度、縮減的交貨時間、更高的顧客滿意度以及提升維持市場佔有率的能力等都是先進的製造制度所能帶來之重要的無形利益。至於生產排程與倉儲等後勤人工的減少則是屬於間接益處。企業必須投注更多的心力來衡量這些無形的和間接的利益，如此一來方能更精確地掌握投資計畫的潛在價值。前例當中的摩聖多公司發現，其位於潘聖克拉市的工廠裝設的新自動化制度在降低廢料、減少存貨、提升品質和減少間接人工等方面節省下大筆成本。生產力卻提高了百分之五十 (50%)。如果直接人工成本的節省不足以支付投資資金呢？摩聖多公司也曾經可能因爲錯誤的決策而造成巨額的損失。摩聖多公司的經驗提醒我們*事後稽核 (Postaudit)* 的重要性。**事後稽核**係指執行資本投資計畫之後的後續分析。事後稽核必須將實際的利益與成本和估計的利益與成本做一比較。就摩聖多公司而言，事後稽核的結果顯示出無型與間接利益的重要性。未來在擬訂投資決策的時候，摩聖多公司勢必投注更多的心力在這些因素上面。

再舉一個例子來說明無形與間接利益的重要性。假設某家公司正在評估一項彈性製造制度投資計畫的可行性。這家公司面臨著應維持傳統設備——預期還可使用十年——的生產方式或者改採新制度——預期使用年限也是十年——的生產方式之難題。這家公司採用百分之十二 (12%) 的折扣率。**圖** 12-13 列出與投資計畫相關的資料。利用這些資料便可計算出投資計畫的淨現值如下：

現值 ($4,000,000 × 2.65*)	$22,600,000
投資金額	(18,000,000)
淨現值	$ 4,600,000

*利率爲百分之十二且使用年限爲十年的折扣係數（參見圖 12B-2）。

由於投資計畫的淨現值爲正，且數值頗大，因此顯示這家公司應該改採彈性製造制度。然而上述數據卻有大部份必須歸功於無形和間接的利益。如果不考慮這些因素，那麼直接節省下來的成本總數爲 $2,200,000，且淨現值爲負。

現值 ($2,200,000 × 5.65)	$12,430,000
投資金額	(18,000,000)
淨現值	$(5,570,000)

作業制成本法的興起讓我們可以利用作業動因，更容易地找出間接利益。一旦找出間接利益，且數值或所佔比例不小，那麼便可將其納入分析的考慮範圍內。

圖 12-13 的內容點出了無形利益的重要性。最重要的無形利益之一即維持或提升企業的競爭地位。此時必須省思的問題是若企業不進行特定投資的話，對於現金流量將會有何影響。換言之，如果企業放棄投資技術先進的設備的話，在品質、交貨時間和成本上，是否能夠繼續和其它公司競爭？（如果競爭者選擇投資先進設備的話，此一問題格外重要。）一旦競爭地位滑落，公司目前的現金流量也將縮減。

如果現金流量會因爲沒有從事特定投資計畫而縮減，那麼應該視爲投資先進技術的另一項好處。在**圖** 12-13 當中，這家公司估計此一競爭利得爲 $1000,000。估計利得必須以嚴謹的策略性規劃和分析爲基礎，但正確的估計結果對於企業的決策卻有莫大的幫助。

現值 ($3,000,000 × 5.65)	$16,950,000
投資金額	(18,000,000)
淨現值	$(1,050,000)

圖 12-13

投資資料直接的無形的與間接的利益

	FMS	當期
投資（當期金額）：		
直接成本	$10,000,000	$0
軟體，工程	8,000,000	—
當期總金額	$18,000,000	$0
淨稅後現金流量	$ 5,000,000	$1,000,000
減項：當期稅後現金流量 無	(1,000,000)	n/a
分段好處 無	$ 4,000,000	n/a
分段利益內容		
直接利益：		
直接人工	$ 1,500,000	
減少廢料	500,000	
設定	200,000	$2,200,000
無形利益：質的部份		
重製	$ 200,000	
保證	400,000	
維持競爭地位	1,000,000	1,600,000
間接利益：		
生產排程	$ 110,000	
薪資	90,000	200,000
總計		$4,000,000

剩餘價值

企業在擬訂投資決策的時候，往往不會將投資資產的最終或剩餘價值納入考量。常見的原因是因爲估計剩餘價值並不容易。受到此一不確定性的影響，剩餘價值的影響往往會被忽略，或者會被大打折扣。然而此一作法並非最理想的解決之道，因爲剩餘價值對於投資與否可能產生極大差異。身處競爭激烈的環境當中，現代的企業往往無法承受錯誤決策的後果。因此，企業或該考慮利用靈敏度分析來處理剩餘價值的不確定性。**靈敏度分析** (Sensitivity Analysis) 係指改變資本投資分析的假設，然後觀察不同的假設對於現金流量的影響。靈敏度分析經常也被稱爲**假設分析** (What-if Analysis)。例如，假設現金收入比預期收入短少百分之五 (5%) 的話，對於投資決策有何影響？

假設現金收入比預期收入超出百分之五 (5%) 的話，對於投資決策又有何影響？以人工來進行靈敏度分析的計算過程是一項浩大的工程，幸好目前已經可以藉助電腦和套裝軟體－－例如 Lotus®、Excel®、Quanttro Pro® 等——快速又輕鬆地執行計算的工作。事實上，這些電腦套裝軟體也可以用來執行淨現值和內部報酬率的計算，來取代本章前文當中繁複的人工作業。這些軟體都內建有淨現值和內部報酬率的函數，方便使用者執行計算工作。

爲了說明最終價值的潛在影響，假設**圖** 12-13 當中投資計劃的年度稅後營業現金量是 $3,100,000 而非 $4,00,0000。在沒有剩餘價值的情況下，淨現值如下：

現值 ($3,100,000 × 5.65)	$17,515,000
投資金額	(18,000,000)
淨現值	$ (485,000)

在不考慮剩餘價值的情況下，這項投資計畫會遭到否決。然而如果將剩餘價值列入考慮的話，則淨現值爲正($2,000,000)投資計畫應該會被接受。

現值 ($3,100,000 × 5.65)	$17,515,000
現值 ($2,000,000 × 0.322*)	644,000
投資金額	(18,000,000)
淨現值	$ 159,000

* 當利率爲 12% 且使用年限爲十年時的折扣係數（參見圖 12B-1）。

假設剩餘價值比預期情況少的時候，結果又是如何？假設最糟的情況是剩餘價值只有 $1,600,000，那麼對於投資決策又有何影響？根據新的假設，淨現值應爲：

現值 ($3,100,000 × 5.65)	$17,515,000
現值 ($1,600,000 × 0.322)	515,200
投資金額	(18,000,000)
淨現值	$ 30,200

換言之，即使剩餘價值不如預期樂觀的時候，淨現值仍然爲正。上述例子說明了如何利用靈敏度分析來處理剩餘價值的不確定性。事實上靈敏度分析亦可用於計算其它的現金流量變數。

折扣率

企業在選定折扣率的時候如果過於保守謹愼，可能會造成更大的損失。理論上，在未來現金流量已知的情況下，正確的折扣率其實就是企業的資金成本。實務上，由於企業無法確定未來的現金流量，因此經理人往往會選定比資金成本略高的折扣率。如果折扣率過高，將會造成選擇短期投資計畫時的偏見。

爲了說明過高的折扣率之影響，再以**圖** 12-13 當中的投資計畫爲例。假設正確的折扣率是百分之十二 (12%) 而非這家公司採用的百分之十八 (18%)。當折扣率爲百分之十八 (18%) 的時候，其淨現值爲：

現值 ($4,000,000 × 4.494*)	$17,976,000
投資金額	(18,000,000)
淨現值	$　(24,000)

* 折扣率爲 18% 且使用年限爲十年的折扣係數（參見圖 12B-2）。

此時，這項投資計畫會被否決。當折扣率增加的時候，折扣係數縮減的程度比折扣率較低的折扣係數爲多〔折扣率百分之十二 (12%) 時，折扣係數爲 5.65；折扣率爲百分之十八 (18%) 時，折扣係數爲 4.494〕。高折扣係數的效應是更爲強調早期的現金流量，較不強調後續的現金流量，因此對於短期投資計畫較爲有利。如此一來，使得自動化製造制度顯得不易獲得青睞，因爲自動化製造制度的現金回收必須在較長的期間內方可完成。

結語

資本投資決策涉及長期資產的取得，因此往往需要投注大筆的資金。資本投資計畫分爲兩類：獨立計畫與互斥計畫。獨立計畫係指無論計畫被接受或否絕，對於其它計畫的現金流量並無影響的計畫。互斥計畫係指如果獲得接受，其它計畫都將遭到否決的計畫。

企業經理人在擬訂資本投資決策的時候，會利用正式的分析模式來判定接受或否決提議中的計畫。這些決策模式分爲非折扣模式與折扣模式，差異在於這些模式是否將金錢的時間價值納入考量。非折扣模式共有兩種：回收期與會計報酬率。

回收期係指企業爲了回收開始投資所需要的時間。就平均一致現金流量而言，回收期等於投資金額除以年度現金流量的時間。而就不一致的現金流量而言，現金流量一直加總到投資金額回收爲止。如果需要計算年度當中某段期間的現金流量，則假設一年當中的現金流量是平均一致的。回收期並未將回收期以後的現金流入列入考慮範圍，因此忽略了金錢的時間價值與計畫的獲利能力。儘管如此，回收期仍不失爲有用的資訊。回收期有助於我們瞭解與控制風險，將投資計畫對於公司資產流動性的影響減至最低，並控制風險的承受能力。

將投資計畫的平均預期收入除以原始投資金額或平均投資金額，即可求得會計報酬率。和回收期不同的是，會計報酬率已將投資計畫的獲利能力納入考量；然而會計報酬率同樣忽略了金錢的時間價值。會計報酬率可以輔助經理人篩選投資計畫，確保不會對於特定的會計數據（尤其是那些用以監督企業遵循債信規範的會計數據）造成負面影響。

淨現值係指未來現金流量與開始投資金額的現值之間的差額。計算淨現值的時候，必須找出預定報酬率（通常等於資金成本）。淨現值利用預定報酬率來計算投資計畫現金流入與現金流出的現值。如果現金流入的現值大於現金流出的現值，則淨現值大於零，亦即代表投資計畫有利可圖。如果淨現值小於零，則代表計畫無利可圖，應該予以否決。

內部報酬率係指令計畫現金流入的現值等於計畫現金流出現值的利率。如果內部報酬率大於預定報酬率（即資金成本），則可考慮接受投資計畫。如果內部報酬率小於預定報酬率，則應考慮否決投資計畫。

評估互斥計畫的時候，經理人可以自由選擇淨現值或內部報酬率做爲決策的參考依據。淨現值模式可以正確地找出最佳的投資方案。然而內部報酬率有時候卻可能選擇較不理想的方案。因此，由於淨現值可以提供正確的訊息，因此應該予以採用。

正確可靠的現金流量預測對於資本預算分析相當重要。經理人必須力求預測數據正確無誤，資本投資分析的所有現金流量應爲稅後的現金流量。計算稅後現金流量的方式有二：

收益法與分解法。折舊雖然不屬於現金流量，但由於稅法上規定折舊可以用來扣抵應稅收益，因此實質上折舊也具有現金流量的性質。直線折舊法與加倍遞減餘額折舊法所計算出來的使用年限內的總折舊金額相等。由於加倍遞減餘額折舊法採取加速折舊的方式攤提，因此較爲企業所偏好。

當代製造環境當中的資本投資會受到分析內容的影響。企業必須投注更多的心力在投資資金上面，因爲週邊的項目可能需要動用可觀的資源。再者，在瞭解投資計畫所能帶來的利益之同時，必須體認品質和維持競爭地位等無形因素也可能具有決定性的影響。企業普遍採用遠高於資金成本之折扣報酬率的傾向應予以節制。此外，由於自動化制度的剩餘價值可能相當可觀，也應列入決策分析的考慮範圍。

附錄一：現值概念

金錢的一項重要特色是它可以用於投資，可以賺取利息。今天的一塊錢和明天的一塊錢並不一樣。上述基本準則正是折扣法的中心思想。折扣法的重點在於目前的金錢與未來的金錢之間的關係。因此，如欲正確有效地使用折扣法，必須瞭解這些關係。

未來價值 (Future Value)

假設某家銀行推出百分之四 (4%) 的年利率。如果一位顧客投資 \$100，一年後可以收回原來投資的 \$100 外加 \$4 的利息 [\$100+ (0.04 × \$100) = (1+0.04) × \$100 = 1.04 × \$100 = \$104]。上述計算過程可以公式表達，其中 F 代表未來金額，P 代表開始或目前的金額，i 則代表利率。

$$F = P\,(1+i) \tag{12A.1}$$

套入前例的數據可以求出 F = \$100 ×(1 + 0.04) = \$100 × 1.04 = \$104。

現在假設顧客留下原始的投資金額——外加所有的利息——存成兩年期的定存，這家銀行願意提供百分之五 (5%) 的利率。試問，兩年期間屆滿之後顧客可以拿回多少錢？在這裡同樣假設顧客投資 \$100。

利用公式 12A.1 得知一年之後顧客將可拿到 \$105。[F = \$100 × (1 + 0.05) = \$100 × 1.05 = \$105]。如果此一金額再繼續保留一年，則再利用公式 12A.1 可以求出到了第二年年底，顧客將可收到總數 \$110.25 [F = \$105 × (1 + 0.05) = \$105 × 1.05 = \$110.25]。第二年的時候，計算利息的本金是原始的存款金額和第一年所賺取的利息。利息部份再加計利息稱爲**複利** (Compounding of Interest)。假設在特定複利條件之下，投資年限屆滿時所累積的價值稱爲**未來價值** (Future Value)。前例當中 \$100 到了第二年底的未來價值是 \$110.25。

計算未來價值另有更直接的方法。由於公式 12A.1 可以表示如下：F = \$105 = \$100 × 1.05，第二道公式可以表示爲 F = \$105 × 1.05 = \$100 × 1.05 × 1.05 = \$100 $(1.05)^2$ = P $(1 + i)^2$。換言之，計算未來 n 期金額的公式爲：

$$F = P(1 + i)^n \qquad (12A.2)$$

現值 (Present Value)

企業經理人迫切需要瞭解的往往不是未來價值，而是爲了賺取特定的未來價值以致現在必須投資的金額。現在必須投資以便產生未來價值的金額稱爲未來金額的**現值** (Present Value)。舉例來說，假設利率是百分之十 (10%)，那麼現在必須投資多少錢，在兩年之後才能夠賺到 \$363？又或者兩年後拿到 \$363 的現值是多少？

本例當中的未來價值、期間和利率均爲已知，我們想要瞭解的是能夠產生已知的未來價值之目前金額。沿用 12A.2 的公式，代表目前金額（現在價值）的變數是 P。因此，爲了計算未來金額的現值，我們只須求出公式 12A.2 當中 P 的解即可：

$$P = F/(1 + i)^n \qquad (12A.3)$$

利用公式 12A.3 可以計算 \$363 的現值爲：

$$\begin{aligned} P &= \$363/(1 + 0.1)^2 \\ &= \$363/1.21 \\ &= \$300 \end{aligned}$$

求出的 $300 就是未來價值 $363 在今日的價值。假設其它條件不變的情況下，擁有今天的 $300，等於擁有兩年後的 $363。換另一種說法來表示，如昊企業的預定報酬率是百分之十 (10%)，那麼企業在兩年後賺取 $363 的投資上，目前最多只願意支付 $300。

計算未來現金流量現值之過程往往稱爲**折扣** (Discounting)，換言之，我們已經將未來價值的 $363 打了折扣，成爲 $300。而計算未來現金流量折扣的利率則稱爲**折扣率** (Discount Rate)。公式 12A.3 當中的 $1/(1+i)^n$ 稱爲**折扣係數** (Discount Factor)。令折扣係數 df 等於 $1/(1+i)^n$，則公式 12A.3 可以表示成 P = F(df)。爲了簡化現值的計算過程，本書將會附上不同的 i 和 n 的組合所對應的折扣係數表（參閱附錄二的**圖** 12B-1）。例如，當 i = 10%、n=2 時的折扣係數是 0.826（未找到表格當中百分之十的直欄，然後由上往下移到第二列即可）。找出折扣係數之後，便可求算 $363 的現值：

$$
\begin{aligned}
P &= F(df) \\
&= \$363 \times 0.826 \\
&= \$300 \text{（四捨五入至整數位）}
\end{aligned}
$$

不一致現金流量的現值

圖 12B-1 可以用來計算任何未來現金流量或一連串未來現金流量的現值。一連串未來現金流量稱爲年金 (Annuity)。年金的現值是將每一次未來現金流量的現值加總而得。舉例來說，假設一項投資計畫預期將會產生下列年金：$110、$121 和 $133.10。假設折扣率是百分之十 (10%)，則可依**圖** 12A-1 的內容求算出這一連串現金流量的現值。

一致現金流量的現值

如果一連串現金流量的金額都是一致的，那麼計算年金現值的過程就簡單許多。例如，假設一項投資計畫預期在未來三年內，每一年都可回收 $100。根據**圖** 12B-1 的資料，並假設折扣率是百分之十 (10%)，那麼現金流量的現值便如**圖** 12A-2 所示。

誠如現金流量不一致時的計算方式般，分別計算出每一次現金流量的現值之後再加總起來，就會得到**圖** 12A-2的結果。然而在每一次現金流量都一致的情況下，計算過程可以由三個步驟簡化成一個步驟，如**圖** 12A-2的注意事項所述。個別的折扣係數之總和可以視爲一致現金流量的年金之折扣係數。附錄二的**圖** 12B-2當中的表格內容即爲現金流量一致的年金所使用折扣係數。

圖 12A-1

不一致現金流量的現值

年度	現金入帳	折扣係數	現值 *
1	$110.00	0.909	$100.00
2	121.00	0.826	100.00
3	133.10	0.751	100.00
			$300.00

* 四捨五入至整數位。

圖 12A-2

一致現金流量的現值

年度	現金入帳	折扣係數	現值
1	$100	0.909	$90.90
2	100	0.826	82.60
3	100	0.751	75.10
		2.486	$248.60

註：每年 $100 的現金流入可乘以折扣系數之總和 (2.486) 以求得一致現金流量的現值。

附錄二：現值表

圖 12B-1

$1 之現值[a]

期間	2%	4%	6%	8%	10%	12%	14%	16%	18%	20%	22%	24%	26%	28%	30%	32%	40%
1	0.980	0.962	0.943	0.926	0.909	0.893	0.877	0.862	0.847	0.833	0.820	0.806	0.794	0.781	0.769	0.758	0.714
2	0.961	0.925	0.890	0.857	0.826	0.797	0.769	0.743	0.718	0.694	0.672	0.650	0.630	0.610	0.592	0.574	0.510
3	0.942	0.889	0.840	0.794	0.751	0.712	0.675	0.641	0.609	0.579	0.551	0.524	0.500	0.477	0.455	0.435	0.364
4	0.924	0.855	0.792	0.735	0.683	0.636	0.592	0.552	0.516	0.482	0.451	0.423	0.397	0.373	0.350	0.329	0.260
5	0.906	0.822	0.747	0.681	0.621	0.567	0.519	0.476	0.437	0.402	0.370	0.341	0.315	0.291	0.269	0.250	0.186
6	0.888	0.790	0.705	0.636	0.564	0.507	0.456	0.410	0.370	0.335	0.303	0.275	0.250	0.227	0.207	0.189	0.133
7	0.871	0.760	0.665	0.583	0.513	0.452	0.400	0.354	0.314	0.279	0.249	0.222	0.198	0.178	0.159	0.143	0.095
8	0.853	0.731	0.627	0.540	0.467	0.404	0.351	0.305	0.266	0.233	0.204	0.179	0.157	0.139	0.123	0.108	0.068
9	0.837	0.703	0.592	0.500	0.424	0.361	0.308	0.263	0.225	0.194	0.167	0.144	0.125	0.108	0.094	0.082	0.048
10	0.820	0.676	0.558	0.463	0.386	0.322	0.270	0.227	0.191	0.162	0.137	0.116	0.099	0.085	0.073	0.062	0.035
11	0.804	0.650	0.527	0.429	0.350	0.287	0.237	0.195	0.162	0.135	0.112	0.094	0.079	0.066	0.056	0.046	0.025
12	0.788	0.625	0.497	0.397	0.319	0.257	0.208	0.168	0.137	0.112	0.092	0.076	0.062	0.052	0.043	0.036	0.018
13	0.773	0.601	0.469	0.368	0.290	0.229	0.182	0.145	0.116	0.093	0.075	0.061	0.050	0.040	0.033	0.027	0.013
14	0.758	0.577	0.442	0.340	0.263	0.205	0.160	0.125	0.099	0.078	0.062	0.049	0.039	0.032	0.025	0.021	0.009
15	0.743	0.555	0.417	0.315	0.239	0.183	0.140	0.108	0.084	0.065	0.051	0.040	0.031	0.025	0.020	0.016	0.006
16	0.728	0.534	0.394	0.292	0.218	0.163	0.123	0.093	0.071	0.054	0.042	0.032	0.025	0.019	0.015	0.012	0.005
17	0.714	0.513	0.371	0.270	0.198	0.146	0.108	0.080	0.060	0.045	0.034	0.026	0.020	0.015	0.012	0.009	0.003
18	0.700	0.494	0.350	0.250	0.180	0.130	0.095	0.069	0.051	0.038	0.028	0.021	0.016	0.012	0.009	0.007	0.002
19	0.686	0.475	0.331	0.232	0.164	0.116	0.083	0.060	0.043	0.031	0.023	0.017	0.012	0.009	0.007	0.005	0.002
20	0.673	0.456	0.312	0.215	0.149	0.104	0.073	0.051	0.037	0.026	0.019	0.014	0.010	0.007	0.005	0.004	0.001
21	0.660	0.439	0.294	0.199	0.135	0.093	0.064	0.044	0.031	0.022	0.015	0.011	0.008	0.006	0.004	0.003	0.001
22	0.647	0.422	0.278	0.184	0.123	0.083	0.056	0.038	0.026	0.018	0.013	0.009	0.006	0.004	0.003	0.002	0.001
23	0.634	0.406	0.262	0.170	0.112	0.074	0.049	0.033	0.022	0.015	0.010	0.007	0.005	0.003	0.002	0.002	0.000
24	0.622	0.390	0.247	0.158	0.102	0.066	0.043	0.028	0.019	0.013	0.008	0.006	0.004	0.003	0.002	0.001	0.000
25	0.610	0.375	0.233	0.146	0.092	0.059	0.038	0.024	0.016	0.010	0.007	0.005	0.003	0.002	0.001	0.001	0.000
26	0.598	0.361	0.220	0.135	0.084	0.053	0.033	0.021	0.014	0.009	0.006	0.004	0.002	0.002	0.001	0.001	0.000
27	0.586	0.347	0.207	0.125	0.076	0.047	0.029	0.018	0.011	0.007	0.005	0.003	0.002	0.001	0.001	0.001	0.000
28	0.574	0.333	0.196	0.116	0.069	0.042	0.026	0.016	0.010	0.006	0.004	0.002	0.002	0.001	0.001	0.000	0.000
29	0.563	0.321	0.185	0.107	0.063	0.037	0.022	0.014	0.008	0.005	0.003	0.002	0.001	0.001	0.000	0.000	0.000
30	0.552	0.308	0.174	0.099	0.057	0.033	0.020	0.012	0.007	0.004	0.003	0.002	0.001	0.001	0.000	0.000	0.000

[a] $P_n = A / (1 + i)^n$

圖 12B-2

到期未付之 $1 年金之現值[a]

期間	2%	4%	6%	8%	10%	12%	14%	16%	18%	20%	22%	24%	26%	28%	30%	32%	40%
1	0.980	0.962	0.943	0.926	0.909	0.893	0.877	0.862	0.847	0.833	0.820	0.806	0.794	0.781	0.769	0.758	0.714
2	1.942	1.866	1.833	1.783	1.736	1.690	1.647	1.605	1.566	1.528	1.492	1.457	1.424	1.392	1.361	1.331	1.224
3	2.884	2.775	2.673	2.577	2.487	2.402	2.322	2.246	2.174	2.106	2.042	1.981	1.923	1.868	1.816	1.766	1.589
4	3.808	3.630	3.465	3.312	3.170	3.037	2.914	2.798	2.690	2.589	2.494	2.404	2.320	2.241	2.166	2.096	1.849
5	4.713	4.452	4.212	3.993	3.791	3.605	3.433	3.274	3.127	2.991	2.864	2.745	2.635	2.532	2.436	2.345	2.035
6	5.601	5.242	4.917	4.623	4.355	4.111	3.889	3.685	3.498	3.326	3.167	3.020	2.885	2.759	2.643	2.534	2.168
7	6.472	6.002	5.582	5.206	4.868	4.564	4.288	4.039	3.812	3.605	3.416	3.242	3.083	2.937	2.802	2.677	2.263
8	7.325	6.733	6.210	5.747	5.335	4.968	4.639	4.344	3.078	3.837	3.619	3.421	3.241	3.076	2.925	2.786	2.331
9	8.162	7.435	6.802	6.247	5.759	5.328	4.946	4.607	4.303	4.031	3.786	3.566	3.366	3.184	3.019	2.868	2.379
10	8.983	8.111	7.360	6.710	6.145	5.650	5.216	4.833	4.494	4.192	3.923	3.682	3.465	3.269	3.092	2.930	2.414
11	9.787	8.760	7.887	7.139	6.495	5.938	5.453	5.029	4.656	4.327	4.035	3.776	3.543	3.335	3.147	2.978	2.438
12	10.575	9.385	8.384	7.536	6.814	6.194	5.660	5.197	4.793	4.439	4.127	3.851	3.606	3.387	3.190	3.013	2.456
13	11.348	9.986	8.853	7.904	7.103	6.424	5.842	5.342	4.910	4.533	4.203	3.912	3.656	3.427	3.223	3.040	2.469
14	12.106	10.563	9.295	8.244	7.367	6.628	6.002	5.468	5.008	4.611	4.265	3.962	3.695	3.459	3.249	3.061	2.478
15	12.849	11.118	9.712	8.559	7.606	6.811	6.142	5.575	5.092	4.675	4.315	4.001	3.726	3.483	3.268	3.076	2.484
16	13.578	11.652	10.106	8.851	7.824	6.974	6.265	5.668	5.162	4.730	4.357	4.033	3.751	3.503	3.283	3.088	2.489
17	14.292	12.166	10.477	9.122	8.022	7.120	6.373	5.749	5.222	4.775	4.391	4.059	3.771	3.518	3.295	3.097	2.492
18	14.992	12.659	10.828	9.372	8.201	7.250	6.467	5.818	5.273	4.812	4.419	4.080	3.786	3.529	3.304	3.104	2.494
19	15.678	13.134	11.158	9.604	8.365	7.366	6.550	5.877	5.316	4.843	4.442	4.097	3.799	3.539	3.311	3.109	2.496
20	16.351	13.590	11.470	9.818	8.514	7.469	6.623	5.929	5.353	4.870	4.460	4.110	3.808	3.546	3.316	3.113	2.497
21	17.011	14.029	11.764	10.017	8.649	7.562	6.687	5.973	5.384	4.891	4.476	4.121	3.816	3.551	3.320	3.116	2.498
22	17.658	14.451	12.042	10.201	8.772	7.645	6.743	6.011	5.410	4.909	4.488	4.130	3.822	3.556	3.323	3.118	2.498
23	18.292	14.857	12.303	10.371	8.883	7.718	6.792	6.044	5.432	4.925	4.499	4.137	3.827	3.559	3.325	3.120	2.499
24	18.914	15.247	12.550	10.529	8.985	7.784	6.835	6.073	5.451	4.937	4.507	4.143	3.831	3.562	3.327	3.121	2.499
25	19.523	15.622	12.783	10.675	9.077	7.843	6.873	6.097	5.467	4.948	4.514	4.147	3.834	3.564	3.329	3.122	2.499
26	20.121	15.983	13.003	10.810	9.161	7.896	6.906	6.118	5.480	4.956	4.520	4.151	3.837	3.566	3.330	3.123	2.500
27	20.707	16.330	13.211	10.935	9.237	7.943	6.935	6.136	5.492	4.964	4.524	4.154	3.839	3.567	3.331	3.123	2.500
28	21.281	16.663	13.406	11.051	9.307	7.984	6.961	6.152	5.502	4.970	4.528	4.157	3.840	3.568	3.331	3.124	2.500
29	21.844	16.984	13.591	11.158	9.370	8.022	6.983	6.166	5.510	4.975	4.531	4.159	3.841	3.569	3.332	3.124	2.500
30	22.396	17.292	13.765	11.258	9.427	8.055	7.003	6.177	5.517	4.979	4.534	4.160	3.842	3.569	3.332	3.124	2.500

$^aP_n = (1/i)[1-1/(1+i)^n]$

習題與解答

I. 資本投資的基本概念（不考慮稅賦的影響）

大理實驗室的經理戴肯恩正在調查添購部份新測試設備的可能性。新的測試設備之原始成本是 \$300,000。為了募集資金，戴肯恩決定以 \$200,000 的價格出售股票（這些股票每一年的股利是 \$4,000）並借支 \$100,000。貸款 \$100,000 的利率是百分之六 (6%)。戴肯恩估計資金的加權成本是百分之十 (10%) [(2/3 × .12) + (1/3 × .06)]。資金的加權成本係指將要用於資本投資決策的折扣報酬率。

戴肯恩估計新的設備每一年將可帶來 \$50,000 的現金流入，同時預期新設備可以使用二十年。

作業：

1. 請計算回收期。
2. 假設折舊是每一年 \$14000，請計算（總投資的）會計報酬率。
3. 請計算投資計畫的淨現值。
4. 請計算這項投資的內部報酬率。
5. 試問，戴肯恩是否應該購買這項新設備？

解答

1. 回收期是 \$300,000/\$50,000，即為六年。
2. 會計報酬率是 (\$50,000 - \$14,000) / \$300,000，即百分之十二 (12%)。
3. 查閱圖 12B-2 得知，利率百分之十 (10%)，且期數為 2 的年金折扣係數是 8.514。因此，淨現值為[(8.514 × 50,000) - \$300,000]，即為 \$125,700。
4. 與內部報酬率相關的折扣係數是 6.00 (\$300,000 / \$50,000)。查閱圖 12B-2 得知（利用對應期數為 20 的橫列），內部報酬率介於百分之十四到十六之間 (14 - 16%)。
5. 因為淨現值為正，且內部報酬率大於戴肯恩的資金成本，因此添購新的測試設備可謂穩健的投資。當然此一分析結果係基於現金流量預測正確的假設。

II. 資本投資決策（考慮稅賦的影響）

威風郵遞公司已經決定購買一輛新的郵務車。目前尚在考慮的選擇只有兩種車型。每一種車型的相關資訊如下：

	訂製型	豪華型
取得成本	$20,000	$25,000
年度操作成本	$ 3,500	$ 2,000
折舊方法	MACRS	MACRS
預期剩餘價值	$ 5,000	$8,000

威風郵遞公司的資金成本是百分之十四 (14%)。公司計畫新的郵務車可以使用五年，然後再以剩餘價值出售。假設聯邦政府與州政府的稅賦合計是百分之四十 (40%)。

作業：

1. 請計算每一種車輛的稅後營業現金流量。
2. 請計算每一種車輛的淨現值，並請提出你的建議。

解答

1. 就輕型卡車而言，MACRS的規定折舊年限是五年。利用**圖** 12-11 的比率可以計算出每一種車輛的折舊：

年度	定製型	豪華型
1	$4,000	$5,000
2	6,400	8,000
3	3,840	4,800
4	2,304	2,880
5	1,150*	1,440
總計	$17,696	$22,120

*處理年度只能認列一半的折舊。

稅後營業現金流量係利用試算表的格式計算。

定製型

年度	(1 - t)R	-(1 - t)R	tNC	其它	CF
1	n/a	$(2,000)	$1,600		$(500)
2	n/a	(2,100)	2,560		460
3	n/a	(2,100)	1,536		(564)
4	n/a	(2,100)	922		(1,178)
5	1,618[a]	(2,100)	461	$2,304[b]	2,283

[a] 剩餘價值 ($5,000) - 帳面價值 ($20,000 - $17,696 = $2,304) = $2,696；0.60 × $2,696 = $1,618。

[b] 資本回收＝帳面價值＝ $2,304 。回收的資本並不課稅——只有銷售收入才會課稅。

註解 (a) 代表處理收入的方式。

豪華型

年度	(1 - t)R	-(1 - t)C	tNC	其它	CF
1	n/a	$(1,200)	$2,000		$ 800
2	n/a	(1,200)	3,200		2,000
3	n/a	(1,200)	1,920		720
4	n/a	(1,200)	1,152		(48)
5	$3,702[a]	(1,200)	576	$2,880[b]	5,328

[a] 剩餘價值 ($8,000) - 帳面價值 ($25,000 - $22,210 = $2,880) = $5,120; 0.60 × $5,120 = $3,072。

[b] 資本回收＝帳面價值＝ $2,304。回收的資本並不課稅——只有銷售收入才會課稅。

註解(a)代表處理收入的方式。

2. 淨現值的計算——定製型：

年度	現金流量	折扣係數	現值
0	$(20,000)	1.000	$(20,000)
1	(500)	0.877	(439)
2	460	0.769	354
3	(546)	0.675	(381)
4	(1,178)	0.592	(697)
5	2,283	0.519	1,185
淨現值			$ 19,978

淨現值的計算——豪華型：

年度	現金流量	折扣係數	現值
0	$(25,000)	1.000	$(25,000)
1	800	0.877	702
2	2,000	0.769	1,538
3	720	0.675	486
4	(48)	0.592	2,765
淨現值			$ 19,537

由於豪華型車輛的淨現值較高，意味著成本較低，因此威風郵遞公司應該選擇豪華型。另外值得注意的是，兩種車輛的淨現值均為負數，因此我們選擇的是成本較低的投資計畫。

重要辭彙

Accounting rate of return 會計報酬率
Annuity 年金
Capital budgeting 資本預算
Capital investment decisions 資本投資決策
Compounding of interest 複利
Discount factor 折扣係數
Discount rate 折扣率
Discounted cash flows 折扣現金流量
Discounting 折扣
Discounting models 折扣模式
Five-year assets 五年期資產
Future value 未來價值
Half-year convention 半年期規定
Independent projects 獨立計畫
Internal rate of return 內部報酬率
Modified accelerated cost recovery system (MACRS) 修正加速成本回收制度
Mutually exclusive projects 互斥計畫
Net present value 淨現值
Nondiscounting models 非折扣模式
Paycheck period 回收期
Postaudit 事後稽核
Present value 現值
Required rate of return 預定報酬率
Sensitivity analysis 靈敏度分析
Seven-year assets 七年期資產
Three-year assets 三年期資產
What-if analysis 假設分析

問題與討論

1. 請解說獨立計畫與互斥計畫之間的差異。
2. 請解說爲什麼現金流量的時機與金額對於資本投資決策非常重要的原因。
3. 回收期和會計報酬率忽略了金錢的時間價值。請解說爲什麼這是這兩種模式主要缺點的原因。
4. 何謂「回收期」？若某項投資需要 $80,000 的原始投資，並預期每年的現金流入是 $30,000，請計算這項投資的回收期。
5. 請提出並討論回收期可以輔助經理人擬定資本投資決策的可能原因。
6. 何謂「會計報酬率」？如果一項投資需要 $300,000 的原始投資，且平均淨收益應有 $100,000，請計算這項計畫的會計報酬率。
7. 淨現值等於以現金幣值表示的利潤。你是否同意前述說法？並請解說你的理由。
8. 何謂「資金成本」？資金成本在資本投資決策中扮演何種角色？
9. 預定報酬率在淨現值分析模式當中扮演何種角色？在內部報酬率分析模式當中又扮演何種角色？
10. 內部報酬率係指計畫所賺取的實際報酬率。你是否同意前述說法？試討論之。
11. 請解說如何利用淨現值來判定是否應該接受或否決特定計畫。
12. 請解說淨現值與企業價值之間的關係。
13. 請解說當企業在選擇互斥計畫時，往往偏好淨現值而捨內部報酬率的原因。經理人爲什麼必須不斷地利用內部報酬率來選擇互斥計畫？
14. 假設某公司必須在兩項互斥計畫中選擇其一，且這兩項計畫的淨現值均爲負數。請解說這家公司如何在前述兩項計畫中做出最適的選擇。
15. 請解說爲什麼必須針對可行的資本投資進行精確的現金流量預測之原因。
16. 在第 0 年的時候應該考慮的主要稅賦影響爲何？
17. 請解說爲什麼修正加速成本回收制度 (MACRS) 是比直線法更好的折舊方法？
18. 何謂「半年期規定」？此一規定對於實際必須回收可折舊資產的成本期間有何影響？
19. 請解說當代製造環境中，進行資本投資所必須考慮的重要因素。
20. 請解說何謂「事後稽核」？事後稽核如何提供有利的資訊做爲未來資本投資決策——尤其是那些涉及先進科技的資本投資決策——的參考依據。
21. 請解說何謂「靈敏度分析」，並請解說明靈敏度分析如何能夠輔助資本預算決策。

個案研究

12-1
基本概念

下列每一項均爲獨立事件。假設所有的現金流量都是稅後現金流量。

1. 金海利不久前投資了 $120,000，成爲一家連鎖速食店的老闆之一。金海利預期每一年都可回收 $30,000。請問，金海利的回收期是多久？
2. 江比爾投資了 $50,000 在汽車自動洗車設備上。這套洗車設備的預估使用年限是十年，屆滿之後沒有任何剩餘價值。這套設備每一年可以帶來 $15,000 的淨現金流量。請問，這項投資的會計報酬率是多少？計算過程中請使用原始投資金額。
3. 皇后公司正在考慮購買一套機器人物料處理系統。每一年可以帶來的現金利得是 $100,000。這套系統的成本是 $580,000,使用年限是十年。假設折扣率是百分之十二 (12%)，請計算這項投資計畫的淨現值。皇后公司是否應該購買這套機器人系統？
4. 安海倫最近投資 $50,000 在一家公司上。她預期未來八年中，每一年可以收到 $8,050。她的資金成本是百分之八 (8%)。請計算內部報酬率。試問，安海倫所做的決策是否正確？

12-2
回收；會計報酬率；淨現值；內部報酬率

龐洛公司正在考慮投資一項設備。這項設備可以用於生產新的地毯棉紗。這項投資需要 $500,000 的資金。這項設備預期可以使用五年，而且使用年限屆滿之後沒有任何剩餘價值。和這項投資計畫相關的預期稅後現金流量爲：

年度	現金收入	現金支出
1	$650,000	$500,000
2	650,000	500,000
3	650,000	500,000
4	650,000	500,000
5	650,000	500,000

作業：

1. 請計算這項投資計畫的回收期。
2. 請分別計算：(1) 原始投資和 (2) 平均投資的會計報酬率。
3. 假設預定報酬率是百分之十 (10%)，請計算這項投資計畫的淨現值。
4. 請計算這項投資計畫的內部報酬率。

12-3
淨現值；會計報酬率；回收

一家眼科診所提供視力保健和眼疾治療的服務。由於業務增加的關係，這家診所的所長正在考慮添購新的設備——包括視力保健和眼疾治療的設備。每一項計畫都將需要 $100,000。視力保健和眼疾治療的設備使用年限是十年，年限屆滿之後不具任何剩餘價值。與這兩項獨立計畫相關的稅後現金流量如下：

年度	視力保健	眼疾治療
1	$50,000	$10,000
2	20,000	10,000
3	40,000	70,000
4	20,000	80,000
5	10,000	90,000

作業：

1. 假設折扣率是百分之十二 (12%)，請計算每一項計畫的淨現值。
2. 請計算每一項計畫的回收期。假設診所的經理人接受回收期不超過三年的計畫。如果第1題所求出的結果可能和經理人的看法不符，請提出一些理由說明後者仍然是理性的策略。
3. 請分別利用：(1) 原始投資和 (2) 平均投資來計算每一項計畫的會計報酬率。

12-4
淨現值；基本概念

莫艾里公司正在考慮一項投資計畫。這項投資需要 $100,000 的資金，而且預期一年後的稅後現金流入可達 $113,000。莫艾里公司的資金成本是百分之八 (8%)。

作業：

1. 請將 $113,000的未來現金流量區分出三個部份：(1) 原始投資的報酬，(2) 資金的成本，以及 (3) 投資所賺取的利潤。現在再請計算這項投資所賺取的利潤之現值。
2. 請計算這項投資計畫的淨現值，並與第1題利潤的淨現值做一比較。試從比較中提出你對淨現值之意義的瞭解。

12-5
未知數的求解

請解答下列各項獨立個案（假設所有的現金流量均為稅後現金流量）：

1. 賀斯公司正在進行一項 $120,000的投資計畫。未來四年內，這項投資計畫將可帶來金額一致的現金流入。如果內部報酬率是百分之十四 (14%)，則預期每一年會有多少現金流入？
2. 華納醫院決定投資某種新的血液檢查儀器。這套儀器可以使用三年，而且在三年內均可省下金額一致的成本。以百分之八 (8%) 的折扣率來計算，這套儀器的淨現值是 $1,750。已知內部報酬率是百分之十二 (12%)。請算出這項投資計畫的金額，以及每一年實現的成本節省的金額。
3. 一台價值 $60,096的新車床每一年可以節省 $12,000的成本。如果想要實現百分之十八 (18%) 的內部報酬率，則這台車床必須能夠使用幾年？
4. 一項新產品（新品牌的糖果）的淨現值是 $6,075。這項產品的生命週期是四年，且能產生下列現金流量：

第一年	$15,000
第二年	20,000
第三年	30,000
第四年	?

這項投資計畫的成本是第四年所產生的現金流量的三倍。折扣率是百分之十 (10%)。請算出這項投資計畫的成本，以及第四年的現金流量。

12-6
先進的科技；回收；淨現值；內部報酬率；靈敏度分析

帝寧公司的總經理李吉娜正在考慮購買一套電腦輔助製造系統。與這套系統相關的年度稅後現金利得／成本節省的資料如下：

減少廢料	$300,000
提高品質	400,000
降低營業成本	600,000
提高準時交貨率	200,000

這套系統的成本是 $9,000,000，而且可以使用十年。帝寧公司的資金成本是百分之十二(12%)。

作業：

1. 請計算這套電腦系統的回收期。假設帝寧公司的政策是只接受回收期不超過五年的投資計畫。試問，帝寧公司是否應該接受這一項投資計畫？
2. 請計算這項投資計畫的淨現值與內部報酬率。試問，帝寧公司是否應該購買這套系統——即使在分析結果不符合回收期限制的情況下？
3. 專案經理審閱過預估的現金流量之後，發現遺漏了兩個項目。首先，這套電腦系統在十年的使用期限屆滿之後仍有 $1,000,000 的稅後剩餘價值。其次，由於品質提升與交貨準時的關係，帝寧公司將可提高百分之二十 (20%) 的市場佔有率，亦即可以帶來 $300,000 額外的年度稅後利益。請根據前述資訊，重新計算回收期、淨現值和內部報酬率（計算內部報酬率的時候，不必將剩餘價值列入考慮）。結果是否有所改變？假設剩餘價值只有預期的一半。試問，結果是否會有任何改變？剩餘價值對於帝寧公司的決策是否眞的具有影響？

12-7
淨現值與內部報酬率

華頓保險公司決定將理賠的過程自動化，因此正在考慮兩套電腦系統。這兩套電腦系統均可使用兩年。與這兩套電腦系統相關的稅後現金流量分述如下。表格當中的現金利益代表由人工作業轉爲自動化系統所節省下來的成本。

年度	系統甲	系統乙
	$(200,000)	$(200,000)
1	—	127,714
2	271,180	127,714

華頓保險公司的資金成本是百分之十 (10%)。

作業：

1. 請計算每一項投資計畫的淨現值與內部報酬率。
2. 請證明淨現值較大的計畫是華頓保險公司應該選擇的計畫。

12-8
稅後現金流量之計算

丁格公司正在考慮兩項獨立計畫。其中一項是增加新的產品線，另外一項則是購買堆高機以供物料處理部門使用。預估的年度營業收入與費用分述如下：

計畫甲（投資新產品）	
收入	$60,000
現金費用	(30,000)
折舊	(10,000)
稅前收益	$20,000
稅賦	(8,000)
淨收益	$12,000
計畫乙（購買兩台堆高機）	
現金費用	$20,000
折舊	20,000

作業：請計算每一項投資計畫的稅後現金流量。適用稅率是百分之四十 (40%)，並已包括聯邦政府與州政府的稅賦。

12-9
修正加速成本；回收法；淨現值

李利公司計劃購買一套特殊工具以供磨粉部門使用。這套工具的成本是 $18,000，可以使用三年，並符合 MACRS 的三年期資產規定。適用稅率是百分之四十 (40%)；資金成本是百分之十二 (12%)。

作業：

1. 假設李利公司採用半年期規定的直線法來攤提折舊，請計算稅賦減免的現值。
2. 假設李利公司採用 MACRS，請計算稅賦減免的現值。
3. 該公司使用 MACRS 的利益何在？

12-10
通貨膨脹

艾克斯公司正計劃引進一項生命週期爲兩年的新產品。生產這項新產品需要 \$20,000 的原始資金；在兩年期間，新產品將可分別帶來 \$11,000 和 \$12,000 的稅後現金流入。艾克斯公司的資金成本是百分之十二 (12%)。在兩年期間，平均通貨膨脹預期是百分之五 (5%)。前述現金流量尚未經過通貨膨脹的調整。然而資金成本的部份已經反映了通貨膨脹的因素。

作業：

1. 請利用尚未調整過的現金流量，計算淨現值。
2. 請利用調整過通貨膨脹影響的現金流量，計算淨現值。

12-11
不同現金流量之計算

請解釋下列獨立個案：

1. 一家印刷公司已經決定購買一台新的印刷機器。舊的印刷機器可以 \$10,000 的價格出售（其帳面價值爲 \$25,000）。新的印刷機器成本是 \$50,000。假設適用稅率是百分之四十 (40%)，請計算稅後的淨現金流出。
2. 維修部門將要購買一套成本爲 \$30,000 的新診療儀器。每一年需要額外的 \$2,000 現金支出來操作這台儀器。維修部門採用 MACRS 折舊方法（這台診療儀器符合五年期資產的規定）。假設適用稅率是百分之四十 (40%)，請編製前四年的稅後現金流量。
3. 某項投資計畫在生效第一年的預估收益如下：

現金收入	$120,000
減項：現金費用	(50,000)
減項：折舊	(20,000)
稅前淨收益	$ 50,000
減項：稅賦	(20,000)
淨收益	$ 30,000

作業：請分別計算：

a. 稅後現金流量。

b. 收入的稅後現金流量。

c. 稅後現金支出。

d. 折舊的節稅效應之現金流入。

12-12
折扣率；品質；市場佔有率；當代製造環境

史威公司有一座廠房內的設備幾乎已經不堪使用。這些設備必須汰換，因此史威公司正在考慮兩項可行的解決方案。第一項方案是以傳統生產設備替換現有的設備；第二項方案則是採用具有電腦輔助設計與製造能力的先進技術。這兩項方案的投資金額與稅後營業現金流量分述如下。

年度	傳統設備	先進技術
0	$(1,000,000)	$(4,000,000)
1	600,000	200,000
2	400,000	400,000
3	200,000	600,000
4	200,000	800,000
5	200,000	800,000
6	200,000	800,000
7	200,000	1,000,000
8	200,000	2,000,000
9	200,000	2,000,000
10	200,000	2,000,000

史威公司所有的投資均採用百分之十八 (18%) 的折扣率。史威公司的資金成本是百分之十四 (14%)。

作業：

1. 請利用百分之十八 (18%) 的折扣率，計算每一項投資計畫的淨現值。
2. 請利用百分之十四 (14%) 的折扣率，計算每一項投資計畫的淨現值。
3. 史威公司應該採用哪一個折扣率來計算淨現值？並請解說你的理由。
4. 現在假設史威公司購買了傳統設備，由於產品品質不佳（相對其它採用自動化製造技術的競爭者）的影響造成史威公司的競爭地位下滑。根據行銷調查結果指出，從第 3 年到第 10 年期間，預估的淨現金流入會受到市場佔有率縮減的影響而減少百分之五十 (50%)。請根據此一調查結果，重新計算傳統設備的淨現值。試問，史威公司現在應該採取何種決策？並請探討瞭解無形與間接利益的重要性。

12-13
回收；淨現值；管理誘因；倫理道德行為

電子零組件部門的經理江克勞對於過去三年來部門的績效感到相當滿意。每一年，部門的利潤都持續增加，江克勞也因此分配到可觀的紅利（紅利的發現是以部門報告的收益爲主要參考依據）。此外，江克勞也因此受到高層主管的重視。一位副總很有信心地向他表示，如果未來三年內電子零組件部門的績效能維持前三年度的水準，那麼江克勞一定可以升遷爲高階主管。

爲了實現升遷的希望，江克勞特別用心地注意公司的每一筆資本預算。他希望藉此確定投資的資金都能夠帶來很好的報酬〔部門的資金成本是百分之十 (10%)〕。目前，江克勞正在考慮兩項獨立的投資計畫。甲計畫是將目前人工密集的生產方式轉爲自動化；乙計畫則是開發與行銷新的零組件。甲計畫需要 $100,000 的原始投資，乙計畫則需要 $125,000 的原始投資。根據部門的資本預算來看，這兩項計畫都需要額外的資金。預估兩項計畫的生命週期都是六年，且其稅後現金流量分別如下：

年度	甲計畫	乙計畫
1	$60,000	$(15,000)
2	50,000	(10,000)
3	30,000	(5,000)
4	15,000	85,000
5	10,000	110,000
6	5,000	135,000

經過仔細的計算之後，江克勞同意甲計畫的內容，並否決了乙計畫。

作業：

1. 請計算每一項投資計畫的淨現值。
2. 請計算每一項投資計畫的回收期。
3. 根據你的分析判斷，應該接受哪一項計畫？並請解說你的理由。
4. 請解說江克勞爲什麼只接受甲計畫的理由。如果我們考慮所有否決乙計畫的可能理由，試問江克勞的行爲是否符合倫理道德標準？並請解說你的理由。

12-14
內部報酬率之基本概念

一家當地的空調公司和丁鳴公司接觸，表示願意以更具效率的現代空調設備更換丁鳴公司的舊空調設備的意願。新的空調系統成本是 $50,000，但每一年可以節省下 $10,000 的稅後電力成本。這套新系統的使用年限估計是十年，期限屆滿之後沒有任何剩餘價值。對於每一年可以節省下 $10,000 的成本，而且又能夠取得更具效率的現代空調設備，丁鳴公司的總經理要求針對這項投資計畫的經濟效益進行分析。所有的資本投資計畫至少必須能夠和公司的資金成本——百分之十二 (12%) ——打平。

作業：

1. 請計算這項投資計畫的內部報酬率。丁鳴公司是否應該購買這套新的空調系統？
2. 假設實際上可以節省下來的成本低於預期的數字。請計算爲了讓這項投資計畫的報酬率等於公司的資金成本，至少應該節省的成本之金額。

3. 假設多估了兩年新空調系統的使用年限。請根據此一假設，重新計算第1題和第2題的答案。

12-15
取代決策；稅後現金流量之計算；淨現值之基本概念

摩根公司正在考慮以另一家公司生產的新電腦輔助製造系統來取代目前的電腦。舊的電腦輔助製造系統是在三年前購買的，使用年限還有五年，而且將有 $20,000 的剩餘價值。這套電腦輔助製造系統的帳面價值是 $400,000。爲了節稅的目的，摩根公司採用半年期規定的直線法來攤提折舊。目前這套電腦輔助製造系統的現金營運成本——包括軟體、人事和其它耗用物料——每一年總計達 $200,000。

新的電腦輔助製造系統的原始成本是 $1,000,000,每一年的現金營運成本是 $100,000。新的電腦輔助製造系統的使用年限是五年，期限屆滿之後的剩餘價值是 $200,000。爲了節稅的目的，這套新的電腦輔助製造系統將會採用 MACRS 來攤提折舊。如果購買新的電腦輔助製造系統，則舊的系統將以 $100,000 的價格出售。摩根公司必須決定是否保留目前的系統，或者是購買新的系統。資金成本是百分之十二 (12%)。聯邦政府和州政府的稅賦合計爲百分之四十 (40%)。

作業：請計算每一項方案的淨現值。試問，摩根公司是否應該保留現有的系統，或者應該購買新的系統？

12-16
通貨膨脹與資本預算

電子零件製造部門的經理泰里歐要求總部同意採用新的電腦輔助設計系統。在最近召開的主管會議上，泰里歐被告知如果他可以證明新的系統能夠提高公司的價值，那麼這項提議就會獲得通過。泰里歐蒐集了下列資訊：

年度	舊系統	新系統
原始投資	—	$1,250,000
年度營運成本	$300,000	$95,000
年度折舊	100,000	MACRS
適用稅率 *	34%	34%

(接續下頁)

資金成本	12%	12%
預估使用年限	十年	十年
剩餘價值	無	無

* 該部門所處的州政府訂有稅率減免的獎勵措施，將稅率由百分之四十 (40%) 降爲百分之三十四 (34%)。稅率優惠期間爲十五年。

作業：

1. 請計算兩套制度的淨現值。
2. 請利用調整過通貨膨脹後的未來現金流量，計算兩套制度的淨現值。
3. 請就通貨膨脹效應後現金流量之重要性，提出你的看法與見解。

12-17
資本投資；折扣率；無形與間接之利益；時間區隔；當代製造環境

莫力公司生產洗衣機、乾衣機和洗碗機。由於競爭日益激烈的影響，莫力公司正在考慮投資自動化製造制度。由於洗碗機的競爭最爲激烈，因此莫力公司優先選擇評估這條產品線改採自動化製造制度，以取代現有制度（一年前以 $6,000,000的成本購入）的弊端。雖然現有制度將在九年內才會攤提完畢，但是預期這套制度在攤提完畢之後還可以使用十年。新的自動化制度的使用年限同樣也是十年。

目前的制度每一年可以生產 100,000 台的洗碗機。會計部門提出下列有關目前的制度的銷貨與生產資料：

每年銷貨數量（單位）	$100,000
售價	$300
單位成本：	
直接原料	80
直接人工	90
與數量相關的費用	20
直接固定成本	40*

* 所有的現金支出——除了折舊以外——是每單位 $6。目前的設備是利用直線法來攤提折舊，且不考慮任何剩餘價值。

新自動化制度的成本是 $34,000,000，另有額外的 $20,000,000 的軟體與操作成本。（假設所有的投資都在第一年度發生）。若莫力公司購買新的自動化設備，則舊的設備將以 $3,000,000 的價格出售。

自動化設備所需要的零件較少，產生的廢料也較少。因此，單位直接原料成本可以減少百分之二十五 (25%)。自動化設備需要的支援作業較少，因此與數量相關的費用每單位將可減少 $4，每單位的直接固定費用——並非折舊——則可減少百分之十七 (17%)。直接人工將會減少百分之六十 (60%)。為了分析之便，假設新的投資計畫將採直線法來攤提折舊，且無任何剩餘價值。新的投資計畫亦不適用半年期的規定。

莫力公司的資金成本是百分之十二 (12%)，但是公司的管理階層決定採用百分之二十 (20%) 做為評估投資計畫的預定報酬率。聯邦政府與州政府的稅賦合計為百分之四十 (40%)。

作業：

1. 請分別計算舊制度與新制度的淨現值。試問，莫力公司應該採用哪一套制度？
2. 請利用百分之十二 (12%) 的折扣率，重新進行第1題的淨現值分析。
3. 行銷經理看過舊制度的預估銷貨情形之後，表示：「如果以舊制度每一年生產 100,000 單位的數據來看，公司恐怕無法在目前的競爭情況下維持超過一年的時間。自動化制度可以提高我們在品質和交貨時間上的競爭力。如果我們仍然保留舊制的話,每一年的銷售量將會跌為10,000單位。」請利用談話中的內容和百分之十二 (12%) 的折扣率，重新進行第1題的淨現值分析。
4. 莫力公司的工業工程師注意到自動化設備的剩餘價值並未納入考量範圍內。他估計新設備在十年期限屆滿之後可以 $4,000,000 的價格出售。他同時還估計，舊設備在十年使用期限屆滿之後將無任何剩餘價值。請利用前述資訊、第3題的資訊和百分之十二 (12%) 的折扣率，重新進行淨現值分析。
5. 根據前述四題的結果，請就評估自動化製造制度的投資計畫時應該提供正確資料的重要性，提出你的看法與見解。

12-18
淨現值；自製或外購；MACRS；基本概念

江范公司製造三種不同款式的碎紙機，其中包括了盛裝廢紙的容器，其可做爲碎紙機底座，雖然三種碎紙機的刀片都不一樣，但是都採用同樣的廢紙容器。未來五年，江范公司需要的廢紙容器數量如下：

1997	50,000
1998	50,000
1999	52,000
2000	55,000
2001	55,000

由於生產廢紙容器的設備已經損壞，而且無法修復，因此必須更新。新的設備的價格是 $945,000，付款條件是三十天內付款，如在十天內付款則可適用百分之二 (2%) 的折扣。江范公司的政策是爭取所有的折扣。新設備的運費是 $11,000，安裝成本總計爲 $22,900。新的設備將在 1996 年 12 月購買，且在 1997 年 1 月 1 日開始啓用。新設備有五年的經濟壽命，並依 MACRS 的五年期資產處理。新設備在 2001 年，即五年使用期限屆滿之後，預估將有 $12,000 的剩餘價值。新設備的效率優於舊設備，將可減少百分之二十五 (25%) 的直接原料成本與變動費用。直接原料成本的節省又可減少一次 $2,500 的工作資本，進而降低直接原料存貨。前述工作資本的減少會在取得新設備的同時認列。

舊的設備已經攤提折舊完畢，並未列入固定費用。舊設備能以 $1,500 的剩餘價值出售。江范公司的廠長卻建議不要購買新設備，而改採向外購買廢紙容器的作法。有一家供應商提出每一個廢紙容器 $27 的價格。此一價格比江范公司目前的製造成本（分述如下）還少 $8。

直接原料		$10
直接人工		8
變動費用		6
固定費用：		
管理	$2	
水電	5	
一般	4	11
總單位成本		$35

江范公司採用全廠單一固定費用比率來分配成本。如果向外購買廢紙容器，將不會發生主管的薪資與福利－－總計爲 $45,000，目前列入固定費用。除了新設備的折舊之外，固定費用內所有其它現金與非現金項目將無任何變動。

江范公司適用百分之四十(40%)的稅率。管理階層假設所有的現金流量發生在年底，並採用百分之十二(12%)的稅後折扣率。

作業：

1. 請編製自製方案的現金流量表，並請計算自製方案的淨現值。
2. 請編製外購的現金流量表，並請計算外購方案的淨現值。
3. 請問江范公司應該採行哪一項方案——自製或外購？江范公司應該考慮哪些質化因素？

12-19
資本預算；倫理道德考量

化妝品部門的經理韓比德要求部門的會計長與管理會計師季羅拉碰面商討最近關於一項資本預算計畫的分析結果。對於這項計畫未能符合公司的基本規定的事實，韓比德感到相當失望。其中最主要的因素是，公司要求所有計畫的淨現值必須是正數，內部報酬率必須超過資金成本〔百分之十二 (12%)〕，而且回收期不得超過五年。所有的計畫必須經過總公司的同意之後才能施行。一般而言，凡是符合前述基本規定而且不致用光各該部門享有的資本預算比例的計畫均可獲得總公司的同意。韓比德和季羅拉的對話內容節錄於下：

韓比德：季羅拉，這次會面的目的是討論計畫 678。我在看過妳的分析報告之後發現，這項計畫的淨現值是負數，而且內部報酬率只有百分之九 (9%)。回收期是 5 年半。就我的觀點而言，計畫當中所提到的自動化物料處理系統是我們部門非常需要的投資，我想顧問公司低估了可以藉此節省下來的現金金額。

季羅拉：你曾經提出類似的疑問，因此我自己做了一些分析工作。我向一位這方面的專家朋友請教過關於新系統的報告。經過仔細的瞭解之後，他同意報告中的結論－－事實上，他表示報告當中的數據可能還偏向樂觀的預期。

韓比德：嗯，我倒不同意他的判斷。我比任何自稱爲專家顧問的人還要瞭解這個行業。我認爲新系統可以節省的成本遠遠超過報告當中的數字。

季羅拉：你爲什麼不向總公司解釋呢？或許這一次他們會接受例外的情況，同意投資這項計畫。

韓比德：不可能。總公司對於那些基本原則相當嚴格，尤其是外面的顧問公司所提出的報告。我倒有一個更好的主意，但是我需要妳的幫忙。目前除了我以外，妳是唯一看過這份報告的人。我認爲這份報告根本就錯了。我想要稍微修正一下報告的內容，讓它反映出我對這套新系統的看法。然後妳再根據修正過的數據，重新編製一份報告交給總公司。妳得先告訴我應該如何修正節省的成本金額，讓這項計畫看起來有利可圖。雖然我相信這份報告裡面的數據過份低估了，但是我希望把它修正得比規定稍微高一點就好了。相信我，只要這項計畫能夠順利推行，一定會遠比預期的情況好上許多。

作業：

1. 請就韓比德的行爲，提出你的看法與見解。韓比德的建議是否違反了倫理道德標準？
2. 假設你是季羅拉，你應該怎麼做？
3. 參閱本書第一章關於會計人員的道德標準一節。如果季羅拉接受韓比德的請求而修正了資本預算分析的數據，她是否違反了管理會計人員所應遵守的倫理道德標準？如果是的話，她違反了哪些標準？
4. 假設季羅拉向韓比德表示她會考慮韓比德的請求。後來季羅拉和韓比德的上司狄傑依碰面，並且說出韓比德的要求。聽到這個消息，狄傑依大笑一陣之後表示，當他擔任部門經理的時候也曾運用過許多類似的技巧。狄傑依要季羅拉不必太過擔心－－她可以按照韓比德的請求放心去做。狄傑依同時向季羅拉保證，他不會說出這次碰面的事情。此時，季羅拉應該怎麼做？

12-20
管理決策個案；現金流量；淨現值；折扣率之選擇；當代製造環境

威靈頓金屬公司的老闆兼總經理白查理剛從歐洲訪問回國。白查理在訪歐期間，參觀了許多採用機器人從事生產的工廠。瞭解這一類工廠的效率和成功的經驗之後，白查理相信機器人生產方式將是未來的必然趨勢，如果威靈頓公司採用機器人來從事生產的話，定可獲得競爭上的優勢。

根據此一信念，白查理要求針對利用機器人來生產物料處理販賣設備的詳細成本與利益進行分析。這一類的作業包括了冷飲的自動販賣機、人工推車和烤麵包架等。這些產品都是直接賣給超級市場。

白查理指示由會計長、行銷經理和生產經理所組成的專案小組進行前述研究分析。首先，會計長針對現有人工生產制度的預期收入與支出，提出下列資訊：

		銷貨收入比例
銷貨收入	$400,000	100 %
變動費用[a]	288,000	57
貢獻邊際	$172,000	43
減項：固定費用[b]	92,000	23
稅前收益	80,000	20

[a]變動成本明細（依照銷貨收入的比例表示）

直接原料	16
直接人工	20
變動費用	9
變動銷售	12

[b]$20,000爲折舊；其餘爲現金費用。

就目前的競爭環境觀之，行銷經理認爲上述獲利水準在未來十年內不太可能改變。

專案小組調查了許多不同的機器人生產設備之後，選定了Aide 900系統。Aide 900系統具有焊接不銹鋼或鋁片的能力。這套系統也可以設定機器手臂的路徑、角度和速度。生產經理對於這套系統感到相當有興趣，因爲如此一來將可減少焊接工人的需求。就業市場上總是十分缺乏焊接工人。焊接工人的需求減少，生產排程可以安排得更好、交貨時間的掌控也更精確。此外，機器人的生產速率是人工的四倍。

研究結果還發現，機器人焊接的品質比人工焊接好上許多。如此一來，亦可降低品質不良所導致的成本。由於產品品質提升，交貨時間不再延遲，行銷經理相信到了第四年，公司將可增加百分之五十(50%)的銷貨收入。行銷經理針對 Aide 900的十年使用期限，提出下列預測：

	第 1 年	第 2 年	第 3 年	第 4 至 10 年
銷貨收入	$400,000	$450,000	$500,000	$600,000

目前威靈頓公司僱用了四名焊接工人。每名工人每週工作四十小時，每年工作四十週，平均時薪為 $10。如果採用機器人系統之後，將只需要一位操作員，時薪為 $10。由於產品的品質提升，機器人將可降低百分之二十五 (25%) 的直接原料成本，百分之三十三點三三 (33.33%) 的變動費用成本，和百分之十 (10%) 的變動銷售費用。這些成本的節省在採用新的機器人系統之後可以立即實現。固定成本將會因為機器人系統折舊的關係而增加。機器人系統採用 MACRS 來攤提折舊（人工生產系統採用直線法來攤提折舊，且不採取半年期的規定。人工生產系統目前尚有 $200,000 的帳面價值。）如果威靈頓公司改採機器人系統，則舊的系統將以 $40,000 的價格出售。

機器人系統所需要的原始投資如下：

購買價格	$380,000
安裝	70,000
訓練	30,000
工程	40,000

十年使用期限屆滿之後，機器人系統將有 $20,000 的剩餘價值。假設威靈頓公司的資金成本是百分之十二 (12%)，適用稅率是百分之四十 (40%)。

作業：

1. 請分別編製人工系統與機器人系統的稅後現金流量表。
2. 請利用第1題的現金流量表，計算兩套系統的淨現值。試問，威靈頓公司是否應該投資新計畫？
3. 實務上，許多財務主管傾向於採用比企業的資金成本還高的折扣率。例如，企業的資金成本是百分之十二 (12%) 的時候，卻會採用百分之二十 (20%) 的折扣率。請就此一作法，提出可能的理由。假設題目當中的機器人系統每一年可以帶來的稅後現金利益比人工系統多出 \$80,000。機器人系統的原始投資是 \$340,000。請分別計算當折扣率爲百分之十二 (12%) 與百分之二十 (20%) 時之淨現值。當折扣率爲百分之二十 (20%) 的時候，威靈頓公司是否應該採用機器人系統？過度保守的方法對於企業維持競爭能力是否會有負面影響？

第十三章
存貨管理：經濟訂購量、及時制度與限制理論

學習目標

研讀完本章內容之後，各位應當能夠：

一．描述傳統存貨管理模式。

二．描述及時存貨管理制度。

三．解說有限制的最佳決策之基本概念。

四．描述限制理論，並解說如何將限制理論應用於存貨管理。

管理存貨水準是建立長期競爭優勢的基本要件。舉凡產品品質、產品工程、價格、加班、超額產能、回應顧客需求的能力、交貨時間和企業整體獲利能力等均會受到存貨水準的影響。存貨管理攸關企業是否能夠成爲目前的和未來的有力競爭者。舉例來說，電視遊樂器業者 SEGA 必須適當地管理存貨以確保在秋季末尾能有足夠的軟體遊戲可以鋪貨給店家——耶誕節前後的銷售量約佔年度銷售量的百分之七十 (70%)。然而在其它月份當中，SEGA 則必須使存貨維持在低檔以利降低成本。

本章重點在於解說如何利用存貨政策來輔助企業建立競爭優勢。首先，本章將會介紹傳統存貨管理模式——數十年來美國企業引爲圭臬的模式。學習傳統存貨管理模式的基本概念和理論基礎有助於我們瞭解傳統存貨管理模式仍然可以應用在哪些地方。瞭解傳統存貨管理亦有助於我們比較當代製造環境當中所採用的存貨管理方法具有哪些優勢。這些當代存貨管理方法包括了及時制度和限制理論。爲了確實瞭解限制理論的內涵，本章也將針對有限制的最適決策（線性規劃）做一扼要說明。

傳統存貨管理之基本概念

學習目標一

描述傳統存貨管理模式

身處確定的環境當中——亦即特定期間內（通常爲一年），市場上對於某項產品或某種物料的需求已知的情況下——會出現兩項和存貨有關的成本。如果存貨是向外購得的物料或商品，那麼這些和存貨相關的成本便稱爲*訂購成本 (Ordering Costs)* 與*持有成本 (Carrying Costs)*。如果存貨是自製的物料或商品，那麼與存貨相關的成本則稱爲*設定成本 (Setup Costs)* 與*持有成本 (Carrying Costs)*。

訂購成本 (Ordering Costs) 係指發出與接收訂單的成本。處理訂單的成本（人員的薪資與文件等）、貨物運送的保險費用、卸貨成本等均爲常見的訂購成本。

設定成本 (Setup Costs) 係指準備機器設備以便用於生產特定產品或零組件的成本。常見的例子有閒置的生產工人之工資、閒置的生產設備之成本（損失的收益）和測試之成本（人工、物料和費用）等。

持有成本 (Carrying Costs) 係指持有存貨的成本。舉凡保險、存貨的稅賦、凍結的資金之成本、處理成本和儲藏空間等均爲常見的持有成本。

訂購成本與設定成本在本質上十分類似——都代表著爲了取得存貨所必須發生的成本。訂購成本與設定成本的主要差異在於前置作業（前者是塡寫訂單與發出訂單，後者則是設定機器與設備）。因此，本章後續的內容論及訂購成本的部份亦適用於設定成本。

當需求不確定的時候，則出現第三類的存貨成本－－缺貨成本。所謂的**缺貨成本** (Stock-out Costs) 係指當顧客需要卻沒有產品可以提供的成本。常見的缺貨成本包括了（目前和未來）損失的銷貨收入、外包的成本（增加的運費、加班等）以及生產中斷的成本。

持有存貨的傳統理由

企業爲了追求最大利潤，必須將與存貨相關的成本降至最低。然而從降低持有成本的角度來看，應當少量訂購或少量生產；從降低訂購成本的角度來看，卻應採次數較少、每次訂購量較大的方式進行（從降低設定成本的角度來看，同樣應採少次、多量的方式）。換言之，降低持有成本偏好小量或沒有存貨，而降低訂購或設定成本卻偏好大量的存貨。企業選擇保留一定數量的存貨其用意即在於求得持有成本與訂購和設定成本之間的平衡，期使持有與訂購的總成本能夠維持在最低的水準。

保留存貨的第二項理由是爲了因應需求的不確定性。就算訂購成本或設定成本的金額並不大，但是企業基於缺貨成本的考量仍會保留一定的存貨。如果物料或產品的需求超過預期，則保留的存貨可以發揮緩衝的功能，讓企業仍然能夠準時交貨（進而維持顧客滿意度）。雖然維持各種成本之間的平衡和因應不確定性往往是企業持有存貨最常見的理由，但實務上仍有其它持有存貨的理由存在。

爲了因應供給的不確定性，企業往往必須保留零件與原料的存貨。換言之，爲了避免交貨延遲或中斷（肇因於罷工、天候惡劣或供應商破產等）而影響生產的進度，零件與原料的存貨可以適時發揮緩衝功能。不可靠的生產過程也是企業需要額外存貨的理由之一。舉例來說，因爲生產過程通常會產生大量不符規格的產品，因此企業可能會生產比實際需要數量更多的產品以符合眞正的需求。同樣地，當生產機器故障造成產能降低的時候，存貨即可適時發揮緩衝功能，俾利企業繼續提供產品給顧客。最後，企業可能會購買比正常數量還多的存貨，以取得大量訂購的價格折扣或者避免預期的價格上漲。**圖 13-1** 摘錄持有存貨的常見原因。各位必須瞭解的是，這些理由是企業爲了持有存貨所提出的正當理由。實務上另有許多鼓勵企業持有存貨的理由。例如，舉凡機器與人工等績效衡量指標就可能成爲鼓勵企業保留存貨的因素。

經濟訂購量：傳統存貨模式

企業在擬訂存貨政策的時候，必須思考兩道問題：

1. 應該訂購（或生產）多少數量？
2. 什麼時候應該訂購（或設定機器）？

回答第二道問題之前，必要須思考第一道問題。

訂購量與總訂購和持有成本

假設需求已知的情況下，經理人在決定訂購量或生產數量的時候，只需將訂購（或設定）與持有成本列入考慮。總訂購（或設定）與持

圖 13-1

持有存貨之傳統理由

1. 平衡訂購或設定成本與持有成本。
2. 滿足顧客需求（例如準時交貨）。
3. 避免因爲下列原因而停產：
   a. 機器故障。
   b. 瑕疵零件。
   c. 零件缺貨。
   d. 零件延遲送達。
4. 生產過程不可靠。
5. 善用折扣優惠。
6. 規避未來價格上漲之風險。

有成本可以下列公式表示：

$$TC = PD/Q + CQ/2 \quad (13.1)$$

=訂購成本＋持有成本

TC = 總訂購（或設定）與持有成本

P = 發出與接收訂單的成本（或設定機器生產的成本）

Q = 每次發出訂單所訂購的單位數量（或每次生產的單位數量）

D = 已知的年度需求

C = 持有一單位存貨的年度成本

凡是保留存貨的企業——包括零售、服務與製造業者——均可計算其持有存貨的成本。可想而知，利用設定成本與生產數量的存貨成本模式僅適用自行生產存貨（零件或完成品）的企業。爲了說明之便，假設服務業者艾納公司向一家大型的錄影機生產業者提供保證服務。假設下列數據爲錄影機修理作業所需的零件（這項零件是向外部供應商購買的）：

D = 25,000 單位

Q = 500 單位

P = 每一份訂單 $40

C = 每單位 $2

將 D 除以 Q 之後可以求出每一年的訂單份數，亦即 50 份(25,000/500)。將每一年的訂單份數乘上發出與接收訂單的成本 (D / Q × P)，求得總訂購成本爲 $2,000 (50 × $40)。

當年度的總訂購成本表示爲 CQ/2，亦即等於企業持有的平均存貨 (Q/2) 乘上每一單位的持有成本 (C)。在訂購量爲 500 單位，且持有成本爲每單位 $2 的情況下，平均存貨爲 250 單位 (500/2)，當年度的持有成本則爲 $500 ($2 × 250)。（假設平均存貨爲 Q/2，等於假設存貨的消耗是一致平均的。）

從公式 13.1 可以求得總成本爲 $2,500 ($2,000 + $500)。然而一份數量爲 500 單位、總成本爲 $2,500 的訂單可能不是最好的選擇。減少訂購數量可能會產生較低的總成本。試算的目的便在於找出可以使總成本降至最低的訂購數量。此一訂購數量稱爲**經濟訂購量** (EOQ)。

經濟訂購量模式是**推動存貨制度** (Push Inventory System) 的實例之一。在推動制度當中，存貨的取得源於對未來需求的預期——而非源於目前的需求。經濟訂購量分析的基本要件是找出 D 的數值——亦即未來的需求。

經濟訂購量之計算

經濟訂購量即為能讓公式 13.1 的數值減至最小的數量。公式 13.1 能以另一種形式表達之：

$$Q = EOQ = \sqrt{(2DP / C)} \qquad (13.2)$$

引用前例當中的數據可以計算公式 13.2 的經濟訂購量應為：

$$EOQ = \sqrt{(2 \times 25{,}000 \times 40) / 2}$$
$$= \sqrt{1{,}000{,}000}$$
$$= 1{,}000$$

將 1,000 代入公式 13.1 當中的 Q 值，則可求出總成本為 \$2,000。訂單的份數是 25 (25,000/1,000)，則總訂購成本是 \$1,000 (25 × \$40)。平均存貨是 500 單位 (1,000/2)，則總持有成本是 \$1,000 (500 × \$2)。值得注意的是，持有成本恰恰等於訂購成本。此一結果常見於類似公式 13.2 的簡單經濟訂購量模式。另外亦值得注意的是，當訂購量為 1,000 單位的時候，其總成本會低於訂購量為 500 單位時的總成本（前者為 \$2,000，後者為 \$2,500）。

請購點

計算出 EOQ 的數據等於回答了訂購（或生產）數量的問題。至於什麼時候應該訂購（或者設定生產機器）則是存貨政策的另一項重要課題。**請購點** (Reorder point) 係指應該發出新訂單（或開始設定）的時間點。請購點是經濟訂購量、交貨時間和存貨消化比率的綜合考量。**前置時間** (Lead Time) 係指發出訂單或開始設定之後到收

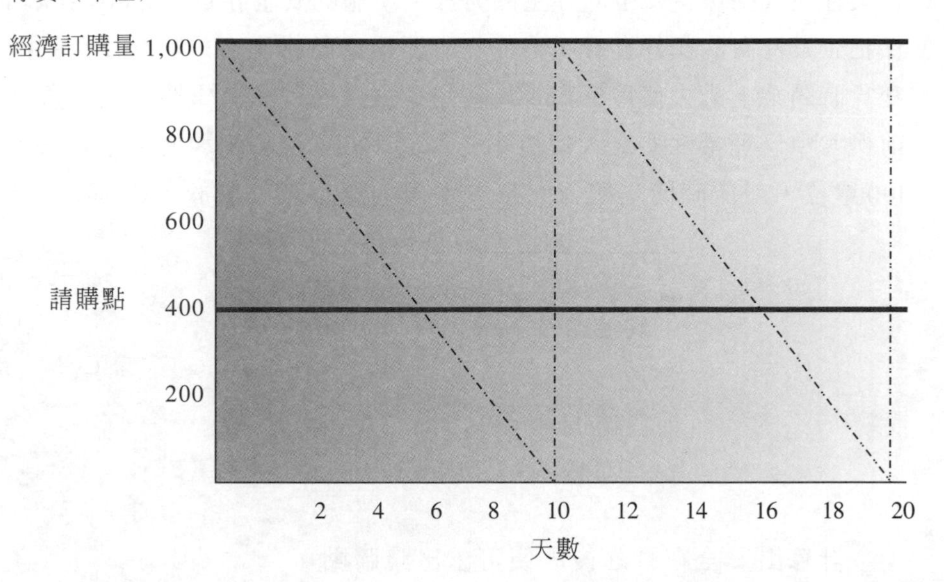

圖 13-2

請購點

到經濟訂購量所需要的時間。

爲了避免缺貨成本，並將持有成本減至最低，企業發出訂單的時候必須能夠確保新訂單會在存貨即將用畢的同時送達。瞭解存貨消化的比率和前置時間的長短有助於我們計算符合預定時間目標的請購點：

$$\text{請購點} = \text{消化比率} \times \text{前置時間} \tag{13.3}$$

爲了說明公式 13.3 之便，此處再以前文當中的錄影機爲例。假設修理作業每一天使用 100 個零件，交貨時間是四天。換言之，當修理零件的存貨水準至 400 單位的時候 (100 × 4)，應該發出新的訂單。**圖** 13-2 以圖解方式說明了此一概念。值得注意的是，新訂單送到的時候，存貨也恰好用完，企業持有的數量又跳回經濟訂購量的水準。

需求的不確定性與請購點

如果某項產品或零件的需求不確定的時候，就存在有缺貨的可能性。舉例來說，如果前例當中的錄影機修理零件的消耗比率是每一天 120 個，而非 100 個，那麼經過三又三分之一天後，這家公司將會使用 400 個零件。由於新訂單在第四天結束的時候才會送達，因此需要使用這項零件的修理作業將會停滯三分之二天。爲了避免此一問題，企業往往改採保留安全庫存量的方式。所謂的**安全存量** (Safety Stock) 係指企業持有的額外存貨，目的在於因應浮動的需求。安全存量係指交貨時間乘上最大使用率和平均使用率之間的差額。舉例來說，假設前例當中修理零件的最大使用率是每天120單位，平均使用率是每天100單位，前置時間是四天的話，那麼安全存量就等於：

最大使用率	120
平均使用率	(100)
差額	20
前置時間	× 40
安全存量	80

計算出安全存量之後，便可求出請購點：

請購點 =（平均使用率×前置時間）＋安全存量

以前文當中的修理作業爲例，利用安全存量所計算的請購點爲：

請購點 = (100 × 4) + 80
= 480單位

換言之，每當存貨水準降至480單位時，就必須自動發出訂單。

製造業之釋例

前述的修理服務涵蓋了存貨的採購。同樣的概念也適用於存貨的製造。爲了說明之便，謹以大型的農具製造業者班森公司爲例。班森公司在美國各地均設有工廠，每一座工廠生產組裝特定農具需要的所有配件。一座位於美國中西部的大型工廠生產犁頭，這座工廠的廠長正試著訂出每一個犁頭刀刃生產週期的產量。他相信目前的週期產量過大，因此希望瞭解爲了使持有與設定成本降低至最低的條件下所應該生產的產量。此外，由於一旦產生缺貨的情形將導致組裝部門關閉，因此他也希望能夠避免缺貨的情形發生。爲了協助廠長擬訂決策，會計長提供了下列資訊：

刀刃的平均需求：每天320單位

刀刃的最大需求：每天340單位

刀刃的年度需求：80,000單位

單位持有成本：$5

設定成本：$12,500

前置時間：20天

根據上述資訊，可以計算出經濟訂購量以及請購點如**圖**13-3所示。誠如計算結果顯示，刀刃的生產應以20,000單位爲一週期，且當刀片的供給量降至6,800單位的時候就應該開始新的設定作業。

經濟訂購量與存貨管理

傳統上，管理存貨的方法稱爲**預防制度** (Just-in-case System)。在某些情況下，預防制度不失爲理想的方法。例如，醫院必須隨時保留藥劑、藥品和其它緊急救護物品，以便及時處理危急狀況。在這種情況下採用經濟訂購量和安全存量等作法可能稍嫌緩不濟急。當心臟

$$\text{EOQ} = \sqrt{(2DP\ /C)}$$
$$= \sqrt{[(2\times 80{,}000 \times 12{,}500)/5]}$$
$$= \sqrt{400{,}000{,}000}$$
$$= 20{,}000 \text{ 片犁頭刀刃}$$

安全存量：

最大使用量	340
平均使用量	320
差額	20
前置時間	× 20
安全存量	400

請購點 =（平均使用量×前置時間）+ 安全存量

= (320 × 20) + 400

= 6,800單位

圖 13-3

經濟訂購量與請購點之釋例

病患病發的時候才期望藥品能夠及時送達，似乎不太實際。此外，許多小型零售商、製造業者和服務業者的購買力可能也無法要求供應商配合施行及時採購等存貨管理制度。

沿用前例當中的犁頭的例子（參見**圖** 13-3），經濟訂購模式有助於我們瞭解存貨持有成本與設定成本之間的最適關係。此一模式亦有助於我們利用安全存量來降低需求不確定性的影響。如果我們對於傳統製造環境的特質有所瞭解的話，相信更能體認經濟訂購模式的興革與重要。在以往，製造業多半大量生產各式各樣的標準化產品，設定成本多半偏高。前例當中的犁頭正是屬於此一類型。龐大的設定成本往往造成製造業者偏好大量生產的方式：20,000單位。只要兩個生產週期，就可以滿足年度的80,000單位之需求。換言之，這些製造業者的生產週期往往相當冗長。再者，產品差異化的作法被視爲成本過高，因此多爲製造業者拒於門外。生產不同的產品費用驚人－－其中，額外的或特殊的特色往往所費不貲，而且往往需要頻繁的設定作業－－因此，製造業者均視生產標準化產品爲唯一選擇。

及時制度與存貨管理：不同觀點之比較

學習目標二

描述及時存貨管理制度

傳統上週期數量大、設定成本高的企業所身處的製造環境在過去十到二十年間出現了大幅的改變。其中一項改變是競爭市場不再是由國土疆界所定義。運輸和通訊產業的突飛猛進造就了全球性的競爭。科技的日新月異促使產品的生命週期縮減，產品差異程度則日益繁複。國外業者不斷推出品質更好、成本更低、特色更多的產品，對國內向來採取大量生產、負擔高額設定成本的業者造成莫大壓力，因而在試圖降低成本的同時亦不斷亟思如何提高產品品質和增加產品差異。種種競爭壓力迫使企業放棄經濟訂購量模式，改採及時制度。及時制度具有兩項策略目標：提高獲利以及提升企業的競爭地位。企業如能控制成本（有利於價格競爭，進而提高獲利）、改善交貨績效，並提升產品品質，即能達成前述兩項策略目標。及時制度有助於企業提高成本效率，同時亦具備了以更好的品質、更多樣的選擇來回應顧客需求的彈性。品質、彈性和成本效率是企業身處全球性激烈競爭環境的基本法則。

及時製造與採購制度代表著企業藉由減少浪費的努力，持續不斷地追求生產力的決心。不具附加價值的作業正是浪費的主要來源。**不具附加價值的作業** (Nonvalue-added Activities) 可能是不必要的作業，或者是雖屬必要但不具效率且可以改善的作業。所謂必要的作業係指企業營運所必須，以及對於顧客具有價值的作業。消除不具附加價值的作業是及時制度的一大重點，但同時也是企業不斷追求自我改善的基本目標－－無論是否採行及時制度。顯而易見的是，及時制度不僅單指存貨管理制度而已。當然，存貨最常被人視爲浪費。過多的存貨無異於凍結了現金、空間和人工等資源。存貨同樣也隱含著生產的效率不彰，增加企業資訊系統的複雜性。換言之，雖然及時制度適用的範圍遠超過存貨管理，然而存貨的控制確爲及時制度的一大優點。本章將以及時制度的存貨面爲探討重點。其它章節（第九章和第二十章）則會介紹及時制度的其它優點與特色。其中，第二十章則更進一步地針對不具附加價值的作業進行詳盡的分析。

拉動制度 (Pull System)

及時制度是一種由目前的需求拉動產品通過生產系統，而非以預期需求爲根據的固定排程來推動產品通過生產系統的製造方法。許多速食餐廳——例如麥當勞等－－就是利用拉動制度來控制完成品存貨。當顧客訂購一個漢堡的時候，服務人員就從架上取走一個漢堡。當架上的漢堡數量減少到某一程度的時候，廚師才會開始製作新的漢堡。顧客的需求拉動原料通過製程，同樣的原則也適用於製造業。每一道作業只生產恰能滿足下一道作業需求的數量。原料或配件會在需要的時候適時送達，以滿足生產的需求。

及時制度的好處之一是把存貨降至非常低的水準。存貨的控制是及時制度成功與否的關鍵之一。然而及時制度壓低存貨的概念卻與傳統上保留存貨的理由互相矛盾（參閱**圖** 13-1）。實際上，這些理由已經不再適用。

根據傳統觀點，存貨可以解決許多和**圖** 13-1 當中所列出的理由相關的問題。舉例來說，解決訂購或設定成本與持有成本之間的衝突問題的方法是選擇能夠令這些成本的總和最低的存貨水準。如果需求超過預期或者機器設備故障和生產效率不彰而導致產量降低的時候，存貨則可發揮緩衝的功能，適時提供產品給顧客以避免發生缺貨的問題。同樣地，存貨可以避免因為供應商延遲交貨、零件不良和機器設備故障而導致的生產中斷問題。最後，透過大量購買而享有折扣優惠的方式，往往能以最低的成本取得品質最好的原料。

及時制度並不把存貨視為解決這些問題的方法。事實上，及時制度可以視為存貨的替代資訊。企業必須更加謹慎地追蹤原料與製成品。為了達到此一要求，後勤產業已經走向高科技產業。以專業後勤公司史奈德公司為例，他們已經開始利用衛星追蹤來告知顧客貨物目前的位置以及預定的目的地。史奈德公司也派遣工程師協助合作夥伴 PPG，指導 PPG 位於美國賓州的工廠員工如何更有效地利用送貨與收貨設備。及時存貨管理制度提供了不需保留大量存貨的另一類解決方案。

設定與持有成本：及時制度法

及時制度提出一種完全不同的方法來降低總持有與設定成本。傳統方法接受設定成本存在的事實，並試圖找出最能平衡持有成本與訂購成本的訂購量。另一方面，及時制度卻不接受設定成本（或訂購成本）必然存在的事實；相反地，及時制度試圖將這些成本縮減為零。如果設定成本與訂購成本能夠縮減至很小的金額，那麼唯一需要控制的成本就是持有成本；接下來只要將存貨水準降到較低的水準即可有效地控制持有成本。此一方法適足以說明及時制度不斷地推動零存貨的緣由。

長期合約，持續補貨與電子資料交換

企業和供應商之間的緊密關係有助於降低訂購成本。商議外部物料供給的長期合約可以明顯地減少訂購的次數與相關的訂購成本。零售業者便已利用持續補貨的方式來降低訂購成本。所謂的**持續補貨** (Continuous Replenishment) 係指製造業者假設存貨管理適用零售業者。製造業者向零售業者建議什麼時候應該訂購多少數量，經過零售業者評估通過之後，雙方便簽訂長期合約。以知名的 Wal-Mart 和寶鹼公司 (P & G) 爲例，這兩家公司都已採用持續補貨的方法。持續補貨的方式業已降低了 Wal-Mart 的存貨水準，並已減少缺貨的問題。此外，Wal-Mart 往往已經先賣掉寶鹼公司提供的物品之後，才需要支付貨款給寶鹼公司。另一方面，寶鹼公司業已成爲零售商偏好的供應商，不僅爭取到更多更好的上架位置，更能降低需求的不確定性。更精確地預測需求的能力促使寶鹼公司能夠持續地生產並遞送少量的產品給顧客——這正是及時製造制度的目標之一。同樣的方式也適用於製造業者和原料或零件的供應商之間的關係。

持續補貨必須仰賴*電子資料交換系統 (Electronic Data Interchange)*。**電子資料交換系統** (Electronic Data interchange) 可以讓供應商進入買主的線上資料庫，瞭解買主的生產排程（當買主是製造業者的時候），如此一來便可在需要的時候將所需零件準時送達。電子資料交換系統不需要文書作業——沒有訂單或發票。供應商利用顧客資料庫裡的生產排程來決定自己的生產與交貨時間。供應商送出零件的同時，也送出一封電子信件告訴顧客貨物已經在運送途中。零件送達顧客手中之後，以機器刷讀貨物上的條碼，便可自動開始支付貨款的動作。很顯然地，電子資料交換系統需要供應商和顧客之間的密切配合——兩者之間形同一家公司，而非兩家不同的公司。通用汽車專門生產釷星汽車的工廠便是採用電子資料交換系統，和零組件供應商建立起良好而緊密的合作關係。此舉業已降低了通用汽車和供應商的費用成本。

減少設定次數

減少設定次數需要企業找出更新、更有效率的方法來完成設定作業。幸運的是，根據經驗顯示企業的確能夠大幅縮減設定的次數。著名的哈雷機車採行及時制度之後，成功地降低了百分之七十五 (75%) 的機器設定時間。某些情況下，哈雷機車甚至可以將長達數小時的設定時間縮減至短短數分鐘。許多企業亦享受了類似的成果。一般而言，及時制度可以有效減少至少百分之七十五 (75%) 的設定次數。

交貨日績效：及時制度的解決方案

交貨日績效是衡量企業回應顧客需求的能力的一項指標。以往，企業保留製成品存貨的目的在於確保自己能夠符合顧客要求的交貨日期。及時制度能夠解決企業的交貨日績效問題，但是卻不是利用傳統上堆積存貨的方法，而是大幅縮減交貨時間。縮短交貨所需時間可以提高企業符合顧客要求的交貨日期的能力，亦即快速地反映市場的需求。於是，企業的競爭力得以提升。及時制度藉由減少設定次數、提升品質和設置製造中心的方式來裁減交貨所需的時間。

製造中心能夠減少機器和存貨之間的動線距離；製造中心對於交貨所需的時間亦具有攸關影響。舉例來說，在傳統的製造系統中，企業需要兩個月的時間來生產一個汽閥。如果把製造汽閥的機器設備重新排列成U型的製造中心，那麼生產所需的時間只要兩到三天。傳統的電鋸製造商亦可將動線距離由2,620英呎減少爲173英呎，交貨時間則由二十一天縮短爲三天。由於生產所需的時間大幅減少，這家公司可以直接由製造工廠來交貨，而非由製成品倉庫來交貨。生產時間的縮減並非特定產業的特例——大多數的企業在採行及時制度之後，均能縮減至少百分之九十 (90%) 的生產時間。

製造業並非唯一採用及時制度來改善回應市場能力的產業。服飾業者班尼頓公司便以服飾服務業者自我定位，而非零售業者。班尼頓公司在義大利的卡斯特市設有一座超大型的物流中心，在那裡就是利用機器人來處理各項作業，使得班尼頓公司能夠在短短十二天之內就把最新款式的服裝分送至其位於全球一百二十個國家的門市中。

避免停產與製程可靠度：及時制度

大多數工廠停止生產的原因不外有三：機器故障、原料或零組件不良以及原料或零組件缺貨等。保留存貨可以解決這三項問題。

擁護及時制度的人士認爲，存貨並不能解決前述問題，僅僅只是把問題掩飾或隱藏起來而已。贊同及時制度的人士比喻說，前述三項問題就好比湖裡的石頭，湖水則代表存貨。如果湖水夠深（存貨量很高），那麼石頭可能永遠都不會突出水面，因此企業經理人可以假裝問題根本不存在。然而如果企業把存貨縮減為零，湖中的石頭露出水面之後便再不容忽視。及時制度強調預防性的維護和全面的品質，並強調與供應商建立正確良好的關係，如此才是真正的解決之道。

全面預防維護

全面預防維護 (Total Preventive Maintenance) 的目標是將機器故障率降為零。企業如能更加注意預防性的維護工作，則可避免大多數機器故障的情形。如果企業採行及時制度，則因直接人工必須接受交叉訓練的關係，更容易達成零故障率的目標。製造中心的直接員工接受訓練以維護自己所操作的機器設備的情形也很常見。由於及時制度拉動產品的特性，製造中心也可能出現閒置的時間。如果製造中心的直接員工能夠利用這些閒置的時間來從事預防性的維護作業，亦不失為發揮生產力的作法。

全面品質控制

解決瑕疵零件的方法是努力做到零缺點。由於及時製造制度並不依賴存貨來替換瑕疵零件或原料，因此強調自製或外購原料的品質便顯得格外重要。強調全面品質控制的成效十分可觀：零件的拒絕率降低了百分之七十五到百分之九十 (75%-90%)。減少瑕疵零件有助於減少根據不可靠的製程而保留存貨的必要。

看板制度

為了確保在需要的時候可以適時取得零件或原料，企業往往會採行**看板制度** (Kanban System)。看板制度是一套利用海報或卡片來控制生產的資訊系統。看板制度能夠確保企業在必要的時候生產必要數量的必要產品（或零件）。看板制度是及時存貨管理制度的核心。

看板制度採用的卡片或海報，材質可分為塑膠、厚紙板或金屬，大小則為長四英吋、寬八英吋的面積。看板通常置於塑膠袋內再黏貼在所需零件上，或者貼在存放所需零件的容器上。

基本的看板制度使用三種卡片：*取料看板 (Withdrawal Kanban)*、*生產看板 (Production Kanban)* 和 *供貨看板 (Vendor Kanban)*。前兩種係用以控制不同製程之間的作業流向、第三種則是用以控制製程與外部供應商之間的零件流向。**取料看板** (Withdrawal Kanban) 書寫的是下一道製程應該向前一道製程取用的數量。**生產看板** (Production Kanban) 書寫的是前一道製程應該生產的數量。**供貨看板** (Vendor Kanban) 則是用於提醒供應商遞送更多的零件；供貨看板上也會書寫需要零件的時間。**圖** 13-4 、 13-5 以及 13-6 分別說明這三種看板的格式與內容。

此處謹以簡單的例子來說明如何利用前述三種看板卡片來控制工作流程。假設製造某項產品需要兩道製程。第一道製程（CB 組裝）生產與測試印刷迴路板（採取 U 型的製造中心）。第二道製程（最後組裝）將八片迴路板插在從外部供應商購買的配件上面。最終產品就是一台個人電腦。

圖 13-7 顯示製造個人電腦的工廠之流程配置圖，圖中並標示出需要使用看板卡片的環節。

首先讓我們來觀察兩道製程之間的工作流向。假設八片迴路板是裝在一個容器裡面，已經有一個容器放在 CB 的儲存區域。這一個容器上貼有生產看板（P 看板）。第二個裝有八片迴路板的容器貼有取料看板（W 看板），並放在最終組裝線（取料儲存區）的附近。現在假設生產排程需要立刻組裝一台電腦。

看板的設定作業分述如下：

1. 最終組裝線的工人到取料區，取出八片迴路板，將其放在生產線上。這位工人同時也將取料看板放在取料位置上。
2. 定位後的取料看板代表最後組裝線需要額外的八片迴路板。
3. 最後組裝線的工人（或者物料管理員）取下取料看板，把取料看板帶到 CB 的儲存區域。
4. 到了 CB 儲存區域之後，物料管理員將放有八片迴路板的容器上的生產看板取下，放在訂單生產的位置上。
5. 接下來，物料管理員將取料看板貼在裝有零件的容器上，並將容器帶回最終組裝線的區域。這時候便開始另一台電腦的組裝工作。

項目編號：	15670T07	前一道製程
項目名稱：	迴路板	CB 裝配
電腦類型：	TR6547 PC	
每盒容量：	8	下一道製程
外盒類型：	C	最後裝配

圖 13-4
取貨看板

項目編號：	15670T07	製程
項目名稱：	迴路板	CB 裝配
電腦類型：	TR6547 PC	
每盒容量：	8	
外盒類型：	C	

圖 13-5
生產看板

項目編號：	15670T08	收料公司名稱
項目名稱：	電腦外殼	電腦
盒裝容量：	8	收料倉門
外盒類型：	A	75
交貨時間：	上午 8:30，下午 12:30，下午 2:30	
供應商名稱：	Gerry Supply	

圖 13-6
供貨看板

圖 13-7

看板製程

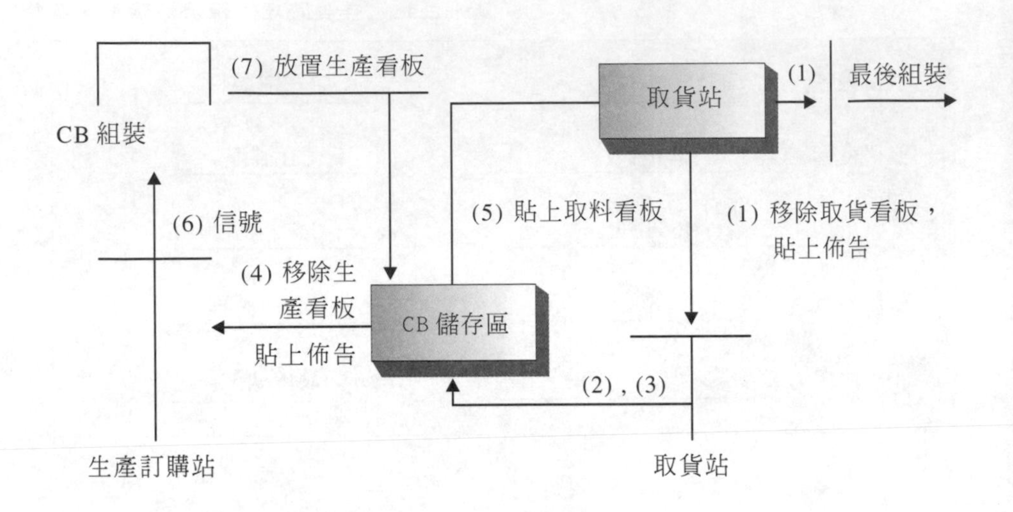

6. CB 組裝工人看到訂單生產位置上的生產看板，便開始生產另一批的迴路板。當迴路板完成之後，便取下生產看板，和完成的迴路板放在一起。
7. 八月迴路板完成之後，便放入 CB 儲存區域內的容器裡，並貼上生產看板。此時再重覆同樣的步驟。

使用看板的目的在於確保後續的製程（最後組裝）在適當的時間能自前一道製程（CB 組裝）取用適當數量的迴路板。看板制度亦可控制前一道製程，因爲看板制度規定前一道製程只能夠生產下一道製程所需要的數量。如此一來，存貨即可維持在最低水準，零組件都可在需要的時候及時送達。

基本上，外購的組裝過程同樣適用前述步驟。唯一的差異在於此處使用的是供貨看板，而非生產看板。放在供貨位置的供貨看板代表需要發出新的訂單。沿用前述的迴路板爲例，供應商必須及時送來組裝配件。及時採購制度要求供應商採取少量、頻繁的交貨方式。交貨的期間可能每週一次、每天一次、甚至每天數次。這樣的交貨方式需要企業和供應商之間建立緊密的合作關係。長期合約則有助於確定物料供給的穩定。

折扣與漲價：及時採購與保留存貨

傳統上，企業持有存貨以爭取大量購買的折扣、規避未來漲價的風險。持有存貨的目的在於降低存貨成本。及時制度毋須持有龐大的存貨，卻仍可達到同樣的目標。及時制度提出的解決方法是儘可能選定距離生產工廠愈近愈好、而且品質穩定可靠的供應廠商，與其議定長期合約，讓供應商更廣泛地參與企業的營運。供應商的篩選標準並非單只價格一項。供應商的績效——零組件的品質和及時交貨的能力——與推行及時採購制度的決心也是篩選的重要考量。議定長期合約尙有許多好處。長期合約有助於穩定價格、確保品質水準。議定長期合約的方式亦可大幅減少訂單的份數，有助於縮減訂購成本。及時採購制度的另一項好處則是可以降低百分之五到百分之二十 (5%-20%) 的採購成本。

及時制度的限制

及時制度並非一蹴可及的速成方法。及時制度的施行有如循序漸進的進化過程，而非一夕數變的革命過程。企業必須具備十足的耐心。及時制度往往被視爲簡化的計畫——然而這並不代表及時制度非常容易施行。例如，與供應商建立良好的長期合作關係就需要相當的時間。企業如果一心想要在交貨時間與品質上達到速成的效果，恐怕不僅大失所望，甚至造成自身與供應商之間的重大衝突。企業與供應商之間的關係應以互惠合作爲基礎，而非單向的壓迫。爲了獲得與及時採購制度相關的好處，企業必須重新審愼地定義其與供應商之間的關係。然而片面地以嚴苛的規定和取巧的文字來重新定義這一層關係卻可能引起供應商的反感、甚至報復。長期而言，供應商可能會尋求新的市場、要求更高的價格（比供應商合約更高的價格）或者尋求法令保護等。如果企業操之過急，便可能因爲供應商的上述舉動而破壞了及時制度的諸多好處。

作業員工也可能受到及時制度的影響。根據研究指出，存貨緩衝機制的銳減可能帶來緊湊的工作流程，對生產作業員工造成壓力。部份專家建議逐步地、循序漸進地減少存貨水準，一則容許生產作業員工培養出自治的精神，另則鼓勵生產作業員工參與更廣泛的改善工作。企業以強制的態度或過快的步調縮減存貨的話可以反映出企業所面臨的問題－－但也可能引發更多的問題：例如銷貨減少或者員工壓力過大等。如果生產作業員工將及時制度視爲壓搾勞工的作法，那麼及時制度可能遭到失敗的命運。採行及時制度的策略或許可以配合製程改善的步調，來逐步縮減存貨。採行及時制度並非易事，而是需要通盤的考量、謹愼的規劃與充份的準備。預備採行及時制度的企業必須做好可能遭遇掙扎與挫折的心理準備。

及時制度的最大缺失是沒有足夠的存貨可以做爲避免生產中斷的緩衝機制。預料之外的生產中斷的情形不斷地威脅著銷貨收入。事實上，一旦生產發生問題，及時制度會在所有後續生產作業發生之前就先試圖發現問題並解決問題。採用及時制度技巧的零售業者訂購他們現在需要的數量——而非預期賣出的數量——此一作法的用意在於儘量延後產品經過通路的時間，進而使存貨保持在低檔水準，降低價格的需求。一旦需求超過零售業者的存貨供給，可能就無法及時調整訂單數量、並避免顧客不耐久候而產生反感甚至失去顧客等後果。舉例來說，在一九九三年耶誕節的購物旺季期間，許多諸如玩具反斗城等採行及時制度的零售業者便喪失了數百萬美元的營業額，原因便在於他們無法正確地預測暢銷玩具的需求。這些業者當初估計某項暢銷玩具的銷售量約爲600,000單位（在耶誕節當天以前），但是實際上的銷售量卻高達約12,000,000單位。雖然截至目前爲止的施行效果並不理想，但是零售業者對於及時制度仍然十分熱衷。顯然意外地損失少部份的銷貨收入比持有龐大存貨的成本低了許多。

採行及時製造制度的企業可能會犧牲目前的少數銷貨收入來換取未來的大額銷貨收入。及時制度所帶來的更好的品質、更快的回應時間和更少的成本均有助於達成前述目標。即便如此，吾人仍須認清今天損失的銷貨收入就是永遠損失的銷貨收入的事實。採行及時制度且儘可能地減少造成生產中斷的影響並非一蹴可及的目標。換言之，銷貨收入的損失也是採行及時制度的成本之一。另一項替代方案——或許不失爲更好的方案——稱爲限制理論 (TOC)。基本上，限制理論可以搭配及時製造制度共同推行。畢竟，及時製造環境亦有其特定的限制。再者，限制理論的方法不僅有助於保護目前的銷貨收入，亦可藉由提高品質、縮短回應時間和降低營業成本等方式來提高未來的銷貨收入。無論如何，在介紹與探討限制理論之前，必須先簡單地介紹有限制的最佳決策理論。

有限制的最佳決策之基本概念

學習目標三

解說有限制的最佳決策之基本概念。

製造業與服務業必須擬訂所要生產與銷售的產品組合。產品組合決策對於企業的獲利表現具有深遠影響。每一個產品組合都代表著能夠創造特定利潤水準的方案。經理人應該選擇能夠創造最大總利潤的方案。一般而言均假設和產品組合決策相關的成本項目只有單位基礎的變動成本。因此，如果不同的產品組合的非單位水準成本相同，那麼經理人就必須選擇能夠創造最大總貢獻邊際的產品組合方案。

如果企業擁有無限的資源，而且每一項產品的需求都是無止盡的話，那麼產品組合決策就非常簡單——無限制地生產所有的產品。遺憾的是，所有的企業都受限於有限的資源，每一項產品的需求也都有限。這些**限制** (Constraints) 可以分為兩類。**外部限制** (External Constraints) 係指外部資源對於企業施加的限制因素（例如市場需求）。**內部限制** (Internal Constraints) 則指企業內部本身的限制因素（例如機器時間）。雖然資源和需求已屬有限，但是並非所有的產品組合都能夠符合這些有限的需求、或者能夠完全使用這些有限的資源。特定產品組合並未完全使用的有限資源稱為**鬆散限制** (Loose Constraints)。相反的，如果特定產品組合完全使用了某一限制的所有有限資源，則稱此項限制為**結合限制** (Binding Constraints)。

經理人必須考量企業所面臨的各項限制條件，選擇最佳的產品組合。舉例來說，假設康福公司生產兩種機器零件：甲零件和乙零件。兩種零件的單位貢獻邊際分為 $300 和 $600。假設康福公司可以賣出所有生產的單位數量，部份人士可能會認為康福公司應該只生產和銷售乙零件，因為乙零件的貢獻邊際較大。然而，這樣的作法不盡然一定是最好的決定。有限資源和個別產品之間的關係會影響最佳產品組合的選擇。這些關係會影響每一種產品可以生產的數量，進而影響可以賺取的總貢獻邊際。結合限制的例子最能說明此一事實。

結合限制之釋例

假設所有的零件都必須利用一種特殊的機器來鑽孔。康福公司擁有三台機器，每一週共可提供120個鑽孔小時。甲零件需要一小時的鑽孔作業，乙零件則需要三小時的鑽孔作業。假設在沒有其他結合限制的情況下，零件生產的最佳組合是多少？由於每一單位的甲零件需要一小時的鑽孔作業，因此每週可生產120單位的甲零件 (120/1)。如果甲零件的單價是 $300，則康福公司一週可以賺取 $36,000的總貢獻邊際。另一方面，生產每一單位的乙零件需要三小時的鑽孔作業，因此每週可以生產40單位的零件乙 (120/3)。如果乙零件的單價是 $600，則每一週的總貢獻邊際是 $24,000。只生產甲零件的利潤水準優於只生產乙零件－－儘管乙零件的單位貢獻邊際是甲零件的兩倍。

每一項產品的單位貢獻並非最重要的考量。稀有資源的單位貢獻邊際才是決定性的因素。每一鑽孔小時能夠獲得最高貢獻邊際的產品才是較理想的選擇。零件甲的每一機器小時可以賺取 $300 ($300/1)，而零件乙每一機器小時則可賺取 $200 ($600/3)。因此，最佳的產品組合應爲120單位的甲零件和0單位的乙零件，如此一來，每一週的總貢獻邊際則爲 $36,000。

內部結合限制與外部結合限制

在外部結合限制存在的情況下，可以利用稀有資源的單位貢獻邊際來尋找最佳的產品組合。如假設內部限制均爲120個鑽孔小時，且康福公司最多可以賣出60單位的甲零件和100單位的乙零件。根據內部限制的內容，康福公司可以生產120單位的甲零件，但事實上康福公司最多只能賣出60單位。因此，現在我們必須考慮結合外部限制的因素影響先前只生產甲零件的決策之限制。由於稀有資源（機器小時）的單位貢獻分別爲甲零件的 $300和乙零件的 $200，所以仍然應該儘可能地生產甲零件，然後再生產乙零件。康福公司應該先利用60機器小時來生產60單位的甲零件，然後再將剩餘的60機器小時來生產20單位的乙零件。此時，最佳產品組合變爲60單位的甲零件和

20單位的乙零件，總貢獻邊際則為 $30,000 [($300 × 60) + ($600 × 20)]。

多重內部結合限制

企業所面臨的結合限制不止一項。所有的企業都面臨各式各樣的多重限制：原料的限制、人工投入的限制和有限的機器小時等等。在多重內部結合限制的情況下，最佳產品組合的問題變得更加困難而複雜，需要利用名為*線性規劃 (Linear Programming)* 的特殊數學技巧來解決。

線性規劃

線性規劃 (Linear Programming) 是指能夠在所有可行性方案中尋找最佳方案的方法。線性規劃的理論剔除許多不足考慮的方案。事實上，線性規劃理論只刪除部份可能答案，進而在特定答案中選擇最佳的方案。

此處再以康福公司為例，說明在多重內部限制的情況下如何利用線性規劃來尋找最佳產品組合。然而此處必須再加入更多的限制條件。除了前文當中提到的限制條件以外，此處還要加上另外兩項限制條件。假設甲零件和乙零件是利用三道連續的製程來進行生產：沖壓、鑽孔和刨光。沖壓過程使用兩台機器，每一週共可提供80個沖壓小時。每一種零件都需要1個沖壓小時。刨光過程屬於人工密集的作業，每一週共可提供90人工小時。每一單位的甲零件需要2個人工小時，而每一單位的乙零件則需要1個人工小時。**圖** 13-8 摘錄了康福公司的限制條件。同樣地，我們的目標是在既有限制條件之下，使康福公司獲得最大的總貢獻邊際。

總貢獻邊際最大化的目標可以數學公式來表示。令 X 代表甲零件的生產與銷售數量，Y 代表乙零件的生產與銷售數量。由於甲零件和乙零件的單位貢獻邊際分別為 $300和 $600，因此總貢獻邊際 (Z) 可以表示為：

$$Z = \$300X + \$600Y \qquad (13.4)$$

公式 13.4 稱爲**目標函數** (Objective Function)，亦即需要求取極大值的函數。

康福公司總共面臨了五項限制。利用圖 13-8 的資訊，這五項限制亦可以數學公式來表示：

內部限制 (Internal Constraints)：

$$X - Y \leq 80 \qquad (13.5)$$

$$X + 3Y \leq 120 \qquad (13.6)$$

$$2X - Y \leq 90 \qquad (13.7)$$

外部限制 (External Constraints)：

$$X \leq 60 \qquad (13.8)$$

$$Y \leq 100 \qquad (13.9)$$

康福公司所面臨的問題是在公式 13.5 - 13.9 的限制下，決定甲零件和乙零件的產量以獲得最大的總貢獻邊際。康福公司所面臨的問題正是典型的線性規劃問題〔通常稱爲「線性規劃模式」(Linear Programming Model)〕，因此可以下列公式表達之：

$$\text{使 } Z = \$300 + \$600Y \text{ 最大}$$

$$\text{且 } X + Y \leq 8$$

$$X + 3Y \leq 120$$

$$2X + Y \leq 90$$

$$X \leq 60$$

$$Y \leq 100$$

$$X \geq 0$$

$$Y \geq 0$$

圖 13-8

限制資料：康福公司

資源名稱	可得資源	零件 X 單位資源使用：	零件 Y 單位資源使用：
沖壓	80 沖壓小時	1 小時	1 小時
鑽孔	120 鑽孔小時	1 小時	3 小時
刨光	90 人工小時	2 小時	1 小時
市場需求：零件 X	60 單位	1 單位	0 單位
市場需求：零件 Y	100 單位	0 單位	1 單位

最後兩項限制稱爲*非重力限制 (Nongravity Constraints)*，僅代表企業的產量不可能爲負的意義。所有的限制條件統稱**限制組合** (Constraint Set)。

可行方案 (Feasible Solution) 係指滿足線性規劃模式之條件的方案。所有可行方案的結合稱爲**可行方案組合** (Feasible Set of Solutions)。例如，生產與銷售各一單位的甲零件和乙零件就屬於可行方案組合當中的一項。此一產品組合滿足所有的條件。然而此一產品組合每一週只能賺取 $900的總貢獻邊際。但是卻有更多的可行方案可以賺取更高的總貢獻邊際（例如生產與銷售各兩單位的甲零件和乙零件）。前述公式的目標在於尋找最佳的方案。最佳的解決方案——創造最大的總貢獻邊際的方案——稱爲**最佳方案** (Optimal Solution)。

圖解 (Graphical Solution)

如果只考慮兩種產品的話，可以利用圖解法來找出最佳方案。利用圖表來找出最佳方案有助於讀者瞭解如何解決線性規劃問題，因此作者將以圖解的方式來解決康福公司的問題。

1. 劃出每一項限制的範圍。
2. 找出可行方案組合。
3. 找出可行方案組合的所有頂點座標。
4. 將頂點座標代入公式，找出目標函數最大的方案。

圖 13-9 畫出了康福公司所面臨的每一項限制的範圍。圖中第一象限是非重力限制，並假設品質不變的情況下畫出其它限制的範圍。由於每一項限制都可由一道線性公式來代表，因此只要選定滿足各該限制的的兩點座標，然後連接起來即可。

每一項限制的可行範圍（除了非重力限制之外）位於直線的下方（或左方）。可行範圍是代表每一項限制的直線所圍成的區域，即爲圖中的多邊形 ABCD，且包括邊界的部份。值得注意的是，本例當中的五項限制裡只有兩項可以做爲結合限制，亦即鑽孔限制與刨光限制。

利用圖解法可以得知最佳方案即爲每一週生產與銷售 30 單位的零件甲和 30 單位的零件乙。沒有其它的可行方案可以創造更高的貢

圖 13-9

圖解法

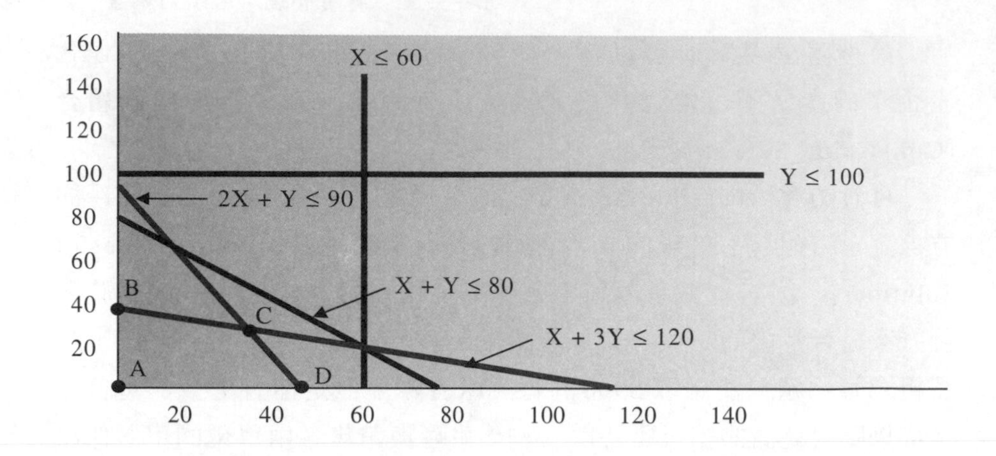

獻邊際。根據實證顯示，線性規劃的最佳方案必爲頂點所代入的值。因此，一旦畫出圖表，找出頂點之後，即可將每一頂點的座標代入公式，然後找出能夠帶來最大 Z 的頂點即可。

然而當產品項目超過兩項或三項的時候，圖解法便不適用。遇此情況，則可改採單工系統法 (Simplex Method) 來求解更多變數的線性規劃問題。單工系統法已經寫成電腦程式，實務上可以利用電腦軟體來求解更複雜的線性規劃問題。

線性規劃模式是擬訂產品組合決策的重要工具。雖然線性規劃模式可以產生最佳產品組合決策,然而其眞正的管理意涵——尤其身處現今的經營環境當中——則在於爲了採行此一模式所必須找出的資料。決策者必須瞭解單位水準的價格與非單位水準的變動成本。此外，決策者必須找出內部限制與外部限制。內部限制牽涉產品消耗資源的情形；因此，決策者必須找出資源使用關係。一旦瞭解了資源使用關係之後，便可進一步找出改善績效的各種方式——其中包括了存貨管理。

限制理論

學習目標四

描述限制理論，並解說如何將限制理論應用於存貨管理。

限制理論 (TOC) 發現企業的績效會受到內外部限制的影響之事實，進而發展出特殊的方法來管理這些限制，以期達到持續改善的目標。根據限制理論的觀點，企業如欲改善績效，則必須找出其所面臨的內外部限制，短期內必須善用這些限制，進而長遠地克服這些限制。

基本概念

限制理論強調組織績效的三項衡量指標：總處理能力、存貨與營運費用。**總處理能力** (Throughput) 係指組織藉由銷售來賺取金錢的速度。以專業術語而言，總處理能力就是銷貨收入與單位水準變動成本（例如，原料與電力等）之間的差額。直接人工一般都被視爲固定單位水準費用，因此通常不屬於總處理能力定義的範圍。**存貨** (Inventory) 是企業花費在將原料轉換爲總處理能力的所有金錢。**營運費用** (0perating Expenses) 則定義爲企業花費在將存貨轉換爲總處理能力的所有金錢。根據前述三項指標，管理階層的目標可以定義爲提高總處理能力、降低存貨以及減少營運費用。

企業如能提高總處理能力、降低存貨、減少營運費用，則將表現在前述三項績效衡量指標上：淨益和投資報酬率會提高、而且現金流量能夠獲得改善。提高總處理能力與減少營運費用經常被視爲改善前述三項績效的財務指標之重要因素。然而以往企業界往往比較重視總處理能力和營運費用，較爲忽略降低存貨對於改善績效的影響。

與傳統觀點比較起來，限制理論和及時制度都賦予存貨管理更重要的角色。限制理論發現降低存貨可以減少持有成本，進而減少營運費用、改善淨益。同時，限制理論也認爲降低存貨能夠生產更好的產品、降低售價、更快速地回應顧客的需求，有助於企業創造競爭優勢。

更好的產品

更好的產品代表更高的品質，也意味著企業能夠提高產品品質，更迅速地提供品質提升的產品到市場上。本書在及時制度的章節裡已經介紹過低存貨與高品質之間的關係。基本上，低存貨有助於企業更快找出瑕疵與問題，更確實地瞭解問題發生的原因。

改良產品也是關鍵性的競爭要素。企業必須能夠很快地將改良的或新的產品賣到市場上——在競爭者提供類似特色之前。低存貨便有助於企業達成此一目標。由於企業在推出新產品之前所需要處理或出售的舊產品（存貨或者是在製品）較少，因此可以更快地引介新產品進入市場。

更低的售價

龐大的存貨代表企業需要更多的生產產能，因此必須投注更多的資金在設備與空間上。由於交貨時間與龐大的在製品存貨之間往往密切相關，因此過多的存貨往往是加班的原因。理所當然地，加班會增加營運費用，降低獲利能力。較少的存貨有助於減少持有成本、單位投資成本以及加班與特殊運輸費用等其它營運費用。投資金額與營運成本減少，每一項產品的單位邊際增加，定價決策上自然而然會有更大的彈性。

回應能力

準時交貨，或以比市場預期更短的時間來生產產品是企業的重要競爭工具。準時交貨涉及企業預測生產與運送產品所需時間的能力。如果企業保留的存貨高於競爭者，那麼企業的生產交貨時間會高於產業的預測平均標準。存貨過多可能會模糊了用以生產與完成訂單所需的實際時間。較少的存貨則能讓企業更明確地觀察出實際交貨時間與交貨日期。縮短交貨時間也具有關鍵性的影響。縮短交貨時間等於減少在製品存貨。擁有十天份量在製品存貨的企業平均的交貨時間也是十天。如果企業能將交貨時間由十天縮短五天，那麼這個企業只應保留五天份量的在製品存貨即可。交貨時間縮短之後，便可減少製成品存貨。舉例來說，假設某項產品的交貨時間是十天，市場上的交易習慣是隨訂隨送，那麼平均而言，企業必須保留十天份量的製成品存貨（外加安全存量以因應需求的不確定性）。假設這家公司能夠將交貨時間縮短為五天。於是，存貨水準代表著企業回應顧客需求的能力。當存貨水準相較於競爭者而言過高時，則代表著競爭上的劣勢。限制理論強調藉由縮短交貨時間的方式，來降低存貨。

五步法

限制理論利用五道步驟來達到改善組織績效的目標：

1. 找出企業所面臨的內外部限制。
2. 善用結合限制。
3. 依照第二道步驟擬訂的決策，運用其他所有資源。
4. 提升組織的結合限制。
5. 重覆前述的過程。

步驟一：找出企業所面臨的內外部限制。第一道步驟與線性規劃的內容完全一樣，也就是找出內部限制與外部限制。最佳產品組合即爲在所有組織限制條件下能帶來最大總處理能力的組合。最佳產品組合反映出使用了多少有限制的資源，以及哪些限制是屬於組織的結合限制。

步驟二：善用結合限制。善用結合限制的方法之一爲生產最佳產品組合。然而善用結合限制並不僅僅止於確保生產最佳組合如此簡單。第二道步驟是短期限制管理理論基礎的核心，更與限制理論降低存貨、改善績效的目標息息相關。

大多數的組織僅會面臨特定的資源限制。主要的結合限制被定義爲*限制前題* (*Drummer*)。例如，假設只有一項內部結合限制存在。就定義而言，這唯一的一項限制就是限制前題。此一結合限制的生產比率就成爲全廠的生產比率。在限制前題之後的後段製程自然而然也必須配合限制前題生產比率。後段製程的排程並不困難。一旦限制前題的製程完成一個零件以後，下一道製程便開始運作。同樣地，每一道後面的製程在前一項作業完成之後才會開始。另外，滿足前題限制的前段製程也必須以同樣的比率來生產。以限制前題的比率來安排生產速率能夠避免前段製程生產過多的在製品存貨。

就前段排程而言，限制理論使用兩種額外的特色來管理有限的資源以降低存貨水準、改善組織績效：緩衝與同步。首先，在主要的結合限制之前設置緩衝存貨。緩衝存貨具有**時間緩衝** (Time Buffer) 的功用。所謂的時間緩衝係指爲了在特定期間內善用有限資源所需的存貨。設置時間緩衝的目的在於保護組織的總處理能力，免受任何特定期間內可以克服的意外干擾之影響。例如，如果需要一天的時間克服在限制前題之前的前段製程的大部份干擾，那麼便需要兩天的時間緩衝來保護組織的總處理能力不受影響。因此，在安排製程的時候，緊接在限制前題之前的作業必須預先生產限制前題資源所需要的兩天份量的零件數量。所有其它的前段製程的安排則以能夠及時送達下一製程所需要的數量為依據。

同步 (Rope) 係指為限制原料送達工廠（用於第一道作業）的比率和有限資源生產比例一致所採取的行動。同步的目標在於確保在製品存貨不致超過時間緩衝所需要的水準。因此，限制前題比率可用以控制發放原料的比率，進而有效地控制第一道作業的生產比率。第一道作業的生產比率又可以控制後續作業的比率。限制理論的存貨制度往往也稱為**限制前題—緩衝—同步制度** (Drum-Buffer-Rope System)。**圖** 13-10 說明了一般常見的 DBR 結構。

前文當中的康福公司亦可用於說明 DBR 制度。各位應該記得，康福公司共有三道連續的製程：沖壓、鑽孔、刨光。每一道製程都只擁有有限的資源。每一項產品的需求也都有限。然而從**圖** 13-9 得知，唯一的首要限制是鑽孔與刨光限制。此外，最佳產品組合為 30 單位的甲零件和 30 單位的乙零件（每一週）。最佳產品組合的數量是鑽孔與刨光製程所能處理的最大數量。由於鑽孔製程提供刨光製程所需要的投入，因此可將鑽孔限制定義為工廠的限制前題。假設每一項零件的需求是平均分配在每一週的工作天裡，代表每一項零件的生產比率應為每一天 6 單位（一週工作五天的情況下）。兩天份量的時間緩衝則需要沖壓製程完成 24 單位的數量：12 單位的甲零件和 12 單位的乙零件。為了確保時間緩衝的數量以超過每天 6 單位的比率增加，原料發放至沖壓製程應以每天只夠生產 6 單位的甲零件和 6 單位的乙零件為原則（此即同步——控制原料的發放和限制前題的生產比率相同）。**圖** 13-11 摘要說明了康福公司的 DBR 細節。

第三步驟：依照第二道步驟擬訂的決策，運用其它所有資源。一般而言，全廠的產能係以限制前題為基準。所有其它部門必須配合限制前題的需求。此一原則代表著許多企業必須改變他們的觀點。舉例來說，部門別的效率衡量指標可能不再適用。再以康福公司為例說明之。鼓勵沖壓部門發揮最大產能可能會生產超額的在製品存貨。沖壓部門的產能是每週 80 單位。假設康福公司備有兩天份量的時間緩衝，那麼沖壓部門每週必須增加 20 單位以做為鑽孔部門的時間緩衝。經

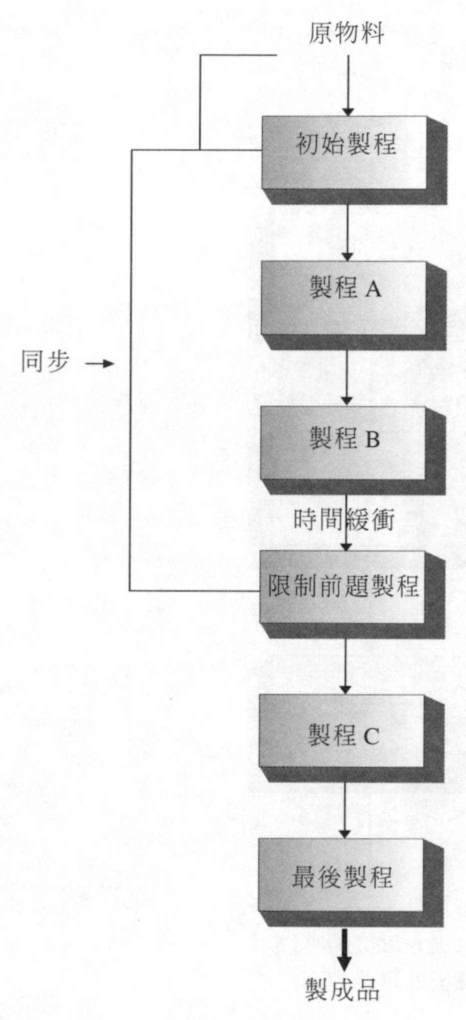

圖 13-10

限制前題－緩衝－同步制度：一般說明

過一年之後，就可能產生非常龐大的在製品存貨（經過五十週之後，時間緩衝將會增加一千單位的甲零件和乙零件。）

第四步驟：提升組織的結合限制。組織在採取適當行動善用既有的限制之後，接下來的步驟則是減少結合限制對於組織的影響，以收持續改善之效。然而當結合限制不止一項的時候，組織究竟應該優先提升哪一項限制？例如，前文當中的康福公司共有兩項結合限制：鑽孔限制和刨光限制。遇此情況，康福公司應以提升能夠創造最多總處理能力的限制開始著手。假設鑽孔部門可以增加一單位的額外資源（其它資源不變的情況下），計算其新的最佳組合與總處理能力。現在再假設刨光部門可以增加一單位的額外資源（其它資源不變的情況下），

圖 13-11
限制前題－緩衝－同步制度：康福公司

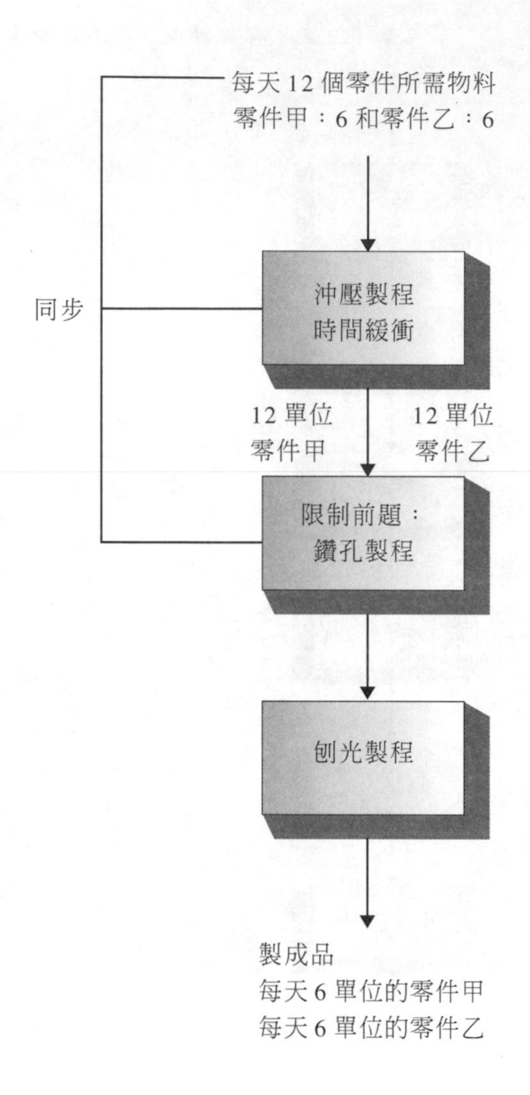

重覆計算新的最佳組合與總處理能力。此一方式可能需要冗長且複雜的計算過程。幸好目前單工系統法也可運用於前述計算。單工系統法可以產生*影子價格 (Shadow Prices)*。所謂的**影子價格**代表著每增加一單位的稀有資源所能增加的總處理能力金額。以康福公司為例，鑽孔資源和刨光資源的影子價格分別為 $180 和 $60。換言之，康福公司應以提升鑽孔限制為主，因為鑽孔資源可以帶來最多的改善成效。

假設康福公司增加半天工時的鑽孔作業，每週的鑽孔小時由 120 小時增加為 180 小時。新的總處理能力將為 $37,800，較原先增加了 $10,800（$180 × 60 個額外的鑽孔小時）。此外，新的最佳產品組合變為 18 單位的甲零件和 54 單位的乙零件。試問，增加半天工時的鑽孔作業是否值得？只要針對增加工作時數的成本與總處理能力做一比較即可得知。如果增加的成本是人工成本——假設（所有加班員工）每一小時的加班費用是 $50——那麼增加的成本是 $3,000，換言之，增加半天工時的鑽孔作業是一項理想的決策。

如此繼續推演下去，將可得出鑽孔資源不再是結合限制的情況。舉例來說，假設康福公司增加全天工時的鑽孔作業，每一週可以增加 240 個鑽孔小時。**圖** 13-12 列示出新的限制組合。值得注意的是，鑽孔限制不再能夠影響最佳產品組合的決策。沖壓資源和刨光資源可能成為新的限制前題。一旦找出新的限制前題之後，便再重複限制理論的過程（也就是第五道步驟）。此即藉由管理限制資源來達到持續改善績效的目標。

圖 13-12

新限制組合：康福公司

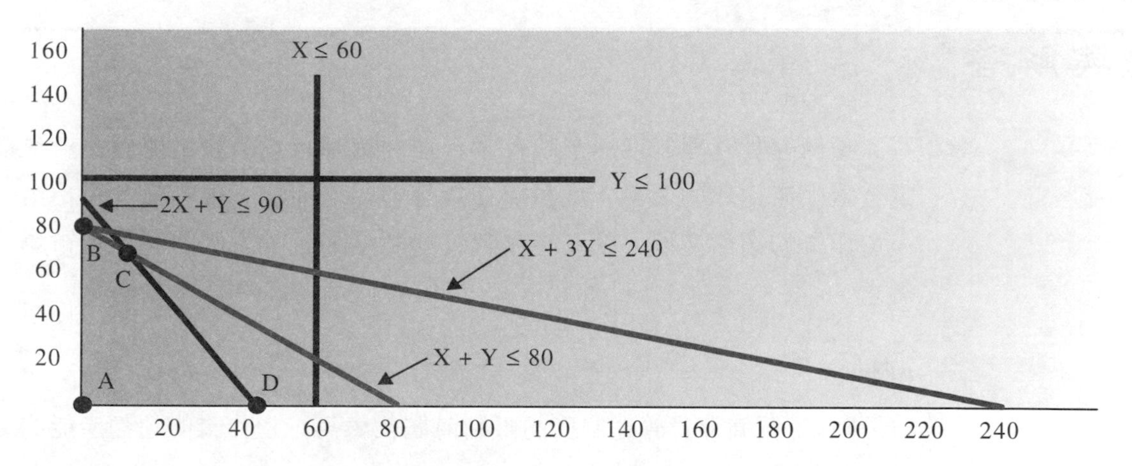

結語

本章介紹了三種管理存貨的方法：傳統的經濟訂購量 (EOQ)、及時制度 (JIT) 與限制理論 (TOC)。傳統方法著重控制管理訂購（設定）成本與持有成本之間的差額。最佳的差額即為經濟訂購量。傳統上控制存貨的理由尚包括：截止日期的績效、避免停產（保護總處理能力）、規避未來價格上漲以及善用折扣優惠等。另一方面，及時制度與限制理論卻認為存貨的成本過高，而且會掩蔽組織的基本問題，造成競爭力下降。

及時制度利用長期合約、持續補貨與電子資料交換系統等方法來降低（甚至消除）訂購成本。及時制度亦有助於大幅降低設定次數。一旦將訂購成本與設定成本降至最低水準之後，便可藉由降低存貨水準的方式來減少持有成本。及時制度在每一道作業之前保留了少量的緩衝數量，並利用看板制度來控制生產進度。生產進度必須配合市場需求。一旦出現干擾，可能會因為緩衝數量較少的緣故而損失部份總處理能力。然而由於品質、生產力和交貨時間的持續改善，未來的長期總處理能力仍可不斷增加。

限制理論係找出並善用組織的限制條件，以期獲得最大的總處理能力，並將存貨與營運成本控制在最低的水準。找出最佳產品組合是限制理論的主要步驟。實務上可以利用線性規劃來找出組織的限制條件。企業在找到主要的結合限制之後，便可採其做為全廠的生產比率。原料發放至第一道步驟（作業）必須以限制前題為依據。在重要限制之前設有時間緩衝數量，以避免總處理能力受到任何干擾。及時制度是利用這些干擾來找出並修正潛在的問題。和及時制度不同的是，時間緩衝的目的是保護總處理能力。此外，由於時間緩衝僅設在重要限制資源之前，因此限制理論所允許的存貨數量實際上可能比及時制度更少。

習題與解答

預備存貨管理制度與及時存貨管理制度都存在著限制前題——決定全廠生產比率的因素。就預備存貨管理制度而言，限制前題係指第一道作業的超額產能。就及時存貨管理制度而言，限制前題係指市場需求。

作業：

1. 請解說預備存貨管理制度的限制前題代表第一道作業的超額產能的原因。
2. 請解說為何及時生產制度是由市場需求所決定。
3. 請解說為何限制理論是利用限制前題來管理存貨。
4. 前述三種限制前題各有何優缺點？

解答

1. 在傳統的存貨管理制度之下，小範圍的效率衡量指標將促使第一道作業的經理人要求部門內員工發揮最高的工作效率。於是原料的發放也會配合此一目標。此一作法的用意在於因應需求大於預期或者第一道作業產量減緩等預防萬一的情況。

2. 在及時制度之下，原料的發放是由最後一道交貨給顧客的作業開始往前推演。首先，最後一道製程將緩衝存貨自取貨區內取走，生產看板便會掛在前一道作業的生產位置。前一道作業開始生產，自取貨區內取走所需零件之後，生產看板便繼續往前移動。這時候，再前一道作業也隨之開始生產，並重覆同樣的過程直至回到第一道作業為止。
3. 全廠生產比率係以限制前題的生產比率為依據。限制前題的生產比率也適用所有的後段作業。就限制前題的前段作業而言，則是將限制前題的生產比率固定成和第一道作業的生產比率相同。在限制前題之前並設有時間緩衝，以保護總處理能力不受任何干擾。
4. 超額產能的限制前題通常會帶來超額的存貨，以保有目前的總處理能力。然而此一作法卻會耗費可觀的資金，甚至可能掩蓋住品質不良、交貨績效不佳以及生產不具效率等問題。由於超額產能的限制前題的成本非常可觀，而且會掩蔽了某些重要的生產問題，因此預備方法可能會損及企業的競爭地位進而威脅到未來的總處理能力。及時制度可以大幅降低存貨——僅在每一道作業之前設置少量的緩衝來控制生產流程以及應該開始生產的時間點。及時制度能夠發掘問題所在，進而修正潛在的問題。然而發現問題往往代表著在修正問題的同時會損失部份的既有總處理能力。由於企業正在採取行動以改善作業，因此仍可保有未來的總處理能力。限制理論則在重要限制之前設置時間緩衝。這些緩衝機制的優點在於當其它作業產量減少的時候，重要限制的作業仍可正常運作。一旦問題獲得解決之後，其它的資源限制往往擁有足夠的超額產能可以迎頭趕上。如此一來，企業仍可保有目前的總處理能力。再者，由於限制理論採取和及時制度相同的方法——亦即發現與修正問題，因此企業亦可保有未來的總處理能力。限制理論可以視為改良過的及時制度法版本——在修正損失總處理能力問題的同時仍可保有其它及時制度的優點。

重要辭彙

Binding constraint 結合限制

Carrying costs 持有成本

Constraints 限制

Constraint set 限制組合

Continuous replenishment 持續補貨

Drummer-buffer-rope (DBR) system 限制前題—緩衝—同部制度

Economic order quantity (EOQ) 經濟訂購量

Electronic data interchange (EDI) 電子資料交換系統

External constraints 外部限制

Feasible set of solutions 可行方案組合

Feasible solution 可行方案

Internal constraints 內部限制

Inventory 存貨

Kanban system 看板制度

Lead time 前置時間

Linear programming 線性規劃

Loose constraints 鬆散限制

Nonvalue-added activities 不具附加價值的作業

Objective function 目標函數

Operating expenses 營運費用

Optimal solution 最佳方案

Ordering costs 訂購成本

Production Kanban 生產看板

Reorder point 請購點

Ropes 同步

Safety stock 安全存量

Setup costs 設定成本

Shadow prices 影子價格

Simplex method 單工系統法

Stock-out costs 缺貨成本

Throughput 總處理能力

Time buffer 時間緩衝

Total preventive maintenance 總預防維護

Vendor Kanbans 供貨看板

Withdrawal Kanban 取貨看板

問題與討論

1. 何謂「訂購成本」？並請提出實例說明。
2. 何謂「設定成本」？請以實例說明之。
3. 何謂「持有成本」？請以實例說明之。
4. 請解說何以在傳統的存貨觀點上，訂購成本減少則持有成本卻增加的原因。
5. 請探討傳統上持有存貨的理由。
6. 何謂「缺貨成本」？
7. 請解說如何利用安全存量來因應需求的不確定性。
8. 假設原料的交貨時間是三天，且該原料每天平均使用十二單位，則請購點是多少？如果最高的使用情形是每天十五單位，則安全存量是多少？

9. 何謂「經濟訂購量」？
10. 及時制度採取哪一項方法使總存貨成本降至最低？
11. 保有存貨的原因之一是避免停產。及時存貨管理制度如何處理此一潛在問題？
12. 請解說何以看板制度有助於降低存貨的原因。
13. 請解說何以和供應商之間建立長期的合約關係可以降低原料的取得成本。
14. 何謂「電子資料交換系統」？電子資料交換系統與持續補貨之間有何關係？
15. 何謂「限制」？何謂「內部限制」？「外部限制」指的又是什麼？
16. 何謂「鬆散限制」？何謂「首要限制」？
17. 線性規劃的目的為何？
18. 何謂「目標函數」？
19. 何謂「可行的解決方案」？何謂「可行方案組合」？
20. 請解說圖解線性規劃問題的步驟。當問題包括兩項或三項以上的產品時，應該採取何種方法？
21. 請就限制理論用以衡量組織績效的三項指標，提出定義並討論之。
22. 請解說何以降低存貨可以帶來更好的產品、更低的售價和更快回應顧客的能力。
23. 限制理論用以改善組織績效的五道步驟為何？
24. 何謂「限制前題－緩衝－同步制度」？
25. 假設現有兩項或兩項以上的結合限制，請問經理人如何指出應該優先提升的限制項目？

個案研究

13-1
訂購成本與持有成本

大鷹公司每一年生產大型發電機的同時，需使用 12,000 支炭刷來。發出一份訂單的成本是 $125;持有一單位的存貨之年度期間成本是 $3。目前，大鷹公司每年發出六份單量為 2,000 支炭刷的訂單。

作業：

1. 請計算年度訂購成本。
2. 請計算年度持有成本。
3. 請計算大鷹公司目前的存貨政策的成本。

13-2
經濟訂購量

沿用個案13-1的資料。

作業：

1. 請計算經濟訂購量。
2. 請計算經濟訂購量之下的訂購成本與持有成本。
3. 比較目前每次訂購2,000支炭刷的政策，如果大鷹公司採經濟訂購量的政策可以省下多少錢？

13-3
經濟訂購量

國瑪公司每一年使用28,125英磅的硫磺。發出一份訂單的成本是\$20，且一英磅硫磺的持有成本是\$0.50。

作業：

1. 請計算硫磺的經濟訂購量。
2. 請計算經濟訂購量之下的持有成本與訂購成本。

13-4
請購點

蓋門公司生產除草機。蓋門公司從外部供應商購買一種特殊的啓動零件。這項外購的啓動零件的相關資訊如下：

經濟訂購量	900 單位
每日平均使用量	30 單位
每日最高使用量	50 單位
前置時間	5 天

作業：

1. 假設蓋門公司沒有準備安全存量，則請購點是多少？
2. 假設蓋門公司準備有安全存量，則請購點又是多少？

13-5
考慮設定成本的經濟訂購量；請購點；生產排程

果斯公司製造電視機的外殼：大型外殼和小型外殼。爲了生產不同的外殼，必須設定機器設備。每一次設定都是爲了生產特定規格的外殼。每一生產週期的設定成本——無論規格大小——爲\$2,000。持有小型外殼存貨的成本是每一具外殼每一年\$4。持有大型外殼存貨的成本則是每一具外殼每一年\$6。每一年，果斯公司生產64,000具小型外殼和150,000具大型外殼。每一工作天，果斯公司平均賣出

196具小型外殼和600具大型外殼。設定生產小型外殼或大型外殼的機器設備需要兩天的時間。一旦設定完成之後，分別需要七個工作天和十個工作天來生產一批次的小型外殼和大型外殼。一年當中共有250個工作天。

作業：

1. 為了將小型外殼的總設定與持有成本降至最低，請計算果斯公司每一次設定應該生產多少具的小型外殼。
2. 請計算與小型外殼的經濟訂購量相關的總設定與持有成本。
3. 小型外殼的請購點是多少？
4. 如果討論的是大型外殼，請重覆計算第1題到第3題的答案。
5. 利用經濟訂購批次的數量，果斯公司是否可能生產出和可賣出的數量相等的產量？在這裡，生產排程是否具有任何影響？並請解說你的理由。這是否就是所謂存貨管理的推動制度或拉動制度？並請解說你的理由。

13-6
安全存量

庫德公司自行生產其小型飛機所需要的一項零組件。設定與生產一批次零組件的時間是八天。平均每一天的使用量是250單位，一天的最大使用量是275單位。

作業：假設庫德公司備有安全存量，請計算請購點的數量。試問，庫德公司備有多少安全存量？

13-7
經濟訂購量；安全存量；前置時間；批次數量與及時制度

貝門公司生產摩托車安全帽。安全帽的生產是根據不同的型號與規格，以批次方式生產。每一種型號的安全帽的設定次數與生產時間不儘相同，但是最少的前置時間是六天。最暢銷的型號HA2每一次設定需要兩天，生產比率是每一天750單位。此一型號的預期年度需求是36,000單位。然而這一個型號的需求可以達到45,000單位。持有一單位的HA2的成本是$3。設定成本是$6,000。貝門公司是根據經濟訂購量的條件來決定批次數量，並使用預期年度需求來計算經濟訂購量。

最近，貝門公司遭遇非常強大的競爭——尤其是來自國外的同業。

某些國外的競爭者能以貝門公司所需要的一半時間來生產與運送安全帽給零售商。舉例來說，最近一家大型零售商要求貝門公司在七個工作天內交貨 12,000 頂 HA2 的安全帽。貝門公司備有 3,00O 頂 HA2 的存貨。貝門公司向這位潛在顧客表示，可以立即交貨 3,000 頂，其餘的 9,000 頂則會在十四個工作天內交貨——其間亦可考慮部份交貨的方式。這位顧客否決了貝門公司的提議，並表示貝門公司必須在七個工作天內全部交貨完畢，如此一來這家零售商才可以搶先在部份缺貨地點鋪貨。這家零售商表示他們不得不向另外一個安全帽製造業者訂貨，因爲這一家公司可以在期限內如數交貨完畢。

作業：

1. 請利用經濟訂購量模式，計算 HA2 型號的最佳批次數量。貝門公司向題目當中的潛在顧客的回應是否正確？貝門公司如欲生產顧客指定的數量，是否眞的必須花費那麼多的時間？並請用適當的計算過程來支持你的答案。
2. 在獲悉失去訂單之後，貝門公司的行銷經理對於公司的存貨政策大感不滿。「我們失去訂單的原因正是因爲公司沒有足夠的存貨。我們必須備妥更多的存貨才可以應付像這次一樣的預期外的訂單。」你是否同意行銷經理的看法？爲了滿足顧客的需求，貝門公司必須增加多少額外的存貨？未來，貝門公司是否應該持有更多的存貨？你是否還能想出其它的解決方法？
3. 對於這一次失去訂單的事情，貝門公司的工業工程主管葛方頓反應不儘相同。「我們的問題不單只是存貨不足而已。我知道我們的國外競爭者持有的存貨比我們還要少。我們必須做的是縮減交貨時間。我一直在注意這個問題，而我部門的同仁找出了能夠將 HA2 的設定時間由兩天縮減爲 1.5 小時的方法。利用這項新的步驟，設定成本可以降到 $94 左右。此外，如果重新安排這項產品的生產機器設備位置——也就是建立所謂的製造中心——則生產比率可以由每一天 750 單位提高爲每一天 2,000 單位。我們只須消除耗時的移動時間和等待時間即可，而這些都是不具附加價值的作業。」假設這位主管的估計正確。請利用經濟訂購量公式，計算新的最佳批次數量。

新的交貨時間是多久？根據此一新的資訊，貝門公司是否能夠符合顧客在時限上的要求？假設每一個工作天裡有八個工作小時。

4. 假設設定時間與成本分別降爲 0.5 小時和 $10。請問新的批次數量是多少？當設定時間趨近於零，且設定成本變得很少的時候，隱含著什麼意義？例如，當設定時間只有五分鐘，且每一次的設定成本約爲 $0.864。

13-8
持有存貨的理由

下列均爲企業持有存貨的理由：

a. 平衡訂購或設定成本與持有成本。
b. 滿足顧客需求（例如準時交貨）。
c. 避免製造設備因爲下列原因而停擺：
 (1) 機器故障。
 (2) 零件瑕疵。
 (3) 零件缺貨。
d. 生產過程不可靠。
e. 規避未來價格上漲的風險。

作業：

1. 請解說及時制度的方法如何因應上述問題，並提出不需要持有大量存貨的理由。
2. 限制理論認爲及時存貨管理制度的方法不能夠保護企業的總處理能力。請解說其意義，以及限制理論如何克服此一問題。

13-9
看板制度：電子資料交換系統

海爾公司的產品需要經過兩道製程。第一道製程生產甲零件。第二道製程將甲零件和外購的乙零件組裝成爲最終產品。爲了簡化之便，假設組裝一單位的最終產品所需要的時間和生產一單位的甲零件的時間相同。甲零件是放在容器內，然後送到零組件儲存區。容器外面則附有一張生產看板。另一個容器裡面也放有一個零組件，然後放在靠近組裝線的地方（稱爲「取貨區」）。這一個容器外面則附有一張取貨看板。

作業：

1. 請解說如何利用取貨看板與生產看板來控制兩道製程之間的工作流程。此一方法如何將存貨降至最低水準？
2. 解說如何利用訂貨看板來控制採購零組件的流程？此一作法對於供應商關係有何意義？持續補貨與電子資料交換系統在此一過程中又扮演何種角色？

13-10
及時制度的限制條件

許多企業將及時制度視爲救星——能夠徹底消弭獲利減緩、品質不良、生產效率不彰的問題。及時制度也常常被視爲提升員工工作士氣與自尊的利器。然則及時制度也可能迫使企業必須不斷辛苦地掙扎，甚至帶來相當多的挫折和沮喪。在某些情況下，及時制度的好處似乎不如預期中的好。

作業：請就企業採行及時制度的同時所可能遭遇的限制與問題討論之。

13-11
產品組合決策；單一限制

威爾森公司生產三種 CD 唱片專用的存放架。每一種存放架都需要使用特殊的機器；這一台機器的總產能是每一年 102,000 小時。三種產品的相關資訊如下：

	基本型	標準型	豪華型
售價	$10.00	$15.00	$25.00
單位變動成本	$5.00	$7.00	$12.00
所需機器小時	0.10	0.25	0.75

行銷經理認爲公司生產出來的三種產品均可全數賣出。

作業：

1. 爲了達到最高的總貢獻邊際，威爾森公司必須賣出多少數量的基本型、標準型和豪華型存放架？此一產品組合的總貢獻邊際是多少？
2. 如以前述售價爲準，假設威爾森公司最多只能分別賣出 5,000 單位的基本型、標準型和豪華型的存放架。此時，你會建議什麼樣的產品組合？這個新的產品組合的總貢獻邊際又是多少？

13-12
產品組合決策；多重限制

卡登公司生產兩種齒輪：型號 #12 和型號 #15。每一種產品的銷售量會受到市場需求的限制。就型號 #12 而言，最多只能賣出 15,000 單位；而就型號 #15 而言，最多只能賣出 40,000 單位。每一種齒輪都必須由特殊的機器來製造。卡登公司擁有八台機器，總產能爲每一年 40,000 機器小時。每一單位的型號 #12 需要 2 個機器小時，而每一單位的型號 #15 則需要 0.5 個機器小時。型號 #12 的單位貢獻邊際是 $30，而型號 #15 的單位貢獻邊際則是 $15。卡登公司希望找出能夠帶來最大的總貢獻邊際的產品組合。

作業：

1. 請將卡登公司的問題寫成線性規劃模式。
2. 請計算第 1 題的線性規劃模式的解答。
3. 請找出哪些限制屬於結合限制，哪些限制又是屬於鬆散限制。此外，亦請將這些限制分類爲內部限制或外部限制。

13-13
產品組合決策；單一限制與多重限制

泰勒公司生產兩種具有相同化學原料的工業清潔劑：甲產品和乙產品。每生產一單位的甲產品需要使用兩夸特的化學藥劑；每生產一單位的乙產品則需要使用五夸特的化學原料。目前，泰勒公司備有 6,000 夸特的化學原料存貨。這種原料全部都是進口而來。明年度，泰勒公司計劃進口 6,000 夸特的化學原料以生產 1,000 單位的甲產品和 2,000 單位的乙產品。這兩種產品的單位貢獻邊際明細如下：

	甲產品	乙產品
售價	$81	$139
減項：　變動費用		
直接原料	20	50
直接人工	21	14
變動費用	10	15
貢獻邊際	$30	$60

泰勒公司最近聽說原料受到禁運的緣故已經停產。換言之，泰勒公司將無法依照計畫進口 6,000 夸特做爲明年度的生產之用。已知沒有其它來源可以買到這項化學原料。

作業：

1. 如果泰勒公司可以順利進口6,000夸特的化學原料，請計算泰勒公司可以賺取的總貢獻邊際。
2. 請就泰勒公司持有的6,000夸特的化學原料存貨，訂出最適當的使用方式，並請計算此一產品組合的總貢獻邊際。
3. 假設每生產一單位的甲產品需要3個直接人工小時，每生產一單位的乙產品則需要2個直接人工小時。明年度共有6,000個直接人工小時。
   a. 請將泰勒公司面臨的問題轉換成爲線性規劃公式。公式當中必須以數學符號表示目標函數、原料限制和人工限制。
   b. 請利用圖解法，求算線性規劃問題的答案。
   c. 請計算第2題答案中的最佳產品組合所能創造的總貢獻邊際。

13-14
產品組合決策；單一限制與多重限制；線性規劃之基本概念

裕摩公司利用高度機器化的製造過程生產玉米片和麥片。裕摩公司利用相同的機器設備，但是以不同的設定來生產這兩種產品。就下一會計期間而言，裕摩公司共有200,000個機器小時。管理階層正在試著決定每一種產品的產量。相關資料如下：

	玉米片	麥片
單位機器小時	1.00	0.50
單位售價	$2.50	$3.00
單位變動成本	$1.50	$2.25

作業：

1. 請計算出裕摩公司爲了獲得最大的利潤，每一種產品應該生產多少數量。
2. 受到市場的影響，裕摩公司最多只能賣出150,000包的玉米片和300,000盒的麥片。請問：
   a. 將裕摩公司的問題轉換成線性規劃問題。
   b. 利用圖表求出最佳產品組合。
   c. 請計算最佳產品組合的最大利潤。

13-15
產品組合決策

凱倫公司的工廠共有三個部門，負責生產與銷售三項產品。人工與機器時間會分配至使用每一部門作業的產品上。這三個部門的特色是各自使用的機器加工與人工技術無法互換。

凱倫公司的管理階層目前正在規劃接下來幾個月的生產排程。由於鄰近地區人工短缺，而且工廠機器會因爲修理的緣故而減少產能，因此規劃工作頗爲複雜。

下表列出各部門可以提供的機器時間與人工時間，以及每生產一單位的產品所需的機器小時與直接人工小時。這些資料在未來至少六個月內仍屬有效。

		部門		
單月產能		一	二	三
機器小時		3,000	3,100	2,700
人工小時		3,700	4,500	2,750
產品	每生產一單位的投入			
401	人工小時	2	3	3
	機器小時	1	2	2
402	人工小時	1	2	—
	機器小時	1	1	—
403	人工小時	2	2	2
	機器小時	2	2	1

凱倫公司認爲未來六個月的單月需求分別如下：

產品	銷貨數量
401	500
402	400
403	1,000

未來的六個月期間，存貨水準將不會增加或減少。每一項產品的單位成本與價格資料分別爲：

	產品		
	401	402	403
單位成本：			
直接物料	$ 7	$ 13	$ 17
直接人工	66	38	51
變動費用	27	20	25
固定費用	15	10	32
變動銷售費用	3	2	4
總單位成本	$118	$ 83	$129
單位售價	$196	$123	$167

作業：

1. 請計算凱倫公司每一個月生產產品 401 、 402 和 403 的限制，以判斷凱倫公司是否能夠滿足每一個月的銷售量需求。
2. 請計算爲了達到最大利潤，凱倫公司每一個月各應生產多少單位的產品 401 、 402 和 403 。並請編製表格以說明你的產品組合所帶來的利潤。
3. 假設部門三可以提供 1,500 機器小時，而非原本的 2,700 機器小時。請利用圖解法，計算線性規劃的每月最佳產品組合。並請編製表格以說明此一產品組合所帶來的利潤。

13-16
限制前題－緩衝－同步制度

達客舒坦公司製造兩種阿斯匹靈：普通型和溫和型。凡是製造出來的數量都能全數賣出。最近，達客舒坦公司在它位於史密斯市的工廠施行了限制理論的方法。這座工廠找出了一項結合限制，並已擬訂出最佳產品組合。下列圖表即爲限制理論的分析結果。

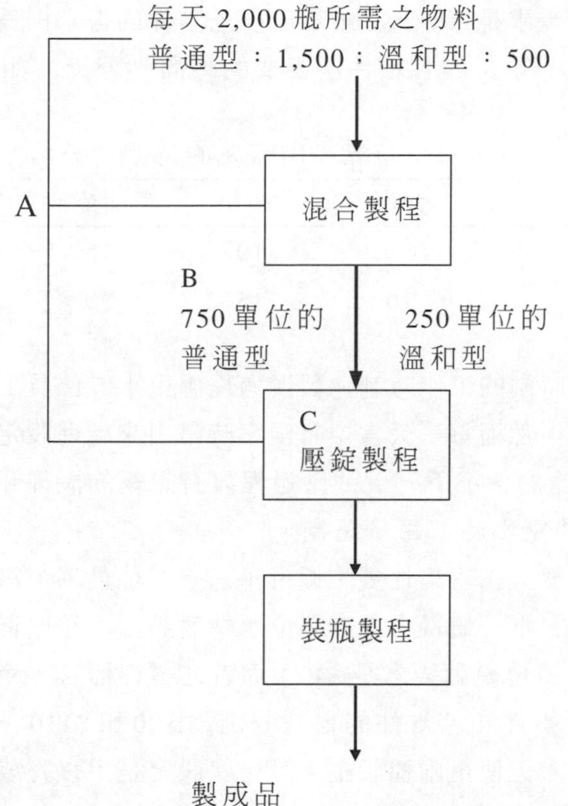

作業：

1. 請問每一天的生產比率是多少？是由哪一道製程決定這個比率？
2. 達客舒坦公司目前持有多少天份量的存貨？此一時間緩衝是如何訂定的？
3. 請解說圖表當中的字母A、B和C分別代表的意義，並請討論這三者在限制理論制度中所扮演的角色。

13-17
確認與善用限制：限制條件之提升

北里公司生產兩種用於醫療儀器的不同金屬零組件（甲零件和乙零件）。北里公司設有三道製程：製模、沖壓與表面處理。製模過程是製造模具，將熔化的金屬液體注入模具當中。沖壓過程是將成型的金屬零組件自模具中移除。表面處理過程是採用人工持小型銼刀將粗糙的表面磨光。製模過程需要1個設定小時；其它兩道過程都不需要設定作業。甲零件的需求是每一天300單位；乙零件的需求則為每一天500單位。每生產一單位的零組件所需要的時間（分鐘）如下：

產品	每單位產品所需要的時間（分鐘）		
	製模	沖壓	表面處理
甲零件	5	10	15
乙零件	10	15	20

北里公司採八小時制的工作時制。製模過程僱用十二位員工（每一位都工作八小時）。然而每一天當中有兩小時是用來處理設定作業（假設兩種產品都生產的情況下）。沖壓過程擁有足夠的設備和人工可以提供12,000個沖壓小時／每一班制。

表面處理部門屬於人工密集性質，僱用了三十五位員工，每一位每一天都工作八小時。唯一值得考慮的單位水準變動成本是原料與電力。就甲零件而言，單位變動成本是$40；而就乙零件而言，單位變動成本則為$50。甲零件和乙零件的售價分別為$90和$110。北里公司的一貫政策是每一天使用兩種設定：第一次設定是用以完成甲零件的所有預定產量，第二次設定則是用以完成乙零件的所有預定產量。預定生產的數量不儘然就是各該產品每天的需求。

作業：

1. 請計算為符合甲零件和乙零件每一天的市場需求，每一天所必須花費的時間（分鐘）。試問，北里公司所面臨的主要內部限制為何？
2. 請說明北里公司應當如何善用其主要的結合限制，另請找出能夠創造最大總處理能力的產品組合。
3. 假設製造工程人員發現了降低製模設定作業時間的方法（由一小時降為十分鐘）。請解說此一發現對於產品組合與每天總處理能力有何影響。

13-18
限制理論；內部限制

百利得公司生產兩種維修零件：甲零件和乙零件。這兩種維修零件是用於頗受市場歡迎的錄放影機。甲零件是由兩個組件組合而成，其中一個組件是由百利得公司自行製造，另一個組件則是購自外部供應商。百利得公司共有兩道製程：製造與組裝。製造過程負責自製零組件。每生產一單位的零組件需要二十分鐘。組裝過程需要三十分鐘的時間來組裝甲零件和四十分鐘的時間來組裝乙零件。百利得公司的工作時制是每天八小時制。每一道製程僱用一百位員工，每一位員工每一天都工作八小時。

甲零件的單位貢獻邊際是 $20，乙零件的單位貢獻邊際則是 $24－－即銷貨收入與原料和電力成本之間的差額。百利得公司可以賣出所有生產出來的數量。此外，百利得公司沒有其它限制。百利得公司可以增加兩項產品的夜班生產線，但是百利得公司沒有必要僱用和原來相同人數的員工。製造過程的單位人工成本是 $8，組裝過程的單位人工成本則是 $7。

作業：

1. 請找出百利得公司所面臨的限制，並以圖表表示之。百利得公司可能有幾項結合限制？百利得公司的最佳產品組合是多少？此一組合每一天可以創造多少的貢獻邊際？
2. 請問限制前題是什麼？另一項限制擁有多少超額產能？假設百利得公司需要準備十五天份量的緩衝存貨來因應生產受到干擾的風險。請利用百利得公司的資料來說明限制前題－緩衝－同步的概念。
3. 請解說何以當地人工效率的衡量指標無法適用百利得公司的限制理論環境。
4. 假設百利得公司決定增加一條 50 名員工的夜班生產線，以提升結合限制的效益。提升結合限制的效益能否改善百利得公司的制度績效？並請以適當的計算過程來支持你的答案。

13-19
限制理論；內部限制與外部限制

行遠公司生產兩種不同型式的腳踏車框架（甲框架和乙框架）。甲框架必須經過四道過程：切割、焊接、刨光和上漆;框架乙則經過相同的三道過程：切割、焊接和上漆。每一道過程都僱用十名員工，每一位員工每一天工作八小時。甲框架的售價是每單位 $40，乙框架的售價則是每單位 $55。原料是唯一一項單位水準變動費用。甲框架的原料成本是每單位 $20，乙框架的原料成本則是每單位 $25。行遠公司的會計制度提出下列額外的作業與產品資訊：

資源名稱	可得資源	甲框架的資源使用：每單位	乙框架的資源使用：每單位
切割人工	4,800分鐘	15分鐘	10分鐘
焊接人工	4,800分鐘	15分鐘	30分鐘
刨光人工	4,800分鐘	15分鐘	—
上漆人工	4,800分鐘	10分鐘	15分鐘
市場需求：甲框架	每日200個	1單位	—
市場需求：乙框架	每日100個	—	1單位

行遠公司的管理階層認爲，所有的生產干擾可以在兩天內解除。

作業：

1. 假設行遠公司可以滿足每一天的市場需求，請計算每一天的可能獲利。現在再請計算行遠公司爲了滿足每一天的市場需求，每一道過程所需要的時間（分鐘）。行遠公司究竟是否能夠滿足每一天的市場需求？如果不能，請問瓶頸在哪裡？你是否可以在不利用圖解的情況下，找出最佳產品組合？如果可以，請解說你是如何做到的。
2. 請將行遠公司面臨的限制畫成圖表，並請計算最佳產品組合以及每一天的最大貢獻邊際（總處理能力）。
3. 請解說何以限制前題—緩衝—同步制度適用於行遠公司的原因。
4. 假設工程部門建議重新設計製程，將甲框架的刨光時間由每單位十五分鐘增加爲二十三分鐘，且將甲框架的焊接時間由每單位十五分鐘增加爲十分鐘。重新設計製程需要 $10,000的成本。請就工程部門提出的建議，提出你的看法與見解。此一提議和限制理論的哪一道步驟相互呼應？

13-20
倫理道德問題

艾麥克和費天美在兩個月前的內部管理會計會議上相遇，之後便開始交往。艾麥克是羅利公司的會計長；費天美則是山普公司的行銷經理。比優公司和和山普公司彼此之間互有競爭－－而羅利公司恰巧是比優公司的主要供應商。羅利公司採取簽訂長期合約的方式來長期提供特定的原料給比優公司。近來，比優公司正在擬訂一套及時採購與及時製造制度。在此同時，比優公司和羅利公司之間已經建立電子資料交換的能力。下列對話係節錄自艾麥克和費天美在午餐時的談話內容。

費天美：麥克，我聽說你們公司和比優公司已經連線設置電子資料交換系統。這是眞的嗎？

艾麥可：沒錯，不過這只是我們嘔心瀝血爲了讓公司賺錢所想出來的方法之一。到目前爲止，這套系統運作都很順利正常。瞭解比優的生產排程有助於穩定我們自己的生產排程。實際上不僅我們已經節省下部份費用成本，比優也得以縮減許多成本。我估計我們和比優公司將可以縮減百分之七到十 (7-10%) 的生產成本。

費天美：聽起來挺有趣的。對了，我可能有機會升爲行銷副總…

艾麥克：眞的，那太棒了！什麼時候會正式宣佈？

費天美：就全看這次和八國公司談生意的結果囉！如果能夠拿下訂單，我想升遷的事情應該就不會有問題。我的主要問題在比優公司。如果我可以知道他們的生產排程，就可以算出他們的交貨時間。如此一來，我們就可以搶在他們之前——就算加班和外包都划得來。我知道八國公司非常重視交貨速度。我們的品質和比優公司一樣好——但是他們的交貨速度似乎比我們還快。我的老闆一定很希望能夠打敗比優公司。最近好幾次的訂單都被比優公司拿走。我還在想你是不是願意幫我這個忙。

艾麥克：天美，妳知道只要我做得到，我一定願意幫妳忙的。但是比優公司的生產排程是機密資訊。如果讓人家知道我把比優公司的生產排程透露給妳知道，我就完蛋了。

費天美：嗯，不會有人知道這件事的。還有，我剛剛才和公司的執行長安湯姆聊天過。我們公司的財務副總即將退休。安湯姆知道你這個人和你的實力。我想他會願意聘請你來擔任我們公司的財務副總，尤其是如果他知道你幫我們解決了八國公司的問題的話。如此一來，你的薪水將增加百分之四十呢！

艾麥克：我不確定。我對這整件事還有點疑慮。如果我在比優公司沒有拿到八國公司訂單之後沒多久，就到妳公司擔任財務副總，似乎有些怪怪的。當然副總的職位和高額的薪資確實很吸引人。如果我繼續待在目前這家公司，恐怕永遠也坐不到副總的位子。

費天美：你考慮看看嘛！如果你有興趣的話，我會安排你和安湯姆吃個飯，當面談一談。他聽我提過這件事情。我相信他一定會保守秘密的。我不認爲這件事會有很大的風險。

作業：

1. 根據上述資訊，艾麥克是否違反了任何內部管理會計的倫理道德標準？請解說你的理由。
2. 假設艾麥克決定提供比優公司的生產排程資訊來交換財務副總的職位。請問他是否違反任何內部管理會計的倫理道德標準？

第十四章
定價與收入分析

學習目標

研讀完本章內容之後，各位應當能夠：

一．探討基本的經濟定價概念。

二．計算成本加成的金額，訂定成本外加的價格。

三．解說目標成本法在定價決策過程中的優點。

四．解說產品生命週期內價格的變動情形。

五．計算銷售價格變數與價格數量變數，並解說如何利用其來控制收入。

六．探討法律制度與倫理道德對於定價之影響。

定價決策是企業所必須面臨的困難度較高的決策之一。本文雖以成本會計與成本管理爲重點，但是仍然利用本章的篇幅來檢視定價的意義與會計人員在定價決策中所扮演的角色。成本對於價格具有重要影響；同樣地，價格對於成本也具有重要影響。企業需要財務資料的時候，無論資料是否與成本或價格有關，會計人員往往被視爲主要的資源。因此，會計人員必須熟知收入資料的來源，同時亦應對於這些資料背後的經濟與行銷概念有所瞭解。

基本的經濟定價概念

學習目標一

探討基本的經濟定價概念。

許多因素都會影響企業的定價決策。舉凡成本、顧客需求、競爭的強弱、時間與策略等都是影響定價決策的重要因素。本節將要探討幾項影響定價的基本經濟概念。這些基本概念包括了顧客需求、需求的價格彈性、與市場結構等。會計人員如能瞭解定價背後的經濟因素以及和行銷相關的概念，將有助於正確地解讀定價資料，輔助企業擬訂足以影響價格的自由度。

顧客需求

顧客需求會影響企業經營的各個階段。一般而言，顧客希望以低廉的價格取得品質優良的產品與服務。顧客需求雖然屬於行銷學的範疇，但是會計人員仍應對於顧客需求有一基本瞭解，尤其是需求與供給之間的互動關係。

假設其它條件不變，當價格較低時，顧客會購買更多的產品；當價格較高時，顧客則會購買較少的產品。**圖** 14-1 當中的斜率遞減需求曲線即代表此一價格與需求呈現反比的關係。需求曲線向右下方延伸的原因是假設其它條件不變，當價格較高時，顧客買得較少；當價格較低時，顧客會買得較多。利用同樣的邏輯可以知道，供給曲線向右上方延伸的原因是當價格較高時，企業願意（也能夠）提供較多的產品；當價格滑落時，企業則會減少產品的供給。供給曲線和需求曲線的交點 (P*) 代表市場均衡。交點對應的價格即爲生產者的供給 (Q*) 等於消費者的需求 (也是 Q*) 時的價格。值得注意的是，如果價格

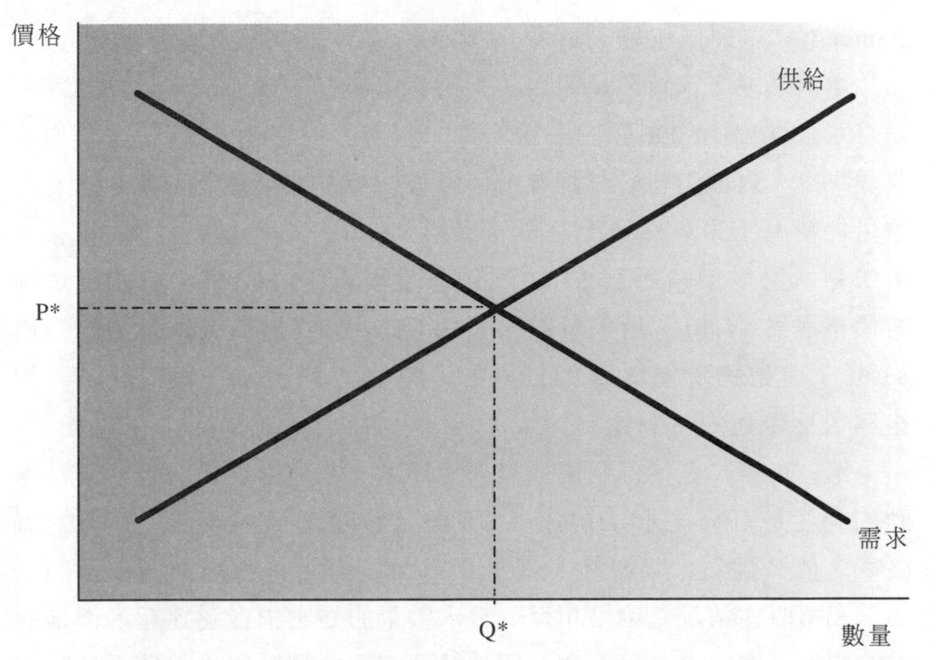

圖 14-1

供需曲線相交所決定之均衡價格

高於 P*，則出現供過於求的現象。在現實生活中，當消費者購買其它產品的時候，生產者就會出現堆積如山的存貨。如果價格低於 P*，則生產者的所有產品會被消費者搶購一空。缺貨和滯銷的情形都有可能會發生。這些現象意味著企業必須提高產量或者提高售價。

除了價格之外，影響需求的因素尚包括顧客收入、產品品質以及產品爲必須品或奢侈品等等。無論如何，基本的需求關係仍然存在，生產者必須瞭解提高售價幾乎無可避免地會造成銷售量下滑的結果。綜而觀之，最足以影響企業調整價格的自由度之因素當爲價格彈性與市場結構。

需求的價格彈性

影響價格與需求數量之間的變動關係的重要因素是**需求的價格彈性** (Price Elasticity of Demand)，亦即需求數量因價格變動而改變的程度。一般而言，具**彈性需求** (Elastic Demand) 的產品是指價格上漲至某一比例時，需求數量減少的程度會超出價格上漲的幅度。同樣地，當某產品價格下降時，需求數量增加的程度超出價格下降的幅度時，稱此產品具有彈性需求。相反的情況稱爲**非彈性需求** (Inelastic

Demand)，亦即價格變動的幅度對應較低的需求數量變動的幅度。

舉例來說，卡特公司印製和銷售藝術海報。目前，卡特公司每一個月可以賣出10,000張的海報，每一張海報的售價是 $4。一旦價格改變之後，對於銷售數量將會有何影響？接下來讓我們一起來看看四種可能情況。第一種情況是價格漲爲 $4.40，銷售量跌爲 9,500 張。第二種情況是價格降爲 $3.60，銷售量增爲 10,500 張。第三種情況是價格漲爲 $4.40，銷售量跌爲 8,500 張。第四種情況則是價格降爲 $3.60，而銷售量則增爲 11,500 張。**圖** 14-2 列出每一種情況下，價格與數量變動的百分比例。

第一和第二種情況都屬於無彈性需求。在這兩種情況下，價格變動的幅度是百分之十 (10%)，然而需求數量卻只都改變了百分之五 (5%)。價格雖然大幅改變，但是相對而言對銷售量的影響卻不大。第三和第四種情況則恰恰相反。需求數量的變動幅度遠遠超過價格漲跌的幅度。換言之，第三和第四種情況都數於彈性需求。值得注意的是，當價格下降時，銷售量明顯攀升；然而當價格上漲時，銷售量則明顯下滑。

企業如果能夠精確地計算出需求的價格彈性——如**圖** 14-2 所示——必能對其決策品質大有助益。如果能夠導出需求曲線的公式，就不難計算出需求的價格彈性。實務上不可能找出百分之百眞實的需求曲線公式，絕大多數的企業也不會願意不斷地調整價格來測試需求的變化。因此，爲了應用彈性的概念，我們必須轉而分析產品與服務的*特質 (Characteristics)*，瞭解這些特質的相對彈性。企業經理人亦可藉此瞭解本身所提供的產品與服務的特質，是否具備、或不具備價格彈性。

圖 14-2

價格改變百分之十 (10%) 對銷售數量之影響：四種情況

	情況	原價	新價	價格改變之百分比	原來數量	新的數量	數量改變之百分比
不具彈性之需求：	1	$4.00	$4.40	10%	10,000	9,500	5%
	2	$4.00	$4.36	10%	10,000	10,500	5%
具有彈性之需求：	3	$4.00	$4.40	10%	10,000	8,500	15%
	4	$4.00	$4.36	10%	10,000	11,500	15%

具備彈性的特質

價格上具有彈性的產品往往有許多替代品，不屬於基本生活必需，而且相對其它產品而言，往往佔了消費者收入的一大部份。舉凡電影票、餐廳的餐飲和汽車等的需求曲線都具有相對的彈性。顯而易見地，看電影和上餐廳吃飯並非生活必需，而且擁有許多替代品。對電影院業者而言，除了看電影之外，消費者可以看電視、看書、觀賞錄影帶、外出用餐、欣賞戲劇或聽音樂會、或者只是散散步而已。汽車的需求同樣具有彈性，因爲汽車的價格較高。一旦價格稍有調降，往往會吸引更多的消費者願意購買新車（或者第二輛、第三輛車）。

價格不具彈性的產品，其替代品較少，而且屬於基本生活所必需，但相對非必需品而言，往往僅佔消費者收入的一小部份。舉凡醫師開立的藥劑、電力和電話等都是一般價格不具彈性的產品。電費費率提高的時候，用電情況往往不會出現明顯的縮減。電力被視爲現代生活的必需品，消費者使用電力的情形基本上不會出現太大的改變。此外，實務上很難立即改變電力的需求。長期而言，消費者可能利用更具省電效益的電器用品來取代耗電的電器用品，但是這樣的改變並非因爲費率上漲的立即影響。玩具反斗城的執行長 Michael Goldstein 就曾經表示：「我記得曾經和一些正要離開位於威爾斯分店的顧客聊天。我向他們詢問喜歡來這家商店消費的原因，所有人的回答都是商店裡的產品種類齊全。根本沒有顧客注意或關心價格的問題——而定價卻是我們公司最重視的部份。」由於相較之下需求不具彈性，因此玩具反斗城在歐洲的定價比美國地區的定價高出了百分之三十到五十 (30-50%) 的水準。此一作法的根據當然是因爲相較於價格的上漲幅度，調價對於不具需求彈性產品的需求量影響並不大。

瞭解特定產品或服務是否具有價格彈性，有助於企業瞭解漲價或降價對於銷貨數量與銷貨收入的影響程度。舉例來說，康柏電腦 (Compaq Computer Corp.) 開發出一套以試算表爲基礎的同步程式，可以模擬顧客需求、定價、經銷商存貨、與競爭者的可能行動等內容。這套程式的關鍵資料即爲個人電腦的預估需求彈性。目前，這套軟體和其產生的重要資訊已經正式運作，協助康柏電腦引介新電腦，並擬訂新電腦的價格。

定價政策

現今的企業多半業已根據價格彈性的概念，發展出定價政策。當代的定價政策與以往的單一價格策略恰成對比。所謂**單一價格策略** (One-price Policy)係指企業向所有的顧客收取同樣的價格，而不考慮不同的產品具有不同彈性的問題。美國地區大多數的零售商店均採取單一價格的政策。價格標籤都打印在產品上面，絲毫沒有討價還價的餘地。

此一單一價格的作法代表著企業並不考慮消費者的收入或對於產品的需要。單一價格政策的優點之一是相對之下，其所發生的人事成本較低；銷售人員不需要和消費者們一一討價還價。

針對同一產品，企業向不同的顧客收取不同的價格時，即爲**變動定價政策** (Variable Pricing Policy)。此一作法尤以不動產業與汽車業最爲常見。此外，舉凡傳統市集和傳統市場等處也常見差別定價的情形。典型的變動定價作法是銷售人員會先提出一個較高的價格，看看是否能夠遇到需求彈性相較較低的顧客。如果沒有這樣的顧客出現，那麼銷售人員就會將原先的價格稍微降低一點——賣給需求彈性相較較高的顧客（或者只是殺價能力較好的顧客）。

變動定價政策的一項變數是**次級市場折扣** (Second-market Discounting)。企業可以過剩產能與不同的需求彈性，向主要市場收取較高的價格，向次級市場收取較低的價格。採行此一作法的先決條件是市場不具交流性。所謂的**交流** (Arbitrage) 係指以較低價格買到產品的顧客可以將產品賣給其它的顧客。顯而易見地，如果具有需求彈性的顧客將取得的產品再賣給不具需求彈性的顧客，且後者所能拿到的價格比直接向原賣主購買的價格更低的話，那麼次級市場折扣的作法便不適用。

舉例來說，航空公司將商務旅客定義爲主要市場。這些旅客對於航空飛行的需求上不具彈性。商務旅客需要能夠在起飛前一刻才購買機票、能夠隨時改變預訂行程、能夠在週一至週五的正常工作時間內飛行等的彈性。另一方面，渡假的旅客在航空飛行的需求上則具有相當大的彈性。低廉的票價可能是他們選擇搭乘與否的主要誘因。如果航空公司能夠載滿願意支付全額票價的商務旅客，相信所有的航空公司都會願意這麼做。只可惜實務上不太可能經常發生。再者，塡滿飛機上的空位的邊際成本很低，因此航空公司才會有所謂的差異化定價的作法。對於在需要的時候才緊急購買機票的旅客、對於選擇在週一至週五飛行的旅客，航空公司多半收取全額的票價。對於在出發前七到二十一天就預先買好機票、而且行程中包括星期六晚上（通常商務旅客都無法或不願意接受的行程）的旅客，航空公司則會收取較低的票價。一般而言，航空公司多半在週末例假日的時候會出現剩餘產能。

另一個例子則是報紙或雜誌給予新訂戶的優惠折扣價格。「促銷」價的用意在於吸引潛在的訂戶——需求彈性較大，而非既有的訂戶。某些企業甚至針對不同市場的需求彈性差異，分別擬訂複雜的定價政策。可想而知，需求彈性只是影響價格的眾多因素之一。另一項足以決定價格的重要因素則爲市場結構。

市場結構與價格

如果企業能夠更進一步地分析其產業的市場結構，相信可以更加瞭解需求曲線的意義。一般而言，經濟學者將市場分爲四種類型：完全競爭市場、獨佔競爭市場、寡佔市場和獨佔市場。這四種類型的市場差別在於買賣雙方的多寡、產品獨特程度、企業進出市場的相對自由程度（例如進入障礙）等等。

完全競爭市場 (Perfectly Competitive Market) 係指買方和賣方的數目很多，沒有任何一個買方或賣方的規模大到足以影響市場，買賣的是同質產品（即某家公司的產品基本上和另一家公司的產品一模一樣）、而且進出產業相當容易的市場。競爭市場裡面的所有企業都是價格接受者。所謂「**價格接受者**」 (Price Takers) 係指無法影響價格的企業。這些企業無法收取比市價更高的價格，因爲如此一來他們的產品將會乏人問津。這些企業不會也沒有必要提出低於市價的價格。種植小麥的農夫就是典型的價格接受者。由於進入障礙很低，所以種植小麥的農夫比比皆是，也因此沒有任何一位農夫能夠影響小麥的價格。這一位農夫種植的小麥和另一位農夫種植的小麥並沒有特別的差異；買方很容易就能夠取得關於小麥價格、品質和數量等的資訊。

完全競爭市場的極端是**獨佔** (Monopoly)。由於獨佔市場的進入障礙很高，因此市場上只有唯一的一家生產者。換言之，產品是獨一無二的。此一環境造成獨佔企業成爲價格制定者。然而獨佔企業可以制定價格的事實不代表它可以強迫消費者購買。獨佔市場代表著獨佔企業可以收取比自由競爭市場更高的價格（而且往往銷售量較少）。某些獨佔事業受到法律的保護，因此形成很高的進入障礙。美國的郵政總局和地區性的有線電視業者就是常見的獨佔事業。其它獨佔事業的形成可能是由於專利的保護、特殊技術、或者生產設備成本過高等原因，有效地阻隔了其它企業加入的能力或意願。沒有受到法律保護的獨佔事業往往也很脆弱。潛在競爭者爲了優於平均水準的利潤，往往會試圖進入獨佔市場。因此，獨佔業者可能提出接近市場競爭水準的價格，來阻擋其它競爭者的進入。

獨佔競爭 (Monopolistic Competition) 市場同時兼具了獨佔市場與完全競爭市場的特色，但是本質上比較接近競爭市場。基本上，獨佔競爭市場的買方與賣方家數很多，但是各個產品之間仍有某些差異存在。餐廳就是很好的例子。每一家餐廳都提供餐飲服務，但是業者往往會提出一些不同的特色——異國風味的餐點、接近辦公大樓或學校的地緣之便、氣派或家居的用餐環境等等。獨佔競爭業者會利用各種方式調至比完全競爭價格稍高一點的價位，因爲消費者會願意爲了這些獨特的特色而支付較多的價錢。

寡佔 (Oligopoly) 市場的特色是賣方的數目不多，但並非只有唯一的一家。基本上，進入寡佔市場的障礙也相當高，而且屬於和成本相關的障礙。舉例來說，穀類麥片產業呈現家樂氏 (Kelloggs)、通用米爾 (General Mills) 和桂格 (Quaker Oats) 等三雄鼎立的局面。此一市場結構並非因爲製造玉米片的成本過高，而是因爲這三家廠商投注了龐大的銷售費用（例如廣告、賣場的上架費用等）有效地扼阻小型競爭者的加入。寡佔業者具有一定的市場力量來決定價格，但也必須隨時注意其它競爭者的行動。在經濟學的理論當中，寡佔市場是最「混亂」的市場。寡佔業者既非價格的接受者，亦非價格的制定者。事實上，寡佔業者擬訂的價格往往和競爭者的價格具有密切關連。通常在寡佔市場上會出現一位價格領導者，其它的寡佔業者自然而然就

市場結構類型	產業內企業家數	障礙進入	產品獨特性	與市場結構類型相關之費用
完全競爭	多	很低	不具獨特性	無特別費用
獨佔競爭	多	低	具有某些獨特性	廣告，折價券，差異化成本
寡佔	少	高	相當獨特	差異化成本，廣告，折價券
獨佔	僅此一家	很高	非常獨特	法律與遊說費用

圖 14-3
市場結構與特色

會追隨價格領導者的定價。價格領導者可能會提高價格，測試看看其它廠商是否跟進。如果其它廠商並未跟進，代表率先調價的廠商不再是價格領導者，因此往往會隨即再調降價格。多年來，通用汽車始終是美國汽車產業的價格領導者。然而時至今日，情況已經改變，原因之一是美國的汽車市場的寡佔力量逐漸減弱。隨著全球競爭轉趨激烈，競爭者的家數不斷增加，汽車工業也逐漸趨向獨佔競爭的局面。

圖 14-3 說明了各種市場結構及其個別的特色。企業必須瞭解所屬產業的市場結構，以做爲定價決策的參考依據。值得注意的是，不同的市場結構在供給面或成本面上亦有其不同的意涵。處於完全競爭產業的企業的行銷成本（例如廣告、定位、折扣、優惠券等）會比獨佔競爭的企業較低，因爲後者必須不斷地強化消費者的認知——他們的產品是獨樹一幟的產品。獨佔業者毋須花費高額的成本來喚醒消費者對於產品的印象。儘管如此，獨佔業者往往必須投注龐大的成本（例如歸類爲行政管理費用的法律費用和遊說費用等）。

成本基礎定價法

學習目標二

計算成本加成的金額，訂定成本外加的價格。

需求和供給分佔定價公式等號的兩端。由於收入必須超過成本才有獲利可言，因此許多企業採取先找出成本再來定價的作法。換言之，這些企業會先算出產品成本，然後再加上預定的利潤。此一方法相當直接明瞭。通常是以某一成本為基礎，然後再加上成本加成的部份。成本加成(Markup)係指成本基礎的百分比例；成本加成包括預定的利潤以及成本基礎所未涵蓋的所有成本。參與競標的企業往往都是根據成本來擬訂競標價格。

以根據顧客指定的規格來裝配與安裝電腦的艾文公司爲例說明之。零組件與其它直接物料的成本很容易追蹤。同樣地，直接人工成本也很容易追蹤至每一項工作。裝配員工平均每一小時的工資是 $12，艾文公司支付的福利約爲工資的百分之二十五(25%)。去年度，艾文公司總共完成了 650 件工作，平均每一件工作花費五小時。包括水電、小型工具、建物空間等在內的費用共計 $80,000。去年度，艾文公司的損益表如下：

銷貨收入		$856,500
銷貨成本：		
直接物料	$585,000	
直接人工	48,750	
費用	80,000	713,750
毛利		$142,750
銷售與行政費用		25,000
營業收益		$117,750

假設今年度，針對每一項工作，艾文公司想要賺到和去年相同的利潤。艾文公司可以加總銷售和行政費用，以及營業收益之後的總數除以銷貨成本，然後求出成本外加的金額。

銷貨成本的成本外加 = （銷售與行政費用 + 營業收益） / 銷貨成本
= ($25,000 + $117,750) / $713,750
= .20

已知銷貨成本的成本外加是百分之二十 (20%)。值得注意的是，百分之二十的成本外加包含了利潤以及銷售與行政成本。成本外加的金額並非純利。

計算成本外加的時候，可以採用不同的成本基礎。顯然地，就艾文公司而言，外購物料的成本是所有成本當中比例最高的項目。去年度，物料成本甚至超過所有其它成本與利潤的總和。

物料成本的成本外加
=（直接人工 + 費用 + 銷售與行政費用 + 營業收益）/ 物料成本
= ($48,750 + $80,000 + $25,000 + $117,750) / $585,000
= .464

假設作業水準與其它費用不變的情況下，當直接物料成本的成本外加是百分之四十六點四 (46.4%) 的時候，艾文公司可以賺到和去年一樣的利潤。成本基礎與外加比例的選擇往往以方便爲主要考量。如果艾文公司發現基本上人工與物料成本呈同比例變動（例如比較貴的零組件需要比較多的設定時間），且物料成本比銷貨成本更容易追蹤的時候，物料成本會是比較理想的成本基礎。

爲了說明如何利用成本外加的方法來競標，假設艾文公司有機會參與當地一家保險公司的競標。競標的工作需要艾文公司根據特定的要求來裝配 100 台電腦。艾文公司預測這項工作將會發生下列成本。

直接物料（電腦零組件、軟體、連接線）	$100,000
直接人工 (100 × 6 小時 × $15)	9,000
費用〔直接人工成本的百分之六十 (60%)〕	5,400
預估銷貨成本	$114,400
外加百分之二十 (20%) 的銷貨成本	22,880
競標價格	$137,280

換言之，艾文公司的原始競標價格應爲 $137,280。值得注意的是，前述價格只是競標過程中的第一個價格。艾文公司可以參考競爭者的價格與其它因素予以調整。成本外加只是一個大原則，而不是絕對的標準。

如果艾文公司針對所有的工作都採取外加百分之二十的方式來處理，是否就保證艾文公司可以獲利？事實並不然。如果艾文公司只拿到少數標單，那麼所有的成本外加部份會偏重銷售與行政費用——沒有明文規定包含在投標價格裡的部份。

成本外加定價法經常爲零售業者所採用；一般而言，零售業者多採百分之百 (100%) 的成本外加金額。換言之，如果葛雷漢百貨公司買進一件毛衣的成本是 $24，則零售價格就是 $48[$24 + (1.00)$24]。

各位應該瞭解，百分之百的成本外加並非純利；其中還包括了職員的薪資、賣場空間和設備（例如收銀機等）的費用、水電和廣告等等。成本外加定價法的優點之一是很容易訂出成本外加的標準。以本章首頁圖片當中的陶藝店爲例，這家店面銷售各式各樣的商品，從玻璃製品和陶器，到傢俱和布料，如果每一件商品的定價都要考慮供給與需求的問題，則其工程之艱鉅浩大實在難以想像。如果改採以標準的成本外加比例的定價方法就會簡單許多；如遇需求低於預期水準的情況，則再做適當的調整即可。

目標成本法與定價法

學習目標三

解說目標成本法對於定價的好處。

本章的前半部檢視了企業利用成本來決定價格的方法。現在我們則是由後往前推演，探討價格如何能夠決定成本。**目標成本法** (Targeting Costing) 係指根據顧客願意支付的價格（目標價格），來決定產品或服務成本的方法。

大多數的美國企業和近乎全部的歐洲企業是以成本和預定利潤的總和來訂定新產品的價格。此一作法的理論基礎是企業必須賺取足夠支付成本並獲得利潤的收入。管理學大師彼德．杜拉克 (Peter Drucker) 曾經表示：「消費者並不認爲保證生產者能夠獲利是他們的責任：這是事實但非眞理。企業在擬訂價格的時候，唯一的健全的方法是瞭解市場願意支付的價格。」

目標定價法是由價格來推算成本的一種方法。行銷部門找出消費者最能夠接受的產品特色與價格。然後，工程師們必須設計、開發出符合前述成本與利潤等條件的產品。日本企業已經採行此法多年；美國的企業則正在開始採用目標成本法。舉例來說，博能公司 (Borland International Inc.) 在開發一九九三年版的視窗視算表 Quattro Pro® 時，便是採用目標成本法。這項軟體的定價是 $49（Lotus® 和 Microsoft® 的同類型軟體定價都是 $495），目的便在於吸引新的試算表使用者。「當我們在研發這套軟體的時候，我們便已設定這套軟體的價格與其所訴求的消費者。這套軟體可以說是專爲這些消費者所設計的。前述談話內容當中所指的產品特色包括了清楚的操作說明、爲常見的十五種用途所預設的試算表格式、和互動式下拉教學說明等。Quattro Pro® 內建式設計的用意並非僅止於減緩第一次使用者的不安如此而已。事實上，$49 的定價根本不足以讓博能公司支付回答數以萬計要求技術協助的電話之費用。

零售商店利用特殊的價格來吸引顧客的作法，其實也是目標成本法的另一種型式。舉例來說，許多百貨公司和服飾公司合作開發自營品牌。這些自營品牌的商品往往品質優良、成本低廉，而且價格比同質品牌的商品要低許多。自營品牌賦予店家定價上相當的彈性。舉例來說，百貨公司業者可能並沒有自行製造毛衣，但是卻可以找到能以特定價格——足以讓百貨公司實現目標價格與利潤的價格——出售特定品質的毛衣供應商。

再以前文當中的艾文公司爲例說明之。假設艾文公司發現出標的保險公司不會考慮標價超過 $100,000 的標單。艾文公司的成本外加價格卻已經達到 $137,280。那麼艾文公司是否根本沒有任何勝算？事實不然，只要艾文公司把競標價格降到和顧客希望的水準一樣即可。各位應該記得，原始的標單上面需要 $100,000 的直接物料和 $90,000 的直接人工。如果艾文公司能夠調整物料的成本，便可節省下可觀的成本。由於顧客提出了特定的要求，因此艾文公司必須判斷比較便宜的零組件是否能夠符合保險公司的目標。假設這家保險公司要求每一個硬碟的空間都必須能夠大到足以容納特定的軟體，且硬碟空間的最低標準是 100MB。艾文公司提出的原始標單內是採用容量爲 300MB、速度稍微慢一點的硬碟。如果艾文公司把硬碟空間減少成爲 150MB，那麼便可節省下 $24,000 的成本。改用價格較高的螢幕，則不需要安裝螢幕保護軟體（如此一來，每一台電腦的成本將增加 $20），那麼每一台電腦就可以節省下 $30 的軟體成本和十五分鐘的直接人工時間（每一小時 $15）。整體來看，每一百台電腦就可以節省下 $13.75 [($30 + $3.75) - $20]的成本。截至目前爲止，艾文公司已找出下列成本。

直接物料 ($100,000 - $25,000)	$75,000
直接人工 (100 × 5.75 小時 × $15)	8,625
總主要成本	$83,625

各位應該記得，艾文公司係以直接人工成本的百分之六十 (60%) 的比率來分配費用成本。然而為了取得這項工作，艾文公司必須重新精打細算一番。由於採購作業減少（不須購買螢幕保護軟體）、測試作業減少（容量較小的硬碟所需之測試時間較少），發生的費用成本也會稍減。這項工作的費用可能是 $4,313〔直接人工成本的百分之五十 (50%)〕，亦即該工作的成本就是 $87,938 ($4,313 + $83,625)。

即便如此，艾文公司還是無法支付所有的成本。還有行政成本和預定利潤尚未納入考量。如果艾文公司採用百分之二十 (20%) 的成本外加標準，那麼競標價格應當是 $105,523。仍然超出保險公司的接受範圍。於此，艾文公司必須考慮是否還可以節省下任何其它的成本；再不然，艾文公司必須考慮縮減預定利潤和行政費用。各位應該已經明白，目標成本法是一道互動的過程。艾文公司必須重覆同樣的分析和計算，直到找出能夠實現目標成本的方法或者直到確定無法實現為止。然而值得注意的是，在顧客的價格底限已知的情況下，艾文公司仍然還有勝算的可能。

另外還有一項必須釐清的課題。更換原始標單裡的零組件以達到目標成本的作法是否符合倫理道德標準？答案是沒有，因為新的零組件同樣符合顧客的要求，而且會在新的標單裡面註明清楚。事實上，艾文公司的原始標單內容已經超出顧客要求的標準。如果顧客想要買雪佛蘭的車子，我們沒有必要賣給他們勞斯萊斯的車子，尤其不必以雪佛蘭的車價來賤售勞斯萊斯的車子。然而如果根據艾文公司的專業見解認為顧客應該提升配備規格的話，應該在標單上另行註明。舉例來說，假設艾文公司知道保險公司的文字處理程序必須搭配容量更大的硬碟空間，便應明白告知顧客，並建議顧客升級硬碟的配備。

目標成本法的內容非僅止於成本外加定價法而已。如果成本外加的價格高於顧客願意接受的價格，我們就必須再做進一步的調整。換言之，企業必須開始不斷地試算為了達到目標成本所允許發生的成本，或者考慮喪失市場的機會成本。舉例來說，美國的消費電子產品市場如果採行成本外加定價法的話，將會因為售價節節攀升而遭到淘汰的命運。採行目標成本法的日本（或韓國）業者不斷推出更低的價格，反而鯨吞蠶食了美國的消費電子產品市場。

目標成本法最適合用於產品生命週期當中的設計與開發階段。在這個階段中，企業比較能夠自由地調整產品的特色與成本。

生命週期定價法

學習目標四

解說產品生命週期內價格的變動情形。

各位應該記得，就行銷觀點而言，產品生命週期可以分為四個不同的階段：引進、成長、成熟與衰退。然而為了生產的目的，還可以再增加另一個階段——開發。企業可以基於長遠的觀點，根據產品生命週期來擬訂價格。接下來要介紹的是以產品生命週期為基礎所發展出來的策略，由於產品的內容不儘相同，而且不同的公司可能採行不同的策略，端視其市場結構和需求的價格彈性等而定。

開發階段

開發階段屬於產品生命週期的第一個階段。在開發階段的時候，設計人員與工程師進行產品的設計與開發工作。開發階段對於成本管理非常重要，因為產品成本當中絕大部份的比例是在產品設計階段便已「定死」。開發完成之後，到了生產階段就很難輕易地更改物料和生產製程。舉例來說，以迪吉多公司 (Digital Equipment Corporation) 為例，這家公司的經理人便曾表示產品開發階段「就像一道很長的影子」，因為迪吉多公司產品成本中約有百分之七十 (70%) 都是在開發階段便已決定。

目標成本法最適合用於產品開發階段。在這個時間點上，產品仍然處於原型階段。設計與開發人員仍有充份的時間進行測試，設計出顧客期望的產品特色。公司仍有時間確認顧客願意支付的價格。設計與開發成本屬於已經實現的成本，而且有可能佔了新產品投資的極大比例。舉例來說，汽車製造業者目前多在進行反向工程，亦即買回競爭者的汽車，拆開來研究這些車輛的內部設計與運作原理。福特汽車公司便是利用反向工程的模式設計出鈦星汽車這一款車輛。反向工程屬於以顧客為中心的方法，因為業者係根據目前市場上暢銷的產品，然後根據已經被消費者接受的概念來開發屬於自己的新產品。

引進階段

到了引進階段的時候，產品已經生產出來，並已在市場上推出銷售。此一階段的產品價格取決於產品的特色與市場的反應。企業可能藉由滲透定價法來採行低價策略，亦可能藉由吸脂定價法來採行高價策略。

在某些情況下，身處引進階段的企業會收取非常低廉的價格。**滲透定價法** (Penetration Pricing) 係指產品定在非常低的價位，甚至已經低於成本，以期快速攻下市場佔有率。此一方法尤其適用於產品或服務非常地新，而消費者對於產品或服務的價值極不確定的情況。滲透定價法與掠奪定價法並不相同。兩者的主要差異在於內容的不同。滲透定價法的目的並非摧毀競爭者。舉凡新開業的會計師事務所、律師和其它專技人員等常會使用滲透定價法來建立自己的消費群。

滲透定價法亦可適用於基本上消費者已經熟悉的產品，以期迅速地取得可觀的市場佔有率。舉凡折扣、折價券和折讓等促銷策略都是採取降價的方式。舉例來說，從事民生消費用品的企業在推出新的肥皂和穀類食品的時候往往會提供大量的免費樣品和折價券。

另一項常用於引進階段的策略是**吸脂定價法** (Price Skimming)，也就是在產品生命週期的初始階段收取較高的價格。基本上，企業利用此法來搜括市場的油脂。此法最適用於產品很新、只有一小部份的消費者瞭解新產品的價值，而且企業居於寡佔優勢的情況。採取吸脂定價法的企業希望藉由一開始的高價來回收研發費用。此一作法的成本考量係因爲在開始生產的階段當中，經濟規模尚未建立，學習效果也還沒有出現。舉例來說，在一九六O年代末尾，惠普公司 (Hewlett-Packard) 生產掌上型計算機。這些掌上型計算機在當時屬於前所未見的新產品，而且價格非常昂貴。每一台掌上型計算機的定價超過美金四百元。在當時，只有工作上會使用到計算機的科學家和工程師肯定這項產品的需求。然而隨著掌上型計算機的市場逐漸打開，生產技術逐漸改良，價格也隨之大幅滑落。到了一九八O年代，小型的太陽能計算機已經普及、廉價到做爲雜誌新訂戶的贈品。

顯然地，引進障礙是吸脂定價法存在的有力基礎。製藥業者推出新藥的時候往往收取很高的價格。當專利期間屆滿、更新的改良藥品問世的時候，價格便加速滑落。

成長階段

產品生命週期的成長階段的特色是銷售量與產量的快速成長。如果在引進階段採取的是滲透定價法，那麼產品生命週期的成長階段的價格會進一步地攀升。由於折價券與折扣的取消，價格勢必增加。另一方面，銷售量與產量提高的的事實顯示出，原生產者還沒有遭遇到強大的競爭，或者市場規模很大，足以容納所有的企業加入陣容。如果在引進階段採取的是吸脂定價法，那麼到了成長階段，價格會下跌——但是跌幅不致過大，用意在於鞏固市場。

成熟階段

隨著產品逐漸成熟，價格可能隨之滑落。其原因有很多。就成本面觀之，學習曲線已經發揮效果。生產者已經熟悉新產品的生產技術。生產問題已經獲得解決。再以前文當中的掌上型計算機爲例說明之。由於生產技術改良、市場規模大幅增加而能夠帶來可觀的經濟規模、競爭者加入等原因，掌上型計算機的價格節節下滑。當然價格滑落的另一項可能原因是一開始預期的市場不儘正確。試想在一九六六年的時候，有誰能夠料想到短短十五年之後很多人不止擁有一台計算機的景象？

衰退階段

產品生命週期的衰退階段意味著整個產業的收入呈現衰退。根據實務經驗顯示，到了此一階段，市場往往出現頗大的變動，變動之後僅有部份企業能夠存活。由於尙有部份忠誠顧客需要這樣的產品，因此價格可能偏高。存活下來的企業會因爲市場缺乏潛力，如果收取低價，可能不足以帶來足夠的收入而轉而收取較高的價格。種種原因的結果便是存活下來的企業或可繼續享有高額的利潤。

價格與控制

學習目標五

計算銷售價格變數與價格數量變數，並解說如何利用其來控制收入。

企業在擬訂價格的時候，會計人員必須扮演蒐集資訊的重要角色。而企業在評估價格與收入對於利潤的貢獻的控制階段時，會計人員同樣扮演著重要的角色。傳統上，會計人員追蹤價格與收入的方法是變數分析。

銷售價格與價格數量變數

由於實際價格和預期價格不同，或者由於實際銷貨數量和預期銷貨數量不同的關係，實際收入和預期收入之間可能會產生差異。**銷售價格變數** (Sales Price Variance) 係指實際價格和預期價格之間的差額，乘上實際銷貨數量後的乘積。如以公式表達，則如以下型式。

銷售價格變數 =（實際價格 - 預期價格）×銷貨數量

價格數量變數 (Price Volume Variance) 係指實際銷貨數量與預期銷貨數量之間的差額，乘上預期價格後的乘積。如以公式表達，則爲如下型式。

銷貨數量變數 =（實際銷貨數量 - 預期銷貨數量）×預期價格

誠如所有的變數一樣，如果變數所能增加的利潤高於預期金額，則銷售價格變數與價格數量變數爲正值；如果變數所能增加的利潤低於預期金額，則銷售價格變數與價格數量變數爲負值。

假設阿爾莫公司生產農產品。五月份的時候，阿爾莫公司預期銷售 20,000 英磅的農產品，平均售價爲每英磅 $0.20。實際的銷貨數量爲 23,000 英磅，總收入則爲 $4,370。銷售價格變數爲負的 $230 [($0.20 × 23,000) - $4,370]。值得注意的是，由於每英磅的實際售價爲 $0.19 ($4,370 / $23,000)，低於預期售價的 $0.20，因此產生負的銷售價格變數。至於價格數量變數則爲正 $600 [(23,000 - 20,000) × $0.20]。價格數量變數爲正，因爲實際銷貨數量高於預期銷貨數量，亦即此一變數增加了阿爾莫公司的收入。

銷售價格變數與價格數量變數的和稱爲**總（整體）銷售變數**[Total (Overall) Sales Variance]。顧名思義，總銷售變數代表著實際收入和預期收入之間的差異。將整體銷售變數細分爲價格和數量的部份有助於經理人更加瞭解實際收入和預算收入之間產生差異的原因。

會計人員計算與獲利相關的變數（本書將在第十五章時再做討論）和成本導向的變數（本書將在第十七章時再做討論）時，往往也會計算銷售變數。値得注意的是，這些變數只是提醒經理人注意定價與銷售情況的警訊。誠如所有的變數一樣，吾人必須仔細分析重要的變數以期找出預期結果和實際結果之間產生差異的背後原因。當銷售價格變數爲負時，原因可能在於爲了配合競爭者的價格而臨時提出的價格折扣。銷售價格變數與價格數量變數之間乃交互相關。舉例來說，負的銷售價格變數可能會造成正的價格數量變數，因爲較低的價格有助於提高銷貨數量。

評估收入的其它方法

企業可能會利用作業指標來衡量銷貨收入。舉例來說，航空公司就經常會計算每一飛行哩數的收入，零售業者經常計算每一平方英呎的銷貨收入。購物中心裡的小型專櫃可能會認爲每一平方英呎 $80 的平均銷貨收入可謂不錯的表現。另一方面，大型超市業者 Wal-Mart 計算出其折扣店每一平方英呎可以創造 $275 的銷貨收入。相較之下，其位於加拿大的分店每一平方英呎 $72 的平均銷貨收入代表著這些分店仍有相當大的改善空間。

銷貨收入之作業指標的價値在於其具有所屬產業的特性，並可用於和產業的平均數據做一比較。換言之，個別的企業可以瞭解相較於同一產業的其它公司，自己的績效是優於平均或是低於平均。

法律制度、倫理道德與定價方法

學習目標六

探討法律制度與倫理道德對於定價之影響

消費者和成本都是決定價格的重要經濟因素。美國聯邦政府在企業的定價決策上同樣具有重要影響。長期以來，美國政府制定了許多法令來規範企業定價的水準與方式。諸多規範定價的法令背後的基本原則爲：企業之間的競爭是良性的，應該受到法律的鼓勵。因此，企業之間的聯合定價行爲以及迫使競爭者退出的故意行爲都會受到法律的禁止。

美國政府制定了許多法律來規範企業的經營。**圖** 14-4 舉出一些會影響企業競爭的法規，其中包括了聯邦貿易委員會的成立以及國際貿易方面的規定。每一類的法規都會影響企業的定價決策。舉例來說，鼓勵企業良性競爭的法律就禁止獨佔行爲〔雪曼法案 (The Sherman Act)〕、價格歧視〔羅賓森.派特曼法案 (The Robinson-Patman Act)〕等。聯邦貿易委員會 (The Federal Trade Commission, 簡稱 FTC) 成立的宗旨則在推動施行政府的各項相關法令規章。

圖 14-4

與定價方法相關之政府法令

一、 鼓勵競爭之法令

Sherman Act (1890) 禁止以限制交易或獨佔爲目的之結合、契約或意圖。

Clayton Act (1914) 禁止價格歧視、獨家代理以及以削弱競爭爲目的之連鎖行爲。

Robinson-Patman Act (1936) 擴大 Clayton Act 之適用範圍，禁止銷售者向不同的顧客收取不同的價格。

Celler-Kafauvev Act (1950) 擴大 Clayton Act 之適用範圍，禁止以傷害競爭力量爲目的而收購另一家公司的實質資產與股票之行爲。

Consumer Goods Pricing Act (1975) 廢除公平交易法 (Fair Trade Laws)之效力，禁止生產者與銷售者之間的價格維護行爲。

二、 建立與規範聯邦貿易委員會 (Federal Trade Commission) 之法令

Federal Trade Commission Act (1914) 成立聯邦貿易委員會，賦予其調查權力。

Wheeler-Lea Act (1938) 擴大聯邦貿易委員會之權力，預防傷害競爭之行爲。

Magnuson-Moss Act (1975) 賦予聯邦貿易委員會制訂與保證相關規定之權力。

FTC Improvement Act (1980) 賦予國會反對聯邦貿易委員會之產業貿易法之權力；限制聯邦貿易委員會之權力。

三、 放寬北美貿易規範之法令

U. S.-Canad Trade Act (1988) 允許美國與加拿大之間無關稅與貿易限制之自由貿易。

V. NAFTA (1994) 北美自由貿易法。

掠奪定價法

掠奪定價法 (Predatory Pricing) 係指企業爲了傷害競爭者並除去競爭力量，而訂定低於成本的價格的作法。值得注意的是，低於成本的定價行爲並非絕對就是掠奪定價法。企業經常會針對特定產品推出低於成本的價格，在零售商店裡進行定期性的促銷，或者只是爲了採取滲透定價法而預做準備。美國政府對於掠奪定價法提出了清楚的定義。二十二個州明文限制企業採取掠奪定價法，然而每一個州的定義與規定不儘相同。以奧克拉荷馬州爲例，這一州便要求零售商必須以高於成本至少百分之六點七五 (6.75%) 的價格來銷售產品，除非商家正在進行促銷特賣或者商家的價格和競爭者不相上下。一九三七年，阿肯色州通過一項法案，禁止企業「…爲了傷害競爭者及破壞競爭力量…而針對任何產品…以低於賣給零售商的成本價格」進行銷售或廣告行爲。

另一個州政府訂定規範掠奪定價法的實例則是三家位於阿肯色州的連鎖藥局 Conway 控告大型超市業者 Wal-Mart 的案例。業者 Conway 在訴訟過程中表示， Wal-Mart 涉嫌利用掠奪定價的方式，以低於成本的價格銷售逾一百項的產品。這一樁訴訟案件的困難點之一是如何提出眞正的成本。超市業者 Wal-Mart 一向擁有費用較低和購買力較高的經營優勢。供應商爲了爭取到 Wal-Mart 的生意往往必須壓低價格。如果 Wal-Mart 的採購量不大，則無法要求供應商壓低價格。因此， Wal-Mart 的定價低於競爭者的成本之事實不代表著這些產品的價格就低於 Wal-Mart 本身的成本。（然而 Wal-Mart 的執行長卻不否認，某些情況下他們的產品定價的確會低於自己的成本。）更重要的是，這樁訴訟案件的成立必須是低於成本的定價用意在於迫使競爭者退出，這一點在舉證上又更爲困難。一九八六年， Wal-Mart 在奧克拉荷馬州也曾經打輸一樁類似的官司。當時 Wal-Mart 想要遊說議員修改奧克拉荷馬州的法令，結果失敗之後， Wal-Mart 採取庭外和解的方式，同意該公司在奧克拉荷馬州的所有店面都必須提高價格。基本上，美國各州關於掠奪定價的法令都是依循聯邦政府的規定，然而由於聯邦政府基本上鼓勵價格上的競爭，因此在證明企業採取掠奪定價作法的舉證上便顯得相當困難。

在國際市場上採取掠奪定價法則稱為**傾銷** (Dumping)，也就是企業以低於成本的價格在其它國家銷售產品。長久以來，美國的汽車業者不斷地控告日本汽車業者在美國市場上進行傾銷。凡被判定在美國市場進行傾銷的企業都會受到貿易限制，並課以嚴厲的關稅——進而必須提高價格。被控以傾銷的者者必須證明自己的價格確實高於或等於成本，才能免除種種制裁行為。

價格歧視

美國聯邦政府擬訂規範企業定價的法令，已有長遠的歷史。一九八O年的雪曼法案禁止企業限制自由貿易或者獨佔市場的企業與行為。一九一四年成立的聯邦貿易委員會更擁有很大的調查權力。而規範價格歧視的最有力武器則應屬羅賓森．派特曼法案。

一九三六年通過的羅賓森．派特曼法案目的在於禁止價格歧視的發生。**價格歧視** (Price Discrimination) 係指企業針對相同的產品，向不同的顧客收取不同的價格。值得注意的是，服務和無形產品並不受到本法的限制。羅賓森．派特曼法案認為，「向購買等級與品質近似之產品的購買人收取不同的價格…以試圖減少競爭而達到獨佔的目的，或為達到傷害、破壞或避免競爭等目的，均屬違法之行為。」此一法案的特點是僅僅適用製造業者或供應商。

另一點值得注意的是，羅賓森．派特曼法案允許在特定情況下採取價格歧視：(1) 為市場競爭所必要時，以及 (2) 當成本與較低的價格相符時。第二種情況更清楚地定義為「任何價格上的差異均不得掩蔽產品在製造、銷售或遞送等成本上的差異。」顯然地，對於會計人員而言，第二種情況非常重要，因為提供給消費者的較低價格必須有明確的成本節省做為合法的證明。此外，折扣的金額必須至少等於節省下來的成本的金額。

或許各位會問，數量折扣是否符合羅賓森．派特曼法案的規定？此處謹以一九四O年代莫頓製鹽公司 (Morton Salt) 提出的數量折扣為例說明之。針對不滿一車的貨物，莫頓公司收取每一箱 $1.60 的價格。裝滿一車的貨物則收取每一箱 $1.50 的價格；另外，在一年內購買 5,000 箱和 50,000 箱的話則可分別獲得每一箱十分 ($0.10) 和十五分 ($0.15) 的數量折扣。高等法院在一九四八年的一項判例當中裁示，莫頓公司違反了羅賓森.派特曼法案，因爲很少有買主能夠取得莫頓公司所提出的數量折扣；在當時，只有五家大型連鎖業者能夠爭取到每一箱 $1.35 的數量折扣。莫頓公司提出辯白表示，所有的買主都可以適用他們所提出的數量折扣，但是法庭卻認爲就實務上而言，小型的批發業者和零售商店根本無法享有數量折扣。此一判例的關鍵在於少有買主能夠適用業者所提出的數量折扣，換言之，業者可以藉此削弱競爭者的力量。雖然羅賓森．派特曼法案承認數量折扣的合法性，但是卻不容許業者利用數量折扣來達到削弱競爭的目的。

在羅賓森．派特曼法案的規定當中，運費也是價格的一部份。如果企業要求顧客支付運費，則無違法之慮。然而如果企業收取的價格當中包含運費的話，則可能產生價格歧視。假設某家公司收取統一的運費價格。於是，位於這家公司隔壁的顧客和距離這家公司一千英哩遠的顧客必須支付同樣的價格。然而送貨到隔壁的成本遠低於送貨到一千英哩外的成本，因此位於隔壁的顧客等於多支付的「幽靈運費」(Phantom Freight)。

被控以違反羅賓森．派特曼法案的企業負有舉證責任。企業必須提供完整充份的成本資料來證明眞實的成本。企業如能證明自己的成本並未低於售價，則答辯將可成立；然而在以往，提出證據和聯邦貿易委員會的法令解釋費用往往令訴訟當事人聞之怯步。時至今日，由於大型資料庫的方便取閱，作業制成本法的普及，以及電腦的計算能力大幅提升，企業往往不再視舉證責任爲畏途。但是，新的問題卻又浮現。成本分配變得更爲棘手。在決定提供數量折扣給大型業者的時候，企業必須追蹤生意上的拜訪次數、必須記錄遞送小額與大額數量的產品所花費的時間與人工等等。

計算成本差價的時候，企業必須根據銷售產品給不同顧客的平均成本，將顧客分門別類，然後根據和每一類顧客往來的合理成本來收取合理的價格。

此處謹以科伯特公司 (Cobalt, Inc.) 爲例說明之。科伯特公司生產維他命副食品。平均每一箱產品的製造成本爲 $163（每一箱共有一百瓶的維他命）。去年度，科伯特公司賣出 250,000 箱產品給下列三類顧客。

顧客類別	每箱價格	銷售箱數
大型連鎖藥局	$200	125,000
小型地區藥局	232	100,000
個別健康診所	250	25,000

根據資料顯示，科伯特公司採取明顯的價格歧視，然而此一作法是否合法？回答問題之前，我們還需要瞭解更多關於顧客分類的資訊。

大型連鎖藥局要求科伯特公司在每一瓶維他命的外包裝都必須貼有連鎖店的標籤。此一特殊的標籤成本約爲每一瓶 $0.03。這一類連鎖藥局是透過電子資料交換系統來傳送訂單，每一年科伯特處理這一類訂單的營業費用與折舊約爲 $50,000。科伯特公司支付所有的運送成本，去年度總計爲 $1,500,000。

小型地區藥局則採少量訂購的方式，並要求特殊的包裝方式。此一特殊處理的成本使得每銷售一箱必須增加 $20 的成本。科伯特公司支付給獨立的業務員的佣金平均爲銷售金額的百分之十 (10%)。壞帳費用並不高，達銷售金額的百分之一 (1%)。

個別健康診所的採購量比小型地區藥局還少。特殊的包裝成本平均爲每一箱 $30。承接個別健康診所的訂單毋須支付任何佣金。然而另一方面，科伯特公司改採在健康俱樂部管理雜誌上刊登廣告的方式，並接受電話訂貨。此外，科伯特公司還製作了俱樂部內販賣場地所張貼的海報和展示品。這些行銷成本每一年爲 $100,000。健康診所的壞帳問題相當嚴重，因爲這些健康診所常會出現歇業或更換老闆的情形。這一類顧客的壞帳費用平均爲銷售金額的百分之十 (10%)。

根據上述資訊，我們便可進一步地分析每一類顧客的成本。**圖 14-5** 列出與每一類顧客相關的成本。從圖中可以很容易地看出，科伯特公司在服務這三類顧客的時候，出現明顯的成本差異。就大型連鎖藥局而言，科伯特公司實現了銷貨成本百分之十點八 (10.8%) 的利潤

圖 14-5

科伯特公司之消費群成本分析

大型連鎖藥局	
每盒製造成本	$163.00
特殊標籤成本 ($0.03 × 100	3.00
電子資料交換 ($50,000/125,000 盒)	.40
運輸 ($1,500,000/125,000 盒)	12.00
每盒總成本	$178.40
小型藥局	
每盒製造成本	$163.00
特殊處理成本	20.00
銷售佣金 ($232 × 0.10)	23.20
壞帳費用 ($232 × 0.01)	2.32
每盒總成本	$208.52
健康診所	
每盒製造成本	$163.00
特殊處理成本	30.00
銷售費用 ($100,000/25,000 盒)	4.00
壞帳費用 ($250 × 0.1)	25.00
每盒總成本	$222.00

[($200 - $178.40) / $200]。小型地區藥局則提供了約百分之十點一 (10.1%) 的利潤[($232 - $208.52) / $232]。個別健康診所的相關利潤比例則爲百分之十一點二 (11.2%) [($250 - $222) / $250]。雖然最高價格($250)與最低價格($200)之間相差了百分之二十五 (25%)，然而兩者之間的利潤卻僅僅相差百分之一 (1%) 而已。這三類顧客的成本差異顯然可以做爲科伯特公司採取價格歧視的正當理由。

公平與定價

社會賦予公平的標準將對產品價格具有重要影響。舉例來說，玩具店在下大雪的翌日清晨是否應該提高鏟雪鍬的售價？當然可以，但是通常業者不會這麼做。這些業者的顧客認爲在這個時候抬高售價是因爲業者想要佔用不公平的優勢。無論業者不願意在這種情況下提高售價的原因是因爲基於公平性的考量或者基於業者長期的最大利益的考量，結果都是一樣的。

社會賦予公平的標準之概念乃源自於交易雙方都應該獲得因為交易而產生的好處。交易雙方所應獲得的好處可以採參考交易的型式來表達。所謂**參考交易** (Reference Transaction) 係指符合交易雙方對於交易所應收取的合理價格與賺取的合理利潤之預期的另一種其它相關的交易。再以前文當中的鏟雪鍬為例說明之。下雪前鏟雪鍬的價格即可做為參考交易，此一交易的價格理論上至少可以提供玩具店一定的理潤。於是，在下雪過後抬高鏟雪鍬價格的作法等於違反了公平的概念。

由於參考交易裡面已經包含了利潤，在某些情況下提高價格仍可被買方所接受。許多參與決策的研究人員進行了一連串的調查，以瞭解可以接受的漲價行為與不被接受的漲價行為的特點。研究結果發現，買方可以接受或不接受漲價的原因包括了避免利潤縮減、只分配成本到特定的產品、改善效率、以及善用市場力量等。

避免利潤縮減

假設一位地主擁有一棟獨棟的房子，並將這棟房子出租給賺取固定收入的房客。如果房東提高房租，代表著房客必須搬家。已知鄰近地區也有其它房租較低的房子提供出租的服務。去年度，這位房東的成本大幅增加，以致於原租約到期的時候，房東必須提高房租來支付增加的成本。這樣的作法究竟公平與否？接受調查的民眾紛紛表示提高房租是公平的作法。有趣的是，公平並不代表慈善。出租房子的房東有權利獲得合理的利潤。然而假設情況改變，房東的成本並未增加，但是房屋出租市場緊縮，鄰近地區的租金普遍成長，此時提高租金的作法則被視為不公平。

只分配成本到特定的產品

消費者對於公平的標準允許企業在成本增加的時候提高售價；然而漲價的行為應僅限於成本增加的產品項目。舉例來說，在一九七O年代中葉，由於供給減少的緣故使得糖價上揚。許多零售商店便將現有庫存的糖提高價格。對這些零售業者而言，漲價屬於在商言商的作法，因為他們是利用出售現有存貨所得的現金來購買替代存貨。然而仍有部份消費者認為糖價上漲的作法是不公平的，因為現有庫存的糖是在以前用較低的價格買進的。至於大型連鎖商店則因為購買力較強的緣故，不至於被迫調漲現有庫存的糖價，以至於糖價吹起漲風的頭幾個星期，消費者幾乎一窩蜂地搶購這些仍以原價出售的糖。

改善效率

成本外加定價法的背景是消費者認為賣方不反映成本增加是公平的。然而此一心態是否適用所有情況——也就是賣方是否也不應反映成本降低或效率提高的事實？答案是否定的，消費者的公平標準只要求買方的權益不受損害。換言之，如果企業能夠改善製造特定產品的效率，也毋須透過降價的方式來反映成本節省的事實。

同樣地，如果企業的物料或人工成本減少，也毋須反映在售價上。消費者完全明瞭此一現實情況，但偶爾也會出現反彈聲浪。舉例來說，一九九二年八月伊拉克入侵科威特的時候，美國各地加油站的油價立刻飆漲。媒體立刻出現一片指責聲浪。絕大部份人士認為調漲油價的作法並不公平，因為加油站的油料都是在中東戰事爆發之前，便以較低的成本處理加工完成。媒體同時還指出，如果原油價格下跌的時候，業者往往需要長達數月的時間才會調降油價。

善用市場力量

經濟學的基本原則之一是競爭會導致價格下跌，獨佔力量會促使生產者收取較高的價格。此一現象是否公平？一項針對此一課題進行調查的問卷假設了下列情境。

> 一家連鎖超市在許多地區都設立了營業據點。大部份的店面都會面臨其它同業的競爭。然而在某一地點卻沒有任何競爭者。雖然這一家分店的成本和銷貨數量和其它分店一模一樣，但是這家分店的價格比其它地區的店面價格平均高出百分之五 (5%)。

超過四分之三的受訪者認因此一作法違反公平原則。值得注意的是，沒有競爭的這家分店的成本並沒有比其它分店高，銷貨數量也沒有比其它分店低。換言之，這家分店並沒有任何成本上的考量足以調高售價。

合理化原則往往是經濟學當中一項重要的價格特點。然而實務上少見價格合理化的例子。舉例來說，一位小兒科醫生在開業之後，相當受到鄰近地區的家長的信賴。很快地，這位小兒科醫生的病患人數激增數倍，已經超過看診的負荷。一位經濟學者建議她提高看診費用——至少針對新病患的部份。然而，一般而言醫生會採取停止收取更多病患的作法。消費者往往比較能夠接受「先到先服務的原則」，卻比較無法接受價格合理化的作法。另一個例子則是一九七三年秋天中東地區所發生的石油禁運。當時，石油輸出國家組織限制原油供給，於是原油與石化相關產品的價格立刻飆漲。短短數週之內，汽油的價格由每加侖 $0.30 攀升至 $0.55。相信許多人對於當年消費者大排長龍等待加油的景象仍然記憶猶新。在當時，消費者往往為了預先計劃什麼時候應該加油、到哪裡才有加油站開放營業、以及花費將近一個小時的時間排隊等待加油的問題而大傷腦筋。許多加油站業者試圖採取價格合理化的作法，但隨即遭到禁止——美國政府緊急通過法律嚴格限制汽油的價格。許多機靈的業者甚至想出推銷 $10 洗車券（搭配一次免費加油服務），但也隨即受到法令的禁止。與現實生活息息相關的產品，價格合理化的作法往往被視為不公平，往往不為法律和消費者所容許。

價格搜括法 (Price Gauging) 往往發生在具有市場力量的企業將價格定得太高的時候。但是究竟多高才算太高？成本當然是重要的參考依據。凡是價格剛好足以支付成本的情況下，便不至出現價格搜括的現象。這也就是為什麼如此多的企業費盡唇舌解說其成本結構，並提出各種消費者沒有注意到、事實上卻會發生的成本。以製藥業者為例，他們就非常強調新藥的研發成本。當高昂的價格明顯與成本不相稱的時候，會引起買方的反感。舉例來說，一九九二年龍捲風安卓橫擾美國之後，許多業者與個人紛紛抬高冰塊的價格。佛羅里達的居民對於此舉感到相當憤怒，因為他們認為部份供應商趁機利用天災來獲取暴利。

倫理道德

誠如企業在分配成本的時候可能違反倫理道德原則一樣，企業在定價的時候也可能無視於倫理道德的規範。某些航空公司推出「自動升等」的作法就是一個很好的例子。舉例來說，美國大陸航空公司針對從舊金山飛往華盛頓的行程推出兩種經濟艙的單程票價—— $409 和 $703。後者的票價較高是因爲乘客可以自動升等到頭等艙，然後票面上卻註明「經濟艙」。爲什麼會有消費者願意購買這種機票？答案很簡單，因爲許多乘客的公司只補助經濟艙的機票費用。

結語

企業在制定價格的時候，必須考量許多因素。經濟面的考量因素包括了消費者需求、需求的價格彈性、以及市場結構等。一般而言，價格低的時候，消費者購買的量比較多；價格高的時候，消費者購買的量比較少。需求的價格彈性不一。當需求不具彈性的時候，價格的改變對於需求量的相對影響不大。當需求具有彈性的時候，價格的改變對於需求量的相對影響較大。市場結構則會影響企業改變價格的自由度。

大多數的美國企業採用作業制成本方法。首先決定成本，然後加上預定利潤之後便可計算價格。此一策略並未考慮需求的問題。另一方面，目標成本基礎定價策略則是由價格開始，往前推算能讓企業賺取預定利潤的成本。實證顯示此一策略的效益優於前者。

產品生命週期對於價格具有重要影響。企業無法單藉產品生命週期來決定價格，但可運用產品生命週期和其它因素來研擬定價策略。

就某種程度而言，法律制度鼓勵良性的競爭。換言之，許多企業的行爲會受到法令的限制或禁止。掠奪定價與某些價格歧視的作法都是屬於違反的行爲。消費者對於公平的標準也會影響企業的定價政策。公平原則與倫理道德可以避免企業濫用市場力量。價格搜括法則被視爲不公平的行爲。

習題與解答

米契公司生產與銷售小型家電用品。幾年前，米契公司設計開發出一種攜帶式的果汁機，並命名為「果菜調理機」。這款果汁機可以用來製奶昔，也可以更換刀片用來打碎蔬菜或肉類。這台果菜調理機和傳統的果汁機大不相同。因此，米契公司花費了超過 $250,000 的費用在這項新產品的設計與研發作業上。另外，米契公司亦選定許多目標消費群進行試用，試用的費用是 $50,000。這些試用消費群發現了安全上的問題。例如，其中一位試用消費者被刀片割傷了手。於是，米契公司又在刀片的外圍加上了塑膠套環。一開始，主要成本預估為 $3.50，然而刀片重新製模和組裝成本使得主要成本再增加 $1.50。

關於新產品上市前五年的相關資訊如下：

	第 1 年	第 2 年	第 3 年	第 4 年	第 5 年
銷貨數量	25,000	150,000	400,000	400,000	135,000
價格	$15	$20	$20	$18	$15
主要成本	$125,000	$600,000	$1,640,000	$1,640,000	$526,500
設定成本	5,000	9,600	80,000	80,000	12,000
購買特殊設備	65,000	—	—	—	—
外包	—	15,000	40,000	35,000	—
重製	12,500	45,000	60,000	60,000	6,750
其它費用	50,000	300,000	800,000	800,000	270,000
保證修理	3,250	7,500	10,000	10,000	3,375
佣金 (5%)	18,750	150,000	400,000	360,000	101,250
廣告	250,000	150,000	100,000	100,000	25,000

推出新產品的第一年，米契公司的主要成本包括了新增的安全配備。購買的特殊設備是為了安全配備的製模與組裝作業之用。這項設備的使用年限是五年，屆滿之後不具任何剩餘價值。

作業：

1. 在五年的期間內，每一年調理機的單位銷貨成本分別是多少？

2. 在五年的期間內，每一年與調理機相關的行銷成本分別是多少？請根據銷貨單位計算之。
3. 請計算五年的期間內，每一年調理機的營業收益。然後，再比較產品生命週期內所有的成本與收入。試問，調理機這項產品是否有利可圖？
4. 請探討米契公司針對調理機這項新產品的初始策略與產品生命週期內各個階段的策略。

解答

1.	第 1 年	第 2 年	第 3 年	第 4 年	第 5 年
主要成本	$125,000	$600,000	$1,640,000	$1,640,000	$526,500
設定成本	5,000	9,600	80,000	80,000	12,000
特殊設備折舊	13,000	13,000	13,000	13,000	13,000
外包	—	15,000	40,000	35,000	—
重製	12,500	45,000	60,000	60,000	6,750
其它費用	50,000	300,000	800,000	800,000	270,000
總銷貨成本	$205,500	$982,600	$2,633,000	$2,628,000	$828,250
銷貨數量	25,000	150,000	400,000	400,000	135,000
單位銷貨成本	$8.22	$6.55	$6.58	$6.57	$6.14

2.	第 1 年	第 2 年	第 3 年	第 4 年	第 5 年
保證修理	$ 6,250	$ 7,500	$ 10,000	$ 10,000	$ 3,375
佣金 (5%)	18,750	150,000	400,000	360,000	101,250
廣告	250,000	150,000	100,000	100,000	250,000
總行銷成本	$275,000	$307,500	$510,000	$470,000	$129,625
銷貨數量	25,000	150,000	400,000	400,000	135,000
單位行銷成本	$11.00	$2.05	$1.28	$1.18	$0.96

3.	第1年	第2年	第3年	第4年	第5年
銷貨收入	$375,000	$3,000,000	$8,000,000	$7,200,000	$2,025,000
減項：銷貨成本	205,500	982,600	2,633,000	2,628,000	828,250
毛利	$169,500	$2,017,400	$5,367,000	$4,572,000	$1,196,750
減項：行銷費用	275,000	307,500	$ 510,000	470,000	129,625
營業收益	($105,500)	$1,709,900	$4,857,000	$4,102,000	$1,067,125
五年期營業收益			$11,630,525		
減項：設計與開發費用			3,000,000		
收入超過成本的餘額			$8,630,525		

答案是肯定的，即使在扣除設計與開發費用之後，這項新產品在五年期間內的確能夠賺取利潤。值得注意的是，就外部報表而言，此一費用並未列示於營業損益表當中。

4. 一開始這項新產品的定價是 $15，係五年期間內的最低價格。顯見米契公司採取的是滲透定價策略。由於這項新產品並非全新的產品——市場上也有其它家電用品具有類似的功能，因此米契公司的策略是正確的。市場上另有果汁機可以製作奶昔、有刀子和砧板可以切菜、也有食物處理機可以攪拌和切割食物。米契公司必須讓這項新產品實際進入消費者的廚房，以創造消費者的需求。另有一點值得注意的是，在推出新產品第一年，米契公司必須花費高額的行銷費用來引起消費者的注意。此舉亦有助於米契公司逐漸提高產品的售價。最後，到了第五年的時候，這項新產品進入產品生命週期的衰退階段。原因可能是其它競爭者開始生產類似的產品，而且市場上對於新調理機的需求已經減少。

重要辭彙

Dumping 傾銷

Elastic demand 具有彈性的需求

Inelastic demand 不具彈性的需求

Markup 外加

Monopolistic competition 獨佔競爭

Monopoly 獨佔

Oligopoly 寡佔

One-price policy 單一價格政策

Penetration pricing 滲透定價法

Perfectly competitive market 完全競爭市場

Predatory pricing 掠奪定價法

Price discrimination 價格歧視

Price elasticity of demand 需求的價格彈性

Price gouging 搜括定價法

Price skimming 吸脂定價法

Price takers 價格接受者

Price volume variance 價格數量變數

Reference transaction 參考交易

Sales price variance 銷售價格變數

Second-market discounting 次級市場折扣

Target costing 目標成本法

Total (overall) sales variance 總（整體）銷售變數

Variable pricing policy 變數定價政策

問題與討論

1. 何謂「需求曲線」？需求曲線和企業的定價決策有何關連？
2. 請定義「需求的價格彈性」。並請舉例說明具有相對需求彈性的產品，與不具相對需求彈性的產品。（請舉出本章所沒有提過的產品。）
3. 完全競爭市場的特色爲何？並請舉出兩種完全競爭市場。身處完全競爭市場的企業如何移往較不競爭的市場？
4. 在許多情況下，學者往往建議中小企業尋找「市場利基」。（市場利基即爲區隔之後的小衆消費群體，這些小衆消費群體具有現有業者尚未滿足的特殊需求。）並就你個人對於供給與需求的認知，解說這樣的建議如何發揮其效用。
5. 請定義「獨佔」。爲什麼大多數現存的獨佔事業會受到政府法令的規範？（提示：如果沒有法律規範的話，會出現什麼情況？）
6. 請問應該如何計算銷貨成本的外加金額？此一成本外加是否屬於純利？並請解說你的理由。
7. 目標成本法與傳統成本法有何不同？目標成本與價格之間有何關連？
8. 定義「滲透定價法」。並請解說滲透定價法會出現在產品生命週期的哪一個階段。
9. 請定義「吸脂定價法」，並指出它會出現在產品生命週期的哪一個階段？

10. 在產品生命週期的衰退階段裡，由於需求大幅減少以至於企業收取的價格大幅滑落。你贊成或反對前述說法？
11. 何謂「掠奪定價法」？如果兩家隔著街口相對的加油站進行價格競爭，這是否屬於掠奪定價法？爲什麼是，或爲什麼不是？
12. 爲什麼市中心加油站的油價往往會比位於高速公路交流道的加油站之油價稍微低一點？
13. 何謂「價格歧視」？此一作法是否合法？
14. 經理人在瞭解實際收入與預算收入之間的差異時，可以使用哪些變數來進行分析？
15. 近年來，許多大專紛紛提高學費。提高學費背後的正當理由爲何？並請針對這些理由是否符合公平原則探討之。

個案研究

14-1 需求彈性與市場結構

高珍妮和霍菲利幾年前取得會計碩士學位之後，便一起開設會計師事務所。高珍妮和霍菲利有許多小公司客戶，在爲這些客戶編製年度財務報表的時候注意到了特定行業的定價趨勢。下表是他們的客戶當中五家比薩業者的資料。

	銷售數量	平均價格
媽媽米亞	18,000	\$10.00
快樂時光	21,000	7.90
卡滋比薩	22,000	8.00
快食費迪	30,000	7.00
比薩比薩	24,000	7.50

作業：

1. 請利用最高價與最低價，計算需求的價格彈性。比薩的需求相對而言比較有彈性、或者比較沒有彈性？
2. 比薩產業的市場結構有何特色？你認爲爲什麼媽媽米亞的價格爲什麼可以比快食費迪的價格多出這麼多？

14-2
需求曲線與市場結構的特色

張艾美想要自行創業，提供花店所需要的花。她已經找到一處適合的地點，可以在九個月的生長期內栽種各種花朵。張艾美不用傳統上溫室栽種花朵的方式，而改採花田栽種的方式，她預期可以在肥料和殺蟲劑方面省下可觀費用。她考慮將節省下來的成本反映在售價上面，由目前每一束 $1.50的價格降爲 $1.25。

張艾美向鄰居溫包伯求教。溫包伯是一位會計師，對於一般產業的情況相當熟悉。溫包伯替張艾美蒐集了下列資訊。

a. 在張艾美選定的花田附近一小時的車程內共有五十家栽種花朵的 花農。
b. 基本上，花價的變動不大。花朵視爲一般商品，每一個花農所栽種的花朵對於花店而言沒有太大的差別。
c. 市區內的花店家數衆多，張艾美所提供的花朵可以由花店輕易地全部吸收。

作業：

1. 在張艾美選定的地區內，栽種花朵的市場結構有何特色？並請解說你的理由。
2. 根據第 1 題的答案，張艾美應該收取的價格是多少？爲什麼？

14-3
需求的基本概念；產品生命週期定價法

韓佛斯是一位正準備在家鄉執業的會計師。他曾經聽說過這裡的有名會計師的收費是每一小時 $65。韓佛斯相當滿意這樣的收費標準。事實上，韓佛斯認爲根據自己的高學歷和他對當前會計事務的嫻熟程度，應該可以收取每一小時 $75 的費用。

作業： 韓佛斯是否應該收取每一小時 $75 的費用？你會建議韓佛斯怎麼做？

14-4
成本外加；成本基礎定價法

艾塞克營造公司專門興建商業大樓。每一項工程都是由競標而來。艾塞克的競標政策是先估計物料、直接人工、和小包商的成本，加總所有的成本之後，再外加一定比例來涵蓋費用與利潤。針對下一年度，艾塞克公司相信將可以成功地取得二十項工程，其總收入與成本分述如下。

收入		$22,000,000
物料	$5,000,000	
直接人工	7,000,000	
小包商	8,000,000	20,000,000
餘額		$ 2,000,000

餘額將可涵蓋費用與利潤。

作業：

1. 根據上述資訊，請問總直接成本的外加比例是多少？
2. 假設艾塞克公司被要求競標一項估計直接成本為 $1,100,000 的工程，則標價是多少？如果顧客抱怨利潤似乎太高，艾塞克公司可能會如何因應？

14-5
成本外加

許多不同的產業都採用成本外加的方式來制定價格。請就下列各種情況，解說成本外加涵蓋的部份以及為什麼是如數的金額。

1. 百貨公司制定採購成本百分之百 (100%) 的外加金額。
2. 珠寶店制定珠寶成本的百分之一百到三百 (100-300%) 的外加金額。〔百分之三百 (300%) 的成本外加係指特優品質的珠寶。〕
3. 強生建設公司收取物料、直接人工與小包商成本總額的百分之十二 (12%) 之成本外加金額。
4. 漢米頓汽車修理中心向顧客收取直接物料與直接人工的費用。每一直接人工小時的收費是 $45；然而實際上每一直接人工小時的成本是 $15。

14-6
目標成本法與生命週期定價法

白氏公司生產各式各樣的玩具和遊戲軟體。該公司的總經理兼執行長白吉姆對於針對一九九八年夏季奧運所推出的新遊戲〔命名為 (GFTC)〕之銷售情況並不滿意。一九九七年度，GFTC 的預估銷售量是 20,000 單位，實際上只賣出了 5,000 單位。展望一九九八年的銷售量不會有太大的好轉。由於這項遊戲軟體的單價是 $35，因此並非市場上的暢銷產品。這項遊戲軟體的直接成本當中包括了 $18 的變動成本和 $40,000 的固定成本。白吉姆正在考慮幾項變通方案。第一項方案：售價降爲 $20，則或可賣出 7,500 單位。第二項方案：售價降爲 $15，物料成本減少 $3，廣告費用減少 $20,000，則預估銷售量爲 5,000 單位。第三項方案：售價降爲 $25，並提供填答問卷者 $5 的折扣，則預估銷售量爲 7,500 單位，而且只有百分之二十 (20%) 的消費者會填答問卷。

作業：

1. 三項方案當中哪一項方案最好？並請利用適當的計算過程來支持你的答案。
2. 請說明 GFTC 這項產品的生命週期。白氏公司應該如何才能延長這項遊戲軟體的產品生命週期？

14-7
銷售價格變數與價格數量變數

沿用個案 14-6 的資料。

作業：

1. 請計算一九九七年度的銷售價格變數與價格數量變數。
2. 白吉姆應該如何善用這些變數所提供的資訊？

14-8
生命週期定價法：目標成本法

薛克佛公司已經設計出收音機和音響設備的新型遙控器——名爲「雷達遙控器」。雷達遙控器的優點在於適用原先沒有搭配遙控器的收音機和音響器材。這項計畫的首席設計工程師費包伯把雷達遙控器視爲自己的小孩一樣。他相信雷達遙控器是最先進的產品，並且要求雷達遙控器一定要採用最好的材料。誠如費包伯所言：「我們不能夠在材料上省錢；每一台遙控器多花 $5 的材料成本會帶來很明顯的差異。此外，雷達遙控器一定可以永遠暢銷下去!」估計雷達遙控器的單位成本如下：

直接物料	$10.50
直接人工	8.00
變動費用（直接人工成本的 75%）	6.00

第一年度的行銷費用估計爲 $125,000，往後每一年的行銷費用則

估計為 $25,000。截至目前為止，設計人員已經花費了 $175,000，預計在開始生產之前還要再花掉 $250,000。行銷研究部門已經花費了 $50,000 在目標消費群和潛在顧客上。根據研究結果顯示，只要售價不超過 $25，推出雷達遙控器的前三年期間可以賣出 1,000,000 單位。如果價格調整為 $30，則估計前三年可以賣出 200,000 單位。三年之後，由於消費者會將舊有的收音機和音響升級，改買附有遙控器的新產品，因此雷達遙控器的需求會大幅滑落。

作業：

1. 請說明雷達遙控器的產品生命週期及其相關成本。
2. 雷達遙控器的定價應為 $25 或 $30？為什麼？
3. 當售價是 $25 的時候，薛克佛公司應該採取哪些步驟以達到 $20 的目標成本？

14-9
成本基礎定價法：目標定價法

費茱莉在美國俄亥俄州的格蘭道市開設一家外燴公司，提供宴會所需的食物與服務。同時，她也出租桌椅、刀叉餐具、玻璃器皿和桌巾等。季包伯和季艾琳這隊夫婦的小孩和費茱莉接洽，表示想替父母的五十週年結婚紀念日舉辦一個慶祝晚宴。他們表示希望能夠在格蘭道市的藝術人文紀念館裡舉辦這場慶祝晚宴。他們希望以露天酒吧的型式進行，宴會上有各式各樣的食物（足以提供七十五位賓客的份量）、一個小的結婚紀念蛋糕、十張鋪有桌巾的餐桌、餐具和杯子。費茱莉針對他們的需求提出下列報價。

食物 (75 × $7.50)	$ 563
結婚蛋糕($75)	75
飲料 (75 × $4)	300
服務人員 (3 × 4 小時 × $10)	120
調酒員 (1 × 3 小時 × $12)	36
租金：	
桌巾	20
餐桌	50
餐具	20
玻璃杯	20
總計	$1,204

作業：

1. 請解說在上表中，費茱莉把服務與利潤的成本計算在內的地方。
2. 假設季家小孩看到上述報價的時候，簡直嚇呆了。他們其中一位表示，他們原先的預算是不超過 $750。請問費茱莉應該如何才能夠達到前述金額的目標成本？
3. 季家小孩當中的一位對於結婚蛋糕的價格感到十分驚訝。「我在蛋糕店裡只要花 $1.99 就可以買到一盒綜合口味的蛋糕，」他憤憤不平地表示。如果你是費茱莉的話，你會如何回應？（提示：你想要接下這一筆生意。所以不可以出現「那你就自己烤你的便宜蛋糕吧，吝嗇鬼!」這一類的回答。）

14-10
基本經濟定價概念

隨傳隨到公司是一家專門提供二十四小時的自動傳眞回覆系統的公司。這一套系統專門提供潛在顧客各式各樣的餐廳菜單。負責執行這項服務的道派克指出，菜單是餐飲業者最大的行銷工具。如果潛在顧客能夠清楚地瞭解餐廳提供的食物內容和價位，通常會比較願意到這些餐廳去用餐。

有興趣的潛在顧客只要撥一通市內電話，利用按鍵式電話輸入自己的傳眞號碼之後就可以立即收到完整的餐廳資料。如果顧客已經知道特定餐廳的代碼，那麼只要輸入代碼之後便可收到想要瞭解的餐廳的菜單。

加入這項自動傳眞回覆系統的餐廳必須支付 $25 的設定費用，爾後每一個月再繳交 $10 的服務費。

作業：

1. 請問顧客難道沒有接受服務嗎？爲什麼顧客不需要付費？
2. 請解說爲什麼隨到隨傳公司採取兩段式定價制度。你認因此一定價制度與自動傳眞回覆系統的成本有何關連？

14-11
成本外加定價法

馬克斯公司自行生產其用於毯子、外套、警察和消防隊員制度等產品所使用的人造纖維。馬克斯公司成立於一九七五年，而且自一九八三年以來每一年都有營收。馬克斯採用標準成本制度，以直接人工小時爲基礎來分配費用。

最近，有一位顧客要求馬克斯公司針對生產 800,000 條毯子交貨給數座軍事基地的生意提出報價。報價必須以單位全額成本外加超過全額成本百分之九 (9%) 的稅後報酬。全額成本定義爲生產該產品所需的所有變動成本，合理金額的固定費用以及與生產和銷售該產品相關的合理行政成本。顧客並表示，單價超過 $25 可能不被列入考慮。

爲了準備 800,000 條毯子的報價，馬克斯公司的成本會計人員賴安迪蒐集了下列與生產毯子相關的成本資訊。

原料	$1.50/ 每一英磅纖維
直接人工	$7.00/ 每一小時
直接機器成本 *	$10.00/ 每一條毯子
變動費用	$3.00/ 每一直接人工小時
固定費用	$8.00/ 每一直接人工小時
行政成本	$2,500/ 每 2,500 條毯子
特殊費用 **	$0.50/ 每一條毯子
物料使用	6 英磅 / 每一條毯子
生產比率	6 條毯子 / 每一直接人工小時
適用稅率	百分之四十 (40%)

* 直接機器成本包括特殊潤滑劑，縫針的替換成本，以及維護成本等。這些成本並未包括在正常的費用比率內。

** 最近馬克斯公司以 $75,000 的成本改用一種新的毛毯纖維。爲了回收此一成本，馬克斯公司擬訂了一項政策，也就是每一條採用新纖維的毯子，其成本都要外加 $0.50 的費用。截至目前爲止，馬克斯公司已經回收了 $125,000 的成本。賴安迪明白由於此一費用並非製造毯子的成本，因此並不包括在全額成本的定義範圍內。

作業：

1. 在不降低馬克斯公司的淨收益之前題下，請計算馬克斯公司可以提出的最低單價。
2. 請利用全額成本的規定以及指定的最大報酬率，計算馬克斯公司的報價。
3. 除了第 2 題的答案之外，假設馬克斯公司利用成本外加條件所計算出來的單價比顧客所能接受的最高單價 $25 還高。試就馬克斯公司在決定是否以顧客所能接受的最高價格 $25 予以報價之前，所應考量的因素。

14-12
生命週期定價法：銷售價格變數與價格數量變數

阿爾賓公司的資料如下：

預算價格	$12
實際價格	$10
預算銷貨數量	1,200
實際銷貨數量	1,150

作業：

1. 請計算銷售價格變數。
2. 請計算價格數量變數。
3. 假設題目當中的產品處於產品生命週期的成熟階段的最終點，試問前述兩項變數可以提供阿爾賓公司的經理人什麼樣的資訊？

14-13
定價策略：銷售變數

彼德森公司製造與銷售三種產品：甲產品、乙產品和丙產品。一月份的時候，彼德森公司的預算銷貨數據如下：

	預算數量	預算價格
甲產品	120,000	$40
乙產品	150,000	15
丙產品	20,000	20

到了年終的時候，甲產品和乙產品的實際銷貨收入分別爲 $4,580,000 和 $2,415,000。這兩種產品的實際價格和預算價格一樣。丙產品的銷貨收入是 $500,000。丙產品的銷貨收入雖然超出預算收入，但是丙產品的實際價格 $10 則是爲了提高消費者的接受度到最後才做的修正。

作業：

1. 請根據原始預算，分別計算三項產品的銷售價格變數與銷售數量變數。

2. 假設丙產品是當年度才推出的新產品。試問彼德森公司對於丙產品採取何種定價策略？

14-14
價格歧視與羅賓森．派特曼法案

請就下列四種狀況，分別判斷是否發生價格歧視，以及是否違反了羅賓森．派特曼法案。

1. 諾盟鞋業專門製造皮鞋，並配銷給零售業者。其中一種流行的女鞋售價統一爲 $15（FOB 諾盟公司的工廠價格），而且所有的顧客都是支付同樣的價格。
2. 整形外科醫生費雪黎向原本已購買商業保險的病患收取膝蓋整形手術的費用是 $1,500。此一收費比其它外科醫生的收費低了許多。
3. 雖然凱絲化妝品公司可以證明其銷售與運送產品給特定的小型美容專櫃的成本比其它顧客高出三倍，但是仍然向所有顧客收取統一的價格。
4. 派克斯頓公司生產牙膏和漱口水。由於小型的獨立藥房的購買力不及連鎖藥局，所以派克斯頓公司向獨立的藥房收取的價格比向連鎖藥局的價格高出一些。

14-15
價格歧視

傑禮公司生產與運送冷凍開胃菜。年度產量平均爲 48,000 箱。一家大型連鎖超市購買的量約爲傑禮公司總產量的百分之五十(50%)。剩餘的百分之五十則由數千家獨立的雜貨店所購買。每生產一箱的冷凍開胃菜所發生的生產成本如下：

直接物料	$40
直接人工	10
費用	25
總計	$75

傑禮公司指派一位業務員負責處理連鎖超市的顧客，每一年的成本爲 $30,000。傑禮公司每一個月運送一批數量爲 1,000 箱的冷凍開胃菜給顧客，送貨成本是每一批 $450。其它所有的顧客則是由三位業務員負責。這三位業務員會親自拜訪顧客，每一年每一位業務員所發生的薪資與差旅油資約爲 $35,000。送貨成本視各家雜貨店而異，

平均則爲每一箱 $0.65。傑禮公司向連鎖超市和獨立雜貨店收取的價格分別爲每一箱 $85 和 $94。

作業：服務兩種不同類別顧客的成本差異，是否足夠支持傑禮公司的定價政策？請以相關的計算過程與數據來支持你的答案。

14-16
掠奪定價法

貝里斯五金店是一家擁有超過二十家大型分店的連鎖商店。貝里斯五金店正是一般俗稱「型錄殺手」的商店——換言之，貝里斯五金店擁有所有的五金器具（就好比玩具反斗城是玩具業的型錄殺手一樣）。貝里斯五金店擁有很大的購買力足以向供應商爭取到很好的價錢，進而反映在本身的售價上。最近，貝里斯五金店在距離班頓家用五金店不到一英哩的地點開設了一家分店。這家分店的地點在過去五十年來始終都是班頓家用五金店的地盤。

爲了打開知名度，貝里斯五金店在開幕的時候推出許多特價商品，其中部份促銷項目的價格甚至低於供應商的成本。

作業：

1. 貝里斯五金店是否採取掠奪定價法？
2. 假設連續幾個月的期間，貝里斯五金店都維持同樣的促銷價格，試問貝里斯五金店是否採取掠奪定價法？

第十五章
獲利分析

學習目標

研讀完本章內容之後，各位應當能夠：

一. 解說企業衡量利潤的原因。

二. 利用吸收成本法與變動成本法來計算利潤的衡量指標。

三. 計算貢獻邊際、銷售數量、銷售組合、市場佔有率以及市場規模等變數。

四. 找出分項利潤。

五. 描述衡量利潤之短期與長期影響。

六. 探討產品生命週期與獲利分析之關連。

七. 描述利潤對於行爲之影響。

八. 探討利潤衡量指標之限制。

「沒有替產品的購買者創造好處的企業不是好的企業。產品的購買者與銷售者必須因為交易而在某一層次上同時變得更為富有，否則的話，就會失去買賣之間的平衡關係。」Henry Ford語

汽車大王Henry Ford的這一番話提醒了我們，買賣之間是一種交換的關係。買方與賣方都希望藉由交易而從中獲利。但究竟何謂「利潤」？我們應當如何衡量利潤？一般而言，利潤係指收入與成本之間的差異。因此，我們必須瞭解這兩個因素的內涵。收入（或價格）的意義在第十四章討論定價方法的時候已經做過詳細的說明。因此，本章將以成本爲重點，說明價格與成本之間的交互關係。

衡量利潤的理由

學習目標一

解說企業衡量利潤的原因。

很顯然地，企業當然會對利潤的高低感到興趣。事實上，企業亦可根據利潤是否爲其主要目標而予以分類——可以分爲營利事業或非營利事業。企業衡量利潤的原因有許多，其中包括了決定企業的存廢、衡量管理績效、決定企業是否遵守政府法令以及透露出其它競爭者是否有利可圖的訊息等。

企業所有人希望瞭解短期內與長期內企業是否可以繼續生存。有生意才有繼續存留的意義。繼續存活並不是企業達到最終目標的手段，因爲繼續存活本身就是企業經營的最終目標。亞當史密斯在其著作「金錢遊戲」當中有一段非常有趣的描述，內容提到他對於經濟學者凱因斯將股票市場視爲遊戲的觀點感到十分驚訝。史密斯寫道：

遊戲？遊戲？為什麼這位經濟學大師會說股票市場其實就是一場遊戲？他可以說股票市場是一種事業、或一項專業、或一項職業、或者任何你可以想到的其它代名詞。到底什麼是遊戲？遊戲「是運動、是戲劇、是好玩或有趣的事情」；「是為了達到某種目標或目的的計畫或藝術」；「是一種根據既定規則，為了休閒、娛樂或贏得獎品所進行的比賽。」但是這些定義聽起來像是擁有美國企業的股票嗎？像是參與美國經濟的長期成長嗎？不，事實上這些定義聽起來就像是股票市場。

史密斯所提出來的定義聽起來不僅是像股票市場而已，也像是在描述許許多多的企業。蘋果電腦的創始人 Steve Jobs 是由狹小陰暗的停車庫裡開始他的電腦王國事業。數年之後，史帝夫雖然晉身爲百萬富翁，卻被逐出蘋果電腦的管理核心——他卻又隨即創辦了另一家電腦公司 (Next)。 Sam Walton 卻是終其一生都將心力貢獻給大型連鎖超市 Wal-Mart， John D. Rockefeller 也是一生鞠躬盡瘁地貢獻給標準石油公司 (Standard Oil)。玩遊戲的技巧固然重要，但是利潤卻是保持得分的方法。玩遊戲的人必須維持正的利潤，才能夠繼續這場遊戲。一旦輸到一定程度，勢必會被淘汰出局。

利潤可以用予衡量管理績效。由此觀之，利潤代表著資源使用具有效率，因爲成本低於收入。如何衡量績效是非常複雜的難題，然而由於利潤可以利用量化的金額來表示，因此借助利潤將可簡化績效衡量的困難程度。高階管理階層的績效往往是以利潤的高低與投資保酬率爲衡量基礎。無論是從利潤或是從投資報酬率來看，收入都必須超過成本。

受到法令限制的影響，企業的利潤必須維持在一定的限度之內。政府監控獨佔事業的利潤，以確保消費大衆仍能受到獨佔市場結構的好處，且價格不致飛升至規定以外的範圍。值得注意的是，價格的制定並非獨立的單一事件——相反地，價格的制定必須能夠確保「合理的報酬率」，因此又與企業所發生的成本息息相關。實務上受到法令規範的獨佔事業常見的有水電、電話與有線電視等。這些企業享有獨佔的地位，所以必須接受法令的規範。

企業以外的人士對於利潤同樣感到興趣，因爲利潤透露出潛在機會的訊息。企業賺到高額的利潤透露出其它人進入市場之後或許也可以從中獲利。利潤過低則無法吸引競爭者的加入。因此，企業可能會刻意避免短期內獲利過高。舉例來說，一九四O年代杜邦公司賣尼龍纖維給女性內衣製造商的價格只有當時可以收取的價格的百分之六十 (60%) ——在當時，杜邦公司的尼龍纖維已經取得政府專利，而且市場上幾乎沒有任何競爭者。杜邦公司的這項決策產生兩個層面的影響：首先，直到五年或六年之後才有競爭者出現，其次，尼龍纖維的市場觸角延伸至始料未及的範圍——應用於汽車輪胎的製造。

另外亦須注意的是，雖然非營利事業不以獲利爲主要目標，但仍涉及了交換關係，因此同樣必須瞭解其經營績效與長期存續的可能性與必要性。雖然慈善機構的資料已經相當普及（美國政府在紐約成立國家慈善機構資訊局等監督機構，甚至架設了網際網路的網站，接受即時的線上抱怨），然而資料的可用性仍待改進。其中又以企業捐贈人特別想要瞭解慈善機構完成使用的情形，畢竟非營利機構使用的是外部資源，仰賴的也是外部資源。舉凡耗用物料、郵資、電話和辦公室等都需要花錢。慈善機構員工的薪資不儘然會低於市場水準。慈善機構的員工與一般營利機構的員工之間的差異僅僅在於他們沒有要求分配公司解散清算的資產如此而已。因此，本章所介紹的許多概念均與非營利機構有關。舉例來說，美國女童軍協會 (Girl Scouts of America) 希望義賣餅乾的活動能夠賺錢，然而卻不會把超過成本那部份的金額稱之爲利潤。非營利事業仍然需要瞭解收入與費用之間的關係，或者現金流入與現金流出之間的關係。

利潤的衡量指標

學習目標二

利用吸收成本法與變動成本法來計算利潤的衡量指標。

利潤代表了企業投入生產與銷售產品或服務所做的成本與收入之間的差異。利潤代表了企業因爲從事交易而變得更爲富有的程度。企業想要衡量財富增加的動機產生了各式各樣關於利潤的定義。某些定義適用於外部財務報表，某些定義則適用於內部財務報表。

利用吸收成本法來衡量利潤

吸收成本法，或稱全額成本法，適用於外部財務報表。根據一般公認會計原則之規定，利潤爲一長期的概念，係由收入與費用所決定。可想而知，長期來看，所有的成本都屬於變動成本。換言之，固定成本視爲變動成本，而必須分配至單位產品上。**吸收成本法** (Absorption Costing) 會分配所有的製造成本、直接物料、直接人工、變動費用與部份的固定費用至單位產品上。如此一來，每一單位的產品除了製造其所發生的變動成本之外，還會吸收部份的工廠費用。完成一單位產品的時候，這些成本便隨之轉入存貨。賣出一單位產品的時候，這些製造成本就轉為損益表上的銷貨成本。實務上可以利用吸收成本法來計算三種利潤的衡量指標：毛利、營業收益、淨損益。

編製吸收成本法損益表

雷省公司專門回收使用過的雷射印表機的碳粉匣。雷省公司在八月份的時候開始營業，當月生產了1,000個碳粉匣，其成本如下：

直接物料	$ 5,000
直接人工	15,000
變動費用	3,000
固定費用	20,000
總製造成本	$43,000

八月份的時候，雷省公司以$60的單價賣出1,000個碳粉匣。變動行銷成本為每單位$1.25，固定行銷與行政費用為$12,000。每一個碳粉匣的單位產品成本為$43（$43,000/1,000單位）。此一數據包含了直接物料($5)、直接人工($15)、變動費用($3)與固定費用($20)。值得注意的是，固定費用其實是視為變動費用處理。換言之，雷省公司是將總成本除以產出單位，亦即將總成本分配至每一單位產品上。**圖**15-1列出雷省公司八月份的吸收成本法損益表。

圖15-1所列示的損益表和外部財務報表所用的吸收成本法損益表相當類似。收入與銷貨成本之間的差額即為**毛利**(Gross Profit)〔或稱**毛邊際**(Gross Margin)〕。毛利與**營業收益**(Operating Income)

圖15-1

雷省公司八月份之吸收成本法損益表

		佔銷貨收入之百分比
銷貨收入	$60,000	100.00
減項：銷貨成本	43,000	71.67
毛利	$17,000	28.33
減項：變動行銷費用	1,250	2.08
減項：固定行銷與行政費用	12,000	20.00
營業收益	$ 3,750	6.25

並不相等，因為前者還包括了行銷與行政費用。以往，企業經常採用毛利來衡量獲利能力。行銷與行政費用相對而言變動不大，因此可以輕易地調整。然而在經濟情勢多變的今天，此一事實不再為眞。政府的法令規章往往會以看不見的方式影響企業的經營。企業為了符合法令規定而加強環保與設備調整的事實就是增加非製造費用的常見例子。此外，研究發展逐漸受到重視，也成為毛利與營業收益差距拉大的原因之一。時至今日，毛利不再是衡量利潤的有效指標，也不再是衡量企業長期體質的唯一指標。

圖 15-1 當中的「銷貨收入比例」欄位往往也是吸收成本法損益表的特點之一。值得注意的是，雷省公司賺取的毛利僅僅略為超過銷貨收入的百分之二十八 (28%)，營業收益則只佔銷貨收入的百分之六點二五 (6.25%)。這些數據究竟代表著績效良好或績效不佳？答案須視產業的一貫經驗而定。如果大多數的同業都賺取銷貨收入百分之三十五 (35%) 的毛利，那麼我們可以說雷省公司的營業績效低於同業平均水準，或許應該設法降低銷貨成本或者增加收入。舉例來說，柯達公司知道自己的製造成本和競爭對手日本富士公司一樣地低。然而柯達公司的行銷費用則佔了收入的百分之二十六 (26%)，高於「理想比率」的百分之二十二 (22%)。柯達公司便得以這些數字為依據，著手改善工作。

吸收成本法之下的營業收益又有何用途？是否可以做為績效的合理衡量指標？此一數據也有不同的問題存在。首先，經理人可以利用生產存貨的方式，移除損益表當中的部份當期成本。其次，吸收成本法的格式並不適用決策的需求。

吸收成本法的缺點

一般而言，企業生產產品的目的是為了賣出產品。事實上，雷省公司的確將八月份所生產的產品全數賣出。然而如果雷省公司生產產品的目的是為了增加存貨，又會有何差別呢？假設九月份的時候，雷省公司生產了 1,250 單位的碳粉匣，卻只賣出了 1,000 單位。並假設價格、單位變動成本以及總固定成本維持不變。試問，九月份的營業收益是否等於八月份的營業收益？**圖** 15-2 列示出九月份的吸收成本法損益表。

九月份的營業收益是 $7,750，而八月份的營業收益則爲 $3,750。這兩個月份的銷貨數量、銷售單價都一模一樣，但是爲什麼營業收益差距如此之大？關鍵在於固定工廠費用是否應被視爲變動成本項目。八月份時，總共生產 1,000 單位，每單位的產品吸收了 $20 ($20,000 / 1,000) 的固定費用。轉爲期末存貨的 250 單位則含有所有的生產變動成本 $5,750 ($23 × 250)，外加九月份的固定工廠費用 $4,000 (250 × $16)。轉爲存貨的固定工廠費用 $4,000 恰恰等於兩個月份營業收益的差額。

顯然地，採用吸收成本法編製的損益表導致九月份的數據失真。表面上看來，九月份的績效優於八月份，因爲雖然兩個月份的銷售績效一樣，但是九月份的產量卻多出 250 單位。（即使這家公司生產額外的 250 單位係爲存貨之用，但是卻不宜因此提高當期收益。）

理所當然地，生產存貨以控制收益的目的在於提高正常產量所沒有的利潤。以營業收益爲績效衡量指標的經理人當然知道他們可以藉由提高產量的方式來暫時改善獲利情況。經理人可能爲了年終獎金或升遷的機會而刻意增加生產存貨。因此，採用營業收益或淨益做爲利潤衡量指標的客觀性便會受到質疑。採用吸收成本法的損益做爲利用衡量指標的企業或可考慮修正有關生產的規定。舉例來說，地板保養

圖 15-2

雷省公司九月份之吸收成本法損益表

銷貨收入	$60000
減項：銷貨成本 *	39,000
毛利	$21,000
減項：變動行銷費用	1,250
減項：固定行銷與行政費用	12,000
營業收益	$7,750

* 直接物料 ($5 × 1,250)	$6,250
直接人工 ($15 × 1,250)	18,750
變動費用 ($3 × 1,250)	3,750
固定費用	20,000
總製造成本	$48,750
加項：期初存貨	0
減項：期末存貨	9,750
銷貨成本	$39,000

用品的製造商規定工廠只能生產總預算當中的金額，此一規定雖然無法完全消除存貨的改變對於營業收益的影響，但確實能夠避免經理人刻意控制產量來提高收益。

吸收成本法的第二項缺點是其格式對於決策並無助益。假設雷省公司正在考慮是否接受一份單價爲 $38，數量爲 100 隻碳粉匣的特殊訂單。雷省公司究竟是否應該接受，或者拒絕？如果我們只有吸收成本法損益表可供參考，誰能夠分辨接受和拒絕之後的結果？八月份的單位製造成本是 $43，九月份的單位製造成本則是 $39。這兩項數據均未包含行銷成本。將固定費用視爲單位水準變動成本的作法較不利於吾人瞭解分項成本。

採用變動成本法來衡量利潤

變動成本法可以避免吸收成本法將固定費用視爲變動成本的缺點。**變動成本法** (Variable Costing) 僅將單位水準之變動製造成本分配至產品上；這些成本包括了直接物料、直接人工和變動費用。固定費用視爲當期成本，並不會和其它產品成本一樣轉入存貨。固定費用均在發生當期做爲費用處理。

將固定工廠費用視爲當期費用處理的結果是降低工廠的存貨成本。在變動成本法之下，只有直接物料、直接人工和變動費用會記入存貨。（請各位記住，行銷與行政費用均不計入存貨——無論其屬變動成本或固定成本均然。）因此如以雷省公司爲例，其轉入存貨的變動產品成本應爲 $23 （$5 的直接物料 + $15 的直接人工 + $3 變動費用）。

變動成本法損益表與吸收成本法損益表略有不同。**圖** 15-3 即爲雷省公司八月份和九月份的變動成本法損益表。值得注意的是，先將所有的單位水準變動成本（包括變動製造費用與變動行銷費用）加總起來，再自銷貨收入當中扣除之後，便可求得貢獻邊際。然後，再扣除掉所有的當期固定費用（無論係因工廠或因行銷與行政作業而發生）便可求出營業收益。

值得注意的是，雷省公司八月份和九月份的損益表內容完全相同。由於兩個月份的銷貨收入和銷貨成本一模一樣，因此損益表似乎也應

圖 15-3

雷省公司變動成本法損益表

	八月份	九月份
銷貨收入	$60,000	$60,000
減項：變動費用 *	24,250	24,250
邊際貢獻	$35,750	$35,750
減項：固定工廠費用	20,000	20,000
減項：固定行銷費用	12,000	12,000
營業收益	$3,750	3,750

* 直接物料	$ 5,000
直接人工	15,000
變動費用	3,000
總製造費用	$23,000
加項：變動行銷費用	1,250
總變動費用	$24,250

該一模一樣。然而實際上九月份的產量較多，因此九月份資產負債表上的存貨將會增加。由於固定工廠費用並未記入存貨，因此經理人無法藉由提高產量來操控變動成本法損益表的數據。

接下來再讓我們仔細地分析每一個月份的損益表內容。八月份的產量恰好等於銷貨數量。八月份的時候並沒有任何當期成本轉入存貨，因此八月份的變動成本法損益表和吸收成本法損益表的內容完全相同。九月份的存貨增加，採用吸收成本法計算的營業收益會高於採用變動成本法計算的營業收益。兩種損益表的差額 $4,000 ($7,750 - $3,750)，恰好等於增加的存貨乘上單位固定費用的乘積 ($16 × 250 單位)。

如果存貨減少，又會發生何種情況？同樣地，存貨的改變會影響吸收成本法的營業收益，對變動成本法的營業收益並無任何影響。此處再以雷省公司十月份的數據爲例說明之。十月份的產量是 1,250 單位（和九月份一樣），但是總共賣出了 1,300 單位。**圖** 15-4 列出根據吸收成本法與變動成本法所分別編製的損益表。

存貨減少時（或者產量少於銷貨數量的時候），變動成本法的營業收益將高於吸收成本法的營業收益。其間的差額 $800 ($14,475 - $13,675) 等於吸收成本法之下的 50 單位是來自於期初存貨，這些期初存貨並已包含了 $16 的前期固定工廠費用。**圖** 15-5 彙整存貨改變對於吸收成本法營業收益與變動成本法營業收益的影響。

簡言之，由於期初到期末的存貨水準有所改變，兩種成本方法所

圖 15-4

雷省公司十月份之比較損益表

吸收成本法		變動成本法	
銷貨收入	$78,000	銷貨收入	$78,000
減項：銷貨成本 *	50,700	變動費用	31,525
毛利	$27,300	邊際貢獻	$46,475
減項：變動行銷費用	1,625	減項：固定工廠費用	20,000
減項：固定行銷與行政費用	12,000	減項：固定行銷與行政費用	12,000
營業收益	$13,675	營業收益	$14,475

*1,300 × $39 = $50,700

圖 15-5

吸收成本法與變動成本法之下的存貨改變

若	則
1. 生產 > 銷售	吸收成本法損益 > 變動成本法損益
2. 生產 < 銷售	吸收成本法損益 < 變動成本法損益
3. 生產 = 銷售	吸收成本法損益 = 變動成本法損益

求得的淨益數據也不相同。差異的主要原因在於吸收成本法將固定工廠費用分配至產出單位數量。如果生產的單位數量全部賣出，那麼固定費用就成爲損益表上的銷貨成本。至於沒有賣出的單位數量，其固定費用則轉爲存貨。然而在變動成本法之下，所有當期的固定費用均視爲費用處理。換言之，吸收成本法可以讓經理人藉由提高存貨的方式來操控營業收益的數據。

除了更能夠正確地反映出績效之外，變動成本法損益表還有另一項優點，它能夠提供更有用的資訊做爲決策之用。再以**圖** 15-4 爲例，如果再多賣出一單位的碳粉匣可以增加多少額外的利潤？根據吸收成本法製作的損益表顯示每單位的毛利是 $21 ($27,300 / 1,300)。此一數據包含了部份固定費用；然而，即使再多生產並出售一單位的碳粉匣並不會增加任何的固定費用。相較之下，根據變動成本法編製的損益表則能提供更爲有用的資訊。每多出售一單位的產品將可帶來 $35.75 ($46,475 / 1,300) 的額外貢獻邊際。變動成本法的主要精神在於固定成本並不會隨著生產與出售的數量而改變。因此，變動成本法損益表雖然不適合做爲外部報表之用，卻是某些管理決策的重要工具。

本節所探討的利潤衡量指標適用於所有型態的企業。企業在編製內部報告與績效評估等用途的損益表時，仍應考慮其它因素。單單依賴營業收益或者是淨益(Net Income)（營業收益減去稅賦）並不足以做爲利潤分析的充分指標。換言之，單是依賴淨益並無法解決企業想要瞭解的問題。淨益之所以不足以單獨成爲利潤衡量的充分指標，原因在於其資料的加總。加總的動作意味著企業必須把利潤分割成爲許多較爲通用常見的細項類別。過於簡化的加總動作無法指出企業的問題所在，亦無助於企業採取修正行爲。舉例來說，損益表上可能顯示出收入偏低的事實，但是卻無法顯示收入偏低的原因何在。究竟是因爲銷貨數量下滑？銷售價格下跌？還是因爲某些產品的銷貨數量增加，但是其它產品的銷貨數量銳減？企業需要更多、更詳細的分析才能夠解開這些疑問。

利潤相關變數之分析

學習目標三

計算貢獻邊際、銷售數量、銷售組合、市場佔有率以及市場規模等變數。

經理人經常需要比較實際賺取的利潤和預期的利潤水準。許多比較實際金額與預算金額的變數分析便因應此一需求而生。利潤變數強調預算與實際價格、數量以及貢獻邊際之間的差異。實務上可以計算每一項個別產品的利潤變數，也可以計算所有產品的整體利潤變數。後者的分析有助於吾人瞭解銷售組合對於利潤的影響。

各位應當記得，實際收入與預期收入之間的差異可以從銷售價格變數與價格數量變數來分析。銷售價格變數係指預期價格與實際價格之間的差額乘上實際銷貨數量之後的乘積。價格數量變數則爲實際銷貨數量與預期銷貨數量之間的差額乘上預期銷貨價格之後的乘積。這些變數能夠幫助企業瞭解每一項產品的銷售績效。當然企業也可能想要進一步瞭解銷售細節，以及銷售情況與其所賺取的貢獻邊際之間的關連。本節所要介紹的就是貢獻邊際變數、銷貨數量變數、銷售組合變數以及市場佔有率變數。

貢獻邊際變數 (Contribution Margin Variance)

貢獻邊際變數係指實際貢獻邊際與預算貢獻邊際之間的差異。

貢獻邊際變數 = 實際貢獻邊際 - 預算貢獻邊際

如果實際賺得的貢獻邊際大於預算貢獻邊際，則所得結果爲正。

此處謹以生產兩種鳥籠餵食器的鳥威公司爲例。鳥威公司的產品之一是由塑膠與木材製成的陽春型鳥籠，這種鳥籠可以懸掛在樹幹上。另一種則爲豪華型的大型直立式鳥籠。這種鳥籠的底部有底座可以放置在平面上，頂端四周則有蓋板防止其它鳥類偷吃鳥籠裡的飼料。**圖15-6**列出這兩種鳥籠產品的預算與實際資料。

鳥威公司的貢獻邊際變數爲正的 $875 ($14,375 / $13,500)。此一變數又可細分爲銷貨數量變數與銷售組合變數。

銷貨數量變數 (Sales Volume Variance)

銷貨數量變數係指實際銷貨數量與預算銷貨數量之間的差額，乘上預算平均單位貢獻邊際之後的乘積。值得注意的是銷貨數量變數與

圖 15-6

	預算金額		
	一般型	豪華型	總計
銷貨收入:			
($10 × 1,500)	$15,000		
($50 × 500)		$25,000	$40,000
變動費用	9,000	17,500	26,500
貢獻邊際	$ 6,000	$ 7,500	$13,500

	實際金額		
	一般型	豪華型	總計
銷貨收入:			
($10 × 1,250)	$12,500		
($50 × 625)		$31,250	$43,750
變動費用	7,500	21,875	29,375
貢獻邊際	$ 5,000	$ 9,375	$14,375

價格數量變數之間的差異。這兩種變數都必須考慮實際銷貨數量與預算銷貨數量之間的差額。然而價格數量變數係將此一差額乘上銷售價格，而銷貨數量變數卻是將此一差額乘上貢獻邊際。換言之，銷貨數量變數能夠提供銷貨數量改變時對於利潤盈虧影響的管理資訊。

銷貨數量變數 =（實際銷貨數量 - 預算銷貨數量）
×預算平均單位貢獻邊際

預算平均單位貢獻邊際等於總預算貢獻邊際除以預算總銷貨數量。

在鳥威公司的例子當中，總預算銷貨數量爲 2,000 單位（1,500 單位的陽春型鳥籠與 500 單位的豪華型鳥籠）。實際銷貨數量則爲 1,875 單位（其中有 1,250 單位的陽春型鳥籠和 625 單位的豪華型鳥籠）。預算平均單位貢獻邊際爲 $6.75 ($13,500 / 2,000)。因此，銷貨數量變數應爲負的 $843.75 [(2,000 - 1,875)$6.75]。

銷貨數量變數爲負，顯然是因爲實際賣出的數量低於預算銷貨數量。然而實際上鳥威公司的貢獻邊際要高於預期的貢獻邊際，其原因便在於銷售組合的改變。

銷售組合變數 (Sales Mix Variance)

銷售組合代表每一項產品所賺取的利潤佔總銷貨收入的百分比例。很顯然地，生產單一產品的企業其銷售組合必爲百分之百的該項產品。銷售的產品亦屬同一產品，因此改變銷售組合對於利潤並無任何影響。然而實務上生產多樣產品的企業卻經常面臨改變銷售組合的選擇。如果銷售的產品當中以利潤較高的產品佔較大比例，則利潤會高於預期水準。如果銷售組合當中以低利潤產品爲重，則利潤會低於預期利潤水準。吾人可以將**銷售組合變數** (Sales Mix Variance) 定義爲每一項產品數量的改變乘上預算貢獻邊際與預算平均單位貢獻邊際之間的差額之後的乘積。

銷售組合變數 =〔（產品甲實際銷貨數量 - 產品甲預算銷貨數量）
×（產品甲預算單位貢獻邊際 - 預算平均單位貢獻邊際）〕
+〔（產品乙實際貨數量 - 產品乙預算銷貨數量）
×（產品乙預算單位貢獻邊際 - 預算平均單位貢獻邊際）〕

上述銷售組合變數公式適用於兩項產品的分析。如果企業生產三項產品，只須將增加的產品項目之銷貨數量的改變乘上其貢獻邊際的改變即可。

再以前文當中的鳥威公司爲例說明之。**圖** 15-4 當中的預算資料顯示其銷售組合爲 1,500 單位的陽春型鳥籠和 500 單位的豪華型鳥籠。換言之，預算銷售組合當中兩項產品的比例爲 3：1 (1,500：500)。然而實際數據顯示出鳥威公司實際賣出了 1,250 單位的陽春型鳥籠和 625 單位的豪華型鳥籠。實際銷售組合的比例則爲 2：1。

鳥威公司的銷售組合變數應爲：

鳥威公司銷售組合 = [(1,250 - 1,500) × ($4.00 - $6.75]
+ [(625 - 500) × ($15 - $6.75]
= 正 $1,718.75

由正 $843.75 的銷售組合變數和負的 $843.75 銷貨數量變數可以得知，整體的貢獻邊際變數應爲正的 $875。

市場佔有率變數和市場規模變數 (Market Share Variance and Market Size Variance)

企業經理人不單僅由銷貨數量變數與銷售組合變數來深入瞭解企業內部的貢獻邊際，同時也應該將眼光放遠，瞭解企業本身相較於同一產業之其它企業之表現。**市場佔有率** (Market Share) 代表企業在所屬產業中所佔有的比例。**市場規模** (Market Size) 則指企業所屬產業的總收入。顯然地，市場佔有率和市場規模都會影響企業的利潤。

市場佔有率變數 (Market Share Variance) 係指實際市場佔有率和預算市場佔有率之間的差異，乘上實際產業銷貨數量和預算平均單位貢獻邊際之後的乘積。**市場規模變數** (Market Size Variance) 則指實際產業銷貨數量與預算產業銷貨數量之間的差異，乘上預算市場佔有率和預算平均單位貢獻邊際之後的乘積。

市場佔有率變數 =〔(實際市場佔有率 - 預算市場佔有率)
　　×(實際產業銷貨數量)〕×(預算平均單位貢獻邊際)
市場規模變數 = 〔(實際產業銷貨數量 - 預算產業銷貨數量)
　　×(預算市場佔有率)〕 ×(預算平均單位貢獻邊際)

假設鳥籠產品產業的預算銷貨數量為 20,000 單位(包括所有的類型),而實際產業銷貨數量為 23,000 單位。鳥威公司的預算市場佔有率為百分之十 (10%, 20,000 / 2,000)。鳥威公司的實際市場佔有率為百分之八點二 (8.2%, 1,875 / 23,000)。鳥威公司的市場佔有率變數則為負的 $2,794.50 [(.082 - .10)× 23,000 × $6.75]]。換言之,當鳥威公司的市場佔有率由百分之十 (10%) 滑落至百分之八點二 (8.2%) 的時候,總共損失了 $2,794.50的貢獻邊際。

市場規模變數能夠幫助吾人瞭解市場規模的改變對於利潤的影響。已知鳥威公司的市場規模變數為正的 $2,025,代表著如果實際市場佔有率等於預算市場佔有率時,鳥威公司所能增加的貢獻邊際的金額。遺憾的是,鳥威公司的市場佔有率略微下滑。然而由於市場規模擴大的關係,鳥威公司實際賺到的利潤仍然多於原有市場規模下百分之十的市場佔有率所能帶來的利潤。

儘管貢獻邊際變數、市場佔有率變數和市場規模變數有助於吾人瞭解企業獲利情況,然而企業仍然可能想要更深入地區隔出利潤的詳細內容。接下來的段落將會更進一步地探討利潤的詳細內容。

分項利潤

學習目標四
找出分項利潤。

企業往往想要瞭解特定項目的獲利情況。這些項目可能依產品、事業部門、銷售區域或者是顧客群來分類。決定可以歸屬於特定分項的獲利要比決定企業整體利潤困難許多,因為前者必須分配費用。實務上很難正確地追蹤所有分項的成本。然而分項利潤分析對於管理決策行為而言卻仍是不可或缺的要素。

產品線利潤 (Profit by Product Line)

企業想當然爾希望瞭解特定產品是否能獲利。企業大可放棄一直處於虧損、沒有機會獲利的產品，將其釋放出來的資源轉用於獲利機會較大的產品。

大多數企業生產與銷售一種以上的產品，或者是同一產品但一種以上的型號。 Sears是美國第二大零售業者。西爾思銷售許多自有品牌產品，其中包括 Kenmore家電用品和Craftsman五金工具。爲了緩和剛強的企業形象， Sears公司和美國 Lancome公司合作生產銷售一系列的化妝品。有鑑於化妝品專櫃佔了百貨公司業績的百分之十 (10%)，而且化妝品的毛利達百分之四十 (40%) 之譜（自有品牌的毛利更高），Sears公司正在積極跨入新的高獲利區隔市場。

如果可以輕易地追蹤每一項產品的所有成本與收入，那麼亦可輕易地計算出單項產品線的獲利。然而實務上往往無法如願。因此，企業首先必須決定如何計算利潤。常見的三種方法其精確程度由低而高依序爲吸收成本法、變動成本法與作業制成本法。這三種方法分配成本至產品線的方式均不相同，結果自然而然也不一樣。至於採用哪一種成本方法端視企業對於精確程度的要求而定。

此處以生產普通紙傳眞機與感熱紙傳眞機這兩種產品的愛登公司爲例說明之。感熱紙經過加熱之後容易捲曲在一起，因此使用上較不受消費者的歡迎。感熱紙傳眞機屬於低階產品，採用的是老舊的技術，而且生產較爲容易。普通紙傳眞機屬於高階產品，採用的技術較爲先進，生產較爲困難。下表列出這兩項產品的相關資料。

	感熱紙	普通紙
單位數量	20,000	10,000
直接人工小時	40,000	15,000
價格	$200	$350
單位主要成本	$55	$95
單位費用成本 *	$30	$22.50

* 年度費用成本爲 $825,000，以直接人工小時爲分配基礎。

圖 15-7

愛登公司
吸收成本法損益表
（單位：千元）

	感熱紙	普通紙	總計
銷貨收入	$4,000	$3,500	$7,500
減項：銷貨成本	1,700	1,175	2,875
毛利	$2,300	$2,325	$4,625
減項：行銷費用	400	350	750
減項：行政費用	1,067	933	2,000
營業收益	$ 833	$1,042	$1,875

屬於變動性質的行銷費用佔總銷貨收入的百分之十 (10%)。屬於固定性質的行政費用爲 $2,000,000，根據產品佔總銷貨收入之比例分配至各該產品。**圖** 15-7 即爲依據產品線分類的吸收成本法損益表。

很明顯地，普通紙傳眞機的獲利表現優於感熱紙傳眞機。但是此一數據究竟有何意義？吾人是否可以斷定每賣出一台感熱紙傳眞機就可增加 $41.65（$833,000 / 20,000 單位）的利潤？吾人又是否可斷定每賣出一台普通紙傳眞機可以增加 $104.20 ($1,042,000 / 10,000) 的利潤呢？答案是不可以，因爲愛登公司將變動成本與固定成本混爲一談，並且已經根據收入來分配行政費用（然而實際上卻看不出銷貨收入可以做爲行政費用的成本動因的理由）。此外，費用成本的分配係以單位爲基礎，然則每一單位究竟包含哪些內容也不清楚。 $22.50是否正確地代表了生產一單位的普通紙傳眞機所需要的費用資源？如果不是，那麼愛登公司就需要另外一種成本制度。

採用變動成本法來衡量分項利潤

愛登公司可以採用變動成本法，分別列計直接固定費用與共同固定費用。爲了應用變動成本法，愛登公司還需要其它固定費用成本與變動費用成本的資訊。

	變動	固定
費用成本：		
設定		$ 40,000
維護		120,000
耗用物料	$ 80,000	
電力	280,000	
機器折舊		250,000
其它工廠成本		55,000
總計	$360,000	$465,000

各位應當記得，費用成本之分配係以直接人工小時爲基礎。因此，分配至感熱紙傳眞機的變動費用成本爲 $261,818 [$360,000 (40,000 / 55,000)]。分配至普通紙傳眞機的變動費用則爲 $98,182 [$360,000 / (15,000 / 55,000)]。根據這些數據即可編製如**圖** 15-8 所示的分項損益表。

雖然本例當中的吸收成本法的損益等於變動成本法的損益（因爲所有生產出來的單位數量全部售出），但變動成本法損益表卻能提供更多有用的資訊。從變動成本損益表當中可看出，多賣出一單位的傳眞機所能帶來的額外利潤。多賣出一台感熱紙傳眞機可增加 $111.90 ($2,238,000 / 20,000) 的利潤。多賣出一台普通紙傳眞機可以增加 $210.20 ($2,102,000 / 10,000) 的利潤。變動成本法的要義在於固

圖 15-8

愛爾登公司
變動成本法損益表
（單位：千元）

	感熱紙	普通紙	總計
銷貨收入	$4,000	$3,500	$7,500
減項：變動銷貨成本	1,362	1,048	2,410
減項：銷售佣金	400	350	750
貢獻邊際	$2,238	$2,102	$4,340
減項：共同固定費用			465
減項：行政費用			2,000
營業收益			$1,875

圖 15-9

費用作業與動因

費用作業	作業動因	總成本
設定設備	設定次數	$40,000
維護設備	維護小時	120,000
提供耗用物料	直接人工小時	80,000
提供電力	機器小時	280,000
機器折舊	機器小時	250,000
其它工廠成本	（無）	55,000
		$825,000

	產品的作業慣例（依動因衡量）	
	感熱紙	普通紙
設定次數	10	30
維護小時	2,000	8,000
直接人工小時	40,000	15,000
機器小時	10,000	90,000

定費用並不會隨著生產與銷售單位數量的改變而改變。因此，變動成本法損益表雖然並不適合外部報告的用途，卻是擬訂許多管理決策的重要工具。然而變動成本法亦非十全十美的方法。變動成本法的問題在於並未分配固定成本至任何一項產品。此一作法是否恰當？如果不管生產哪一項產品都一定會發生固定成本的話，問題的答案是肯定的。然則實務上，某一項成本就產出單位數量而言雖然是固定的，對於另一項作業動因而言卻是變動的。遇此情況，作業制成本法便能得到更爲精確的成本資訊。

採用作業制成本法來衡量分項利潤

將成本細分爲單位水準、批次水準、產品水準與設備水準等成本的作業制成本法可以讓我們更加精確地瞭解可以歸屬於個別產品的利潤。此處再以愛登公司爲例，進一步瞭解每一項費用成本項目的成本動因。**圖** 15-9 列示出每一項產品使用成本動因的資訊。值得注意的是，其它工廠成本項目並沒有任何作業動因，因爲這些成本項目屬於設備水準成本，無論是否生產任何產品都會發生這些成本。

接下來將介紹採用作業制成本資訊所編製的產品線損益表，如**圖15-10**所示。作業制成本法損益表的價值在於其能夠提醒管理階層，成本不宜僅憑單位數量而劃分爲固定部份與變動部份。愛登公司將可發現其普通機傳眞紙的費用成本源於其使用更多的設定、更多的電力和更多的機器小時。如此一來，愛登公司的管理階層可以專心致力於減少直接增加成本動因的使用情況。在此之前，費用成本的分配係以直接人工小時爲基礎。此一作法可能誤導管理階層相信減少直接人工小時即可降低費用成本。然而作業制成本法不僅顯示出製造作業的複雜程度，亦可提醒管理階層惟有減少機器使用（例如改採效率更好的機器）才能夠減少電力成本。同樣地，惟有簡化或消除設定作業才有可能縮減設定成本。減少作業使用情形可以降低實際成本，進而提高利潤。

值得一提的是，完全的作業制成本法並不爲外部財務報表所接受，原因在於其將設備水準成本視爲當期費用處理。設備水準成本與產出單位數量之間毫無關連。然而根據一般公認會計原則之規定，產出的單位數量必須吸收部份設備水準成本。因此，作業制成本法多半僅供內部管理決策之用。

圖 15-10

愛登公司
作業制成本法損益表
（單位：千元）

	感熱紙	普通紙	總計
銷貨收入	$4,000	$3,500	$7,500
減項：主要成本	1,000	950	2,050
設定	10	30	40
維護	24	96	120
耗用物料	58	22	80
電力	28	252	280
機器折舊	25	225	250
銷售佣金	400	350	750
分項邊際	$2,355	$1,575	$3,930
減項：其它固定費用			55
減項：行政費用			2,000
營業收益			$1,875

一旦管理階層認為已經取得足夠的成本資料，並已完成初部的利潤計算，那麼管理階層或許還想進一步瞭解其它問題。這些問題可能涉及經理人如何處理獲利資訊。獲利過高可能意味著普通紙傳眞機的定價過高。至於利潤過低甚至是負數的產品，則意味著淘汰的可能性——用獲利機會較高的產品來取代。即使感熱紙傳眞機還有利潤，但是因為獲利逐年下降，再加上消費者不喜歡傳眞紙張捲曲的事實，管理階層仍然可能考慮停產感熱紙傳眞機。停產感熱紙傳眞機所釋放出來的資源則可改用於生產新一代的傳眞機器。當然，企業也可能基於消費者偏好產品種類齊全的習性，保留獲利不佳的產品。管理階層在擬訂銷售組合決策時，需要獲利資料以為依據。

事業部門別利潤 (Divisional Profits)

企業既然會希望瞭解個別產品的相對獲利情況，當然也會希望瞭解不同事業部門之間的相對獲利情況。部門利潤通常用於評估事業部門經理人的績效表現。沒有獲利的部門可能會遭到裁撤的命運。舉例來說，通用汽車的鈕星汽車事業部門和其它所有事業部門一樣，都必須設法賺取利潤。1992年，鈕星汽車總共虧損了七億美金，因此痛下決心設定1993年達到損益兩平的目標，接下來再設法賺取利潤。

前文當中介紹的三種成本方法均可用以計算事業部門的利潤。一般而言，企業採用的是吸收成本法，並將一定比例的公司費用分配至每一個部門，以強調所有部門均須負擔公司的費用。假設寶利來公司是一家由甲、乙、丙、丁四個事業部門組成的集團企業。總計為一千萬元的公司費用是根據銷貨收入分配至四個事業部門。這四個事業部門的損益表列示於後。

	甲部門	乙部門	丙部門	丁部門	總計
銷貨收入	$90	$60	$30	$120	$300
減項：銷貨成本	35	20	11	98	164
毛利	$55	$40	$19	$ 22	$136
減項：部門費用	20	10	15	20	65
減項：公司費用	3	2	1	4	10
營業收益	$32	$28	$ 3	$(2)	$ 61

寶利來公司應該如何看待這些數據？很顯然地，丁部門出現營業虧損。公司高層必然會對丁部門的存續與否產生質疑。舉例來說，如果丁部門還有改善獲利的可能性，那麼或許公司會投注更多的心力來使得丁部門轉虧爲盈。相較於其它事業部門而言，丁部門的費用高出許多，原因可能出自其大規模的研發計畫。如果這些研發計畫可能實現可觀的利潤，那麼或許高階管理階層也就不會過於在意費用偏高的問題。高階管理階層必須瞭解長期的發展趨勢，以及每一個事業部門目前的績效與長期的遠景。即便是像事業甲部門一樣賺錢的部門，也可能因爲其身處夕陽工業或者實際使用的資源遠遠超過公司所分配的費用而受到高階管理階層的格外重視。本書在分散授權與責任會計制度的章節當中更詳細地說明事業部門獲利情況與責任會計制度的內容。

顧客獲利能力 (Customer Profitability)

雖然顧客明顯對於企業獲利具有重要影響，但是某些顧客的影響卻仍大於其它顧客。能夠掌握不同的顧客群對於利潤的影響，有助於企業更正確地鎖定目標市場，進而提高利潤。決定顧客別利潤的第一步是找出顧客群。第二步則是決定哪些顧客能爲企業帶來價值。

找出顧客群可以是相當輕鬆的工作。零售商店和汽車修理廠等業者可以很容易地找出自己所服務的顧客，甚至可以一一道出顧客的姓名。然而多數情況下，企業往往只是錯綜複雜的顧客關係當中的一個環節。舉例來說，焊品公司所生產的焊棒先賣給經銷商、爾後轉賣給零售店、最後才到眞正使用焊棒的公司或個人手上。焊品公司認爲他們的顧客是經銷商，因此據以檢視公司的每一項作業，減少無法爲經銷商帶來價值的作業。舉例來說，焊品公司重新規劃了業務人員與顧客接觸的時間，好讓業務人員有更多的時間來服務經銷商。

開發與保有顧客 (Originating and Keeping Customers)

一旦找出顧客群之後，接下來的步驟便是決定哪一些顧客群的利潤最高，繼而努力保有這些顧客群，並開發更多的同類顧客群。某些時候企業可能必須增加一開始不能帶來利潤的新顧客群，然後再提升效率，設法從這些顧客群當中賺取利潤。競爭相當激烈的個人電腦產業就是最好的例子。在早期，蓋威公司成功地銷售個人電腦系統給技術導向的顧客。這些顧客能夠分辨隨機讀取記憶體和唯讀記憶體之間的差別、也能夠自行組裝電腦。由於蓋威公司成長過快，導致這些技術導向顧客在蓋威公司的整體顧客群當中的比例逐漸降低。爲了服務新的顧客群，蓋威公司發生了許多額外的成本。相較之下，早期的這些熟悉電腦的顧客比較不需要技術支援。新的顧客群雖然知道如何操作電腦，但是卻偏好套裝的硬體配備和預先安裝好的軟體，遇到問題時也傾向一對一的服務方式。要使這一類的新顧客滿意的關鍵在於良好的技術支援，如此一來這些顧客才會繼續使用蓋威公司來進行電腦升級。蓋威公司必須大幅增加技術支援人員的編制，來因應撥打免付費電話尋求協助的顧客。身處此一環境的企業，除了必須設法不斷提高利潤之外，同時也必須設法藉由加強品質管制、簡化書面操作手冊等方式來降低成本。

爭取顧客的成本往往高於保有顧客的成本。開發顧客需要廣告、電話拜訪、撰寫企劃案和取得潛在顧客名單等因素的配合。這些作業都必須花費相當的成本。確保現有顧客滿意度也需要相當的努力。舉例來說，許多商店都會提供免費的禮品包裝服務——提供給確實已經購買產品的顧客。企業必須掌握利潤資料才能夠瞭解顧客對於利潤的貢獻、才能夠權衡增加的服務成本與利益之間的關係。許多企業此刻正採行顧客生命週期方法，認爲長期而言忠實顧客能爲企業帶來可觀收入。舉例來說，食用比薩的顧客在其生命週期當中可能爲業者帶來$8,000的收入。而針對價格昂貴的產品——例如凱迪拉克汽車－－來說，金額甚至可能逼近 $332,000。

最後値得一提的是，某些利潤過低的顧客群則不應繼續保留。米湖公司生產移動式捕鷹器與捕鵝器，並將其產品賣給特殊器材店與連鎖超市 Wal-Mart。 Wal-Mart 的 $19 定價卻遭致特殊器材店的抗議。然而就米湖公司而言，更糟的問題乃在於 Wal-Mart 的獲利平均只有 $.50，而特殊器材店的平均獲利卻有 $4 的水準。兩種通路的利潤產生極端差異的原因在於 Wal-Mart 要求特殊的包裝和促銷費用，並且退回賣不出去的貨品。於是米湖公司決定專心耕耘特殊器材店的通路。

合理的資料庫和完備的會計制度有助於企業正確地追蹤不同顧客群的利潤。想要不同的顧客類別的利潤分析，就需要服務每一類型顧客所使用的產品、行銷與行政作業等資訊。此處再以生產玩具馬的製造商巴頓公司爲例說明之。巴頓公司的玩具主要銷售給三類顧客：大型折扣連鎖店、小型獨立玩具店和個人蒐藏家。每一種玩具馬的模型都是以高密度塑膠爲原料、經由細緻的模型射出製成。巴頓公司擁有一群專業設計師，以確認每一種模型都代表特定品種的外型。這些玩具馬模型的用色豐富，栩栩如生。巴頓公司雖然生產許多不同造型的玩具馬，但是基本上每一種造型的產品都會發生相同的製造成本。**圖15-11** 列出相關的製造與行銷資料。

不同類別的顧客會有不同的需求。大型玩具連鎖店利用電子資料交換系統來採購巴頓公司百分之六十三 (63%) 的產出，平均每一單位可以享有 $1.25 的折扣。因此，每當這些大型連鎖店的存貨降至一定水準的時候，就會透過電子資料交換系統傳送訂單至巴頓公司的工廠，巴頓公司的工廠便開始安排交貨事宜。巴頓公司毋須支付任何佣金給大型連鎖店。然而，每一年，巴頓公司必須支付每一家連鎖店面 $1,500 的上架費用（以確保爭取到最好的上架位置）。目前總共有七十五家大型連鎖店和巴頓公司往來。運輸成本也是由巴頓公司負擔。通常，大型連鎖店不會指定玩具馬的造型；因此，巴頓公司通常是以

圖 15-11

巴頓公司之資料

產量	500,000
每一型號平均價格	$15
製造費用：	
單位直接物料	$5
單位直接人工	3
單位費用	1
行銷費用：	
佣金（每售出一型號）	$.75
單位特殊包裝	.20
每年電子資料交換成本	$100,000
展覽費用	75,000
運輸	157,500
上架費用	112,500

工廠現有的存貨來交貨。大型連鎖店並沒有要求特殊的包裝。

獨立玩具店的規模較小，而且通常是訂購造型比較具有教育意味的玩具馬。巴頓公司的產出當中約有百分之三十五 (35%) 是賣給這一類的獨立玩具店。這些獨立玩具店並沒有享受任何折扣優惠，也不會要求上架費用。然而巴頓公司必須支付每一單位 $0.75 的佣金給與將巴頓公司的產品轉賣給獨立玩具店的大盤商。獨立玩具店比較喜歡附帶故事書的產品，例如一整套印度戰馬玩具模型附帶解說歷史典故的小手冊再加上特殊包裝的產品就非常受到歡迎。因此，巴頓公司銷售產品給這些獨立玩具店的時候往往會採特殊包裝。

巴頓公司的銷貨收入當中剩餘的百分之二是來自於夏季的展覽。每一年夏季，巴頓公司會在美國各地舉辦五次展覽，利用生動有趣的佈置來吸引玩具馬模型收藏家和一般消費大眾的注意。巴頓公司會選定一家飯店的會議場所，邀請玩具馬模型的收藏家舉辦爲期兩天的個人收藏展覽，並藉此建立流通買賣的管道。巴頓公司並在會場上安排專人（設計師、行銷總經理與副總經理）負責解答參觀者的問題、展示（與銷售）產品，與顧客做面對面的接觸等。爲了吸引更多的注意，巴頓公司也會推出每一次夏季展覽會的紀念模型。這一類的紀念產品需要 150 個設計小時（每一小時的工資比率是 $14）和一次設定作業（成本爲 $1,000）。

根據前述資訊，吾人即可分析不同顧客群的利潤。**圖** 15-12 列出每一類顧客的利潤數據。大型連鎖店所帶來的銷貨收入最高，但是必須扣除掉折扣優惠的部份。可以直接歸屬於大型連鎖店的費用包括了上架費用、運輸費用和電子資料交換系統與操作人員的成本。獨立玩具店並不適用折扣優惠，但是卻有佣金和特殊包裝等費用。夏季展覽的收入最低，其費用則包括了展覽費用以及特殊設計與設定的成本。

很顯然地，大型連鎖店的利潤最高，其次則爲獨立玩具店。夏季展覽則無利潤可言。作業制利潤分析有助於管理階層更明確地瞭解必須專注於哪一些作業，以及必須降低哪一些成本。舉例來說，如果以銷貨收入來看，夏季展覽屬於賠錢的作業。或許管理階層可以將夏季展覽視爲促銷活動，而非特定的顧客類別。事實上，舉辦夏季展覽的主要目的在於刺激消費者對於巴頓公司所有產品的興趣，而非僅僅在

圖 15-12

連鎖店之利潤	
銷貨收入	$4,725,000
減項：折扣	(393,750)
淨銷貨收入	$4,331,250
減項：銷貨成本	2,835,000
毛利	$1,496,250
減項：上架空間	(112,500)
運輸	(157,500)
電子資料交換	(100,000)
利潤	$1,126,250

個別玩具店之利潤	
銷貨收入	$2,652,000
減項：銷貨成本	1,575,000
毛利	$1,050,000
減項：佣金	(131,250)
特殊包裝	(35,000)
利潤	$883,750

展覽之利潤	
銷貨收入	$150,000
減項：銷貨成本	90,000
毛利	$ 60,000
減項：展覽費用	(75,000)
設計時間	(2,100)
設定	(1,000)
損失	$(18,100)

於銷售 10,000 單位的產品。因此，展覽的所有成本可以記入全公司的整體行銷費用。

前述作業基礎資料有助於管理階層清楚地瞭解拓展某一產品線、減弱另一產品線的相關成本。舉例來說，如果在產能許可範圍內，巴頓公司是否應該再出售產品給另一家連鎖據點？每一家連鎖店的平均銷貨數量是 4,200 單位（315,000 / 75 據點）。這些數量爲 4,200 單位的產品並不會賣給其它獨立的玩具店。相關分析如下：

再增加一處據點之銷貨收入	$63,000
減項：折扣	5,250
淨額外收入	$57,750
減項：銷貨成本	37,800
運輸	2,100
上架費	1,500
再增加一處據點之利潤	$16,350

出售4,200單位的產品給獨立玩具店的利潤則爲：

銷貨收入	$63,000
減項：銷貨成本	37,800
特殊包裝	840
佣金	3,150
獨立玩具店的利潤	$21,210

由於連鎖店的利潤較低，因此巴頓公司應該繼續出售產品給獨立玩具店。

作業制會計制度可以提供行銷作業的相關資料，對於顧客利潤分析相當重要。然而值得注意的是，發生成本的原因並非只有作業一項。包括時間、業務量和早期決策等因素都可能導致效率提昇或效率不彰。

服務業顧客利潤分析之釋例

比利證券公司是英國巴克雷銀行旗下的投資事業。比利公司研擬出一套分析服務利潤的作業制分析模式。比利公司替客戶買賣證券，公司本身也從事證券投資買賣。因此，比利公司的利潤來源有二：替客戶買賣的淨佣金和本身買賣的獲利（或虧損）。誠如許多證券公司一樣，比利公司發覺很難追蹤特定交易之收入與成本。因此，經理人無法斷定特定顧客是否能爲公司帶來利潤。舉例來說，比利公司的顧客會打電話給營業員以取得市場研究、交易諮詢和買賣交易等服務。就比利公司而言，提供服務給每一位顧客的成本都不相同。然而比利公司並未根據顧客所使用的服務項目或數量來收取服務費用。比利公司只對顧客收取股票買賣的佣金。一般而言，每一筆股票交易的佣金是成交價格的千分之二 (0.2%)，換言之如果顧客買進五萬英鎊的股票，比利公司就可以收取一百英鎊 (£50,000 × .002) 的佣金。吾人可以清楚地看出，一位要求大量市場資訊、交易金額只有一萬英鎊的顧客，其能爲比利公司帶來的利潤要遠低於要求同樣市場資訊、但是交易金額卻有十萬英鎊的顧客。爲了修正此一問題，比利公司創造了一套作業制模式來追蹤每一筆交易的收入與成本。

待蒐集到所有關於顧客交易金額、成本與收入等資料後，比利公司將顧客分爲四個類別。第一類顧客的利潤水準適中，而且有可能再提高交易量。比利公司計畫派遣資深的業務人員和這一類顧客進一步地接觸。第二類的顧客雖然能爲公司帶來利潤，但是可能不願意提高交易金額、升等爲第一類顧客。 第二類顧客的服務組合也就維持不變。第三類顧客所帶來的收入無法全部涵蓋成本，惟其邊際收入仍對固定費用有所貢獻，而且有可能升等爲第一或第二類顧客。適度地和第三類顧客討論將有助於提高交易金額或者減少這些顧客認爲最不重要的服務項目。換言之，比利公司期望藉由開誠佈公的討論和內部決策等方式來提高第三類顧客的利潤。舉例來說，比利公司鼓勵利潤較低的顧客利用電子下單的方式來進行買賣，以減少營業員接聽電話的時間。另一項變通作法則是交由資歷較淺的員工負責顧客服務來改變服務組合。

第四類顧客則毫無利潤可言，而且也不太可能升等至其它類別。針對這些無法帶來利潤的顧客，比利公司擬出多項可行方案。比利公司可能採取提高交易量、減少服務或提高佣金等方式。

在研擬出前述作業制成本模式之前，比利公司僅能計算與每一位顧客相關之總收入（佣金）。由於比利公司無法追蹤每一位顧客的成本，因此無從瞭解個別顧客的利潤，管理階層也就無從瞭解費用與服務之效益。然而在採用作業制成本模式之後，比利公司不僅可以瞭解每一位顧客所帶來的利潤，更可瞭解獲利的原因。

整體利潤 (Overall Profit)

分項利潤的數據對於許多管理決策而言相當有用。然而計算不同事業部門、項目和產品線的利潤所遇到的分配問題卻意味著某些情況下可能最適合採用整體利潤的數據。整體利潤的數據最容易計算，而且具有相當程度的意義。如果整體利潤持續爲正，儘管某一或某些項目出現虧損，公司仍然可以繼續經營下去。舉例來說，高飛公司從事三種活動：飛行員訓練，短距離運輸服務（基本上是提供給地區銀行的載客服務）與飛機租賃。以往，高飛公司很難判斷每一項服務的個別獲利能力。由於每一項服務使用的都是同樣的飛機，因此將飛機折舊費用分配至前述三種活動的作法看似頗爲合理。然而高飛公司的企業主卻認因此一作法可能導致公司忽略了潛藏的問題：三項活動是否應該全部提供？某些成本可以很容易地追蹤至每一項作業，例如油料成本與機師費用等。其它諸如飛機折舊等成本就很難予以個別追蹤。最後，高飛公司針對每一項服務進行修正過的利潤分析，結果認定飛行訓練可能處於虧損狀態。高飛公司如何因應？事實上，高飛公司保留了全部的活動，因爲他們發現機師比較喜歡到他們接受飛行訓練的地方承租飛機。因此，飛行訓練與飛機租賃之間的關連意味著高飛公司必須同時保留或者同時取消這兩項作業。

時間與利潤

學習目標五

描述衡量利潤之短期與長期影響。

利潤分析的成效須視後續決策之類型而定。時間對於決策之擬訂具有相當重要之影響。僅僅具有短期效果之決策所需要的資訊與具有長期效果之決策並不一樣。很顯然地，**短期** (Short Run) 係指至少某一項成本屬於固定成本的期間。短期可能短至一個小時或者可能長達數年，端視實際考量的成本項目而定。如果企業採購超過目前生產需求的原料，則會發生用完原料爲止的期間（例如一星期）之固定成本。工廠廠房可能很難在一年以上變更或出售，因此廠房成本的短期期間可能較長。**長期** (Long Run) 係指沒有任何固定成本，所有成本均爲變動成本的期間。長期期間與利潤有何關連？短期影響與長期影響都是經理人與企業主關切的焦點。

短期利潤 (Short-Run Profitability)

短期利潤較少反映出兩種可能。其一是某些特定成本和（或）收入只發生在特定期間內，而且會隨時間而改變。舉例來說，某會計師事務所正在考慮減少對某客戶提供內部稽核服務所收取的費用，以建立良好的長期合作關係，替未來年度帶來更多的收入。此一「降價」作法並不適用所有的稽核工作。本章將在稍後的生命週期生產的段落當中，再行仔細說明。其二是屬於適用差異成本方法的一次性特殊訂單等情況。接受一次性特殊訂單的決策意味著價格低於平常水準，且企業忽略了特定成本。然而長期來看，且就企業整體而言，定價必須涵蓋所有的成本。企業無法單靠特殊訂單而生存。

分析短期利潤的常用概念是**貢獻邊際** (Contribution Margin)，亦即銷貨收入與所有變動成本之間的差額。變動費用包括製造、行銷與行政費用。貢獻邊際係指銷貨收入當中用以涵蓋所有固定費用，而成為利潤的金額。貢獻邊際屬於短期指標，因為固定成本只可能出現在短期間內。貢獻邊際能夠輔助企業檢視損益兩平點與短期存續能力。雖然有人認為將成本區分為固定部份與變動部份並無法正確詳實地說明成本習性，然而對許多企業而言至少跨出了成本分析的第一步。

另一項有助於企業瞭解近期未來的存續能力的指標則是現金流量。**現金流量** (Cash Flow) 其實就是現金流入減去現金流出後的餘額。現金流量並不考慮認列收入與費用的財務會計慣例。企業如欲繼續經營一個月，則至少必須維持正的現金流量。實務上可能出現現金流量為負、但是淨益為正的情況。遇此情況，企業可能在淨益轉為現金之前就被債權人要求結束營業。因此，現金流量對於企業而言非常重要。

長期利潤 (Long-Run Profitability)

長期來看，所有成本都是變動成本。淨益屬於長期衡量指標，因為短期內的固定成本在使用之後（轉為銷貨成本的型式）便分配至銷貨數量單位上。此一方法是將生產的固定成本視為變動成本，藉以提醒經理人銷貨收入最終仍必須涵蓋所有的成本。有些人可能認為長期期間是一連串短期期間接續而成。此一看法在算術上或可成立，然則實務上卻非如此。基本上，短期而言是好的行動在長期來看卻不盡然一定是好的決定。舉例來說，企業可能會基於某些理由而接受定價略微超過變動成本的特殊訂單。然而如果其它顧客知道特殊訂單的較低價格，可能認為他們也應該適用同樣的價格。類似的情況還有企業為了改善本月的現金流量而購買品質低於標準的物料，結果卻導致企業的品質信譽受損，反倒增加未來的保證成本。企業必須設法在短期需求與長期需求之間求取平衡。產品生命週期的分析可以輔助吾人瞭解改變時間觀點的必要。

產品生命週期

學習目標六

探討產品生命週期與獲利分析之關連。

許多產品的利潤或者是生命週期是可以預測的。從行銷的觀點來看，**產品生命週期** (Product Life Cycle) 描述的是產品在四個不同階段的利潤歷史：進入階段、成長階段、成熟階段與衰退階段。進入階段的利潤較低，原因有二。首先，產品在爭取市場接受的過渡期間收入較低。其次，初始投資金額高且學習效果差，因而導致費用偏高。成長階段的特色是市場接受度與銷貨收入逐漸提高，而逐漸成型的經濟規模則使得費用降低。產品逐漸達到損益兩平，利潤不斷增加。到了成熟階段，利潤呈現穩定狀況。產品已經切入正確的市場，銷貨收入相對而言也很穩定。投資金額逐漸減少，所有的生產學習效果均已實現，成本不致出現過大變動。最後到了衰退階段，產品已經進入生命週期尾聲，銷貨收入和利潤雙雙下滑。成本雖然維持在低檔，卻仍超出銷貨收入。**圖** 15-13 説明了利潤在產品生命週期當中的進入、成長、成熟與衰退等各個階段的互動。

產品生命週期的分析有助於市場人士瞭解產品在每一階段所面臨的不同競爭壓力。換言之，產品生命週期分析對於規劃活動具有重要意義。製造成本的規則性和利潤使得產品生命週期分析和成本管理一樣，具有同等重要性。產品生命週期的每一階段都顯示出其對於不同類型成本之影響，而且這些影響基本上是可以預測的。**圖** 15-14 節錄了這些影響的內容。

圖 15-13

產品生命週期

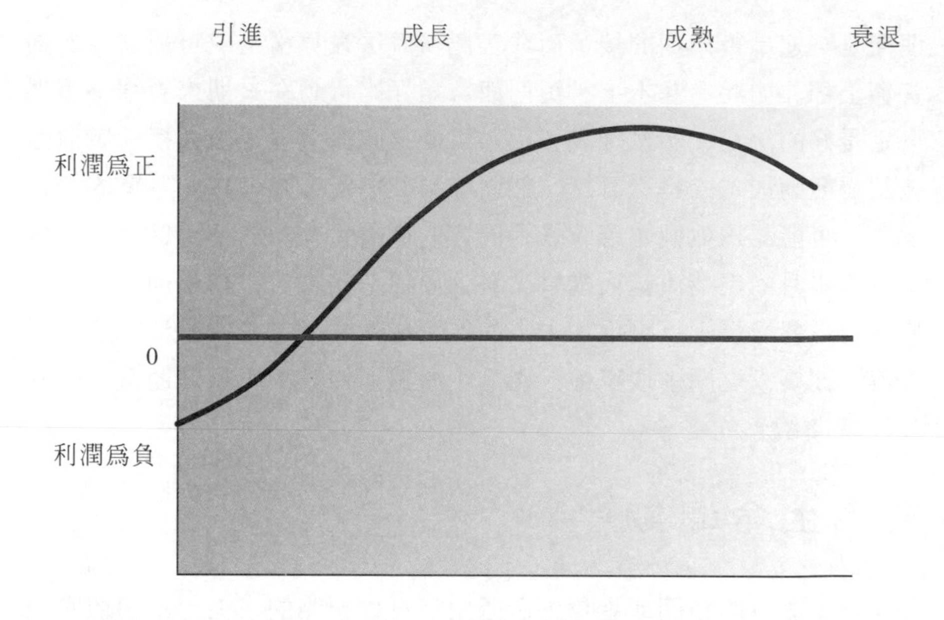

圖 15-14

產品生命週期對於成本管理之影響

	引進	成長	成熟	衰退
產品	基本設計、款式不多	已有改善，擴展產品線	產品線豐富，差異化擴大	改變最少、產品線數目減少
學習效果	成本高，學習效果佳但回收不多	學習效果仍然強烈，開始降低成本	生產穩定，少有、甚至沒有學習的必要	沒有學習必要，已發揮最高的人工效率
設定	不多，但是新的、而且不熟悉的	隨著新款式的引進，使得次數增多	由於產品差異化的關係而增加	因爲只生產銷售情況最好的產品線而減少
採購	可能因爲改用新物料與新供應商的關係而增加	因爲找到穩定的供應商、物料改變較少，因此採購作業減少	可能因爲產品線變動而增加	爲了消化現有存貨而減少供應商與訂單
行銷費用	賣給少數目標市場的銷售與鋪貨成本低	廣告與鋪貨成本增加	廣告減少、交易折扣增加、鋪貨成本提高	廣告、鋪貨與促銷作業減至最少

或許各位會問，究竟產品生命週期有多長？產品生命週期的長短須視產品內容與其所身處的環境而定。二次世界大戰期間，由於必要的技術資源都用於戰場上，因此電視機經過了數年時間才發展至成熟階段。多數電視遊樂器軟體則經過不到幾個月的時間就會達到成熟。流行商品的汰換速度更快，可能不到幾個星期的時間就走完整個生命週期。

產品生命週期的知識對於成本管理而言相當重要。吾人可以輕易地察覺四個不同階段對於行銷、業績成長以及銷貨收入下滑的影響。此外，吾人多少亦可由產品生命週期的分析當中約略瞭解成本面的訊息。製造部門務必注意產品更新對於成本的影響。每當引進新產品的時候，就會產生學習效果。換言之，生產的單位數量愈多，就愈瞭解該產品。採購部門更爲熟悉所需原料的供應商。製造部門能夠更爲快速地、有效率地進行新批次的設定作業。工業工程師能夠解決製程上的「小蟲子」（雖非關鍵、但仍必須克服的問題）。整個生產過程平順之後，就能夠提高速度與效率，進而降低費用支出。然而，產品生命週期分析的優點非僅限於此。誠如圖 15-14 所示，成熟階段的特色是產品差異逐漸擴大。麥特公司的芭比娃娃和男友肯特已經擁有三十六年的悠久歷史——但是消費者早已無法接受早期的平凡造型。芭比娃娃的手腳都可以自由彎曲、便於調整姿勢，頭髮的長度與顏色種類繁多。芭比娃娃的衣服和配件同樣令人目不暇給。每一代的芭比娃娃都需要不同的物料和設定作業。此外，芭比和肯特還有相當多的朋友——每一位朋友又代表著不同的生產標準。每十年就有新一代的青少女消費群出現，因此芭比和肯特進入成熟階段可能還要一段時間。

產品生命週期分析同樣具有作業制成本法的意涵。各位應當記得，作業制成本法將成本項目區分爲單位水準、批次水準、產品水準與設備水準等四類。單位水準成本在進入階段達到最高，因爲企業多半仍以少量訂單的方式搜尋新物料的供應廠商。此外，單位直接人工比率偏高，因爲他們仍在學習如何製造新產品。到了成長階段，由於學習效果已經產生，且企業可能取得物料的數量折扣，因此單位水準成本開始降低。同理可得，單位水準到了成熟階段之後就呈現穩定。到了衰退階段的時候，產出數量減少，雖然無法享有數量折扣，但是因爲既有存貨的消化以及企業避免調高售價的心態，因此單位成本仍然可能維持在低檔。

批次水準成本的變化大致相仿。引進階段的採購、收料、設定與檢查等成本因爲不熟悉新產品的緣故而略微偏高。到了成長階段，受到學習效果的正面影響，批次水準成本應會降低。舉例來說，工人已經能夠更熟悉地執行設定作業。到了成熟階段，批次水準成本可能因爲產品差異化的關係而再度回升。設定作業的次數和複雜程度增加；採購訂單增加；檢查成本也可能增加。最後到了衰退階段，由於產品線可能精簡爲幾項最暢銷的產品，批次設定作業的次數減少且複雜程度降低，因此批次水準成本可能再度減少。

一般而言，產品水準成本在進入階段最高，爾後逐漸遞減——如果成熟階段出現新款式的產品，則亦可能逆勢增加。實務上常見的例子當屬工程變更訂單——此類訂單最常出現在產品已經開始量產的時候。如果新產品需要新的設備或儀器，那麼設備水準成本也會受到影響——遇此情況，設備水準成本在引進階段達到最高。**圖 15-15** 說明了作業制成本制度中四類成本在產品生命週期常見的變動趨勢。

利潤對於行爲之影響

學習目標七

描述利潤對於行爲之影響。

利潤的存在對於人類行爲具有重大影響。可想而知，人們比較喜歡賺錢，而不喜歡賠錢。現代人的工作機會、升遷和獎金等可能都與企業年度利潤有關；企業獲利與員工薪資福利之間的關係可能影響員工表現出預期中與預期外的行爲。身爲會計人員，務必瞭解精確公正的利潤衡量結果能夠帶來各種誘因，鼓勵員工更加勤奮工作、恪守倫理道德標準。

圖 15-15

依作業制成本制度分類之產品生命週期成本

作業制分類	產品生命週期階段			
	引進	成長	成熟	衰退
單位水準成本	高	較低	低至穩定	低
批次水準成本	高	較低	較高	低
產品水準成本	高	較低	低至穩定	低
設施水準成本	高	低	低	低

行爲決策理論 (Behavioral Decision Theory)

近年來行爲決策理論領域的研究人員提出許多人們對於利潤與虧損的看法與感受。這些看法與感受可以幫助吾人瞭解利潤或虧損背後的誘因，以及這些誘因對於人類行爲之影響。

各位應當記得，經濟學當中的使用預期效用理論是用以描述人們對於商品所抱持的效用（或「價值」）之金額。此處將再扼要說明此一理論的基本概念。簡言之，經濟學家認爲量多優於量少。他們同時也認爲，當人們所接受使用的產品愈多，其所感受的邊際效用就會逐漸遞減。舉例來說，我們吃第一塊比薩的時候多半覺得美味無窮，吃第二片的時候仍然覺得好吃，吃完第三片的時候則覺得還好，其餘依此類推。每一片比薩都具有一定的效用或價值，但是隨著比薩數量逐漸增加，其單位價值會隨之逐漸減低。因此，如果你收到美金十元的現金袋（可能是祖母寄來的禮物），自然而然就會根據你目前已經擁有的事物還評斷這份禮物的價值。如果你只有一千美元的財產，這份禮物則能帶來具有一定效用；如果你的財產已經多達一萬美元快，那麼這份禮物的效用可能就會略低一籌。

預期理論 (Prospect Theory) 延伸自預期效用理論。預期理論的要旨也是量多優於量少，且商品之邊際效用會隨數量遞增而遞減。然而預期理論與預期效用理論之間仍有兩項主要差異。首先，商品價值能以總資產以外的參考依據來衡量。再以前文當中祖母的現金袋禮物爲例，吾人能以其它參考指標來衡量這十元美金（例如目前皮夾裡面有的金額），而不必和全部的資產相互比較。預期理論的優點在於吾人可以從總資產以外的角度來觀察與分析利得與損失。

預期理論的第二項特點是認爲人們對於損失的感受強過對於利得的感受。舉例來說，如果你丟掉十元（你正要打開皮夾拿錢，因爲風大的緣故使得一張十元紙鈔被風吹走），你所感受到的不悅多半會超過你收到十元禮物的喜悅。此一觀點與利潤有何關連？人們討厭損失，因而會極力避免。如果一千元的收入可以讓虧損變爲損益兩平，其意義遠大於同樣的一千元可以讓淨益由八千塊提高至九千塊。這正是爲什麼企業想盡辦法努力避免虧損的原因。這也是管理會計人員強調損益兩平分析的原因。

最後，假設人們對於損失的感受大於對利得的感受，邊際效用遞減的定律同時適用虧損與利得，且可以單獨體驗與列記利潤與損失，預期理論可以解釋人們為什麼傾向將損失併記，將利得分開的原因。企業的年度報表裡面往往會單獨列記個別的獲利產品，並儘可能地將個別的虧損項目加總列記，如此一來，與每一項利得相關的效用可以達到最大。舉例來說，假設你去觀看賽馬，總數十場比賽的每一場都投注兩元賭金。其中，你只猜對了兩場比賽；第五場的賭注贏回六塊；第十場的賭注則贏回十一塊。你會如何看待這一次的經歷？你可能會表示你輸了三元（10場比賽×每一場賭金 $2 減去贏回的 $17）？不太可能。你可能會提到每一局比賽投注 $2 賭金的事實，但是你可能會更強調贏回 $6 和 $11 的部份——你甚至不去計算最後眞正的輸贏。此例是將輸贏分開表示，因爲畢竟分別贏回 $6 和 $11 的效用會大於總共贏得 $17 的效用。

某些情況下，企業會刻意承受損失。如果企業已經預見或產生虧損，有時候會刻意將愈多愈好的損失擠進同一年度裡面認列。原因何在？此處同樣牽涉邊際效用遞減的理論。實務上不僅僅只是利得會產生邊際效用遞減的現象，虧損同樣也是如此。於是，虧損一百萬元的結果非常不好，虧損兩百萬元的結果並沒有壞上兩倍。爲什麼不乾脆全部一次認列？實務上經常可以見到經營不善的企業在換上新任總經理的第一個年度，往往認列金額可觀的虧損。就好像幫公司徹徹底底大掃除，把財務報表清理乾淨，替未來的利潤鋪路。許多企業會提撥利潤做爲退休準備金之用途，此舉可能造成企業的龐大淨損。實務上也可能見到企業打平其它的費用，例如提高壞帳準備、存貨平損等。這些小額的平損動作可能使得淨益減少或者甚至產生小額淨損，但是到了實際發生大額退休金費用的年度，在財務報表上就不會顯得特別突兀。

倫理道德 (Ethics)

人們想要避免損失的心態和偏重短期目標的觀點有可能導致不道

德行爲之發生。違反倫理道德的行爲千變萬化，但是基本上不脫欺騙的本質。企業可能會將次等的產品或物料視爲高品質的產品或物料矇混過關——以收取更高的價格。企業可能編製內、外兩種帳冊——以隱瞞實際收益並規避存貨稅賦。企業可能高估存貨價值，以便低估銷貨成本，進而抬高淨益。一九九三年，萊斯里公司 (Leslie Fay, Inc.) 的股價（與企業價值）一落千丈的原因就是因爲市場上披露該公司大幅高估存貨價值與淨益的消息。這家公司花了好幾年的時間才能夠重新建立企業的良好信譽。

企業如果過份重視利潤數據，不難想像其員工可能想盡辦法來提高帳面上的數據。過度依賴數字不僅可能導致違反倫理道德的行爲，更可能誤導企業忽略了其它比較難以衡量或量化的結果。如果利潤成爲衡量加薪、升遷和獎金的唯一標準，那麼員工理所當然會盡可能地抬高利潤。即使公司表面上仍然會考量其它因素（例如企業的社會責任、創新與高品質的產品等），然則實務上仍屬聊備一格而已。

近年來企業界盛行編製各種月報表、季報表、年度損益表等趨勢，可能誤導企業過份強調短期的營運結果。過份強調短期結果可能引發倫理道德上的疑義。解決方法之一就是強調長期營運結果。重視長期績效的企業深深明白他們不能夠欺騙顧客；這些企業往往也都戰戰兢兢地努力維持企業的存續。久而久之，穩定而健全的顧客關係將可促成產品與物料的高品質以及和諧的勞資關係。須知，顧客大可以轉頭離去，企業一旦失去顧客的信任之後，想要再找回顧客的信任需要一段相當漫長的過程。因此，重視倫理道德的人們與企業往往強調以長期結果做爲言行舉止的基準。

誠實地分享利潤資訊（如果是可以公開的資訊的話）也是相當重要的心態。華爾街日報的專欄作家修艾倫 (Hugh Aaron) 曾經寫道：

> 在企業向員工開誠佈公地公開財務報表之前，所有的員工都認為公司賺大錢。當員工知道公司其實有虧有盈時，他們才真正瞭解企業必須非常努力才能夠一直維持獲利的狀態。公開企業的利潤與虧損意味著當獲利情況理想時，企業必須和員工分享利潤。然而當獲利不佳時，我們卻能夠爭取到員工的諒解。沒有人會再做出無理的要求。如此一來，員工士氣得以提高，效率得以提升，而整體利潤也不斷攀升。

許多大型企業卻可能有所保留。舉例來說，大型企業的管理階層在和工會談判的時候，可能刻意低估利潤。此一作法實非長期雙贏的策略。誠如修艾倫所言，分享獲利不佳的負面資訊也可以促進利潤的提升。

利潤衡量之限制

學習目標八

探討利潤衡量指標之限制。

企業試圖衡量利潤時會受到許許多多的限制。不同的目的必須採用不同的衡量指標。企業可能無法輕易地取得所需資料。特定期間內所蒐集到的會計資料可能不適用於其它用途。雖然許多企業都希望能夠衡量個別項目或產品線的利潤，但是卻往往會遇到成本分配的問題。決策本身所涵蓋的期間不定，無論長短都可能帶來利潤衡量的問題。

獲利分析的另一項限制是經濟環境的不可預測性。有助於企業維持長期獲利的優秀管理陣容、生產力高的員工和高品質的產品並不能保證當經濟情勢改變的時候，企業仍能維持穩定的獲利。舉例來說，一九八O年代，飯店與服務業者梅里特集團 (Marriott) 的平均年成長率達百分之二十 (20%)。梅里特集團一直維持穩定的獲利水準，直到房地產業衰退造成飯店住房的供過於求以及整體經濟衰退爲止。梅里特集團很快地採取應變措施，目前已經成功地轉型爲飯店加盟的經營模式。梅里特集團的計畫是將一九九三年百分之二十七 (27%) 的加盟比例，提升至一九九七年的百分之五十 (50%)。此外，梅里特集團也採行其它策略以鞏固其飯店形象與高住房率。梅里特集團與航空公司合作推出累積飛行里程數以兌換住房優惠的計畫來培養忠實顧客群，不斷地推出各式各樣的行銷活動，以及開發不同的價格區隔的產品（JW Marriott 以金字塔頂端的高消費群爲主， Marriott 以商務旅客爲主， Courtyard 以一般旅客爲主，而 Fairfield Inn 則以經濟型旅客爲主）。梅里特的例子顯示出企業必須保有彈性，隨時注意經營環境的變動。衡量利潤往往偏重過去的績效，而非著眼於未來的績效。

優秀的成本經理人必須注意企業外部的經濟與環境趨勢。這些趨勢往往可能決定了管理計畫的成敗。這些外部因素也可做爲管理階層判斷獲利是否良好的參考指標。經濟衰退期間如能增加少許利潤可能代表企業的績效卓著。然而經濟擴張期間如果增加同樣的利潤卻可能引發對於管理階層的績效能力之質疑。

衡量利潤的另一項限制是過於強調量化指標。美國汽車大王 Henry Ford 曾經表示，買賣雙方都應該藉由交易而變得更爲富有。然而財富是否只能夠以金錢來衡量？然則在某些情況下，利潤卻屬於非量化的形式。輔剛創業的企業往往覺得很難熬過第一年。一旦企業順利地跨過創業的第一個年度，並且繼續經營下去，其所產生的信心就是其所擁有的財富之一。許多企業積極地回饋社區；這同樣也是財富的一種形式。美國職棒隊伍科羅拉多州的火箭隊就是一個典型的例子。火箭隊是美國職棒界當中少數在一九九五年度還有獲利的隊伍。火箭隊的每一場比賽都大告爆滿，門票也都搶購一空。原因何在？原因在於因爲火箭隊總是將球迷擺在第一位。雖然門票的價格可能飆漲了五到十倍，但是火箭隊另外還在本壘板的後方規劃了兩千三百個座位的「火箭柱」區域，一家四口的球迷觀賞一場球賽只要美金四元，在當時是大聯盟職棒比賽中最便宜的票價。此外，火箭隊的老闆 Jerry MaMorris 也將一定比例的收入撥爲球員的薪資。因此，火箭隊創下了美國大聯盟職棒史上最快完成季後賽程的隊伍（火箭隊花了三年的時間，歷史記錄則是八年的時間）。截至目前爲止，包括球隊老闆、球隊球員和球迷在內，每一個人都能夠從中獲利。

結語

獲利分析有助於企業瞭解其短期與長期之存續能力。利潤數據有助於企業評估績效。利潤數據亦可透露出特定市場的機會。歷來實務上採用的利潤衡量指標相當地多。編製外部財務報表的時候，必須採用吸收成本損益衡量指標。變動成本法與作業制成本法較爲適用於績效與邊際累加成本之分析與瞭解。

獲利分析亦可應用於個別的區隔項目，像是不同的部門、產品線與顧客群等。每一種分項的獲利分析均有助於管理階層更加瞭解獲利情況。

時間會影響利潤。短期利潤和長期利潤不同的原因在於，相同的成本在短期而言是不相關的成本項目。因此，某些決策在短期內是可以接受的（例如接受一次性的特殊訂單）。產品生命週期的特徵迫使企業的管理階層不得不正視時間與獲利能力之間的關連。產品生命週期的四個階段分別為引進、成長、成熟與衰退。每一個階段在成本與收入上均有不同的意涵。

利潤衡量指標對於成本習性具有重大影響。一般而言，極力避免損失是人類的天性。然而過度強調利潤與短期最大利潤的心態卻可能誘使人們揚棄倫理道德行為。

習題與解答

吸收成本法與變動成本法：分項損益表

愛美公司生產零錢包與鑰匙圈。愛美公司去年度的部份資料如下：

	零錢包	鑰匙圈
生產（單位）	100,000	200,000
銷售（單位）	90,000	210,000
售價	$5.50	$4.50
直接人工小時	50,000	80,000
製造成本：		
直接物料	$ 75,000	$100,000
直接人工	250,000	400,000
變動費用	20,000	24,000
固定費用：		
直接	50,000	40,000
共同[a]	20,000	20,000
非製造成本：		
變動銷售	$ 30,000	$ 60,000
直接固定銷售	35,000	40,000
共同固定銷售[b]	25,000	25,000

[a] 共同費用總計為 $40,000，平均分配至兩項產品。

[b] 共同固定銷售成本總計為 $50,000，平均分配至兩項產品。

去年度預算固定費用是 $130,000，恰與實際固定費用相等。固定費用是根據預期直接人工小時（去年度為 130,000）為基礎，利用全廠單一比率分配至兩項產品中。去年年初，愛美公司尚有 10,000

鑰匙圈的期初存貨。這些鑰匙圈期初存貨的單位成本和當年度生產的鑰匙圈之單位成本相同。

作業：

1. 請利用變動成本法，計算零錢包與鑰匙圈的單位成本。再請利用吸收成本法，計算零錢包與鑰匙圈的單位成本。
2. 請利用吸收成本法，編製損益表。
3. 請利用變動成本法，編製損益表。
4. 請解說根據吸收成本法與變動成本法所分別編製的損益表出現差異的理由。
5. 請以產品別爲分項，編製分項損益表。

解答

1. 零錢包的單位成本如下：

直接物料 (\$75,000/100,000)	\$0.75
直接人工 (\$250,000/100,000)	2.50
變動費用 (\$20,000/100,000)	0.20
單位變動成本	\$3.45
固定費用 [(50,000 × \$1.00)/100,000]	0.50
單位吸收成本	\$3.95

鑰匙圈的單位成本如下：

直接物料 (\$100,000/200,000)	\$0.50
直接人工 (\$400,000/200,000)	2.00
變動費用 (\$24,000/200,000)	0.12
單位變動成本	\$2.62
固定費用 [(80,000 × \$1.00)/200,000]	0.40
單位吸收成本	\$3.02

值得注意的是，前述兩種單位成本的唯一差異在於固定費用成本的分配。另外亦須注意的是，固定費用單位成本係根據預期固定費用

比率（$130,000/130,000 小時 = $1/ 每小時）來分配。舉例來說，零錢包總共使用了 50,000 直接人工小時，因此分配到 $50,000 ($1 × 50,000) 的固定費用。此一數據再除以生產的單位數量便得到 $0.50 的單位固定費用成本。最後值得一提的是，變動非製造成本並未包括在變動成本法的單位成本當中。就前述兩種方法而言，都只採用了製造成本來計算單位成本。

2. 吸收成本法的損益表如下：

銷貨收入 [($5.50 × 90,000) + ($4.50 × 210,000)]	$1,440,000
減項：銷貨成本 [($3.95 × 90,000) + ($3.02 × 210,000)]	989,700
毛邊際	$ 450,300
減項：銷售費用 *	215,000
淨收益	$ 235,300

* 兩種產品的銷售費用總和。

3. 變動成本法的損益表如下：

銷貨收入 [($5.50 × 90,000) + ($4.50 × 210,0000)]	$1,440,000
減項：變動費用	
變動銷貨成本 [($3.45 × 90,000) + ($2.62 × 210,000)	860,000
變動銷售費用	90,000
貢獻邊際	$ 489,300
減項：固定費用	
固定費用成本	130,000
固定銷售費用	125,000
淨收益	$ 234,300

4. 變動成本法的淨益比吸收成本法的淨益少了 $1,000 ($235,300 - $234,300)。此一差異可以由吸收成本法之下存貨的固定費用的改變解釋之。

零錢包：	
生產單位數量	100,000
銷貨單位數量	90,000
存貨增加	10,000
單位固定費用	× $0.50
固定費用增加	$ 5,000
鑰匙圈：	
生產單位數量	200,000
銷貨單位數量	210,000
存貨減少	(10,000)
單位固定費用	× $0.40
固定費用減少	$(4,000)

存貨的固定費用之改變是增加 $1,000 ($5,000 - $4,000) 的淨額。換言之，在吸收成本法之下，當期共有 $1,000 的固定費用淨額流入存貨。由於變動成本法承認所有的當期固定費用成本爲費用，因此變動成本法的損益確實應該比吸收成本法的損益低 $1,000。

5. 分項損益表：

	零錢包	鑰匙圈	總計
銷貨收入	$495,000	$945,000	$1,440,000
減項：變動費用：			
變動銷貨成本	310,500	500,200	860,700
變動銷售費用	30,000	60,000	90,000
貢獻邊際	$154,500	$334,800	$ 489,300
減項：直接固定費用：			
直接固定費用成本	50,000	40,000	90,000
直接銷售費用	35,000	40,000	75,000
產品邊際	$ 69,500	$254,800	$ 324,300
減項：共同固定費用：			
共同固定費用成本	40,000		
共同銷售費用			50,000
淨損益			$ 234,300

重要辭彙

Absorption costing 吸收成本法
Cash flow 現金流量
Contribution margin 貢獻邊際
Contribution margin variance 貢獻邊際變數
Gross profit (gross margin) 毛利（毛邊際）
Long run 長期
Market share 市場佔有率
Market size 市場規模
Market share variance 市場佔有率變數
Market size variance 市場規模變數
Net income 淨益
Operating income 營業收益
Product life cycle 產品生命週期
Profit 利潤
Prospect theory 預期理論
Sales mix variance 銷售組合變數
Sales volume variance 銷售數量變數
Short run 短期
Variable costing 變動成本法

問題與討論

1. 企業爲什麼要衡量利潤？
2. 爲什麼受到法令規範的企業會在意利潤水準？
3. 企業爲什麼會避免短期內賺取可能的最大利潤？
4. 何謂「分項」？企業爲什麼會衡量分項的利潤？
5. 假設愛爾發公司擁有四種產品，其中三種可以爲公司賺取利潤，而有一種（暫稱爲「賠錢貨」）則是經常發生虧損。試舉出幾項愛爾發公司並未撤銷「賠錢貨」產品線的原因。
6. 吸收成本法與變動成本法有何差異？在何種情況下，吸收成本法的營業收益會超過變動成本法的營業收益？
7. 作業制成本法是否適用於外部財務報表？並請解說你的理由。
8. 採用淨收益來衡量獲利能力的作法有何優點與缺點？
9. 請描述產品生命週期的各個階段。
10. 單位水準成本在產品生命週期內的不同階段各有何特徵？批次水準成本呢？產品水準成本呢？設備水準成本又有何特徵？
11. 爲什麼有些企業會衡量顧客獲利能力？在哪些情況下，企業不會想要衡量顧客獲利能力？
12. 預期理論 (prospect theory) 對於獲利分析的三項主要意涵爲何？
13. 何謂「大掃除」 (big bath)？企業爲什麼會想要來一次「大掃除」？

14. 季凱洛是一家全國性連鎖藥局的公關人員。上個月，這家連鎖藥局總共發生了下列事件：在都會區開設兩家新的店面；員工偷竊列管的禁藥；一家沒有投保產險的店面發生火災損失；施行一項預計可以提高生產力與顧客滿意度的訓練課程；在某一店面的停車場被車撞傷的顧客提出告訴；逾三分之一的店面的營業利潤比預期高出兩倍。試問，季凱洛應該如何公佈這些事件？
15. 衡量利潤並沒有意義，因爲數據不代表全部的事實。試討論這句話的意涵。你贊同或反對這樣的說法？爲什麼？

個案研究

15-1
衡量利潤的原因

艾珍妮、包菲爾和季堂娜是三位即將從州立大學畢業的學生。這三位的整體平均成績都是3.40。艾珍妮的平均學業成績分別爲大一的2.60、大二的3.30、大三的3.80、和大四的3.90。包菲爾的學業成績則都維持在3.40的平均水準。季堂娜的成績則是大一的時候最高 (4.00)、大二略微退步至3.60、大三爲3.40、大四則爲2.60。

作業：身爲一位企業面試主考官，如果你只能拿到前述資訊，你會認爲這三位應屆畢業生的表現一樣嗎？爲什麼一樣或爲什麼不一樣？你認爲學業成績和利潤之間有何相似之處？

15-2
單位成本；存貨變異；變動成本法與吸收成本法

賈斯伯公司在成立第一年的時候，生產了70,000單位的產品，並以$8的單價賣出65,000單位的產品。賈斯伯公司採用實際作業——在70,000單位時——來計算預定費用比率。已知製造成本如下：

預期與實際固定費用	$140,000
預期與實際變動費用	35,000
直接人工	280,000
直接物料	105,000

作業：

1. 請利用吸收成本法，計算單位成本與製成品存貨成本。
2. 請利用變動成本法，計算單位成本與製成品存貨成本。

3. 向公司以外的外部人士報告製成品存貨的時候，金額應該是多少？為什麼？

15-3
損益表；變動成本法與吸收成本法

下表爲艾維斯公司去年度的資訊：

期初存貨，單位	—
產出數量	10,000
銷貨數量	8,000
期末存貨，單位	2,000
單位變動成本：	
直接物料	$5.00
直接人工	3.00
變動費用	2.50
變動銷售費用	3.50
年度固定成本：	
固定費用	$20,000
固定銷售與行政	25,000

艾維斯公司沒有任何在製品存貨。正常作業是 10,000 單位。預期費用成本恰與實際費用成本相等。

作業：

1. 請指出變動成本法損益表與吸收成本法損益表之間的差異。（毋須編製損益表）。
2. 假設售價是每單位 $25。請分別利用 (a) 變動成本法和 (b) 吸收成本法來編製損益表。

15-4
損益表與企業績效：變動成本法與吸收成本法

大安公司成立之後，前兩年的營業資料分述如下：

單位變動成本：	
直接物料	$4
直接人工	5

（接續下頁）

變動費用	3
年度固定成本：	
費用	$120,000
銷售與行政	20,000

第一年度，大安公司生產了20,000單位，賣出了15,000單位。第二年度，大安公司生產了15,000單位，賣出了20,000單位。每一年的單位售價是$21。大安公司採用實際成本制度來計算產品成本。

作業：

1. 請利用吸收成本法，分別編製前兩年度的損益表。由損益來看，從第一年到第二年，大安公司的企業績效是改善了、或是退步了？
2. 請利用變動成本法，分別編製前兩年度的損益表。由損益來看，從第一年到第二年，大安公司的企業績效是改善了、或是退步了？
3. 你認爲哪一種方法更能夠精確地衡量出企業績效？爲什麼？

15-5
吸收成本法損益表與變動成本法損益表

波蘭光學公司專門製造大型望遠鏡和太空探勘用的照相機的鏡片。由於這些鏡片規格都是由顧客所指定，各種規格可能差異極大，因此波蘭公司採用分批成本制度。工廠費用係以直接人工小時爲基礎，利用吸收（全額）成本法來分配至不同的訂單批次。一九九七年與一九九八年度，波蘭公司的預估費用比率係以下列估計爲基礎。

	1997	1998
直接人工小時	32,500	44,000
直接人工成本	$325,000	$462,000
固定工廠費用	130,000	176,000
變動工廠費用	162,500	198,000

波蘭公司的會計長白吉姆希望利用變動（直接）成本法來編製內部報告，因爲他認爲利用變動成本法編製的報表更適合用於產品決策。爲了向其它管理階層解釋採用變動成本法的好處，白吉姆打算將目前採用吸收成本法所編製的損益表轉換成變動成本法。因此，他蒐集了

下列資訊，包括了一九九七與一九九八年度的對照損益表。

波蘭光學公司
對照損益表
1997年與1998年年底

	1997	1998
淨銷貨收入	$1,140,000	$1,520,000
銷貨成本：		
製成品（1月1日）	$16,000	$25,000
製造成本	720,000	976,000
可供銷貨總額	$ 736,000	$1,001,000
製成品（12月31日）	25,000	14,000
未調整銷貨成本	$ 711,000	$ 987,000
費用調整	12,000	7,000
銷貨成本	$ 723,000	$ 980,000
毛利	$ 417,000	$ 526,000
銷售費用	150,000	190,000
行政費用	160,000	187,000
營業損益	$ 107,000	$ 149,000

這兩個年度的實際製造資料列於下表。

	1997	1998
直接人工小時	30,000	42,000
直接人工成本	$300,000	$435,000
使用的原料	$140,000	$210,000
固定工廠費用	$132,000	$175,000

波蘭公司的實際存貨餘額為：

	12/31/96	12/31/97	12/31/98
原料	$32,000	$36,000	$18,000
在製品			
成本	$44,000	$34,000	$60,000
直接人工小時	1,800	1,400	2,500
製成品			
成本	$16,000	$25,000	$14,000
直接人工小時	700	1,080	550

在兩個年度裡，所有的行政成本都是固定的，然而銷售費用當中佔淨銷貨收入百分之八 (8%) 的佣金則屬於變動費用。波蘭公司將多分配或少分配費用調整轉入銷貨成本。

作業：

1. 請利用變動成本法，編製 1998 年 12 月 31 日結束的年度修正後損益表。編製損益表的時候，務必將貢獻邊際包括在內。
2. 請說明採用變動成本法比吸收成本法更好的兩項優點。

15-6
貢獻邊際變數；銷售數量變數；銷售組合變數

莫文公司製造零錢包與鑰匙圈。去年度的實際結果如下：

	零錢包	鑰匙圈
銷貨數量（單位）	90,000	210,000
銷售價格	$5.50	$4.50
變動費用	3.70	3.00

莫文公司的預算資料如下：

	零錢包	鑰匙圈
銷貨數量（單位）	100,000	200,000
銷售價格	$5.00	$4.75
變動費用	4.00	3.00

作業：

1. 請計算貢獻邊際變數。
2. 請計算銷貨數量變數。
3. 請計算銷售組合變數。

15-7
貢獻邊際變數；銷貨數量變數；市場佔有率變數；市場規模變數

福森公司銷售一款女裝。下表爲福森公司十一月份的績效報告。

	實際	預算
銷售服裝	5,000	6,000
銷貨收入	$235,000	$300,000
變動成本	145,000	180,000
貢獻邊際	$ 90,000	$120,000
市場規模（單位）	500,000	550,000

作業：

1. 請計算貢獻邊際變數。
2. 請計算市場佔有率變數與市場規模變數。

15-8
分項損益表；提升獲利建議方案之分析

善能公司擁有兩個部門。其中一個部門生產與銷售宴會使用的紙製品（紙巾、紙盤、邀請函等），另外一個部門生產與銷售烹調用具。下表爲善能公司最近一季的分項損益表。

	宴會用品部門	烹調用品部門	總計
銷貨收入	$500,000	$750,000	$1,250,000
減項：變動費用	425,000	460,000	885,000
貢獻邊際	$ 75,000	$290,000	$ 365,000
減項：直接固定費用	85,000	110,000	195,000
分項邊際	$(10,000)	$180,000	$ 170,000
減項：共同固定費用			130,000
淨損益			$ 40,000

善能公司總經理馬善能在看到這一份損益表的時候，相當失望。

「宴會用品部門正在拖垮公司，」她不悅地表示。「這個部門甚至連自己的固定成本都賺不回來。我開始認爲我們應該關閉這個部門。這已經是這個部門連續第七季以來沒有達到正的分項邊際。之前我很相信蓋寶拉可以讓這個部門起死回生。但是這已經是她接手這個部門以後的第三季了，看起來她並沒有比前任的部門經理強到哪兒去。」

善能公司的財務副總費包伯回答道：「嗯，在妳做出任何的衝動決策之前，或許妳應該先評估看看蓋寶拉最近提出來的建議方案。她希望每一季都能夠支出 $10,000 來購買在一系列新產品上印製消費者熟悉的卡通人物，同時每一季增加 $25,000 的廣告預算好加深消費大衆對於這套新產品的印象。根據她的行銷人員的調查結果顯示，如果我們能夠迅速推出效果良好的廣告，應該可以增加百分之十 (10%) 的銷貨收入。此外，蓋寶拉希望能夠承租一些新的生產機器，不僅可以提高生產速度，降低人工成本，亦能減少廢料。蓋寶拉相信此舉將可減少百分之三十的變動成本。機器租賃的成本是每一季 $95,000。」

聽到前述建議方案之後，馬善能的情緒不僅平復許多，甚至十分欣賞這項提案。畢竟當初是她挑選上蓋寶拉來帶領這個部門，她對於蓋寶拉的判斷與能力也具有相當信心。

作業：

1. 假設蓋寶拉的提案平實而不誇大，馬善能是否應該對於宴會用品部門的未來感到樂觀？請編製下一季的分項損益表來反映蓋寶拉的提案獲得通過施行的結果。假設烹調用品部門在下一季的銷貨收入增加了百分之五 (5%)，成本關係不變。
2. 假設蓋寶拉的提案內容當中除了銷貨收入增加百分之十 (10%) 的部份以外，其餘內容完全實現——事實上，銷貨收入並未改變。那麼蓋寶拉的提案是否仍是很好的提案？如果變動成本減少了百分之四十 (40%) 而非提案當中的百分之三十 (30%)，但是銷貨收入仍然沒有改變，那麼蓋寶拉的提案是否仍是很好的提案？

15-9
存貨改變對於吸收成本法損益表之影響；事業部門別獲利能力

白堂娜是新成立的醫療用品部門的經理。她擔任這個職務剛滿兩年。在她到職的第一年期間，這個部門的淨益比前一年度大幅提升。到了第二年，淨益增加地更多。公司的營業副總對此結果感到十分滿意，並且向白堂娜保證，只要接下來的年度也有相當的成長，他會發給白堂娜 $5,000 的獎金。白堂娜感到相當興奮。她有絕對的信心可以達到這個目標。銷貨契約已經超越前一年度的表現，而且她知道成本方面將不至於增加。

到了第三年底，白堂娜收到下列關於前三個年度的資料：

	第一年	第二年	第三年
產量	10,000	11,000	9,000
銷貨數量	8,000	10,000	12,000
單位售價	$10.00	$10.00	$10.00
單位成本：			
固定費用*	$2.90	$3.00	$3.00
變動費用	1.00	1.00	1.00
直接物料	1.90	2.00	2.00
直接人工	1.00	1.00	1.00
變動銷售	0.40	0.50	0.50
實際固定費用	$29,000	$30,000	$30,000
其它固定費用	$ 9,000	$10,000	$10,000

*預期固定費用比率係以預期實際產量與預期固定費用爲基礎。

年度損益表

	第一年	第二年	第三年
銷貨收入	$80,000	$100,000	$120,000
減項：銷貨成本*	54,400	67,000	86,600
毛邊際	$25,600	$33,000	$33,400
減項：銷售與行政	12,200	15,000	16,000
淨收益	$13,400	$18,000	$17,400

*假設爲後進先出法之存貨流動。

白堂娜看到營業資料以後，感到相當滿意。過去一年來，銷貨收入增加了百分之二十 (20%)，而成本仍然維持固定水準。然而當她看到年度損益表的時候，卻感到十分不滿與不解。第三個年度的收益並沒有大幅增加，反而出現小幅下滑的結果。她認為一定是會計部門的錯誤所致。

作業：

1. 請向白堂娜解說她損失了 $5,000 紅利獎金的原因。
2. 請分別編製前三個年度的變動成本法損益表，並調整吸收成本法損益與變動成本法損益之間的差異。
3. 如果你是這家公司的副總經理，你會傾向於採用哪一種損益表（變動成本法損益表或吸收成本法損益表）來評估白堂娜的績效？為什麼？

15-10
倫理道德議題；吸收成本法；績效衡量

費比爾是分公司的會計長，同時也是一位成本管理會計師。他對於最近部門負責人史帝夫傳閱的一份內部聯絡單感到相當不滿。費比爾預定在一週後要向總公司提出分公司的財務績效報告。史帝夫在聯絡單裡指示費比爾如何編製這一份報告。其中，史帝夫要求費比爾強調分公司的獲利比前一年度改善很多的部份。然而，費比爾卻認為事實上分公司的績效並沒有眞正改善太多，因此不願意在這一點上著墨過多。他知道表面上利潤增加的原因是因為史帝夫刻意提高產量以增加存貨的決策所致。

在先前的一次會議當中，史帝夫說服廠長提高產量，讓產量超過能夠出售的數量。他認為如此一來可以延遲當期固定成本，因此報表上的利潤可以大幅提高。史帝夫並且提出此一作法的兩項好處。首先，分公司的績效可以超過最低標準，所有的部門經理都有資格領取年度獎金。其次，如果可以達到預算獲利水準，分公司更有可能爭取到更多的資金。費比爾雖然提出反對意見，但是卻遭到否決。與會代表一致認為隨著經濟情勢的好轉，增加的存貨可以在下一年度出售。然而費比爾的看法恰恰相反。根據以往的經驗，他知道至少還需要兩年的時間，市場需求改善的程度才會追上分公司的產能。

作業：

1. 請探討分公司負責人史帝夫的行為。他決定增加生產，提高存貨的決策是否符合倫理道德原則？
2. 費比爾應該如何因應此一情況？他是否應該服從史帝夫的要求，在財務報表上強調分公司獲利增加的部份？或者，費比爾還有哪些其它選擇？
3. 本書第一章曾經列出管理會計人員的倫理道德標準。請找出適用此一個案的倫理道德標準。

15-11
分項損益表：增加與撤銷產品線

白露絲最近被任命為玻一公司玻璃產品部門的經理。她被賦與兩年的時間讓這個部門轉虧為盈。如果兩年後這個部門仍然不賺錢，屆時這個部門將會遭到裁撤，白露絲將會重新擔任另外一個部門的副理。下表列出這個部門最近一個年度的損益表。

銷貨收入	$5,350,000
減項：變動費用	4,750,000
貢獻邊際	$ 600,000
減項：直接固定費用	750,000
部門邊際	$(150,000)
減項：（分配）共同固定費用	200,000
部門獲利（虧損）	$(350,000)

白露絲接手這個部門之後，便要求閱讀這個部門三項產品的相關資料：

	甲產品	乙產品	丙產品
銷貨數量（單位）	10,000	20,000	15,000
單位售價	$150	$140	$70
單位變動成本	$100	$110	$103.33
直接固定成本	$100,000	$500,000	$150,000

白露絲同樣也蒐集了預定推出的新產品（丁產品）的相關資料。

如果增加這項新產品，則將撤銷一個現有的產品。雖然市場需求的上限是可以賣出20,000單位，但是新產品的產量與銷貨數量將會等於被撤銷的產品的銷貨數量。受到特殊生產設備的影響，新產品不可能撤銷另一項現有產品。丁產品的相關資訊如下：

單位售價	$70
單位變動成本	30
直接固定成本	640,000

作業：

1. 請編製甲產品、乙產品和丙產品的分項損益表。
2. 請提出你認為下一年度白露絲應該生產哪些產品，並請編製分項損益表來證明你的產品組合是最佳的決策。試問，你的選擇可以為這個部門增加多少利潤？（提示：你的產品組合可以包括一項、兩項或三項產品。）

15-12
分項淨益

多門公司共設有三家分公司生產與銷售熱水器。這三個分公司分別位於美國西南部、中西部和東北部。每一家分公司都是獨立的利潤中心。去年度，這三家分公司的資料如下：

（單位：千元）

	西南部	中西部	東北部
銷貨收入	$1,800	$940	$1,235
銷貨成本	1,080	710	740
銷售與行政費用	200	180	340

多門公司的總公司行政費用為 $150,000；此筆行政費用並未分配至三家分公司。

作業：

1. 請編製多門公司去年度的分項損益表。
2. 請就每一家分公司的績效，提出你的看法與評論。

15-13
時間觀點；非獲利因素

十月份的時候，海湯姆和海珍妮這對夫婦在美國東北沿岸的一個小鎮上開設自己的不動產仲介公司。由於創業費用相當可觀（例如辦公室的租金和裝潢以及特定商品的廣告費用等）而收入有限（不動產仲介業必須在賣出不動產時才會收取仲介費），因此海氏夫婦對於每一分錢的花費都很注意。十一月的時候，一位當地高中的學生向海氏夫婦接觸，希望海氏夫婦可以在這所高中的畢業紀念冊上刊登廣告。海珍妮拒絕了這個機會。事後她向海湯姆解釋道：「我們不能夠再支出任何不必要的花費。更何況，沒有任何高中學生可以買得起不動產。」海湯姆的反應卻是十分驚訝。「我不知道妳已經拒絕對方了。事實上我之前已經答應對方買下四分之一頁的廣告呢。」

作業：

1. 海珍妮的決定是基於短期或長期的獲利觀點？並請解說你的理由。
2. 請解說為什麼海湯姆決定購買廣告的理由。海湯姆的決定是基於短期或長期的獲利觀點？為什麼？
3. 請探討與海氏夫婦對於刊登廣告與否的決定可能相關且除了利潤以外的其它因素。

15-14
產品獲利能力

佈德保險公司從事三種保險險種：汽車保險、產物保險以及人壽保險。過去連續五季以來，人壽保險部門始終出現虧損。佈德公司的會計長海莉便針對人壽保險部門進行了一項研究分析。海莉發現人壽保單生效的第一年支付給保險業務員的佣金是第一年保費的百分之五十五 (55%)，第二年的佣金則是百分之二十 (20%)，而在往後保單生效的每一個年度裡，佣金都是百分之五 (5%)。保險業務員並不領取任何薪資；然而另一方面，佈德公司會在電視和雜誌上面刊登廣告。去年度，廣告費用是 $500,000。理賠率（理賠的支出）平均為百分之五十 (50%)。每一年的行政費用平均為 $450,000。去年度的收入達 $10,000,000（保費）。不同年限的保單的比例分別如下：

生效第一年	百分之六十五 (65%)
生效第二年	百分之二十五 (25%)
生效超過兩年	百分之十 (10%)

根據經驗顯示，如果保單生效超過兩年以後，便少有取消保單的情況。

海莉正在考慮兩項可行方案讓人壽保險部門轉虧爲盈。第一項方案的內容是支出 $250,000 來改善顧客服務品質，以期生效保單的年限分配能夠達到下列分佈情形的目標：

生效第一年	百分之五十 (50%)
生效第二年	百分之十五 (15%)
生效超過兩年	百分之三十五 (35%)

總保費維持爲 $10,000,000，而且固定或變動成本習性並無其它任何改變。

第二項方案的內容則是裁撤保險業務員的編制和佣金制度，改以要求潛在保戶主動打電話詢問保險內容。海莉估計收入將會減至 $7,000,000。沒有任何佣金支出，但是行政費用將會增加 $1,200,000，而且廣告（包括直接郵件廣告）將會增加 $1,000,000。

作業：

1. 請編製佈德公司人壽保險部門去年度的變動成本法損益表。
2. 請問第一項方案對於收益有何影響？
3. 請問第二項方案對於收益有何影響？

15-15
顧客獲利能力，生命週期收入

沿用個案 15-14 的資料。不久前費莫頓剛向波特保險公司購買一份人壽保單，每一年的保費總計爲 $1,500。

作業：

1. 假設費莫頓在保單屆滿一年之後，便取消這份保單。請問他對波特保險公司營業收益的貢獻是多少？
2. 假設費莫頓持有這份人壽保單三年，請問他在第二年和第三年對於波特保險公司營業收益的貢獻分別是多少？

15-16
顧客獲利能力

歐林公司生產與銷售製木工具。製木工具的生產已經進入產品生命週期的成熟階段。歐林公司總共僱有二十位業務人員。業務人員的薪資包括銷貨收入的百分之七(7%)，外加至外地出差每一天 $35 的差旅費和每一英哩 $0.30 的油資補助。業務人員除了推銷產品之外，也必須負責遞送產品，因此歐林公司要求業務人員自備能夠遞送公司產品的卡車。

歐林公司針對下一季提出下列預估數據：

銷貨收入	$1,300,000
銷貨成本	450,000

平均而言，每一季每位業務人員總共出差 38 天，總共行駛 6,000 英哩的路程。每一季固定行銷與行政費用總數為 $400,000。

作業：

1. 請編製歐林公司下一季的損益表。
2. 假設一家大型五金連鎖業者超級五金公司希望歐林公司負責它的新超級工具產品線。這些工具必須印上超級五金公司的品牌，因此歐林公司必須添購新的設備，使用稍微不同的物料，並重新設定生產線。歐林公司的工業工程師估計，新產品線的銷貨成本將會增加百分之十五 (15%)。歐林公司毋須支付任何銷售佣金。然而，超級五金公司要求歐林公司連上電子資料交換系統，歐林公司每一年必須支付 $100,000 的成本。運費的部份是由超級五金公司負責。換言之，歐林公司必須縮減百分之八十 (80%) 的業務人員編制。請問歐林公司是否應該接受超級五金公司的訂單？並請以適當的計算過程來支持你的答案。

15-17
生命週期獲利能力

香格里拉影視公司正在推銷一套新的主題錄影帶。這些錄影帶的內容強調如何吃得營養、如何從事緩和的運動以及如何降低壓力等技巧的介紹。香格里拉公司的行銷副總（同時也是公司的總經理）班雪莉認為必須積極進行促銷活動來介紹這一套錄影帶。班雪莉預估出下列成本：

佣金	原價的百分之三(3%)
市場測試	$7,000/每一城市
折扣：	
印製現金折價券的固定成本	$6.25
回收每一張現金折價券的變動成本	$7.50
廣告：	
第一季	$25,000
第二季	$50,000
第三至第七季	$20,000 / 每一季
第八季	無

市場測試會在第一季的時候進行。班雪莉認為只要在三個城市進行測試，便足以蒐集到關於這一套錄影帶的反應。

班雪莉估計設計錄影帶內容與生產母帶的總成本將達 $55,000。從母帶拷貝錄影帶以及膠膜包裝等成本為每一隻錄影帶 $3。錄影帶的市場汰舊換新的速度非常快，競爭也非常激烈。班雪莉相信這一套錄影帶至少可以賣八季之久。

班雪莉預估每一季的銷貨數量如下：

季	銷貨數量
1	5,000
2	15,000
3	27,000
4	30,000
5	30,000
6	30,000
7	15,000
8	2,000

第一季到第七季期間，錄影帶的定價是 $20。到了第八季，價格將會降為 $10，而且不再支付佣金。第一季的時候，錄影帶會搭配現金折價券出售。凡是購買錄影帶並將買回卡寄回（併附原始的現金購

買收據）的消費者將可收到香格里拉公司退還的 $5 現金。根據以往的經驗指出，符合參加此一優惠活動資格的消費者，僅有百分之二十五 (25%) 會寄回現金折價券〔其餘百分之七十五 (75%) 沒有寄回現金折價券的消費者則被視爲「粗心消費群」。香格里拉公司在設計這項優惠活動的時候，是以這些消費群的比例應該很高的預期爲基礎。〕

作業：

1. 請問這一套健康錄影帶在每一個季節裡分別處於產品生命週期的哪一階段？
2. 請編製八季當中每一季的損益表。（所有數據可以四捨五入至千位數。）試問，這一套健康錄影帶在每一季裡是否有獲利？整體而言是否有獲利？

15-18
時間觀點：生命週期獲利能力

奇洛基縣立銀行是一家位於美國中西部的小型銀行。奇洛基銀行的信譽一向良好。奇洛基銀行總裁費里基閱讀過許多關於創新金融服務的文章，並且經常指出銀行必須成長、必須隨時應變才能夠在瞬息萬變的世界當中繼續生存。

十年前，奇洛基銀行決定開辦電子金融服務。客戶可以打電話至銀行，授權銀行代爲支付帳款。銀行便開立支票，然後郵寄給指定的受款人。爲了使用這項服務（名爲「電話支票」），客戶必須塡寫申請表格，詳列債權人的資料和正確的帳號與地址。雷威廉和雷芭拉這對夫婦在奇洛基銀行設有支票存款帳戶。下表即爲雷氏夫婦所塡寫的申請表格。

客戶姓名	雷威廉／雷芭拉
地　址	奇洛基市東福德街 208 號
支存帳號	443-816

1. 威士卡公司　　帳號：112-4458730596
   德州大吉市郵政信箱 123 號
2. 奇洛基市水電公司　　帳號：23415
   奇洛基市西八街 1714 號

3. 中西貝爾電話公司　　帳號：504-555-1212
德州休士頓市郵政信箱4412號
4. 奇洛基市有線電視公司　　帳號：83-6672
奇洛基市緬因街12號
5. 梅德琳服飾公司　　帳號：無
奇洛基市第二街101號

雷芭拉想要支付帳款的時候，只要撥打電話銀行專線，輸入帳號、受款人編號和帳款的金額即可。她可以在一次電話裡全部設定一個月當中的所有帳款金額，也可以在一個月當中逐筆設定帳款金額。奇洛基銀行保證會在三個工作天內將支票寄達受款人。這項服務的費用是每一個月 $1。

作業：

1. 試從銀行的觀點來分析電話支票服務的獲利能力。再從雷氏夫婦的觀點來分析這項服務的獲利能力。
2. 你認為奇洛基銀行為什麼只收取很低的服務費用？試從產品生命週期不同階段的價格分析之。

15-19
利潤與行為

戴豪爾最近被任命為羅星公司最大的事業部門的總經理。這個事業部門的績效記錄不佳，但是戴豪爾認為這個事業部門擁有很大的改善空間。羅星公司總經理給了戴豪爾三年的時間讓這個事業部門轉虧為盈，並且同意根據這個事業部門營業收益改善的情況來發放年度獎金給戴豪爾。如果三年的期間內，戴豪爾確實能夠改善這個事業部門的績效，那麼公司基本上保證他可以穩坐這個位子好幾年。事業部門總經理的工作有可能讓戴豪爾有機會接任總經理或執行長的職位。

一開始，戴豪爾對於這項新的職務感到相當興奮。然而等到他接手這個事業部門一個星期之後，情勢卻大為改觀。這個事業部門的情況遠比他想像得還糟。不僅存貨堆積如山、老舊的機器設備也需要可觀的修理與維護費用（前一任總經理刻意延宕的費用）。銷貨收入未達平均水準，業務人員也顯得意興闌珊。

作業：試探討戴豪爾可以用於改善事業部門績效的方法。戴豪爾應該著眼於短期的效果，還是長期的效果？羅星公司設計的獎金結構是否會影響戴豪爾的行為？

15-20
變動成本法、吸收成本法與分項報表之個案

費盟公司的時鐘事業部門生產掛鐘與立鐘。這些時鐘產品是在美國的西部與西南部這兩個區域銷售。下表為一九九七年度時鐘事業部門的銷貨數量。

	西部	西南部	總計
掛鐘	100,000	250,000	350,000
立鐘	250,000	520,000	770,000

下表則為一九九七年羅星公司的生產資料（沒有期初或期末在製品存貨）：

	掛鐘	立鐘
產量	300,000	800,000
直接人工小時	30,000	40,000
製造成本：		
直接物料	$450,000	$720,000
直接人工	210,000	200,000
變動費用	60,000	90,000
固定費用 *	360,000	540,000

*$280,000 的共同固定費用業已根據實際直接人工小時為基礎分配至兩項產品，並已包括在每一項產品的總成本內。

掛鐘的售價是每一單位 $4.50，立鐘的售價則是每一單位 $3。掛鐘的變動非製造成本是售價的百分之二十 (20%)，立鐘的變動非製造成本則是售價的百分之三十 (30%)。總固定非製造成本為 $300,000，其中三分之一屬於兩項產品的共同成本，其餘三分之二則可平均分配至兩項產品。在固定成本當中（包括製造與非製造），百分之

二十 (20%) 屬於兩個銷售區域的共同成本，百分之四十 (40%) 可以直接追蹤至西部，百分之四十 (40%) 則可直接追蹤至西南部。

費用分配係以直接人工小時為基礎。正常產量（掛鐘 30,000 單位，立鐘 90,000 單位）之下是 75,000 小時，而前述實際費用數據和用以計算預估費用比率的預算數據相符。所有少分配與多分配的費用均轉入銷貨成本。假設所有的期初製成品存貨的單位成本與目前生產的產品之單位成本相同。費盟公司採用後進先出法來評估存貨的價值。

作業：

1. 請分別利用 (a) 吸收成本法與 (b) 變動成本法來計算每一項產品的單位成本。
2. 請分別編製一九九七年度的吸收成本損益表與變動成本損益表。試調整兩份損益表之間的差額。
3. 請依產品之分，編製變動成本分項損益表。
4. 請依銷售區域之分，編製變動成本分項損益表。

15-21
分項報表與變數之個案

匹茲堡－華喜公司生產燈具和電子計時裝置。燈具事業部門組裝特優品質與中等品質的燈具。電子計時器事業部門生產的儀表板可以在指定的時間啓動和關閉電子系統，以達效率與安全等目的。這兩個事業部門都是利用同樣的生產機器設備。

下表為匹茲堡－華喜公司一九九八年的預算，預算表係以事業部門為別，並依據下列原則所編製：

a. 變動費用直接分配給發生變動費用的事業部門。
b. 固定費用直接分配給發生固定費用的事業部門。
c. 生產計畫是 8,000 具特級燈具、22,000 具中等燈具和 20,000 個電子計時器。生產數量恰恰等於銷貨數量。

匹茲堡－華喜公司預算
一九九八年十二月三十一日
（單位：千元）

	燈具			
	特優	中等	電子計時器	總計
銷貨收入	$1,440	$770	$800	$3,010
變動費用：				
銷貨成本	720	439	320	1,479
銷售與行政費用	170	60	60	290
貢獻邊際	$ 550	$271	$420	$1,241
固定費用	140	80	80	300
分項邊際	$ 410	$191	$340	$ 941

匹茲堡－華喜公司訂有事業部門管理階層的獎金計畫，要求事業部門必須達到產品線的預估淨收益。如果實際淨收益超過預估淨收益達百分之十 (10%) 或以上，則事業部門的管理階層將可領取獎金。

一九九八年度開始後不久，匹茲堡-華喜公司的執行長便因心臟病發而提前退休。新任執行長柯喬伊看過當年度預算之後，決定在第一季結束之前關閉中等品質燈具的產品線，將其產能分配給其它兩項產品線。行銷人員表示如果能夠增加直銷人員的支援，電子計時器的銷售收入可以成長百分之四十 (40%)。如果電子計時器的成長幅度還要超過前述水準，特優燈具的銷貨收入必須增加的話，那麼需要提高廣告費用來加強消費者對於匹茲堡——華喜公司的特優燈具和電子計時器產品的認識。柯喬伊同意增加直銷人員並提高廣告費用以達到修正後的計畫目標。柯喬伊並且表示，爲了領到獎金，事業部門必須達到原始的淨收益目標，但是他也同意燈具事業部門可以將兩個產品線的淨收益目標結合在一起。

在會計年度結束之前，事業部門會計長已經拿到初步的實際資料以核閱與調整。這些初步的年底資料反映出修正過後的產量達 12,000 具特優燈具、4,000 具中等燈具和 30,000 個電子計時器。其詳細資料如下：

匹茲堡－華喜公司
一九九八年十二月三十一日
（單位：千元）

	燈具			
	特優	中等	電子計時器	總計
銷貨收入	$2,160	$140	$1,200	$3,500
變動費用				
銷貨成本	1,080	80	480	1,640
銷售與行政費用	260	11	96	367
貢獻邊際	$ 820	$ 49	$ 624	$1,493
固定費用成本	140	14	80	234
分項邊際	$ 680	$ 35	$ 544	$1,259

燈具事業部門的會計長預期一九九九年會有類似的獎金計畫，由於當年度的業務尚未結束，因此正在考慮將部份收入（銷貨收入尚未截止）與接下來累積的費用遞延至下一年度。公司整體還是可以實現年度計畫，事業部門的淨收益也可超過百分之十(10%)的獎金門檻。

作業：

1. 請列出企業可以從分項損益表當中實現的好處，並請評估以變動成本為基礎和以吸收成本為基礎的分項報表之優劣。
2. 請分別計算貢獻邊際、銷貨數量以及銷售組合變數等數據。
3. 請解說為什麼會出現變異的理由。

綜合個案研究三

範圍：第十至十五章

達格公司是由柯艾德和戴安娜於一九八六年創立的小型生物科技公司。達格公司利用基因工程來研發與製造對抗特定疾病的藥物。達格公司最近才通過美國食品藥物管理局的核准，銷售一種可以抑制葡萄醣過高的疾病的新藥。柯艾德和戴安娜對於這項消息感到相當興奮。葡萄醣過高是一種罕見的疾病，會導致病患的生理功能失調，並且轉換食物當中的葡萄醣，造成身體內的血醣過高，最後（三到五年期間）甚至會導致死亡。達格公司的新藥則能提供身體缺乏的脢來抑制血醣的堆積，幫助患者可以過正常的生活。

這種新藥是達格公司所研發的第五種藥物。前面的四種藥物是各種不同的荷爾蒙和化療藥物。下表為達格公司去年的損益表。

損益表
達格公司
一九九八年十二月三十一日
（單位：千元）

銷貨收入	$368,000
減項：銷貨折扣	18,000
淨銷貨收入	$350,000
銷貨成本	192,500
毛利	$157,500
行銷費用	35,000
行政費用	5,000
研發費用	30,000
營業收益	$ 87,500
所得稅	31,500
淨收益	$ 56,000

在獲悉通過食品藥物管理局的核准之後不久，柯艾德和戴安娜立即召開會議商討這項新藥的生產與行銷事宜。

柯艾德：這種產品能夠通過上市實在太好了！我們得立刻開始生產，讓血醣過高的患者服用這種新藥。今天早上我已經接到六通醫生打來的電話，表示需要讓他們的病患開始服用這種新藥。

戴安娜：你說得對，柯艾德。能夠結束這一連串的研發過程眞是讓我們鬆了一大口氣。我已經和生產部門的麥克談過了。由於他預期這種新藥應該可以獲得通過，實際上他已經開始準備原料了。他告訴我再過幾天就可以正式生產，三個月以後應該可以達到最高產能。

柯艾德：那麼，我們現在應該討論一下產量、相關成本和定價的問題。

戴安娜：柯艾德，我已經比你早一步就做好這些工作了。我要求會計部門的安瑪麗提出成本預估數據，和行銷部門的保羅提出預估需求。這就是安瑪麗提出的成本報告。

內部行文

收文：戴安娜

發文：安瑪麗

主旨：新藥預估成本

經過與生產部門的麥克討論之後，我已經整理出我們通常會記入每一種藥品的單位成本的項目。誠如所知，這種新藥的製造成本非常高。爲了抽取製造脢所需要的蛋白質，必須大量使用一種特有的熱帶植物。這種植物生長於中南美洲。伐木公司必須先砍下這些樹木之後，再剝下樹幹的內層，切成小片之後，立即浸泡在防腐劑內二十四小時。這些浸泡完成的木片送到我們的工廠之後，經過加工取出蛋白質之後，才能製成我們的新藥。目前血醣過高病患的人數有1,100名，每一位患者每兩周需要服用一劑新藥。根據這些數據，我預估出每一年的製造成本應爲：

物料	$42,185,000
人工成本	4,661,800
分配的費用成本與研發費用	1,773,200
製造成本	$48,620,000

這些是我們通常會分配到每一項產品的製造成本，所以可以輕易地計算出每一劑的成本應爲 $1,700。另外附註的是，唯一的變動成本是物料；而人工、費用和研發等都屬於固定成本。

上述成本並未包括行銷成本。我比較不傾向於計算每一劑新藥的行銷成本。主要的問題在於某些銷售成本取決於售價。舉例來說，藥局的佣金通常是銷貨收入的百分之五 (5%)。我建議妳先和吉保羅討論，瞭解我們可能的定價範圍再來決定行銷成本。

最後值得一提的是投資報酬率。我知道柯艾德希望公司能夠銷售更多的存貨來購買新的製造設備。現階段，我們的投資報酬率大約是在同業的平均水準之間。去年度，我們的投資報酬率是百分之十五 (15%)，總共使用了 $373,000,000 的資產。我認爲我們在銷售新藥的時候必須考慮賺取更健全的利潤，以提高投資報酬率，並且消化存貨。如果妳需要更多的資訊，請再與我聯絡。

柯艾德：啊！真正看到這些數據後的感受竟然完全不同。妳有沒有注意到，如果每一劑的成本是 $1,700，每一位病患平均每兩周需要服用一劑，那麼一整年下來就必須花費 $44,200——恰好等於我們的製造成本——這還不包括行政與銷售費用呢！

戴安娜：我知道！感謝政府已經開辦健康保險。我一拿到安瑪麗的報告，就先和吉保羅討論過了。吉保羅表示，安瑪麗對於病患人數的估計是正確的。由於保羅先前就預期會取得核准，因此他向執業醫生進行了一項調查。調查結果顯示總共有 1,100 名的病患，其中百分之七十五 (75%) 擁有個人保險，而且承保的保險公司會給付我們的新藥。目前市面上並沒有治療血醋過高疾病的藥物；我們的新藥可以抑制這種疾病。另外百分之十五 (15%) 的病患則只有政府的健康保險。我們必須和各州政府商議給付這項新藥。根據以往的經驗，我預估政府大約會給付百分之十二 (12%) 的費用。但是無論如何，我們還是可以銷售這種新藥——畢竟這種新藥已經完成實驗。剩下的百分之十 (10%) 既沒有個人保險，也不是政府健康保險的保險對象；這些人絕對買不起我們的新藥。我們得想辦法照顧這一部份的病患。我們不能因爲他們買不起，就不顧他們的健康與生命。

柯艾德：妳說得對。我想我們可以利用免費試用新藥的計畫來處理這最底部的百分之十 (10%)。我們也曾遇過同樣的問題，保羅可以算出如何查驗病患適用與否，讓眞正需要的人服用這種新藥。

現在，則是定價的問題。我們通常不都是將製造成本乘以三倍來涵蓋行政與銷售費用？如果這一次依照往例的話，價格將會是每一劑 $5,100。天啊，這還眞貴！把吉保羅——還有安瑪麗一同找來。我們需要一起討論定價的問題。

稍後，吉保羅（行銷副總）和安瑪麗（公司會計長）也都加入了這一次的會議。

吉保羅：我從來沒有想到新藥的單價會高達每一劑 $5,000——換言之，單單一位病患每一年就必須花費 $132,600。保險公司一定會怨聲載道——更別說是國會議員和華盛頓的代表了！安瑪麗，妳確定這些數據正確嗎？

安瑪麗：我很確定。我已經檢查過一遍又一遍。問題出在加工成本。我們沒有辦法在加工成本上著力。這的確是一種昂貴的新藥。此外，我認爲行銷與鋪貨成本也會超過平常的水準。由於藥物成本昂貴，再加上病患人數不多，我們必須花費更多的時間來教導醫生正確地使用這種新藥。同時我們也必須花費更多的時間向保險公司解釋。還有就是免費試用新藥的計畫。吉保羅，你打算怎麼做？

吉保羅：安瑪麗，妳說得有道理。新藥的價格這麼高，我的確需要僱用全職的社工來負責免費試用的計畫——向醫生說明計畫的內容、整理病患的資料以及審核病患的資格。這項計畫的成本一年約爲 $75,000，這還不包括藥物本身的價值。至於談到正常的行銷成本，我們通常會支付給藥局原價百分之五 (5%) 的佣金。新藥的價格這麼高，藥局一定樂見其成。其它唯一的行銷成本則是額外的行銷與鋪貨費用，每一年是 $400,000。

安瑪麗：鋪貨費用會隨著銷貨數量變動，或者基本上屬於固定成本：

吉保羅：鋪貨成本屬於固定成本。我將會需要僱用額外的行銷人員來負責新藥的說明手冊與教材的印製和分送工作，另外還有醫學期刊的廣告工作。

戴安娜：有鑑於新藥的價格相當地高，是否可能降低銷售佣金——譬如說降到百分之三 (3%)？

吉保羅：不可能。每一劑藥的佣金雖然絕對金額很高，但是因爲病患人數較少，因此銷貨數量相對也會較少。此外，這種藥劑不可能用於其它疾病。還有，妳曾經告訴過我，新藥上市一年之後病患可以減少一半的劑量，所以第二年的銷貨數量也會跟著減少。事實上，如果新藥眞的能夠抑制血醣過高的疾病，第三年的使用量也可以減少。實驗室的梅爾認爲這種情況可能發生。我認爲保守的估計應該是第三年的銷貨數量會比第二年再減少一半，然後就維持穩定。我不認爲藥局會接受降低佣金的作法。這些藥局都是獨立的藥局，他們大可以不賣我們的產品。

柯艾德：嗯，吉保羅，你對於使用劑量減少的看法是正確的。所以我們同意新藥的行銷費用會高於正常水準。還有沒有其它必須考量的因素？安瑪麗，妳再研究看看把製造成本乘上三倍做爲售價的作法是否恰當。

安瑪麗：沒問題。基本上，藥品的收入必須涵蓋與研發、製造、銷售與鋪貨、行政相關的所有成本，最後還必須加上利潤。把製造成本乘上三倍看起來很高，但是我們並不是向部份病患收取所有的費用。病患可以享有個人保險給付、政府健保給付和免費試用新藥等補助。此外，我們的研發費用很高。我們每一年進行的一般研發工作花費都高達數百萬元。當然，其中許多研發工作並非針對這一次的新藥。事實上，截至目前爲止，我們已經投注了超過五千萬在這種新藥的研發上面。明年度的研發預算是四千兩百五十萬元，其中有一千兩百五十萬元可以分配至這種新藥中。

另外還有行政與行銷成本也必須分配到這種新藥。去年度，固定行銷與行政成本約爲兩千兩百五十萬元。如果今年度維持同樣水準的話，這種新藥的收入應該可以涵蓋分配到的行銷與行政成本。我們可以根據銷貨收入來分配這些成本，但是目前我們還沒有訂出新藥的價格。所以根據粗略的估計，除了吉保羅提到的 $400,000 之外，約有總數的百分之二十 (20%) 可以分配到新藥上面。

另一項必須考慮的因素是投資報酬率。去年度百分之十五 (15%) 的投資報酬率並不算很理想。現在柯艾德又表示他要發行股票。坦白說，柯艾德，我認爲你可能達不到百分之十五 (15%) 的投資報酬率。許多投資人對於投資報酬率低於百分之二十五 (25%) 的生物科技公司都不抱樂觀態度。這些投資人會認爲風險過高。

柯艾德：我的確是在考慮發行新股。不僅僅是因爲植物加工的成本高得嚇人，如果新藥的需求沒有太大的變化，我們將會遇上很大的麻煩。如果我們可以建立最新的生物基因製造設備，製造新藥的成本就可以大幅降低。我們可以改變蔗糖細胞的基因來製造生產新藥所需要的脢，如此一來我們就可以完全不需要使用加工代價過高的植物。改變細胞基因也不會破壞整棵樹。嗯，這都是還很遠的問題。當務之急是擬訂新藥的價格，大約一個禮拜之後我們再來討論新廠的事情。

戴安娜：我贊成再開一次會來討論新廠的議題。那麼一開始我們就把新藥的價格定爲每一劑 $5,100，然後再視情況需要調整。如果新藥可以賺錢的話，我們就可以籌建新廠，然後接著降低成本和售價。

一個月後，柯艾德、戴安娜、安瑪麗和葉麥克（生產經理）一同聚在柯艾德的辦公室，商討建立新製造設備的提案。

柯艾德：戴安娜，妳已經和我們的律師以及銀行人士碰過面了，先請妳談一談碰面的結果。

戴安娜：好的。基本上，那一次的會議確定了安瑪麗上個月提到的內容。安瑪麗曾經說過，我們需要更高的投資報酬率來吸引投資人，銀行方面的人士也同意這樣的看法。他們建議我們的投資報酬率至少要達到百分之二十五 (25%)。坦白說，我認爲這樣的投資報酬率稍微高了一點，但是投資人顯然認爲這個行業的風險特別地高。我們需要針對新廠的成本與利益，提出詳細的文件與資料。

葉麥克：我認爲新廠的籌建勢在必行。建築與營造成本估計爲五千萬元。然而令人期待的是新廠能夠大幅降低製造成本。一旦新廠上線之後，新藥的加工成本就會大幅降低。

戴安娜：葉麥克，你說得沒錯。新的設備可以讓我們生產出眞正的基因工程產品。我們不再需要砍伐樹木。我們可以將用以生產脢的基因植入蔗糖細胞裡面，這些細胞自然而然就可以生產出新藥。這眞是太神奇了——我們再也不需要處理伐木公司和鉅額運費的頭痛問題！我們再也不需要泡在防腐劑和堆積如山的木片裡頭！此外，品質控制更加嚴密，病毒感染的機會將等於零。

安瑪麗：我研究過成本節省的資料，的確能像葉麥克所說得一樣。我原先估計的物料與人工成本應該可以減少百分之八十五 (85%)——這些是實際可以節省下來的成本。當然，一開始因爲新廠折舊的關係，費用成本會偏高。假設有效使用年限是五年——最新的生物科技工廠到了五年之後就不再是最新的技術，年度費用應該會達到兩千六百萬元。然而我認爲從資本預算的觀點來看，任何的投資計畫分析結果都會是正面的答案。我正在準備一份淨現値分析給銀行。這份報告採用百分之二十五 (25%) 的折扣比率，以反映出投資人對於我們這個產業所預期的高風險。

柯艾德：聽起來不錯。我們把分析報告準備好，和投資銀行人士仔細討論之後，就開始著手這項新廠計畫。

作業：

1. 根據銷貨成本外加定價法，達格公司在一開始擬訂新藥價格的時候通常是外加製造成本的百分之多少？此一外加比例包括哪些成本項目？你爲什麼認爲達格公司是採用一般外加方法來擬訂藥品的價格？

2. 請探討新藥的定價問題。決定新藥需求的因素有哪些？你認爲需求的價格彈性相對而言是比較具有彈性還是比較不具彈性？爲什麼？每一劑新藥定價 $5,100 的作法是否意味著任何倫理道德上的問題？
3. 請編製新藥的生命週期損益表。損益表中必須包括開發階段與上市的前五年。
4. 請編製去年度的變動成本損益表。假設銷貨變動成本是總銷貨成本的百分之二十 (20%)，且唯一的變動費用是銷貨收入百分之五 (5%) 的佣金。請計算去年度，達格公司損益兩平的銷貨收入。去年度達格公司的安全邊際是多少？
5. 請編製達格公司今年度的變動成本損益表。假設原有四種藥品的資料不變，且達格公司按照原定計畫推出新藥。請計算今年度達格公司損益兩平的銷貨收入（包括新藥在內）。今年度的預期安全邊際是多少？爲什麼單獨計算新藥的損益兩平點並沒有意義？
6. 請針對達格公司正在考慮興建的製造工廠，計算其回收期、淨現值〔採用百分之二十六 (26%) 的折扣比率〕以及內部投資報酬率。你的答案是否能夠支持達格公司對於新廠的期望？假設新廠的成本是六千五百萬元，這是否是一項好的投資？採用過高的折扣比率爲什麼不利於新的高科技的投資計畫？

第四篇

成本規劃與控制制度

第十六章
規劃與控制之預算制度

學習目標

研讀完本章內容之後，各位應當能夠：

一. 提出「預算」之意義，並探討預算在規劃、控制與決策等活動中所扮演之角色。

二. 編製營業預算，找出營業預算之主要項目，並解說各個項目之間的交互關係。

三. 找出財務預算之主要項目，並編製現金預算。

四. 找出並探討爲了鼓勵經理人從事符合企業目標的行爲，預算制度應該具備的主要特點。

五. 探討買賣業與服務業的預算，以及零基預算制度。

企業如未能妥善規劃——無論是正式或非正式地——可能導致財務危機的發生。企業的經理人——無論企業規模或大或小——必須瞭解其所擁有的資源能力，並且擬訂使用這些資源的詳細計畫。審慎的規劃對於組織的健全與否攸關甚鉅。

預算在規劃與控制活動中所扮演的角色

學習目標一

提出「預算」之意義，並探討預算在規劃、控制與決策等活動中所扮演之角色。

預算在規劃與控制活動中扮演極為關鍵之角色。計畫當中會明訂目標，以及為達這些目標所應採取的行動。**預算** (Budgets) 係以量化的數據來表達這些計畫的內容。預算用於規劃用途時，可以將企業的目標與策略轉換成為實際執行的施行細節。預算同樣可以用於控制用途。**控制** (Control) 係指建立標準、收到實際績效反饋、並在實際績效偏離預定績效過多時採取修正行動的一連串過程。因此，預算亦可用於比較實際結果與預定結果之間的異同，並在必要的時刻讓作業重回正軌。

圖 16-1說明了預算和規劃、執行與控制等作業之間的關連。預算的擬訂源自於企業的長程目標；預算也是企業執行各項作業與活動的基礎。企業在控制過程中會比較實際結果和預算金額之間的異同。此一比較能夠提供反饋供作實際執行細節與未來預算之參考。

擬訂預算之目的

預算之擬訂通常會根據組織類型（部門、工廠、事業部門等等）和作業類別（銷售、生產、研發等等）來分類。此一預算制度具備企業整體財務計畫的功能，可為企業帶來如下好處：

1. 要求經理人擬訂計畫。
2. 提供可以用於改善決策品質與成效之資源的相關資訊。
3. 建立用於後續績效評估的標準，加強使用資源與員工的效益。
4. 改善溝通與協調。

預算制度需要管理階層針對未來擬訂計畫－－研擬企業未來的整體方向、預見問題、擬訂未來策略。經理人進行規劃的時候，更能夠

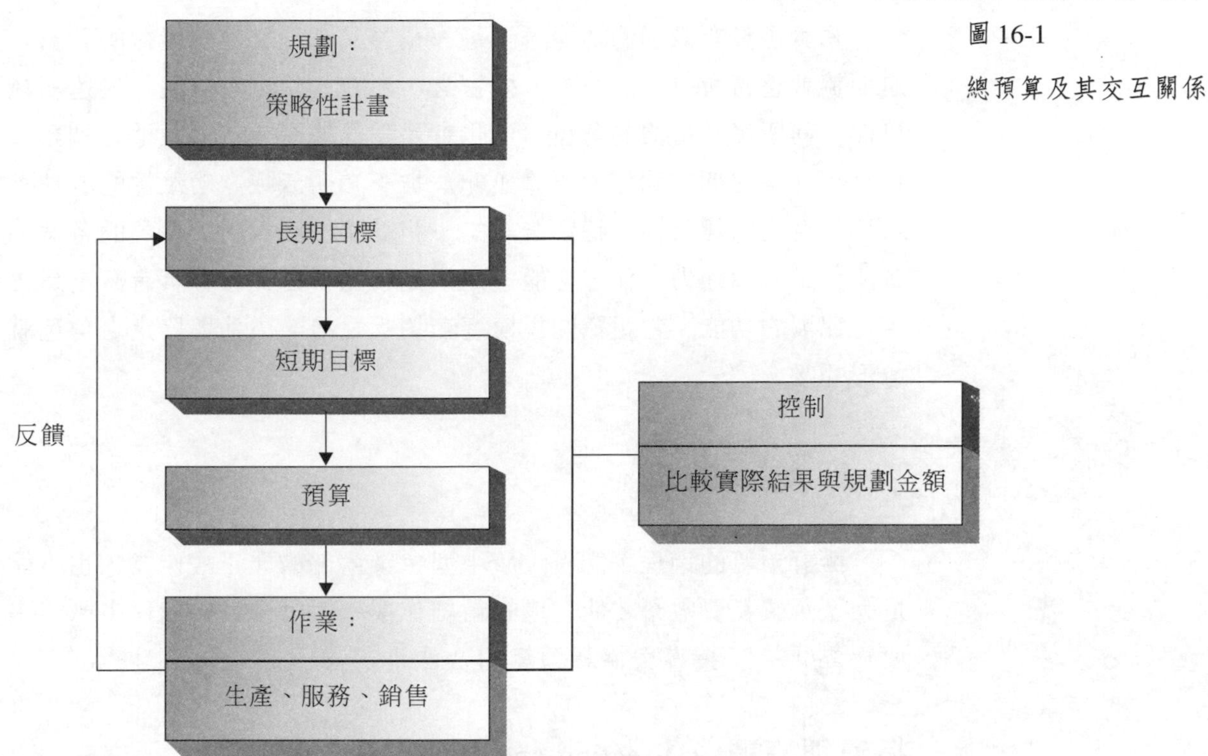

圖 16-1

總預算及其交互關係

瞭解企業的能力與優點以及企業的資源應當用於何處。所有的企業與非營利機構均應採行預算制度。所有的大型企業都必須擬訂預算。事實上，企業在擬訂預算的時候必須耗費可觀的時間與人力。許多中小企業並不時興預算制度，也因此相當多數的中小企業很快地就從市場上消失。

預算涵蓋許多關於組織的資源能力的重要資訊，有助於企業擬訂更好的決策。舉例來說，現金預算可以顯露出現金過剩或短缺的可能性。如果企業擁有超額的現金，經理人大可將其用於短期投資，而不致於使得現金產生閒置。相反地，現金短缺的現象可能意味著企業必須改善應收帳款的收款能力。

預算同樣也能夠促使控制企業使用資源，並控制與激勵員工等標準的建立。預算制度如欲達到全面性的成功，控制是不可或缺的基本要求，因為控制功能可以確保為達企業主要計畫當中所揭示的目標所應採取的步驟均已付諸實行。

預算也具有溝通的功能，讓每一位員工都能夠瞭解組織的計畫，進而協調整合所有人的心力。換言之，所有的員工均得體認爲達組織目標，其所應該扮演的角色。這也就是爲什麼企業會刻意地強調預算和長程計畫之間的關連。預算並非一堆不知所云或歌功頌德的劇情；預算是爲達組織目標所特別擬訂的一組計畫。因爲組織內部的各個領域和作業必須通力合作，方能達到既定目標，因此預算具有激勵員工合作協調的功能。當組織的規模逐漸擴大之後，溝通與協定之角色就愈形重要。

預算擬訂過程

擬訂預算的過程可能僅止於小型企業內部的非正式作業，也可能是大型企業耗費數月才能完成的精細作業。擬訂預算的過程中，其主要特點包括了指導與協調預算的合法性。

指導與協調 (Directing and Coordinating)

每一個組織都必須設置專人負責指導與協調整體的預算擬訂過程。**預算指導員** (Budget Director) 通常是企業的會計長或者是會計長的部屬。預算指導員必須遵守預算委員會的規定。**預算委員會** (Budget Committee) 負責審核預算、提出政策綱要與預算目標、解決編製預算時可能產生的歧見、核決總預算以及監督年度當中的實際績效。預算委員會同時也負責確認預算能夠滿足組織策略性計畫之需求。預算委員會之委員係由總經理任命，通常爲企業的總經理、副總經理或會計長。

擁有許多事業部門的大型企業必須針對每一事業部門來擬訂預算。每一個事業部門再針對其內部的次級組織來擬訂預算。舉例來說，派頓公司 (Patton, Inc.) 旗下共有三家公司，每一家公司都是獨立的利潤中心。這三家公司都必須編列下一年度的預算。這些預算資料再送至總公司進行彙整成爲全公司的總預算。兩年前，派頓公司基於財務槓桿的操作原理而發行大量的公司債。因此，派頓公司格外注重現金流量和某些特定財務比率數據以確保公司保有履行公司債的能力。

如果派頓公司旗下三家公司的原始預算不能及時賺取足夠的現金流量以便支付債券利息，總公司便會退回預算要求各家公司予以改善，例如削減成本、增加銷貨收入等等。如此反覆地修正，直到預算符合總公司的標準為止。屆此，最終的總預算便成為下一年度的計畫。

預算的類型

當吾人提及公司當年度預算的時候，其實是指公司的總預算。**總預算** (Master Budget) 是由各個部門與各項作業的預算結合而成的整體財務計畫。總預算可以分為營業預算與財務預算。**營業預算** (Operating Budgets) 牽涉企業創造收益的作業：銷售、生產與製成品存貨。營業預算的最後結果是預算損益表。預算損益表是根據估計的資料－－而非歷史的資料－－所製作的報表。**財務預算** (Financial Budgets) 則是牽涉現金的流入與流出以及企業的財務狀況。現金預算當中會詳列規劃的現金流入與現金流出，而預算損益表當中則會列出預算期間的期末預估財務狀況。**圖** 16-2 列出了總預算所涵蓋的內容。

總預算通常是根據企業的會計年度所編列的年度預算。年度預算再細分為每一季的預算和每一月的預算。細分為期間較短的預算有助於經理人定期比較實際資料與預算資料，進而及時採取必要的修正動作。由於每一個月都可以檢視執行預算的成效，因此比較不至於發生過於嚴重的問題。

多數企業會在當年度的最後四到五個月，編列下一年度的預算。然而實務上也有部份企業發展出連續預算哲學。所謂的**連續預算** (Continuous Budget) 係指移動式的十二個月預算。當預算期間的某一個月份結束之後，便自動向後延伸一個月；如此一來，企業的預算始終維持十二個月。連續預算制度的用意在於要求經理人不斷地預先擬訂計畫。

和連續預算制度有異曲同功之妙的是連續更新預算。連續更新預算的目的並非隨時維持十二個月份的預算計畫，而是每當產生新的資訊時，就同步更新總預算的內容。舉例來說，查德勒工程公司 (Chandler Engineering, Inc.) 便為其母公司持續地更新預算內容。每一年秋天，查德勒公司都會編製下一年度的預算。到了新年度的一月份，便將預

圖 16-2

總預算之內容

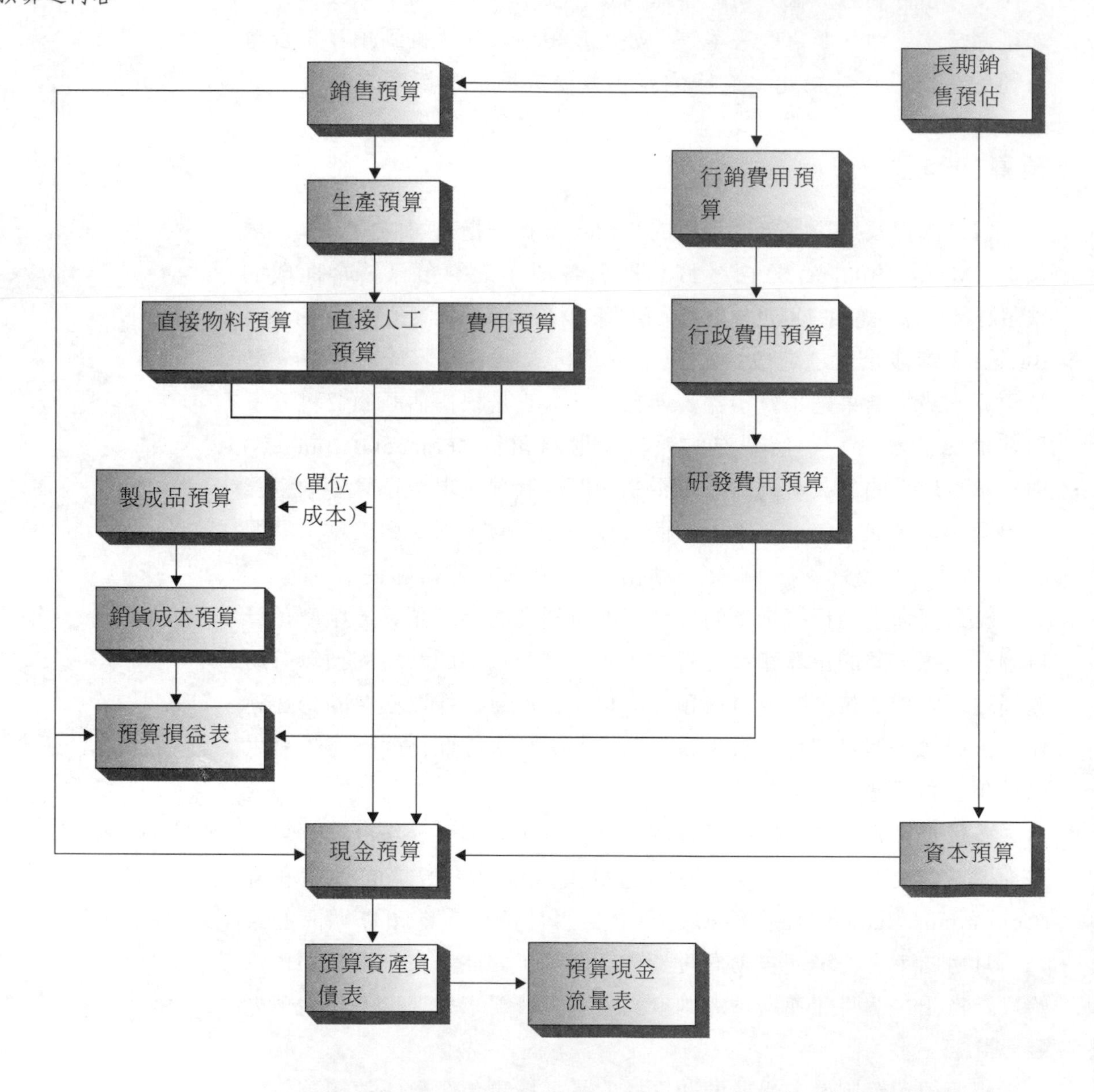

先擬訂的預算轉為連續預算。換言之，每一個月月底的時候，查德勒公司都會列出當年度到該月月底的預算執行結果以及當年度剩餘月份的未達成預算內容。基本上，在一整個年度裡，查德勒公司會不斷地更新預算內容。

蒐集預算資料

在一開始擬訂總預算的時候，預算指導員會提醒各部門開始蒐集預算資料。從許多管道都可以取得用以擬訂預算的資料。歷史資料就是可能的來源之一。舉例來說，去年度的直接物料成本可以協助生產經理拿捏下一年度的可能物料成本。然而，吾人不能夠單靠歷史資料來預測未來。

銷售預測

銷售預測是銷售預算的參考基準，而銷售預算則是所有其它營業預算和大部份財務預算的參考基準。因此，銷售預測的正確性攸關整體總預算是否健全。

擬訂銷售預算通常是行銷部門的責任。擬訂銷售預測的方法之一是由最高業務主管要求每一位業務人員提出個別的預測，然後加總成爲總銷售預測。如果能夠進一步地考量整體經濟情勢、競爭、廣告和定價策略等等因素，或可有助於提高銷售預測的準確度。許多企業甚至協助行銷部門研擬出比較正式的預算方法，像是時間數列分析、相關性分析和產業分析等方法。

爲了說明實際的銷售預測方法，謹以利用分批訂單基礎製造油田設備的企業爲例說明之。每一個月，財務部門與業務部門主管都會根據預估報告狀況擬訂出銷售預測。預估報告係指派駐在油田的業務人員所提出的可能訂單，用意在於提醒工程部門與製造部門。根據過去的經驗指出，通常在業務人員提出預估報告之後的三十到四十五天就會成交或交貨。**圖** 16-3 即爲該公司的短期預估訂單狀況。值得注意的是，每一份預估報告的金額乘上可能實現的機率之後，便可求出加權金額。加權金額的總數則爲當月份的銷售預測數字。至於訂單實現的機率是由業務人員和財務長來共同決定。每一份訂單的實現機率都是由百分之五十 (50%) 開始，然候再根據其它額外的資訊或加或減。業務部門對於訂單是否實現以及在哪一個月份實現往往比較樂觀。因此，財務長往往採取比較悲觀的角度來修正預測內容。最後的結果便如**圖** 16-3 所示。

圖 16-3

油田設備業者之短期簿記預估

報價號碼	地區 / 國 家	顧客	產品	金額	機率	加權每月總數
1997 年 03 月	西班牙	Valencia	修理 3224	$37,500	100%	$37,500
1194-17	保加利亞	Luecim	1256,7188	74,145	80%	59,316
1294-09	美國	Exxon	4498	25,000	95%	23,750
0195-55	美國	BP/TX	6766,1267	150,442	100%	150,442
0295-23	中國大陸	China Res	7541,8875	55,900	75%	41,925
0295-45	中國大陸	China Res	8879,0944	34,500	80%	27,600
0395-36	阿布達比	ADES	7400,6751,5669			
			和零件	30,000	50%	15,000
三月份總計						$355,533
1997 年 04 月	中國大陸	Jiang Han	6524,5523,0412			
			4578,3340	$234,000	80%	$187,200
0295-43	俄羅斯	Geoserv	3356	76,800	60%	46,080
0295-10	委內瑞拉	Petrolina	4450,6713,7122	112,500	90%	101,250
0395-37	印尼	Chevron	8890,0933	98,000	65%	63,700
0395-71	義大利	CV Internat`1	7815	16,000	70%	11,200
四月份總計						$409,430
1997 年 05 月						
0295-21	墨西哥	Instituto	8900 和零件			
		Mexicana		$34,000	40%	$13,600
0395-29	委內瑞拉	Petrolina	8416,8832	165,000	50%	82,500
0495-11	美國	Branchwater	9043,8891	335,000	60%	201,000
		, Inc.				
0495-68	沙烏地阿拉伯	Aramco	0453	3,500	50%	1,750
五月份總計						$298,850

銷售預測完成之後，便可呈給預算委員會進行審核。預算委員會得判定預測內容是否過於樂觀或悲觀，予以適度修正。舉例來說，若預算委員會認爲預測數字過低，便可建議採取特定的行動－－例如增加促銷活動、僱用更多的業務人員等等－－將銷售數字提高到預測水準。

其它變數的預測

可想而知，銷售預測並非預算制度的唯一內容。成本以及和現金相關的項目也都是預算內容的重要關鍵。擬訂銷售預測所必須注意的因素同樣適用於成本預測。歷史金額對於成本預測具有相當的重要性。經理人可以根據其對於未來事件的瞭解來調整歷史數據。舉例來說，資方簽訂的三年期工會契約便可規避大部份工資預測的不確定性。（誠然，如果契約到期後，此一不確定性又再出現。）機警的採購代理商對於原料價格的變動特別敏感。事實上，諸如雀巢公司與可口可樂公司等大型企業往往設置一整個部門來專職預測商品價格與供需情況。這些企業投資商品期貨以規避價格波動之影響－－此一行動亦有助於預算之擬訂。費用成本細分爲兩項；如此一來，便可利用歷史資料與相關通膨數據來預測費用成本的細項。

舉例來說，美國聯合航空公司 (United Airlines) 的一九九五年營業成本預估便與實際數據有所出入。某些成本增加的幅度遠遠超過預期，例如其新的丹佛國際機場轉運站便額外花費了一億兩千四百萬美元。某些成本增加的幅度則低於預期水準。聯合航空公司預期一九九五年的油料成本會增加百分之九 (9%)，然而其它分析師卻認爲只會增加百分之三點五 (3.5%)。最後，某些成本則由於管理階層擬訂的決策而增加－－例如增加聯合航空公司以加州爲中心的新通勤班機服務的廣告。

現金預算是總預算當中相當重要的部份，而現金預算當中的某些部份－－尤其是應收帳款的部份－－也必須進行預測工作。本章將在現金預算一節當中再做詳細討論。

編製營業預算

學習目標二

編製營業預算，找出營業預算之主要項目，並解說各個項目之間的交互關係。

總預算的第一個項目是營業預算。營業預算涵蓋了一連串各個營業階段的時間排程，然後表示於預算損益表當中。營業預算的主要內容如下：

1. 銷貨收入預算
2. 生產產量預算

3. 直接物料採購預算
4. 直接人工預算
5. 費用預算
6. 期末製成品存貨預算
7. 銷貨成本預算
8. 行銷費用預算
9. 研發預算
10. 行政費用預算
11. 預算損益表

各位可以參閱**圖** 16-2，瞭解營業預算的各個項目如何彙整至總預算當中。

此處謹以生產建築業用的水泥磚塊與水泥管的 ABT 公司為例說明營業預算的各個細項。為了說明之便，謹就 ABT 公司生產的水泥磚塊來編製營業預算。（水泥管的營業預算也是採用相同方式來編列與彙整至全公司的總預算。）

銷貨收入預算

銷貨收入預算 (Sales Budget) 係指由預算委員通過，以實際金額表示的預期銷貨收入。

表一當中即為 ABT 公司的水泥磚塊產品線的銷貨收入預算。（就生產多樣產品的企業而言，銷貨收入預算必須以實際金額表示出每一項產品的銷貨收入。）值得注意的是，銷貨收入預算反映出 ABT 公司的銷貨收入會隨著不同的季節而波動。大多數的銷貨收入〔約有百分之七十五 (75%)〕來自於春季與夏季。同樣值得注意的是，ABT

表一

（單位：千元）

銷貨收入預算
一九九八年十二月三十一日

	季				
	1	2	3	4	年度
數量	2,000	6,000	6,000	2,000	16,000
單位售價	× $0.70	× $0.70	× $0,80	× $0.80	× $0.75
銷貨收入	$ 1,400	$ 4,200	$ 4,800	$ 1,600	$12,000

公司預期夏季的價格會由 $0.70 漲爲 $0.80。受到當年度價格變動的影響，在年度統計的欄位裡必須採用平均價格來計算年度的總銷貨收入($0.75 = $12,000 / 16,000 單位)。

生產產量預算

生產產量預算 (Production Budget) 係指爲了達到銷貨收入目標，並滿足期末存貨之要求所必須生產的產量。由**表**一可以看出，爲了滿足每一季和當年度的銷貨收入目標需要多少單位的水泥磚塊。假設沒有存貨的情況下，必須生產的水泥磚塊數量恰恰等於預期銷售的水泥磚塊數量。舉例來說，就採行及時制度的企業而言，銷貨數量等於產出數量，因爲公司會在接到顧客訂單之後才開始進行生產。

然而一般情況下，生產產量預算必須考慮期初存貨與期末存貨等因素。假設 ABT 公司的政策係將每一季的水泥磚塊期末存貨定於下列標準：

季	期末存貨
1	500,000
2	500,000
3	100,000
4	100,000

爲了計算必須生產的單位數量。必須先求出銷貨數量以及預期製成品存貨的數量。

必須生產的單位數量 = 期末存貨之數量 + 銷貨數量 − 期初存貨之數量

此一公式即爲**表**二當中生產產量預算之基礎。值得注意的是，生產產量預算係以單位數量表示；單看生產產量預算，並無法瞭解這些數量的產品之成本。

直接物料預算

完成生產產量預算之後，接下來即可編列直接物料、直接人工與

表二

(單位：千元)

生產預算表
一九九八年十二月三十一日

	季				
	1	2	3	4	年度
銷貨收入（表一）	2,000	6,000	6,000	2,000	16,000
預期期末存貨	500	500	100	100	100
總需求	2,500	6,500	6,000	2,100	16,000
減項：期初存貨	(100)	(500)	(500)	(100)	(100)
生產單位	2,400	6,000	5,600	2,000	16,000

費用成本之預算。**直接物料預算** (Direct Material Budget) 的格式與生產產量預算十分相近；直接物料預算係以生產所需的物料金額與直接物料之存貨金額爲基礎。

預期當中的直接物料使用情況係由投入－產出關係（直接物料與產出之間的關係）所決定。此一關係多由工程部門或工業工程師擬訂。例如，一塊輕質水泥磚塊需要大約二十六英磅的原料（水泥、沙和水等）。每製作一塊特定規格的水泥磚塊所需之成份的比例是固定的。因此，實務上只要將每一單位產出所需要的原料數量乘上產出單位數量，即可輕鬆地找出生產產量預算當中每一種原料的預期使用情形。

一旦決定了預期使用情形之後，便可計算採購單位數量：

採購單位數量 = 預期期末直接物料存貨 + 預期使用

－直接物料期初存貨

直接物料存貨的數量取決於企業的存貨政策。ABT公司的政策係在第三季與第四季各保留2,500公噸的原物料(亦即五百萬英磅)，在第一季與第二季則各保留4,000公噸的原料（亦即八百萬英磅）。**表**三列出ABT公司的直接物料預算。爲了說明之便，所有的原料均統籌處理（亦即視爲只有一種原物料投入）。事實上，每一種原料都應該分別編製預算表。

直接人工預算

直接人工預算 (Direct Labor Budget) 列出爲生產預期產量所需的總直接人工小時及其相關成本。和直接物料類似的是，直接人工

表三

（單位：千元）

直接物料預算表
一九九八年十二月三十一日

	季 1	2	3	4	年度
生產單位（表二）	2,400	6,000	5,600	2,000	16,000
單位直接物料（磅）	× 26	× 26	× 26	× 26	× 26
生產需求（磅）	62,400	156,000	145,600	52,000	416,00
預期期末存貨	8,000	8,000	5,000	5,000	5,000
總需求	70,400	164,000	150,600	57,000	421,000
減項：期初存貨＊	(5,000)	(8,000)	(8,000)	(5,000)	(5,000)
採購之直接物料（磅）	65,400	156,000	142,600	52,000	416,000
每英磅成本	× $0.01	× $0.01	× $001	× $0.01	× $0.01
總採購成本	$ 654	$ 1,560	$ 1,426	$ 520	$ 4,160

＊符合在第一與第二季末持有 8,000,000 磅原料，在第三與第四季末持有 5,000,000 磅原料之存貨政策。

的使用情形係由人工與產出之間的關係所決定。舉例來說，假若一批次的 100 塊水泥磚塊需要 1.5 直接人工小時，則每一水泥磚塊需要 0.015 直接人工小時。假設人工的使用確能發揮效率，則在現有技術之下，此一直接人工比率維持固定不變。唯有引進新的製造方法時，才可能改變直接人工與產出之間的關係。

已知每一單位產出使用的直接人工以及生產預算當中的產出單位數量，則可計算出**表四**當中的直接人工預算。直接人工預算當中的工資比率（本例當中為每一直接人工小時 $8）為支付給與生產水泥磚塊相關的直接人工的平均工資。由於採計的是平均值，因此個別直接人工的工資比率可能不儘相同。

費用成本預算

費用成本預算 (Overhead Budget) 列出所有間接製造項目之預期成本。和直接物料與直接人工不同的是，費用成本並無明顯可見的投入－產出關係。然而各位應當記得，費用成本可以分為兩個細項：變動成本與固定成本。實務上可以參考過去經驗來決定費用隨作業水

表四

(單位：千元)

直接人工預算表
一九九八年十二月三十一日

	季				
	1	2	3	4	年度
生產產量（表二）	2,400	6,000	5,600	2,000	16,000
單位直接人工時間（小時）	× 0.015	× 0.015	× 0.015	× 0.015	× 0.015
總需求時數	36	90	48	30	240
每小時工資	× $8	× $8	× $8	× $8	× $8
總直接人工成本	$ 288	$ 720	$ 672	$ 240	$ 1,920

準變動的關係。找出隨著作業水準變動的項目（例如耗用物料與水電費用等），便可估計出每一單位作業所預期支出的各項費用成本的金額。最後再加總個別費用項目的比率，求出變動費用比率。再以 ABT 公司爲例，假設變動費用比率爲每一直接人工小時 $8。

由於固定費用成本並不會隨著作業水準而改變，因此只要將所有的預算金額加總起來就是總固定費用。假設固定費用成本的預算是一百二十八萬美元（每一季均爲三十二萬美元）。根據此一資訊和直接人工預算當中的預算直接人工小時，便可編列出表五的費用成本預算。

期末製成品存貨預算

期末製成品存貨預算 (Ending Finished Goods Inventory Budget) 提供了損益表所需要的資訊，並可做爲編製銷貨成本預算的重要參考依據。編列此一預算之前，必須先利用**表三**、**表四**和**表五**當中的資訊求出生產每一單位的水泥磚塊的成本。**表六**即爲水泥磚塊的單位成本以及規劃當中的期末存貨的成本。

銷貨成本預算 (Budgeted Cost of Goods Sold)

假設期初製成品存貨的價值爲 $55,000，則可利用**表三**、**表四**、**表五**和**表六**來編製銷貨成本預算表。**表七**的銷貨成本預算表將做爲預算損益表的重要參考依據。

表五

（單位：千元）

費用預算表
一九九八年十二月三十一日

	季				
	1	2	3	4	年度
預算直接人工小時（表四）	36	90	84	30	240
變動費用比率	× $8	× $8	× $8	× $8	× $8
預算變動費用	$288	$ 720	$672	$420	$1,920
預算固定費用 *	320	320	320	320	1,280
總費用	$608	$1,040	$992	$560	$3,200

* 包括每一季 $200,000 的折舊。

表六

（單位：千元）

期末製成品存貨預算表
一九九八年十二月三十一日

單位成本計算：			
直接物料（26 磅，@$0.01）[a]		$0.26	
直接人工（0.015 小時，@$8）[b]		0.12	
費用：			
變動（0.015 小時，@$8）[c]		0.12	
固定（0.015 小時，@$5.33）[d]		0.08	
總單位成本		$0.58	
	數量	單位成本	總計
製成品：水泥磚塊	100	$0.58	58

[a] 得自表三的金額。
[b] 得自表四的金額。
[c] 得自表五的金額。
[d] 預算固定費用（表五）/ 預算直接人工小時（表四）= $1,280 / 240 = $5.33 。

表七

（單位：千元）

銷貨成本預算表
一九九八年十二月三十一日

使用直接物料（表三）*	$4,160
使用直接人工（表四）	1,920
費用（表五）	3,200
預算製造成本	$9,280
期初製成品	55
可供銷售之產品	$9,335
減項：期末製成品（表六）	(58)
預算銷貨成本	$9,277

* 生產需求 × $0.01 = $416,000 × $0.01

行銷費用預算

接下來必須編列的預算是**行銷費用預算** (Marketing Expense Budget)，亦即列出銷售與鋪貨作業之預定費用。和費用成本一樣，行銷費用亦可細分爲固定與變動部份。諸如銷售佣金、運費和耗用物料等會隨著銷售作業之改變而改變。行銷人員的薪資、辦公設備的折舊和廣告等則屬固定費用。**表八**即爲行銷費用預算之範例。

研發費用預算

ABT公司設有小型的研發團隊，負責產品線——例如水泥磚塊——的擴張事宜。**研發費用預算** (Research and Development Expense Budget) 當中則會針對研發團隊下一年度的費用提出估計。**表九**即爲研發費用預算之釋例。

行政費用預算

最後一項必須編列的營業預算是行政費用預算。誠如研發費用預算和行銷費用預算一樣，**行政費用預算** (Administrative Expense Budget) 包括了公司整體的費用估計和公司營運的費用估計。相對於銷售作業水準而言，大多數的行政費用屬於固定性質。常見的行政費用計有薪資、總公司建築與設備之折舊以及法律與稽核費用等等。**表十**即爲行政費用預算之釋例。

收益預算表

待行政費用預算完成之後，ABT公司便已備齊編製預算營業損益表所需要的所有營業預算項目。**表十一**即爲ABT公司的預算損益表。利用前述十項分項預算表，再加上預算營業損益表，即可彙整成爲營業預算。

營業損益並不等於企業的淨損益。營業損益扣除利息費用與稅賦之後，才是淨損益。**表十二**列出了現金預算當中的利息費用。至於稅賦的部份，則視現行稅法之規定而定。

表八

（單位：千元）

行銷費用預算表
一九九八年十二月三十一日

	季				
	1	2	3	4	年度
規劃銷貨數量（表一）	2,000	6,000	6,000	2,000	16,000
單位變動行銷費用	× $0.05	× $0.05	× $0.05	× $0.05	× $0.05
總變動費用	$ 100	$ 300	$ 300	$ 100	$ 800
固定行銷費用：					
薪資	$ 10	$ 10	$ 10	$ 10	$40
廣告	10	10	10	10	40
折舊	5	5	5	5	20
差旅	3	3	3	3	12
總固定費用	$ 28	$ 28	$ 28	$ 28	$ 112

表九

（單位：千元）

研發費用預算表
一九九八年十二月三十一日

	季				
	1	2	3	4	年度
薪資	$18	$18	$18	$18	$ 72
原型設計與開發	10	10	10	10	40
總研發費用	$28	$28	$28	$28	$112

表十

（單位：千元）

行政費用預算表
一九九八年十二月三十一日

	季				
	1	2	3	4	年度
薪資	$25	$25	$25	$25	$100
保險	—	—	15	—	15
折舊	10	10	10	10	40
差旅	2	2	2	2	8
總行政費用	$37	$37	$52	$37	$163

表十一

(單位：千元)

預算損益表
一九九八年十二月三十一日

銷貨收入（表一）	$12,000
減項：銷貨成本（表七）	9,277
毛邊際	$ 2,733
減項：行銷費用（表八）	912
研發費用（表九）	112
行政費用（表十）	163
營業收益	$ 1,536
減項：利息費用（表十二）	42
稅前收益	1,949
減項：所得稅	600
淨收益	$894

編製財務預算

學習目標三

找出財務預算之主要項目，並編製現金預算。

除了營業預算之外，總預算當中還包括了財務預算。實務上常見的財務預算計有現金預算、預算資產負債表、預算現金流量表以及資本支出預算。

總預算雖然是一整年度的計畫，但是**資本支出預算** (Capital Expenditures Budget) 則有如預定購買長期資產的財務計畫，其範圍通常橫跨數年期間。資本支出的相關決策將在「資本投資分析」一節中再做仔細說明。預算現金表也將留待往後再做討論。本節僅就現金預算與預算損益表的部份進行討論。

現金預算 (The Cash Budget)

現金流量對於企業的經營管理非常重要。能夠成功地生產與銷售產品的企業卻可能因爲現金流入與流出的時機不當而終告失敗。經理人如能瞭解公司的現金在什麼時候可能出現短缺或過剩，則可預先計劃在現金短缺的時候借貸現金，或者在現金過剩的時候優先償還貸款。銀行放款人員會根據企業的現金預算來評估其對於現金的需求以及償債的能力。由於現金流量攸關企業的生存大計，因此現金預算便成爲總預算當中最重要的預算。

表十二　（單位：千元）

現金預算表
一九九八年十二月三十一日

	季 1	季 2	季 3	季 4	年度	來源[a]
期初現金餘額	$ 120	$ 113	$ 152	$ 1,334	$120	a
進項：						
現金銷貨收入	700	2,100	2,400	800	6,000	c,1
賒銷：						
當季	490	1,470	1,680	5601	4,200	c,1
前一季	300	210	630	720	1,860	c,1
總可得現金	$1,610	$3,893	$4,862	$3,414	$12,180	
減項：支出						
原料：						
當季	$523	$1,248	$1,141	$ 426	$ 3,328	d,3
前一季	100	131	312	285	828	d,3
直接人工	288	720	672	240	1,920	4
費用	408	840	792	360	2,400	e,5
行銷費用	123	323	323	123	892	8
研發費用	28	28	28	28	112	9
行政費用	27	27	42	27	123	10
所得稅	—	—	—	600	600	g,11
設備	600	—	—	—	600	f
總支出	$2,097	$3,317	$3,310	$2,079	$10,803	
最少現金餘額	100	100	100	100	100	a
總現金需求	$2,197	$3,417	$3,410	$2,179	$10,903	
現金供給與需求之差額	$ (587)	$ 476	$1,452	$1,235	$1,277	
融資：						
借貸	600	—	—	—	600	
延後付款（流出）	—	400	200	—	600	b
利息[b]（流出）	—	24	18	—	42	b
總融資	600	424	218	—	42	
加項：最少現金餘額	100	100	100	100	100	
期末現金餘額[c]	$ 113	$ 152	$1,334	$1,335	$ 1,335	

[a] 字母代表第 391-392 頁上之資訊。數據部份參閱對應之表格。

[b] 利息支出分別爲 6/12 × 0.12 × $400 以及 9/12 × 0.12 × $200。由於借貸發生在每一季的開始，並 於每一季結束時償還，因此第一筆支出應該在六個月以後，第二筆支出則在九個月以後。

[c] 總可得現金減去總支出加上（或減去）總融資。

現金預算的內容

現金預算 (Cash Budget) 係指顯示出現金的所有預期來源與使用情形的詳細計畫。**圖** 16-4 列示的現金預算分為下列五大項目：

1. 總可得現金
2. 現金支出
3. 現金剩餘或短缺
4. 融資
5. 現金餘額

可得現金項目包括期初現金餘額和預期現金收入。預期現金收入涵蓋當期所有的現金來源。現金的主要來源為銷貨收入。由於銷貨收入多屬應收帳款的型式，因此組織的一大要務就是擬訂應收帳款的回收率。

已經成立一定時間的企業可以根據過去經驗來設置應收帳款回收表。換言之，企業可以決定交易完成後之月份的應收帳款平均回收率。

現金支出項目則是列出當期的所有預定現金支出－－除了短期貸款的利息支出以外（這些利息支出屬於融資項目）。所有不是現金支出的費用均不納入此一項目（舉例來說，折舊就不屬於現金支出項目）。

圖 16-4

現金預算表

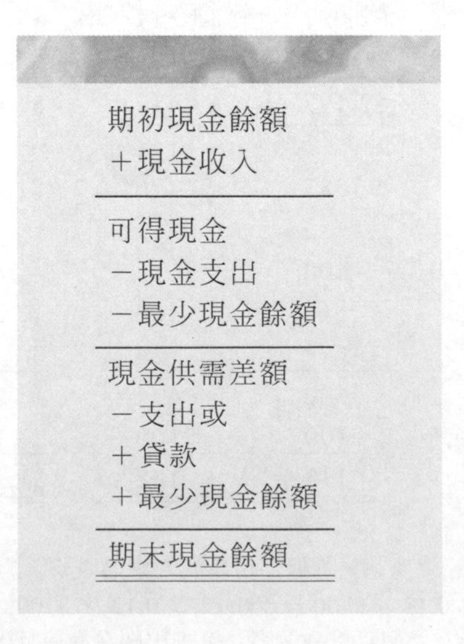

期初現金餘額
＋現金收入

可得現金
－現金支出
－最少現金餘額

現金供需差額
－支出或
＋貸款
＋最少現金餘額

期末現金餘額

現金剩餘或短缺項目則是針對可得現金與所需現金進行比較。所需現金係指總現金支出加上企業政策規定的最低現金餘額的總數。最低現金餘額代表企業可以接受其手中持有的最低現金數額。假設我們在銀行開立個人的支存帳戶，或許我們會考慮在支存帳戶裡保留一定的最低金額，一則或可省去銀行收取服務費，另則或可避免意料之外的支出。同樣地，企業也可能設有最低現金餘額。最低現金餘額的金額不一，端視企業的個別需求與政策而定。如果總可得現金少於現金需求，則會出現現金短缺的現象。遇此情況，企業可能需要短期借貸。相反地，如果出現現金剩餘的現象（亦即可得現金多於現金需求），企業便有能力償還短期借貸，甚至進行一些短期投資。

現金預算的融資項目包括借貸與還款。遇到現金短缺的情況，融資項目會顯示出必須借貸的金額。遇到現金剩餘的情況，融資項目則會顯示出包括利息在內的還款內容。

現金預算的最後一項是計劃期末現金餘額。各位應當記得，現金預算扣除最低現金餘額之後，方可決定企業將會處於現金剩餘或現金短缺的狀態。然而，最低現金餘額並不屬於現金支出，因此應該列入期末現金餘額之範圍。

現金預算釋例

爲了說明如何編列現金預算，再以前文當中的 ABT 公司爲例，並假設：

a. ABT 公司規定每一季的期末最低現金餘額應達美金 $100,000，一九九七年十二月三十一日，ABT 公司的現金餘額爲美金 $120,000。
b. 資金的借貸與償還均以美金 $100,000 或其整倍倍數爲單位。年利爲百分之十二 (12%)。利息支出只發生在動用的本金部份。所有的借貸動作都發生在每一季的開始。而所有的還款動作則發生在每一季的末尾。
c. 半數的交易爲現金交易；另外一半則爲信用交易。信用交易當中，有百分之七十 (70%) 是在交易當季收回，剩餘的百分之三十 (30%) 則是在交易後的下一季收回。一九九七年第四季的銷貨金額是美金兩百萬元。

d. 原料採購係以賒購方式進行。百分之八十 (80%) 的採購係於購買當季支付，剩餘的百分之二十 (20%) 則是在購買的下一季支付。一九九七年第四季的採購金額為美金五十萬元。

e. 每一季的預算折舊金額為美金二十萬元，以費用處理。

f. 一九九八年的資本預算顯示 ABT 公司計劃添購設備來因應其位於內華達州小型工廠所增加的訂單需求。這些設備的現金支出是美金六十萬元，預計在一九九八年的第一季動用。ABT 公司計畫以營業現金來購買新設備，如有不足再以短期借貸補足。

g. 營利事業所得稅約為美金六十萬元，必須在第四季末繳納（**表十一**）。根據前述資訊，便可編列如**表十二**所示的現金預算（所有的數據均四捨五入至千位數）。

編製現金預算所需要的大部份資訊均來自於營業預算。事實上，**表一**、**表三**、**表四**、**表五**、**表八**、**表九**和**表十**都是編列現金預算的重要參考依據。然而現金預算需要的資料並不止於此。吾人必須瞭解銷貨收入的回收情形和物料採購的付款情形，才能夠擬訂銷貨與採購的現金流量。

圖 16-5 即為現銷與賒銷的現金流量情形。很顯然地，吾人必須調整賒銷項目以顯示出未來特定的某一季將可回收多少現金。現在讓我們一起來看一看一九九八年第一季的現金收入情況。這一季的現金銷貨收入預計為美金七十萬元 (0.5 × $1,400,000)。當季的應收帳款回收金額則與前一年度最後一季和一九九八第一季的賒銷金額有關。一九九七年第四季，賒銷金額為美金一百萬元 (0.5 × $2,000,000)，

圖 16-5

ABT 公司現金收入之模式

來源	第一季	第二季	第三季	第四季
現金銷貨收入	$ 700,000	$2,100,000	$2,400,000	$ 800,000
各季銷貨之實際收入				
1997 年第四季	300,000			
1998 年第一季	490,000	210,000	630,000	720,000
1998 年第二季		1,470,000		
1998 年第三季			1,680,000	
1998 年第四季				56,000
總現金收入	$1,490,00	$3,780,000	$4,710,000	$2,080,000

其中有 \$300,000 (0.3 × \$1,000,000) 必須等到一九九八年第四季才能回收。一九九八年第一季的賒銷金額預估為美金七十萬元，其中的百分之七十 (70%) 可在當季回收。換言之，當季將可回收美金四十九萬元的賒銷金額。其餘各季現銷、賒銷現金流量的計算過程亦相當類似。

舉凡物料採購、工資和其它費用等都可能以現金支付。現金支出的資訊源於**表三**、**表四**、**表五**、**表八**、**表九**和**表十**。然而所有非現金費用－－例如折舊－－則必須自費用預算的總金額當中扣除。因此，**表五**、**表八**和**表十**當中的預算費用必須扣除每一季的折舊預算。**表五**當中的費用成本則須扣除每一季美金二十萬元的折舊費用。行銷費用與行政費用則須分別扣除每一季美金五千元和一萬元。最後的淨額才是現金預算表上的淨額。

表十二列示的現金預算低估了將年度預算細分為更小的時間單位的重要性。整年度的現金預算顯示出企業將有充足的營業現金來購買新設備。然而如果就每一季的資訊來看，由於新設備的添購與現金流量的時機，公司將會需要短期借貸。如能將年度現金預算細分為每一季的現金預算，則可透露出更多重要的訊息。大多數企業會編製每一個月的現金預算，某些企業甚至還會編列每一個星期或每一天的現金預算。

ABT公司現金預算還透露出另一項重要訊息，也就是說到了第三季結束的時候，ABT公司將會持有大筆現金（美金 \$1,334,000）。到了年底，ABT公司持有的現金大致維持相近的水準。如果讓這麼一大筆現金閒置在銀行裡顯然是不智之舉。ABT公司的管理階層應該考慮以其發放股利或進行長期投資。至少，ABT公司可以將剩餘的現金投資於短期內可以買賣的債券。一旦剩餘現金的用途定案之後，便可修正現金預算來反映最新的計畫。預算的擬訂是一動態過程。擬訂預算的時候，隨時取得更新的資訊，就可以即時修訂出更好的計畫。

預算損益表

預算損益表 (Budgeted Balance Sheet) 的編列必須參考當期損益表和總預算當中的其它預算資訊。**圖** 16-6 為當年度期初的損益表。

圖 16-6

ABT 公司
資產負債表
一九九七年十二月三十一日（單位：千元）

資產		
當期資產：		
現金	$120	
應收帳款	300	
原料存貨	50	
製成品	55	$525
總當期資產		
財產、工廠與設備：		
土地	$2,500	
建築與設備	9,000	
累積折舊	(4,500)	
總財產、工廠與設備：		7,000
總資產		$7,525
負債與股東權益		
當期負債：		
應付帳款		$100
股東權益：		
普通股	$600	
保留盈餘	6,825	
總股東權益		7,425
總負債與股東權益		$7,525

表十三則爲一九九八年十二月三十一日的預算損益表，數據之後緊接著有各項預算內容之解說。

利用預算進行控制

學習目標四

找出並探討爲了鼓勵經理人從事符合企業目標的行爲，預算制度應該具備的主要特點。

預算是非常有效的控制工具。然而如欲將預算用於績效評估之目的，此處必須提出兩點值得企業主深思的地方。首先必須考量的是應該如何比較預算金額與實際結果。其次必須考量的則是預算對於人類行爲之影響。

表十三

（單位：千元）

ABT 公司
資產負債表
一九九七年十二月三十一日（單位：千元）

資產		
當期資產：		
現金	$1,335[a]	
應收帳款	240[b]	
原物料存貨	50[c]	
製成品	58[d]	$1,683
總當期資產		
財產、工廠與設備：		
土地	$2,500[e]	
建築與設備	9,600[f]	
累積折舊	(5,360)[g]	
總財產、工廠與設備：		6,740
總資產		$8,423
負債與股東權益		
當期負債：		
應付帳款		$ 104[h]
股東權益：		
普通股	$ 00[i]	
保留盈餘	7,719[j]	
總股東權益		8,319
總負債與股東權益		$8,423

[a] 得自表十二的期末餘額。
[b] 第四季賒銷 (0.30 × $800,000) 的百分之三十 (30%)——參閱表一和表十二。
[c] 得自表三。
[d] 得自表六。
[e] 得自一九九七年十二月三十一日之資產負債表。
[f] 一九九七年十二月三十一日，餘額 ($9,000,000) 加上新採購的設備 $600,000（參閱一九九七年十二月三十一日之資產負債表與表十二）。
[g] 得自一九九七年十二月三十一日之資產負債表、表五、表八和表十 ($4,500,000 + $800,000 + $20,000 + $40,000)。
[h] 第四季採購金額 (0.20 × $520,000) 之百分之二十 (20%)——參閱表三與表十二。
[i] 得自一九九七年十二月三十一日之資產負債表。
[j] $6,825,000 + $894,000（一九九七年十二月三十一日之餘額加上表十一的淨收益）。

靜態預算與彈性預算

適合用於規劃的總預算並不適合用於控制。原因在於預期作業水準少有恰好等於實際作業水準的情況。因此，和預期作業水準相關的成本與收入往往不能夠與不同作業水準的實際成本與收入相提並論。

靜態預算

靜態預算 (Static Budget) 係指特定作業水準下之預算。總預算就是一種靜態預算。由於靜態預算的收入與成本係根據特定的作業水準－－此一作業水準往往又和實際作業水準不同－－所編列，因此多不適合據以製作績效報告。

爲了說明之便，假設 ABT 公司依慣例會提出每一季的績效報告。另外再假設第一季的實際銷售作業大於預期水準，亦即**表**一當中原先預計賣出兩百萬塊水泥磚塊，而實際上賣出了兩百六十萬塊水泥磚塊。由於銷售作業增加，生產產量也超出預定水準。**表**二原先預計生產兩百四十萬塊水泥磚塊，實際上則生產了三百萬塊。**圖** 16-7 針對第一季的原始計劃成本與實際生產成本進行了比較。和**表五**不同的是，**圖** 16-7 另外列出了所有費用項目的個別預算金額。換言之，每一個費用項目的個別預算金額都是新的資訊（除了折舊以外）。這些資訊通常會詳列於費用預算當中。

根據前述績效報告可以看出，直接物料、直接人工、所有的變動費用項目，以及管理人員薪資等都出現負變異。然而此份報告卻有基本上的謬誤。報告中係針對生產三百萬塊水泥磚塊的實際成本與生產兩百四十萬塊水泥磚塊的計劃成本進行比較。由於直接物料、直接人工和變動費用都屬於變動成本，因此吾人可以想見當作業水準提高的時候，這些成本也會隨之增加。換言之，即便當產量爲三百萬單位的時候成本控制良好，所有的變動成本仍會出現負變異的情況。

如欲編製有意義的績效報告，就必須以相同作業水準之下的實際成本和預期成本進行比較。由於實際產出往往與計劃產出不儘相同，因此實務上必須研擬出計算實際產出水準下的成本方法。

圖 16-7

績效報告：季生產成本（單位：成本）

	實際	預算	差異	
產量	3,000	2,400	600	F[a]
直接物料成本	$927.3	$624.0[b]	$303.3	U[c]
直接人工成本	360.0	288.0[d]	72.0	U
費用：[e]				
變動：				
耗用物料	80.0	72.0	8.0	U
間接人工	220.0	168.0	52.0	U
電力	40.0	48.0	(8.0)	F
固定：				
管理	90.0	100.0	(10.0)	F
折舊	200.0	200.0	0.0	
租金	30.0	20.0	10.0	U
總計	$1,974.3	$1,520.0	$427.3	U

[a] F 代表變數爲正。
[b] 得自表三 (62,400 磅× $0.01)。
[c] U 代表變數爲負。
[d] 得自表四。
[e] 表五顯示出加總預算費用（例如：加總變動費用爲 0.015 × 2,400,000 × $8= $288,000，而總預算固定費用則爲 $320,000）。

彈性預算

針對特定範圍內的作業水準所擬訂的預期成本稱爲**彈性預算** (Flexible Budget)。彈性預算制度能夠顯示出不同作業水準下的成本，因此具有規劃功能。經理人可以檢視不同狀況下的預期財務結果，因應未來的不確定性。研擬此類彈性預算的時候，試算表最能派上用場。

爲達控制目的，經理人亦可在事實發生之後計算實際作業水準下的成本。一旦找出實際作業水準下的預期成本之後，便可據此編製比較預期成本與實際成本的績效報告。

爲了說明彈性預算的優點，再以 ABT 公司爲例，編列三種不同作業水準下（生產不同數量的水泥磚塊）的預算。由於彈性預算會顯示出不同作業水準下的預期成本，因此吾人必須瞭解每一個預算項目的成本習性。各位應當記得，成本習性得以固定成本加上變動比率乘上作業水準的總和來表示。從**表六**可以得知直接物料（每單位 $0.26）、直接人工（每單位 $0.12）和變動費用（每單位 $0.12）的變動比率。

為了讓彈性預算的內容更為詳盡，假設耗用物料、間接人工和電力的變動比率分別為每一單位 $0.03 、 $0.07和 $0.02。這三項變動比率的總和為 $0.12。從表五亦可得知每一季的固定費用預計為 $320,000。**圖** 16-8即為當產量分別為 2,400 、 3,000和 3,600塊水泥磚塊時的生產成本彈性預算。

值得注意的是，**圖** 16-8當中的總預算生產成本會隨著作業水準的增加而增加。預算成本會受變動成本之影響而改變，因此，有時候彈性預算也被稱為**變動預算** (Variable Budgets)。

圖 16-8顯示實際作業水準下（三百萬塊水泥磚塊）的成本金額。**圖** 16-9則是針對實際作業水準的實際成本與預算成本做一比較，修正了績效報告。

圖 16-9的修正後績效報告和圖 16-7的原始績效報告之間出現相當的差異。經過比較實際作業水準之下的預算成本與實際成本，便可求出**彈性預算變數** (Flexible Budget Variances)。藉由檢視這些彈性預算變數，經理人得以發覺潛在的問題。根據 ABT公司的彈性預算變數來看，直接物料的費用過高。（相較之下，其它負變數的變異程度較小。）管理階層便可根據此一發現，研究費用過高的原因，避免未來再度發生同樣的問題。

彈性預算亦可用於評估經理人的績效。除了衡量經理人的效率之外，企業主往往也想瞭解經理人是否確實達成企業的產出目標。靜態預算便可滿足這些產出目標。如果經理人達成了甚至超越靜態預算所擬訂的目標，則其確已發揮效率。靜態預算和彈性預算之間的差異係來自於生產數量造成的差異，稱為**數量變數** (Volume Variance)。**圖** 16-10即以 ABT公司為例，利用五個欄位同時顯示出彈性預算變數與數量變數的績效報告。

誠如**圖** 16-10所示，生產數量為 600,000單位，超過了原始的預算數量。換言之，經理人業已經超越了產出目標，因此數量變數為正。（各位應當記得，產量增加係因產品需求增加的緣故，因此，產量增加的部份應為正。）另一方面，由於產量提高，預算變動成本也超過了預期變動成本，因此變動成本變數為負；然而變動成本增加係因產量提高的源故，因此變數為負值是合理的結果。在這個例子當中，

圖 16-8

彈性生產預算（單位：千元）

	每單位變動成本	生產範圍（單位） 2,400	 3,000	 3,600
生產成本：				
變動：				
直接物料	$0.26	$ 624	$ 780	$ 936
直接人工	0.12	288	360	432
變動費用：				
耗用物料	0.03	72	90	108
間接人工	0.07	168	210	252
電力	0.02	48	60	72
總變動成本	$0.50	$1,200	$1,500	$1,800
固定費用：				
管理		$100	$100	$100
折舊		200	200	200
租金		20	20	20
總固定成本		$320	$320	$320
總生產成本		$1,520	$1,820	$2,120

圖 16-9

實際績效報告與預算績效報告：每季生產成本（單位：千元）

	實際	預算*	差異	
產量	3,000	3,000	—	
生產成本：				
直接物料	$ 927.3	$ 780.0	$147.3	U
直接人工	360.0	0.0		
變動費用：				
耗用物料	80.0	90.0	(10.0)	F
間接人工	220.0	210.0	10.0	U
電力	40.0	60.0	(20.0)	F
總變動成本	$1,627.3	$1,500.00	$127.3	U
固定費用：				
管理	$90.0	$ 100.0	(10.0)	F
折舊	200.0	200.0	0.0	
租金	30.0	20.0	10.0	U
總固定成本	$ 320.0	$ 320.0	$0.0	
總成本	$1,947.3	1,820.0	$127.3	U

*得自圖 16-8。

圖 16-10

管理績效報告：每季生產（單位：千元）

	彈性結果 (1)	彈性預算 (2)	實際預算差異 (3) = (1) - (2)	靜態預算 (4)	數量變數 (5) = (2) - (4)
產量	3,000	3,000	—	2,400	600 F
生產成本：					
直接物料	$927.3	$780.0	$147.3 U	$624.0	$156.0 U
直接人工	360.0	360.0	0.0	288.0	72.0 U
耗用物料	80.0	90.0	(10.0) F	72.0	18.0 U
間接人工	220.0	210.	10.0 U	168.0	42.0 U
電力	40.0	60.0	(20.0) F	48.0	12.0
管理	90.0	100.0	(10.0) F	100.0	0.0
折舊	200.0	200.0	0.0	200.0	0.0
租金	30.0	20.0	10.0 U	20.0	0.0
總成本	$1,947.3	$1,820.0	$127.3 U	$1,520.0	$300.0

經理人的效能不容置疑；於是，接下來必須探討的主要關鍵是如何由彈性預算變數來評估經理人控制成本的優劣。

預算的行爲層面

預算經常被用以評估經理人的實際績效表現。舉凡獎金、加薪和升遷等都會受到經理人達成或超越預算目標的能力之影響。由於攸關財務狀況與事業生涯，因此預算可能對經理人的行爲產生重大影響。至於究竟產生的是正面的或負面的影響，端視企業如何運用預算而定。

如果個別經理人的目標能與公司整體目標搭配，且經理人具有達成目標的充份誘因，那麼預算應可帶來正面的行爲效果。管理目標與組織目標的搭配通常稱爲**目標一致性** (Goal Congruence)。然而除了目標一致之外，經理人亦應盡全力達成組織的整體目標。

如果預算的擬訂與施行沒有嚴密的思考與監督，則可能會造成下一階管理人員的負面反應。負面反應可能以各種方式表現，但最終的結果將會造成組織目標的變質。基本上和組織目標相違背的個人行爲稱爲**不當行爲** (Dysfunctional Behavior)。

預算制度在其對於行爲的影響層面上隱含著倫理道德的問題。預算往往攸關績效評估的結果、以及經理人的加薪和升遷，因此有可能導致違反倫理道德的行爲。凡因預算而起的不當行爲都可能涉及違反倫理道德的問題。舉例來說，爲了更容易達成預算而刻意低估銷貨收入、高估成本的經理人便有涉及違反倫理道德之虞。企業擬訂預算誘因的時候務必格外謹慎，以避免變相鼓勵經理人涉及違反倫理道德的行爲。經理人亦應自律，避免涉及此類行爲。

理想的預算制度不僅可以滿足目標一致性，亦可同時創造誘因，激勵經理人以符合倫理道德的方式來達成組織目標。實務上雖然很難找到完全理想的預算制度，但是根據歷來的研究結果與實務經驗仍然可以找出有助於提升預算制度正面效果的主要特點。這些特點包括了對於績效的經常性反饋、金錢上與非金錢上的誘因、參與、合理的標準、成本的可控制程度以及多重績效衡量指標等等。

對於績效的經常性反饋 (Frequent Feedback on Performance)

經理人必須隨時掌握自己的工作績效。企業如能經常性地提供經理人即時的績效報告，則有助於經理人瞭解截至目前爲止的績效表現，採取修正行動，並視需要改變計畫。經常性的績效報告可以強化正面行爲，給予經理人因應不斷變化的情勢之時間和機會。

彈性預算制度能夠讓管理階層瞭解實際成本和收入與預算金額是否相符。選擇性地檢視重大變異情況可以讓經理人集中注意可能出現問題的地方。此一過程稱爲*例外管理 (Management by Exception)*。

金錢與非金錢之誘因 (Monetary and Nonmonetary Incentives)

健全的預算制度能夠激勵與組織目標一致的行爲。企業用以影響經理人盡力達成組織目標的方法稱爲**誘因** (Incentives)。誘因可能是正面誘因，也可能是負面誘因。負面誘因係利用員工害怕懲罰的心態來達到鞭策的目的；正面誘因則利用員工預期報酬的心態來達到激勵的目的。企業在擬訂預算的時候，究竟應該採用何種誘因？

傳統的組織理論假設每一個個體主要都是受到金錢的獎勵、排斥工作、不具效率，而且浪費資源。採納此一觀點的企業是由高階管理階層來擬訂預算，再強烈要求經理人爲預算內容負絕對責任。如此一來，高階管理階層便可控制經理人，避免不當的行爲與資源的浪費。由於此一觀點認爲經理人主要是受到**金錢誘因** (Monetary Incentives) 之影響，因此企業多爲將預算績效反映在加薪、獎金和升遷等等。資遣的威脅是績效不佳的最後經濟制裁手段。

上述人類行爲之觀點太過簡化。人類不僅僅會受到外部獎勵之激勵。除了經濟因素之外，人類還會受到複雜的心理與社會因素的牽引。這些因素包括工作滿意度、認同感、責任感、自我尊重和工作本身的性質。成功地預算控制制度不應忽略激勵個人的複雜動因。單憑金錢上的獎勵並不足以達到預期的激勵水準。**非金錢誘因** (Nonmonetary Incentives) ——包括工作豐富化、責任感與自治程度提高和非金錢上的認同計畫等等——亦可用於預算控制制度。

參與預算

除了將預算強加於經理人的作法之外，另有**參與預算** (Participative Budgeting) 的方式讓經理人能夠充份參與預算的擬訂。傳統上，高階管理階層會與經理人溝通組織的整體目標，再由個別經理人輔助擬訂出可以達成這些目標的預算。然而在參與預算的作法下，高階管理階層強調的是整體目標的達成，而非僅在於個別預算項目的績效上。

此處再以 ABT 公司爲例，說明參與預算的擬訂過程。ABT 公司提供銷售預測數據給各個利潤中心，要求利潤中心的經理人擬訂出預期銷售水準下之預算費用與利潤。每一個利潤中心的經理人全權負責其所擬訂的預算，而高階管理階層也將以其預算來評估經理人的績效。雖然經理人提出的預算必須經過總經理的核可，但是被總經理否決預算的情況在實務上並不常見。各個利潤中心的經理人擬訂的預算多與銷售預測相符，並根據前一年度的營業結果、收入和成本的預期變化來進行調整。

參與預算制度能夠提升經理人的責任感，強化經理人的創意。由於預算是交由中階經理人自行擬訂，因此預算目標多半可能成爲經理人的個人目標，有助於達成目標一致性的要求。倡導參與預算的人士認爲，提升的責任感和預算擬訂過程當中的挑戰提供了非金錢誘因，能夠激勵出更優異的績效表現。這些人士也認爲，參與自定標準的員工將會更努力地工作以達成自己設定的目標。除了行爲上的好處之外，參與預算制度提供機會讓各地區事業部門的經理人提供意見，或可提升整體規劃成效。

然而，參與預算制度仍有幾項潛在問題必須提出來探討：

1. 設定的標準過高或過低。
2. 預算內容過於鬆散〔通常稱爲「*預算浮濫*」*(Padding the Budget)*〕。
3. 象徵式參與的虛假印象。

某些經理人可能會訂出過高或過低的預算。由於預算目標或將成爲經理人的目標，因此過高或過低的預算可能反倒降低了績效水準。如果目標很容易達成，經理人可能會興趣缺缺，導致績效降低。對於積極而有創意的員工而言，工作的挑戰性是很重要的因素。同樣地，如果預算目標過高，難以達成，則會讓經理人備感沮喪，同樣會造成績效不佳的後果。參與預算的巧妙之處就在於讓經理人實際參與預算過程，擬訂雖然很高但仍可達成的目標。

參與預算制度的第二個問題是經理人有機會在預算當中動手腳。**預算浮濫** (Budgetary Slack) 係指經理人刻意低估收入或高估成本。如此一來，經理人可以比較輕鬆地達成預算目標，降低未達目標所可能面臨的風險。浮濫的預算可能會動用不必要的資源，使得這些資源無法用於更具生產力的用途上。

高階管理階層如能適時要求經理人設法降低預算費用，則可消除預算浮濫的弊病。參與預算制度的好處遠遠超過預算浮濫所導致的相關成本。即便如此，高階管理階層仍應仔細地審核所有中階經理人所提出的預算，並適時提供意見以減少預算浮濫的可能性。

參與預算制度的第三個問題是高階管理階層全面掌控所有的預算過程，僅讓中階經理人象徵式地參與表面的作業。此一情況稱爲**象徵式參與** (Pseudoparticipation)。高階管理階層只是要求中階經理人正式接受預算內容，並非要求提供眞正的反饋。如此一來，將無法實現任何行爲上的好處。

合理的標準 (Realistic Standards)

預算目標可用於評估績效；因此，預算的擬訂應以實際的情況與合理的預期爲依據。預算應當反映出營業事實－－例如實際作業水準、每一季的變異情況、效率和一般經濟情勢等等。舉例來說，彈性預算的作法用意在於確保預算成本能和實際作業水準相符。另一項必須考慮的因素則爲季節性。某些企業在整年度裡所賺取的收入和發生的成本相當一致，沒有明顯的月份或季節變化。遇此情況，將年度收入與成本平均分攤至每一季和每一月是編製績效報告的合理作法，然而對於具有明顯季節變異的企業而言，前述平均分攤的作法將會產生扭曲失眞的績效報告。

諸如效率和一般經濟情勢等也是重要的參考因素。某些時候，高階管理階層會主觀地刪刪減減前一年度的預算來做爲當年度擬訂預算的依據，因爲他們認爲如此一來將可避免已經存在的效率不彰等問題。然而事實上，企業內部的某些單位可能已經發揮出高度效率，有些單位則可能還沒有完全發揮。高階管理階層沒有經過深入瞭解便一視同仁地裁減預算將可能損害某些單位完成使命的能力。擬訂預算時也必須考慮一般經濟情勢。在整體景氣蕭條不振的時機擬訂出銷貨收入大幅成長的預算不僅不智，更有可能會造成莫大傷害。舉例來說，曾經連續數年柯達公司信心滿滿地預測成長率將可達到百分之八(8%)，而在當時相機軟片產業的整體成長率卻只有百分之四(4%)而已。柯達公司果然沒有達成預期的成長率。此類沒有任何有力基礎支持的樂觀論調無法改善銷貨收入，反倒影響股票分析師對於該公司的評價。

成本的可控制程度 (Controllability of Costs)

傳統觀點認爲經理人只應對其可以控制的成本負責。**可控制成本** (Controllable Costs) 係指經理人可以影響的水準之成本。從這樣的觀點出發，經理人不應爲其無法控制的成本負責。舉例來說，事業部門沒有權力分派總公司的成本－－諸如研發成本、高階經理人的薪資等等。因此，事業部門經理人也就不應該爲這些成本的發生而負責。

然而許多企業卻仍將不可控制的成本加諸於中階經理人的身上。

此一作法的用意之一是讓經理人瞭解他們必須培養全面的成本觀念。如果將不可控制的成本列入預算當中，則應與可以控制的成本分開，另記爲*不可控制的成本 (Uncontrollable Costs)*。

多重績效衡量指標 (Multiple Measures of Performance)

企業經常會犯一個錯誤，也就是將預算視爲衡量管理績效的唯一指標。過度強調預算執行效果可能會引發短視的不當行爲。**短視行爲 (Myopic Behavior)** 係指經理人的行爲改善了短期的預算成效，卻對企業造成長遠的傷害。

實務上的短視行爲屢見不鮮。爲了達成預算成本目標或利潤，經理人可能縮減預防性維護作業的費用、廣告費用或新產品的研發費用。經理人也可能爲了維持較低的人工成本而不願提拔具有潛力的員工，或爲了降低原料成本而選擇品質較低的物料。短期來看，這些舉動都可提高預算績效，但是長期而言，卻會導致生產力降低、市場佔有率縮減或優秀員工離職等等不良後果。

涉及種種短視行爲的經理人往往可能是出自短期誘因所致。大約三到五年期間，這些經理人就會獲得升遷或被指派新的職責，繼任的新經理人卻必須爲其短視行爲而付出代價。避免短視行爲的最佳方法是以多種層面－－包括部份長期指標在內－－來衡量經理人的績效。舉凡生產力、品質、人力發展等都是可以用於評估預算成效的長期指標。績效的量化指標固然重要，但是過度強調量化結果反而可能造成反效果。

其它類型的預算

本章前面段落所介紹的總預算與彈性預算廣爲製造業採用做爲規劃與控制工具，然而吾人亦不宜忽略服務業與買賣業之需求。此外，另一種稱爲零基預算制度的方法亦可用於長程規劃之用。

學習目標五

探討買賣業與服務業的預算，以及零基預算制度。

買賣業與服務業之營業預算 (Operating Budgets for Merchandising and Service Firms)

就買賣業者而言，生產預算應該改為商品採購預算。預算內容包括為了銷售所必須採購的每一項商品的數量、每一項商品的單位成本以及總採購成本。商品採購預算表的格式與製造業的直接物料預算表相同。唯一的另一項差異則是買賣業的商品採購預算當中並沒有直接物料與直接人工等預算項目。

就營利服務業者而言，生產預算應該改為銷售預算。銷售預算的內容包括了其將銷售的每一項服務內容及其數量。服務業並沒有製成品存貨，生產的服務就等於銷售的服務。舉例來說，美國職棒隊伍當中的科羅拉多州火箭隊會擬訂其每一場比賽的座位席次和每一張入場券的票價等預算。此外，火箭隊也會擬訂出其它收入（例如電視轉播權利金和紀念品銷售）的預算。

就以非營利為目的的服務業者而言，則會針對下一年度將會提供的各項服務的水準，及分配至各該服務的基金提出預算。基金的來源可能是稅賦收入、捐款、使用者付費或前述各項來源的組合。舉例來說，慈善機構可能會針對下一年度的募款目標（捐款金額）提出預算，然後再依三種不同的水準－－樂觀水準、預期水準和悲觀水準－－將總經費分配至限定的機關團體。

無論是營利性質的服務機構或非營利性質的服務機構都沒有製成品存貨。然而，服務業者還是會有類似製造業者的剩餘營業預算。就非營利性質的服務業者而言，其損益表的內容實為基金來源與使用情況的財務報表。

零基預算制度 (Zero-Base Budgeting)

傳統上擬訂預算的方法屬於累進法。所謂的**累進或基準預算制度** [Incremental (or Baseline) Budgeting] 係指以前一年度的預算為基準，加加減減之後以便反映下一年度的預期變動。舉例來說，如果某機構或某部門去年度的預算費用是一百二十萬元，此一機構或部門可能會要求增加百分之五 (5%) ——也就是六萬元——以便在下一年度能夠提供相同水準的服務。費用增加通常是為了因應投入成本的增加（人工、物料等等）。但累進預算制度無法針對提供的服務水準或服務的提供是否具有效率等因素予以審慎評估。

在累進預算制度下，預算單位或部門的主管往往會想盡辦法消化當年度的所有預算，到了年終才不會出現預算剩餘的現象。（政府機關尤其如此。）此一作法的目的在於維持目前的預算水準，單位或部門主管並可要求更多的基金。舉例來說，某一空軍基地的轟炸機連隊面臨到了會計年度預算可能剩餘的問題。然而基地指揮官想出了一些方法在年底之前把預算消化掉。平常自行開車往返住家和基地的飛官改以直昇機代步；許多基地的員工都領到好幾袋的庭院草皮肥料；單身飛官的宿舍則是添購了許多新傢俱。累進預算制度常有可能引發本例當中的浪費和效率不彰。

零基預算制度 (Zero-Base Budgeting) 則是另外一種預算方法。和累進預算制度不同的是，零基預算並未將前一年度的預算水準視為當然標準。預算單位針對目前作業進行分析，並根據每一項作業對於組織的重要性不斷地進行評估。每一位經理人必須提出有力的證明，來說服企業主為什麼應該花費那些經費。實施零基預算的時候，每一個單位都必須從零開始，編製一連串的預算——每一個決策組合都會搭配一項預算。

決策組合 (Decision Package) 係指決策單位可以或願意提供的服務及其成本的說明。除了預算之外，各部門或單位都必須提出其決策組合，說明單位目標、達成目標的計畫、預期的好處以及如果決策未獲通過的後果等內容。最後交由高階管理階層評估之後，選擇出最佳的決策組合，未獲通過的其它決策組合則不再考慮。此一過程能夠強化經理人正視其部門的作業，努力找出達成目標的最佳方法。

零基預算制度需要既深且廣的分析做為基礎。雖然工商業界與政府機構（例如德州儀器公司和美國喬治亞州等）業已成功地施行零基預算制度多年，然而不容否認的是此一制度不僅費時，而且成本可觀。倡導累進預算制度的人士認為，其實累進預算制度也會進行既深且廣的分析研究，但不如零基預算制度同樣頻繁，因爲累進預算制度並不以成本效益之考量爲基礎。有鑑於此，中庸之道就是每三至五年就施行一次零基預算，以消弭可能業已出現的浪費與效率不彰。當企業處於競爭激烈與組織重整階段時，零基預算制度尤其可以能夠幫助經理人「從零開始」，由不同的觀點來正視其部門的作業與效益。

結語

預算擬訂亦即創造出以財務術語表示的行動計畫。預算制度在企業的規劃、控制與決策功能上扮演著關鍵性的角色。預算亦可用於改善溝通與協調成效，對於規模逐漸成長的企業而言，預算的重要性也隨之不斷增加。

總預算是組織的全面性財務計畫。總預算係由營業預算和財務預算組合而成。營業預算即爲預算損益表和所有輔助的細項預算表。這些細項包括銷貨收入預算表、生產產量預算表、直接物料採購預算表、直接人工預算表、費用成本預算表、行銷費用預算表、行政費用預算表、研發費用預算表、期末製成品存貨預算表以及銷貨成本預算表等。預算損益表摘錄出在企業達成預算計畫的情況下將可實現的淨益。

財務預算包括了現金預算、資本支出預算和預算資產負債表。現金預算表即爲期初現金帳戶餘額，加上預期現金收入，減去預期支出，再視情況加減必要的現金借貸後之餘額。預算資產負債表則會顯示在企業達成預算計畫的情況下，資產、負債和股東權益的預期期末餘額。

預算制度的成敗取決於組織如何正視人的因素。爲了扼止不當行爲，組織應避免過度強調預算是唯一的控制機制。除了預算之外，組織亦應考慮其它績效評估的構面。藉由施行參與預算制度和其它非金錢上的誘因，藉由針對績效報告提供經常性的反饋，藉由施行彈性預算制度，藉由確認預算目標反映出現實狀況以及藉由要求經理人僅爲其可控制的成本負責等方式，均可提供預算做爲績效衡量指標的成效。

零基預算並不將前一年度的預算水準視爲標準，而是針對目前作業進行分析，不斷地評估各項作業對於組織的效益。

習題與解答

年輕人公司生產吊掛外套的衣架。下表為下一年度第一季的預期銷貨和期初、期末存貨資料。

銷貨數量	100,000 單位
單價	$15
期初存貨	8,000 單位
期末存貨	12,000 單位

衣架的製造過程是先沖模之後，再上漆。每一個衣架需要四英磅的金屬，金屬成本為每英磅 $2.50。原料的期初存貨是 4,000 英磅。年輕人公司希望第一季結束的時候能夠保有 6,000 英磅的金屬存貨。每生產一個衣架需要三十分鐘的直接人工，人工成本則為每一小時 $9。

作業：

1. 請編製第一季的銷貨收入預算表。
2. 請編製第一季的生產產量預算表。
3. 請編製第一季的直接物料採購預算表。
4. 請編製第一季的直接人工預算表。

解答

1.

年輕人公司
銷貨收入預算表
第一季

單位數量	100,000
單位價格	× $15
銷貨收入	$1,500,000

2.

年輕人公司 生產產量預算表 第一季	
銷貨（單位數量）	100,000
預期期末存貨	12,000
總需求	112,000
減項：期初存貨	8,000
必須生產單位數量	104,000

3.

年輕人公司 直接物料採購預算表 第一季	
產出單位數量	104,000
每一單位（磅）使用之直接物料	× 4
產量需求（磅）	416,000
預期期末存貨（磅）	6,000
總需求（磅）	422,000
減項：期初存貨（磅）	(4,000)
採購物料（磅）	418,000
每磅成本	× $2.50
總採購成本	$1,045,000

4.

年輕人公司 直接人工預算表 第一季	
產出單位數量	104,000
每單位使用人工	× 0.5
總需求時數	52,000
每一小時成本	× 9
總直接人工成本	$468,000

重要辭彙

Administrative expense budget 行政費用預算

Budgets 預算

Budget committee 預算委員會

Budget director 預算指導員

Budgetary slack 預算浮濫

Capital expenditures budget 資本支出預算

Cash budget 現金預算

Continuous (or Rolling) budget 連續預算

Control 控制

Controllable costs 可控制成本

Decision package 決策組合

Direct labor budget 直接人工預算

Direct materials budget 直接物料預算

Dysfunctional behavior 不當行爲

Ending finished goods inventory budget 期末製成品存貨預算

Financial budget 財務預算

Flexible budget variances 彈性預算變數

Goal congruence 目標一致性

Incentives 誘因

Incremental (or baseline) budgeting 累進（或基準）預算制度

Marketing expense budget 行銷費用預算

Master budget 總預算

Myopic behavior 短視行爲

Nonmonetary incentives 非金錢誘因

Operating budgets 營業預算

Overhead budget 費用預算

Participative budgeting 參與預算制度

Production budget 生產產量預算

Pseudoparticipation 象徵式參與

Research and development expense budget 研發預算

Sales budget 銷貨收入預算

Static budget 靜態預算

Variable budget 變動預算

Zero-base budgeting 零基預算制度

問題與討論

1. 請提出「預算」之定義。預算如何應用於規劃功能中？
2. 請提出「控制」之定義。預算如何應用於控制功能中？
3. 請探討施行預算制度的理由。
4. 何謂「總預算」？何謂「營業預算」？何謂「財務預算」？
5. 請解說銷售預測在預算制度當中所扮演的角色。銷售預測與銷售預算之間有何差異？
6. 所有的預算均以銷貨收入預算爲基準。此一觀點是否爲眞？並請解說你的理由。
7. 製造業、買賣業與服務業的總預算有何不同？
8. 爲什麼目標一致性很重要？

9. 請探討金錢誘因與非金錢誘因所扮演的角色。你是否認爲非金錢誘因是必要的？爲什麼？
10. 何謂「參與預算制度」？請探討參與預算制度的優點。
11. 太容易達成的預算會導致績效降低。你是否同意前述觀點？並請解說你的理由。
12. 高階管理階層在參與預算制度當中扮演何種角色？
13. 請解說經理人想要浮報預算的誘因。
14. 請探討靜態預算與彈性預算之間的差異。就績效報告之目的而言，爲什麼彈性預算會優於靜態預算？
15. 爲什麼經理人經常獲得其績效之反饋是很重要的？
16. 請解說經理人可能涉及哪些不道德行爲來改善預算績效？
17. 請找出除了預算之外，亦可用於扼止不當行爲的績效衡量指標，並請探討應該如何應用這些績效衡量指標。
18. 預算控制制度對於行爲面的影響有多重要？並請解說你的理由。
19. 請解說累進預算制度與零基預算制度之間的差異。
20. 倡導零基預算的人士認爲在累進預算制度之下比較容易產生預算浮濫的現象。請解說爲什麼預算浮濫比較不會出現在零基預算制度當中的理由。

個案研究

16-1 銷貨收入預算表

米蘭麥片公司生產小麥片與玉米片兩種產品。這兩種產品都是採用十二盎斯重的紙盒包裝。小麥片的售價是每盒 $1.50，玉米片的售價則爲每盒 $1.30。未來四季的預期銷貨數量（以盒計）如下：

	小麥片	玉米片
第一季	500,000	600,000
第二季	600,000	600,000
第三季	700,000	700,000
第四季	750,000	800,000

米蘭麥片公司的總經理相信預期銷貨數量相當合理，而且應該可以實現。

作業：

1. 請編製每一季和整年度的銷貨收入預算表。在預算表當中並請分別列示每一產品以及當期整體的銷貨收入。
2. 米蘭公司在編列銷貨收入預算的時候，可能考慮哪些因素？

16-2
生產產量預算表

威斯公司生產各種寵物貓的用品，其中包括一種重量爲十六盎斯的罐頭食品。下表爲當年度前四個月份的銷貨收入預算。

	銷貨數量	銷貨金額
一月	100,000	$50,000
二月	120,000	60,000
三月	110,000	55,000
四月	100,000	50,000

威斯公司的政策規定每一個月的期末存貨是次一個月銷貨數量的百分之二十 (20%)。一月份開始的時候，貓罐頭食品的存貨爲 20,000 罐。

作業：請編製當年度第一季的生產產量預算表。預算表當中並請分別列示每一個月份以及第一季整體應該生產的產量。

16-3
直接物料採購預算表，直接人工預算表

多利公司生產一種重量爲六盎斯的巧克力棒。每一個六盎斯巧克力棒含有三盎斯的砂糖，每一盎斯的糖價爲 $0.025。多利公司業已針對未來四個月的巧克力棒產量提出預算。

	單位數量
十月	400,000
十一月	800,000
十二月	500,000
一月	600,000

多利公司的存貨政策規定每一個月期末的砂糖存貨必須滿足次一個月產量百分之十五 (15%) 的需求。十月份期初的砂糖存貨恰能達

到存貨政策規定的數量。

每生產一個巧克力棒(平均)需要 0.01 直接人工小時，而直接人工的平均成本則為每小時 $9。

作業：

1. 請編製當年度最後一季的直接物料採購預算表。預算表當中並請列示每一個月份和整季的採購單位數量與採購金額。
2. 請編製當年度最後一季的直接人工預算表。預算表當中並請分別列示每一個月份和整季的直接人工小時需求和直接人工成本。

16-4 銷售預測與預算

愛倫公司製造六種不同型號的沖壓塑膠垃圾桶。目前是一九九八年的年初，而愛倫公司的預算小組正針對一九九八年度的銷貨收入預算進行最後審核。下表為一九九七年度的銷貨數量與銷貨金額：

型號	銷貨數量	價格	銷貨收入
W-1	14,000	$ 9	$126,000
W-2	15,000	15	225,000
W-3	21,000	13	273,000
W-4	13,500	10	135,000
W-5	2,000	22	44,000
W-6	1,000	26	26,000
			$829,000

愛倫公司的銷貨收入預算小組在翻閱一九九七年度銷售數字的時候，回想起下列事實：

a. 型號 W-1 的成本上漲速度比價格上漲的速度還快。愛倫公司準備停產這個型號的垃圾桶。愛倫公司計劃縮減這項產品的廣告經費，並提高百分之五十 (50%) 的售價。一九九八年度 W-1 的銷貨數量估計為一九九七年度銷貨數量的百分之二十 (20%)。
b. 型號 W-5 和 W-6 的垃圾桶在一九九七年十一月一日首度上市。這兩種型號都是色彩鮮明、附有滾輪，並且適合家庭使用的垃圾桶。愛倫公司預估這兩種產品的需求將可維持一九九七年的水準。

c. 愛倫公司的競爭者宣佈引進 W-3 的改良版。愛倫公司認為必須降低百分之二十 (20%) 的售價才能夠維持一九九七年的銷售水準。

d. 愛倫公司假設如果價格不變，所有其它型號的垃圾桶的銷貨數量將可提升百分之十 (10%)。

作業：請編列愛倫公司一九九八年度各項產品和整體的銷售預測。

16-5
採購預算

愛車汽車材料公司（「所有您的愛車需要的東西」）銷售各式各樣的汽車零件，其中包括機油濾心。下表為當年度未來六個月份機油濾心的銷貨預算。

	銷貨單位	銷貨金額
一月	200	$ 900
二月	180	810
三月	220	990
四月	250	1,125
五月	300	1,350
六月	260	1,170

愛車公司認為期末存貨應足以供應下一月份預期銷貨數量的百分之三十 (30%)。在一月一日的時候，共有 84 個濾心的存貨。

作業：

1. 請針對每一月份濾心銷貨數量，編製採購預算表。能計算出幾個月份的銷貨數量資料，就編製這些月份的採購預算表。
2. 如果濾心的售價是成本外加百分之五十 (50%)，則第一題當中的採購預算表之採購成本分別為何？

16-6
現金收入預算表

位於美國亞歷桑納州的雙喜禮品公司銷售款式眾多的休閒上衣（利用網版印刷，印製以沙漠為主題的圖案）。雙喜公司接受消費者以現金、支票和威士卡、萬事達卡等信用卡以及美國運通簽帳卡來購物。這些付款方式分別具有下列特色：

現金	立即付款；沒有任何費用。
支票	立即付款；銀行收取每張支票 $0.25 的手續費；百分之一的支票收入成爲壞帳，無法回收。
威士／萬事達信用卡	雙喜公司在每月月底，一次彙整當月的信用卡收據，寄給各發卡銀行請款。款項會在次月五日匯入雙喜公司的帳戶。發卡銀行收取請款金額百分之一點五 (1.5%) 的手續費。
美國運通簽帳卡	雙喜公司在每月月底，一次彙整當月的簽帳卡收據，寄給美國運通銀行請款。款項會在次月六日匯入雙喜公司的帳戶。美國運通銀銀收取請款金額百分之三點五 (3.5%)的手續費。

正常情況下，雙喜公司一個月的銷貨收入爲 $20,000，其細目如下：

美國運通簽帳卡	20%
威士 / 萬事達卡	50%
支票	5%（平均每張支票金額爲 $37.50）
現金	25%

作業：如果雙喜公司預估四月份和五月份的銷貨收入分別爲 $20,000 和 $30,000，則其預計五月份的淨現金收入應爲多少？

16-7
費用成本預算：彈性預算制度

多生公司針對下一年度的費用，擬訂出下列彈性預算。作業水準係以直接人工小時爲衡量標準。

		作業水準（小時）		
	變動成本公式	10,000	15,000	20,000
變動成本：				
維護	$1.50	$15,000	$22,500	$30,000
耗用物料	0.50	5,000	7,500	10,000
電力	0.10	1,000	1,500	2,000
總變動成本	$2.10	$21,000	$31,500	$42,000

（接續下頁）

固定成本：			
折舊	$ 6,000	$ 6,000	$ 6,000
薪資	60,000	60,000	60,000
總固定成本	$66,000	$66,000	$ 66,000
總費用成本	$87,000	$97,500	$108,000

多生公司生產兩種不同的榔頭。四月份的生產產量預算為 12,000 單位的榔頭甲和 15,000 單位的榔頭乙。榔頭甲需要三分鐘的直接人工，而榔頭乙則需要兩分鐘的直接人工。整年度的固定費用成本係平均發生。

作業：請編製四月份的費用成本預算表。

16-8
現金預算表

一家小型採礦機具公司的老闆請你編製該公司六月份的現金預算。你在翻閱這家公司的記錄之後，發現下列事實：

a. 六月一日的現金餘額為 $1,000。
b. 四月份和五月份的實際銷貨金額分別如下：

	四月	五月
現金銷貨收入	$10,000	$15,000
賒銷收入	25,000	35,000
總銷貨收入	$35,000	$50,000

c. 賒銷收入分三個月期間回收：交易的當月回收百分之五十 (50%)、交易的次月回收百分之三十 (30%)、最後一個月回收百分之十五 (15%)。其餘部份則為壞帳。
d. 存貨採購平均為當月總銷貨收入的百分之六十 (60%)。這些採購成本當中，百分之四十 (40%) 係於採購當月支付，其餘百分之六十 (60%) 則在次月支付。
e. 薪資和工資每一個月為 $8,000，其中包括支付給老闆的薪資 $4,500。
f. 租金每一個月為 $1,000。
g. 六月份繳納的稅金為 $5,000。

這家公司的老闆並且表示，他預估六月份的現金銷貨收入和信用銷貨收入分別為 $20,000 和 $40,000。公司不需要保留最低現金餘額。公司的老闆無法取得短期借貸或融資。

作業：

1. 請編製六月份的現金預算表，並提出現金應收回收表和現金支出表做為輔助。
2. 這家公司六月份的現金餘額是否為負？假設老闆不太可能替公司爭取到循環信用，你會建議這位老闆如何因應負的現金餘額？

16-9
彈性預算

蘭心公司的會計長江百寧要求部屬擬訂出費用成本的彈性預算表。蘭心公司利用共同的原料，調配成不同的比例來生產兩種肥料－肥料甲和肥料乙。蘭心公司預期，下一年度各生產 100,000 袋五十英磅裝的肥料甲和肥料乙。每生產一袋肥料甲，需要 0.25 直接人工小時，而肥料乙則需要 0.30 直接人工小時。江百寧業已針對四個費用項目訂出下列成本公式（X 代表直接人工小時）：

	成本公式
維護	$10,000 + 0.3X
電力	0.5X
間接人工	$24,500 + 1.5X
租金	$18,000

到了年底的時候，蘭心公司實際上生產了 120,000 袋的肥料甲和 100,000 袋的肥料乙。其所發生的實際費用成本如下：

維護	$ 26,700
電力	34,000
間接人工	108,000
租金	18,000

作業：

1. 請根據下一年度的預期作業水準，編製費用成本預算表。
2. 請分別根據高於預期產量百分之十 (10%) 和低於預期產量百分之二十 (20%) 的作業水準，編製兩種產品的費用成本預算表。
3. 請編製當期的績效報告。
4. 根據第三題的績效報告，你是否認為出現任何重大變異？你是否能夠設想產生這些變異的可能原因？

16-10
預算現金收入；預算現金支出

諾技公司銷貨收入的相關資訊列示於下。

	1997年11月（實際）	1997年12月（預算）	1998年01月（預算）
現金銷貨收入	$ 80,000	$100,000	$ 60,000
賒銷收入	240,000	360,000	180,000
總銷貨收入	$320,000	$460,000	$240,000

諾技公司的管理階層預估百分之五 (5%) 的賒銷金額無法回收。在可以回收的賒銷金額當中，百分之六十 (60%) 係於交易當月回收，其餘則於交易次月回收。每一個月的存貨採購金額為次月預估銷貨收入的百分之七十 (70%)。所有的存貨採購均以賒購方式進行；百分之二十五 (25%) 的貨款於採購當月支付，其餘則於採購次月支付。

作業：

1. 諾技公司一九九七年十二月份的預算現金收入當中，有多少金額是來自於一九九七年十一月份的賒銷收入？
2. 諾技公司一九九八年一月份的總預算現金收入是多少？
3. 諾技公司一九九七年十二月份存貨採購的預算總現金支出是多少？

16-11
參與預算制度與強制預算制度

有效的預算必須將組織的目標轉換成數據資料。預算可以做為管理階層的計畫藍圖。預算亦可做為控制的基礎。企業可以藉由比較實際結果與預算內容的方式，來評估管理績效。

因此，編製預算對於組織運作是否能夠成功具有關鍵性的影響。

找出為執行預算所需的資源－－亦即由最開始到最終的目標－－需要動用龐大的人力資源。經理人如何看待其在擬訂預算過程中所扮演的角色，將深深影響預算能否做為規劃、溝通與控制的有效工具。

作業：

1. 請探討企業管理階層採用下列預算方法時，對於規劃與控制上的行為影響：
   a. 強制預算方法
   b. 參與預算方法。
2. 無論採用參與預算方法或強制預算方法，溝通在擬訂預算的過程中同樣都扮演著重要的角色。
   a. 請探討前述兩種預算方法的溝通過程之間的差異。
   b. 請分別探討前述兩種預算方法的溝通過程對於行為的影響。

16-12
彈性預算制度

下表為不同作業水準下之預算費用成本。

	直接人工小時	
	1,000	2,000
維護	$10,00	$15,000
折舊	5,000	5,000
管理	15,000	15,000
耗用物料	1,300	2,600
電力	600	1,200
其它	8,100	8,200

作業：請以1,500直接人工小時的作業水準，編製彈性預算表。

16-13
現金收入預算表

西門百貨公司從過去的經驗當中發現，百分之二十 (20%) 的銷貨收入是以現金支付，其餘的百分之八十 (80%) 則屬賒銷方式。應收帳款的回收情形如下：

百分之十 (10%) 的賒銷金額係於交易當月回收。

百分之七十 (70%) 的賒銷金額係於交易次月回收。

百分之十七 (17%) 的賒銷金額係於次二月回收。

百分之三 (3%) 的賒銷金額無法回收。

到了交易後第二個月才回收的賒銷金額視爲逾期，必須加收百分之二 (2%) 的滯納金。

西門百貨公司業已擬出下列銷售預測數據：

五月	$ 76,000
六月	85,000
七月	68,000
八月	80,000
九月	100,000

作業： 請分別編製八月份和九月份的現金收入表。

16-14
現金支出預算表

西門百貨公司採購各式各樣的商品。商品的採購平均分散於整個月份當中，而且均採賒購方式。每一個月一開始，西門百貨公司的應付帳款會計會支付前一月份的所有採購金額。採購條件是三十天內支付全部貨款，但如果提前在十天內付款可以享受百分之二 (2%) 的折扣。

下表爲五月份到九月份的採購金額預測：

五月	$40,000
六月	50,000
七月	30,000
八月	60,000
九月	64,000

作業：

1. 請分別編製八月份和九月份的現金支出預算表。
2. 假設西門百貨公司的經理希望瞭解如果應付帳款會計改以每一個月

分三次在一日、十一日和二十一日支付貨款的方式，將會產生何種差異。請根據新的付款方式，分別編製七月份和八月份的現金支出預算表。

3. 假設西門百貨公司的應付帳款會計沒有時間撥出每個月增加兩天的時間來支付貨款，於是公司僱用一位臨時員工在十一日和二十一日的時候來支援付款作業。這位臨時員工的薪資是每小時 $22。請問這樣的決策是否正確？並請解說你的理由。

16-15
營業預算：整體性分析

勇士公司的其中一個事業部門製造用於生產弓箭的手把組合，銷售給美國各地的弓箭製造商。未來四個月份的預期銷貨收入如下：

一月	20,000
二月	25,000
三月	30,000
四月	30,000

此一事業部門的生產政策與製造規定之相關資料如下：

a. 一月一日的製成品存貨爲 16,000 單位。每一個月的預期期末存貨爲次月銷貨數量的百分之八十 (80%)。
b. 使用物料的資料如下：

直接物料	單位使用量	單位成本
編號 325	5	$8
編號 326	3	2

存貨政策規定期初必須備有足夠的存貨以滿足當月估計銷貨數量的百分之五十 (50%)。而一月一日的存貨數量剛好符合規定。
c. 每一單位產出使用的直接人工爲兩小時。每一小時的平均直接人工成本爲 $9.25。
d. 每一個月的費用成本係利用彈性預算公式估計而得。（作業水準係以直接人工小時爲衡量指標。）

	固定成本內容	變動成本內容
耗用物	$　—	$1.00
電力	—	0.50
維護	15,000	0.40
管理	8,000	—
折舊	100,000	—
稅賦	6,000	—
其它	40,000	1.50

e. 每一個月份的銷售與行政費用也是利用彈性預算公式計算而得。（作業水準是以銷貨數量爲衡量指標。）

	固定成本	變動成本
薪資	$25,000	$ —
佣金	—	1.00
折舊	20,000	—
運輸	—	0.50
其它	10,000	0.30

f. 手把組合的單位售價爲 $90。

g. 所有的銷售與採購均採現金交易方式。1月1日的現金餘額爲 $200,000。如果勇士公司到了月底出現現金短缺的現象，可以借到足夠的現金來彌補短缺的現金。所有借貸的現金在一個月之後償還，以規避利息支出。借貸的年利率是百分之十二 (12%)。

作業：請就下列各個項目，編製第一季的月營業預算表：

1. 銷貨收入預算表
2. 生產產量預算表
3. 直接物料採購預算表
4. 直接人工預算表
5. 費用成本預算表
6. 銷售與行政費用預算表

7. 期末製成品預算表
8. 銷貨成本表
9. 預算損益表
10. 現金預算表

16-16
現金預算表；預算損益表

歐普公司的會計長賴理察為了編列一九九八年第三季的現金預算表，蒐集了下列資料：

a. 銷貨收入

五月（實際）	$100,000
六月（實際）	120,000
七月（預估）	90,000
八月（預估）	100,000
九月（預估）	135,000
十月（預估）	110,000

b. 每一個月的銷貨當中有百分之三十 (30%) 為現銷，百分之七十 (70%) 為賒銷。賒銷收入的回收情況是交易當月回收百分之二十 (20%)，交易次月回收百分之五十 (50%)，交易後的第二個月份回收百分之三十 (30%)。
c. 每一個月的期末存貨金額剛好等於次月銷貨成本的百分之五十 (50%)。定價則採成本外加百分之三十三點三三 (33.33%)。
d. 存貨的採購係於採購次月支付貨款。
e. 每一個月發生的例行費用如下：

薪資與工資	$10,000
廠房與設備折舊	4,000
水電	1,000
其它	1,700

f. $15,000的財產稅於一九九八年七月十五日到期並繳納。
g. $6,000的廣告費必須在一九九八年八月二十日支付。

h. 新儲藏設施的租賃契約預定在九月二日開始生效。每一個月的費用爲 $5,000。

i. 歐普公司的政策規定必須保留 $10,000 的最低現金餘額。如有必要，公司可以借貸方式來因應短期需求。所有的借貸均於月初進行。所有的本利償還則在月底進行。借貸的年利爲百分之九 (9%)。歐普公司借款必須以 $1,000 爲單位。

j. 下表爲一九九八年六月三十日損益表的部份內容。（應付帳款只有針對存貨採購一項。）

現金	$?	
應收帳款	?	
存貨	?	
廠房與設備	425,000	
應付帳款		$?
普通股票		210,000
保留盈餘		268,750
總計	$?	$?

作業：

1. 請填滿前述第 j 項損益表當中的空格。
2. 請分別編製第三季每一個月和整季（第三季始於七月一日）的現金預算表，並請提供現金回收的輔助說明表格。
3. 請編製一九九八年九月三十日的預算損益表。

16-17
參與預算制度；非營利機構

魏考特是某公立社會服務機構的會計長。他認爲預算擬訂過程對於規劃、控制與激勵等功能非常重要。他相信如果妥善運用參與預算制度和例外管理，將可激勵部門經理人設法提升各該部門的生產力。基於此一信念，魏考特施行了下列預算程序：

1. 每一位部門經理都會分配到某一比例的目標預算。分配到的預算金額代表下一會計年度各該部門所能獲得的最高資金。
2. 部門經理人根據會計部門規定的下列費用限制，擬訂出各自的預算：

a. 請款的費用不得超過分配到的預算。

b. 所有的固定費用均應列入預算當中。固定費用包括了目前水準的合約與薪資。

c. 由上級主管機關指派的所有計畫均應列入各該預算當中。

3. 會計單位將各部門的請款彙整成爲整個事業部門的預算。

4. 立法機關通過最後預算的時候，會計單位根據事業部門經理的指示將一定比例的預算撥給各個部門。然而會計單位會保留各部門預算的一定比例，以因應預算遭到刪減和特殊需求等情況。此一保留預算的金額和用途係由事業部門經理決定。

5. 每一個部門都可在必要時，調整扣除保留金額後的額度內之預算。然而由上級主管機關交派的計畫，仍應確實完成。

6. 定案的預算做爲例外管理格式的控制基礎。每一個月都會特別註明超出預算的費用。部門經理必須全權負責超支預算。會計責任是部門經理人績效評估的重要因素。魏考特認爲他允許部門經理人參與預算過程，並要求部門經理爲最後預算負責的作法相當重要，尤其是在資源有限的情況下。魏考特更相信，此一作法可以激勵部門經理人設法提升效率與效益。

作業：

1. 請探討參與預算制度的優點與缺點。
2. 請找出魏考特採行的預算過程之缺點，並針對每一項缺點提出修正之道。

16-18 現金預算制度

加頓公司會計長正在蒐集資料以編列四月份的現金預算。這位會計長計劃利用下列資訊來擬訂預算：

a. 所有的銷貨當中，百分之三十 (30%) 屬於現金交易。

b. 所有的賒銷當中，百分之六十是於交易當月回收。交易當月回收的交易，如在十天之內付款的部份可以獲得百分之二 (2%) 的現金折扣。百分之二十 (20%) 是於交易次月回收。沒有任何壞帳發生。

c. 下表爲當年度前六個月份的銷貨收入。（前三個月爲實際銷貨收入，後三個月則爲預估銷貨收入。）

	銷貨收入
一月	$230,000
二月	300,000
三月	500,000
四月	565,000
五月	600,000
六月	567,000

d. 加頓公司每一個月生產的數量均可以全數賣出。原料成本等於銷貨收入的百分之二十 (20%)。加頓公司規定每一個月的期末存貨等於次月的生產產量。原料採購當中，百分之五十 (50%) 於採購當月付款。剩餘的百分之五十 (50%) 則於採購次月付款。
e. 每一個月的工資總數為 $50,000，並於發生當月支付。
f. 每一個月的預算營業費用為 $168,000，其中 $22,000 為折舊，$3,000 為預付保費的兌現（每年總保費 $36,000 係於一月一日支付。）
g. 三月三十一日公佈的股利 $65,000 將於四月十五日發放。
h. 舊的機器設備將於四月三日以 $13,000 的價格出售。
i. 四月十日，將以 $80,000 的價格購買新的機器設備。
j. 加頓公司規定的最低現金餘額為 $10,000。
k. 四月一日的現金餘額為 $12,500。

作業：請編列四月份的現金預算。並以附表說明銷貨的現金回收情形。

16-19
營業預算的修正；預算損益表與銷貨成本預算表

戴瑪麗在三年前創立魔力公司。魔力公司生產迷你電腦與微電腦所使用的數據機。自從公司成立以來，訂單一直不斷快速成長。魔力公司的主辦會計魏包伯擬訂了一九九八年八月三十一日截止的會計年度預算。此一預算係以前一年度的銷貨收入與生產作業為基準，因為戴瑪麗認為前一年度銷貨收入的成長可能不會保持同樣的水準。接下來分別列出預算損益表與銷貨成本預算表：

魔力公司
預算損益表
一九九八年八月三十一日
（單位：千元）

淨銷貨收入	$31,248
減項：銷貨成本	(20,765)
淨利潤	$10,483
減項：營業費用	(5,400)
稅前淨益	$ 5,083

魔力公司
銷貨成本預算表
一九九八年八月三十一日
（單位：千元）

直接物料：		
物料存貨，1997年09月01日	$ 1,360	
物料採購	14,476	
可用物料	$15,836	
減項：物料存貨，1998年08月31日	(1,628)	
使用直接物料		$14,208
直接人工		1,134
費用：		
間接物料	$ 1,421	
一般	3,240	4,661
製造成本		$20,003
製成品，1997年09月01日		1,169
總可用產品		$21,172
減項：製成品，1998年08月31日		(407)
銷貨成本		$20,765

一九九七年十二月十日，戴瑪麗和魏包伯開會討論第一季的營業結果。魏包伯認爲必須改變原用以編製預算損益表的某些假設條件。

他提出了下列建議改變的內容－－這些內容是到了第一季營業結果出爐之後才發現的變動。他將下列資料提供給戴瑪麗：

a. 第一季的實際產量爲 35,000 單位。該會計年度的預估產量應由 162,000 單位調整爲 170,000 單位，使得未來九個月的產量餘額能夠維持相同水準。
b. 會計年度結束時製成品期末存貨爲 3,300 單位的預算則維持不變。一九九五年九月一日的製成品存貨爲 9,300 單位，到了一九九七年十一月三十日，製成品存貨則降爲 9,000 單位。會計年度結束時的製成品存貨將以當年度平均製造成本來計算存貨價值。
c. 會計年度開始的時候備有足夠的直接物料來生產 16,000 單位的產品。魔力公司在會計年度結束時保留足夠生產 18,500 單位產品的直接物料存貨的計畫維持不變。直接物料的評價採後進先出法。相當於 37,500 單位產出的直接物料係於當年度第一季的時候以三百三十萬元購入。魔力公司的供應商通知，直接物料的價格將在一九九八年三月一日調漲百分之五 (5%)。當年度剩餘月份所需要的直接物料將平均分散在九個月當中購買。
d. 根據歷史資料顯示，間接物料成本估計爲使用的直接物料的成本的百分之十 (10%)。
e. 一般工廠費用與所有行銷、總務以及管理費用的半數均視爲固定費用成本。

作業：請根據魏包伯所提供的修正資料，編製當年度新的預算損益表和銷貨成本預算表。

16-20
績效報告；行為面考量

百威公司是小型工業工具的製造商，年營業額約爲三百五十萬元。目前的年度裡，業績成長穩定，而且其產品沒有明顯的需求循環。目前年度裡的產量平穩增加，而且平均分佈在各個月份裡完成。百威公司採行連續加工制度。四個製造部門－－鑄模、成型、刨光和包裝－－都是設於同一處廠房。固定費用係採全廠單一比率分配。

百威公司在小型工具市場上的競爭能力向來可觀。然而，只有創新的產品才能夠刺激市場規模的成長。因此，研發部門對於百威公司非常重要，不僅幫助百威公司維持需求水準，更讓百威公司不斷擴大規模。

百威公司的會計長威卡娜設計並執行了一套新的預算制度，以回應總經理喬百威的指示。威卡娜編列了一份細分爲十二等份的年度預算，用以即時評估每一個月的績效。喬百威對於成型部門五月份的績效報告感到明顯失望。他表示：「成型部門每一個工作天增加六單位產品的生產，卻還少用了 $300 的預算，怎麼可能發揮出效率呢？」成型部門的主管季喬登對於自己的部門在五月份的效率超越其它月份，卻還被點名教訓的結果大感不解。他說道：「我本來還以爲老闆會龍心大悅，卻沒想到反而被刮了一頓。更慘的是，我根本就是丈二金鋼摸不著頭腦！」

百威公司
成型部門績效報告
一九九八年五月三十一日

	實際	預算	變異	
銷貨數量	3,185	3,000	185	F
變動製造成本：				
直接物料	$ 24,843	$24,000	$ 843	U
直接人工	29,302	27,750	1,552	U
變動費用	35,035	33,300	1,735	U
總變動成本	$ 89,180	$85,050	$4,130	U
固定製造成本：				
間接人工	$ 3,334	$ 3,300	$ 34	U
折舊	1,500	1,500	−	
稅賦	300	300	−	
保險	240	240	−	
其它	1,027	930	97	U
總固定成本	$ 6,401	$ 6,270	$ 131	U

（接續下頁）

	實際	預算	變異	
企業成本：				
研發	$ 3,728	$ 2,400	$1,328	U
銷售與行政	4,075	3,600	475	U
企業成本	$ 7,803	$ 6,000	$1,803	U
總成本	$103,384	$97,320	$6,064	U

作業：

1. 請重新核閱五月份的績效報告。根據報告當中和其它管道的資訊，
   a. 探討新預算制度的優點與缺點。
   b. 找出此份績效報告的缺點，並解說應該如何修正績效報告才能一一克服每一項缺點。
2. 請利用戴瑪麗的資料，編製成型部門的修正報告。
3. 你還會建議哪些其它的改變來改善百威公司的預算制度？

16-21
總預算；全面評估

電通公司是一家生產高容量儲存系統的高科技公司。電通公司所設計的系統堪稱同業之間的一大突破。電通公司生產的儲存系統結合了磁碟機與硬碟的優點。電通公司成立至今已有整整五年時間，並開始準備建立下一年度（一九九八年）的總預算。總預算將會詳列每一季的作業與整年度的作業內容。總預算的編列將以下列資訊為基準：

a. 一九九七年第四季的銷貨數量為 55,000 單位。
b. 一九九八年每一季的銷貨數量預估如下：

第一季	60,000
第二季	65,000
第三季	75,000
第四季	90,000

單位售價為 $400。所有的交易均採賒銷方式。賒銷貨款在交易當季回收百分之八十五 (85%)，其餘的百分之十五 (15%) 則於交易次季回收。沒有任何壞帳發生。

c. 電通公司沒有任何製成品的期初存貨。一九九八年每一季的期末製

成品存貨預計為：

第一季	13,000 單位
第二季	15,000 單位
第三季	20,000 單位
第四季	10,000 單位

d. 每生產一單位的高容量儲存系統需要使用五小時的直接人工和三單位的直接物料。人工工資為每小時 $10，而一單位的物料成本為 $80。

e. 一九九八年一月一日共有 65,700 單位的期初直接物料存貨。每一季結束的時候，電通公司計劃保留可供生產下一季銷貨數量百分之三十 (30%) 的原料存貨。一九九八年底，電通公司將會保留和當年度期初存貨同樣水準的原料存貨。

f. 電通公司以賒購方式買進原物料。百分之五十 (50%) 的貨款係於買進當季支付，其餘的百分之五十 (50%) 貨款則於次一季支付。工資和薪資則於每一個月的十五日和三十日發放。

g. 每一季的固定費用成本總數為一百萬元，其中的 $350,000 屬於折舊。所有的其它固定費用均於發生當季以現金支付。固定費用比率係以當年度總固定費用除以當年度預期實際產量而得。

h. 變動費用預估為每一直接人工小時 $6。所有變動費用均於發生當季支付。

i. 每一季的固定銷售與行政費用總數為 $250,000，其中包括 $50,000 的折舊。

j. 變動銷售與行政費用預估為每一銷售單位 $10。所有銷售與行政費用均於發生當季支付。

k. 一九九七年十二月三十一日的資產負債表如下：

資產	
現金	$ 250,000
存貨	5,256,000
應收帳款	3,300,000
工廠與設備	33,500,000
總資產	$42,306,000

負債與股東權益	
應付帳款	$ 7,248,000*
資本股票	27,000,000
保留盈餘	8,058,000
總負債與股東權益	$42,306,000

*僅用於採購物料。

電通公司將會發放 $300,000 的季股利。第四季結束的時候，將會採購兩百萬元的機器設備。

作業：請編製電通公司一九九八年各季和一九九八年整體的總預算。總預算當中必須包括下列各項：

a. 銷貨收入預算表
b. 生產產量預算表
c. 直接物料採購預算表
d. 直接人工預算表
e. 費用成本預算表
f. 銷售與行政費用預算表
g. 期末製成品存貨預算表
h. 銷貨成本預算表
i. 現金預算表
j. 預算損益表（利用吸引成本法）
k. 預算資產負債表

16-22
預算制度與行為考量

戴丹尼是 WRT 公司鋁合金部門的生產經理。鋁合金部門向來與外部顧客的接觸有限，而且沒有自己的銷售人員。鋁合金部門的顧客大多數是由公司的其它部門負責接洽，因此鋁合金部門被公司視爲成本中心，而非利潤中心。

戴丹尼認爲公司的會計部門只能製作歷史資料，卻不能提供許多有用的資訊。會計部門在每一年初擬訂預算，然後蒐集生產所發生的實際成本。戴丹尼甚至質疑會計部門根本不瞭解生產過程的性質和內容。戴丹尼認爲會計部門似乎只關心數字－－而不在乎這些數字究竟是否具有任何意義。就他個人的看法而言，整個會計作業無法反映出他這個生產經理工作地多努力或者發揮了多少效率，根本就是負面的激勵來源。戴丹尼試著和鋁合金部門的會計長史約翰討論他的看法和觀點。戴丹尼說道：「我知道連續幾個營業期間以來，我的生產效率都比規定的標準還好。但是成本報告卻顯示出我的成本超過標準。你也知道，我是一個生產經理，又不是會計。我知道如何生產出品質良好的產品。但是成本報告裡面根本看不出這一點。這些年來，我已經減少了生產所需的原料。但是成本報告同樣沒有顯示出這些成就。無論我怎麼做，結果總是不好的。我根本沒有辦法面對編製和使用這些會計報表的人。」

史約翰並沒有出現戴丹尼預期當中的回應。史約翰表示，總公司採行的會計制度和成本報表只是企業經營遊戲的其中一個部份，個人很難改變些什麼。「雖然這些報表是公司評估你的部門績效的基準，也是公司評估你是否達到公司期望的方法，但是你實在不必過於擔心。你又還沒有被炒魷魚！此外，公司採用這些報表已經有二十五年的歷史了。」

戴丹尼和鋅部門的生產經理溝通過之後發現，史約翰的說法大部份是正確的。然而，總公司卻曾經答應在鋅部門的成本報表上做一些細微的改變。他同時也聽說公司生產經理的流動率頗高，雖然少有生產經理被開除的例子。大多數的生產經理都是因爲自認爲總公司的績效評估不公平而自動離職。

總公司最近編製的鋁合金部門成本報告列示於後。由於最終產品的需求突然增加，因此鋁合金部門的產量比原先預期的40,000單位還多了10,000單位。戴丹尼對於這份報告並不滿意，因爲他認爲這份報告並沒有適當地反映出鋁合金部門的作業情形，將會導致不公平的績效評估結果。

鋁合金部門
成本報告
一九九八年四月
（單位：千元）

	實際	總預算	變異
鋁	$ 477	$ 400	$ 77U
人工	675	560	115U
費用	110	100	10U
總計	$1,262	$1,060	$202U

作業：

1. 請就戴丹尼對於下列各項的看法，提出你的見解：
   a. 會計長史約翰。
   b. 總公司。
   c. 成本報告。
   d. 自己身為生產經理。
   e. 前述各項對於其身為 WRT 公司生產經理的績效表現之影響。
2. 請列出 WRT 公司預算制度的缺點，並請列出改善的建議，讓預算編列過程與成本報告能夠成為更有用的績效評估工具、減少對於生產經理的威脅。

16-23
現金預算表，現金預算表之重要性

羅門公司是一家成長快速、專門代理玩具弓轉賣給零售業者的經銷商。羅門公司正在擬訂一九九八年的計畫。行銷總裁葛瓊安已經完成了一九九七年的預測，她有信心將可達到甚至超過預估的銷售目標。下表即為預期成長的銷售數據，並做為其它部門的規劃基準。

月份	預估銷售目標
一月	$1,800,000
二月	2,000,000
三月	1,800,000
四月	2,200,000
五月	2,500,000

（接續下頁）

月份	預估銷售目標
六月	2,800,000
七月	3,000,000
八月	3,000,000
九月	3,200,000
十月	3,200,000
十一月	3,000,000
十二月	3,400,000

羅門公司的副會計長白喬治負責現金流量預估的工作，對於身處快速擴張的羅門公司而言相當重要。白喬治將會參考下列資訊來進行現金分析。

羅門公司的應收帳款回收率相當良好，預期將可繼續保持下去。百分之六十 (60%) 的銷貨收入係於交易次月回收，百分之四十 (40%) 則於交易後的第二個月回收。無法回收的應收帳款相當地少，因此不列入現金分析的考慮範圍之內。

玩具弓的採購是羅門公司的最大支出；這些玩具弓的成本等於銷貨收入的百分之五十 (50%)。百分之六十 (60%) 的玩具弓是在銷售前一個月買進，百分之四十 (40%) 的玩具弓則是在銷售當月買進。

根據過去的經驗指出，百分之八十 (80%) 的應付帳款是在收到採購的玩具弓的次月支付，其餘的百分之二十 (20%) 則是在收貨後的第二個月支付。

會影響銷貨數量的每小時工資－－包括福利支出－－等於當月銷貨收入的百分之二十 (20%)。這些工資是在發生當月支付。

一九九八年的一般與行政費用預估爲 $2,640,000。一般與行政費用的細目如下。這些費用－－除了財產稅之外－－都是平均分佈在整年度當中發生。財產稅則是在最後一季的四個月份當中平均支付。

薪資	$ 480,000
促銷	660,000
財產稅	240,000
保險	360,000

（接續下頁）

水電	300,000
折舊	600,000
總計	$2,640,000

羅門公司在每一季的第一個月份繳納的所得稅是以前一季的收益爲基準。羅門公司適用百分之四十 (40%) 的所得稅率。一九九八年第一季，羅門公司預估淨益爲 $612,000。

羅門公司的政策規定月底必須持有 $100,000的現金餘額。如有必要，羅門公司每個月會以投資或借貸方式來維持規定的現金餘額。

羅門公司採用的是日曆年度。

作業：

1. 請按月編製一九九八年第二季羅門公司的現金收入與支出預算表。所有的現金收入、支出和借貸／投資等均應換算成每個月的金額。凡與借貸／投資相關的利息費用／利息收入均不列入考慮。
2. 請探討爲什麼現金預算制度對於像羅門公司這一類快速擴張的企業而言格外重要。

16-24
預算擬訂過程與參與預算制度

五年前，柯傑克和兩位同事離開了服務的大型企業，一同創業，成立了軟體設計公司——先進科技公司。身爲最大股東的柯傑克取得創業資金之後，先進科技公司便開始設計一套獨特的套裝軟體，讓個人電腦的使用與整合更爲容易。自從這套軟體上市之後，廣爲市場接受，使得柯傑克得以募集更多的資金來因應行銷初期所需的經費。柯傑克主要負責公司的經營管理，而另外兩位小股東則負責設計與研發作業。先進科技公司目前已在著手開發新的軟體，讓市場上的微處理器發揮更大的功能。

由於第一套軟體的市場持續加溫，而新產品的研發工作也在積極進行，因此柯傑克僱用了幾位資深的行銷、業務和生產經理，以及具有預算編列背景的資深會計葛傑夫。

目前先進科技公司的員工共有七十位，分屬設計與開發、行銷、業務、會計和法務等各個部門。最近，柯傑克認爲有鑑於公司的快速成長，必須及時擬訂一套正式的規劃與控制程序。柯傑克要求葛傑夫共同合作，擬訂出先進科技公司的第一份預算。

由於幾位資深經理人都還是公司的新人，柯傑克便根據其對於已上市的套裝軟體的預期市場成長和新產品開發的完成預期來預估銷貨收入。柯傑克並且編列出生產與費用預算。葛傑夫再利用這些資訊來建立部門別以及公司整體的預算。最後再由柯傑克和葛傑夫共同來審閱和修正這些預算。

當柯傑克和葛傑夫達成最後共識之後，便將這些預算連同公司將要採用正式的規劃程序的公文分送至各個部門。公文當中並要求全體員工齊心協力達成預算目標，以維持公司的穩定與成長。

許多部門經理人－－尤其是新進的資深員工－－對於公司制定規劃程序一事感到不滿。這些經理人私下討論這件事的時候，認爲某些預估過於樂觀，而且實際上不可能達成。

作業：

1. 柯傑克與葛傑夫所採用的規劃程序稱爲由上而下的預算制度。
   a. 請解說爲什麼這是由上而下的預算制度，並比較其與參與預算制度的異同。
   b. 請描述由上而下的預算制度之優點。
2. a. 請描述身爲先進科技公司的創辦人，柯傑克在啓用制式化的預算制度時所面臨的個人行爲問題。
   b. 請描述先進科技公司的其它員工可能因爲由上而下的預算制度所產生的行爲問題。
3. a. 請扼要說明柯傑克和葛傑夫亦可採用參與預算制度的明確建議。
   b. 請描述參與預算制度的優點。

16-25
預算制度的資訊：倫理道德

製造嬰兒用傢俱和推車的諾頓公司正準備開始編列一九九八年的年度預算。最近剛剛進入諾頓公司會計部門的傅考特積極地想要儘可能地瞭解公司的預算擬訂過程。最近和業務經理艾馬紀和生產經理葛比德吃午餐的時候，傅考特開始了下列談話。

傅考特：我是公司的新人。但是由於我即將準備開始要編列年度預算，我希望能夠知道兩位提供銷售和生產方面的預測。

艾馬紀：我們是先由最近的資料開始著手，討論目前的情況、潛在顧客的開發、顧客的一般消費情形，然後再利用這些資訊來做出最好的預測。

葛比德：我通常是以業務目標做爲生產預算的基準。當然，我們也會預估今年度的期末存貨水準，不過這個部份有時候會比較難一點。

傅考特：預估存貨水準爲什麼會有困難？今年度的預算裡面應該會有期末存貨的預算啊。

葛比德：也不儘然，因爲艾馬紀在告訴我們銷售目標之前會先進行一些調整。

傅考特：你是指什麼樣的調整？

艾馬紀：嗯，我們不希望銷售目標高得不切實際，因此我們通常會將一開始擬訂的銷售目標降低百分之五到十 (5-10%) 左右。

葛比德：所以你應該可以看出，今年的預算不是非常可靠的基準點囉。我們必須在年度當中不斷地修正預估生產比率，當然此舉將會影響到期末存貨的估計。對了，我們在預估費用的時候也會提高至少百分之十 (10%)；我認爲在座的每一位都是同樣的作法。

作業：

1. 前述談話當中，艾馬紀和葛比德都曾提及預算浮濫的作法。
   a. 請解說爲什麼艾馬紀和葛比德會有這樣的行爲，並說明他們希望藉由浮濫預算來得到什麼好處。
   b. 請解說預算浮濫對於艾馬紀和葛比德會有哪些負面影響。
2. 身爲管理會計人員，傅考特認爲艾馬紀和葛比德的行爲可能違反了倫理道德，而他本人有義務不助長這種行爲。請就本書第一章裡面「管理會計人員的倫理行爲標準」當中提及的能力、機密、正直和目標等標準，解說爲什麼預算浮濫可能違反了倫理道德標準。

16-26 彈性預算，行為考量

綠葉公司製造電動除草機，並銷往美國各地和加拿大。綠葉公司採用整體性的預算程序，定期比較每一個月的實際結果和預算數據。

每一個月，綠葉公司的會計部門都會進行變異分析，然後將報告分送給所有負責的單位或個人。生產經理李艾爾對於五月份的結果（列示於後）相當不滿。負責製造成本的李艾爾在製造過程中採取了許多降低成本的作法，因此對於報告當中變動成本為負數的結果感到沮喪。

營業結果

一九九八年五月

	實際	總預算	變異
銷貨數量	4,800	5,000	200U
銷貨收入	$1,152,000	$1,200,000	$48,000U
變動成本	780,000	760,000	20,000U
貢獻邊際	$ 372,000	$ 440,000	$68,000U
固定費用	180,000	180,000	—
一般與行政固定費用	115,000	120,000	5,000F
營業收益	$ 77,000	$ 140,000	$63,000U

總預算編定之後，綠葉公司的成本會計貝瓊安提出了下列單位成本：直接物料是 $60；直接人工是 $44；變動費用是 $36；變動銷售費用是 $12。

五月份的總變動成本是 $780,000，其中 $320,000 屬於直接物料成本，$192,000 屬於直接人工成本，$176,000 屬於變動費用成本，而 $92,000 則屬於變動銷售費用。貝瓊安認為如公司採用彈性預算制度，並且進行更詳細的分析的話，每個月的月報表才會更有意義。

作業：

1. 請利用前述資料，
   a. 編製綠葉公司五月份的彈性預算，預算當中並應包括個別的變動成本預算。
   b. 找出彈性預算變數。
2. 請探討修正後的預算和變異資料可能對於生產經理李艾爾的行為產生何種影響。

第十七章

標準成本法：傳統控制方法

學習目標

研讀完本章內容之後，各位應當能夠：

一. 解說如何建立單位標準，以及爲什麼採用標準成本制度的原因。

二. 解說標準成本表的目的。

三. 描述變數分析背後所隱含的基本概念，並解說什麼時候應該檢查變數。

四. 計算並記錄物料與人工變數，並解說如何利用這些變數來進行控制。

五. 以三種不同的方式來計算費用變數，並解說費用之會計作業。

六. 計算物料與人工的組合變數與收益變數。

預算建立了企業用以控制與評估管理績效的標準。然而，預算其實是績效衡量的指標加總之後的數據；預算係指如果企業實現期望中的計畫，所應該發生的收入與成本的總數。藉由比較相同的作業水準，實際的成本與收入以及對應的預算金額，便可求得管理績效的衡量指標。

前述預算過程可以提供重要資訊做爲控制之用，然而除了總數金額的標準之外，企業亦可擬訂出單位金額的標準，即可進一步提升控制的成效。事實上，單位標準的建立已經存在於彈性預算的架構之內。如欲順利地進行彈性預算，則須找出預算內容當中每一個項目的每一單位產出所需要的單位投入之預算變動成本。每一單位產出的預算變動投入成本即爲單位標準。單位標準係建立彈性預算之基礎。單位標準亦爲標準成本制度之基本內容。

單位標準

學習目標一

解說如何建立單位標準，以及爲什麼採用標準成本制度的原因。

爲了決定特定投入之單位標準成本，必須先擬出兩項決策：(1) 每一單位產出必須使用多少的投入〔*數量決策 (Quantity Decision)*〕，以及 (2) 必須支付多少成本來使用前述數量的投入〔*定價決策 (Pricing Decision)*〕。數量決策會產生**數量標準** (Quantity Standards)，定價決策則會產生**價格標準** (Price Standards)。將這兩項標準相乘（標準價格×標準數量）之後，便可求得特定投入的單位標準成本。

舉例來說，某家冰淇淋公司可能決定每生產一夸特的冷凍優格須使用二十五盎斯的優格（此即「數量標準」），且優格的價格應爲每一盎斯 $0.02（此即「價格標準」）。如此一來，每一夸特冷凍優格的標準成本則爲 $0.50 ($0.02 × 25)。每一夸特優格的標準成本可以用來預估當作業水準改變時，其所對應的優格總成本；換言之，此即彈性預算公式。因此，如果這家公司生產 20,000 夸特的冷凍優格，則優格的總預算成本爲 $10,000 ($0.50 × 20,000)；如果這家公司生產 30,000 夸特的冷凍優格，優格的總預算成本則爲 $15,000 ($0.50 × 30,000)。

如何建立標準

歷史經驗、工程研究結果與作業人員之意見係數量標準的主要三項來源。雖然歷史經驗可以做爲建立標準的初始依據，然而使用的時候卻不得不謹愼。一般而言，製程的作業往往沒有發揮最大效率；採用過去的投入－產出關係可能掩蔽了不具效率的事實。工程研究結果可以訂出最具效率的作業方式，並可提出許多頗具前瞻性的標準；然而，工程標準往往卻又過於嚴苛。實際人工作業往往無法達到工程標準的要求。由於作業人員必須設法達到這些標準，因此作業人員的意見也是建立標準的重要依據。全員參與預算擬訂的原則同樣適用於單位標準的建立。

價格標準的擬訂是作業、採購、人事與會計的共同責任。作業決定所需的投入品質；人事與採購必須負責以最低的價格取得所需的投入品質。市場力量、貿易公會以及其它外部力量則限制了企業建立價格標準的範圍。建立價格標準的時候，採購必須考慮折扣、運費與品質等問題；另一方面，人事必須考慮薪資所得稅、福利與人力資源品質等問題。會計必須記錄價格標準，編製報表以比較實際績效與標準績效之間的異同。

標準的類型

傳統上，標準可以區分爲*理想 (Ideal) 標準*與*目前可達 (Currently Attainable) 標準*。**理想標準** (Ideal Standards) 係指如果每一個環節的運作都完美無缺的情況下所能達成最大效率的標準。此一情況不容許機器故障、景氣蕭條、或技術不佳（即使是暫時性的現象也不容許）等情況發生。**目前可達標準** (Currently Attainable Standards) 係指在每一個環節的運作具有效率的情況下所能達成的標準。正常情況下所發生的機器故障、生產中斷、技能未達完美境界等是可以被容許的。這些標準雖然嚴謹，卻是可以達成的。

前述兩種標準類型當中，目前可達標準最具有正面的行爲效益。如果標準過於嚴苛以至於根本無法達成，則作業人員會因此而大感沮喪，績效水準便會隨之降低。另一方面，具有挑戰性但仍可達成的標準有助於作業人員提升績效水準——當實際執行人員也參與了擬訂標準的過程時尤其如此。

採用標準成本制度的原因

採用標準成本制度的常見原因有二：提升規劃與控制效益，以及做爲產品成本方法的依據。

規劃與控制 (Planning and Control)

標準成本制度能夠提升規劃與控制效益並改善績效評估的正確性。單位標準是彈性預算制度的基礎，而彈性預算制度則在規劃與控制制度中扮演關鍵角色。預算控制制度計算相同作業水準之下，實際成本與規劃成本之間的差額等變數，來比較實際成本與預算成本之間的異同。藉由找出單位價格標準與數量標準的方式，可將整體性的變數分解爲*價格變數 (Price Variance)*以及*使用或效率變數 (Usage or Efficiency Variance)*。

經理人可以從價格變數以及使用或效率變數當中得到更多的資訊。如果變數的值爲負，那麼經理人可以判別此一負值是因爲規劃價格與實際價格之間的差異所造成，或是因爲規劃使用與實際使用之間的差異所造成，或者兩種原因兼俱。由於經理人對於投入的使用握有較多的控制，因此效率變數能協助經理人判斷是否需要採取修正行動，以及修正行動應以何爲重點。換言之，效率變數基本上可以提升作業控制的成效。此外，單獨分解出經理人比較無法掌控的價格變數，亦有助於企業更正確地衡量出管理效率。

然而作業控制的優點卻可能並不適用當代製造環境。將作業控制的標準成本制度套用在當代製造環境可能會產生功能失調的行爲。舉例來說，物料價格變數報表可能會變相鼓勵採購部門採取大量購買的方式以取得折扣。然而此一作法卻可能造成存貨堆積，進而違反了及時制度的原則。因此，新的製造環境並不鼓勵進一步地分解變數——至少在作業水準之下是如此。儘管如此，當代製造環境的標準仍然適用於許多規劃工作（例如擬訂投標價格）。再者，企業仍可計算出不同的變數，列示在呈核高階管理階層的報表上，便於監督財務狀況。

最後值得一提的是，目前許多企業的作業方式仍然依循著傳統的製造制度。標準成本制度廣爲企業所採用。根據最近的一項調查顯示，百分之八十七 (87%) 的受訪企業採用了標準成本制度。此外，調查結果也顯示出受訪企業當中有相當大的比例將計算作業水準的各項變數。舉例來說，約有百分之四十 (40%) 採用標準成本制度的企業均會計算小型的生產小組或個別作業員工的人工變數。

產品成本法 (Product Costing)

在標準成本制度當中，三種製造成本都是利用數量與價格標準來分配至產品上：直接物料、直接人工與費用。相反地，正常成本制度爲了計算產品成本之便，會預先決定費用成本，然後再根據實際成本來分配直接物料與直接人工至產品上。在成本分配方法的範疇內，另有一種實際成本制度則是將三種製造投入的實際成本分配至產品上。圖 17-1 扼要說明了這三種成本分配方法的內容。

相較於正常成本方法與實際成本方法，標準產品成本方法擁有幾項優點。可想而知，第一項優點是可以得到更大的控制成效。標準成本方法亦可提供便利的單位成本資訊，做爲定價決策的依據。此一優點對於參與投標金額較大、以成本外加爲基礎的企業尤其重要。

標準成本制度亦可進行不同的簡化。舉例來說，如果製程成本制度是利用標準成本方法來分配產品成本，則毋須計算每一個成本項目的約當單位成本。舉凡物料、轉入與加工成本等項目均有標準單位成本可爲依據。此外，計算期初存貨成本的時候毋須區分先進先出或加權平均的差別。一般而言，標準製程成本制度採用先進先出法來計算

	製造成本		
	直接物料	直接人工	費用
實際成本制度	實際	實際	實際
正常成本制度	實際	實際	預算
標準成本制度	標準	標準	標準

圖 17-1
成本分配方法

約當單位成本。換言之，標準製程成本制度計算的是目前的約當數量。找出目前的約當數量之後，便可針對目前實際生產成本與標準成本（目前生產所容許的成本）進行比較，達到控制的目的。

標準產品成本

學習目標二

解說標準成本表的目的。

標準成本法最常應用於製造業。然則標準成本法亦可適用於服務業。舉例來說，美國的國稅局可以建立處理不同類別的賦稅申報的處理時間。假設一份 1040EZ 申報書的標準處理時間是三分鐘，每一小時的標準人工價格是 \$9，那麼處理一份 1040EZ 申報書的標準成本就是 \$0.45 (\$9 × 3 / 60)。實務上的例子還有很多。美國聯邦政府目前採用標準成本制度來補助醫療成本。根據許多研究指出，疾病可以分爲門診相關成本與住院成本（包括了住院病房費、伙食、藥劑、耗材、設備等等）。針對門診相關成本部份，聯邦政府支付給醫療院所的是門診的標準成本。如果治療病患的成本超過政府補助的部份，那麼醫療院所就會出現虧損。若治療病患的成本低於政府補助的部份，那麼醫療院所就會出現盈餘。平均而言，醫療院所多半不虧也不賺。

舉凡生產產品或服務所需的物料、人工與費用都會擬訂出標準成本。利用這些成本可以求出**單位標準成本** (Standard Cost Per Unit)。**標準成本表** (Standard Cost Sheet) 當中涵蓋了標準單位成本的細項。爲了說明之便，謹以海藍多公司（只要精品店銷售其所生產的冷凍優格產品）生產的一夸特草莓冷凍優格的標準成本表爲例。生產草莓冷凍優格必須先製造兩種不同的混合物。第一種混合物含有牛奶與動物膠質。這兩種成份經過混合、加熱之後，再進行冷卻。第二種混合物含有優格、打散的奶油和削好的草莓塊。這兩種混合物混合之後必須經過充份的攪拌。最後的混合物會倒入一夸特的容器內，然後予以冷凍。前述過程均採機器自動化方式。操作機器設備及檢查產品品質與口味的作業則是由人工負責。**圖** 17-2 即因此一產品的標準成本表。

生產草莓冷凍優格需要五種物料： 優格、草莓、牛奶、奶油與動物膠質。放置優格的容器亦視爲直接物料。直接人工則爲機器操作員（也負責檢查作業）。變動費用包括三項成本： 瓦斯（烹煮之用）、

內容	標準價格		標準使用		標準成本	小計
直接物料：						
優格	$0.020	×	25 盎斯	=	$0.50	
草莓	0.010	×	10 盎斯	=	0.10	
牛乳	0.015	×	8 盎斯	=	0.12	
奶油	0.025	×	4 盎斯	=	0.10	
動物膠	0.010	×	1 盎斯	=	0.01	
容器	0.030	×	1	=	0.03	
總直接物料						$0.86
直接人工：						
機器操作員	8.00	×	.01 小時	=	$0.08	
總直接人工：						0.08
費用：						
變動費用	6.00	×	.01 小時	=	$0.06	
固定費用	20.00	×	.01 小時	=	0.20	
總費用						0.26
總標準單位成本						$1.20

圖 17-2

特級冷凍草莓優格之標準成本表

電力（機器設備運作之用）與水（清潔之用）。變動費用的分配係以直接人工小時爲基礎。固定費用的分配也是以直接人工小時爲基礎，其中包括了薪資、折舊、賦稅與保險。值得注意的是，每生產一夸特的冷凍優格需要三十七盎斯的液體混合物（優格、牛奶與奶油）。生產冷凍優格需要額外投入的原因有二。首先，在蒸發的過程中大約會損失一夸特的液體混合物。其次，海藍多公司希望每一罐三十二盎斯裝的冷凍優格的重量都能夠略爲超過標示重量，以確保顧客滿意度。

圖 17-2 同時也顯示出其它重要的訊息。變動費用與固定費用的標準使用會受到直接人工標準的限制。就變動費用而言，比率爲每一直接人工小時 $6.00。由於一夸特的冷凍優格使用 0.01 直接人工小時，因此分配至一夸特冷凍優格的變動費用成本爲 $0.06 ($6.00 × 0.01)。就固定費用而言，比率爲每一直接人工小時 $20，因此每一夸特冷凍優格的固定費用成本爲 $0.20 ($20 × 0.1)。利用直接人工小時做爲分配費用的唯一動因的作法顯示出，海藍多公司採用的是傳統成本會計制度。

標準成本表同時也反映出爲生產一單位的產出所應使用的每一種

投入的數量。單位數量標準可以用來計算實際產出所容許的投入之總金額。此一計算過程為計算效率變數的重要依據。經理人必須能夠計算實際產出所**容許的物料標準數量** (Standard Quantity of Material Allowed, SQ) 與**容許的標準小時** (Standard Hours Allowed, SH) 類型的物料與人工都必須求出其 SQ 與 SH。舉例來說，假設海藍多公司在三月份的第一個星期生產了 20,000 夸特的冷凍草莓優格。為了獲得 20,000 夸特的實際產出，海藍多公司應該使用多少優格。已知單位標準數量是每一夸特 25 盎斯的優格（參見**圖** 17-2）。當實際產出為 20,000 夸特的時候，其所容許的優格標準數量為：

SQ = 單位數量標準 × 實際產出
　　= 25 × 20,000
　　= 500,000 夸特

容許的標準直接人工小時亦可利用公式求得。從**圖** 17-2 可以看出，單位數量標準是每生產一夸特 0.01 小時。因此，如果海藍多公司生產了 20,000 夸特，則可容許的標準小時為：

SH = 單位數量標準 × 實際產出
　　= 0.01 × 20,000
　　= 200 直接人工小時

變數分析：一般說明

學習目標三

描述變數分析背後所隱含的基本概念，並解說什麼時候應該檢查變數。

彈性預算可以用於找出為達實際作業水準所應發生的成本。將實際產出所容許的投入金額乘上標準單位價格之後即可求得。令 SP 代表某項投入的標準單位價格，SQ 代表實際產出所容許的投入的標準數量，則規劃或預算投入成本即為 SP × SQ。實際投入成本為 AP × AQ，其中 AP 代表該項投入的實際單位價格，AQ 代表該項投入的實際使用數量。

價格變數與效率變數

財務術語上的**總預算變數** (Total Budget Variance) 其實就是投

入的實際成本與規劃成本之間的差額。為了說明之便，本書將總預算變數稱為*總變數* *(Total Variance)*。

總變數 ＝ (AP × AQ) － (SP × SQ)

在標準成本制度當中，總變數又分解成價格變數與使用變數。**價格（比率）變數** [Price (Rate) Variance] 係指實際單位價格與標準單位價格之間的差額，乘上使用的投入數量後的乘積。**使用（效率）變數** [Usage(Efficiency) Variance] 係指實際數量與標準數量之間的差額，乘上標準單位價格之後的乘積。誠如前文所述，將總預算變數分解為價格變數與效率變數的作法，有助於經理人更明確地分析與控制總變數。經理人可以藉此找出成本增加的起源，並採取適當的修正行動。實務上經常將總變數分解為直接物料與直接人工的價格變數與效率變數。作者將在稍後的段落再行討論。

將總變數公式的等號右邊的兩個項目分別扣除和加上 SP × AQ 之後，便可分別求得價格變數與效率變數：

總變數 ＝ [(AP × AQ) － (SP × AQ)] ＋ [(SP × AQ) － (SP × SQ)]
＝ (AP － SP)AQ ＋ (AQ － SQ)SP
＝ 價格變數＋使用變數

圖 17-3 當中的三個階段說明了導出價格變數與使用變數的過程。

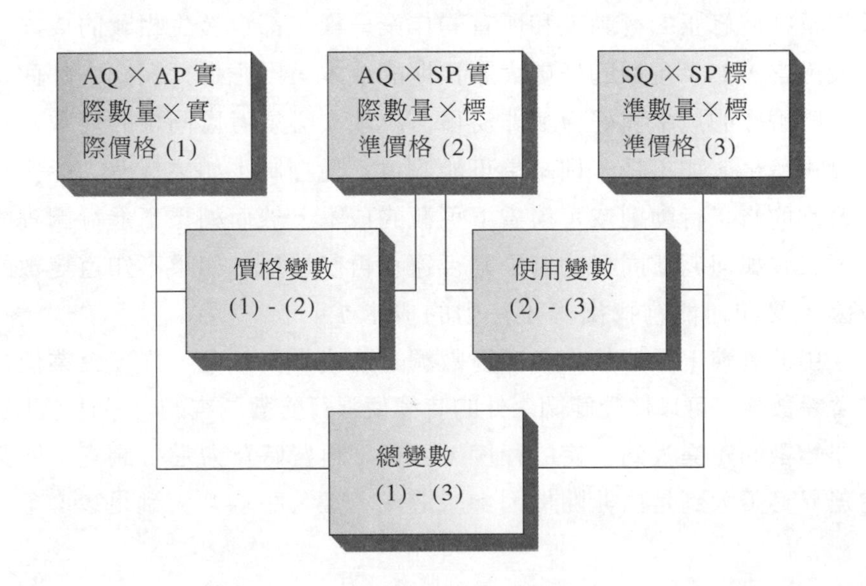

圖 17-3
變數分析：一般說明

當實際價格或使用大於標準價格或使用時，會產生**負(U)變數** [Unfavorable (U) Variance]。當實際價格或使用低於標準價格或使用時，則會產生**正(F)變數** [Favorable (F) Variance]。在價格與使用公式已知的情況下，可以很快地求得實際數據減去標準數據（例如AP － SP）的答案。答案爲正値代表正變數，答案爲負則代表負變數。變數之值爲正或爲負並不代表結果是好或是壞。變數的正負僅代表實際價格或數量與標準價格或數量之間的關係。變數所隱含的結果是好或是壞取決於其所發生的原因。判斷結果是好是壞仍待經理人做更進一步的研究調查。

調查的決策

實務上少見實際績效等於既定標準的情況，企業的管理階層也很少會期望這樣的結果。實務上最常出現的是標準附近的隨機變異情況。因此，管理階層應當設定可以接受的績效範圍。當變數的値落在此一範圍內的時候，是受到隨機因素的影響。當變數的値落在範圍以外的時候，則可能受到非隨機因素的影響，而這些因素可能是經理人可以控制或無法控制的因素。如果是因爲無法控制的因素所造成，經理人則必須修正原有的標準。

無論如何，調查變數的成因都是相當重要的課題。調查變數的成因以及採取修正的行動就和所有的作業一樣，都會發生相關的成本。一般而言，如果預期的好處大於預期的成本，則應進行調查。然而瞭解變數調查的成本與好處並非易事。經理人必須考慮同樣的變數是否還會再發生。如果是，則結果可能永遠不受控制；如果經理人能夠採取適當的修正行動則或可節省下可觀的成本。然而如果不進行調查的話，又當如何判斷同樣的結果是否還會再度發生？如果不知道變數的成因，又如何能夠找出修正行動的成本？

由於實務上很難找出各項變數調查的成本與好處，許多企業便採取當變數落在可以接受範圍之外的時候便進行變數調查的一般性原則。除非變數的差異大到一定的程度，否則不再費時費力進行調查。變數的差異必須大到是由非隨機因素所造成，且（平均）大到足以必須支付變數調查與採取修正行動的成本的時候，才會進行變數調查。

經理人必須如何才能判定變數是否產生重大差異？經理人又當如何設定可以接受的範圍？可以接受的範圍是標準值加減一個可以接受的變異程度。可以接受的範圍的兩端稱爲**控制限制** (Control Limits)。*控制限制上限 (Upper Control Limit)*是標準值加上一個可以接受的變異程度，而*控制限制下限 (Lower Control Limit)*則是標準值減去一個可接受的變異程度。目前實務上採取主觀認定的方式來設定控制限制：管理階層根據過去的經驗與判斷等來決定可以接受的標準差。

控制限制通常以標準值的百分比例和絕對的金額來表示。例如，可接受的變異可以表示爲標準金額的負百分之十 (-10%) 和 -$10,000。換言之，即使變數落在標準值的正百分之十的區間內或者比標準值多出不超過 $10,000，管理階層也不接受。另一方面，雖然變數比標準值低，且差額不超過 $10,000，但由於變異程度超過標準值的負百分之十，經理人仍須進行變數成因的調查。

實務上亦可運用正規的統計步驟來設定控制限制。如此一來，將可減少主觀的成份，經理人亦可更加瞭解變數是由隨機因素造成的可能性。然而目前企業多半並未採用正規的統計步驟。

變數分析與會計處理：　物料與人工

學習目標四

計算並記錄物料與人工變數，並解說如何利用這些變數來進行控制。

總變數可以衡量出實際作業水準之下，物料與人工的實際成本和預算成本之間的差異。爲了說明之便，再以前文當中的海藍多公司在五月份第一週的數據爲例，並假設海藍多公司只使用一種物料（優格）。完整的分析必須包括所有的物料。

實際產量：30,000 夸特

實際優格使用：780,000 盎斯（沒有期初或期末存貨）

每一盎斯優格實際價格：$0.025

實際直接人工小時：325 小時

實際工資比率：每一小時 $8.20

根據上述資料與**圖** 17-2 的單位標準，便可製作出五月份第一週的績效報告，如**圖** 17-4 所示。誠如前述，總變數可以細分為價格變數與使用變數，提供給經理人更多的控制資訊。

直接物料之價格變數與使用變數

圖 17-3 所列示的三階法可以用於計算物料的價格變數與使用變數。**圖** 17-5 說明了如何將此一方法應用於海藍多公司的例子。圖中僅顯示出優格的價格變數與使用變數。實務上發現圖解法比變數公式更為清楚明瞭。

圖 17-4

績效報告：總變數

	實際成本	預算成本 *	總變數
優格	$19,500	$15,000	$4,500 U
直接人工	2,665	2,400	265 U

* 物料與人工之標準數量計算如下。利用圖 17-3 的單位標準數量：優格：25 × 30,000 = 750,000 盎斯；人工：0.01 × 30,000 = 300 小時。將這些標準數量乘上圖 17-2 當中的單位標準價格，即可求出此欄當中的預算金額。

圖 17-5

價格與使用變數：直接物料

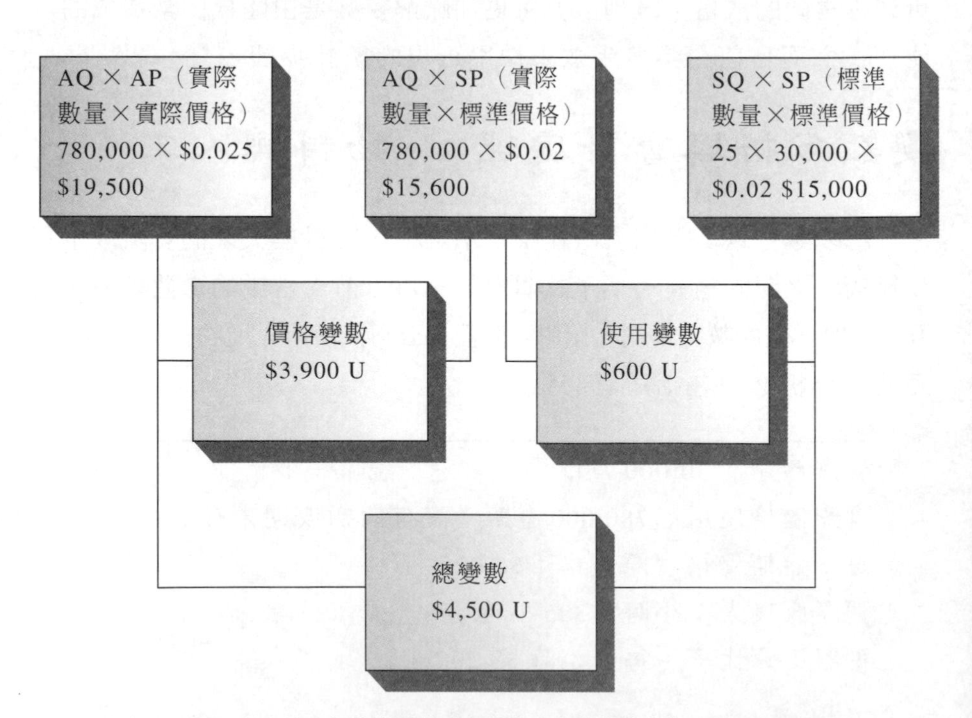

值得注意的是，圖表當中第三行的右邊代表每單位容許的物料金額×產量×標準價格。

物料價格變數：公式法

實務上可以單獨計算物料價格變數。**物料價格變數** (Material Price Variance，簡稱 MPV) 可以衡量出應該為原料支出的金額與實際支出的金額之間的差異。計算此一變數的簡單公式如下：

$$MPV = (AP \times AQ) - (SP \times AQ)$$

或者亦可表示為：

$$MPV = (AP - SP)AQ$$

其中，

AP = 實際單位價格

SP = 標準單位價格

AQ = 實際使用的物料數量

物料價格變數之計算

海藍多公司在五月份的第一週採購並使用了780,000盎斯的優格。購入價格為每一盎斯$0.025。換言之，AP是$0.025，AQ是780,000盎斯，而SP（由圖17-2可以得知）$0.02。根據這些資訊，便可計算出物料價格變數為（參閱圖17-5來比較三階法與公式法之異同）：

$$\begin{aligned} MPV &= (AP - SP)AQ \\ &= (\$0.25 - \$0.020)780{,}000 \\ &= \$0.005 \times 780{,}000 \\ &= \$3{,}900\ U \end{aligned}$$

物料價格變數之意涵

控制物料價格變數通常是採購人員的職責。無可否認地，物料價格往往不是採購人員所能控制的；然而，價格變數卻可能受到品質、數量折扣、交貨距離等因素的影響。這些因素卻往往是採購人員可以掌控的。

利用價格變數來評估採購人員的績效仍有其限制。過度強調達到甚至超過標準可能會產生不必要的結果。舉例來說，如果採購人員感受到必須產生正變數的壓力，則可能會採購品質較差的物料，或者是爲了爭取到數量折扣而堆積了過多的存貨。

物料價格變數之分析

變數分析的第一步是判斷此一變數是否重要。如果認定爲不重要，則毋須進行任何後續的步驟。假設某一項負 $3,900 的物料價格變數被認定爲是重要的變數，那麼下一步便是找出爲什麼發生的原因。

就海藍多公司的例子而言，調查結果顯示由於市場上一般優格缺貨的關係而改爲採購品質較高的優格。一旦瞭解原因之後，便可視需要和可行性來採取修正行動。在海藍多公司的例子當中，並不需要採取任何修正行動。海藍多公司無法控制市場供給短缺的現象，因此也只能等到市場情況改善爲止。

計算價格變數的時機

在兩種情況下可以計算物料價格變數：(1) 發出原料用於生產的時候，或者 (2) 採購原料的時候。一般情況下，較傾向於在採購的時候計算物料價格變數，以取得先機。資訊取得的時機愈早，愈可能採取適當的管理行動。過時的資訊往往是沒有用的資訊。

物料在用於生產之前，可能會先存放達數週或數月之久。等到發料的時候才計算物料價格變數，才發現問題所在，再採取任何補救行動可能爲時已晚。又或者仍可採取補救行動，卻可能花費不必要的大筆金錢。舉例來說，假設採購人員沒有注意到某項原料可以取得可觀的數量折扣。假設在採購的時候計算出沒有涵蓋數量折扣的價格變數，得到的負變數可以提醒經理人迅速採取修正行動。（例如未來採購的時候必須爭取到數量折扣。）如果等到發料生產的時候才計算價格變數，那麼可能要浪費數週甚至數月的時間才會發現此一同樣問題。

如果在採購的時候就計算物料價格變數，那麼 AQ 必須重新定義爲*採購 (Purchased)* 物料的實際數量，而非使用物料的實際數量。由於採購的物料可能和使用的物料不儘相同，因此整體物料預算變數可能並不等於物料價格變數與物料使用變數的總和。如果採購的物料在計算變數的當期全數用於生產，則兩項變數會等於總變數。如果情況並非如此，則必須利用公式法來分別計算每一項物料變數。三階法並不適用此一情況。

物料價格變數之會計作業

在採購的時候計算物料價格變數也代表著原料存貨的持有成本爲標準成本。一般而言，在標準成本制度當中，所有的存貨都是以標準成本所持有。實際成本並不計算存貨帳目。在記錄變數的時候，負變數記入借方，正變數則記入貸方。下面列出與原料採購相關的分類帳。此一記錄係假設物料價格變數爲負，且是在採購原料的時候就計算出實際單位價格。

物料	SP × AQ	
物料價格變數	(AP − SP)AQ	
應付帳款		AP × AQ

就海藍多公司的例子而言，與採購優格相關的分錄則爲：

物料	15,600	
物料價格變數	3,900	
應付帳款		19,500

直接物料使用變數：公式法

物料使用變數 (Material Usage Variance，簡稱 MUV) 可以衡量出實際產出下實際使用的直接物料與應該使用的直接物料之間的差異。計算物料使用變數的公式如下：

$$MUV = (SP \times AQ) - (SP \times SQ)$$

或者亦可表示爲：

$$MUV = (AQ - SQ)AP$$

其中，　AQ = 使用物料的實際數量
SQ = 實際產出所容許的物料標準數量
SP = 標準單位價格

物料使用變數之計算

海藍多公司使用了 780,000 盎斯的優格原料來生產 30,000 夸特的優格產品。換言之，AQ 等於 780,000。由**圖** 17-2 可以得知，SP 等於每一盎斯的優格 \$0.02。雖然**圖** 17-4 已經計算出可以容許的標準物料，但是此處仍將複習一遍計算過程。各位應該記得，SQ 代表單位數量標準與實際產量的產品。由**圖** 17-2 得知，每一夸特優格的單位標準為 25 盎斯的優格原料。亦即，SQ 等於 750,000 盎斯(25 × 30,000)。物料使用變數的計算過程如下（參閱**圖** 17-5 來比較公式法與三階法之異同）：

$$MUV = (AQ - SQ)SP$$
$$= (780,000 - 750,000)\$0.02$$
$$= \$600 \text{ U}$$

物料使用變數之意涵

一般而言，物料使用之控制是生產經理的責任。減少廢料、重製等方式能讓經理人達成既定的標準。然而在某些情況下，變數的發生卻必須歸因於生產以外的原因。舉例來說，採購品質不佳的物料可能導致產品不良或產量過低。遇此情況，可能必須追究採購部門的責任，而非生產部門的責任。

誠如價格變數一樣，採用使用變數來評估績效也可能導致不必要的結果。舉例來說，生產經理可能因為必須產生正變數的壓力而放水，讓瑕疵品轉為製成品出售。如此一來雖然可以避免廢料的產生，卻可能帶來顧客關係惡化的問題（顧客無法出售不良的產品）。

變數分析

根據調查結果顯示，物料使用變數為負的原因是因為品質與口味不佳而拒絕了一批 1,200 夸特的優格。混合過程當中的設定可能出了問題，因此造成添加物的混合比例錯誤。經過修正混合過程的比例設定之後，就沒有同樣的問題再度發生。

產品：冷凍草莓優格（夸特）	產出：30,000 夸特	
原物料	單位標準	總需求
優格	25 OZ.	750,000 OZ.
草莓	10 OZ.	300,000 OZ.
牛乳	8 OZ.	240,000 OZ.
奶油	4 OZ.	120,000 OZ.
動物膠	1 OZ.	30,000 OZ.
容器	1 容器	30,000 容器

圖 17-6
標準物料表

計算物料使用變數的時機

實務上必須在發料生產的時候計算物料使用變數。為了方便計算，許多企業採取三種型式： 標準物料表、彩色超量使用表、與彩色退料表。**標準物料表** (Standard Bill of Materials) 列出為了生產預定數量的產出所應使用的物料之數量。**圖** 17-6 即為海藍多公司的標準物料表。

標準物料表具有物料需求表的功能。生產經理將此一表格提示給倉庫，取得預定產出所容許的標準數量。如果生產經理需要更多的物料，則可使用超量使用表。超量使用表的顏色與標準物料表的顏色並不相同，便於生產應理即時瞭解到目前正在使用超量的原料。如果遇到相反的情況，亦即使用的數量比標準數量還少，生產經理可以填具退料表連同剩餘的物料退回倉庫。此一不同顏色的表格同樣可以提供立即的回饋。

物料使用變數之會計作業

發料生產的時候即承認物料使用變數。發出物料的標準成本分配至在製品帳目。記錄物料的發放與使用的分錄－－假設物料使用變數為負的情況下－－如下：

在製品	$SQ \times SP$	
物料使用變數	$(AQ - SQ)AP$	
物料		$AQ \times SP$

海藍多公司在五月份第一週使用優格的分錄如下：

在製品	15,000	
物料使用變數	600	
物料		15,600

直接人工變數

實務上可以利用**圖** 17-3的三階法或公式法來計算人工的比率（價格）變數與效率（使用）變數。**圖** 17-7 即以海藍多公司爲例，說明三階法的計算過程。公式法的計算過程將於稍後再行介紹。

人工比率(價格)變數：公式法

人工比率變數 (Labor Rate Variance，簡稱 LRV) 可以衡量出實際支付的直接人工工資與應該支付的直接人工工資之間的差異：

圖 17-7

比率與效率變數：直接人工

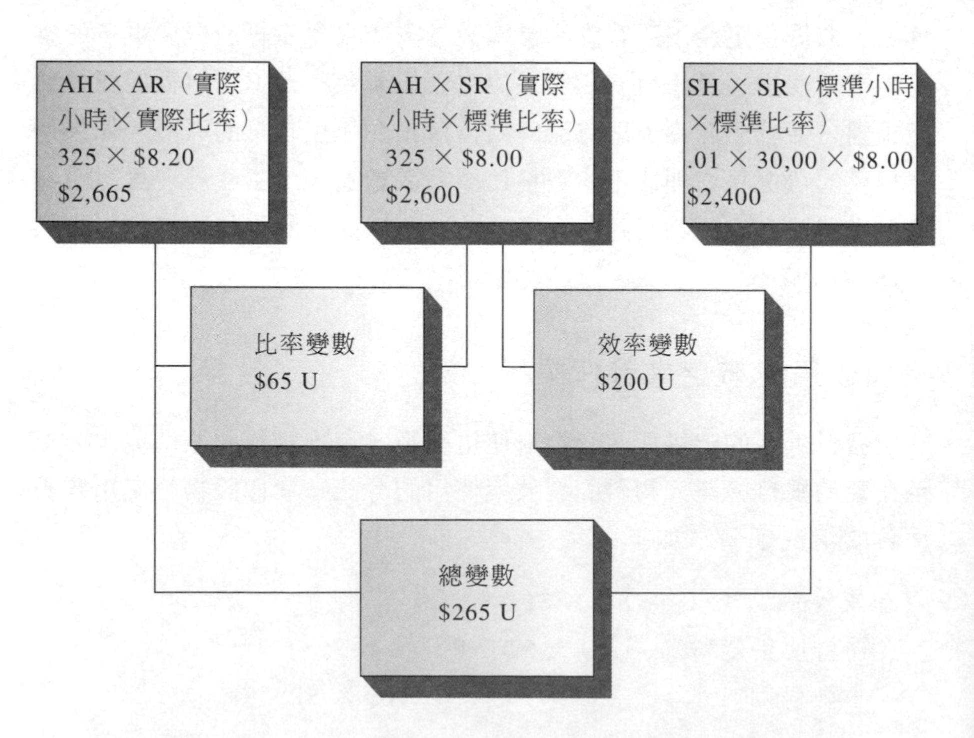

注意事項：誠如第三行所示，容許的標準小時係由單位標準乘上產量所求得。

$$LRV = (AR \times AH) - (SR \times AH)$$

或者亦可表示為：

$$LRV = (AR - SR)AH$$

其中，　AR = 每小時實際工資比率

SR = 每小時標準工資比率

AH = 實際使用的直接人工小時

人工比率變數之計算

此處將利用海藍多公司機器操作員的直接人工作業來說明如何計算人工比率變數。已知五月份的第一週使用了325小時。機器操作的實際每小時工資為\$8.20。由**圖**17-2得知標準工資比率應為\$8.00。換言之，AH等於325，AR等於\$8.20，且SR等於\$8.00。人工比率變數計算過程則為：

$$\begin{aligned} LRV &= (AR - SR)AH \\ &= (\$8.20 - \$8.00)325 \\ &= \$0.20 \times 325 \\ &= \$65\ U \end{aligned}$$

人工比率變數之意涵

人工比率多半係由勞動市場與工會契約等外部因素所決定。發生人工比率變異的情況多半是因為採用平均工資做為標準工資，或者是因為技術較好、工資較高的人工用於執行技術層次較低的工作。

特定人工作業的工資往往因為年資的不同而有所差異。企業往往捨棄人工比率標準，而改採平均工資比率來來反映不同的年資。由於年資的組合不儘相同，因此平均工資也會隨之改變。此一作法更使得人工比率產生程度不一的差異；同時也需要新的標準來反映新的年資組合。企業往往無法有效控制人工比率變數。

儘管如此，生產經理仍可控制人工的*使用 (Use)*。實務上，生產經理可能會使用技術較好的人工來執行技術層次較低的工作（或者恰好相反）。因此，控制人工比率變數往往成為決定如何使用人工的個人或部門的職責。

人工比率變數分析

如果負 $65 的人工比率變數被認定為是重要的，那麼就必須進行進一步的分析。假設海藍多公司進行了一項調查，發現人工比率變數為負的原因是加班的問題。由於一批 1,200 夸特的優格因為口味與品質不佳而遭拒，因而需要加班重新生產。操作人員重新設定機器來修正口味與品質的問題，因此造成了超額的人工比率。

人工效率變數

人工效率變數 (Labor Efficiency Variance，簡稱 LEV) 可以衡量出實際使用的人工小時與應該使用的人工小時之間的差異：

$$LEV = (AH \times SR) - (SH \times SR)$$

或者亦可表示為：

$$LEV = (AH - SH)SR$$

其中，
AH = 實際使用的直接人工小時
SH = 應該使用的標準直接人工小時
SR = 每小時標準工資比率

人工效率變數之計算

海藍多公司使用了 325 直接人工小時來生產 30,000 夸特的優格產品。由**圖** 17-2 得知，每生產 1 夸特的優格產品應該使用 0.02 小時，成本為每一小時 $8。容許的標準小時為 300 (0.01 × 30,000)。換言之，AH 等於 325，SH 等於 300，且 SR 等於 $8。人工效率變數的計算過程如下：

$$\begin{aligned} LEV &= (AH - SH)SR \\ &= (325 - 300)\$8 \\ &= 25 \times \$8 \\ &= \$200\ U \end{aligned}$$

人工效率變數之意涵

一般而言，生產經理必須負責有效地使用直接人工。然而誠如所有的變數一樣，一旦找出眞正原因之後，往往發現問題另有出處。舉例來說，機器的經常性故障可能造成生產中斷，因此無法有效地使用人工。但是機器故障的原因也有可能是因爲維修不當所造成。遇此情況，生產經理仍應對人工效率變數出現負數的事實負起責任。

如果企業過於強調人工效率變數，則可能促使生產經理涉及不當的行爲。舉例來說，爲了避免過長的工時以及避免因爲重製而必須使用額外的人工小時的情況，生產經理可能刻意放水，讓瑕疵品轉爲製成品出售。

人工效率變數之分析

如果海藍多公司認爲負 $200 的人工效率變數相當重要，那麼就必須調查它的原因。根據調查結果顯示，由於有一批次的冷凍優格品質不良因而使用了額外的工時。此外，操作人員的訓練與經驗不足也是產生負變數的部份原因。先前僱用的兩位新進操作人員由於經驗不足，因此需要較多的時間來完成工作。海藍多公司可以採取下列修正動作：重新設定機器以避免未來口味再出現不當的比例，提供額外的訓練以避免超額人工使用的情況。

人工比率變數與效率變數之會計作業

實務上必須同時記錄人工比率變數與人工效率變數。下面列出分類帳的一般型式（假設人工比率變數爲正，人工效率變數爲負）：

在製品	SH × SR	
人工效率變數	(AH − SH)SR	
人工比率變數		(AR − SR)AH
薪資		AH × AR

值得注意的是，上面的分錄當中僅採用標準小時與標準比率來分配在製品的人工成本，而未採用實際價格與數量。此一作法強調所有

存貨的持有成本均為標準成本的原則。

下面列出海藍多公司在五月份第一週使用直接人工的分類帳。由於兩項變數均為負值，因此借記入變數帳目中：

在製品	2,400	
人工比率變數	65	
人工效率變數	200	
薪資		2,665

物料變數與人工變數之處理

大多數的企業在年底的時候，會以轉入銷貨成本或依比例記做在製品、銷貨成本與製成品的方式，處理各項變數的記錄。如果變數並不重要，則最簡便的處理方法就是分配至銷貨成本。為了說明之便，假設前文當中海藍多公司所計算出來的變數都是一年期的變數。假設這些變數都不重要，則以下列方式處理這些變數：

銷貨成本	4,765	
物料價格變數		3,900
物料使用變數		600
人工比率變數		65
人工效率變數		200

如果判斷變數相當重要，則多半使用比例分攤的方法。此一方法源自於一般公認會計原則當中，存貨與銷貨成本應以實際成本記錄的規定。然而如果這些變數顯示出不具效率的結果，則實務上似乎很難將不具效率的成本視為資產。將這些不具效率的成本視為當期成本似乎比較符合邏輯。基於此一觀點，此處將海藍多公司的變數視為一年期變數來說明比例分攤的處理方式。假設物料與人工的投入係平均一致的；如此一來，則可根據三種存貨帳目佔主要成本總數的比例來分攤物料變數與人工變數。假設標準主要成本（在分配物料變數與人工變數之前）如下（均為假設值）：

	主要成本	佔主要成本的比例
在製品	$ 0	0%
製成品	3,480	20
銷貨成本	13,920	80
總計	$17,400	100%

根據上述比例，則可依下表方式來分配物料變數與人工變數：

製成品：0.2 × $4,765 = $953

銷貨成本：0.8 × $4,765 = $3,812

結束這些變數帳目的分類帳如下：

製成品	953	
銷貨成本	3,812	
物料價格變數		3,900
物料使用變數		600
人工比率變數		65
人工效率變數		200

實務上另有其它依比例分攤的方法。舉例來說，物料變數可以根據其佔每一個帳目的總物料成本來進行分配，人工變數可以根據其佔總人工成本的比例來分配。某些人士甚至認爲需要更精細的變數分配方法。舉例來說，物料價格變數可以分配至物料使用變數帳目、物料存貨帳目、在製品、製成品與銷貨成本帳目等（其它變數則只分配至常見的三種存貨帳目）。

變數分析：費用成本

學習目標五

以三種不同的方式來計算費用變數，並解說費用之會計作業。

就直接物料與直接人工而言，總變數可以細分爲價格變數與效率變數。總費用變數－－已分配費用與實際費用之間的差異－－同樣也可以細分爲幾項變數。究竟應該細分出幾項變數端視所採用的變數分析方法而定。此處將以四項變數分析爲主： 變動費用的兩項變數與固定費用的兩項變數。首先將費用成本分爲兩類：變動費用與固定費用。接下來再找出每一類費用的細項變數。總變動費用變數可以細分爲兩項變數：變動費用耗用變數與變動費用效率變數。同樣地，總固定費用變數亦可細分爲兩項變數：固定費用耗用變數與固定費用數量變數。雖然四項變數法可以提供最詳盡的細節，但是卻需要實際變動成本、實際固定成本、預算比率和預算成本等資料才能完成。企業如欲避免追蹤實際變動成本與實際固定成本的冗長過程，則可採用兩項變數法與三項變數法。此處亦將簡要地說明兩項變數法與三項變數法。

分析費用變數的時候，通常會假設一種傳統的方法。基本上，標準費用比率的計算和第四章所介紹的內容一樣。傳統費用比率的計算是以直接人工小時和機器小時等單位水準的動因爲基礎。本章所介紹的費用分析假設直接人工小時是分配費用成本的唯一動因。於是，此處所謂的變動費用與固定費用係指相對於直接人工小時－－單位水準動因－－而言是變動或固定的費用。作者將在第二十章的時候，再行介紹如何將變數分析應用於單位水準動因與非單位水準動因同時存在的環境。

四項變數法：變動費用變數

爲了說明變動費用變數，此處再以海藍多公司在五月份第一週的作業爲例。此一期間的相關資料如下：

變動費用比率（標準）	$6.00 每一直接人工小時[a]
實際變動費用成本	$7,540
實際工作小時	1,300
產出優格夸特	120,000
生產容許的小時	1,200[b]
分配的變動費用	$7,200[c]

[a] 預算變動費用／實際產量容許的標準小時。

[b] .01 × 120,000（參閱圖 17-2的單位標準與價格）。

[c] $6.00 × 1,200（利用容許的標準小時來分配費用）。

總變動費用變數

總變動費用變數係指實際變動費用與分配變動費用之間的差異。在海藍多公司的例子當中，總變動費用變數的計算過程為：

總變動費用變數 = \$7,540 - \$7,200

= \$340 U

此一變數可以進一步細分為耗用變數與效率變數。**圖 17-8** 以三階法說明如何計算這兩項變數。

變動費用耗用變數

變動費用耗用變數 (Variable Overhead Spending Variance) 可以衡量出實際變動費用比率 *(AVOR)* 與標準變動費用比率 *(SVOR)* 之間的差異的加總效果。實際變動費用比率即為實際變動費用除以實際小時之後的商。在海藍多公司的例子當中，實際變動費用比率為 \$5.80 （\$7,540 / 1,300小時）。計算變動費用耗用變數的公式如下：

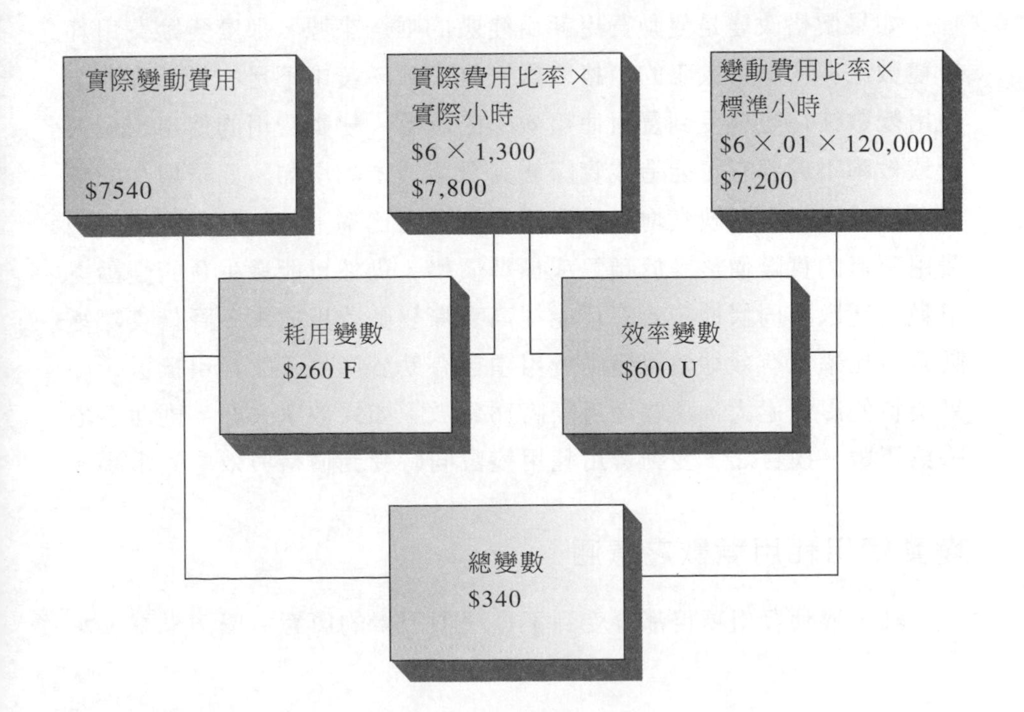

圖 17-8
費用變數分析

$$\begin{aligned}\text{變動費用耗用變數} &= (AVOR \times AH) - (SVOR \times AH)\\ &= (AVOR - SVOR)AH\\ &= (\$5.80 - \$6.00)1{,}300\\ &= \$260\ F\end{aligned}$$

物料與人工之價格變數之比較

變動費用耗用變數與物料及人工之價格變數十分相似，但非完全相同。變動費用耗用變數與此兩項變數的概念不儘相同。變動費用並非性質完全相同的投入－－變動費用是由很多個別項目組合而成，例如間接物料、間接人工、電力和維護等等。標準變動費用比率代表著所有的變動費用項目在每一直接人工小時內所應發生的加權成本。每一小時應該花費的金額與實際花費的金額之間的差異即爲價格變數的其中一種。

變動費用耗用變數可能會因爲個別變動費用項目的增加或減少而改變。此處假設個別費用項目的價格改變是耗用變數的唯一因素。如果耗用變數爲負，則個別變動費用項目的價格上漲便是原因所在；如果耗用變數爲正，則個別變動費用項目的價格下跌即爲主要原因。

如果價格改變是變動費用耗用變數的唯一來源，那麼變動費用耗用變數應與物料及人工的價格變數完全一致。美中不足的是，實務上耗用變數往往也會受到費用使用效率的影響。變動費用的使用出現浪費或效率不彰都有可能造成實際變動費用成本的增加。此一增加的變動費用成本又會反映在增加的實際變動費用比率上。於是，即便個別費用項目的實際價格等於預算或標準價格，仍然可能發生負的變動費用耗用變數。同樣地，效率可能提高實際變動費用成本，降低實際變動費用比率。有效地使用變動費用項目有助於產生正的耗用變數。如果廢料的影響過大，那麼淨邊際將爲負數；如果效率良好，則淨邊際將爲正數。換言之，變動費用耗用變數同時受到價格與效率的影響。

變動費用耗用變數之意涵

許多變動費用項目都會受到不止一項因素的影響。舉例來說，水電費用就是屬於聯合成本。分配水電費用至特定的部門必須確實追蹤（而非分配）此一部門的成本。只要能夠追蹤特定部門消費變動費用的情形，就可以分配各該部門的變動費用。間接物料的消費就是可以追蹤的變動費用成本的實例。

分配變動費用的一大前題是可以控制的程度。基本上，變動費用項目的價格變動多半超出主管所能控制的範圍。如果價格變動不大（實務上往往是如此），則耗用變數主要決定於費用是否有效地使用於生產目的，此乃生產主管可以控制的範圍。於是，控制變動費用耗用變數通常歸屬於生產部門的責任。

變動費用耗用變數之分析

正 $260 的變動費用耗用變數明白顯示出，整體來看海藍多公司在變動費用上的花費比預期的金額還少。雖然此一差異並不大，但是我們無法看出海藍多公司如何控制個別變動費用項目的成本。變動費用的控制必須藉由逐項逐條的分析才能達成。**圖** 17-9 的績效報告列出爲了有效控制變動費用所需要的逐條資訊。假設海藍多公司會針對超出預算百分之十 (10%) 的項目進行調查，則天然氣將是唯一需要調查的項目。調查結果顯示天然氣公司因爲政府舉辦公聽會之後所做成的決議而調降天然氣的價格。預期此一調降動作將是永久性的決定。由此得知，變動費用耗用變數爲正數的原因不在海藍多公司可以控制的範圍之內。回應此一事實的正確動作應該是修正預算公式來反映天然氣成本的降低。

圖 17-9

海藍多公司
績效報告
一九九八年五月三十一日

	成本公式[a]	實際成本	耗用預算[b]	變數
天然氣	$3.80	$4,400	$4,940	$540 F
電力	2.00	2,840	2,600	240 U
水	0.20	300	260	40 U
總成本	$6.00	$7,540	$7,800	$260 F

[a] 每一直接人工小時。
[b] 容許的預算金額係根據成本公式與 1,300 實際直接人工小時的作業水準所求得。

變動費用效率變數

實務上係假設變動費用會隨著產量的改變而改變。於是，變動費用的改變會與使用的直接人工小時的改變成一定比例。**變動費用效率變數** (Variable Overhead Efficiency Variable) 可以衡量出因為有效地（不具效率地）使用直接人工所消費的變動費用之差異。實務上可以利用下列公式來計算效率變數：

變動費用效率變數 = (AH − SH)SVOR
= (1,300 - 1,200)$6
= $600 U

變動費用效率變數之意涵

變動費用效率變數與直接人工效率變數或使用變數具有直接關連。如果變動費用的動因確為直接人工小時，則誠如人工使用變數一樣，變動費用效率變數係由直接人工使用的有無效率所決定。如果使用的直接人工小時比標準小時還多（或少），則總變動費用成本將會增加（或減少）。此一變數是否正確取決於變動費用成本與直接人工小時之間關係的緊密程度。換言之，我們必須瞭解變動費用成本是否*真的* *(Really)* 會隨著直接人工小時的改變而出現一定比例的改變？如果答案是肯定的，那麼變動費用效率變數之責任應歸屬於負責使用直接人工的人員——也就是生產經理的責任。

變動費用效率變數之分析

變動費用效率為負的原因往往和人工使用變數為負的原因一樣。舉例來說，差異為負的原因可能是因為第一週為了追補一批不良優格產品而使用加班小時所造成。其餘不具效率的原因則可能是因為新進操作人員經驗不足，而使用了更長的時間來完成工作。

逐項逐條的分析可以提供更多關於人工使用對於變動費用之影響的資訊。實務上可以比較每一個變動費用項目的實際使用小時與容許的標準小時之間的差異。**圖** 17-10的績效報告即列出所有變動費用

圖 17-10

海藍多公司
績效報告
一九九八年五月三十一日

成本	成本公式[a]	實際成本	實際小時預算	耗用變數[b]	標準小時預算	效率變數[c]
天然器	$3.80	$4,400	$4,940	$540 F	$4,560	$380 U
電力	2.00	2,840	2,600	240 U	2,400	200 U
水	0.20	300	260	40 U	240	20 U
	$6.00	$7,540	$7,800	$260 F	$7,200	$600 U

[a] 每一直接人工小時。
[b] 耗用變數 = 實際成本 − 實際小時預算。
[c] 效率變數 = 實際小時預算 − 標準小時預算。

成本的比較。由**圖** 17-10 可以看出，天然氣的成本主要是受到人工使用不具效率的影響。舉例來說，用來追補一批不良的優格產品而使用了超額時間會增加天然氣的消費。同樣地，經驗不足的人工在加熱動物膠與牛奶的過程中可能會使用較長的時間，因而使用了較多的天然氣。

「標準小時預算」的欄位列出實際產出所應該花費的變動費用。此一欄位所有項目的總和即爲分配的變動費用，亦即在標準成本制度下分配至生產的金額。值得注意的是，在標準成本制度之下，變動費用的分配係以實際產出所容許的小時爲基礎，而在正常成本法之下，變動費用的分配則以實際小時爲基礎。

雖然**圖** 17-10 並未進一步說明，但是此一欄位的成本與實際成本之間的差異即爲總變動費用變數（少分配了 $340）。於是，少分配的變動費用差異即爲耗用變數與效率變數的總和。

四項變數分析：固定費用變數

此處再以海藍多公司爲例，說明如何計算固定費用變數。本例當中需要的資料如下：

預算／規劃項目（五月份）	
預算固定費用	$20,000
預期作業	1,000 直接人工小時[a]
標準固定費用比率	$20[b]

a 生產 100,000 夸特冷凍優格所容許的小時(.01 × 100,000)。

b $20,000 / 1,000。

實際結果	
實際產量	120,000 夸特
實際固定費用成本	$20,000
實際產量容許的標準小時	1,200[a]

[a]0.01 × 120,000。

總固定費用變數

總固定費用變數即爲實際固定費用與分配固定費用之間的差異。分配固定費用爲標準固定費用比率乘上實際產出容許的標準小時後的乘積。換言之，分配固定費用應爲：

分配固定費用 = 標準固定費用比率 × 標準小時
= $20 × 1,200
= $24,000

總固定費用變數爲實際固定費用與分配固定費用之間的差異，亦即：

總固定費用變數 = $20,500 - $24,000
= 多分配 $3,500

爲了協助經理人瞭解爲什麼多分配了 $3,500，可將總變數細分爲兩項變數：固定費用耗用變數與固定費用數量變數。**圖** 17-11 說明了這兩項變數的計算過程。

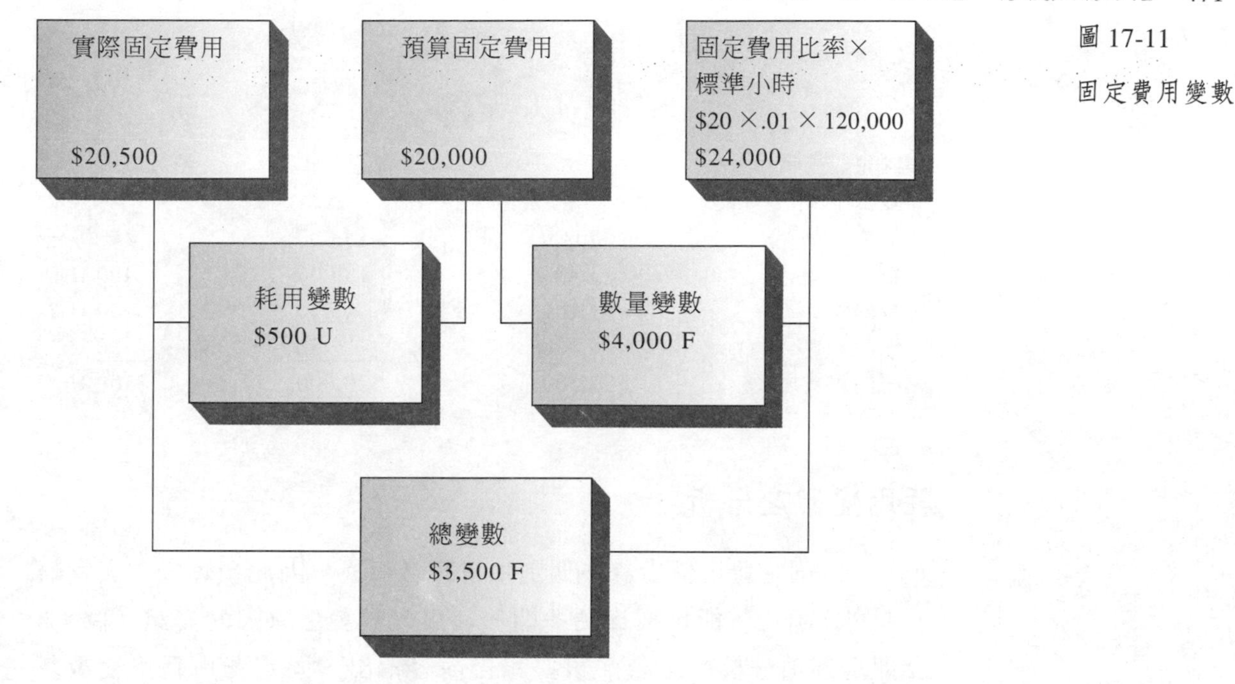

圖 17-11

固定費用變數

固定費用耗用變數

固定費用耗用變數 (Fixed Overhead Spending Variable) 定義爲實際固定費用與預算固定費用之間的差異。耗用變數爲正的原因是固定費用項目的實際花費比預算花費少。計算固定費用變數的公式如下（其中，AFOH代表實際固定費用，而BFOH則代表預算固定費用）：

固定費用耗用變數 = AFOH － BFOH

= $20,500 - $20,000

= $500 U

耗用變數之意涵

固定費用係由許多項目加總而得，例如薪資、折舊、稅賦和保險等等。許多固定費用項目－－例如長期投資－－在短期內並不會有任何改變；因此，固定費用成本往往超出管理階層所能立即控制的範圍。由於許多固定費用成本主要是受到長期決策的影響而非生產水準改變的影響，因此預算變數往往不大。舉例來說，折舊、薪資、稅賦和保險成本等往往和規劃的金額差異不大。

圖 17-12

海藍多公司 績效報告 一九九八年五月三十一日			
固定費用項目		實際成本	預算成本
變數			
折舊	$5,000	$5,000	$ —
薪資	13,400	13,000	400 U
稅賦	1,100	1,050	50 U
保險	1,000	950	50 U
總固定費用	$20,500	$20,000	$500 U

耗用變數之分析

由於固定費用係由許多個別項目組合而成，因此預算成本與實際成本的逐項比較能夠提出更多關於耗用變數發生原因的資訊。**圖** 17-12 即爲逐項分析的報告。根據報告內容指出，固定費用耗用變數基本上和預期結果相符。相對而言，固定費用耗用變數的差異程度並不大[均少於預算成本的百分之十 (10%)]。

固定費用數量變數

固定費用數量變數 (Fixed Overhead Volume Variance) 係指預算固定費用與分配固定費用之間的差異。固定費用數量變數可以衡量出實際產出與期初使用產出之間的差異，來計算預定標準固定費用比率。爲了說明之便，令 SH (D) 代表分母數量容許的標準小時（期初使用的數量來計算預定固定費用比率）。標準固定費用比率的計算過程如下：

標準固定費用比率 = 預算固定費用 / SH (D)

由上述公式可以得知，預算固定費用即爲標準固定費用比率乘上分母小時之後的乘積，亦即

預算固定費用 = 標準固定費用比率 × SH (D)

由**圖** 17-11 得知，數量變數的計算過程應爲：

數量變數 = 預算固定費用 − 分配固定費用

=〔標準固定費用比率 × SH (D)〕 − （標準固定費用比率 × SH）

=〔標準固定費用比率 × SH (D)〕 − （標準固定費用比率 × SH）

= 標準固定費用比率 × [SH (D) − SH]

= $20 (1,000 - 1,200)

= $4,000 F

於是，如欲出現數量變數，則分母小時 SH (D) 和實際產量容許的標準小時 SH 必不相同。舉例來說，海藍多公司在五月初的時候預期使用 1,000 個直接人工小時來生產 100,000 夸特的冷凍優格。結果實際使用了 1,200 個標準小時，生產出 120,000 夸特。換言之，產量超過預期水準時，則會出現正的數量變數。

然而此一變數究竟代表何種意義？數量變數的發生是因爲實際產出與預測產量不符。如果海藍多公司的管理階層在五月初的時候，預期使用 1,200 個標準小時來生產 120,000 夸特，則將不會出現數量變數。基於此一觀點，數量變數被視爲預測誤差－－衡量管理階層是否能夠選擇正確的數量來分配固定費用。

然而如果分母的數量代表的是管理階層認爲可以生產與銷售的金額，那麼此一變數隱含著更多重要的資訊。如果實際數量超過分母數量，則數量變數意味著利得的出現（相對於預期結果而言）。然而此一利得並不等於數量變數的金額。此一利得等於生產與銷售的超量單位所增加的貢獻邊際。儘管如此，數量變數確與利得之間具有正相關的關係。舉例來說，假設每一標準直接人工小時的貢獻邊際是 $50。如果海藍多公司生產 120,000 夸特的冷凍優格，而非預期的 100,000 夸特，那麼海藍多公司便有 20,000 夸特的銷售利得。此一數據相當於 200 小時 (0.01 × 20,000)。已知每一直接人工小時比率爲 $50，則利得應爲 $10,000 ($50 × 200)。正 $4,000 的數量變數意味著海藍多公司產生利得，只不過低估了利得的金額。由此觀之，數量變數亦爲產能使用情況的衡量指標。

數量變數之意涵

假設數量變數爲產能使用效率的衡量指標，隱含著一般而言控制此一變數應爲生產部門職責的意義。然而在某些情況下，調查數量變異程度過大的原因往往發現原因不在生產部門的控制範圍之內。遇此情況，企業必須正視眞正的責任歸屬。舉例來說，如果採購部門購入比以往品質較差的原料，則可能導致重製時間大幅增加，進而使得生產效率降低，產生負的數量變數。如此一來，控制數量變數就應該是採購部門，而非生產部門的責任。

固定費用變數之圖解說明

圖 17-13係以圖解方式說明固定費用變數。**圖** 17-13當中的實際固定費用大於預算固定費用。値得注意的是，利用固定費用比率乘上生產容許的標準小時來分配固定費用，會使得固定費用成爲單位水準的變動成本（圖中，SFOR × SH爲過原點之直線，斜率爲SFOR）。將固定成本轉爲變動成本有利於數量變數的產生（同樣也有利於總固定費用變數的產生）。另外亦須注意的是，數量變數與SH(實際生產容許的小時)的估計値之間具有相當的關連。如果SH等於SH (D)，則沒有數量變異可言（亦即圖中分配線與BFOH線的交點）。尙有一點必須注意的是如何將總變數細分爲耗用變數與數量變數。

圖 17-13

固定費用變數圖

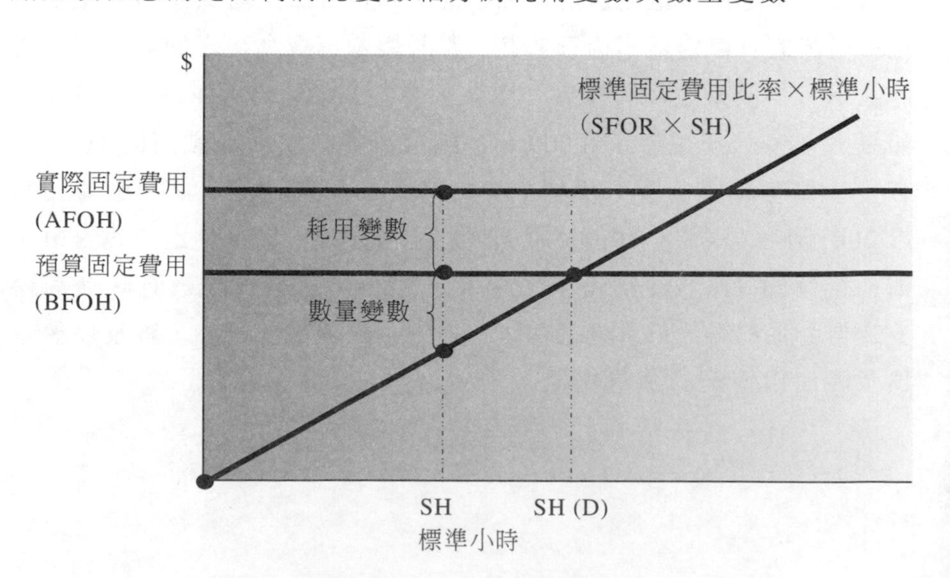

費用變數之會計作業

費用的分配係採借記在製品與貸記變動與固定費用統制帳目的方式。分配的金額即爲個別的費用比率乘上實際生產容許的標準小時。實際費用則爲費用統制帳目借方的金額之總和。企業必須定期（例如每一個月）編製費用變數報表。到了年終的時候，企業必須結束已分配的變動與固定費用成本以及實際固定費用成本等帳目，分別計算各個帳目的變數。如果這些變數金額不大，則轉入銷貨成本；如果這些變數的金額頗大，則依比例分別記做在製品、製成品與銷貨成本。此處將以海藍多公司五月份的交易來說明到了年終必須進行的會計作業。爲了說明之便，此處假設基本上五月份的交易反映出整年度的情況。

爲了分配費用，必須製作下列分錄：

在製品	31,200	
變動費用統制帳目		7,200
固定費用統制帳目		24,000

爲了認列實際費用的發生：

變動費用統制帳目	7,540	
固定費用統制帳目	20,500	
其它帳目		28,040

爲了認列變數的發生：

固定費用統制帳目	3,500	
變動費用效率變數	600	
固定費用耗用變數	500	
變動費用統制帳目		340
變動費用耗用變數		260
固定費用數量變數		4,000

最後，爲了將這些變數轉入銷貨成本，則必須製作下列分錄（假設這些變數金額並不大）：

固定費用數量變數	4,000	
變動費用耗用變數	260	
銷貨成本		4,260
銷貨成本	1,100	
變動費用效率變數		600
固定費用耗用變數		500

兩項變數分析與三項變數分析

企業如欲進行兩項變數分析與三項變數分析時，毋須取得變動與實際固定費用的詳盡資料。這些分析所能提供的資料較不詳盡，因此可供參考的資訊也少了許多。此處將扼要說明這兩種分析方法的計算過程。作者傾向於建議企業採行四項變數分析，而非簡便的兩項或三項變數分析。此處仍將利用海藍多公司五月份的資料，來說明如何進行兩項與三項變數分析，並假設已知總實際費用為 $28,040。

兩項變數分析

圖 17-14 說明了兩項變數分析的步驟，其中有多處和**圖** 17-8 與**圖** 17-11 所示範的四項變數分析頗有相似之處。首先，總變數是總固定費用變數與總變動費用變數的總和。其次，數量變數和四項變數法的金額相同。值得注意的是，在計算數量變數的時候，分配的變動費用 (SVOR × SH) 都出現在計算過程的中間與右邊階段。於是，當左邊的數據減去右邊的數據之後，餘額便是固定費用數量變數 (BFOH − SFOR × SH)。第三點，預算變數是四項變數法當中耗用變數與效率變數的總和 ($260 F + $500 U + $600 U = $840 U)。誠如前述，兩項變數法省略了許多有用的資訊。

三項變數法

圖 17-15 說明的三項變數法的計算過程。同樣地，三項變數法與四項變數法之間有相當多的類似之處。首先，總變數也是總變動與

實際費用
$28,040
預算費用＋標準變動費用比率×標準小時
$27,200
費用比率×標準小時
$26 ×.01 × 120,000
$31,200
預算變數
$840
數量變數
$4,000 F
總變數
$3,160

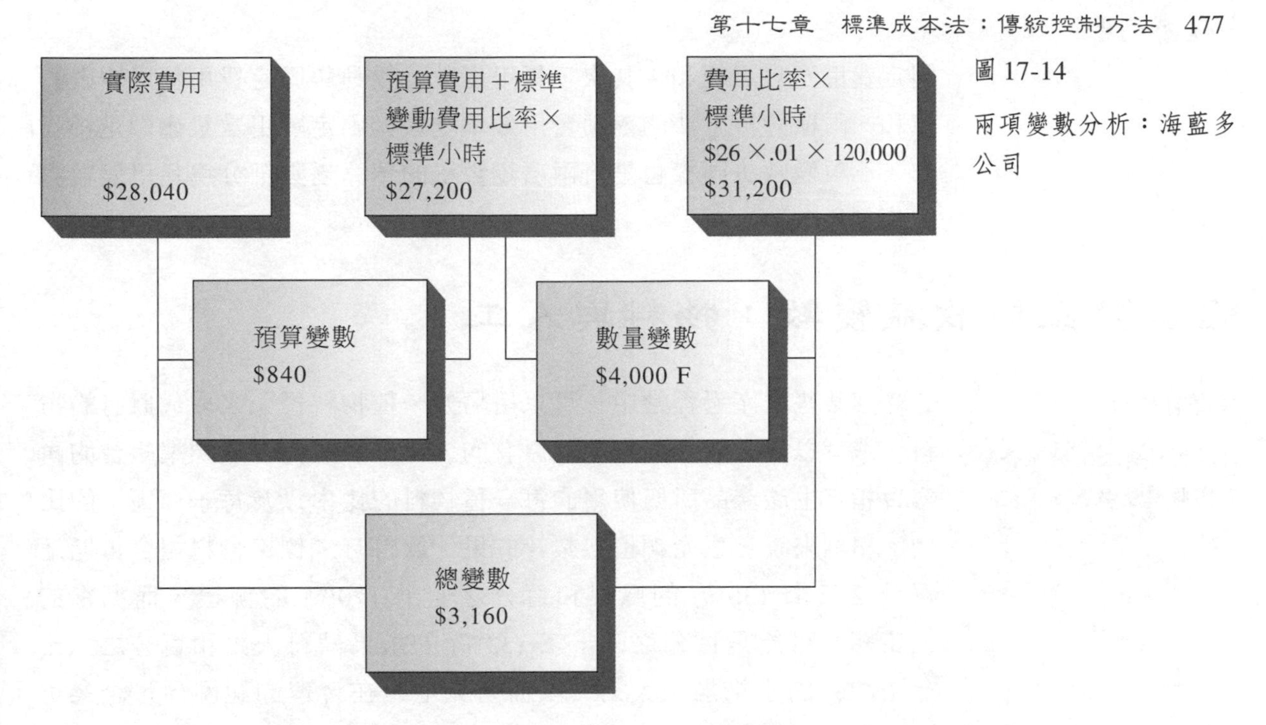

圖 17-14

兩項變數分析：海藍多公司

注意事項：SFOR 代表標準固定費用比率。

圖 17-15

三項變數分析：海藍多公司

實際費用
$28,040
預算費用＋標準變動費用比率×標準小時
$27,800
預算固定費用＋標準變動費用比率×標準小時
$27,200
費用比率×標準小時
$26 × 1,200
$31,200
耗用變數
$240 U
效率變數
$600 U
數量變數
$4,000 F
總變數
$3,160

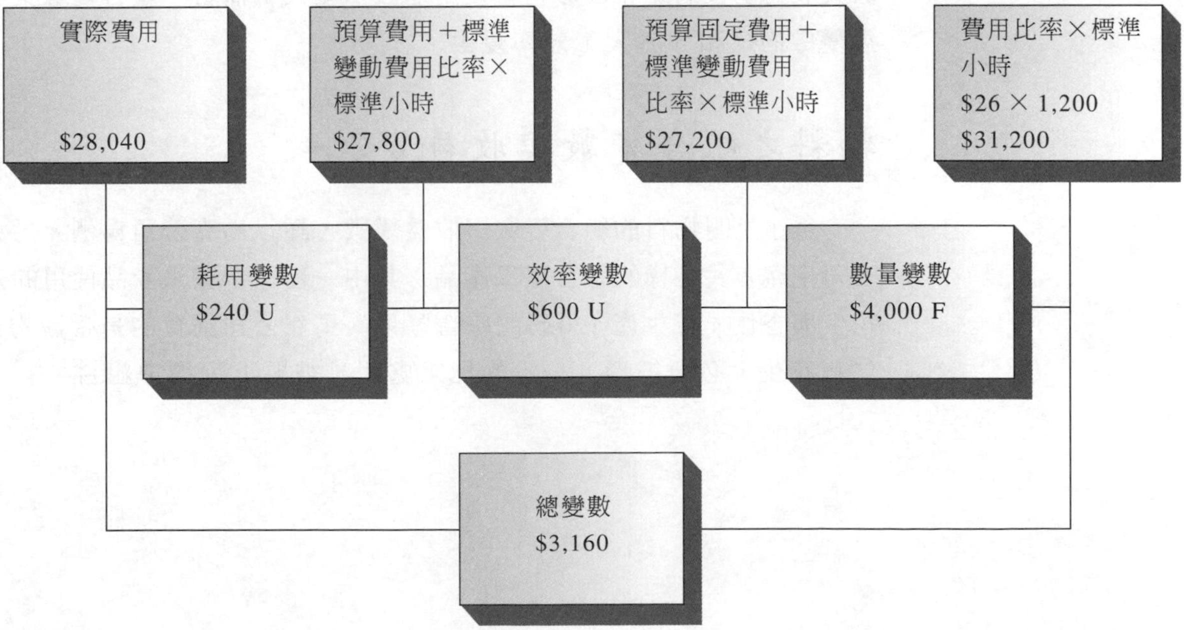

固定費用變數之總和。其次，耗用變數是變動與固定費用耗用變數的總和。兩種分析方法的變動費用效率變數與固定費用數量變數是相同的。三項變數法同樣也是將兩項變數法的預算變數細分爲耗用變數與效率變數。

組合變數與收益變數：物料與人工

學習目標六

計算物料與人工的組合變數與收益變數。

在某些生產過程當中，可以用另外一種物料投入來取代原有的物料，或者以另一類人工來取代原有的人工。一般而言，標準組合的內容會指定生產產品所應使用的每一種物料的比率以及每一種人工的比例。舉例來說，生產柳橙鳳梨汁的果汁飲料時，標準物料組合可能是百分之三十 (30%) 的鳳梨和百分之七十 (70%) 的柳橙，而標準的人工組合可能是百分之三十三 (33%) 的水果備料人工和百分之六十七 (67%) 的水果加工人工。顯而易見地，在合理的範圍內，企業可以更動投入的組合內容。然而替換原有的物料或人工卻可能產生組合變數與收益變數。當投入的實際組合和標準組合不同的時候，就會產生**組合變數** (Mix Variance)。當實際收益（產出）和標準收益不同的時候，則會產生**收益變數** (Yield Variance)。就物料而言，組合變數與收益變數的總和等於物料使用變數；就人工而言，組合變數與收益變數的總和等於人工效率變數。

物料之組合變數與收益變數

爲了說明物料的組合變數與收益變數，謹以馬克公司爲例。馬克公司生產各式各樣的綜合堅果產品。其中一種綜合堅果產品使用的是花生與杏仁。每生產 120 磅的綜合堅果（馬克公司購買的是帶殼的杏仁和花生，必須經過進一步的加工處理）需要下列標準組合：

標準組合資訊：物料

物料	組合	組合比例	標準價格	標準成本
花生	128 磅	0.80	$0.50	$64
杏仁	32 磅	0.20	1.00	32
總計	160 磅			$96
收益	120 磅			

收益比率：0.75 (120 / 160)

標準收益成本 (SP_y)：$0.80/ 磅 ($96 / 120 磅收益)

現在假設馬克公司加工一批次的物料是 1,600 磅，可以獲得下列實際結果：

物料	實際組合	百分比例 *
花生	1,120 磅	70%
杏仁	480 磅	30
總計	1,600 磅	100%
收益	1,300 磅	81.3%

* 使用 1,600 磅爲基準。

物料組合變數

物料組合變數係指實際使用的組合之標準成本與應該使用的組合之標準成本之間的差異。令 SM 代表在總實際投入的數量下應該使用的每一項投入的數量，則每一項物料投入的數量計算過程如下：

SM = 標準組合比例 × 總實際投入數量

舉例來說，花生的標準組合比例是 0.80。因此，如果實際投入使用了 1,600 英磅，那麼組合標準裡的花生應該有：

SM（花生）= 0.80 × 1,600
= 1,280 英磅

杏仁的計算過程也是一樣，因此組合標準裡的杏仁應有 320 英磅 (0.20 × 1,600)。在標準組合已知的情況下，可以求出組合變數：

$$組合變數 = \Sigma(AQi - SMi)\ SPi \qquad (17.1)$$

只要利用下列方法即可輕鬆地應用此一公式：

物料	AQ	SM	AQ-SM	SP	(AQ - SM)SP
花生	1,120	1,280	(160)	$0.50	$(80)
杏仁	480	320	160	1.00	160
組合變數					$ 80U

值得注意的是，結果發現組合變數爲負。組合變數爲負的原因是實際使用的杏仁超過標準組合的數量，而杏仁的價格較爲昂貴。

物料收益變數

利用標準組合資訊與實際結果，可以導出收益變數的公式如下：

$$收益變數 = （標準收益 - 實際收益）SP_y \qquad (17.2)$$

其中，標準收益 = 收益比率×總實際投入

因此，當實際投入 1,600 磅的時候，標準收益應爲 1,200 磅 (0.75 × 1,600) 。收益變數的計算過程如下：

收益變數 = (1,200 - 1,600)$0.80
= $80 F

收益變數爲正的原因是因爲實際收益大於標準收益的緣故。

人工之組合變數與收益變數

人工組合變數與收益變數的計算過程和物料組合變數與收益變數一樣。公式 17.1 與 17.2 當中的概念同樣適用人工組合變數與收益變數之計算。舉例來說，公式 17.1 當中的 AQ 可以替換爲 AH，表示實際使用的人工小時，SP 則表示人工的標準價格。此處仍以馬克公司爲例，說明如何計算人工組合變數與收益變數。假設馬克公司僱用兩種人工－－去殼人工與混合人工。馬克公司生產綜合堅果產品的人工標準組合如下（收益係以英磅爲衡量標準，並與物料所使用的批次數量相同）：

標準組合資訊

人工類別	組合	組合比例	標準價格	標準成本
去殼	3 小時	0.60	$ 8.00	$24
混合	2 小時	0.40	15.00	30
總計	5 小時			$54
收益	120 磅			

收益比率：24 = (120 / 5)，或 2,400%

收益標準成本 (SP_y)：$0.45/ 磅（$54 / 120 磅收益）

誠如前述，假設馬克公司加工處理了 1,600 磅的堅果，並獲得下列實際結果：

人工類別	實際組合	百分比例 *
去殼	20 小時	40 %
混合	30 小時	60
總計	50 小時	100 %
收益	1,300 磅	2,600 %

* 以使用 50 小時為基準。

人工組合變數

去殼人工的標準組合比例是 0.60。因此，如果實際使用了 50 小時的人工投入，那麼去殼人工的標準組合應為：

$$\begin{aligned} SM（去殼）&= 0.60 \times 50 \\ &= 30 小時 \end{aligned}$$

同樣地也可以計算出混合人工的標準組合應為 20 (0.40 × 50)。

已知標準組合的情況下，便可計算人工組合變數（公式 17.1）：

人工類別	AH	SM	AH-SM	SP	(AH-SM) SP
去殼	20	30	(10)	$ 8.00	$(80)
混合	30	20	10	15.00	150
人工組合變數					$ 70 U

值得注意的是，組合變數爲負，其原因在於實際使用的混合人工超過標準組合，且混合人工的成本比去殼人工的成本還貴。

收益變數　利用標準組合資訊與實際結果，可以計算收益變數：

收益變數 =（標準收益－實際收益）SP_y

收益變數 = [(24 × 50) - 1,300]$0.45

= $45 F

收益變數爲正是因爲實際收益大於標準收益的緣故。

結語

標準成本制度以單位爲基礎來擬訂數量與成本的預算。這些單位預算包括人工、物料與費用。因此，標準成本是爲了生產產品或服務所應支出的金額。標準的設定則以歷史經驗、工程研究結果以及作業、行銷和會計人員的意見爲依據。目前可達標準係指在有效率的作業條件下可以達成的標準。理想標準是在發揮最大效率之下－－在理想作業條件之下－－所能達到的標準。標準成本制度可以用於提升規劃與控制的成效，亦可做爲產品成本方法的依據。藉由比較實際結果與標準結果，並將總變數分解爲價格變數與數量變數等方式，經理人可獲到更詳細的反饋。這些資訊有助於經理人比在正常成本制度或實際成本制度之下還能更有效地控制成本。標準成本制度也能輔助經理人更容易地擬訂投標價格決策。

標準成本表列出單位標準成本的詳細計算過程。標準成本表可以顯示出物料、人工、變動費用與固定費用的標準成本。標準成本表可顯示爲了生產一單位產出所應使用的各項投入的數量。利用這些單位數量標準，便可計算實際產出所容許的物料標準數量與標準小時。這些計算過程與數據在變數分析上都扮演著重要角色。

習題與解答

王斯嘉公司的其中一項產品的標準成本表如下：

直接物料 (2 英呎，@$5)	$10
直接人工 (0.5 小時，@$10)	5
固定費用 (0.5 小時，@2*)	1
變動費用 (0.5 小時，@$4*)	2
標準單位成本	$18

* 以預期的 2,500 小時爲計算比率。

最近一年的實際結果記載如下：

產量	6,000 單位
固定費用	$ 6,000
變動費用	10,500
直接物料（購買並使用了11,750英呎）	61,100
直接人工（2,900小時）	29,580

作業：請計算下列變數：

1. 物料的價格變數與使用變數。
2. 人工的比率變數與效率變數。
3. 變動費用的耗用變數與效率變數。
4. 固定費用的耗用變數與數量變數。

解答

1. 物料變數：

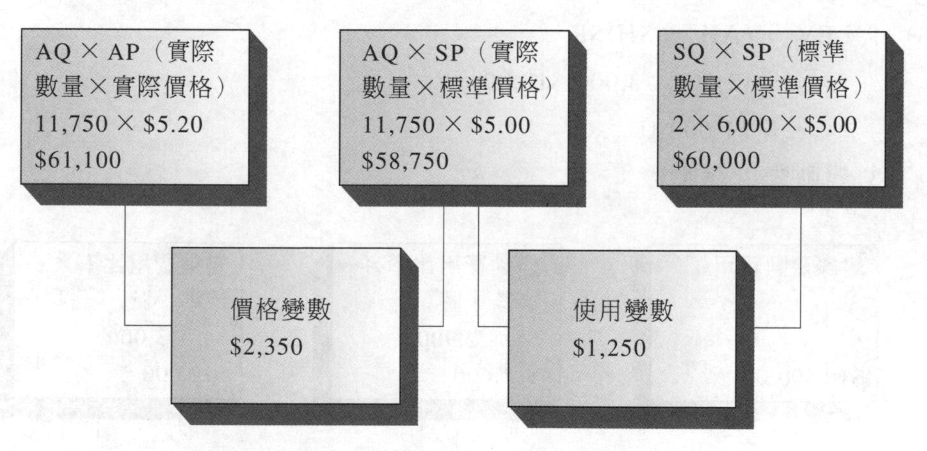

或者利用公式

MPV = (AP － SP)AQ

　　= ($5.20 - $5.00)11,750

　　= $2,350 U

MUV = (AQ - SQ)SP

　　= (11,750 - 12,000)$5.00

　　= $1,250 F

2. 人工變數：

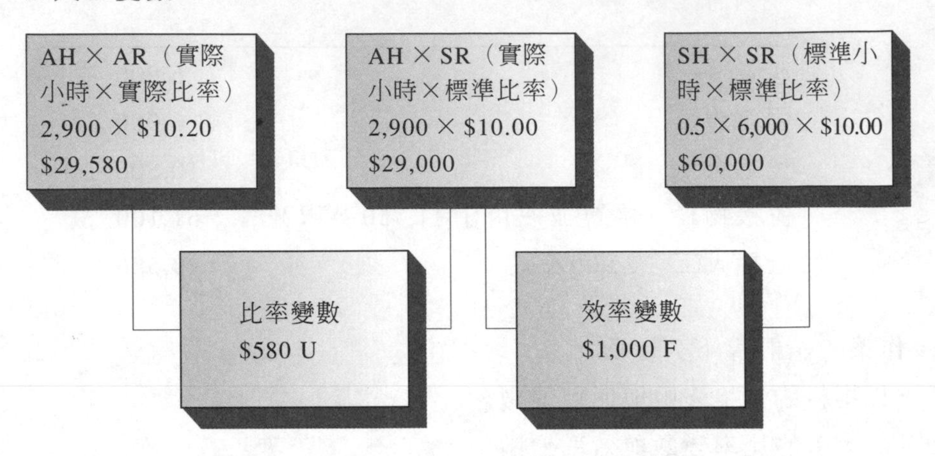

或者利用公式

LRV = (AR − SR)AH

= ($10.20 - $10.00)2,900

= $1,000 F

LEV = (AH − SH)SR

= (2,900 - 3,000)$10.00

= $1,000 U

3. 變動費用變數：

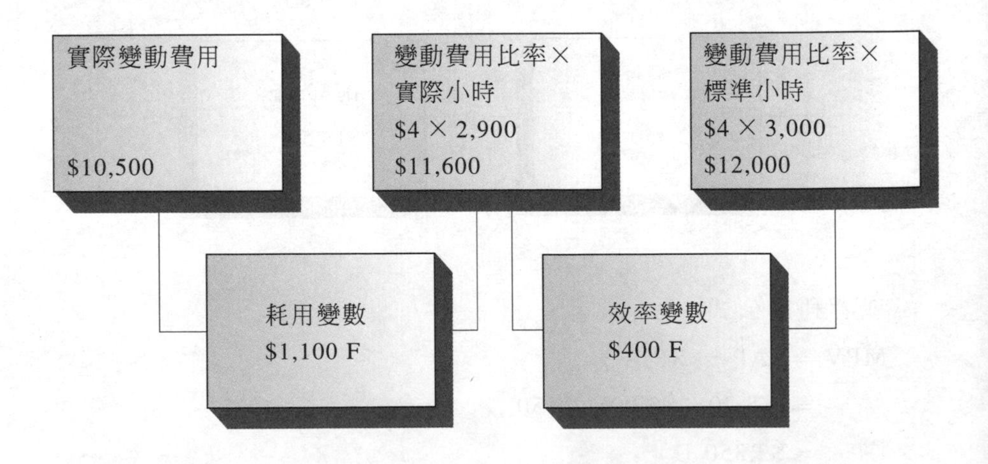

4. 固定費用變數：

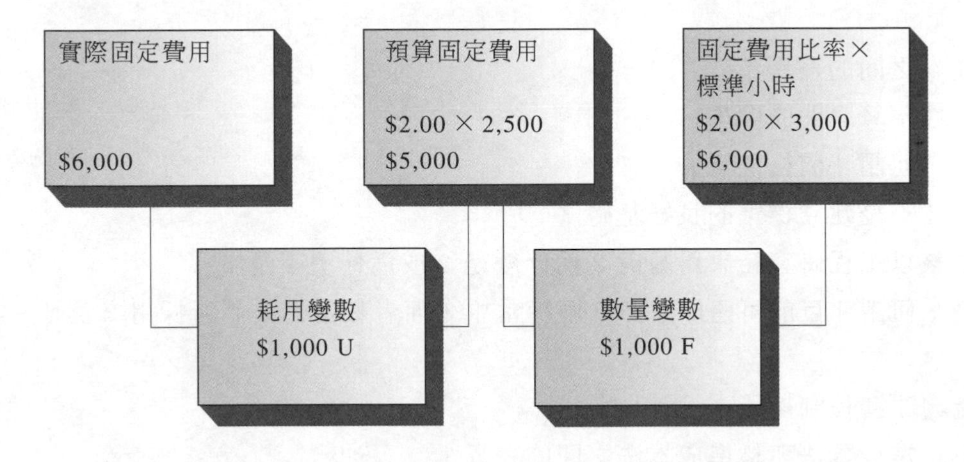

重要辭彙

Control limits 控制限制

Currently attainable standards 目前可達標準

Efficiency variance 效率變數

Favorable variance 正變數

Fixed overhead spending variance 固定費用耗用變數

Fixed overhead volume variance 固定費用數量變數

Ideal standards 理想標準

Labor efficiency variance 人工效率變數

Labor rate variance 人工比率變數

Materials price variance 物料價格變數

Materials usage variance 物料使用變數

Mix variance 組合變數

Price standards 價格標準

Price variance 價格變數

Quantity standards 數量標準

Rate variance 比率變數

Standard bill of materials 標準物料表

Standard cost per unit 單位標準成本

Standard cost sheet 標準成本表

Standard hours allowed 容許的標準小時

Standard quantity of materials allowed 容許的標準物料數量

Total budget variance 總預算變數

Unfavorable variance 負變數

Usage variance 使用變數

Variable overhead efficiency variance 變動費用效率變數

Variable overhead spending variance 變動費用耗用變數

Yield variance 收益變數

問題與討論

1. 探討預算與標準成本之間的差異。
2. 描述單位標準與彈性預算之間的關係。
3. 何謂「數量決策」？何謂「價格決策」？
4. 為什麼歷史經驗往往不是建立標準的良好基礎？
5. 標準的建立是否應該以工程研究結果為基礎？為什麼是？或為什麼不是？
6. 何謂「理想標準」？何謂「目前可達標準」？兩者當中，何者較常為人們所採用？為什麼？
7. 標準成本法如何能夠改善控制功能？
8. 探討實際成本法、正常成本法與標準成本法之間的差異。
9. 標準成本表的目的為何？
10. 變動生產成本的預算變數分解為數量變數與價格變數。請解說數量變數比價格變數更適用於控制目的之原因。
11. 解說通常是在採購的時間點而非發料的時間點計算物料價格變數的原因。
12. 物料使用變數通常是生產主管的責任。你是否贊同或反對此項說法？為什麼？
13. 人工比率變數永遠無法控制。你是否贊同或反對此項說法？為什麼？
14. 提出人工效率變數為負數的幾種可能原因。
15. 解說變動費用耗用變數並非單純的價格變數之原因。
16. 變動費用效率變數與變動費用的有效使用無關。你是否贊同或反對此項說法？為什麼？
17. 解說固定費用耗用變數通常很小的原因。
18. 數量變數為負數的原因為何？數量變數是否包含任何對經理人有意義的資訊？
19. 什麼情況下應該調查標準成本變數？
20. 何謂「控制限制」？如何建立控制限制？
21. 就控制固定費用成本的目的而言，你認為下列何者比較重要：耗用變數或數量變數？並請解說你的理由。
22. 解說為什麼採用標準成本制度的原因。
23. 解說兩種變數、三種變數與四種變數的費用分析之間的關連。
24. 解說何謂「組合變數」與「獲利變數」。

個案研究

17-1
建立標準；倫理道德行為

昆西公司生產農產加工製品，並將產品銷售至超級市場。多年來，昆西公司的產品在各地獲得消費者的認同。然而其它公司也開始在同樣的地區銷售類似的產品，而且價格競爭愈來愈重要。昆西公司的會計長季道格正在規劃執行標準成本制度，並且蒐集了許多生產人員提供的資訊以及昆西公司產品的物料要求。季道格相信採用標準成本法將可促使昆西公司更有效地控制成本，進而擬訂出更好的作業決策。

昆西公司最受歡迎的產品是草莓果醬。果醬的生產是以十加侖的批次方式進行，每一批次需要六夸特的優良草莓。新鮮草莓先以人工方式篩選之後，才會進入生產過程。由於品質與損壞之影響，每篩選出四夸特品質上可以接受的草莓就有一夸特的草莓會被淘汰。篩選出一夸特的好草莓需要的標準直接人工時間是三分鐘。接下來，品質良好的草莓便與其它成份一起加工：每一批次的加工需要十二分鐘的直接人工時間。經過加工之後，果醬便裝入一夸特的容器內。季道格自昆西公司的成本會計艾喬伊處蒐集到與加工草莓果醬的相關資訊分別如下：

a. 昆西公司購買草莓的成本是每一夸特 $0.80。所有其它成份的成本總計爲每一加侖 $0.45。
b. 直接人工的比率是每一小時 $9.00。
c. 包裝果醬所需要的物料與人工總成本是每一夸特 $0.38。

艾喬伊的朋友經營一座草莓園。最近幾年來，這位朋友的草莓園始終維持在虧損狀態。由於豐收的緣故，草莓的供給過剩，價格滑落至每一夸特 $0.50。經過艾喬伊的安排，昆西公司以每一夸特 $0.80 的價格向他的朋友購買草莓，希望此舉能夠幫助他的朋友渡過難關。

作業：

1. 請探討季道格爲了建立標準而向公司內部諮詢的同仁有哪些人。季道格在建立物料與人工標準的時候，應該考慮哪些因素？
2. 試就每十加侖批次的草莓果醬的主要成本，編製標準成本表。
3. 請參酌本書第一章所提出的內部管理會計人員的倫理道德標準，解說艾喬伊向季道格提供相關成本資訊的行爲違反了倫理道德標準的原因。

17-2
計算可容許的投入；物料與人工

當年度裡，藍道公司生產了45,000單位的機器工具。藍道公司的物料與人工標準分別爲：

直接物料 (5英磅，@0.80)	$4.00
直接人工 (0.2小時，@$10.50)	2.10

作業：

1. 請計算藍道公司生產45,000單位的產品所容許的標準小時。
2. 請計算藍道公司生產45,000單位的產品所容許的物料標準英磅數目。

17-3
物料變數與人工變數

莎寶公司生產一種暢銷的冷凍點心。這種冷凍點心是以夸特爲單位出售。最近，莎寶公司採用下列標準做爲生產一夸特冷凍點心的標準：

直接物料 (35盎斯，@$0.008)	$0.28
直接人工 (0.1小時，@$8.60)	0.86
標準主要成本	$1.14

在開始生產的第一週，莎寶公司經歷了下列實際結果：

a. 生產的夸特數目：5,000。
b. 採購的物料盎斯數目：185,000盎斯，每盎斯$0.0085。
c. 沒有任何期初或期末原料存貨。
d. 直接人工：490小時，每小時$8.60。

作業：

1. 請計算直接物料的價格變數與使用變數。
2. 請計算直接人工的比率變數與效率變數。
3. 請編製與物料和人工相關的分類帳。

17-4
費用變數；四項變數分析

班森公司施行標準成本制度，並自目前的年度預算當中擬訂費用比率。預算的編列以 50,000 單位的預期年度產出爲基礎。這樣的產出需要 250,000 個直接人工小時。年度預算費用成本總計爲 $875,000，其中 $375,000 爲固定費用。當年度的實際產出是 52,000 單位，總共使用了 270,000 個直接人工小時。當年度的實際變動費用成本爲 $520,000，而實際固定費用成本則爲 $400,000。

作業：

1. 請計算固定費用之耗用變數與數量變數。
2. 請計算變動費用之耗用變數與效率變數。

17-5
費用變數；兩項變數分析與三項變數分析

沿用個案 17-4 的資料。

作業：

1. 請利用兩項變數分析，計算費用變數。
2. 請利用三項變數分析，計算費用變數。
3. 請以圖表方式說明兩項變數分析、三項變數分析與四項變數分析之間的關連。

17-6
物料使用變數；物料組合變數與物料獲利變數

歐寶雷公司生產化學物質，提供給其它製造商用以生產家庭清潔用品。歐寶雷公司利用兩種化學液體 GH-2 和 HK-3，將其混合加熱成液態化合物，再賣給生產漱口水的製造商。歐寶雷公司將化學原料混合加熱之後，裝入一加侖裝的塑膠罐內，便送到倉庫存放。這種化學物質是以批次方式生產，批次生產的標準如下：

物料	標準組合	標準單價	標準成本
GH-2	7,000 加侖	每加侖 $1.00	$ 7,000
HK-3	3,000 加侖	每加侖 $3.00	9,000
	10,000 加侖		$16,000
獲利	8,000 加侖		

五月份的時候，歐寶雷公司提出下列實際生產資訊：

物料	實際組合
GH-2	60,000 加侖
HK-3	40,000 加侖
總計	100,000 加侖
獲利	72,000 加侖

作業：

1. 請計算物料組合變數與物料獲利變數。
2. 請分別計算 GH-2 與 HK-3 的總物料使用變數，並以數據證明總物料使用變數會等於物料組合變數與物料獲利變數的總和。

17-7
人工效率變數：人工組合變數與人工獲利變數

沿用個案 17-6 的資料。歐寶雷公司也採用兩種不同的人工來生產漱口水所需的化學物質：混合人工與裝罐人工。每一批次 10,000 加侖的物料投入需要下列的人工標準：

人工類型	組合	標準價格	標準成本
混合人工	1,000 小時	$10	$10,000
裝罐人工	500 小時	5	2,500
總計	1,500 小時		$12,500
獲利	8,000 加侖		

五月份的產出所使用的實際人工小時如下：

人工類型	組合
混合人工	9,000 小時
裝罐人工	6,000 小時
總計	15,000 小時
獲利	72,000 加侖

作業：

1. 請計算人工之組合變數與獲利變數。

2. 請計算總人工效率變數，並以數據證明總人工效率變數會等於人工組合變數與獲利變數之總和。

17-8
變數的調查

富蘭克林公司採用下列規定來決定是否應該調查人工效率變數。當人工效率變數低於標準人工成本，差額超過 $16,000 或差異超過百分之十 (10%) 的情況下，一律必須進行調查。過去五個星期的報告提出了下列資訊：

星期	人工效率變數	標準人工成本
1	$14,000 F	$160,000
2	$15,600 U	150,000
3	$12,000 F	160,000
4	$18,000 U	170,000
5	$14,000 U	138,000

作業：

1. 請根據富蘭克林公司的規定，判斷是否應該調查此一個案當中的人工效率變數。
2. 假設調查結果顯示人工效率變數為負值的原因是經常使用的物料為劣質品。試問，誰應該因此負責？富蘭克林公司可以採取什麼修正行動？
3. 假設調查結果顯示人工效率變數為正值的原因是因為新的製造方法所需要的人工時間較少，但是卻會產生較多的物料浪費。富蘭克林公司在檢視物料使用變數的時候，發現實際的人工效率變數為負，而且絕對值大於正的人工效率變數。試問，誰應該因此負責？富蘭克林公司應該採取什麼行動？如果負的人工效率變數的絕對值小於正的人工效率變數，你的答案將會有何改變？

17-9
標準成本：預算變數之分解；物料與人工

莎寶公司生產皮靴。莎寶公司採行標準成本制度，並已建立了（每一雙皮靴）物料與人工的標準如下：

皮革(3 條， @$10)	$30
直接人工(2 小時， @$12)	24
總主要成本	$54

當年度，莎寶公司總共生產了 2,000 雙皮靴。實際買進了 6,200 條的皮革，單價爲每一條 $9.96。當年度沒有任何的期初或期末存貨。實際直接人工爲 4,200 小時，每小時爲 $12.50。

作業：

1. 請計算莎寶公司爲了生產 2,000 雙皮靴所應該發生的皮革成本與直接人工成本。
2. 請計算物料與人工的總預算變數。
3. 請將物料總變數分解爲價格變數與使用變數，並請編製與這些變數相關的分類帳。
4. 請將人工總變數分解爲比率變數與效率變數，並請編製與這些變數相關的分類帳。

17-10
費用分配；費用變數；分類帳

艾文森公司生產微波爐。艾文森公司位於美國水牛城的工廠採用標準成本制度。此一標準成本制度是以直接人工小時爲基礎來分配費用。直接人工標準顯示每生產一單位的微波爐（位於水牛城的工廠只生產一種微波爐）需要使用四個直接人工小時。正常產量是 120,000 單位的微波爐。下一年度的預算費用如下。

固定費用	$1,286,400
變動費用	888,000*

*正常產量下之數據。

艾文森公司以直接人工小時爲基礎來分配費用。

當年度，艾文森公司總共生產了 119,000 單位，使用了 487,900 個直接人工小時，並發生 $1,300,000 的實際固定費用成本與 $927,010 的實際變動費用成本。

作業：

1. 請計算標準固定費用比率與標準變動費用比率。
2. 請計算分配的固定費用與分配的變動費用。試問，總固定費用變數是多少？總變動費用變數又是多少？
3. 請將總固定費用變數分解為耗用變數與數量變數，並請探討這兩者的重要性。
4. 請計算變動費用之耗用變數與效率變數，並請探討這兩者的重要性。
5. 現在假設艾文森公司的成本會計制度只反映出總實際費用。此一情況可以採用三項變數分析。請利用三項變數分析與四項變數分析之間的關係，找出三種費用變數的值。
6. 請編製當年度以及年底時候與固定費用和變動費用相關之分類帳，並假設變數結入銷貨成本。

17-11
物料、人工與費用變數

中化公司位於亨利塔市的工廠生產一種殺蟲劑。年初的時候，亨利塔廠的標準成本表如下：

直接物料(5磅，@1.60)	$ 8.00
直接人工(1.5小時，@$9.00)	13.50
固定費用(1.5小時，@$2.00)	3.00
變動費用(1.5小時，@$1.50)	2.25
單位標準成本	$26.75

亨利塔廠利用實際數量72,000單位來計算費用比率。當年度的實際結果分別為：

a. 產出單位：70,000。
b. 採購物料：372,000磅，單價$1.50。
c. 使用物料：368,000磅。
d. 直接人工：112,000小時，單價$8.95。
e. 固定費用：$214,000。
f. 變動費用：$175,400。

作業：

1. 請計算物料的價格變數與使用變數。
2. 請計算人工比率變數與人工效率變數。
3. 請計算固定費用之耗用變數與數量變數。
4. 請計算變動費用之耗用變數與效率變數。
5. 請編製下列各項之分類帳：
   a. 原料的採購。
   b. 發放原料以用於生產（在製品）。
   c. 投入人工於在製品。
   d. 投入費用於在製品。
   e. 實際費用成本之發生。
   f. 變數結入銷貨成本。

17-12
未完成的資料

禮歐公司採用標準成本制度。前一季，禮歐公司計算出下列變數：

變動費用效率變數	$20,000 U
人工效率變數	$80,000 U
人工比率變數	$50,000 U

禮歐公司利用容許範圍內每一直接人工小時 $2 的標準比率來分配變動費用。每生產一單位的產品（禮歐公司只生產單一產品）容許使用四個直接人工小時。同一季內，禮歐公司使用的直接人工小時比標準超出百分之二十 (20%)。

作業：

1. 請問禮歐公司實際使用的直接人工小時有多少？容許的總直接人工小時又是多少？
2. 請問直接人工小時的標準比率是多少？實際比率又是多少？
3. 請問禮歐公司實際生產了多少單位的產品？

17-13
基本變數分析；標準之修訂；分類帳

高金公司位於艾默森市的工廠生產小型廚房家電用品。高金公司採用標準成本制度來計算生產成本，並達控制的目的。高金公司最暢銷的產品烤麵包機的標準成本表如下：

直接物料 (2.5 英磅，@$4.00)	$10.00
直接人工 (0.7 小時，@$10.50)	7.35
變動費用 (0.7 小時，@$6.00)	4.20
固定費用 (0.7 小時，@$3.00)	2.10
標準單位成本	$23.65

當年度，高金公司在烤麵包機的生產上經歷了下列作業：

a. 總共生產 50,000 單位的烤麵包機。
b. 總共採購了 130,000 英磅的原料，單價爲每英磅 $3.70。
c. 原料的期初存貨有 10,000 英磅（持有成本是每英磅 $4）。當年度沒有期末存貨。
d. 高金公司使用了 36,500 個直接人工小時，總成本爲 $392,375。
e. 實際固定費用總計爲 $95,000。
f. 實際變動費用總計爲 $210,000。

高金公司在同一座廠房生產所有的烤麵包機。正常作業水準是每一年 45,000 單位的烤麵包機。標準費用比率是根據以標準直接人工小時衡量的正常作業爲基礎所計算而得。

作業：

1. 請計算物料之價格變數與使用變數。
2. 請計算人工之比率變數與效率變數。
3. 請利用兩項因素分析，計算費用變數。
4. 請利用四項因素分析，計算費用變數。
5. 假設生產烤麵包機的工廠中的採購人員向新的供應商購買了品質較差的原料。你是否會建議高金公司繼續使用比較便宜的原料？如果會，必須修正哪些標準來反映此一決策？假設最終產品的品質受到此一原料的影響並不大。

6. 請編製所有可能的分類帳（假設高金公司採用費用變數的四項因素分析）。

17-14
單位成本；多重產品；變數分析；分類帳

畢斯公司生產兩種訂書機，分別為小型訂書機和一般訂書機。當年度人工與物料的單位標準數量分別為：

	小型訂書機	一般訂書機
直接物料（盎斯）	6.0	10.00
直接人工（小時）	0.1	0.15

每一英磅直接物料的標準價格是 $1.60。人工的標準比率是 $8。費用分配係以直接人工小時為基礎。畢斯公司採用全廠單一費用比率。當年度的預算費用如下。

預算固定費用	$360,000
預算變動費用	480,000

畢斯公司預期當年度工作 12,000 個直接人工小時；標準費用比率則是根據此一作業水準計算而得。畢斯公司每生產一單位的小型訂書機，就可以生產兩單位的一般型訂書機。

當年度的實際營業資料如下：

a. 產出單位：小型訂書機 35,000 單位，一般訂書機 70,000 單位。
b. 採購與使用的直接物料：56,000 英磅，單價 $1.55，其中 13,000 磅為小型訂書機，43,000 磅為一般訂書機。當年度原料沒有任何期初或期末存貨。
c. 直接人工：14,800 小時，其中小型訂書機使用了 3,600 小時，一般訂書機使用了 11,200 小時。人工總成本為 $114,700。
d. 變動費用：$607,500。
e. 固定費用：$350,000。

作業：

1. 請計算顯示出每一項產品的單位成本之標準成本表。

2. 請計算每一項產品的物料價格變數與使用變數，並請編製物料作業的分類帳。
3. 請計算人工比率變數與效率變數，並請編製人工作業的分類帳。
4. 請計算固定費用變數與變動費用變數，並請編製費用作業的分類帳。所有的變數均轉入銷貨成本。
5. 假設你只知道兩種產品所使用的總直接物料以及總直接人工小時。你是否能夠計算出總物料使用變數與總人工使用變數？並請解說你的理由。

17-15
物料使用變數；物料組合變數與物料獲利變數

愛能聚公司生產一種汽油添加物。這種產品可以提高引擎運轉的效率，讓運轉中的引擎燃燒更完全進而提高每一公升汽油所能夠行駛的里程數。

生產汽油添加物的過程中必須格外小心，以確保化學物質的混合比例正確無誤，並應嚴格控制化學物質的蒸發。如果沒有達到嚴格的控制，則會造成產出與效率上的損失。

生產這種汽油添加物是以每一批次500公升的方式進行。每生產一批次的汽油添加物的標準成本是 $135。每一批次所使用的化學物質的標準物料組合與相關標準成本分述如下：

化學物質	組合	標準價格	標準成本
Echol	200公升	$0.200	$ 40.00
Protex	100公升	0.425	42.50
Benz	250公升	0.150	37.50
CT-40	50公升	0.300	15.00
總計	600公升		$135.00

當期採購與使用的化學物質的數量列於上表。當期總共生產了 140 批次的汽油添加物。期末的時候，愛能聚公司訂出了生產成本與化學物使用變異。

化學物質	使用數量
Echol	26,600 公升
Protex	12,880 公升
Benz	37,800 公升
CT-40	7,140 公升
總計	84,420 公升

作業：請計算總物料使用變數，並分解爲物料組合變數與物料獲利變數。

17-16
未完成的資料；費用分析

羅浮公司生產單一產品。羅浮公司採用標準成本制度，並使用彈性預算來預估不同作業水準的費用成本。最近一個年度裡，羅浮公司採用的標準費用比率爲每一直接人工小時 $8.50。此一比率係使用正常作業水準爲計算基礎。當直接人工小時爲 10,000 的時候，預算費用成本爲 $100,000；當直接人工小時爲 20,000 的時候，預算費用成本則爲 $160,000。去年度，羅浮公司產生下列資料：

a. 實際產量：1,400 單位。
b. 固定費用數量變數：負 $5,000。
c. 變動費用效率變數：正 $3,000。
d. 實際固定費用成本：$42,670。
e. 實際變動費用成本：$82,000。

作業：

1. 請計算出固定費用耗用變數。
2. 請計算變動費用耗用變數。
3. 請計算每一單位的產品容許的標準小時時數。
4. 假設標準人工比率是每一小時 $9.25，請計算人工效率變數。

17-17
彈性預算；標準成本變數；T 帳目

可麗兒公司生產一種慢跑鞋。期初的時候，生產與成本的計畫如下：

計劃生產與銷售的單位數量	25,000
單位標準成本：	
直接物料	$10
直接人工	8
變動費用	4
固定費用	3
總單位成本	$25

當年度，可麗兒公司總共生產並銷售了30,000單位，其所發生的實際成本爲：

直接物料	$320,000
直接人工	220,000
變動費用	125,000
固定費用	89,000

當年度，原料沒有任何期初或期末存貨。物料價格變數爲負$5,000。生產30,000單位時，工作了39,000個小時，比實際產出容許的標準超出百分之四 (4%)。費用成本的分配係以直接人工小時爲基礎。

作業：

1. 請編製彈性預算來顯示實際生產的總預期成本。並請編製績效報告，比較預期成本與實際成本之間的差異。
2. 請計算出下列各項：
   a. 物料使用變數。
   b. 人工比率變數。
   c. 人工使用變數。
   d. 固定費用之耗用變數與數量變數。
   e. 變動費用之耗用變數與效率變數。
3. 請利用T帳目來說明標準成本制度下的成本流動。說明成本流動的時候，不需要列出詳細的費用變數，僅需列出固定費用與變動費用之多分配變數與少分配變數即可。

17-18
標準成本法；規劃的變數

特色公司生產的所有產品均採用標準成本制度，以利成本控制。每一項產品的標準成本在每一會計年度的期初就預先設定，直到下一會計年度開始的時候才會再做修正。因爲當年度物料或人工投入或製程改變所引起的成本變動在發生的時候就予以認列，並反映在每一個月的營業預算當中的規劃變數裡。

下表爲一九九八年七月一日開始的會計年度期初所建立的人工標準：

配件甲人工 (5小時，@$10)	$ 50
配件乙人工 (3小時，@$11)	33
機械人工 (2小時，@$15)	30
每100單位的標準成本	$113

配件甲的標準建立係以由五位配件甲的熟練員工、三位配件乙的熟練員工和兩位熟練的機械員工的組合所能完成的標準爲標準。此一組合代表了特色公司的熟練員工所能發揮的最大效率。此一標準同樣假設下一年度所使用的物料的品質仍然維持往年的水準。

在前述會計年度的前五個月裡，實際製造成本落在既定標準範圍內。然而由於特色公司的訂單大幅增加，造成技術人員不足，無法完成提高之後的產量要求。在一月初的時候，生產小組包括八位配件甲的熟練員工、一位配件乙的熟練員工和一位熟練的機械人員。這個小組的生產速度比正常的小組更慢一些。在正常小組可以完成100單位的同樣時間裡，這個小組只能夠完成80單位。以往，在最後檢查階段被淘汰的產品都不是因爲作業錯誤的原因，預期新的生產小組也不會因爲同樣的原因而使得產品被淘汰。

此外，特色公司經其物料供應商告知，從一月一日開始將會供應品質較差的物料。正常情況下，每生產一單位的良好產品需要一單位的原料，不會因爲物料品質不佳的關係而減損產量。特色公司估計從一月一日開始將會有百分之六 (6%) 的製成品因爲物料品質不佳的關係而在最後的檢查過程遭到淘汰。

作業：

1. 請計算特色公司爲了生產 47,000 單位的良好產品所必須投入的品質較差之物料的單位。
2. 請問爲了生產 47,000 單位的良好產品，每一類的人工各須使用多少小時？
3. 請計算因爲生產小組的重組以及物料品質降低等改變，特色公司在一月份的營業預算當中所應該列示的規劃人工變數的金額。

17-19
決策個案：標準的建立：變數分析

生產馬鈴薯片的脆片公司係於一九三八年由高寶拉所創立。一九八O年，創辦人高寶拉過世，由她的兒子高艾德接手公司的營運。到了一九九八年，脆片公司面臨到全國性的零食公司的強大競爭。有人向高艾德建議，工廠必須更有效地控制生產成本。爲了達成此一目標，高艾德聘用了一位顧問來建立標準成本制度。爲了給予必要的協助，高艾德擬了一份內部行文給這位顧問：

收文者：成本管理會計師葛安娜
發文者：脆片公司總經理高艾德
主　旨：敝公司馬鈴薯片工廠之生產相關說明與資料
日　期：一九九八年九月二十八日

馬鈴薯片的製造過程是先將馬鈴薯放在可以自動清洗的大桶內。清洗之後的馬鈴薯直接送往自動削皮機。削皮後的馬鈴薯片交由檢查人員進行人工檢查，淘汰掉已經長芽或其它品質不佳的部份。經過檢查之後，便進行自動切片作業，最後再倒入滾燙的油當中炸熟。油炸的過程是由一位員工仔細監控。油炸以後的馬鈴薯片必須經過加鹽調味的過程，然後再交由更多的檢查人員，挑出不被接受的馬鈴薯片（色澤不佳或體積太小）。通過最後篩選的馬鈴薯片利用輸送帶送入包裝機器，包裝成一英磅重的袋裝產品。完成包裝之後，一袋袋的馬鈴薯片便可進行裝箱，交貨給顧客。每一箱都裝有十五袋的馬鈴薯片。

先前被淘汰掉的長芽的或品質不佳的馬鈴薯、削下來的皮以及油炸好但也被淘汰掉的油炸馬鈴薯片則以每一英磅 $0.16 的價格賣給動物飼養商。脆片公司利用這些收入來降低馬鈴薯的成本；我們希望這些收入能夠反映在馬鈴薯的價格標準上。

脆片公司以每一英磅 $0.245的成本購買品質優良的馬鈴薯。每一個馬鈴薯平均重量是4.25盎斯。在效率正常的情況下，生產一袋16盎斯裝的馬鈴薯片需要四個馬鈴薯。雖然我們在外包裝上寫的是16盎斯裝，但是實際上每一袋的重量是16.3盎斯。我們希望保有這項政策以確保顧客滿意度。除了馬鈴薯之外，其它原料尚包括食用油、鹽、袋子和紙箱。食用油的成本是每一盎斯 $0.04，每一袋馬鈴薯片使用3.3盎斯的食用油。鹽的成本很低，所以計做費用處理。袋子的單位成本是 $0.11，紙箱的單位成本則是 $0.52。

每一年，我們的工廠生產8,800,000袋的馬鈴薯片。根據最近一項工程研究結果顯示，在工廠發揮最大效率的情況下，生產此一數量需要投入的直接人工小時如下：

生馬鈴薯檢查	3,200
熟馬鈴薯片檢查	12,000
油炸監控	6,300
裝箱	16,600
機器操作	6,300

我不確定工廠可以達到研究結果所指出的效率水準。我個人的看法是，如果可容許時數再多出百分之十 (10%) 的話，工廠可以有效率地達到前述的產出水準。

公司與工會達成協議的每一小時人工費率爲：

生馬鈴薯檢查	$7.60
熟馬鈴薯片檢查	5.15
油炸監控	7.00
裝箱	5.50
機器操作	6.50

費用分配係以直接人工金額爲基礎。我們發現，變動費用平均約爲直接人工成本的百分之一百一十六 (116%)。我們預估下一年度的固定費用預算是 $1,135,216。

作業：

1. 請探討脆片公司採用標準成本制度的好處。
2. 請探討總經理對於依據工程研究結果來建立人工標準的憂慮。你會建議脆片公司採用什麼標準？
3. 請編製脆片公司生產原味馬鈴薯片的標準成本表。
4. 假設當年度的產量恰巧就是計劃中的 8,800,000 袋。若脆片公司總共使用了 9,500,000 英磅的馬鈴薯。請計算馬鈴薯的物料使用變數。

17-20
標準成本與倫理道德行為

奧登電子公司的採購人員詹派特正在考慮向新的供應商購買一項零組件的可行性。新供應商提出的價格是 $0.90，比標準價格 $1.10 優惠許多。如果新新的零組件品質不變的話，詹派特知道正的價格變數將可與另一項零組件的負價格變數互相抵銷。如此一來，他的整體績效報告可以大幅改善，讓他符合領取年度獎金紅利的資格。更重要的是，優異的績效成績不僅可以讓他爭取到調任總公司的機會，更可以因此獲得可觀的加薪。

然而詹派特卻也面臨兩難的問題。依據慣例，詹派特針對新供應商的可靠度與新零件的品質進行了一番瞭解。報告結果基本上並不理想。根據調查指出，這家新的供應商在一開始合作的時候，前一、兩次的交貨都非常準時，但是之後便出現延遲、推拖的現象。更糟糕的是，零件本身的品質也有問題。新供應商的不良率只比其它供應商稍微高出一點，但是零組件的耐用年限卻比正常來源所提供的零組件短少百分之二十五 (25%) 的壽命。

如果決定購買這項零組件，前幾個月不會出現交貨延遲的問題。零組件耐用年限較短的問題最後可能導致顧客的不滿，甚至損失生意，但是這項零組件至少可以延續到最終產品開始使用後的十八個月。如果一切順利的話，不到六個月的時間，詹派特就可以調任總部。向新的供應商採購零組件的決策對他個人而言，風險很小。等到問題浮現的時候，將會是接任他工作的人的責任了。基於前述種種理由，詹派特決定購買這項零組件。

作業：

1. 你是否贊同詹派特的決定？爲什麼贊同？或爲什麼反對？你認爲詹

派特的個人風險對於此一決策有多重要？這是否應該列爲考慮的因素？

2. 你是否認爲採用既定標準，以及要求每個人爲自己的成果負責的作法在詹派特的決定當中扮演著重要角色？
3. 複習本書第一章介紹的管理會計人員的倫理道德標準。雖然詹派特並不是管理會計人員，仍請指出可以適用他的情況的倫理道德標準。
4. 是否所有的企業均應建立一套適用全體員工——不分工作與職責——的倫理道德標準？請舉出幾項企業建立此類倫理道德通用標準所能帶來的可能好處。

第十八章

分散授權：責任會計制度、績效評估與移轉定價法

學習目標

研讀完本章內容之後，各位應當能夠：

一. 提出「責任會計」之定義，並描述責任中心的四種類型。

二. 解說企業爲什麼選擇分散授權的理由。

三. 計算並解說投資報酬率、剩餘利潤以及經濟附加價值。

四. 探討管理績效之評估與回饋方法。

五. 解說在分散授權的企業當中移轉定價法所扮演的角色。

六. 探討擬訂移轉價格的方法。

企業規模逐漸擴大的同時，各項職責分工也就愈來愈精細，最終甚至形成責任中心制度。與責任密切相關的課題便是決策的權力。大多數企業傾向分散授予決策的權力。與分散授權相關的議題包括：績效評估、管理報酬與移轉定價。

責任會計制度

學習目標一

提出「責任會計」之定義，並描述責任中心的四種類型。

一般而言，企業係由不同的責任組合而成。傳統的金字塔型組織架構的責任歸屬是由最頂端的執行長（或總經理）、副總經理、再向下而至中階與低階管理人員。隨著組織的規模不斷擴大，這些責任愈來愈大，而且愈來愈多。組織架構與責任會計制度之間具有相當密切的關連。在理想情況下，責任會計制度能夠監督並支持組織的架構。

責任中心的類型

企業不斷成長的同時，高階管理階層往往會創造出許多責任範圍，一般咸稱爲責任中心，並指派下屬的經理人負責管理這些責任範圍。「**責任中心**」(Responsibility Center) 係指交由經理人專門負責特定作業內容的指定範圍。而「**責任會計制度**」(Responsibility Accounting) 則指衡量每一個責任中心的經營實績，並針對預期或預算結果與實際結果進行比較之會計制度。責任中心多半分爲四大類型。

1. **成本中心** (Cost Center)：其經理人僅負責成本的責任中心。
2. **收入中心** (Revenue Center)：其經理人僅負責收入的責任中心。
3. **利潤中心** (Profit Center)：其經理人同時負責收入與成本的責任中心。
4. **投資中心** (Investment Center)：其經理人同時負責收入、成本與投資的責任中心。

工廠內的生產部門－－例如組裝部門或刨光部門－－就是常見的成本中心。生產部門的主管並不負責定價或行銷決策，但是卻可以控制製造成本。因此，生產部門主管的績效係依其控制成本的能力爲評估的基礎。

行銷部門的經理人負責擬訂價格與預期銷貨收入。因此，行銷部門可以視爲收入中心。行銷部門的直接成本與整體銷貨收入便是行銷經理人的職責。

某些企業的廠長必須負責擬訂與銷售其所生產的產品。這些廠長同時控制著成本與收入，因此身負利潤中心的責任。營業收益便是衡量這些利潤中心的經理人的績效的重要指標。

最後，事業部門往往是常見的投資中心實例。除了控制成本、擬訂定價決策之外，事業部門的經理人也具有擬訂投資決策－－例如關廠與設廠、保留或撤銷產品線等決策－－的權力。因此，營業收益和投資報酬率則是衡量投資中心經理人之績效的重要指標。

然而值得注意的是，責任中心經理人雖然只負責各該中心的作業與活動，然而其所擬訂的決策卻可能影響其它責任中心。舉例來說，某一地板清潔用品公司的銷售人員經常在月底的時候向顧客提供價格折扣。銷貨數量因而大幅激增，工廠則必須配合進行兩班甚至三班制的加班工作才能夠符合此一需求。

資訊與責任解釋的角色

資訊是有效地促使經理人負責各該責任中心實績的關鍵。舉例來說，生產部門經理負責部門的成本，而非部門的銷貨收入。這不僅是因爲生產部門經理能夠控制這些成本，同時也是因爲生產部門經理最爲熟知其成本資訊。生產部門經理可以針對實際成本和預期成本之間的差異，提出最合理的解釋。銷貨收入是業務經理的職責，同樣地也是因爲業務經理最能夠解釋價格與銷貨數量之間的關係。

責任的賦予必須搭配合理的解釋。合理的解釋意味著能夠比較實際結果與預期或預算結果的衡量指標。此一由責任、合理解釋與績效評估交織而成的制度通常稱爲*責任會計制度 (Responsibility Accounting)*，因爲會計制度在衡量與提報績效的過程中扮演著關鍵的角色。

分散授權

學習目標二

解說企業爲什麼選擇分散授權的理由。

設置諸多責任中心的企業往往選擇下列兩種方法之一來管理其多樣而複雜的作業：集中式決策或分散式決策。在**集中式決策** (Centralized Decision Making) 的環境當中，最高階層制定決策，然後再交由較低階層的管理人員負責執行。相反地，**分散式決策** (Decentralized Decision Making) 環境則是授權較低階層的管理人員負責制定與執行各該責任範圍內的主要決策。**分散授權** (Decentralization) 是將決策權力授予或分散至較低階層的管理人員。

實務上，從高度集中專制到高度分散授權的企業皆有之。雖然仍有少數的企業採取鮮明的集中專制或分散授權的決策型態，但是絕大多數的企業還是介於集中專制與分散授權之間。近年來的趨勢則是逐漸走向分散授權的決策模式。

分散授權的理由

企業偏好分散授權的管理方法的七大理由分別爲：更容易取得地區資訊、認知限制、更加即時的回應、專注於核心管理、部門經理的訓練與評估、部門經理的激勵，以及強化競爭能力等。接下來即逐項探討將這些決策權力分散至較低階管理人員的理由。

取得地區資訊的較佳管道

決策的品質會受到可取得資訊的品質之影響。直接面對各種營運環境中（例如地區性競爭的力量與特質、以及地區勞動人口的特質等）的低階管理人員比較容易取得這些地區資訊。因此，地區經理人往往更能夠擬訂出較好的決策。分散授權的作法尤其適用於跨國企業。跨國企業的各個部門可能分散在不同的國家經營不同的事業，而必須遵守不同的法令規章或風俗民情。本章稍後將會探討管理會計的國際化課題。

認知限制

即便是管理核心可以取得各地的相關資訊，卻仍然難以克服另一道問題。基本上，在不同的市場經營上百種甚至上千種產品的大型企業裡，幾乎沒有任何人能夠具備處理並使用這些資訊所需的所有專業知識與訓練。此一認知上的限制意味著企業仍然需要具備專業知識技能的個體。一改以往在企業總部聚集一群具備不同專業知識技能的專家的作法，何不讓這些人直接負責其專業領域的經營績效？如此一來，企業可以節省下蒐集和傳送各地資訊至總公司的成本與麻煩。美國企業的結構正在不斷地變革。中階經理人不再只是具有「人際能力」與組織能力如此而已。除了管理天賦之外，中階經理人還必須具備特定領域的專業知識技能。舉例來說，銀行的中階經理除了必須管理二十位員工之外，還必須具備金融專家的身分。在現今組織規模逐漸扁平化的環境當中，中階管理人員尤其需要具備專業上的知識技能。

更加即時的回應

集中化的決策環境需要時間將各地資訊傳送至總公司，再將高層的決策下達至各地區單位。一來一往之間往往可能延誤時機，增加溝通不良的機率，降低回應的效能。在分散授權的組織裡，各地經理人可以擬訂與執行決策，不致產生前述問題。

專注於核心管理

金字塔型的組織層級的特點是階層愈高的管理人員被賦予更多的責任、也擁有更多的權力。然而隨著營運決策的權力向下分散，核心管理階層便得以更加專注在策略性規劃與決策等層面。對於核心管理階層而言，組織的永續經營課題遠比日常的例行作業來得重要許多。

訓練與評估

組織隨時都可能需要訓練完備的經理人來替換退休或另謀高就而離職的高階管理人員。藉由分散授權的方式，低階管理人員得以有機會擬訂並執行決策，此法無異於培養未來的高階管理人員的最佳方法。這些擬訂並執行決策的機會同時也便於高階管理階層藉以評估各地管理人員的能力。凡是能夠擬訂並執行最好的決策的管理人員將可獲得晉升爲核心管理階層的機會。

激勵

藉由賦予各地管理人員擬訂決策的自由，亦可滿足這些管理人員較高層次的需求（自尊與自我實現）。更多的職責可以帶來更多的工作滿意度，進而激勵這些管理人員更努力地貢獻心力。此一作法可以激盪出品質更好、創意更新的成果。當然，這些管理人員可以獲得多少激勵與回饋端視其績效表現而定。

強化競爭能力

在高度集中專制的企業裡，整體的高獲利數據可能掩蔽住細部的瑕疵。分散授權的作法則可讓企業判斷每一個部門對於整體利潤的貢獻程度，強化每一個部門的競爭能力。

分散授權的單位

分散授權在實務上通常是將企業分割爲不同的*事業部門* ***(Divisions)***。分割部門的方法之一是根據各該部門所生產的產品或服務而定。舉例來說，百事可樂集團就將旗下的組織分爲 Snack Ventures Europe 事業部門（與 General Mills 共同籌組的合資公司）、Frito-Lay Inc.事業部門、Pizza Hut 必勝客比薩事業部門和旗鑑產品軟性飲料事業部門。這些部門就是根據不同的產品線所成立。值得注意的是，某些部門必須依賴其它的部門才能存在。舉例來說，消費者在必勝客點用可樂的時候，拿到的一定是百事可樂－－而非可口可樂。分散授權的環境當中經常存在著某種相互依存的關係；否則的話，企業將只是一群完全不相關的事業單位的集合體如此而已。此一交互關係的存在產生了移轉定價的需求。本章將於稍後再行探討。

基於類似的理念，企業亦可根據其所服務的顧客來區分出不同的事業部門。美國的大型連鎖超市業者 Wal-Mart 便是根據此一原則劃分出四個不同的事業部門。Wal-Mart 以折扣商店顧客爲主要服務對象。Sam's Club 專門服務小型企業的買主。McLane Company 專門從事便利商店的通路與食品製造業務。最後，國際事業部門則以國際市場上的消費者爲主。

事業部門亦可根據地理區域來劃分。舉例來說，西北航空公司擁有三個不同的地區事業部門：太平洋事業部門、大西洋事業部門以及國內事業部門。各個地理區域的事業部門依其地區環境的特色與事實進行績效評估。

將不同的事業部門視爲責任中心的作法，不僅有助於達成分散授權的目的，更可藉由責任會計制度來確實控制各個部門的經營績效。評估部門經理人的效率與效能有助於成本中心的控制。績效報告就是常見的有利評估工具。根據損益表來衡量分散授權單位的利潤貢獻有助於利潤中心的評估。本書已經討論過績效報告與貢獻損益表，因此本章將以介紹如何評估投資中心的經理人的績效爲主。

投資中心的績效評估

學習目標三

計算並解說投資報酬率、剩餘利潤以及經濟附加價值。

企業在分散決策權力的同時，往往藉由成立責任中心、擬訂責任中心的績效衡量指標、並以各個責任中心的績效爲依據給予回饋等方式來控制分散授權的效能。

績效衡量指標的產生在於提供分散授權單位的經理人一個方向，並做爲衡量經理人經營績效的明確指標。績效衡量指標的擬訂以及回饋結構之確立實爲分散授權組織的當務之急。由於績效衡量指標足以影響經理人的行爲，因此衡量指標必須能夠激勵經理人發揮高度的工作表現。換言之，績效衡量指標必須能夠激勵經理人努力達成組織的目標。投資中心的三大績效衡量指標分別爲投資報酬率、剩餘利潤以及經濟附加價值。

投資報酬率 (Return on Investment)

企業的每一個事業部門都有自己的損益表。或許各位會問，何不將這些損益表上的淨益由高而低排列即可瞭解各個事業部門的經營績效？然而美中不足的是，損益表上的數據可能會產生分項績效的誤導資訊。舉例來說，假設兩個事業部門呈報的利潤分別是 $100,000 和 $200,000。我們是否可以就此斷定第二個事業部門的績效優於第一個事業部門？如果第一個事業部門只投資了 $500,000 就創造出 $100,000 的利潤，然而第二個事業部門卻投資了 $2,000,000 才創造出 $200,000 的利潤呢？你的答案是否有所改變？由此可知，將營業利潤和用以生產這些利潤的資產做一比較，才是更爲合理的績效衡量指標。

比較營業利潤和使用資產的方法之一是計算每投資一塊錢所賺取的利潤。舉例來說，就前文當中的第一個事業部門而言，每投資一塊錢賺回了 $0.20 ($100,000 / $500,000)；就第二個事業部門而言，每投資一塊錢則僅賺回 $0.10 ($200,000 / $2,000,000)。以百分比例言之，第一個事業部門提供了百分之二十 (20%) 的投資報酬率，第二個事業部門則僅提供百分之十 (10%) 的投資報酬率。計算投資的相對獲利能力稱爲投資報酬率。

投資報酬率 (Return on Investment，簡稱 ROI) 係最常用以衡量投資中心績效的指標。投資報酬率可以定義爲下列三種方式：

投資報酬率 = 營業收益 / 平均營業資產
= （營業生益 / 銷貨收入）×（銷貨收入 / 平均營業資產）
= 營業收益邊際×營業資產流動率

理所當然地，**營業收益** (Operating Income) 係指扣除利息與稅賦之前的金額。計算事業部門的投資報酬率往往採用營業收益，而計算公司整體的投資報酬率時則往往採用淨收益。**營業資產** (Operating Assets) 係指用以創造營業收益所需的所有資產。營業資產通常包括了現金、應收帳款、存貨、土地、建築和機器設備等等。平均營業資產的計算過程如下：

平均營業資產 =（期初淨帳面價值 + 期末淨帳面價值） / 2

實務上關於究竟應該如何估計長期資產（廠房與設備）的價值（例如採用毛帳面價值或者淨帳面價值、採用歷史成本或者當期成本）始終未有定論。大多數的企業則是採用歷史成本的淨帳面價值。

邊際與流動率 (Margin and Turnover)

前文當中介紹的第一道投資報酬率公式可以分解爲兩種比率：*邊際 (Margin)*和*流動率 (Turnover)*。**邊際** (Margin) 係指營業收益相對於銷貨收入的比率。邊際代表了銷貨收入當中利息、稅賦和利潤所分佔的比率。**流動率** (Turnover) 則是另一種衡量指標；流動率等於銷貨收入除以平均營業資產，顯示出資產用以創造銷貨收入的生產力。

這兩種指標都會影響投資報酬率的高低。舉例來說，阿默克公司 (Amoco) 的目標是成爲最賺錢的大型石油公司，但是目前仍然落後艾克森公司 (Exxon) 而屈居第二。阿默克公司的策略是強調營業資產的流動率以提高邊際貢獻的槓桿作用。達成此一目標的可行方案之一是讓漢堡王與麥當勞等速食店進駐他們目前擁有的9,600處加油站，以提高這些營業據點的附加價值。如果此一方案成功的話，將可大幅提高汽油的銷售量，提高營業資產的流動率，進而提高投資報酬率。

現在讓我們一同來看看**圖** 18-1的內容，更進一步地來瞭解邊際、流動率和投資報酬率之間的交互關係。一九九六年零食事業部門的投資報酬率是百分之十八 (18%)，到了一九九七年增加爲百分之二十 (20%)。同期間，家電用品事業部門的投資報酬率則由百分之十八 (18%) 下滑至百分之十五 (15%)。若能夠計算出這兩個事業部門個別的邊際和流動率，相信更可以瞭解這些數據改變的背後涵意。**圖** 18-1同時列出這些數據。

值得注意的是，從一九九六年跨至一九九七年，零食事業部門和家電用品事業部門的邊際都出現下滑。事實上，這兩個部門的下滑幅度一模一樣〔同爲百分之十六點六七 (16.67%)〕。邊際下滑的原因可能出於費用增加或競爭者壓力（而被迫降價），或者兩者原因兼有之。

圖 18-1

部門績效之比較

投資報酬率之比較

	零食事業部門	家電事業部門
1996：		
銷貨收入	$30,000,000	$117,000,000
營業收益	1,800,000	3,510,000
平均營業資產	10,000,000	19,500,000
投資報酬率[a]	18%	18%
1997：		
銷貨收入	$40,000,000	$117,000,000
營業收益	2,000,000	2,925,000
平均營業資產	10,000,000	19,500,000
投資報酬率[a]	20%	25%

邊際與流動率之比較

	零食事業部門		家電事業部門	
	1996	1997	1996	1997
邊際[b]	6.0%	5.0%	3.0%	2.5%
流動率[c]	× 3.0	× 4.0	× 6.0	× 6.0
投資報酬率	18.0%	20.0%	18.0%	15.0%

[a] 營業收益除以平均營業資產。
[b] 營業收益除以銷貨收入。
[c] 銷貨收入除以平均營業資產。

雖然邊際出現下滑的現象，零食事業部門卻還是能夠成功地提高投資報酬率。投資報酬率得以提高的原因在於流動率的增加幅度大於邊際下滑的程度。流動率的增加或可解釋爲這個事業部門刻意減少存貨所致。（值得注意的是，雖然銷貨收入增加了 $10,000,000，但是零食事業部門所使用的平均資產卻仍維持不變。）

另一方面，家電用品事業部門卻因爲邊際下滑、流動率不變而導致投資報酬率下跌的問題。雖然需要更多的資訊輔以做出最後的結論，但是面對類似的問題卻出現不同結果的事實或多或少也能夠反映出這兩個事業部門的經理人的能力高低。

投資報酬率的優點

既然投資報酬率可以用於評估部門績效，部門總經理自然而然地會想要儘可能地提高投資報酬率。舉凡提高銷貨收入、降低成本、減少投資等均可能提高投資報酬率。採用投資報酬率來衡量部門績效的優點是：

1. 激勵部門總經理人充份發揮投資中心經理人的職責，更加注意銷貨收入、費用、成本與投資之間的交互關係。
2. 激勵部門總經理人追求成本效率。
3. 避免部門總經理人動用營業資產從事過度投資。

接下來將逐項探討上述優點。

第一項優點是投資報酬率有助於激勵部門經理人仔細考慮收益和投資之間的交互關係。假設某事業部門的行銷副總向部門經理建議提高 $100,000 的廣告預算。這位行銷副總相信此舉將可提高 $200,000 的銷貨收入，進而提高 $110,000 的貢獻邊際。如果總公司僅僅根據部門的營業收益來衡量部門的績效，那麼將只需要這位行銷副總所提出的資訊。然而如果總公司是根據投資報酬率來衡量部門的績效，那麼部門的總經理將會需要瞭解必須投入多少額外的金額才能夠達到預期當中產量和銷售量上的增加。假設將會需要 $50,000 的額外營業資產。目前，這個事業部門的銷貨收入爲 $2,000,000，淨營業收益爲 $150,000，而營業資產則爲 $1,000,000。

若廣告預算增加 $100,000，貢獻邊際增加 $110,000，則營業收益將會增加 $10,000 ($110,000 - $100,000)。營業資產上的投資也必須增加 $50,000。沒有增加額外的廣告預算之前的投資報酬率是百分之十五 (15%, $150,000 / $1,000,000)。增加額外的廣告預算之後的投資報酬率則是百分之十五點二四 (15.24%, $160,000 / $1,050,000)。由於此一方案確可提高投資報酬率，部門經理應該同意增加廣告預算。

第二項優點是投資報酬率可以激勵部門總經理追求成本效率。投資中心的經理人必須隨時控制成本。因此，藉由合理地降低成本來提升效率，確爲提高投資報酬率的常見方法。舉例來說，大可公司 (Tenneco,

Inc.) 正在藉由減少不具附加價值的作業來推行工廠的成本降低運動。某些廠房的物料處理成本居高不下。改善工廠佈置以減少物料必須移動的時間和距離，是減少物料處理成本的方法之一。值得注意的是，激勵成本效率意味著必須減少不具附加價值的成本以及提升生產力。許多降低短期成本的方法會對企業造成不當的影響。本章將在稍後探討投資報酬率的缺點時再行介紹。

第三項優點是激勵部門總經理進行有效的投資。已經儘可能地降低成本的事業部門必須減少投資金額。舉例來說，採行及時採購與及時製造制度來減少原料與在製品存貨，有助於減少營業資產的需求。企業可以設置更新、生產力更高的機器設備，可以關閉效率不彰的廠房等。企業必須深思投資的必要性，進而設法減少投資金額。這些都是採用投資報酬率來評估部門績效的優點。

投資報酬率的缺點

採用投資報酬率來評估績效的作法亦不免有其缺點。實務上與投資報酬率相關的缺點最爲常見的計有兩項。

1. 事業部門總經理不願意從事雖會降低事業部門投資報酬率、但可提高公司整體獲利能力的投資計畫（一般而言，投資報酬率低於目前水準的計畫會遭到否決）。
2. 事業部門總經理可能會涉及犧牲長期利益以換取短期利益的不當行爲。

茲舉例說明第一項缺點。假設某一清潔產品部門在下一年度有機會進行兩項投資計畫。每一項投資計畫所需要的資金、報酬金額和投資報酬率分述如下：

	甲計畫	乙計畫
投資金額	$10,000,000	$4,000,000
營業收益	1,300,000	640,000
投資報酬率	13%	16%

這個事業部門目前的投資報酬率是百分之十五 (15%)，總共使用

了 $50,000,000 的營業資產來創造 $7,500,000 的營業收益。這個事業部門可以爭取多達 $15,000,000 的額外資金來從事新的投資計畫。總公司規定所有的投資計畫必須賺取至少百分之十 (10%) 的報酬——此乃總公司爲了打平取得資金的成本所必須賺回的金額。事業部門沒有動用的資金係由總公司轉投資以賺取剛好百分之十 (10%) 的報酬。

這個事業部門的總經理面臨了四種可行方案：(1) 投資甲計畫、(2) 投資乙計畫、(3) 兩項計畫都投資以及 (4) 兩項計畫都不投資。這四種可行方案的投資報酬率分別爲：

	方案一	方案二	方案三	方案四
營業收益	$ 8,800,000	$ 8,140,000	$ 9,440,000	$ 7,500,00
營業資產	60,000,000	54,000,000	64,000,000	50,000,000
投資報酬率	14.67%	15.07%	14.75%	15.00%

這個事業部門的總經理決定只投資乙計畫（也就是方案二），因爲乙計畫的投資報酬率超過總公司規定的標準〔百分之十五點零七 (15.07%) 大於百分之十五 (15%)〕。

假設這個事業部門沒有動用的資金可以賺到百分之十 (10%) 的報酬，那麼這位經理的決定帶來的利潤顯然低於總公司可以實現的利潤。如果選擇方案一，那麼公司將可賺到 $1,300,000。如果不選擇方案一，那麼 $10,000,000 的資金將用於投資報酬率爲百分之十 (10%) 的投資上，換言之，總公司將只能賺到 $1,000,000 (0.10 × $10,000,000)。爲了使事業部門的投資報酬率達到最大，這位經理使得總公司損失了 $300,000 ($1,300,000 - $1,000,000) 的利潤。

採用投資報酬率來衡量事業部門績效的第二項缺點是可能會變相鼓勵不當行爲。前文當中曾經提到，採用投資報酬率做爲績效衡量指標的優點之一是可以激勵事業部門經理致力於降低成本。雖然降低成本有助於提高效率，但是長期來看卻也可能導致效率降低。過度強調短期好處而犧牲掉長期好處即屬**短視行爲** (Myopic Behavior)。涉及短視行爲的管理人員往往會藉由掩飾其它成本的方式來削減營業費用。常見的例子包括了資遣薪資較高的員工、削減廣告預算、延後員工的升遷和員工訓練、縮減預防性維護作業和使用廉價原料等。

前述行爲均可減少費用、增加收益，進而提高投資報酬率。這些行爲雖然可以提高短期的利潤和投資報酬率，但是卻會帶來長期的負面影響。資遣薪資較高的員工可能會影響未來的銷貨收入。舉例來說，曾有一則研究指出，如果用一位經驗不到一年的業務員取代五到八年經驗的業務員，公司平均每一個月會損失 $36,000的銷貨收入。員工流動率低往往和高顧客滿意度之間具有密切關連。削減廣告預算、使用廉價的原料也可能損及未來的銷貨收入。延後員工的升遷機會可能影響員工的士氣，進而導致生產力下降、未來銷貨收入縮減等結果。最後，縮減預防性維護作業可能會增加機器故障的機率，縮短生產設備的壽命，進而降低產能。這些行爲雖然可以提高目前的投資報酬率，但是卻會導致未來投資報酬率節節滑落。

剩餘利潤 (Residual Income)

爲了避免管理人員否決部門別投資報酬率低、但可爲公司整體帶來利潤的投資計畫的弊端，許多企業紛紛改採另一項績效衡量指標——*剩餘利潤 (Residual Income)*。**剩餘利潤** (Residual Income) 係指營業收益與營業資產所規定的最低報酬金額之間的差異：

剩餘利潤 = 營業收益－（最低報酬率×營業資產）

剩餘利潤的優點

爲了說明如何採用剩餘利潤來衡量績效，再以前文當中的清潔用品事業部門爲例。各位應該記得，這個部門的經理否決了甲計畫，因爲甲計畫會使得其事業部門的投資報酬率降低，但卻也因此使得公司整體損失了 $300,000 的利潤。兩項投資計畫的剩餘收益列示如下。

甲計畫

剩餘利潤 = 營業收益－（最低報酬率×營業資產）

= $1,300,000 - (0.10 × $10,000,000)

= $1,300,000 - $1,000,000

= $300,000

乙計畫

剩餘利潤 = \$640,000 - (0.10 × \$4,000,000)
= \$640,000 - \$400,000
= \$240,000

值得注意的是，兩項計畫的剩餘利潤都有增加；事實上，甲計畫所增加的剩餘潤比乙計畫的還多。因此，兩項計畫都屬可行。為了比較之便，前述四項可行方案的剩餘利潤分述如下：

	方案一	方案二	方案三	方案四
營業資產	\$60,000,000	\$54,000,000	\$64,000,000	\$50,000,000
營業收益	\$ 8,800,000	\$ 8,140,000	\$ 9,440,000	\$ 7,500,000
最低報酬率 *	6,000,000	5,400,000	6,400,000	5,000,000
剩餘利潤	\$ 2,800,000	\$ 2,740,000	\$ 3,040,000	\$ 2,500,000

*0.10 × 營業資產。

誠如前述，選擇兩種計畫可以帶來最大的剩餘利潤。於是，方案三成為比較適合的可行方案。如果採用此一新的衡量指標，那麼這個事業部門的經理應當選擇能夠賺取超過規定的最低報酬率的計畫。

剩餘利潤的缺點

採用剩餘利潤來衡量績效的兩項缺點是剩餘利潤屬於絕對的報酬率衡量指標，而且剩餘利潤指標並不具備避免管理人員涉及不當行為的功能。由於剩餘利潤屬於絕對指標，因此很難直接比較不同部門之間的績效好壞。舉例來說，假設甲事業部門和乙事業部門的剩餘利潤分別如下，且規定的最低報酬率是百分之八 (8%)：

	甲事業部門	乙事業部門
平均營業資產	$15,000,000	$2,500,000
營業收益	$ 1,500,000	$ 300,000
最低報酬率 a	(1,200,000)	(200,000)
剩餘利潤	$ 300,000	$ 100,000
剩餘報酬率 b	2%	4%

[a]0.08 × 營業資產。

[b]剩餘利潤除以營業資產。

乍看之下，似乎甲事業部門的績效優於乙事業部門，因爲前者的剩餘利潤是後者的三倍之多。然而值得注意的是，甲事業部門所使用的營業資產卻是乙事業部門的六倍。細究之後，事實上會發現乙事業部門反而更具效率。

修正此一缺點的可能方法是將剩餘利潤除以平均營業資產，求出剩餘利潤的投資報酬率。此一指標顯示出乙事業部門的剩餘利潤投資報酬率是百分之四 (4%)，而甲事業部門的剩餘利潤投資報酬率卻有百分之二 (2%)。另一種修正方法則是同時採用投資報酬率和剩餘利潤來做爲績效評估的指標。如此一來，則可採用投資報酬率來比較不同部門之間的績效優劣。

採用剩餘利潤來衡量績效的第二項缺點是和投資報酬率一樣，可能會導致短視行爲。採用投資報酬率做爲績效評估指標的時候，事業部門的管理人員可能會縮減維護、訓練和銷售人員薪資等費用，而根據剩餘利潤來評估其績效的管理人員也可能採取同樣的行動。改採剩餘利潤並無法解決短視行爲的問題。欲避免剩餘利潤所產生的短視行爲可改採經濟附加價值。

經濟附加價值

另一項評估投資中心獲利績效的衡量指標是經濟附加價值（簡稱EVA）。**經濟附加價值** (Economic Value Added) 係指稅後營業利潤減掉資金的總年度成本之後的餘額。如果經濟附加價值爲正，則公司創造了財富。如果經濟附加價值爲負，則公司損失了資本。長期來看，只有創造資本或財富的企業才能夠生存。

經濟附加價值是以金額的型式來表達，而非報酬的百分比例。然而，經濟附加價值和投資報酬率等數據仍有相似之處，因爲經濟附加價值代表著淨益（報酬）和使用資金之間的關係。經濟附加價值的主要特色在於強調*稅後的 (After-tax)*營業利潤與*實際的 (Actual)*資金成本。其它的報酬率衡量指標採用的會計帳面價值數據可能反映出，也可能並未反映出資金的眞正成本。舉例來說，典型的剩餘利潤採用的就是最低預期報酬率。投資人偏好經濟附加價值的原因在於其反映出利潤與爲達利潤所需的資源金額之間的關係。

計算經濟附加價值

經濟附加價值爲稅後營業收益減掉使用的資金之成本。計算經濟附加價值的公式可以表示如下：

經濟附加價值 = 稅後營業收益－（資金的加權平均成本×使用的總資金）

大多數的企業在計算經濟附加價值的時候所面臨的問題是如何計算所使用的資金之成本。解決此一難題可以分爲兩道步驟：(1) 決定資金的加權平均成本（百分比例），(2) 決定使用的資金之總金額。

計算資金的加權平均成本時，必須找出投資之資金的所有來源。常見的資金來源包括借貸與股東權益（發行股票）。借得的資金往往附帶有利息，這些利息具有抵稅的作用。舉例來說，如果某家公司發行利率爲百分之八 (8%) 的十年期的公司債，且適用稅率爲百分之四十 (40%)，那麼這些公司債的稅後成本應爲百分之四點八 (4.8%) [.08 - (.4 × .08)]。股東權益的處理方式則又不同。股東權益融資方式的成本是指投資人的機會成本。長期來看，股東的平均報酬比長期政府公債高出六個百分點。如果這些政府公債的利率大約是百分之六 (6%)，那麼股東權益的平均成本應爲百分之十二 (12%)。風險較高的股票其報酬率也較高；股價較爲穩定、風險較低的股票其報酬率也略低。最後，再將每一種融資方法的各自比例乘上其分估的成本，便可加總得出資金的加權平均成本。

假設某家公司擁有兩種融資管道：發行利率爲百分之九的長期公司債共 $2,000,000，或者發行 $6,000,000 的普通股票。假設這兩種融資方法的風險大致相等。如果這家公司適用百分之四十 (40%) 的稅率，且政府長期公債的利率是百分之六 (6%)，則這家公司資金的加權平均成本計算過程如下：

	金額	百分比例 ×	稅後成本 =	加權成本
公司債	$2,000,000	.25	.09(1 - .4) =.054	.0135
股票	6,000,000	.75	.06 + .06 =.120	.0900
總計	$8,000,000			.1035

因此，這家公司的資金之加權平均成本爲百分之十點三五 (10.35%)。

計算使用的資金成本的另一項要件是使用的資金金額。很顯然地，此一金額必須包括爲了取得建築、土地和機器設備所支付的金錢。然而，其它必須在長時間後才能回收的項目－－例如研究發展和員工訓練等－－也應該包括在內。雖然後面這些項目在一般公認會計原則之下是被列爲費用處理，但是由於經濟附加價值也是一項內部管理會計指標，因此這些項目也應視爲眞正的投資。

經濟附加價值之釋例

假設飛門公司去年度的稅後營業收益是 $1,583,000。飛門公司總共使用了三項融資管道：發行利率百分之八 (8%)、總價爲 $2,000,000 的抵押債券，發行利率百分之十 (10%)、總金額爲 $3,000,000 的未買回債券，以及發行總價爲 $10,000,000 的普通股票。已知普通股的風險並未高於任何其它股票。飛門公司適用百分之四十 (40%) 的稅率。抵押債券的稅後成本是.048 [1 - (.4 × .08)]。未買回債券的稅後成本是 0.06 [1 - (.4 × .10)]。股東權益並未享有抵稅的優惠，因此普通股的成本是百分之十二 (12%)〔百分之六 (6%) 的長期公債報酬率加上百分之六 (6%) 的平均股票報酬率〕。則將各種融資管道的資金比例乘上各該成本之後，便可求得資金的**加權平均成本** (Weighted Average Cost of Capital)。飛門公司的資金加權平均成本計算過程如下：

	金額	百分比例	× 稅後成本	= 加權成本
普通股	$10,000,000	.667	.120	.080
抵押債券	2,000,000	.133	.048	.006
未買回債券	3,000,000	.200	.060	.012
總計	$15,000,000			.098

再將資金的加權平均成本乘上使用的總資金之後，便可求出資金成本的金額。就飛門公司而言，使用的資金金額為 $15,000,000，所以資金成本應為 $1,470,000 (.098 × $15,000,000)。

飛門公司的經濟附加價值計算過程如下：

稅後利潤	$1,583,000
減項：資金的加權平均成本	(1,470,000)
經濟附加價值	$ 113,000

經濟附加價值為正值，代表著飛門公司賺取的營業利潤超過使用的資金之成本。亦即，飛門公司創造了財富。

舉凡美國電話電報公司 (AT&T)、可口可樂公司 (Coca Cola) 等企業都注意到了經濟附加價值與股價之間的密切關連。事實上，股價的波動隨經濟附加價值而增減的情形，遠較其隨每股盈餘等會計指標而增減來得明顯。

經濟附加價值的行為面影響

許多企業發現，經濟附加價值有助於鼓勵管理人員從事正確的行為，此乃單單強調營業收益所無法達到的效果。此一事實背後的原因在於經濟附加價值強調的是資金的眞正成本。在許多企業裡，擬訂投資決策的責任落在核心管理階層。因此，資金的成本往往視為總公司的費用。如果某一事業部門屯積過多的存貨、或者進行龐大的投資，這些投資的融資成本往往會反映在總公司整體的損益表上。這些成本並未做為各該事業部門營業收益的減項；既然各個事業部門可以自行決定投資金額，當然會要求的更多。有鑑於此，實務上應該衡量企業集團的各個事業部門的經濟附加價值。舉例來說，製造引擎的廠商 Briggs and Stratton 根據引擎的種類和主要功能（例如製造、鋪貨等）將公司分為數個事業部門。每一個事業部門都分別計算出其經濟附加價值，如此方可更明確地瞭解各個事業部門的眞正績效。

假設超技公司分為兩個事業部門：硬體事業部門和軟體事業部門。這兩個事業部門的營業收益表列示於後。

	硬體事業部門	軟體事業部門
銷貨收入	$5,000,000	$2,000,000
銷貨成本	2,000,000	1,100,000
毛利潤	$3,000,000	$ 900,000
部門銷售、行政費用與稅賦	2,000,000	400,000
淨收益	$1,000,000	$ 500,000

從上表看來，硬體事業部門的績效頗佳，而軟體事業部門的績效亦不差。現在讓我們一起來分析這兩個事業部門使用資金的狀況。假設超技公司的資金加權平均成本是百分之十一 (11%)。硬體事業部門在設置零組件和製成品的存貨以及使用倉庫等項目上使用了 $10,000,000 的資金，因此資金成本是 $1,100,000 (.11 × $10,000,000)。軟體事業部門不需要龐大的原料存貨，但是卻在研究發展與員工訓練方面投注了相當大的資金。軟體事業部門使用了 $2,000,000 的資金，其資金成本為 $220,000 (.11 × $2,000,000)。這兩個事業部門的經濟附加價值分述如後：

	硬體事業部門	軟體事業部門
營業收益	$1,000,000	$500,000
減項：資金成本	1,100,000	220,000
經濟附加價值	$(100,000)	$280,000

至此很顯然地，硬體事業部門因為使用了過多的資金而實際出現了虧損。另一方面，軟體事業部門卻已為超技公司創造了財富。採用

經濟附加價值做爲衡量績效的指標，硬體事業部門再也不能將存貨與倉庫視爲「免費」的資源。硬體事業部門的管理階層必須設法減少資金的使用，從而提高經濟附加價值。舉例來說，硬體事業部門如能減少使用 \$8,000,000的資金，將可使得經濟附加價值攀升至 \$120,000 [\$1,000,000 - (.11 × \$8,000,000)]。

桂格食品公司(Quaker Oats)也曾面臨類似的情況。一九九一年以前，桂格公司是根據每一季的利潤來評估事業部門的績效。爲了讓每一季的盈餘都能夠持續成長，事業部門的經理在每一季的末尾都會採取大幅降價的行動。此舉造成零售商的訂單蜂湧而入，且到了每一季的末尾，工廠的產量也隨之暴增。此一作法往往造成零售商店屯積了大量的存貨。這樣的作法並未眞正節省下可觀的成本，因爲屯積存貨需要大筆的資金－－例如存貨本身的價值以及存放這些存貨的倉庫等。桂格公司位於美國伊利諾州丹維市的工廠生產零食和早餐麥片。在採行經濟附加價值的績效衡量指標之前，這座工廠在每一季的前半部都會出現相當的閒置產能。然而採購部門仍然買進了大量的紙盒、塑膠包裝袋、穀物和巧克力脆片，以便應付到了每一季的最後六個星期產量激增時的原料需求。產品完成之後，便存放在多達十五處的倉庫內。所有和存貨相關的成本均由總公司吸收。這些龐大的存貨對於廠長而言似乎是免費的產品，因此自然而然會想保留較多的存貨。然而在採行經濟附加價值來衡量績效之後，生產排程明顯地平均分佈在每一季的各個月份當中，不僅整體產量（和銷貨收入）提高，而且存貨也大幅減少。桂格公司丹維廠的存貨由 \$15,000,000 縮減爲 \$9,000,000。桂格公司關閉了十五座倉庫當中的三分之一，每一年在薪資與資金成本上節省下 \$6,000,000。

績效的多重衡量指標

投資報酬率、剩餘利潤和經濟附加價值都是衡量管理績效的重要指標。然而這些都屬於財務上的指標，亦即容易誘導經理人只注重金錢數字。然而單從金錢數字可能無法看出公司的整體情況。此外，低階經理人和員工對於淨收益或投資的增減或好壞感到力有未逮。因此，實務上便出現了其它非財務營業指標。舉例來說，高階管理階層可能會想要瞭解市場佔有率、顧客抱怨、人事流動率和人力發展等層面的因素。藉由讓低階經理人瞭解公司同樣重視長期存續的因素，將可減緩過於強調財務指標的弊病。

身處當代製造環境的經理人特別可能使用績效的多重衡量指標，並將財務指標與非財務指標一併納入考量。舉例來說，通用汽車的釷星汽車廠便相當重視職工缺勤率〔釷星廠的平均職工缺勤率是百分之二點五 (2.5%)，遠低於通用汽車其它廠的百分之十到十四 (10 - 14%)〕。惠普公司發現新產品愈早推出上市，獲利率就愈高。因此，在新產品的設計階段，嚴格要求遵守設計時間表就成爲惠普公司主要績效衡量指標之一。

經理人績效之評估與回饋

學習目標四

探討管理績效之評估與回饋方法。

雖然部份企業認爲部門績效其實就等於部門經理人的績效，然而兩者之間其實大有不同，不宜混爲一談。一般而言，影響部門績效的因素往往超出經理人所能控制的範圍。因此，企業尤其必須採行責任會計法。換言之，經理人的績效應該依其所能控制的因素做爲評估的基礎。根據部門績效擬訂的回饋計畫往往適得其反。因此，企業必須正視管理回饋的課題。

經理人的紅利——激勵目標之一致性

如果所有的經理人均能發揮最好的能力，而最高管理階層可以預知這些能力的話，恐怕也就毋須費心思量管理績效之評估與回饋的課題。在獨資的企業裡面，就少有管理績效評估與回饋的問題。老闆總是盡心盡力地工作，因爲他們希望更能取得公司的所有收益做爲自己辛勤工作的回饋。然而在大多數的企業裡面，企業主必須僱用經理人來負責日常事務，並授權給這些經理人來擬訂必要的決策。舉例來說，企業的股東就是透過董事會來聘僱執行長（或總經理）負責企業的經營管理。同樣地，部門經理人則是由執行長（或總經理）所聘僱，代替股東來管理各個部門。於是，企業主必須確認這些經理人確實提供了優秀的管理服務。

各位或許會問，經理人爲什麼不提供優秀的管理服務？原因有三：(1) 他們的能力可能不足，(2) 他們可能不願意努力工作，以及 (3) 他們可能寧願用公司的資源來換取獎金。如果問題出自第一項原因，那麼企業主必須在僱用經理人之前就對他們的能力有所瞭解。請各位回想企業選擇分散授權的原因－－提供訓練以培養未來的高階管理階層。此一觀點相當正確，同樣也有助於高階管理階層瞭解部門經理人的管理能力。如果問題出自第二項與第三項原因，那麼企業主則必須更仔細地監督經理人的工作表現，或者必須設計一套獎金制度以確保經理人的目標與企業的目標一致。某些經理人可能並不喜歡過多的工作或者例行性的工作。此外，某些經理人可能不具冒險性格，因而極力避免自己和公司涉及風險過高的行爲。因此，企業主必須設計一套回饋制度，以確實激勵經理人努力工作，並且願意承擔相當程度的風險。經理人逃避工作與風險的常見現象是濫用福利。**福利** (Perquisites) 係指正常薪資以外的好處。常見的福利措施計有高雅的辦公室、使用公務車或直昇機、專屬的費用帳戶以及公司付費的鄉村會員俱樂部資格等等。雖然某些福利是合法地使用公司資源，但卻可能出現濫用的弊端。結構健全的獎金制度有助於激勵經理人努力達成與公司一致的目標。

管理回饋

管理回饋的內容通常包括與績效息息相關的獎金制度。設計獎金制度的用意在於激勵經理人達成與公司一致的目標，促使經理人以公司的最大利益爲優先、唯一的考量。如何設計管理回饋的內容以激勵經理人確實達成與公司一致的整體目標是相當重要的管理課題。管理回饋包括了加薪、以報表上的收益爲依據的獎金、股票選擇權和非現金回饋等等。

現金回饋 (Cash Compensation)

現金回饋可以分爲薪資和獎金兩個項目。企業回饋優秀的管理績效的方法之一是給予經理人定期性的調薪。然而加薪往往是長期的支出，獎金的發放卻具有較大的彈性。許多企業採取薪資與獎金並行的方式，讓薪資維持一定的水準，而讓獎金隨著報表上的收益來調整。經理人的獎金可能和部門的淨益或淨益增加的目標息息相關。舉例來說，一位部門經理人的年薪可能是 $75,000，而獎金則爲報表上淨益增加的百分之五 (5%)。如果淨益沒有增加，那麼這位經理人就領不到任何獎金。此一獎金計畫的設計用意便在於激勵經理人重視提高淨益的目標－－恰好正是企業主的目標。

可想而知，以收益爲基礎的回饋內容可能變相鼓勵經理人做出不符專業職責的行爲。經理人可能涉及不道德行爲，例如延後必要的維護作業等。如果獎金是以限額〔例如獎金額度等於淨益的百分之一 (1%)，但不得超過 $50,000〕方式發放，那麼經理人可能延後認列收入，使得下一年度也可以領到最高限額的獎金。設計獎金制度的主事者必須瞭解這套制度的正面激勵效果，同時也應瞭解這套制度可能造成的潛在負面行爲。

利潤分享計畫是讓員工分享一部份的利潤，使得員工也成爲公司的主人。然而員工並不具有決策的權力，也不是將風險由上往下分散。利潤分享計畫具有由下而上的風險分散型式。基本上，公司支付員工一定比率的薪資，因此所有的利潤都是薪資以外的報酬。利潤分享計畫的目標在於提供誘因，激勵員工更努力、更有效率地工作。

以股票為主的回饋 (Stock-Based Compensation)

股票代表持有公司的股權，因此理論上當公司營運狀況良好的時候，股票的價值會上升；而當公司營運狀況不佳的時候，股票的價值則會下跌。發放股票給經理人可以讓這些經理人也成爲公司的部份所有人，應該有助於一致目標的達成。許多企業鼓勵員工購買公司的股票，或者以發放股票的方式做爲紅利。以股票做爲回饋的一項缺點是股價可能因爲經理人所無法控制的原因而下跌。舉例來說，連鎖超市業者 Wal-Mart 的股價在一九九O年代初期起伏不定。股價下跌的時候，經理人會擔心員工士氣受到波及。爲了保有高昂的士氣，公司另外提撥了部份現金紅利，發放給達到業績目標與收益目標的員工。

企業往往也會提供其經理人股票選擇權。**股票選擇權** (Stock Option) 係指經過一段期間之後，以一定價格購買特定股數的公司股票的權利。給予股票選擇權的用意在於鼓勵經理人重視長期經營績效。股票選擇權的價格通常是發行當時的市價。換言之，如果未來股價上漲，經理人可以行使此項權利，以低於市價的價格購買公司的股票，則可立即實現利益。

舉例來說，寶家公司衛浴用品事業部門的總經理坎路易獲得公司提供的股票選擇權，以目前每股 $20 的市價購買 100,000 股的公司股票。這項權利是在一九九五年八月賦予，並可在兩年後行使權利。如果到了一九九七年八月，寶家公司的股價漲至每股 $23，那麼坎路易可以用 $2,000,000（100,000 × $20 的選擇權價格）買進 100,000 股的股票，然後隨即以 $2,300,000 (100,000 × $23) 的市價脫手。當然如果寶家公司的股票跌至 $20 以下，坎路易也可以不施行選擇權。然而理論上，長期來看股票價格會呈現上漲的趨勢，只要寶家公司的表現不低於市場水準，坎路易應該可以穩穩保住這一筆利潤。

企業對於員工施行股票選擇權而賺取高額利潤的情形日益重視，因爲這些利潤與股票市場的全盤漲跌的關係比其與高階管理階層績效的關係更爲密切。於是，許多企業紛紛推出新的股票選擇權方案。這些新的股票選擇權是讓員工在獲得選擇權之際以遠高於當時市價的價格購買自家公司的股票。一九九四年，時代華納公司便以高出當時股票市價 $8 到 $16 的價格授予執行長新的股票選擇權。可想而知，如果該公司股票市價低於認購價格的話，股票選擇權無異徒具形式而已。

基本上股票選擇權的行使仍有其限制。舉例來說，行使股票選擇權所購得的股票在一定期間內不得出售。股票選擇權的缺點之一是股價會受到諸多因素的影響，並非完全在經理人的掌握之中。

依據收益做為回饋內容之議題

企業採行以收益爲基礎的回饋方案，用意在於取得企業主與經理人之間的一致目標。企業主莫不希望公司的淨益提高，股價上揚，因此以收益和股價來衡量管理階層的績效有助於鼓勵經理人朝向同一目標而努力。然而採用任何單一的績效衡量指標－－此一指標往往又是發放獎金的依據－－往往會變相鼓勵經理人從事過於冒險的行為。換言之，經理人可能會刻意犧牲長期獲利來美化短期的數據。舉例來說，經理人可能會刻意保留淨益，拒絕投資更現代化、效率更高的設備。折舊費用雖然可以維持在最低水準，但是生產力和品質卻也停滯不前。很顯然地，經理人也會想要瞭解許多用以評估績效的會計數據。舉例來說，雖然銷貨收入與銷貨成本維持不變，但是如果由先進先出法改為後進先出法，或者是折舊方法的改變等都會影響淨益的數據。實務上我們經常可以看到剛接手營運不佳的企業的執行長往往會採取一次認列損失的方式。此一作法會使得當年度的淨益非常地低（甚至出現淨損），然而到了下一年度，帳面上的淨益自然而然就會大幅攀升，執行長當然也就可以領到一筆可觀的獎金。

現金獎金和股票選擇權等回饋方式都可能會變相偏重短期經營績效。為了鼓勵經理人長期健全的經營本質，部門企業已經開始要求高階管理階層購買並持有一定比例的自家公司股票，以留住這些人才。舉凡 Eastman-Kodak、Xerox、CSX Corporation、Gerber Products、Union Carbide 和 Hershey Foods 等企業都訂有類似的規定。根據一項針對持有自家公司一定比例的股票的高階經理人所做的調查結果顯示，這些公司的股價表現似乎遠較沒有類似規定的企業的股價表現優秀許多。

企業在設計管理回饋計畫的時候，另一項必須注意的問題是企業主和經理人對於風險的承受能力並不相同。由於經理人在公司投注了相當多的資金與人力資源，可能比較不願意冒太高的風險。而企業主卻由於其規避風險的能力較高，因此往往比較願意放手一搏。因此，經理人必須得以免除承擔部份劣勢風險的結果，方得以學習擬訂經營決策。

非現金回饋 (Noncash Compensation)

非現金回饋也是管理階層回饋結構當中相當重要的一環。經理人在處理日常的例行事務時如能擁有一定的自主權，就是一種重要的非現金回饋。以惠普公司爲例，跨部門組成的專案小組就「擁有」自己的事業，他們有權決定如何投資收入以快速因應瞬息萬變的市場。

福利也是不可或缺的非現金回饋。實務上經常可以看到經理人寧願捨棄加薪，而爭取更高的頭銜、更方便的上班地點以及專屬的費用帳戶等等福利。企業如能善用福利措施，可以激發經理人更高的工作效率。舉例來說，一位工作繁忙的經理人可能會需要僱用幾位助理來提高工作效率，又或者經理人會需要使用公司的直昇機以監督分散各處的事業部門。然而，福利也可能出現濫用的弊病。舉例來說，美國知名企業 RJR Nabisco 公司的前任執行長就曾利用公司的直昇機來載送他自己的親友。此舉不禁令人擔憂這家公司的股東如何能夠把錢賺進自己的荷包。

移轉定價法

學習目標五

解說在分散授權的企業當中移轉定價法所扮演的角色。

某一事業部門的產出往往可以做爲另一事業部門的投入。舉例來說，某一事業部門生產的積體電路可以讓另一事業部門用以生產錄影機。**移轉價格** (Transfer Price) 係指某一事業部門生產的產品移轉至另一事業部門所收取的價格。此一價格會影響轉出部門的收入和轉入部門的成本。因此，這兩個部門的投資報酬率和管理績效評估結果都會受到影響。

移轉價格對於收益的影響

圖 18-2 列舉出移轉價格對於 ABC 公司的兩個事業部門的影響。甲事業部門生產一項零組件，然後賣給同一公司的另一乙事業部門。移轉價格爲 $30，對於甲事業部門而言是收入，可以提高部門的收益；顯然地，甲事業部門會希望價格愈高愈好。相反地，$30 的移轉價格對於乙事業部門而言卻是成本，誠如其它原料的成本一樣會減少部門的收益。乙事業部門當然希望價格愈低愈好。就 ABC 公司整體而言，甲事業部門的收入減去乙事業部門的成本恰等於零。

圖 18-2

移轉價格對於轉出轉入部門與企業整體之影響

某公司

甲事業部門	乙事業部門
生產零組件並移轉給乙事業部門，移轉價格為每單位 $30。	向甲事業部門以 $30 的單價採購零組件，並用於生產最終產品。
移轉價格 = $30 / 單位	移轉價格 = $30 / 單位
對甲事業部門是收入	對乙事業部門是成本
增加淨收益	減少淨收益
提高投資報酬率	降低投資報酬率

移轉價格收入 = 移轉價格成本

對這家公司整體而言並無影響

雖然實際移轉價格對於公司整體而言並無太大影響，然而如果此一價格足以影響部門行為，仍將對公司整體的利潤水準產生影響。獨立運作的事業部門會擬訂出能讓部門利潤達到最大的移轉價格，但卻可能因此損及公司整體的利潤。舉例來說，假設**圖** 18-2 當中的甲事業部門生產該項零組件的成本是 $24，並訂出移轉價格為 $30。如果乙事業部門能以 $28 的價格向外部供應商取得同樣的零組件，必然拒絕向甲事業部門購買。乙事業部門可以節省下每一個零組件 $2 的成本（$30 的內部移轉價格 - $28 的外購價格）。然而假設甲事業部門無法對內移轉其所生產的零組件，則 ABC 公司整體將損失每一個零組件 $4 的成本（$28 的外部成本 -$24 的內部成本）。如此一來，公司整體的成本將會增加。因此，如何擬訂適當的移轉價格對於企業整體的利潤影響甚鉅。

移轉定價法的課題

完備周全的移轉定價制度必須滿足三項目標：正確的績效評估、目標的一致性以及部門自主權的維護。正確的績效評估係指事業部門不應犧牲另一事業部門來換取自己的好處（對某一事業部門有利，對另一事業部門有害）。目標的一致性係指事業部門之間應以獲取公司整體最大利益為目標。自主權的維護係指核心管理階層不應介入事業部門的決策自由。**移轉定價法的課題** (The Transfer Pricing Problem)

即在於找出能夠同時滿足前述三項目標的移轉定價制度。

實務上可以藉由移轉產品的機會成本來瞭解移轉價格如何滿足移轉定價制度目標的程度。*機會成本法 (Opportunity Cost Approach)* 可以用於說明許多移轉定價作法的內容。在特定情況下，機會成本法可以滿足績效評估、目標一致性、和自主權等目標。

機會成本法 (Opportunity Cost Approach)能夠找出轉出部門願意接受的最低價格與轉入部門願意支付的最高價格。這些最高價格與最低價格代表著內部移轉的機會成本，其針對不同部門的定義如下：

1. **最低移轉價格** (Minimum Transfer Price) 係指如果轉出部門將產品賣給內部部門而不致使轉出部門虧損的移轉價格。
2. **最高移轉價格** (Maximum Transfer Price) 係指如果轉入部門向內部部門購買產品而不致使轉入部門虧損的移轉價格。

機會成本法則有助於吾人瞭解什麼情況下內部移轉可以提高企業的整體利潤。當轉出部門的機會成本（最低移轉價格）低於轉入部門的機會成本（最高移轉價格）時，尤其應該進行內部移轉。根據定義，機會成本法可以確保轉出與轉入部門均不致因為內部移轉而遭受損害。換言之，部門的總利潤也將不會受到內部移轉的負面影響。

擬訂移轉價格

學習目標六

探討擬訂移轉價格的方法。

實務上少見由核心管理階層擬訂移轉價格的例子。相反地，大多數的企業會擬訂一些政策以供各個事業部門遵循。三種常見的政策包括市場基礎移轉定價法、談判移轉定價法與成本基礎移轉定價法。這三種方法均可依據機會成本法進行評估。

如果某項中間產品（移轉的產品）存在著外部市場，且此一外部市場屬於完全競爭市場，那麼正確的移轉價格就是市場價格。如此一來，事業部門的經理人可以同時達到部門利潤與公司整體利潤極大化的目標。再者，沒有任何部門會因為自身好處而犧牲掉另一部門的利潤。核心管理階層自然毋須介入。

從機會成本法觀之，正確的移轉價格也是市場價格。由於轉出部門能以市價賣出所有的產品，因此以較低的價格移轉給內部部門將會使得轉出部門遭到虧損。同樣地，轉入部門能以市價取得中間產品，同樣也不會願意用較高的價格自內部取得中間產品。由於轉出部門的最低移轉價格等於市價，而轉入部門的最高移轉價格也等於市價，因此唯一可行的移轉價格就是市場價格。

事實上，偏離市價的作法將會損及企業的整體獲利情況。此一法則可以用於解決部門之間可能出現的矛盾衝突（如接下來的例子所示）。

雅路公司是一家生產小型家電用品的大型民營企業。雅路公司採取分散授權的組織架構。目前已經充份發揮產能的零件事業部門生產的零件可以提供汽車事業部門使用。這些零件同樣也能以 $8 的市價賣給其它製造商和大盤商。爲了分析之便，暫定這些零件的市場處於完全競爭狀況。

假設汽車事業部門目前僅使用百分之七十 (70%) 的產能。汽車事業部門接到一份單價 $30，數量爲 100,000 輛汽車的特殊訂單。汽車的全額製造成本是 $31，明細如下：

直接物料	$10
轉入零件	8
直接人工	2
變動費用	1
固定費用	10
總成本	$31

值得注意的是，自零件事業部門轉入的零件是以市場爲基礎所計算的價格 ($8)。零件事業部門是否應該降低移轉價格，好讓汽車事業部門接受此一特殊訂單？我們可以利用機會成本法來回答此一問題。

由於零件事業部門可以賣出所有生產的產品，因此最低移轉價格即爲市價 $8。任何降價的動作將會損及零件事業部門的利潤。就汽車事業部門而言，如何找出其所願意支付且不致損及自身的最高移轉價格其實並不容易。

由於汽車事業部門並未發揮最高產能，因此汽車成本當中的固定費用部份不爲相關成本。相關成本應爲如果接受訂單之後將會發生的額外成本。這些成本－－除了轉入零組件成本之外－－等於 $13 ($10

+ $2 + $1)。換言之，在考慮轉入零組件成本之前的利潤貢獻爲 $17 ($30 - $13)。汽車事業部門最多可以支付 $17 來向內購買這項零組件，則新的特殊訂單將無盈虧。然而由於汽車事業部門能以 $8 的市價向外部供應商購得同樣的零組件，因此汽車事業部門應該支付的最高移轉價格應爲 $8。也就是說，市場價格就是最好的移轉價格。

談判的移轉價格 (Negotiated Transfer Prices)

實務上少有完全競爭市場的存在。多數情況下，生產者*可以 (Can)* 影響價格（例如藉由降價或者藉由銷售很類似但仍有差異的產品來影響需求等）。當中間產品的市場不爲完全競爭市場的時候，市場價格便不再適用。遇此情況，談判的移轉價格可能會是比較務實的作法。機會成本同樣可以用於定義談判範圍的界限。

談判的結果應該以每一個事業部門的機會成本爲基準。唯有在轉出部門的機會成本低於轉入部門的機會成本時，才可能出現雙方議定的談判價格。

釋例一：可避免的鋪貨成本 (Avoidable Distribution Costs)

爲了說明之便，假設某一事業部門生產的積體電路能以 $22 的價格賣到外部市場。此一事業部門能以 $22 的價格賣出所有生產的產品；然而，這個事業部門卻會發生每一單位 $2 的鋪貨成本。目前，這個事業部門每一天賣出 1,000 單位，變動製造成本爲每一單位 $12。另外，這個事業部門也可以將積體電路賣給公司內部的電玩遊戲事業部門。如果採取內部移轉的方式，將可避免鋪貨成本。

電玩遊戲事業部門同樣也已經發揮最高產能，每一天生產與銷售 350 套電玩。電玩的售價是每一單位 $45，變動製造成本則爲每一單位 $32。另外也會發生每一單位 $3 的變動銷售費用。**圖** 18-3 節錄這兩個事業部門的銷售與生產資料。

由於電玩遊戲事業部門是最近才被公司併購的，所以截至目前爲止尚無任何內部移轉。積體電路事業部門總經理史蘇姍和電玩遊戲事業部門總經理薛藍帝開會討論內部移轉的可行性。以下對話係擷取自

圖 18-3

銷售與生產資料之扼要說明

	迴路板事業部門	電玩事業部門
銷貨數量：		
每天	1,000	350
每年 *	260,000	91,000
單位資料：		
銷售價格	$22	$45
變動成本：		
製造	$12	$32
銷售	$2	$3
年度固定成本	$1,480,000	$610,000

* 一年當中共有 260 個銷售天數。

會議當中的部份內容：

史蘇姍：薛藍帝，我對於提供積體電路給你的部門感到相當高的興趣。目前你的部門對於這種積體電路的需求是多少？你付給外部供應商的價格又是多少？

薛藍帝：每一套電玩遊戲都使用一個積體電路。目前我們每一天的產量大約是 350 套遊戲。每一個積體電路的成本是 $22。

史蘇姍：我的部門也可以減少向外銷貨的數量，轉而提供給你的部門。此外，我們也可以提供同樣的價格－－恰好也是我們賣給外部顧客的售價。我們同樣可以滿足你們的需求－－而且對於你的部門沒有任何負面影響。

薛藍帝：事實上，我一直希望能夠爭取到比 $22 更好的價格。截至目前爲止，積體電路是我們的產品當中投入最高的項目。如果採取內部移轉的方式，妳可以節省下銷售和運輸等等費用。我曾經向總公司詢問過，總公司估計這些成本大約是每一單位 $2。我願意支付 $20 的單價來購買妳的產品。降價對妳而言並沒有損失，而我每一天大約可以多賺 $700 的利潤。而明年度公司整體利潤也將增加 $182,000。

史蘇姍：你提到關於每一單位節省 $2 費用的資訊相當正確。我也瞭解降價可以讓你提高部門的利潤。但是如果你願意用 $22 的價格內購的話，不僅我可以提高部門的利潤，每一天公司整體利潤也將增加 $700－－單就賣給你 350 單位，然後節省下外售的 $2 的單位費用這個部份而言。此舉對你來說並沒有吃虧，而誠如你所言，公司每一年可以增加 $182,000 的獲利。在我看來，公司所能得到的最大好處就是節省下外售所發生的鋪貨成本。然而我要再說明一點。既然我們同是一家人，我願意用 $21.50 的單價賣 350 單位給你。這個價格不僅可以讓你每一天的獲利增加 $175，同時也讓總公司看出我的部門節省下公司最多的費用。

薛藍帝：我並不同意是妳的部門節省下公司最多的費用。除非我向妳購買積體電路，否則妳沒有辦法省下那些費用。我願意改採內購的方式，但是前題必須是我們兩個部門都能夠享受到整體的好處。我認為合理的作法是平分這些好處；然而我還是願意做一點小小讓步。我以 $21.10 的單價向妳購買 350 單位——如此一來，妳的部門每一天可以增加 $385 的利潤，而我的部門每一天也可以增加 $315 的利潤。如何？

史蘇姍：聽起來蠻合理的。那我們就來擬一份合約吧。

前述對話點出了最低移轉價格 ($20) 和最高移轉價格 ($22) 就是談判範圍的界限。例子當中同樣說明了談判過程中如何提高所有部門和公司整體的獲利。**圖** 18-4 列出達成協議之前與之後，這兩個事業部門的損益表。請各位特別注意公司整體利潤是如何增加了 $182,000；另外亦請注意這兩個事業部門如何劃分增加的利潤。

釋例二：過剩產能 (Excess Capacity)

在完全競爭的市場當中，轉出部門能以目前市價賣出其所有生產出來的產品。當市場競爭並不健全的情況下，轉出部門可能無法賣出其所有的產品；因此，部門可能減少產量以為因應，進而出現過剩產能。

為了說明移轉定價與談判在此一環境當中所扮演的角色，謹以某公司塑膠事業部門總經理白雪倫與製藥事業部門總經理李凱路之間的對話為例。

李凱路：白雪倫，過去三年來我的部門一直出現虧損。我在今年初接手這個部門的時候，就和總公司設定了要達成損益兩平的目

圖 18-4

比較損益表

談判之前：全部向外銷售			
	迴路板事業部門	電玩事業部門	總計
銷貨收入	$5,720,000	$4,095,000	$9,815,000
減項：變動費用			
銷貨成本	3,120,000	2,912,000	6,032,000
變動銷售費用	520,000	273,000	793,000
貢獻邊際	$2,080,000	$910,000	$2,990,000
減項：固定費用	1,480,000	610,000	2,090,000
淨收益	$ 600,000	$ 300,000	$ 900,000

談判之後：內部移轉，單價為 $21.10			
	迴路板事業部門	電玩事業部門	總計
銷貨收入	$5,638,100	$4,095,000	$9,733,100
減項：變動費用			
銷貨成本	3,120,000	2,830,100	5,950,100
變動銷售費用	338,000	273,000	611,000
貢獻邊際	$2,180,100	$ 991,900	$3,172,000
減項：固定費用	1,480,000	610,000	2,090,000
淨收益	$ 700,100	$ 318,900	$1,082,000
淨收益之改變	$ 100,100	$ 81,900	$ 182,000

標。截至目前爲止，預估會出現 $5,000 的損失－－但是我想如果可以爭取到妳的合作的話，我還是有辦法可以達到目標。

白雪倫：如果有我可以幫忙的地方，我一定盡力。你有什麼辦法呢？

李凱路：我需要妳在型號三的塑膠瓶上給予特別優惠的價格。目前我有機會在美國西岸的一家大型連鎖藥局鋪設阿斯匹靈的藥品－－這是一個完全新的市場。但是我們必須在價格上提供實質的優惠。這家連鎖藥局願意用每一瓶 $0.85 的單價購買 250,000 瓶阿斯匹靈。我的單位變動成本是 $0.60，這並未包括塑膠瓶的成本。正常情況下，我付給妳的價錢是每一個塑膠瓶 $0.40。但是如此一來，接下這份訂單會帶來 $37,500 的虧損。我當然做不到。我知道妳的部門目前擁有超額產能。我打算接下這份 250,000 瓶阿斯匹靈的新訂單，然後支付妳的單位變動成本－－只要不超過 $0.25 的話。妳有興趣嗎？妳部門的產能是否足以應付 250,000 瓶的特殊訂單？

白雪倫：我的部門當然可以輕鬆地應付這樣的訂單。每一瓶的變動成本是 $0.15。以這樣的價格賣塑膠瓶給你對我來說並沒有損失；不管我接不接這份訂單，固定成本都還是會發生。儘管如此，我還是願意幫你這個忙。我願意接受 $0.20 的單價。如此一來，每一個塑膠瓶我們雙方都可以賺到 $0.05 的利潤，總計利潤可達 $12,500。如此一來，你可以轉虧爲盈，我也可以更接近預算利潤目標。

李凱路：太好了。結果比我預期的還要好。如果未來這家連鎖藥局還有其它的訂單－－我相信一定會有－－而且價格愈來愈好的話，我保證塑膠瓶的部門一定交給妳的部門負責。

此處亦須注意的是機會成本在談判過程中所扮演的角色。在前述個案當中，最低移轉價格是塑膠事業部門的變動成本 ($0.15)，代表接受此一特殊訂單所必須增加的資金。由於塑膠事業部門擁有超額產能，因此只有變動成本的部門是與決策相關的成本項目。只要能夠回收變動成本，此一特殊訂單將不致影響部門整體的利潤。就轉入部門而言，最高移轉價格就是能夠回收特殊訂單所增加的成本 ($0.25) 之價格。將 $0.25 加上其它加工成本 ($0.60) 之後，便可求得將會發生 $0.85 的單位成本。由於銷售單價也是 $0.85，因此這個部門並沒有任何虧損。然而如果移轉價格介於最低移轉價格 $0.15 與最高移轉價格 $0.25 之間，轉出、轉入部門都將同時受惠。

圖 18-5 即針對四種移轉價格，比較兩個事業部門與公司整體所賺取的邊際貢獻。這些數據顯示出，無論移轉價格是多少，公司所能賺取的利潤都是一樣的。然而不同的移轉價格對於個別部門的利潤卻有不同的影響。由於公司賦予部門自治權力的緣故，因此無法保證公司一定可以賺取最大利潤。舉例來說，假使白雪倫堅持維持 $0.40 的價格，那麼就不會發生內部移轉，換言之，公司整體利潤將無法增加 $25,000。

圖 18-5

比較報表

移轉價格 $0.40			
	製藥事業部門	化學事業部門	總計
銷貨收入	$212,500	$100,000	$312,500
減項：變動費用	250,000	37,500	287,500
貢獻邊際	$(37,500)	$ 62,500	$ 25,000
移轉價格 $0.25			
銷貨收入	$212,500	$ 62,500	$275,000
減項：變動費用	212,500	37,500	250,000
貢獻邊際	$ 0	$ 25,000	$ 25,000
移轉價格 $0.20			
銷貨收入	$212,500	$ 50,000	$262,500
減項：變動費用	200,000	37,500	237,500
貢獻邊際	$ 12,500	$ 12,500	$ 25,000
移轉價格 $0.15			
銷貨收入	$212,500	$ 37,500	$250,000
減項：變動費用	187,500	37,500	225,000
貢獻邊際	$ 25,000	$ 0	$ 25,000

談判移轉價格之缺點

經由談判獲得的移轉價格常見的缺點計有三項。

1. 擁有較多機密資訊的事業部門經理人往往會比另一事業部門經理人佔優勢。
2. 績效衡量指標可能會因經理人的談判技巧而受到扭曲。
3. 談判可能耗費過多的時間與資源。

有一個有趣的現象是，前述個案當中製藥事業部門總經理李凱路並不清楚生產塑膠瓶的變動成本。然則此一變動成本卻是談判的關鍵所在。如此一來，另一事業部門的總經理白雪倫得以在談判中佔上風。舉例來說，白雪倫可以表示變動成本是 \$0.27，她願意提出 \$0.25 的移轉價格，代表著她打算自行吸收 \$5,000 的損失以換取未來更多的訂單。然則事實上，白雪倫將可完全得到這次移轉中全部的 \$25,000 好處。當然，白雪倫也可能曲解此一數據，而拒絕李凱路的提議，使得李凱路無法達到預定目標；畢竟，白雪倫可能和李凱路在暗中較勁，爭取升遷、獎金和加薪等等的機會。

很幸運地，白雪倫發揮了健全的判斷能力，也表現出正直的行為。為了讓談判順利進行，經理人必須開誠佈公地來分享相關的資訊。如何達到此一要求呢？答案就在於良好的內部控制步驟。

或許最好的方法就是聘僱品格正直的經理人，也就是尊重倫理道德標準的經理人。此外，高階管理階層也可以採取其它行動來限制經理人為了私利而誤用機密資訊。舉例來說，集團企業的總公司可以設計出以整體獲利為衡量基礎的獎金結構，以鼓勵經理人多為公司整體利益著想。

談判移轉價格的第二項缺點是此一作法可能會扭曲了管理績效的衡量結果。基於此一觀點，部門的績效可能會深受部門經理人的談判技巧的影響，而掩蔽了這些經理人的實際管理成效。雖然此一觀點亦有其道理可言，然而無可否認地，談判技巧同樣也是重要的管理技能之一。部門的獲利能力或許也應反映出部門經理人談判技巧的優劣。

第三項常為人詬病的缺點是談判過程可能非常冗長。用於談判的時間可以轉用於管理其它作業，或許對於部門績效的助益來得更大。某些情況下，談判可能觸礁，反而需要高階管理階層出面仲裁協調。雖然經理人花費在談判上的時間可能成本很高，但是如能獲致談判雙方滿意的結果，相信為公司整體帶來的好處絕對可以超過所花費的管理時間的成本。此外，類似的交易並非每一次都得訴諸談判不可。

談判移轉價格之優點

談判工作雖然可能曠日費時，但是卻有助於達成目標一致性、自治和正確績效評估的目標。誠如前述，分散授權能為企業創造重要優勢。然而如何確保不同部門之間的行動可以結合在一起，共同達成企業的整體目標也是同樣重要的工作。談判移轉價格就是一個重要的整合機制，有助於一致目標的達成。如果談判有助於達成一致的目標，那麼高階管理階層介入的必要性便大幅降低。最後，如果部門經理人的談判技巧不相上下，或者企業將談判技巧視為重要的管理技能，那麼將可避免激勵和正確績效衡量指標的疑慮。

成本基礎移轉價格 (Cost-Based Transfer Price)

此處將探討三種不同型式的成本基礎移轉價格：全額成本、全額成本外加以及變動成本外加固定費用等三種。無論採用何種成本基礎移轉價格，為了避免將某一部門的效率不彰轉嫁至另一部門，都應採用標準成本來決定移轉價格。舉例來說，當代電腦公司的微電腦事業部門採用公司物料費用比率－－而非部門個別的物料費用比率－－來決定部門間的成本基礎移轉價格。然而更重要的課題則在於成本基礎移轉價格的正當性。究竟是否應該採用以成本為基礎的移轉價格？又或者在何種情況下應該採用以成本為基礎的移轉價格？

全額成本移轉定價法 (Full-Cost Transfer Pricing)

在所有的移轉定價法當中，最不受歡迎的恐怕算是全額成本。此一方法的唯一好處是簡單方便，缺點卻相當可觀。全額成本移轉定價法可能帶來負面的誘因，進而扭曲績效衡量指標。誠如前述，決定內部移轉是否正當可行時，必須同時考量轉出與轉入部門之機會成本。此外，機會成本也是決定轉出與轉入部門雙方都滿意的移轉價格之有利參考依據。然而全額成本往往無法提供關於機會成本的正確資訊。

全額成本移轉價格可能會推翻前文當中介紹的談判移轉價格。如果採用全額成本做為移轉價格的話，第一個釋例當中的經理人恐怕永遠也不會考慮內部移轉的作法。取而代之地，採用售價減去部門鋪貨費用之後的價格做為移轉價格，轉出與轉入部門－－包括公司整體在內－－均可從中受惠。同樣地，第二個釋例當中的製藥事業部門總經理也不會接受以全額成本做為移轉價格的特殊訂單。無論從短期或長期來看，轉出、轉入部門和公司整體都將遭受虧損。

全額成本外加 (Full Cost Plus Markup)

基本上，全額成本外加法和全額成本擁有同樣的問題。然而如果外加的部份可以由轉出、轉入部門互相談判商議的話，則其負面影響將不如全額成本嚴重。舉例來說，第一個釋例當中的談判移轉價格便可利用全額成本外加公式來解釋。某些情況下，全額成本外加公式所求出的數據恰恰等於談判的結果；遇此情況，全額成本外加公式即為求算談判移轉價格的另一種方法。然而實務上卻無法利用全額成本外加公式來求算所有的談判移轉價格（例如全額成本外加公式就無法求算第二個釋例的談判移轉價格）。由於談判方法可以適用較多的情況，且已完全將機會成本納入考慮，因此談判仍為比較理想的方法。

變動成本外加固定費用 (Variable Cost Plus Fixed Fee)

和全額成本外加方法一樣，如果固定費用的部份可以由轉出、轉入部門互相談判商議的話，變動成本外加固定費用也不失為一項有用的移轉定價方法。相較於全額成本外加方法，變動成本外加固定費用法的優點是：如果轉出部門並未發揮最大產能，則其變動成本即為機會成本。假設固定費用部門是經由談判而得，變動成本法即等於談判移轉定價法。無論採用哪一種方法，均宜考慮機會成本的問題。

方法的正當性

雖然成本基礎移轉價格擁有不少缺點，但是實務上企業仍會採用這些方法－－尤其是全額成本法與全額成本外加法。企業採用這些方法，背後必有強大的理由做為支撐－－足以令這些企業忽略談判移轉價格的好處，不顧這些方法的缺點之理由。全額成本法與全額成本外加法的好處是簡單、客觀。然而簡單、客觀卻仍不足以做為執意採用這些方法的正當理由。然則凡遇事業部門之間的移轉對於轉出與轉入部門的獲利影響不大的情況，或許簡單的成本基礎公式會比曠日費時的談判議價方式來得適用。

在某些情況下，全額成本外加公式恰好就是談判商議的結果。換言之，全額成本外加公式可以求出談判的結果，只不過名義上是採用全額成本外加公式做為移轉定價方法而已。一旦確定全額成本外加公式可以適用之後，便可利用此一公式來計算移轉價格，直到原始條件改變而必須重新進行談判為止。如此一來，可將談判時間與資源減至最低。舉例來說，移轉的產品可能是根據顧客的特別需求所訂製，經理人可能無法掌握明確的外部市場價格。遇此情況，全額成本外加一定比例的合理報酬不失為移轉部門機會成本的合理依據。

結語

責任會計制度和企業的組織架構與決策體系之間息息相關。為了提高整體效率，許多企業選擇分散授權的方式。分散授權的精髓在於決策的自由。在分散授權的環境當中，低階管理人員必須負責擬訂與執行決策；然而在集中專制的環境當中，低階管理人員僅須負責執行決策。

分散授權的理由不一而足。企業必須分散授權，原因在於各個地區的管理人員能夠善用資訊做出更好的決策。各個地區的管理人員面對瞬息萬變的情勢，能夠更為即時地做出適當的回應。此外，規模龐大、產品或服務多樣化的企業因為認知上的限制更有進行分散授權的必要－－沒有任何核心管理人員能夠完全瞭解所有的產品與市場。其它常見的理由尚包括各地管理人員的訓練與激勵、高階管理階層毋須費心處理例行的日常作業，因而可以投注更多的心力在長程的策略規劃層面。

部門績效的三大衡量指標分別為投資報酬率 (ROI)、剩餘利潤和經濟附加價值 (EVA)。這三大指標都是用以衡量利潤和用以創造利潤所需使用的營業資產之間的關係。

分散授權的企業可以建立管理回饋計畫，針對為公司帶來好處的經理人提供一定的回饋，以激勵經理人配合達成企業的一致目標。可行的回饋計畫包括了現金回饋、股票選擇權和非現金報酬等。

企業的某一部門生產的產品可以用於另一部門的生產作業時，則會產生移轉定價。移轉定價的問題在於找出互相滿意的移轉價格，此一價格必須符合企業進行正確的績效評估、部門自治和目標一致等目標。實務上經常利用三種方法來制定移轉價格。這三種方法分別為市場基礎法、成本基礎法和談判法。一般而言，市價是最理想的價格，其次為談判的議價、最後則是以成本為基礎的移轉價格。

習題與解答

I.

零組件部門生產的一項零件可供產品部門使用。製造這一項零件的成本分述如下：

直接物料	$10
直接人工	2
變動費用	3
固定費用＊	5
總成本	$20

＊以實際產量 200,000 單位爲基礎。

零組件部門所發生的其它成本計有：

固定銷售與行政費用	$500,000
變動銷售費用	$1 / 單位

這項零件在外部市場上的售價通常在 $20 到 $30 之間。目前，零組件部門賣給外部顧客的單價是 $29。這個事業部門每一年可以生產 200,000 單位的這項零件；然而由於經濟不景氣的影響，預期下一年度將只賣出 150,000 單位。如果將這項零件賣給產品部門的話，將可避免變動銷售費用的發生。

產品部門目前是以 $28 的價格向外部供應商購買這項零件。產品部門預期下一年度將會使用 50,000 單位。產品部門的總經理向零組件部門的總經理提出，以 $18 的單價購買 50,000 單位的建議。

作業：

1. 請訂出零組件部門願意接受的最低移轉價格。
2. 請訂出產品部門願意支付的最高移轉價格。
3. 這兩個事業部門是否應該進行內部移轉？如果你是零組件部門的總經理，你願意以 $18 的單價賣出 50,000 單位嗎？並請解說你的理由。
4. 假設零組件部門的平均營業資產總數爲 $10,000,000，並假設以 $21 的單價移轉 50,000 單位的零件至產品部門，請計算下一年度的投資報酬率。

解答

1. 最低移轉價格是 $15。零組件部門擁有閒置產能，因此只須賺回變動製造成本的部份。（無論是否發生內部移轉，固定成本都將維持不變；另可避免變動銷售費用的發生。)

2. 最高移轉價格是 $28。產品部門不可能支付比外部供應商還高的價格。

3. 是的，應該進行內部移轉。賣方的機會成本低於買方的機會成本。零組件部門將可賺取 $150,000 ($3 × 50,000) 的額外利潤。然而總聯合利潤則爲 $650,000 ($13 × 50,000)。零組件部門的總經理應該設法談到更好的價錢。

4. 損益表：

銷貨收入 [(\$29 × 150,000) + (\$21 × 50,000)]	\$5,400,000
減項：變動銷貨成本 (\$15 × 200,000)	3,000,000
減項：變動銷售費用 (\$1 × 150,000)	150,000
貢獻邊際	\$2,250,000
減項：固定費用 (\$5 × 200,000)	1,000,000
減項：固定銷售與行政費用	500,000
營業收益	\$ 750,000

投資報酬率 = 營業收益 / 平均營業資產
= $750,000 / $1,000,000
= 0.075

II.

生產衝浪板的史飛公司已經成立六年。史飛公司的老闆法山姆對於公司的獲利情況感到滿意，並且正在考慮將公司股票公開發行上市。史飛公司去年度的資料如下：

淨收益	\$ 250,000
動用的總資金	1,060,000
長期負債〔利率百分之九 (9%)〕	100,000
股東權益	900,000

史飛公司適用的稅率是百分之三十五 (35%)。

作業：

1. 假設股東權益係以百分之十二 (12%) 的普通股的平均成本計算而得，請計算資金的加權平均成本。並請計算去年度史飛公司的資金總成本。
2. 請計算史飛公司的經濟附加價值。

解答

1.

長期負債	$ 100,000	.10	.0585	.2259
股東權益	900,000	.90	.1200	.1080
總計	$1,000,000			.1139

資金的加權平均成本為.1139。

去年度資金的成本為 120,734 (.1139 × $1,060,000)。

2. 經濟附加價值 = $250,000 - $120,734 = $129,266

重要辭彙

Centralized decision making 集中式決策

Cost center 成本中心

Decentralization 分散授權

Decentralized decision making 分散式決策

Economic value added (EVA) 經濟附加價值

Investment center 投資中心

Margin 邊際

Maximum transfer price 最高移轉價格

Minimum transfer price 最低移轉價格

Myopic behavior 短視行為

Operating assets 營業資產

Operating income 營業收益

Opportunity cost approach 機會成本法

Perquisites 福利

Profit center 利潤中心

Residual income 剩餘利潤

Responsibility accounting 責任會計制度

Responsibility center 責任中心

Return on Investment (ROI) 投資報酬率

Revenue center 收入中心

Stock options 股票選擇權

Transfer prices 移轉價格

Transfer pricing problem 移轉定價問題

Turnover 流動率

Weighted average cost of capital 資金的加權平均成本

問題與討論

1. 何謂「分散授權」？請探討集中式決策與分散式決策之間的差異。
2. 請解說爲什麼企業選擇分散授權的理由。
3. 請解說取得各地資訊如何能夠提升決策品質。
4. 有一事業部門的營業利潤爲 $500,000，而另一事業部門的營業利潤則爲 $3,000,000。請問哪一個事業部門的總經理績效比較好？並請解說你的理由。
5. 何謂「邊際」與「流動率」？並請解說這些概念如何能夠改善投資中心的評估效能。
6. 投資報酬率的三項優點爲何？並請分別解說這些優點如何能夠提升獲利能力。
7. 投資報酬率的兩項缺點爲何？並請分別解說這些缺點如何得以降低獲利能力。
8. 何謂「剩餘利潤」？並請解說剩餘利潤如何能夠克服投資報酬率的其中一項缺點。
9. 投資報酬率和剩餘利潤的共同缺點爲何？如何能夠克服此一共同缺點？
10. 何謂「經濟附加價值」？經濟附加價值與投資報酬率和剩餘利潤之間有何差異？
11. 企業主在激勵經理人達成與企業一致的目標時，會面臨哪些問題？
12. 何謂「股票選擇權」？股票選擇權如何能夠激勵經理人達成與企業一致的目標？
13. 何謂「移轉價格」？
14. 請解說移轉價格如何影響績效衡量指標、企業整體利潤以及分散決策權力的決策。
15. 何謂「移轉定價法的問題」？
16. 請解說移轉定價的機會成本法。
17. 如果賣方的最低移轉價格低於買方的最高移轉價格，則應進行內部移轉。你是否同意前述說法？並請解說你的理由。
18. 如果移轉的產品是處於完全競爭的外部市場，則移轉價格應該是多少？並請解說你的理由。
19. 請探討談判移轉價格的優點與缺點。
20. 請找出三種以成本爲基礎的移轉價格。以成本爲基礎的移轉價格的缺點爲何？在何種情況下適用以成本爲基礎的移轉價格？

個案研究

18-1
投資報酬率；邊際；流動率

飛利公司旗下的一個大型事業部門過去兩年來的資料如下：

	一九九八	一九九九
銷貨收入	$40,000,000	$50,000,000
淨營業收益	3,000,000	3,200,000
平均營業資產	20,000,000	20,000,000

作業：

1. 請計算每一年度的投資報酬率。
2. 請計算每一年度的邊際與流動率。
3. 請解說這個事業部門從一九九八到一九九九年間，投資報酬率下滑的原因。

18-2
投資報酬率；邊際；流動率

飛利公司（參閱個案 18-1）另一個事業部門的資料如下：

	一九九八	一九九九
銷貨收入	$25,000,000	$25,000,000
淨營業收益	1,500,000	1,400,000
平均營業資產	10,000,000	10,000,000

作業：

1. 請計算這個事業部門每一年度的投資報酬率。
2. 請計算這個事業部門每一年度的邊際與流動率。
3. 相較於第一個事業部門總經理的績效（參閱個案 18-1），這個事業部門的總經理的績效如何？

18-3
投資報酬率與投資決策

有一事業部門生產睡袋、帳篷和其它露營用具。這個事業部門的總經理正在考慮投資兩項獨立計畫的可能性。第一項投資計畫是生產一種新的露營鍋具。第二項投資計畫則是生產目前這個事業部門所沒有的背包。在沒有進行任何投資的情況下，這個事業部門下一年度的

平均資產將有 $15,000,000，而且預期營業收益將有 $2,400,000。這兩項投資計畫所需要的資金和預期營業收益分別如下：

	露營鍋爐	背包
資金	$1,000,000	$500,000
營業收益	140,000	67,000

總公司已經提撥 $2,000,000 的資金供給露營用品事業部門使用。這個事業部門沒有使用的所有資金將由總公司保留，並轉投資於其它可以賺取公司規定的最低報酬率百分之十二 (12%) 的投資項目上。

作業：

1. 請分別計算兩項投資計畫的投資報酬率。
2. 請分別計算下列各種情況的投資報酬率：
   a. 沒有進行任何投資。
   b. 進行露營鍋爐的投資。
   c. 進行背包的投資。
   d. 兩項投資都進行。
   假設這個事業部門的總經理的績效係以投資報酬率爲評估的基礎，你認爲這位總經理會選擇上述哪一項方案？
3. 請根據第二題的答案，計算這家公司整體所賺取或損失的利潤。這位總經理是否做了正確的決策？

18-4
剩餘利潤與投資決策

沿用個案 18-3 的資料。

作業：

1. 請計算每一項機會的剩餘利潤。
2. 請分別計算下列各種情況下的事業部門剩餘利潤：
   a. 沒有進行任何投資。
   b. 進行露營鍋爐的投資。
   c. 進行背包的投資。
   d. 兩項投資都進行。

假設這個事業部門的總經理的績效係以剩餘利潤為評估與回饋的基礎，你認為這位總經理會選擇上述哪一項方案？

3. 請根據第二題的答案，計算因為這個事業部門的投資決策所損失或賺取的利潤。這位總經理是否做了正確的決策？

18-5
計算經濟附加價值

百家公司生產殺蟲劑。去年度，百家公司賺了 $350,000 的稅後營業收益。使用的資金為 $2,000,000。百家公司的資金結構是百分之五十 (50%) 的股東權益，百分之五十 (50%) 的十年期債券〔利息為百分之六 (6%)〕。百家公司的邊際稅率是百分之三十五 (35%)。百家公司正在考慮一項風險很高的投資計畫，可能會需要比長期國庫債券百分之六 (6%) 的利息還高出百分之九 (9%) 的資金。

作業：

1. 請計算經濟附加價值。
2. 百家公司正在考慮擴大規模，但是需要額外的資金。百家公司可以採取借款的方式，但是也在考慮賣掉更多的普通股－－如此一來，股東權益將會增加至總融資額度的百分之八十 (80%)。使用的資金總額將達 $3,000,000。新的稅後營業收益將為 $450,000。假設其它所有的資料不變，請重新計算經濟附加價值。並請就百家公司的計畫，提出你的看法與評論。

18-6
分項淨益

多門公司透過三個事業部門生產與銷售熱水器：西南事業部門、中西事業部門、和東北事業部門。每一個部門都是獨立的利潤中心。去年度，這三個事業部門的資料分述如下：

（單位：千元）

	西北	中西	東北
銷貨收入	$1,800	$940	$1,235
銷貨成本	1,080	710	740
銷售與行政費用	200	180	340

多門公司的所得稅率是百分之四十 (40%)。

多門公司融資管道有二：發行利率百分之八 (8%) 的公司債－－可以募集百分之三十 (30%) 的總資金，以及提高股東權益－－可以募集剩餘的百分之七十 (70%) 的總資金。多門公司成立至今逾四十年的歷史，雖然會受到建築業景氣的影響，但是一般咸認為多門公司的股價相當穩定。因此，多門公司的股票其機會成本是百分之五 (5%)，比長期政府公債的百分之六 (6%) 略低。多門公司使用的總資金達 $3,000,000（其中西南事業部門使用了 $2,100,000、中西事業部門使用了 $500,000、而剩餘的資金則為東北事業部門所使用。）

作業：

1. 請編製多門公司去年度的分項損益表。
2. 請計算多門公司資金的加權平均成本。
3. 請分別計算多門公司以及三個事業部門的經濟附加價值。
4. 請就每一個事業部門的績效，提出你的看法與評論。

18-7
移轉定價法；閒置產能

百丁公司的紙盒部門生產的紙盒可以向外出售，亦可賣給百丁公司內部的糖果部門。下表列出最暢銷的紙盒的銷售與成本資料：

單位售價	$0.95
單位變動成本	0.60
單位產品固定成本 *	0.15
實際產能	500,000 單位

*$75,000 / 500,000。

下一年度裡，紙盒部門預期賣出 350,000 單位的紙盒。糖果部門目前計劃以 $0.95 的單價向外部市場購買 150,000 單位的紙盒。紙盒部門的總經理海耐爾向糖果部門的總經理白瑪莎表示，願意以 $0.94 的單價出售 150,000 單位的紙盒。海耐爾向白瑪莎解釋道，如此一來白瑪莎將可避免每一盒 $0.02 的銷售成本，進而降低 $0.01 的平常售價。

作業：

1. 請問紙盒部門所願意接受的最低移轉價格是多少？請問糖果部門所願意支付的最高移轉價格又是多少？是否應該進行內部移轉？如果進行內部移轉，對公司整體而言會帶來多少好處（或損失）？
2. 假設白瑪莎知道紙盒部門擁有閒置產能。你認爲她是否會同意接受 $0.94 的移轉價格？假設另外一家外部供應商提出 $0.85 的單價。如果你是海耐爾，你會對這樣的價格感到興趣嗎？並請以適當的計算過程來支持你的答案。
3. 假設百丁公司的政策是所有的內部移轉必須以全額製造成本計算。試問，移轉價格應該是多少？是否應該進行內部移轉？

18-8
投資報酬率與剩餘利益

某一公司的兩個事業部門資料分述如下：

	紙製品	塑膠製品
銷貨收入	$3,000,000	$10,000,000
平均營業資產	1,000,000	3,000,000
淨營業收益	120,000	330,000
最低投資報酬率	8%	8%

作業：

1. 請分別計算兩個事業部門的剩餘利潤。剩餘利潤的數據是否能夠有效地反映出這兩個事業部門的績效？並請解說你的理由。
2. 請將剩餘利潤除以平均營業資產，求出剩餘報酬率。此時是否可以判定某一事業部門的績效優於另一事業部門？並請解說你的理由。
3. 請分別計算兩個事業部門的投資報酬率。此時是否可以根據投資報酬率的數據，針對兩個部門的績效進行有意義的比較？並請解說你的理由。
4. 將預定報酬率加上第二題的剩餘報酬率。請就新的比率和第三題的投資報酬率進行比較。此一關係是否永遠維持不變？

18-9
邊際；流動率；投資報酬率

下表爲四家獨立公司之資料，請計算出遺漏的部份。

	甲公司	乙公司	丙公司	丁公司
收入	$10,000	$30,000	$192,000	—
費用	8,000	—	180,000	—
淨益	2,000	12,000	—	—
資產	20,000	—	96,000	9,600
邊際	— %	40%	— %	6.25%
流動率	—	0.3125	—	2.00
投資報酬率	—	—	—	—

18-10
剩餘利潤

沿用個案 18-9 的資料。假設四家公司的資金成本都是百分之十二 (12%)。

作業：請分別計算四家公司的剩餘利潤。

18-11
移轉定價法

愛德樂公司是一家由許多部門垂直整合而成的企業。這些部門都是分散授權的利潤中心。愛德樂公司的系統部門生產科學儀器，並使用其它兩個部門的產品。機板部門生產印刷迴路板。其中一種印刷迴路板採用特殊的設計，是專門爲系統部門所生產的；而採用設計較不複雜的印刷迴路板則是銷往外部市場。傳導器部門的產品則是銷往成熟的競爭市場；然而其中一種傳導器也爲系統部門所使用。下表爲系統部門所使用的產品之單位成本：

	印刷迴路板	傳導器
直接物料	$2.50	$0.80
直接人工	4.50	1.00
變動費用	2.00	0.50
固定費用	0.80	0.75
總成本	$9.80	$3.05

機板部門以全額成本外加百分之二十五的價格將產品銷往外部市場，並認為其為系統部門專門生產的印刷迴路板在公開市場上的單價可以達到 $12.25。系統部門使用的傳導器的市價是每一單位 $3.70。

作業：

1. 請問傳導器部門所願意接受的最低移轉價格是多少？而系統部門所願意支付的最高移轉價格又是多少？
2. 假設系統部門可向外部供應商以大量購買的方式取得單價為 $2.90 的傳導器。再假設傳導器部門擁有超額產能。請問傳導器部門是否能夠達到此一價格要求？
3. 機板部門和系統部門議定了每一塊印刷迴路板 $11 的價格。請探討此一移轉價格對於這兩個部門分別產生的影響。

18-12
投資報酬率；剩餘利潤

雷丁頓公司生產製造業者使用的工具與製模機具。雷丁頓公司於一九八四年進行垂直整合，併購了一家合金鋼板的供應商利吉斯公司。為了管理兩家不同的事業，併購之後的利吉斯公司成為獨立的投資中心。

雷丁頓公司根據單位貢獻和投資報酬率（投資定義為使用的平均營業資產）來監督事業部門的績效。管理階層的獎金係以投資報酬率為發放的依據。所有的營業資產投資至少必須賺取百分之十一 (11%) 的稅前報酬。

利吉斯公司的銷貨成本被視為完全變動成本，然而行政費用則與銷貨數量並不相關。銷售費用屬於混合成本，其中百分之四十 (40%) 可以歸屬於銷貨數量。利吉斯公司提出一項資本募集計畫，估計投資報酬率為百分之十一點五 (11.5%)；然而這項計畫遭到部門經理的否決，因為這項投資將會使降低利吉斯公司的整體投資報酬率。

下表為利吉斯公司一九九九年度的營業損益表。一九九九年十一月三十日的時候，這個事業部門總共使用了 $15,750,000 的營業資產，較一九九八年底餘額增加了百分之五 (5%)。

利吉斯事業部門 營業損益表 一九九九年十一月三十日 （單位：千元）		
銷貨收入		$25,000
減項：費用		
銷貨成本	$16,500	
行政費用	3,955	
銷售費用	2,700	23,155
稅前營業收益		$ 1,845

作業：

1. 如果利吉斯事業部門在當年度生產並賣出1,484,000單位的產品，請計算利吉斯事業部門的單位貢獻。
2. 請計算利吉斯事業部門於一九九九年的下列績效指標：
   a. 使用的營業資產之平均投資稅前報酬（投資報酬率）。
   b. 以使用的平均營業資產爲基礎所計算而得的剩餘利潤。
3. 請解說何以採用剩餘利潤而非投資報酬率來做爲績效衡量指標的話，利吉斯事業部門的管理階層可能會傾向於接受提議的資金募集計畫的理由。
4. 利吉斯事業部門是雷丁頓集團內的一個獨立投資中心。請找出如果利吉斯事業部門的績效是由投資報酬率或剩餘利潤來衡量的話，其應該控制的項目。

18-13
股票選擇權

眞寶公司併購了兩家新的公司，其中一家從事消費產品，另外一家屬於金融服務業。眞寶公司的管理階層相信如果這兩家新公司的主管能夠擁有眞寶公司的股票的話，一定很快地就能夠效忠新的母公司。因此，在二月一日的時候，眞寶公司通過了一項股票選擇權計畫，使得每一家併購公司的四位高階主管能夠以每股 $45 的價格認購最多可達 10,000 股的股票。這項計畫的期限是五年。

作業：

1. 如果到了十二月一日的時候，眞寶公司的股價漲至每一股 $67，請問每一位高階主管可以認購的股票價值是多少？
2. 請探討眞寶公司股票選擇權計畫的優點與缺點。

18-14
投資報酬率，剩餘利潤

下表爲一九九九年貝克公司某一事業部門的部份資料：

銷貨收入	$1,000,000
變動成本	600,000
可追蹤固定成本	100,000
平均投資資金	200,000
適用利率	15%

作業：

1. 請問剩餘利潤是多少？
2. 請問投資報酬率是多少？

18-15
獎金與股票選擇權

五年前，費吉兒由一所州立大學的會計系畢業。畢業之後，她隨即到一家知名的會計師事務所工作，目前已經成爲這一家會計師事務所當中相當傑出的會計師。這幾年間，費吉兒和同業之間有過無數次的接觸。最近，有一家同業要求她擔任該公司的金融服務事業部門的總經理。對方提出 $40,000 的年薪、事業部門淨益百分之一的年度獎金和兩年內以 $10 的價格行使認購 5,000 股該公司股票的股票選擇權等條件。去年度，這個金融服務事業部門總共賺了 $1,110,000，今年度則預計賺取 $1,600,000。過去五年來，這家公司的股價維持在百分之二十 (20%) 的成長率。目前費吉兒的年薪是 $55,000。

作業：請分析這家公司向費吉兒提出的條件之相對好處。

18-16
擬訂移轉價格——市價與全額成本

商帝亞公司的四個部門生產收音機、電視機和錄影機：收音機部門、電視機部門、錄影機部門和零組件部門。零組件部門所生產的電子零組件可以提供其它三個部門使用。這個部門所生產的所有零組件可以賣給外部消費者；然而，從這個部門成立開始，百分之七十 (70%) 的產出是交由內部使用。目前的政策是零組件的所有內部移轉必須依照全額成本計算。

最近，商帝亞公司的新任總經理費賈斯決定針對移轉定價政策進行深入調查。他認爲目前的內部移轉定價方法可能會誤導部門的總經理做出對公司並非最有利的決策。在調查過程中，費賈斯蒐集了收音機部門生產其鬧鐘收音機產品（型號 357K）所使用的零組件 12F 的相關資料。

每一年收音機部門銷售 100,000 單位的 257K 型鬧鐘收音機，售價爲每一單位 $21。根據目前的市場情況，此一價格爲收音機部門所能收取的最高價格。製造 357K 型鬧鐘收音機的成本如下：

零組件 12F	$ 7
直接物料	6
直接人工	3
變動費用	1
固定費用	2
總單位成本	$19

目前收音機的生產已經發揮最大效率，不可能再降低任何製造成本。

零組件部門總經理指出，她可以用 $12 的單價賣出 100,000 單位（目前這個部門的產能）的零組件 12F 給外部買主。收音機部門同樣也能夠以 $12 的單價向外部供應商購得這項零組件。她提出下列關於這項零組件的製造成本明細：

直接物料	$3.00
直接人工	0.50
變動費用	1.50
固定費用	2.00
總單位成本	$7.00

作業：

1. 請分別計算與零組件 12F 和 357K 型鬧鐘收音機相關的全公司邊際貢獻。此外，亦請計算每一個部門所賺取的邊際貢獻。
2. 假設費賈斯廢除目前的移轉定價政策，並賦予各個部門擬訂移轉價格的自治權力。你是否能夠預測零組件部門的總經理將會訂出什麼樣的移轉價格？這項零件的最低移轉價格應該是多少？最高移轉價格又是多少？
3. 請問新的移轉定價政策將對收音機部門的總經理所擬訂的生產決策產生何種影響？收音機部門的總經理將會購買多少單位的零組件 12F（無論採取內部移轉或外購的情況下）？
4. 根據零組件部門所擬訂的新移轉價格與第三題的答案，請問將會賣給外部買主多少單位的零組件 12F？
5. 根據第三題與第四題的答案，請計算全公司的貢獻邊際。請問有何改變？費賈斯決定授予各個部門更多的分散權力是正確還是錯誤的決策？

18-17
閒置產能下之移轉定價法

多米爾公司的兩個部門生產床單、椅子和沙發。這兩個部門分別為床單部門和沙發部門。沙發部門生產一種折疊式的沙發床。這種沙發床的所有零組件除了床單之外，都是由向床單部門所購得。然而多米爾公司的政策賦予每一個部門總經理自行決定向內部或向外部購買或銷售的權力。每一個部門的總經理係根據其投資報酬率和剩餘利潤來衡量其績效優劣。

最近，一家外部供應商表示願意以 $68 的單價賣床單給沙發部門。由於目前沙發部門支付給床單部門的價格是 $70，因此沙發部門總經理傅安琪對於新的價格頗感興趣。然而，在決定改向外部供應商購買床單之前，傅安琪決定先向床單部門總經理狄安利接觸，瞭解狄安利是否願意提供更好的價格。如果得到的回應是否定的，那麼傅安琪將會改向外部供應商購買床單。

狄安利在瞭解了外部供應商提出的條件之後，便蒐集了下列關於床單的資訊：

直接物料	$20
直接人工	10
變動費用	10
固定費用 *	10
總單位成本	$50
銷售價格	$70
生產產能	20,000
內部銷貨數量	10,000

* 固定費用係以 $200,000 / 20,000 單位爲基礎。

作業：

1. 假設床單部門的生產已經發揮最大產能，而且可以將生產出來的產品賣給外部顧客。請問狄安利應該如何回應費安琪所提出之較低移轉價格的要求？此一提議對於全公司的利潤將會產生何種影響？請分別計算此一要求對於兩個部門的利潤之影響。
2. 現在假設床單部門目前的銷貨數量是 18,000 單位。如果不賣給內部的其它部門，則其折疊式沙發床單的總銷貨數量將會減至 16,000 單位。假設狄安利拒絕降低 $70 的移轉價格。請分別計算此一決定對於全公司和兩個部門的利潤之影響。
3. 回到第二題的題目。請問最低移轉價格和最高移轉價格分別各爲多少？假設移轉價格是最高移轉價格減掉 $1 。請分別計算此一移轉價格對於全公司和兩個部門的利潤之影響。何者能夠自外部供應商提出的價格獲得好處？
4. 回到第二題的題目。假設床單部門的營業資產是 $2,000,000 。請問目前的情況下，各部門的投資報酬率分別是多少？現在再回到第三題的題目。如果採行移轉價格等於最高移轉價格減掉 $1 的作法，請問各部門的投資報酬率又分別是多少？此一投資報酬率的改變對於狄安利有何影響？狄安利在議定新的移轉定價之後，得到了哪些資訊？

18-18
移轉定價法：各種計算方法

羅賓森公司是由不同的部門組合而成的分散授權組織。每一個部門的總經理是根據其部門的投資報酬率來衡量績效表現。

塑膠部門生產的一種塑膠容器可以提供化學部門使用。每一年，塑膠部門最多可以生產 100,000 單位的前述塑膠容器。製造這種塑膠容器的變動成本是 $4。化學部門將這些塑膠容器貼上標籤之後，用以承裝重要的工業化學物質，並以每一罐 $50 的單價賣給外部顧客。化學部門的產能是 20,000 單位。生產化學物質（除了塑膠容器本身以外）的變動成本是 $26。

作業：假設在沒有特別說明的情況下，所有的條件都是獨立的條件。

1. 假設生產出來的所有塑膠容器都能以 $10 的單價賣給外部顧客。每一年，化學部門願意購買 20,000 個塑膠容器。請問移轉價格應該是多少？
2. 回到第一題的題目。假設目前有 $1 的可避免鋪貨成本。請分別找出最高移轉價格與最低移轉價格。假設經過談判之後已經沒有價差，請找出實際的移轉價格。
3. 假設塑膠部門目前發揮了百分之七十五 (75%) 的產能。目前化學部門是以 $7.50 的單價向外部供應商購買 20,000 單位的塑膠容器。假設這兩個部門平均分享所有的聯合好處，請問預期移轉價格是多少？在此一情況下，全公司的利潤將可增加多少？假設化學部門向內部多賣了 20,000 單位的塑膠容器，請問塑膠部門的利潤將可增加多少？
4. 假設兩個部門都有閒置產能。目前，兩個部門間是以 $8 的單價移轉 15,000 單位的塑膠容器。化學部門有機會接下一份特殊訂單，內容是以每一罐 $33.75 的單價承製 5,000 罐的化學物質。化學部門總經理向塑膠部門總經理表示，願意以 $5 的價格再多購買 5,000 單位的塑膠容器。假設塑膠部門的閒置產能至少有 5,000 單位。請問塑膠部門是否應該接受此一特殊訂單？最低移轉價格是多少？最高移轉價格又是多少？假設塑膠部門總經理所得到的單價是 $5.50。請問化學部門的總經理是否會對此一條件感到興趣？

18-19
管理績效評估

比格雷最近被聘為韋伯集團總公司的營業副總經理。比格雷擁有製造業的背景，而且之前就已經擔任韋伯公司拖曳車部門的總經理。韋伯公司的事業包括了重機具的製造、食品加工和金融服務。

比格雷最近和韋伯公司主財務長安凱洛聊天時建議，可以根據各個部門在韋伯公司年度財務報表上的數據來評估各個部門總經理的績效好壞。年報上面列出收入、資產，和五年期資產的折舊金額等資料。比格雷認為用來評估總公司高階管理階層的因素同樣適用於評估各個部門總經理的績效。安凱洛對於利用年報上面的分項資訊來評估部門總經理績效的提議持保留態度，她並且建議比格雷考慮採用其它方法來評估部門總經理的績效。

作業：

1. 請解說為公開報告目的所編製的分項資訊可能不適合用以評估各部門管理階層的績效之理由。
2. 如果韋伯公司根據年度財務報表上的資訊來評估部門績效的話，請描述此一作法對於各部門總經理的行為可能產生何種影響。
3. 請找出並描述可能更適合比格雷用來評估部門經理績效表現的其它財務資訊。

18-20
管理報酬

雷司林公司是一家製造卡車的企業集團。最近，雷司林公司併購了兩個部門：梅爾斯服務公司與威靈頓公司。梅爾斯公司提供十八個輪胎的大型連結車的維修服務，而威靈頓公司則生產十八輪胎卡車的氣動式煞車。

梅爾斯公司的員工對於自己的服務品質相當自豪，自認是卡車維修服務業的翹楚。向來，梅爾斯公司的管理階層可以收到稅前收益百分之十 (10%) 的額外獎金。由於這項獎金計畫與雷司林公司的其它部門的獎勵內容一樣，因此雷司林公司打算繼續施行這一項獎金計畫。

威靈頓公司提供卡車工業所需要的優良產品，其與國外競爭者相較之下仍然是顧客的最佳選擇。威靈頓公司的管理階層致力於零缺點和減少廢料成本的目標；目前的廢料水準僅達百分之二 (2%)。威靈頓公司管理階層的獎金計畫為毛利潤邊際的百分之一 (1%)。雷司林公司也打算繼續施行同樣的獎金計畫。

下表爲這兩個部門在一九九八年五月三十一日結束的會計年度當中的簡要損益表。

雷司林公司
部門損益表
一九九八年五月三十一日

	梅爾斯公司	威靈頓公司
收入	$4,000,000	$10,000,000
產品成本	$ 75,000	$ 4,950,000
薪資*	2,200,000	2,150,000
固定銷售費用	1,000,000	2,500,000
利息費用	30,000	65,000
其它營業費用	278,000	134,000
總費用	$3,583,000	$ 9,799,000
稅前收益	$ 417,000	$ 201,000

*每一個部門管理階層的薪資當中有 $1,000,000 係做爲發放獎金之用。

雷司林公司邀集所有部門的管理階層在七月份的時候到外地召開一次管理階層會議，會議當中將會發放獎金。雷司林公司擔心這兩個部門所施行的不同獎金計畫將會引發熱烈的討論。

作業：

1. 請分別決定下列部門管理階層一九九八年的獎金額度：
   a. 梅爾斯公司。
   b. 威靈頓公司。
2. 請分別找出雷司林公司對於下列部門所施行的獎金計畫的至少兩項優點和至少兩項缺點：
   a. 梅爾斯公司。
   b. 威靈頓公司。
3. 針對同一集團不同部門採行不同的獎金計畫可能會引發一些問題。
   a. 請探討分別施行不同獎金計畫的梅爾斯公司和威靈頓公司的管理階層所可能出現的行爲問題。

b. 請提出雷司林公司可能向這兩個部門解說採行不同獎金計畫的正當理由。

18-21
投資報酬率，剩餘利潤，行為課題

家達公司是梅森集團旗下的一個部門。加達部門製造軌道車和其它遊樂器具。一般消費者經常光顧的家庭娛樂中心不僅提供軌道車的遊戲、小型高爾夫球場、棒球配備和家家酒遊戲等也都逐漸受到消費者的喜愛。因此，家達部門感受到來自梅森集團總公司的壓力，必須跨入這些家庭娛樂器具的領域。娛樂租賃公司是一家大型企業，專門出租家家酒遊戲設備給家庭娛樂中心。娛樂租賃公司正在尋找接手的買主。梅森集團的管理階層認爲應該可以用 $3,200,000 的資金買下娛樂租賃公司的資產，因此極力要求家達部門的總經理季比爾考慮併購娛樂租賃公司。

季比爾和會計長唐瑪麗一起看過娛樂租賃公司的財務報表之後認爲，併購娛樂租賃公司未必會是最好的決策。「如果我們決定不買的話，恐怕梅森集團的人會不高興，」季比爾表示。「如果我們可以說服他們改以投資報酬率以外的其它指標來做爲發放獎金的依據，那麼或許這一項併購計畫尚有可爲之處。如果獎金是以公司的百分之十五(15%)的資金成本的剩餘利潤爲基礎的話，對我們的獎金有何影響？」

梅森集團向來是採用投資報酬率－－定義爲營業收益對於總資產的比率－－來評估所有部門的績效。每一個部門都必須達到百分之二十 (20%) 的報酬率。每一年凡是投資報酬率增加的部門之管理階層即可領到一筆獎金。而投資報酬率縮減的部門則必須提出合理的解釋，才有可能領到獎金，而且最多只有前者獎金的百分之五十 (50%)。

下表爲家達部門與娛樂租賃公司在一九九八年五月三十一日結束的會計年度裡的濃縮財務報表。

	家達部門	娛樂租賃公司
銷貨收入	$10,500,000	
租賃收入		$2,800,000
變動費用	7,000,000	1,000,000
固定費用	1,500,000	1,200,000
營業收益	$ 2,000,000	$ 600,000

（接續下頁）

目前資產	$ 2,300,000	$1,900,000
長期資產	5,700,000	1,100,000
總資產	$ 8,000,000	$3,000,000
目前負債	$ 1,400,000	$ 850,000
長期負債	3,800,000	1,200,000
股東權益	2,800,000	950,000
總負債與股東權益	$ 8,000,000	$3,000,000

作業：

1. 如果梅森集團仍然繼續採用投資報酬率做爲評估部門績效的唯一衡量指標，請解說家達部門不願意併購娛樂租賃公司的理由。回答的時候務必以適當的計算過程來支持你的答案。
2. 如果梅森集團願意採改採剩餘利潤來衡量部門的績效，請解說家達部門比較願意併購娛樂租賃公司的理由。回答的時候務必以適當的計算過程來支持你的答案。
3. 請分別探討下列作法可能如何影響部門總經理的行爲：
   a. 採用投資報酬率做爲績效衡量指標。
   b. 採用剩餘利潤做爲績效衡量指標。

18-22
投資報酬率與剩餘利潤之個案：倫理道德考量

葛雷特公司專門生產個人保養的產品。葛雷特公司共有六個部門，其中包括了護髮產品部門。每一個部門都是獨立的投資中心。部門的總經理係根據其投資報酬率來評估績效與發放獎金。惟有投資報酬率最高的部門的總經理才有資格領取獎金以及獲得晉升的機會。護髮部門總經理歐佛德一向名列績效最好的部門總經理之一。過去兩年來，護髮部門的投資報酬率始終排名第一；去年度，這個部門的淨營業收益高達 $2,560,000，而且使用的平均營業資產價值爲 $16,000,000。歐佛德對於自己部門的績效感到相當滿意，而且曾被告知若下一年度護髮部門的表現良好的話，他將有機會晉升至總公司的高階管理職位。

就下一年度而言，護髮部門已經爭取到總計達 $1,500,000 的新資金。沒有使用的部份則由總公司轉投資，以賺取規定的百分之九 (9%) 的投資報酬率。經過仔細的調查之後，行銷與工程人員建議投資一項用以生產燙髮捲髮器的設備。目前護髮部門並沒有這項設備。這項設

備的成本估計爲 $1,200,000。護髮部門的行銷經理估計新產品線的營業利潤每一年爲 $156,000。

經過一番瞭解與考量之後，歐佛德否決了前述建議。接下來，歐佛德寫了一份內部聯絡單給總公司，表示護髮部門在未來的八至十個月內將不會動用資金在任何新的投資計畫上。然而他卻提及了自己的行銷與工程人員在年底之前會擬妥一份投資計畫，屆時他將會需要動用新的資金。

作業：

1. 請解說歐佛德否決了增加燙髮與捲髮器生產線之可能性的理由。並請提出適當的計算過程來支持你的答案。
2. 請計算新產品線對於公司整體獲利的影響。護髮部門究竟是否應該生產燙髮與捲髮器？
3. 假設葛雷特公司採用剩餘利潤做爲部門績效的衡量指標。你認爲歐佛德的決定是否會有所不同？爲什麼？
4. 請解說類似葛雷特公司這樣的公司可能會同時採用剩餘利潤和投資報酬率來做爲績效衡量指標的理由。
5. 歐佛德否決了題目當中的投資計畫。此舉是否符合倫理道德標準？探討此一問題的時候，請考慮歐佛德否決這項投資的理由。

18-23
移轉定價個案：行為考量

林山公司原本只是一間獨立的工廠，生產電動車－－其所屬集團的主要產品－－所需要的主要零組件。後來，林山公司大舉開發這項零組件的外部市場，而使得工廠規模不斷擴大。最後，林山公司重新改組爲四個製造部門：軸承部門、車體部門、排檔部門和汽車部門。每一個製造部門都是自治的單位，各部門的績效則是年終獎金發放的依據。

林山公司的移轉定價政策授權各個部門自行決定將產品賣給外部顧客或者賣給內部的其它部門。內部部門間產品移轉的價格由買賣部門自行商議，最高管理階層不得介入。

今年度，林山公司的銷貨收入雖然增加，但是利潤卻出現下滑。利潤下滑的原因幾乎完全可以歸於汽車部門。林山公司的主會計長費吉爾決定，今年度汽車部門應向外部供應商購買其汽車產品所使用的排檔系統，而不再向內部的排檔部門購買。排檔部門處於高產能的情況，也不願意將排檔系統賣給汽車部門，因爲賣給外部顧客的價格要高於實際全額製造成本（也就是以往和汽車部門所商議的價格）。由於汽車部門不願意支付外部顧客所能支付的價格而轉向外部供應商購買，則將支付更高的價格。

費吉爾認爲以往的作法並非最適的決策，因此正在重新檢討林山公司的移轉定價政策。排檔部門爲了追求最大的利潤而不願意以實際全額製造成本的價格來進行排檔系統的內部移轉雖然是正確的，但是對林山公司整體而言並不儘然是最好的決定。汽車部門支付給外部供應商的價格高於排檔部門向外部買主所收取的價格。汽車部門一向都是林山公司最大的部門，在各個部門之間往往扮演著龍頭地位的角色。費吉爾聽說成型部門與軸承部門同樣也排斥汽車部門繼續採用實際全額製造成本來做爲內部移轉價格的作法。

費吉爾要求會計部門研究幾種可行的移轉定價方法，以期提升整體目標的一致性、有效地激勵部門的管理績效、進而發揮最大的整體績效。會計部門提出了下列三種可行的移轉定價方法。一旦採用其中任何一種方法，則所有的部門均應遵守。

A.標準全額製造成本外加一定的百分比例。

B.移轉產品的市場銷售價格。

C.移轉時已經發生的實際成本外加單位機會成本。

作業：

1. a. 請針對部門之間產品移轉採用談判的移轉價格制度，提出其所可能產生的正面與負面的行爲。

   b. 請解說採用實際全額（吸收）製造成本做爲移轉價格的作法所可能造成的行爲問題。

2. 如果林山公司決定修正現行的移轉定價政策，改採新的適用所有部門的移轉定價政策，請探討此舉可能帶來的行爲問題。

3. 請探討在下列移轉定價法之下，「買」、「賣」部門之間的總經理可能出現的行爲。

a. 標準全額製造成本外加一定比例。

b. 移轉產品的市場銷售價格。

c. 移轉時已經發生的實際成本外加單位機會成本。

第十九章
成本管理之國際課題

學習目標

研讀完本章內容之後，各位應當能夠：

一．解說會計人員在國際化環境當中扮演的角色。

二．探討企業參與國際貿易的不同程度。

三．解說會計人員管理外幣風險的方法。

四．解說跨國企業選擇分散授權的理由。

五．解說環境因素如何影響跨國企業的績效評估。

六．探討移轉定價法在跨國企業當中所扮演的角色。

七．探討在國際化的環境中影響企業營運的倫理道德課題。

國際化環境當中的管理會計

學習目標一

解說會計人員在國際化環境當中扮演的角色。

身處國際化環境的企業必須修正傳統的企業管理概念。雖然企業經營在某些層面上仍然維持不變，但是卻有許多層面已經脫離傳統甚遠。許多國際化企業往往已經發現在母國適用的經營法則到了國外卻行不通。這些差異牽涉的層面很廣－－舉凡文化、法律、政治與經濟環境等都包括在內。誠如魚活在水中一樣自然，我們往往把母國的企業經營環境視爲理所當然。我們早已習慣市場經濟的體制，早已習慣私有財產制度。我們從小就生活在一切以白紙黑字爲憑的契約時代。商業倫理的觀念深植在我們的心中。然而當環境改變的時候，就可能出現倫理道德上的問題。同一公司的不同部門也可能面臨不同的倫理道德問題；因此，企業往往會針對個別部門的決策是否符合倫理道德標準進行瞭解。

身處這樣的國際化經營環境當中，會計人員又應當如何自處？會計人員貢獻的是財務與商業上的專業知識技能。會計工作是持續而不可分割的工作。經理人需要會計人員的知識、創意和靈活運用來輔助其擬訂決策。我們可以藉由內部管理會計之倫理道德標準（參閱本書第一章），來瞭解競爭之本意。良好的訓練以及跟上會計專業興革的腳步是會計人員的職責所在。然而由於國際化企業面臨著模糊不清、瞬息萬變的環境，亦增加了會計工作的挑戰性。由於會計工作主要是提供管理階層所有相關的資訊，因此稱職優秀的會計人員也必須瞭解最新的企業經營實務，其中則包括資訊系統、行銷、管理、政治與經濟。除此之外，會計人員理所當然必須嫻熟企業營運所屬之國家的財務會計原則。

本章將以探討國際企業所面臨的各項議題爲主，說明內部會計人員的職責以及成本與收入管理與國際化企業之互動關係。

參與國際貿易的程度

學習目標二

探討企業參與國際貿易的不同程度。

跨國企業 (Multinational corporation，簡稱 MNC) 係指在超過一個國家以上的地區經營事業，且其收益與成長並不單賴某一國家／地區之企業。由此定義可以推演得知，跨國企業參與國際貿易的型式不限一種。在比較簡單的情況下，跨國企業可能採取進口原料，出口成品的型態。在比較複雜的情況下，企業可能是由一家母公司和分設於不同國家／地區的事業部門所組合而成的大型集團企業。

身處國際化環境的企業在決定組織架構的時候，面臨的不單只是中央集權管理或者分散授權如此簡單的課題——誠如本書前面的章節所述。雖然大多數的跨國企業採取分散授權的管理型態——母公司獨資擁有許多分公司，但因時勢所趨卻往往演進成爲不同公司結構的型態。部份跨國企業成立專門進口與出口的公司，或爲獨資的分公司型態，或爲合資企業的型態。

進口與出口

進出口貿易是跨國企業當中常見的簡單型態。企業可自國外進口零件以供生產之用。同樣地，企業亦可出口製成品至國外市場。雖然進出口貿易看似相當單純，卻也可能爲企業帶來新的風險與機會。

進口 (Importing)

企業可以進口原料以供生產之用。此類交易看起來和向國內供應商採購零件並無兩樣，然則美國政府設定的關稅規定卻往往增加其複雜程度與成本。各位應當記得，進口運費也屬於物料成本。進口零件除了運費之外，還有關稅的支出。**關稅** (Tariff) 係指美國聯邦政府針對進口商品課徵的稅賦。關稅同樣也屬於物料成本。從事進口貿易的企業莫不設法降低關稅。美國的企業可能限制進口零件的數額，可能以本國資源來取代進口物料（增加國內物料使用的比例以爭取更優惠的關稅待遇），亦可能善用外貿特區。

外貿特區 (Foreign Trade Zones)

美國政府業已成立許多**外貿特區** (Foreign Trade Zone)——雖然位於美國本土，但卻被視爲不屬於美國商業管轄範圍。由於外貿特區的地理位置必須鄰近海關，因此多半位於海港或機場附近。目前美國境內就有聖安東尼市 (San Antonio)、紐奧良市 (New Orleans)、奧克拉荷馬州的凱土薩港 (Port of Catoosa) 等處已經設置了外貿特區。此一作法對於進口原料的製造業而言，意義相當重大。許多美國企業紛紛在外貿特區籌建廠房。由於這些業者可以等到進口的零組件加工成爲製成品再出口的時候才支付關稅，因而得以延後關稅的支出和工作資本的相關損失。此外，企業亦毋須支付沒有用於製造製成品的瑕疵零組件或存貨。

下面的例子有助於說明在外貿特區籌建廠房的成本優勢。假設路跑公司在外貿特區經營一座石化工廠。這座工廠進口揮發性化學物（例如在加工過程當中會產生相當揮發效果的化學物）以供生產之用。威力公司也在外貿特區週邊經營一座同樣的石化工廠。試想這兩座工廠同時向委內瑞拉進口價值 $400,000 的原油，對關稅與相關支出所產生的影響。路跑公司和威力公司都是使用原油做爲化學物質的生產之用。這兩座工廠都是在生產之前三個月就購買這些原油，而且在加工製成化學物質之後到出售並交貨給顧客之前，這些完工的化學物質會先在工廠內存放五個月的時間。生產過程當中約有百分之三十 (30%) 的原油會揮發掉。關稅稅率是成本的百分之三十 (30%)。這兩家公司的持有成本都是百分之十二 (12%)。

威力公司在進口前述原油的時候，必須支付 $24,000 (0.06 × $400,000) 的關稅。此外，威力公司還必須負擔關稅的百分之十二 (12%) 乘上原油仍屬原料或者已經轉爲製成品存貨之期間的持有成本。根據前一段的敘述，製成品轉爲存貨的期間是八 (3 + 5) 個月。與關稅相關的持有成本總計爲 $1,920 (0.12 × 8 / 12 × $24,000)。關稅加上與關稅相關的持有成本總計則爲 $25,920。另一方面，路跑公司因爲設於外貿特區的緣故，因此可以等到原料加工製成品出售、離開外貿特區的範圍的時候再行支付關稅。由於原來進口的原油只有百分之七十 (70%) 加工成製成品，因此關稅等於 $16,800 (0.7 × $400,000

× 0.06)。路跑公司沒有任何與關稅相關的持有成本。下表即為兩家公司與關稅相關的成本。

	路跑公司	威力公司
採購時支付的關稅	$0	$24,000
關稅的持有成本	0	1,920
銷售時候的關稅	16,800	0
總關稅與相關成本	$16,800	$25,920

很顯然地，因為路跑公司位於外貿特區的關係，單是一筆交易就節省下了 $9,120 ($25,920 - $16,800) 的支出。

外貿特區的優勢不僅於此。舉例來說，凡是不符合美國的安全、健康、與污染防制等規定的產品必須課以罰鍰。不符合這些法令規定的產品可以進口至外貿特區，待修正並符合法令規定之後即不受罰鍰之限制。另一個有效利用外貿特區的例子則是將高關稅的零組件組裝成為較低關稅的製成品。如此一來，由於組裝作業使用的是當地的人工，因此使得製成品的國內投入比重增加，進而得以適用較為優惠的關稅稅率。

近年來外貿特區的數目大幅攀升。從一九八O至一九九O年間，一般目的的外貿特區由五十九處增加為一百五十八處，而次級外貿特區亦由原先的九處增加為一百六十八處。籌設外貿特區的文件審核作業相當冗長，而且成本不貲——重新分配現有外貿特區的空間反而比較簡單。然而外貿特區的主管機關（通常會市政府或縣政府）仍可與廠商密切合作，發揮外貿特區的最大優勢。

舉例來說，假設全球公司——一家進出口貿易公司——正在考慮擴大規模，打算在美國西南部設置發貨中心。這一處發貨中心必須鄰近高速公路系統與鐵路運輸系統。再加上全球公司進口的是金額龐大的存貨，因此希望能夠將發貨中心設置於外貿特區內。再假設某一城市已經設有一處全球公司可能進駐的外貿特區。這一處外貿特區距離機場兩百英畝遠。這座城市的市政府向全球公司提議，可以在其外貿特區內購買土地來興建發貨中心。然而，這一處地點並未符合全球公司希望發貨中心鄰近公路與鐵路運輸系統的期望。全球公司在這一座城市裡另外找到一處佔地十英畝的土地，恰好符合其鄰近鐵公路運輸系統的需求，然而這一塊土地並非位於外貿特區內。全球公司究竟應該如何取捨？市政府一直積極地招攬全球公司進駐外貿特區，因為如此一來將可增加五百個就業機會，有利於提振這座城市的經濟。幸運的是，籌設外貿特區的法規賦予市政府另一項彈性，也就是將全球公司自行選定的那一處地點規劃為次級外貿特區（並將機場外貿特區的面積縮減十英畝）。

最後值得附帶一提的因素是政治考量。基本上，設置於外貿特區的企業從事的是國際貿易。某些情況下，政治情勢的考量可能會超越企業的需求。舉例來說，日本的汽車製造商位於美國伊利諾州、印地安那州、肯德基州、俄亥俄州、和田納西州的工廠都是位於外貿特區內。日產汽車公司（生產頗受歡迎的小型商用車）與三菱汽車（「日蝕」跑車的製造商）能以折半的關稅進口亞洲製造的零組件，然後在美國進行最後的組裝。一九九五年四月，美國政府考慮縮減外貿特區的優惠措施，藉以向日本汽車業者施壓，轉而購買更多的美國製汽車零組件。此一事實意味著成本與管理會計人員在評估國際貿易的優缺點時，不宜侷限於企業本身的狹隘觀點。

出口 (Exporting)

出口是將企業的產品銷往其它國家。從事出口業務的企業不一定必須在其它國家設置生產作業，而能夠直接將製成品運送給買主。然而，出口業務通常比在本地市場銷售製成品還要複雜許多。每一個國家的進口稅率與關稅不盡相同。如何確保企業符合外交政策與法令規章往往是會計長的職責，正如同符合稅法規定是會計人員的職責一樣。此外，企業亦可選擇嫻熟其它國家的法律條文、經驗豐富的經銷商一起合作。在某些情況下，經銷商可能是母公司獨資的企業，亦可能是完全不同的另一家企業。

獨資分公司 (Wholly Owned Subsidiaries)

跨足國際貿易的企業可以併購一家現有的外國企業，使其成為母公司獨資的分公司。併購策略的特色是簡單易行。這些被併購的外國企業通常已經設有產品經銷據點，甚至擁有生產與鋪貨的設備。舉例來說，一九八九年，美國惠而浦公司併購歐洲第三大家電生產廠商菲利浦公司，藉以進入歐洲市場。此一併購動作除了讓惠而浦公司立即擁有生產與鋪貨設備之外，還有歐洲市場的消費者耳熟能詳的知名品牌。雖然如此，但是這一次的併購仍然所費不貲。惠而浦公司總共花費三年的時間來融合不同的企業文化，才能夠簡化歐洲分公司的作業流程，順利地降低成本。最後，惠而浦公司必須投入更多的資金加強行銷，用惠而浦公司的品牌來取代原有的菲利浦品牌，擬訂全歐洲的整體行銷計畫來取代原先依國家而不同的化整為零法。

如果法令允許，跨國企業亦可直接籌設獨資的分公司或辦事處。舉例來說，美國的保險與軟體業者便選擇在愛爾蘭直接籌設完全獨資的辦事處。總部位於美國加州的軟體公司季達辦公系統公司 (Quarterdeck Office Systems) 便是將所有的客戶電話轉接至其位於都伯林的第二電話接聽中心。季達公司並且僱用許多熟悉多種語言的員工負責接聽來自全歐洲－－另外也包括美國－－的電話。當美國加州時間還是早上五點的時候，位於愛爾蘭的員工便已經開始接聽來自美國東部的客戶所打來的電話。愛爾蘭政府針對企業每創造的一個新就業機會，提供優惠的稅率以及相當於一年薪資的其它優惠措施。

如何將技術與專業外包，儼然成為對於資源相當敏感的美國企業非常注重的課題。**外包** (Outsourcing) 係指企業將原本自行負責的企業功能向外分散。舉例來說，部份企業將公司的法律事務交由外部的律師事務所來負責處理，而不僱用屬於公司內部編制的法務人員。就跨國企業而言，外包則代表著將企業功能移至其它國家。舉例來說，德州儀器公司在印度的班加洛市設置工程設備。由於印度當地失業的大專生人數眾多，反映出當地的工資水準較低、生產力較高的事實。然而，卻也由於印度當地的基礎建設不夠完備健全，德州儀器公司也必須投注可觀的資本投資。德州儀器公司自行安裝了電動發電機和衛星接收設備以便提升工程作業的效率。現在，德州儀器公司位於美國達拉斯市和日本名古屋市的工程師只要將記憶體的設計圖面利用電腦和衛星傳送至班加洛市，交由當地的工程師負責工程製作之後，再送回達拉斯市進行生產，最後再送回班加洛市進行故障排除即大功告成。

跨國企業在國外經營事業，並非單只節省金錢這一項資源而已。時間也是一項寶貴的資源。許多企業便已發現跨足全球性業務有助於提升時間與品質管理。德州儀器公司研發設備的全球網路可以同時進行、或者二十四小時不間斷地進行。曾有一位顧客要求德儀公司針對證券商所使用的掌上型股票金融機進行報價。於是德儀公司位於美國德州達拉斯市的設計團隊便開始進行研究，到了下班的時候便將研究結果利用電子傳輸方式傳送給日本東京的設計人員。東京的設計團隊繼續設計工作，到了下班的時候利用同樣的方式將結果傳送給法國尼斯的設計人員。到了美國時間第二天，達拉斯便可提出完整的設計、報價和產品的圖面初稿。

百事公司同樣也發覺了獨資分公司能夠提升品質的好處。屬於海外零食事業部門的百事國際食品公司發現馬鈴薯片是最暢銷的產品，全球市場規模高達四十億美金，因此計劃著手投資這項產品以刺激更多的需求。品質則是百事公司的秘密武器。百事公司已經藉由併購或合資等方式進軍國際市場。然而馬鈴薯片的品質卻參差不齊。現在，該事業部門強調一貫的品質標準。新的設備可以平均地切割出外觀完整、厚度一致的馬鈴薯片。百事公司甚至「重新設計」馬鈴薯片以迎合各地市場消費者的喜好。舉例來說，中國大陸的消費者不喜歡起士口味的起士條，因此在中國大陸銷售的起士條就沒有起士的成份。百事公司並且正在研發一種海鮮口味的起士條，準備打入中國大陸市場。

外包工作也可能交由國外的企業負責。瑞士航空公司便將其會計作業交由龐貝公司專責處理。英國航空公司結束其位於英國南威爾斯負責引擎製造的事業部門，將這些作業移交通用電機公司。英國航空公司因爲效率提升而節省下兩億兩千萬英鎊。會計人員必須確實瞭解外包作業的各式成本與好處。舉凡不同的稅制結構、當地政府的獎勵措施、各國整體教育水準、和內部基礎建設等都是會計人員分析成本與好處時的重要參考依據。

合資企業 (Joint Ventures)

某些情況下，具有跨國企業所需要的專業知識技能的公司並不存在，或者不願出售。遇此情況，則可考慮合資企業的型式。**合資企業** (Joint Venture) 係指投資人共同擁有公司的合夥型式。通用電子公司與印度的威普公司 (Wipro Ltd.) 共同成立合資企業威普通用公司 (Wipro GE)，雙方各佔合資企業百分之五十 (50%) 的股權。威普通用公司生產掃瞄器、應用軟體和超音波設備等，其中包括一台重量僅二十英磅的超音波設備，方便醫生開車載到偏遠村落進行醫療服務。這項新設備的技術則是得自於通用電子公司與日本醫療系統業者成立的另一合資企業。換言之，印度工程師與日本和美國的工程師與設計人員攜手合作，創造成本更低的醫療技術，打入亞洲與美國的市場。同樣地，南韓第二大汽車製造商 Kia 亦與福特汽車公司和馬自達汽車公司結合成製造聯盟，共同生產汽車、累積專業知識技術。舉例來說，Kia 車廠的某一款車輛便是採用馬自達研發的燃料噴射引擎，並借用福特汽車公司位於台灣和委內瑞拉的工廠來組裝車輛。實務上知名的合資企業還包括了惠普公司與日立公司的合資企業、波音公司與三菱公司的合資企業、以及蘋果電腦公司與夏普電子公司的合資企業。

某些情況下由於法令限制的緣故，必須以合資企業的型式存在。舉例來說，中國大陸政府便不允許跨國公司併購當地的企業，或者成立獨資的分公司。外商必須和當地的企業成立合資企業。同樣地，印度和泰國也規定外資企業必須有本國人士參與股權。生產超級三秒膠的 Loctite Corporation 便是因為法令規定的緣故，而在印度和泰國成立合資企業。

合資工廠是合資企業的一種特殊型態。**合資工廠** (Maquiladorias) 係位於墨西哥境內，專門加工進口原料，然後再出口至美國的製造工廠。合資工廠的用意原本在於鼓勵美國業者進入墨西哥投資，然而目前已經擴大適用範圍至其它的外商，例如日本的日產汽車和新力公司等。基本上，合資工廠在墨西哥和美國都享有特別的優惠措施。前者放寬對於外資的法令限制，後者則是免除或減免再出口貨物的關稅稅賦。大多數的合資工廠位於美墨邊境的鄰近城市，以充份利用美國的交通運輸設備。墨西哥擁有成本低廉、品質優良的勞工。合資工廠的結構頗有彈性。墨西哥政府容許不同的外資比例。最低的外資比例風險較小，相對地可以節省的成本也較少。美國業者將原料移轉至既有的墨西哥工廠，然後將製成品進口回美國。墨西哥廠的人事與生產作業都是由當地企業主自行負責。比例最高的外資風險也較高，但是相對地可以節省可觀的成本。美國業者在墨西哥成立獨資分公司，監督所有的營運作業。

合資工廠是截至目前爲止，美墨政府爲提高生產所能順利推展的計畫之一。許多美國企業甚至跨越邊界，逐漸北移。墨西哥內部基礎建設的改善（例如道路和通訊）促使外資不斷深入內陸城市，以降低非人工成本。美國企業前進墨西哥的原因是看好當地的廉價勞工（平均時薪約爲 $1.50，而美國國內的組裝員工平均時薪卻達 $17.50），但是眞正留住這些企業的卻另有原因。舉例來說，福特汽車爲了滿足在墨西哥經營事業的出口需求而在奇華華市 (Chihuahua) 設置工廠。但是這座工廠目前亦能支援福特汽車公司在墨西哥的銷售業務，成爲合資工廠存在的行銷層面的理由。

無論跨國企業採取何種型式，都會面臨外貿的問題，而外匯則是外貿業務的重要課題。本章將在稍後繼續探討。

外匯 (Foreign Currency Exchange)

學習目標三

解說會計人員管理外幣風險的方法。

企業若只在母國經營事業，只須使用一種貨幣，也不致有外匯匯兌的問題。然而當企業進入國際市場的時候，就必須使用外國貨幣。這些外國貨幣可以依據**外匯匯率** (Exchange Rates) 兌換成本國貨幣。如果貨幣與貨幣之間的匯率維持不變，應不致有外匯匯兌的問題。然而貨幣之間的兌換匯率卻往往是每一天都會改變。因此，在某一天可以兌換 $350 日圓的美金 $1，到了另一天可能只能兌換 $327 日圓。匯率的浮動更增加了國際貿易的不確定性。

會計人員必須管理企業曝露於貨幣兌換風險之程度。**外匯風險管理** (Currency Risk Management) 係指企業因爲匯率浮動而產生之交易、經濟與會計風險管理。**交易風險** (Transaction Risk) 係指企業的未來現金交易可能受到匯率改變影響之可能性。**經濟風險** (Economic Risk) 係指企業未來現金流量將會受到匯率改變之影響的可能性。**轉換（會計）風險** [Translation (Accounting) Risk] 則指企業的財務報表受到匯率浮動之影響程度。接下來就要仔細介紹這三種外匯風險，以及會計人員管理這些風險的方法。

管理交易風險

當今的跨國企業必須接觸許多不同的貨幣。這些貨幣之間可以根據交易發生當時的匯率進行兌換。**即期匯率** (Spot Rate) 係指某一貨幣可以立即（例如當日）兌換成另一種貨幣的匯率。**圖** 19-1 列出許多常用貨幣，以及一九九五年十二月九日之即期匯率。這些即期匯率很有可能和讀者閱讀此一段落的當天匯率不同，但應可讓讀者約略瞭解各種貨幣之間的相對價值。

貨幣升值與貶值 (Currency Appreciation and Depreciation)

當某一國家的幣值相對另一國家的幣值走強的時候，則發生**貨幣升值** (Currency Appreciation)，也就是第一個國家 $1 的貨幣可以買到第二個國家更多的貨幣。相反地，**貨幣貶值** (Currency Depreciation) 代表某一國家的幣值相對另一國家的幣值走弱，第一個國家 $1 的貨幣只能買到第二個國家更少的貨幣。舉例來說，一九八五年中，美元對日圓的匯率是一比二四０ (1：240)。到了一九八六年中，美元走弱，而只能兌換一五六日圓 (1：156)。匯率上的變化會影響兩國之間的貿易。日本的光學公司將價值 $93,600 日圓的塑膠表面的海洋潛望鏡賣給美國。在一九八五年中的時候，這一批產品價值 $390 美元 (93,600 / 240)。然而到了一九八六年中，同樣一批價值 $93,600 日圓的產品卻升值爲 $600 美元 (93,600 / 156)。可想而知的是，美元走弱的時候，日圓就相對走強。

圖 19-1

貨幣與匯率

國家	貨幣名稱	1995 年 12 月 19 日對 $1 之匯率
澳洲	澳洲元	1.3485
加拿大	加拿大元	1.3744
中國大陸	人民幣	8.3176
法國	法國法郎	4.9565
德國	馬克	1.4410
英國	英磅	.6484
香港	香港元	7.7344
印度	盧比	34.9700
印尼	盾	2,287.0000
以色列	雪克爾	3.1332
義大利	里拉	1,594.7500
日本	日本圓	102.0000
墨西哥	披索	7.6750
荷蘭	基爾德	1.6140
秘魯	紐索	2.3155
俄羅斯	盧布	4,639.0000
沙烏地阿拉伯	黎雅爾	3.7504
新加坡	新加坡元	1.4146
南韓	圜	771.4500
瑞典	克朗	6.6395
瑞士	瑞士法郎	1.1565
台灣	新台幣元	27.3310
泰國	銖	25.1600
委內瑞拉	波利瓦	289.6200

匯兌利得與損失 (Exchange Gains and Losses)

接下來說明匯率的改變對於外銷貿易的影響。假設總公司位於美國奧克拉荷馬州的超管公司將旋轉式風管銷往國內市場與國外經銷商。一月十五日，一家法國經銷商訂購了一百支單價爲 $1,000 的旋轉式風管，要求超管公司立即交貨，並於三月十五日的時候以法國法郎支付貨款。試問超管公司是否做成了一筆 $100,000 (100 × $1,000) 的生意？由於貨款是以法國法郎支付，並非以美金支付，因此必須瞭解美元對法國法郎的匯率。如果一月十五日的時候 $1 美金可以兌換 $5 法國法郎，那麼這家法國經銷商將要支付 $500,000 (5 × $100,000) 法國法郎的貨款。如果到了三月十五日的時候匯率維持不變，那麼超

管公司將可收到 $500,000 法國法郎，並可兌換成 $100,000 美金。然而假設到了三月十五日的時候 $1 美金可以兌換 $5.1 法國法郎，則雖然法國經銷商仍然支付 $500,000 法國法郎的貨款，但實際上超管公司只能將其兌換成 $98,039 美元(500,000 / 5.1)，而不是一月十五日完成交易時所預期的 $100,000 美元。兩種金額之間差距的 $1,961 係匯兌上的損失。下表簡略地說明了此例當中的交易風險：

一月十五日應收帳款（美金）	$100,000
三月十五日應收帳款（美金）	98,039
匯兌損失	$ 1,961

換言之，超管公司將兌換貨幣的時候由於本國貨幣貶值的緣故而產生了**匯兌損失** (Exchange Loss)。

當然如果法國法郎相對美元走強的話－－例如 $1 美元對 $4.9 法國法郎，則會產生匯兌利得。**匯兌利得** (Exchange Gains) 係指兌換貨幣時因爲本國貨幣升值而產生的利得。沿用前例，法國經銷商同樣還是支付 $500,000 法國法郎，超管公司則可將其兌換成 $102,041 美元(500,000 / 4.9)。換言之，交易風險的結果是產生利得。

一月十五日應收帳款（美金）	$100,000
三月十五日應收帳款（美金）	102,041
匯兌利得	$ 2,041

交易風險同樣也會影響貨物的進口。假設二月二十日的時候，位於美國洛杉磯的影視服務公司向日本 NEC 公司購買價值 $50,000 美金的電腦，並將於五月二十日以日圓支付貨款。假設二月二十日的即期匯率是 $1 美元對 $130 日圓。吾人可以很容易看出影視服務公司眞正的應付帳款是 $6,500,000 日圓 (50,000 × 130)。如果五月二十日的即期匯率是 $1 美元對 $135 日圓，則影視服務公司只須支付 $48,148 (6,500,000 / 135) 即可換得足夠的日圓來支付貨款。

二月二十日應付帳款（美金）	$50,000
五月二十日應付帳款（美金）	48,148
匯兌利得	$ 1,852

很顯然地，因爲五月二十日的即期匯率美金相對日圓走強，因此影視服務公司將會產生匯兌利得。經理人必須考慮匯率變動所帶來的交易風險，因爲匯率會影響因爲貨物所支付與收取的價格。然而如果管理階層不希望介入匯率變化的賭局呢？接下來介紹的避免措施可以幫助會計人員管理企業的匯兌利得與損失。

避險 (Hedging)

確保企業免於匯兌利得與損失的方法之一是**避險** (Hedging)。傳統上經常採用期貨外匯契約來做爲避險措施。**期貨契約** (Forward Contract) 係指要求買主在未來的指定日期依指定匯率（期貨匯率）匯兌指定金額的貨幣之契約。

此處再以前文當中的超管公司爲例說明之。已知一月十五日的即期匯率是1美元對5法國法郎。超管公司的問題無法確知三月十五日的匯率會是多少。如果1美元可以兌換超過5法國法郎，則超管公司的應收帳款將無法達到預期的$100,000美元。當然如果1美元無法兌換到5法國法郎，則超管公司將可收到超過$100,000美元的貨款。此刻的困難在於預測短期匯率的變動。超管公司可以專注在產品的製造與銷售業務上，不爲匯率浮動的問題費心。換言之，超管公司大可放棄匯兌利得的機會以規避匯兌損失的風險。超管公司可以考慮下列作法。

一月十五日的時候，超管公司以1美元對5.02法郎的期貨匯率購買$500,000法郎兌換成等值美元的契約。超管公司同意賣出法國法郎，以買進美元。此時，超管公司已經鎖定匯率。每一美元的即期匯率（5法國法郎）與期貨匯率（5.02法國法郎）之間的差價$0.02法國法郎是超管公司爲了此筆交易所支付的外匯匯差。吾人可以將其想像爲保險費用。

到了三月十五日，將會產生如下交易。法國經銷商支付給超管公司500,000法國法郎的貨款，超管公司支付500,000法國法郎給匯兌銀行，匯兌銀行再支付給超管公司$99,602美元 (500,000 / 5.02)。原始應收帳款$100,000美元與實際取得現金$99,602美元之間的差額計入外匯費用帳戶。各位應當記得，在前文當中，三月十五日的匯率是1美元對5.1法國法郎。如果超管公司沒有採取避免措施的話，將只收到$98,039美元的貨款。因此，超管公司等於是用$398的外匯費用換取$1,961的匯兌損失。

一月十五日應收帳款（美金）	$100,000
三月十五日實收帳款（美金）	99,602
外匯費用	$ 398

當然，實務上亦可採取買賣雙方約定在未來指定日期匯兌一定金額的外幣之避險措施。請各位回想前文當中的影視服務公司的例子。由於交易當時的即期匯率是1美元對130日圓，因此影視服務公司預期支付$50,000美元的貨款。影視公司擔心未來匯率下滑，例如跌至1美元對125日圓。如果眞是如此，則影視服務公司將會需要52,000日圓 (6,500,000 / 125) 來支付6,500,000日圓的貨款。影視服務公司可以採取避險措施來解決匯率的不確定性。假設期貨匯率是1美元對128.7日圓。那麼影視服務公司可以購買期貨契約，到了五月二十日時以$50,505美元 (6,500,000 / 128.7) 來購買等值的6,500,000日圓。

二月二十日應付帳款（美金）	$50,000
五月二十日實付帳款（美金）	(50,505)
外匯費用	$ 505

避險交易可以更爲複雜。交易金額龐大的企業可以設法規避其所有交易的匯兌風險。避險措施同時也是管理經濟風險的方法之一。作者將在接下來的篇幅裡介紹經濟風險的管理。

管理經濟風險 (Managing Economic Risk)

外匯交易同樣也會涉及經濟面的因素。各位應當記得，經濟風險的定義是指外匯匯率浮動對於企業未來現金流量的現值之影響。經濟風險可能會影響企業的相對競爭能力，即使企業從未涉足國際貿易的範疇。此處僅以一九八一年至一九八五年間重工機具市場爲例說明之。

假設美國消費者自由選擇向美國的凱樂彼樂公司 (Caterpillar) 或者向日本的小松公司 (Komatsu) 公司購買重工機具。假設這兩家業者的某一機型的重工機具價格都是美金 $80,000。然而對於小松公司而言，此一價格其實代表的是 10,400,000日圓。前述價格是在匯率爲1美元對130日圓的時候擬訂的價格。現在假設美元相對日圓走強，匯率變成1美元對140日圓。爲了取得同樣的10,400,000日圓，小松公司可以將價格改訂爲$74,286日圓。這兩家公司的成本結構並未改變，顧客的需求亦未改變，但是由於匯率變動的關係，小松公司的「競爭力」卻相對提高。當然如果美元相對日圓走弱的話，情況恰恰相反，美國的出口貨物相較之下也會便宜許多。

會計人員究竟應該如何管理企業所可能面臨的經濟風險？最重要的關鍵在於對於風險的敏感程度，也就是說會計人員必須瞭解企業在全球經濟體系中的相對地位。誠如前例所示，美日兩家重工機具業者彼此競爭，並且透過顧客成爲全球市場的其中一環。會計人員提供企業所需的財務結構與溝通管道。舉例來說，在擬訂總預算的預估銷貨收入的時候，就必須考慮競爭者國家的貨幣可能走強或走弱的趨勢。一般而言，企業的會計長必須負責預測外幣匯率的波動。

避險措施同樣可以用於管理經濟風險。舉例來說，多倫多藍鳥棒球隊的收入是以加拿大的幣值計算，但是支付費用的時候卻是以美元計算（因爲這一隻隊伍是在美國境內巡迴比賽）。一九八五年，這隻棒球隊伍預期因爲匯率浮動的關係將會發生損失。爲了避免此一損失，這隻隊伍在一九八四年的時候就以1美元對0.75加幣的匯率購買了美金的期貨契約。一九八四年底的匯率是1美元對0.7568加幣。一九八五年間，匯率持續穩定下滑，到了第四季底的時候已經變成1美元對0.7156加幣。由於這隻棒球隊伍避險有方，最後反而能夠獲利。

管理轉換匯率風險 (Managing Translation Risk)

一般而言，母公司會將分公司的損益轉換成爲母國的幣值。此一轉換可能導致重新評估外幣之後而產生的利得或損失，更可能影響分公司的財務報表和相關的投資報酬率以及剩餘利潤等數據。

假設你是一家位於墨西哥的事業部門的總經理。今年度，你的事業部門總共賺了 $320,000 披索，比前一年度的 $200,000 披索成長足足百分之六十 (60%)。現在假設你的事業部門收益改以美元表示。如果去年度的匯率是 $1 美元對 $1.5 披索，而今年度的匯率卻是 1 美元對 3 披索，你的事業部門的淨益則分別爲去年度的 $133,333 美元和 $106,667 美元。突然間，淨益卻反倒比去年度減少了百分之二十 (20%)。同樣的情況也會發生在投資報酬率和企業淨值等數據的計算上面。匯率重估價的利得或損失對於貨幣相對弱勢－－相對於母國幣值的貶值－－的幣值而言尤其重要。

外匯匯率的浮動會造成母公司在評估各事業部門經理人施行公司政策成效的時候，遭遇不小的困難。一九八O年度初期，盟商多公司 (Monsanto) 就曾遭遇過這樣的問題。這家公司在多處國外市場的銷貨節節下滑。各地事業部門經理人接到指示必須增加促銷費用。然而以美元表示的財務報表卻無法顯示出經理人已經按照公司的政策提高了促銷費用。於是，高階管理階層繼續施壓，要求各事業部門經理人確實執行公司的政策。但是這些事業部門經理人對於財務報表上顯示出促銷費用不增反減的現象，並且無法取得高階管理階層的信任感到相當沮喪。最後，這些經理人將以當地幣值表示的財務報表連同以美元表示的財務報表呈閱上去，才讓高階管理階層相信各地事業部門經理人確實已經遵照公司的政策提高了促銷費用。

此處可以沿用盟商多公司的經驗來說明不同幣值之間轉換的問題。假設孟國公司擬訂出一項策略性決策，加強生產技術先進、品質優良的產品。於是，孟國公司的高階管理階層指示其海外事業部門費帝公司增加研發費用。費帝公司經理人則依照總公司的指示，分別於四個季節裡支出了下列研發費用：

季	以當地貨幣表示之研發費用
1	$100,000
2	$110,000
3	$121,000
4	$133,100

從上表可以看出，每一季的研發費用都增加了百分之十 (10%)。然而孟國公司的管理階層卻沒有看過這份表格，他們所看到的是以美元表示的報表。爲了將上述表格改以美元表示，必須取得每一季的匯率。假設美元相對當地貨幣走強，這四季當中 $1 美元分別可以兌換 1.00 、 1.20 、 1.35 和 1.50 的當地貨幣。於是，以美元表示的研發費用應該如下：

季	以美元表示之研發費用
1	$100,000
2	91,670
3	89,630
4	88,730

兩種以不同幣值表示的數據竟然差異如此之大！事業部門經理人不僅沒有提高研發費用，看起來似乎反倒是減少了研發費用。惟有比較兩種不同幣值編制的報表，孟國公司管理階層才得以瞭解研發費用確已增加的事實和美元相對走強的趨勢。換言之，費帝公司所增加的研發費用在貨幣轉換的過程中被隱藏了起來。

統一以美元爲主的內部報表之目的在於建立一致的比較基礎。此一策略在同一時間點上雖然管用，但是不同時間點的比較卻可能誤導經理人做出錯誤的決策。身爲會計人員，不得不體察轉換風險的問題。

分散授權 (Decentralization)

學習目標四

解說跨國企業選擇分散授權的理由。

一般而言，在母國施行分散授權的企業對於國外的事業部門會採取比較嚴密的控制，至少直到這些事業部門對於其海外經營作業比較嫻熟爲止。分散授權能爲母國事業部門帶來好處，同樣亦可爲海外的事業部門帶來正面影響。接下來就要介紹分散授權的優點。

跨國企業分散授權之優點

一般而言，由當地所取得的資訊品質較佳，且其能夠改善決策品質。此一優點對於跨國企業而言尤其適用，因爲各個事業部門分散在不同的國家，必須符合當地的法律制度與風俗民情。因此，各地事業部門的經理人往往能夠擬訂出更好的決策。分散授權有利於組織善用其專業知識。舉例來說，洛泰公司是由各地的經理人負責經營管理自己的事業部門。其中特別値得注意的是，行銷與定價決策都在地區經理人的掌控範圍之內。語言對於實際負責經營管理的經理人而言不是問題。同樣地，地區經理人對於當地的法令規章與風土民情也較總公司瞭解許多。

跨國企業的地區經理人在擬訂決策的過程當中，能夠做出更爲即時的回應。他們可以很快地回應顧客要求折扣的需求、地方政府的規定和政治趨勢的變化。

第十八章曾經探討過中央集權經理人傳達指令的必要，以及負責執行決策的經理人誤解指令意義的可能性。跨國企業的事業部門經理人之間的母語不儘相同，使得語言溝通的問題更爲嚴重。跨國企業通常採取兩種方式來克服此一問題。首先，採取分散授權的結構將決策權力下放至地區經理人，避免轉達高層指令的必要。其次，跨國企業正在學習整合能夠超越語言障礙，可跨越國界的資料傳遞之技術。日新月異的科技有助於大幅緩和總公司與分公司，以及分公司與分公司之間的溝通問題。洛泰公司位於愛爾蘭的工廠便是採用電腦化的標籤來區別應該送往英國或是以色列的公文。洛泰公司利用條碼技術「閱讀」標籤的內容，除去了外國語言翻譯的困擾。

分散授權的作法除了能讓母公司的低階管理人員有機會發展管理技能、亦能讓分公司的經理人獲得寶貴的經驗。母公司的經理人在和國外事業部門經理人互動的同時，也能吸收到更廣泛的經驗。在分散授權的跨國企業裡，隨時都有向彼此學習的機會。在二十世紀末的今天，可能躋身高階管理核心的經理人往往都必須在各個國外事業部門之間巡迴與觀摩。同樣地，分公司的經理人也可能有更多的時間與總公司接觸。以通用汽車公司爲例，資深主管必須花費四個星期的時間巡迴參觀國外市場，然後再向總公司的高階管理階層簡報。有些資深主管也會被派往亞洲與印度的事業部門。同樣地，國外的主管也會到總公司接受管理訓練。

事業部門的成立

跨國企業成立事業部門的類型上具有相當大的彈性。事業部門往往是根據地理界限來予以劃分。舉例來說，IBM是由負責亞洲與遠東地區、北美地區、拉丁與南美洲地區和歐洲與非洲地區的生產銷售部門組合而成的。

產品線也是事業部門分類的可行方式之一。許多跨國企業劃分出不同的事業部門，分別製造與銷售不同的產品。跨國企業可以自行選擇根據銷售的產品類別，而非銷售產品的國家來劃分事業部門。舉例來說，一家石油公司可能擁有探勘事業部門、提鍊事業部門和化學物事業部門。每一個事業部門在不同的國家都可能設有廠房或辦公室。

事業部門也可以依照管理功能予以分類。一九七O年代初期，雅芳公司 (Avon) 分別在美國紐約、英國倫敦、和澳洲成立地區行銷與規劃中心。這樣的組織結構達成了分享專業知識技能和訓練事業部門經理人的共同目標。然而國家與國家之間的不同需求和差異卻帶來了許多矛盾與衝突。到了一九八O年代末葉，雅芳公司取消了原有的地區中心，改爲各個國家分設功能完整的事業部門的結構。

由於事業部門並非單單設置在同一個國家，因此跨國企業需要一套能夠考慮事業部門經營環境差異的績效評估制度。接下來讓我們一起來看看跨國企業的績效評估制度。

跨國企業的績效衡量

學習目標五

解說環境因素如何影響跨國企業的績效衡量。

跨國企業必須能夠將事業部門總經理的績效評估和該事業部門的績效評估區隔開來。經理人的績效評估不應該包括其所無法掌控的因素，例如貨幣浮動和稅賦支出等等。經理人的績效評估應以發生的收入與成本為基礎。實務上很難比較某一國家事業部門（或分公司）經理人的績效和另一國家事業部門經理人的績效孰優孰劣。生產作業看似相同的事業部門也可能面臨不同的經濟、社會或政治變數。經理人的績效衡量應以其所能掌控的因素為基準。一旦衡量出經理人的績效之後，便可將分公司的財務報表轉換成母公司的幣值，才可以分配無法控制的成本。

國際政經環境可能與國內的政經環境南轅北轍，也可能更為複雜。事業部門經理人面臨的環境變數涵蓋了經濟、法律、政治、社會和教育等層面。常見的重要經濟變數計有通貨膨脹、外幣匯率、稅賦和移轉價格等等。法律和政治行動也會產生不同的影響。舉例來說，某一國家可能禁止現金流出，強迫企業設法交換母公司的產出。國與國之間的教育程度和會計制度可能各不相同。社會與文化變數則會影響跨國企業在分公司所處國度裡所受到的待遇。

不同的環境因素使得部門之間的投資報酬率比較可能出現誤導結果。假設一家總公司位於美國的跨國企業分別在加拿大、巴西和西班牙設有事業部門。這三個事業部門的資料如下（單位為百萬美元）：

	資產	收入	淨益	邊際	營業額	投資報酬率*
巴西	$10	$ 6	$ 3	0.50	0.60	0.30
加拿大	18	13	10	0.77	0.72	0.55
西班牙	15	10	6	0.60	0.67	0.40

*四捨五入至小數點後第二位。

如果以投資報酬率為基準，似乎以加拿大事業部門的經理人績效最好，而巴西事業部門的經理人績效最差。然而這樣的比較是否公平？西班牙和加拿大的法率、政治、教育和經濟情況都不一樣。相較於北美洲而言，南美洲的通貨膨脹率高出許多。許多南美洲的企業紛紛調整財務報表上的數據以便眞實反映出通膨的影響。假設前例當中加拿大事業部門的資產為歷史成本，而巴西事業部門的資產則已做過通膨的調整。如果當期通貨膨脹率平均為百分之百 (100%)（對於連續幾年的月通膨率都高達兩位數的國家而言並非全無可能），那麼巴西事業部門之資產的歷史成本應為 \$5,000,000。其計算過程如下：

$$X + 100\%X = \$10$$
$$X + 1.00X = \$10$$
$$2X = \$10$$
$$X = \$5$$

如果我們利用歷史成本重新計算巴西事業部門的資產，那麼投資報酬率應該是百分之六十 (60%) (3 / 5 = 0.6)。如果採用此一數據，那麼巴西反而是績效最好的事業部門，而非最差的事業部門。値得注意的是，反映通貨膨脹對於損益與資產之影響的會計作業非常複雜，上述重新計算資產的方法並不完整。此外，高階管理階層通常會注意到通貨膨脹率不同的事實。然而內部報表的計算基礎不一致往往會造成不公平的比較。會計人員不得不特別注意這個問題。

其它的環境因素也會因為國度的不同而有所差異。當地政府規定的最低工資會限制住經理人掌控人工成本的能力。有些國家會禁止現金的流出。有些國家可能勞動力素質很高，但是內部基礎建設（運輸與通訊設施）卻相當貧乏。因此，企業在評估管理績效的同時，務必體察並且控制這些環境因素。**圖** 19-2 列出許多可能誤導事業部門間不當比較的環境因素。

影響績效評估的政治與法律因素

一九八九年六月三日，中國大陸政府對仍在天安門廣場前示威的學生開槍。全世界都為之震驚，紛紛鎖住有線電視網 (CNN) 與其它媒體以便隨時瞭解暴動的最新消息。中國大陸政府是否會因此垮台？這個集權政權是否會採取更高壓的手段？然而同一時間在地球的另一端，一家油田設備製造商的會計長在擬訂企業決策的時候也在密切關

圖 19-2

影響跨國公司績效衡量之環境因素*

經濟因素
中央金融體系之組織 經濟穩定程度 資本市場之有無 貨幣限制
政治與法律因素
法律結構之品質、效率與效能 國防政策之影響 外交政策之影響 政治紊亂之程度 政府干預商業之程度
教育因素
人民識字率 正規教育訓練體系之範圍與程度 職業訓練之範圍與程度 管理發展計畫之範圍與品質
社會因素
民眾對於工商企業之態度 對於企業主管部屬關係之文化態度 對於生產力與成就（工作倫理）之社會態度 對於物質所得的社會態度 文化與種族差異性

*摘錄自Wagdy M. Abdallah之文章「改變環境或改變制度」("Change the Environment or Change the System")，Management Accounting，1986年10月出刊，第33-36頁。經會計師協會同意授權使用。

注中國大陸的情勢發展。他是否應該接受中國大陸的銀行開立的信用狀？公司的產品已經裝上位於休士頓的貨輪，這個禮拜就會啓程開往中國大陸。這一次的交易是早就安排好的，而且金額高達三百萬美元（這家公司的總年度銷貨收入是一千五百萬美元）。但是買主所開立的信用狀是否還有效力？依照慣例，國外債信保險協會（透過世界銀行進行背書的保險）會保證兌現特定國家的銀行開立的信用狀。但是在天安門事件之後，中國大陸已自核准名單當中剔除。如果中國銀行拒絕支付貨款，那麼這家公司無法取得保險理賠，三百萬美元的信用狀形同一張廢紙。這位會計長觀望了三天，不斷地注意時勢的發展，最後他取消了這一次的出貨。

跨國企業的會計人員不單只須瞭解商業行爲與財務專業而已。一國的政治與法律制度對於企業也有重要的意義。某些情況下，政治制度變動過快，往往使得企業陷入危機，誠如前例的會計長面對中國大陸信用狀是否生效的難題。某些情況下，政治革新的速度卻慢如牛步，最爲人熟知的例子就是西班牙王位的交替和法國由獨裁走向民主的冗長過程。

自一九八O年代開始，管理會計在西班牙逐漸受到重視，原因之一不外乎是因爲競爭壓力節節升高。許多西班牙企業的獲利能力不斷退化，促使企業開始尋求更爲正規的控制方法，像是預算制度與標準成本方法等。另一項原因則是由保護經濟與政治獨裁轉向民主社會。舊獨裁政權偏好外部控制方法，以強化高壓的政治與社會結構。此一制度完全獨立於其它歐洲國家的高度法治化經濟之外。民主社會的出現與法令限制的放寬賦予西班牙的企業更多的商業行爲自由，進而產生了管理會計控制的需求。

某些情況下，不同的政治結構意味著美國標準的控制方法在其它國家可能「毫不管用」。舉例來說，在共產主義的集權體制下，蘇維埃聯邦共和國家的製造商會接受一筆預算，然後比較實際結果和預算之間的差異，再計算出變數。然而在那裡，變數分析的意義和美國並不相同。如果企業出現預算和實際結果之間的變數，解決方法就是指派工廠的資深黨員帶了一箱香檳酒或威士忌到中央規劃總部，期望總部能夠幫忙在實際結果上動動手腳，變數自然而然就消失無蹤。企業經營的目標既非追求效率亦非追求效能，而是遵從中央的計畫。雖然中央規劃總部已不存在，但是遺留下來的文化仍然是在結果產生之後，再設法修正原來的計畫以符合實際的數據。

績效的多重衡量指標

跨國企業針對海外事業部門進行嚴格的績效評估的作法忽略了開創全球經營體系的重要策略意義。全球性集團之間的交互關係降低了企業對於某一事業部門的依賴，減少了某一事業部門唱獨角戲的現象。於是，剩餘利益和投資報酬率不再是跨國企業衡量管理績效的最重要指標。跨國企業必須採用和企業的長期健全體質更為相關的其它績效衡量指標。除了剩餘利益和投資報酬率之外，高階管理階層還必須注意市場潛力和市場佔有率等因素。舉例來說，吉列公司 (Gillette) 已經開始生產 Oral-B 的牙刷，在中國大陸的售價是每一隻牙刷 $0.90 (在美國的單位售價則為 $0.19)。中國大陸的市場規模龐大，即使吉列公司只拿下百分之十 (10%) 的市場，其在中國大陸的銷貨數量仍然遠遠超過美國。基於同樣的原因，舉凡寶鹼公司 (Procter & Gamble)、博士倫 (Bausche & Lomb) 和花旗集團 (Citicorp) 等企業紛紛擴展其位於印度和亞洲市場的版圖。

此外，跨國企業採用剩餘利潤和投資報酬率來評估管理績效的作法還有許多問題。因此，企業如能採用責任會計方法，根據事業部門經理人所能掌控的因素來評估管理績效，才是健全的因應之道。舉例來說，麥當勞公司莫斯科事業部門的經理人無法輕易地購買到食物；當地買不到，而自丹麥或芬蘭進口的成本又所費不貲。於是，許多食物便是在當地種植。前進東歐的企業也會面臨類似的問題。績效的多重衡量指標則有助於高階管理階層瞭解事業部門經理人因應不同，而且困難的經營環境時的回應效能。

移轉定價法與跨國企業

就跨國企業而言，移轉定價必須滿足兩項目標：績效評估與最適所得稅。

學習目標六

探討移轉定價法在跨國企業當中所扮演的角色。

績效評估

事業部門之間往往是以淨收益和投資報酬率做為績效評估的基準。

如此一來，轉出事業部門希望擬訂較高的移轉價格以提高淨收益，而轉入事業部門則希望爭取較低的價格以提高淨收益。跨國企業事業部門之間遇到移轉價格的問題時，往往交由母公司裁定。因此，強制採用某一移轉價格往往有可能使得淨收益和投資報酬率的數據失真。換言之，這些數據不在事業部門經理人的掌控之中，不宜做爲管理績效的指標。

所得稅與移轉定價法

如果世界上所有的國家都採用相同的稅賦結構，那麼擬訂移轉價格的時候就毋須考慮稅賦的問題。然而，實務上某些國家的稅率較高（例如美國），某些國家的稅率較低（例如凱曼島國）。因此，跨國企業可以利用移轉定價法將成本移轉至高稅率國家，將收入移轉至低稅率國家。**圖** 19-3 說明的正是此一概念。**圖** 19-3 當中的第一個移轉價格是 $100，適用於產品由比利時分公司移轉至玻多黎各的發貨中心。由於第一個移轉價格等於全額成本，因此利潤爲零，稅賦當然也就等於零。第二個移轉價格是 $200，適用於產品由玻多黎各的發

圖 19-3

利用移轉定價法來影響稅賦

行動	稅賦影響
母公司位於比利時的分公司生產單位成本爲 $100 的零組件。這項零件再以 $100 的單位移轉價格移轉至位於波多黎各的發貨中心*。	稅率爲 42% $100 收入 - $100 成本 = $0 稅賦 = $0
位於波多黎各的發貨中心其實也是母公司的分公司。這個發貨中心再將零組件以 $200 的單價賣給母公司設於美國的分公司。	稅率爲 0% $200 收入 - $100 成本 = $100 $100 稅賦 = $0
美國分公司便以 $200 的單價將零組件出售給外部公司。	稅率爲 35% $200 收入 - $200 成本 = $0 稅賦 = $0

*發貨中心名義上持有這些零組件，但實際上並沒有收取這些零組件。設置發貨中心的目的在於將利潤移 轉至稅率較低的國家。

貨中心移轉至美國。此一移轉雖然帶來利潤，但由於玻多黎各並未課徵營利事業所得稅，因此稅賦依然爲零。最後，美國的事業部門再以$200的價格將產品賣給外部市場的顧客。同樣地，由於售價等於成本，因此美國的事業部門並沒有賺取任何利潤，當然也就毋須繳納任何所得稅。試想前例當中如果沒有位於玻多黎各的發貨中心，情況恐怕大爲改觀。這些產品直接由比利時的事業部門移轉至美國的事業部門。如果移轉價格是$200，那麼比利時事業部門的利潤就有$100，也就必須繳納百分之四十二 (42%) 的所得稅。另外，若移轉價格是$100，比利時的事業部門雖然不必繳納所得稅，但是美國的事業部門卻會實現$100的利潤，則須繳納百分之三十五 (35%) 的所得稅。

以美國爲總部的跨國企業在擬訂企業內部交易價格的時候，必須遵循內部收入法第482條的規定。根據此一規定，如果國稅局認爲企業內部部門之間的價格分配會影響國家稅收的話，有權重新分配事業部門之間的收益與扣除額。基本上，內部收入法第482條規定交易必須「正當」。換言之，移轉價格必須滿足如果移轉發生在不相干的第三者時所擬訂之價格，經過必要之差異調整後的價格之規定。規定當中所言之差異包括了到貨成本與行銷成本。到貨成本（運費、保險、關稅和特別稅賦）可以做爲合理提高移轉價格的正當理由。內部移轉交易通常沒有行銷成本，可以做爲合理降低移轉價格的正當理由。國稅局規定三種滿足正當性的移轉定價方法。依照企業界的偏好排列，這三種方法分別爲失控價格比較法、轉售價格法以及成本外加法。**失控價格比較法** (Comparable Uncontrolled Price Method) 主要是以市價爲主。**轉售價格法** (Resale Price Method) 等於經銷商獲得的售價減去合理的外加比例。換言之，採購產品再轉售的事業部門所擬訂的移轉價格等於轉售價格減去毛利比例。**成本外加法** (Cost-plus Method) 則指以成本爲基礎的移轉價格。

擬訂正當的價格是相當困難的工作。很多情況下，企業所面臨的移轉定價問題並不符合前述三種方法適用的情況。於是，國稅局又提出第四種方案－－企業與國稅局共同談判議定的移轉價格。美國的國稅局、納稅人和稅務法庭爲了談判移轉價格的問題已經進行了多年的苦戰。然而談判往往是在事實－－企業申報營利事業所得稅之後，國稅局進行查帳之際－－發生之後才進行的補救措施。最近，美國的國稅局提出**預先定價協議** (Advanced Pricing Agreements，簡稱 APA)，輔助納稅的企業在申報所得稅之前先判斷提議的移轉價格是否會被國稅局接受。「預先定價協議是國稅局和納稅人之間，針對國際交易的定價方法所達成的協議。協議內容可能涵蓋無形產品（例如加盟權利）的移轉、財產的出售、服務的提供和其它諸多交易。預先定價協議對於國稅局和納稅人都具有約束力，效期明定於協議條文當中，而且不向社會大衆公開。」然而由於預先定價協議是非常新的創舉，因此國稅局和企業界都不確定應該具備或提供何種資訊。目前，國稅局可以限制預先定價的規定僅適用於以美國爲總部的企業和其位於協約國家－－包括澳洲、加拿大、日本和英國等－－的事業部門。舉例來說，蘋果電腦公司便已針對其產品轉移至澳洲事業部門的交易，取得與國稅局之間預先定價協議。

移轉價格定價法如被濫用，則屬違法－－如果可以證明濫用的事實。許多美國企業與國外事業部門之間索取異於常情的移轉價格就可能涉及違法。國稅局曾經成功地證明日本豐田汽車公司出售轎車、卡車和零件給美國事業部門再轉售的價格過高。於是，豐田汽車公司必須大幅降低美國事業部門申報的利益，提高日本母公司申報的利益。重新申報的金額接近美金十億元之譜。

一九八六年，內部收入法第482條增列超級專利權條款，規定企業必須更公平地評估無形產品的價值。國稅局懷疑美國企業以低於公平市場價值的價格將其無形產品（專利權、著作權和顧客名單等）移轉給國外的事業部門。舉例來說，一家美國的藥廠開發出一種新藥，並授權給其玻多黎各事業部門進行生產。這種新藥再回銷至美國母公司，在美國市場出售。美國母公司則向玻多黎各事業部門收取專利金，此一專利金屬於母公司的應稅收益。專利金的金額頗低，但是大致等於其它第三者交易之金額。因此，國稅局也無法挑戰此一交易之正當性。超級專利權條款將無形產品的移轉價格與可以歸屬至此一無形產品的收益做一併比較。一九九O年發表之「企業內部定價研究」則針對無形產品之定價，提出更嚴格的文件審核規定。

國稅局同樣也規範了美國企業的國外事業部門之間的移轉定價。

外資比例超過百分之二十五 (25%) 的美國企業必須編製完整的移轉定價的資料與文件。

理所當然地，跨國企業必須同時受到美國政府與外國政府的稅法規範。由於幾乎所有的國家都會課徵營利事業所得稅，因此企業如能預先考量所得稅之影響，將有助於管理決策之健全完備。近十年來，加拿大、日本、歐盟國家和南韓均已立法規範移轉定價方法。各國之間普遍重視移轉價格正當性之趨勢促使跨國企業採用市價做爲移轉價格。財富雜誌於一九九七及一九九八年針對其五百大企業進行移轉定價方法的調查結果指出，過去十三年間愈來愈多的跨國企業已經漸漸揚棄成本基礎的移轉價格，轉而偏好採用市場基礎的移轉價格。此外，跨國企業擬訂移轉定價政策所考慮的最重要的環境變數當屬企業的整體利潤——包括企業內部移轉的所得稅賦影響在內的整體利潤。

墨西哥的國稅局規定合資工廠必須同時遵守美國與墨西哥兩國的稅法。因爲美國將合資工廠視爲服務的提供者，因此適宜採用營業收益外加一定比例的移轉定價方法。外加的比例則視各個合資工廠所面臨的特定條件而定。墨西哥國稅局另外採取了一項強制課稅工具——百分之一點八 (1.8%) 的資產稅。凡是違反移轉定價規定之合資工廠，其於墨西哥境內之所有非存貨資產均須繳納資產稅。對於在墨西哥成立合資工廠的美國企業而言，不僅必須負擔營利事業所得稅，同時也必須考慮其進口至墨西哥的商品、在墨西哥境內組裝然後回銷至美國的產品等的海關價值。遇此情況，企業尤其能夠體會預先定價協議之重要。

經理人可以合法避稅；但是經理人卻不能妨害國家稅收。合法與違法的意義南轅北轍，然而合法避稅與違法逃稅之間卻存在著模糊不清的灰色地帶。**圖** 19-3 就是典型的違法例證，但是其它基於節稅的考量所採取的行動卻不儘然就是違法。舉例來說，跨國企業可能基於稅賦抵減的考量，在高稅率國家境內的既有事業部門成立必要的研發中心。跨國企業可能訂定稅務規劃制度，以達到全球稅賦支出最少的目標。然而這樣的構想實行起來並不容易。

國際化企業經營環境之倫理道德議題

學習目標七

探討在國際化的環境中，影響企業營運的倫理道德課題。

在單一個國家裡經營事業經常會遭遇倫理道德的難題，然而在全球市場上經營事業卻會遇到更多此類的難題。盟森多公司的執行長馬理查曾經寫道：「隨著盟森多公司逐漸走向全球化經營的企業，我們不斷地面臨不同文化與文化預期的問題。在這個國家可以做爲服務費的合法支出，到了另外一個國家卻成了賄賂的違法行爲。某些國家的環保法令十分嚴苛，但是卻未確實落實－－戰戰兢兢遵守這些法令規範的你卻發現競爭者在你的背後嘲諷你的無知。」有鑑於此，現代企業究竟應該如何處理倫理道德的重重難題？是不是每一個國家的情況都不一樣？是不是這當中仍然可以找出共同的基本標準？某些研究結果指出人類社會的確具有某些共同的倫理道德標準。這些共通標準包括了：基本的社會穩定秩序；合法與可靠的政府；合法的私人所有權與財富；對於自己和社會的未來具有信心；對於供養家庭基本生活的信心；瞭解社會制度如何運作，以及如何參與社會運作的方法。

舉例來說，俄羅斯語當中代表內線交易或利益衝突的字彙是「Blat」。「Blat」係指「基於熟識當事人之間的影響或私相授受關係而取得產品與勞務的非正式制度。」Blat其實是強調私人關係而漠視非私人金錢交易的文化所衍生的產物。由於公權力執行的效果不彰，明文規定權利義務的契約模式實屬聊備一格。因此，人際關係仍然是企業經營的重要基礎。

穩固且可信的法律制度是推行明文契約的重要基礎，同時也是企業建立倫理道德信心的來源。對於許多國家（例如美國和西歐國家）而言，法律制度明文規定倫理道德義務和違法的罰則。對於某些國家（例如日本和中東國家）而言，倫理道德規範多半停留在文化層次，違反倫理道德標準至少會受到名譽受損的懲罰。社會道德規範對於非法商業行爲同業具有相當重要的影響。消費者即使買到品質低劣的大麻禁藥，恐怕也不會願意向警察或消費者保護團體舉發。類似的情況也發生在印度這一個嚴格控管外匯交易、但是卻造成黑市交易猖獗的國家。如果民眾想要以印度盧比兌換美金，可以在黑市拿到更好的匯率。然而民衆必須先將盧比交給從事黑市買賣的人，等上個三五分鐘之後，才能這些人手中取回美金。有些時候民衆可以取回等值的美金，有些時候卻不行。誠如一位印度籍的朋友曾經說過的話，「那時候你又能夠怎麼辦？你又不能夠向警方舉發！」然而如果這些印度民衆向銀行兌換外弊的話，就不需要承擔這樣的匯兌風險。

實務上還有許多關於賄賂與不當商業行爲的例子。舉例來說，俄羅斯的稅法朝令夕改，而且毫無預警。更糟的是，俄羅斯的稅法往往必須溯及既往。舉例來說，一九九五年初，俄羅斯稅務機關撤銷了可口可樂工廠所使用的進口建築材料的免稅優惠。一時之間，可口可樂公司的稅賦立即增加了一百四十萬元。大約一個月之後，可口可樂公司又面臨了俄羅斯政府課徵的一項全新的「超額薪資」稅，幾乎適用所有的俄羅斯籍員工，而且必須追溯至一九九四年一月份。雖然所有俄羅斯境內的企業都受到相同的稅法的規範，但是許多本地企業之間卻盛行賄賂稅務官員的風氣。因此，眞正受害最深的當屬習慣於遵守法令規範的外國企業。某些外國企業－－例如來自美國鹽湖城的漢斯門化學公司 (Huntsman Chemical Corporation)－－於是被迫退出俄羅斯市場。

另一項嚴重的道德問題來自於地方勞動法令。中美洲國家的兒童從十一歲開始就可以合法從事勞動。泰國的合法童工年紀更低。美國的歷史當中也曾經出現過進口十到十二歲的童工到賓州的鍊鋼廠工作的事實。目前，許多美國的百貨公司與折扣商店也正爲了童工的問題而大傷腦筋。李維斯 (Levi's) 牛仔服飾公司自行僱用專職的品檢人員。J.C. Fay 公司則是要求各地事業部門的管理階層確實遵守僱用童工的規定。然而很顯然地，許多低於法定年齡的童工(例如在瓜地馬拉境內低於十四歲的兒童)卻仍然在工廠裡從事勞動，生產銷往美國市場的成衣。這些企業是否應該更嚴格地執行各地的勞動法令？曾有一位 Leslie Fay 的官員指出，企業的守法行爲的確具有某些成效，因爲雖然有十到十二歲的兒童在工廠工作的事實，但是卻沒有像其它國家一樣出現八歲或九歲的童工。然而嚴格地執行勞動法令的規定對於當地收入卻會產生負面效果。美國大型連鎖超市業者 Wal-Mart 發現其位於瓜地馬拉的供應商非法僱用低齡童工，因而取消了訂單。結果，這家供應商解僱了三百位童工。這樣的解決方式究竟是否眞正符合倫理道德精神仍然有待商榷。

最後値得一提的是企業對於政府官員的賄賂行爲。中東國家官員獅子大開口的索賄行爲的傳聞已流傳許久。在某些國家，賄賂已被視爲企業經營事業的必要行爲。同樣地，內線交易在某些歐洲國家履見不鮮，但是在美國卻絕對是違法行徑。

再回歸到原始的問題－－企業究竟應該如何因應倫理道德上的衝突？如果某些可能違反倫理道德準則的行爲是法律所容許的，企業是否可以採行？本章前文當中的盟盛多公司曾經面臨破產的可能。曾有人向盟盛多公司的創辦人昆約翰建議「關閉工廠，資遣所有的員工，然後再僱用更廉價的勞工，重新開設一座工廠。」昆約翰先生的回答卻是：「我們公司什麼時候欺瞞過自己的員工？」盟盛多公司堅持做正確的事是不容妥協的信念。或許我們應該自問的是：「這樣的行爲是否符合法令規範？」然後再問：「這樣的行爲是否符合道德規範？」

結語

會計人員提供財務與商業方面的專業知識技能。由於跨國企業的全球性業務模糊不清、瞬息萬變，因此身處此一環境的會計工作也就更具挑戰。優秀稱職的會計人員必須能夠跟上各種領域的最新腳步，包括資訊系統、行銷、管理，乃至政治與經濟等等層面。此外，會計人員必須熟悉其公司所在地的國家所施行的財務會計原則。

企業能夠從三種主要的層面來參與國際商業活動：從事進／出口作業、買下獨自經營的分公司，或者成立合資企業。會計人員必須瞭解企業所可能面臨的交易風險、經濟風險，以及溝通風險。會計人員應當避免企業涉入過高的風險。

跨國企業選擇分散授權的理由與國內企業選擇分散授權的理由相差無幾。分散授權的理由不勝枚舉。企業選擇分散授權是因爲地區經理人能夠善用地區資訊，進而擬訂出更好的決策。面對瞬息萬變的環境，地區經理人也能夠做出更具時效的回應。此外，對於規模龐大、產品差異程度較大的企業而言，囿於專業認知的限制，分散授權也是必經道路－－沒有任何一位核心管理成員能夠完全瞭解所有的產品與市場。其它採行分散授權的理由尚包括：訓練與激勵地區經理人；免除高階管理階層處理日常例行瑣碎事務的困擾，如此方有時間處理策略規劃等範圍較廣的作業。

環境因素則包括了因國家而不同、且經理人無法掌控的社會、經濟、政治、法律與文化等等因素。然而這些因素卻會影響企業的利潤與投資報酬率。因此，分公司經理人的績效評估應與事業部門經理人的績效評估有所區別。

企業某一事業部門的產品可以提供另一事業部門做為生產用途時，則會產生移轉價格。對於轉出部門而言，此一價格為收入；對於轉入部門而言，此一價格則為成本。誠如許多國內企業一樣，跨國企業也可能採用移轉價格做為績效評估的指標之一。在高稅率與低稅率國家均設置營業據點的跨國企業可以利用移轉價格將成本轉嫁至高稅率國家（提高扣除額以減少稅賦支出），並將收入轉嫁至低稅率國家。

跨國企業所面臨的倫理道德課題與國內企業並不相同。不同的國家可能擁有各自的商業習慣與法令規章。現代企業必須瞭解某些特定的習俗是否僅為特別的交易方式，或者事實上已經違反了倫理道德原則。

習題與解答

高樂公司在新加坡與美國的聖安東尼市等兩處地點分別設置一座製造工廠。位於聖安東尼市的製造工廠則是位於外貿特區內。三月一日的時候，高樂公司接到一家日本客戶的大訂單。這份訂單金額是 $10,000,000日圓，交貨日期預訂為六月一日，貨到即付款。高樂公司將這份訂單交給聖安東尼廠負責生產；然而其中有一項必要的零組件則由新加坡廠負責生產。這項零組件將於四月一日以美金 $10,000的成本外加移轉價格移轉給聖安東尼場。以往，新加坡廠的零件會出現百分之二 (2%) 的不良品。美國海關對這項零組件課徵百分之三十 (30%) 的關稅。每一年高樂公司的持有成本是百分之十五 (15%)。

美金 $1的即期匯率列於下表。

	美金 $1對下列貨幣之匯率	
	日圓	新加坡幣
三月一日	107.00	1.60
四月一日	107.50	1.55
六月一日	107.60	1.50

作業：

1. 請問自新加坡廠進口這項零組件至聖安東尼廠的總成本是多少（以美金表示）？
2. 假設聖安東尼廠並未設於外貿特區內，請問自新加坡進口零組件的總成本又會是多少？
3. 如果根據接到訂單時的即期匯率來計算，請問高樂公司預期可向日本客戶收取多少錢（以美金表示）？
4. 如果根據付款時的即期匯率來計算，請問高樂公司預期可向日本客戶收取多少錢（以美金表示）？
5. 假設三月一日的時候，預估六月一日 $1 美金可以兌換 $107.20 日圓。如果高樂公司的政策是保護外匯交易的話，請問到了六月一日的時候，高樂公司預期可自日本客戶收取多少錢（以美金表示）？

解答

1.

移轉價格	$10,000
關稅($9,800 × 0.3)	2,940
總成本	$12,940

移轉價格係以美金表示，因此聖安東尼廠並無外匯交易之事實。聖安東尼廠設於外貿特區內，所以僅需負擔價值 $9,800 ($10,000 × 0.98) 之良好零組件的百分之三十 (30%) 關稅。

2. 如果聖安東尼廠並未設於外貿特區內，則其進口零組件的成本應如下表所述。

移轉價格	$10,000
關稅 ($10,000 × 0.3)	3,000
關稅之持有成本 *	75
總成本	$13,075

*$3,000 × 2 / 12 × 0.15 = $75

3. 三月一日的時候，高樂公司預期將可收到 $93,458 (日圓 10,000,000 / 107)。

4. 六月一日的時候，高樂公司預期將可收到 $92,937 (日圓 $10,000,000 / 107.60)。

5. 如果高樂公司採取保護政策，使用預估匯率，則到了六月一日將會收到 $93,284 (日圓 $10,000,000 / 107.20)。

重要辭彙

Advance pricing agreements (APAs) 預先定價協議

Comparable uncontrolled price Method 失控價格比較法

Cost-plus method 成本外加法

Currency appreciation 貨幣升值

Currency depreciation 貨幣貶值

Currency risk management 貨幣風險管理

Economic risk 經濟風險

Exchange gain 匯兌利得

Exchange loss 匯兌損失

Exchange rate 匯率

Foreign trade zone 外貿特區

Forward contract 期貨合約

Hedging 避險

Joint venture 合資企業

Maquiladoras 合資工廠

Multinational corporation (MNC) 跨國企業

Outsourcing 外包

Resale price method 零售價格法

Spot rate 即期匯率

Tariff 關稅

Transaction risk 交易風險

Translation (or accounting) risk 轉換（會計）風險

問題與討論

1. 企業國際化之課題對於會計人員有何影響？
2. 何謂「外貿特區」？其對於美國企業有何好處？
3. 請提出「外包」之定義，並探討企業將特定功能外包之理由。
4. 何謂「合資」？企業爲什麼要成立合資企業？
5. 何謂「合資工廠」(maquiladoras)？爲什麼許多美國企業紛紛與「合資工廠」(maquiladoras) 攜手合作？
6. 何謂貨幣的交換率？即期匯率與未來匯率之間有何差異？
7. 請提出「貨幣升值」的定義。貨幣升值對於一個國家進口產品的能力有何影響？
8. 貨幣升值對於一個國家出口產品的能力有何影響？
9. 墨西哥政府正在考慮降低披索對美元的匯率。如果你是一家公司的會計長，而且這家公司正在考慮透過「合資工廠」在墨西哥投資生產。這項消息對於公司的決策有何影響？

現在假設你是墨西哥國內工會的幹部，你對於這項消息又會有何反應？

10.何謂「交易風險」？「經濟風險」？以及「轉換匯率風險」？

11.何謂「避險」？如果某家公司進口原料是採取九十天後以外幣支付全數貨款的方式，試問這家公司想要避免的風險是什麼？

12.分公司經理人的績效就等於分公司的績效。你是否同意前述說法？為什麼？

13.哪些環境因素可能影響跨國企業的部門績效？

14.內部收入規定第482條之目的為何？此項規定允許企業採行哪四種移轉定價方法？

個案研究

19-1
成為跨國企業之會計人員之準備

你的一位好友正在大學修讀會計，並且希望畢業之後能夠在跨國企業擔任會計工作。這位好友並不清楚哪些課程有助於他/她達成前述目標，因此向你請教意見。

作業：向這位好友建議哪些課程可能有助於他／她達成進入跨國公司擔任會計工作的目標。

19-2
外貿特區

北極公司正在考慮設置一座新的倉庫，專門服務西北亞地區。北極公司會計長薛大衛曾經閱讀過關於外貿特區的各項好處。他想要瞭解在外貿特區內設置倉庫是否對公司有利。北極公司的產品約有百分之九十是自國外進口（例如向德國的黑森林地區進口碎核器、向墨西哥進口霧玻璃飾品等）。薛大衛估計新的倉庫每一年將可儲存成本達$700,000的進口商品。這座倉庫的存貨損壞率（因為包裝破損和處理不當等原因造成）約為全部商品的百分之五 (5%)。這些進口商品的平均關稅稅率是百分之十五 (15%)。

作業：將新的倉庫設在外貿特區是否可以為北極公司省錢？可以節省多少？

19-3
貨幣交換

位於美國佛羅里達州羅德市的愛倫公司是一家進出口公司。六月一日的時候，愛倫公司向一家英國公司採購了$20,000英磅的產品。貨款必須在九月一日的時候以英磅支付。即期匯率是六月一日的1英鎊對 1.70 美元。然而到了九月一日的時候，英磅與美元的匯率是 1 比 1.79。

作業：

1. 在題目當中的三個月期間內，美元相對於英磅而言是走強或走弱？
2. 如果愛倫公司在六月一日的時候支付貨款，則必須支付多少錢（以美金表示）？
3. 如果愛倫公司在九月一日的時候支付貨款，則又必須支付多少錢（以美金表示）？

19-4
匯兌利得與損失

沿用個案 19-3 的資料。如果愛倫公司採用九月一日即期匯率支付貨款，則其匯兌利得或損失是多少？

19-5
避險

科維公司從事許多外國貨幣的外匯交易。科維公司的政策是利用期貨合約來控制匯兌利得與損失。七月一日的時候，科維公司以 $50,000 德國馬克的價格出售商品給一家德國公司，預定在九月三十日付款。$1 美元對德國馬克的匯率分別如下：

即期匯率，七月一日	.59
期貨匯率，九月三十日	.58
即期匯率，九月三十日	.57

作業：

1. 針對此筆期貨交易，科維公司買進了或賣出了德國馬克？
2. 根據公司政策，科維公司在此筆交易上收取了多少錢？

19-6
貨幣交換匯率

假設你要買一輛寶馬 (BMW) 汽車。你正在考慮直接到德國去買，而且先在歐洲開幾個星期之後，再運回美國。你選上的這輛寶馬汽車售價是 $70,000 德國馬克。當你第一次考慮直接到德國買車的時候，當時的匯率是 1 美元對 1.4 德國馬克。現在的匯率則是 1 美元對 1.6 德國馬克。

作業：美元相對於德國馬克而言，其幣值是走強或走弱了？你對於此一匯率的改變感到高興或失望？爲什麼？

19-7
跨國企業之部門績效評估

一家跨國公司電子產品副總經理費比安正在核閱兩個事業部門最近的營運狀況。第一個事業部門設於墨西哥的巴加市，總共使用了 $1,500,000的資產，賺取 $150,000的淨收益。另一個事業部門位於英國的潘騰市，總共使用了 $2,000,000的資產，賺取 $230,000的淨收益。

作業：

1. 請分別計算這兩個事業部門的投資報酬率。
2. 根據題目當中所提供的資訊，是否能夠針對這兩個部門的投資報酬率進行有意義的比較？並請解說你的理由。

19-8
跨國企業之移轉定價法

卡農公司生產各式各樣的工業與民生產品。卡農公司有一座工廠設於西班牙的馬德里市，另有一座工廠設於新加坡。馬德里廠目前只發揮了百分之八十五 (85%) 的產能。由於其主要產品的市場持續疲軟的走勢，預計產能將會降至百分之六十五 (65%)。如此一來，馬德里廠將會資遣員工，並且關閉一條生產線。新加坡廠所生產重型工業機具則需使用馬德里廠所生產的馬達。新加坡廠的重型工業機具的市場需求非常強烈。這項工業機具的價格與成本資訊列示如下。

價格	$2,200
直接物料	630
直接人工	125
變動費用	250
固定費用	100

固定費用係以年度預算金額 $3,500,000和預估產量 35,000單位爲基礎。直接物料成本包括馬達的成本 $200（市價）。

馬德里廠的產能是每一年 20,000具馬達，其成本資料如下：

直接物料	$ 75
直接人工	60
變動費用	60
固定費用	100

固定費用係以預算固定費用 $2,000,000 爲基礎。

作業：

1. 請問新加坡廠所能接受的最高移轉價格是多少？
2. 請問馬德里廠所能接受的最低移轉價格是多少？
3. 請考慮下列環境因素。

馬德里廠	新加坡廠
充份就業非常重要。	廉價人工充裕。
當地政府禁止未經政府同意（實務上有少數政府同意的案例）之裁員。	會計制度以英美模式爲基礎，以投資人的決策需求爲導向。
會計制度相當保守，主要目的在於確保企業遵循政府的目標。	

請問上述環境因素對於移轉定價決策有何影響？

19-9
移轉定價法

湯瑪斯公司在美國設置了一個事業部門，專門生產汽車車輪。這些車輪移轉至湯瑪斯公司位於瑞典的汽車事業部門。這些汽車車輪是以 $45 的單價出售至美國市場。汽車車輪的運輸成本是每一單位 $25，進口關稅則是每一單位 $6。如果瑞典的汽車事業部門將這些車輪出售至美國市場的時候，湯瑪斯公司必須支付每一單位 $1 的佣金，另外還有平均每一單位 $0.50 的廣告費用。

作業：

1. 請問此一個案應該採用第 482 條規定當中的哪一種方法來計算容許的移轉價格？

2. 請利用第482條規定當中適用本個案的方法，計算移轉價格。

19-10
跨國企業之分散授權

新穎公司提供種類有限的服飾給位於美國紐約市的精品店。新穎公司是在其位於墨西哥的小型工廠生產這些服飾。新穎公司比亞洲地區的同業更能夠迅速地回應這些精品店對於服飾換季的需求，因爲交貨時間只需要三十天。因此，許多精品店業者紛紛向新穎公司接洽合作事宜。新穎公司總經理喬維莉已經決定公司必須擴大規模以因應額外的客戶需求。

喬維莉與會計長柯法藍和生產經理康湯姆經過一番討論之後同意，公司應該著手擴大規模。由於喬維莉必須負責絕大多數日常例行事務的決策和設計作業，因此柯法藍和康湯姆對於她再身兼擴廠一職相當關心。柯法藍和康湯姆向喬維莉表達關切之後，喬維莉也認爲如此一來工作量將會超過負荷。於是，喬維莉決定將新增的職責交派給柯法藍和康湯姆來負責。

在討論過程中，喬維莉提到有鑑於美墨之間設置自由貿易區的談判進程相當樂觀，因此她也在考慮同時擴大產品線，並將產品銷往美國的費城與波士頓。由於新穎公司計畫擴大墨西哥廠的規模、增加產品線，並打入新的地理區域，種種行動都需要能夠應付日常例行事務的經理人來處理各地區不同的存貨需求，並瞭解各地區的流行趨勢，因此喬維莉也考慮進一步地分散授權。柯法藍和康湯姆都是理想的人選，當然他們需要更多的人手來協助完成擴大規模與分散授權的目標。

作業：

1. 分散授權係指有制度、有系統地將權力與職責平均分配於組織內部。
   a. 請探討一般而言足以決定企業分散授權程度的因素。
   b. 請描述一般而言分散授權能爲企業帶來哪些好處。
   c. 請探討分散授權可能爲企業帶來的一些壞處。
2. 試問北美自由貿易組織對於喬維莉的決策有何影響？

19-11
分散授權，績效評估，與移轉定價課題

葛凱特最近被升爲日商雅士公司位於美國事業部門的副總經理。雅士公司的總部位於日本，在美國多處地點均設有分公司。雅士公司的一貫政策是僱用當地人來負責分公司的經營管理。最近兩年來，美國籍的經理人不斷抱怨公司的績效評估與酬賞制度。他們同時也抱怨了其它日本事業部門的態度。這些美國籍的經理人認爲他們的績效優於日本的事業部門，但是他們的獎金卻沒有其它事業部門多。此外，某些日本事業部門的總經理甚至不滿意目前施行的移轉價格。雅士公司的核心管理階層對此情形感到相當頭痛，但是一直無法有效地解決兩國事業部門之間的歧見與問題。基本上，核心管理階層認爲兩造的抱怨都沒有堅固的基礎。然而爲了能夠化解彼此的衝突，總公司還是指派了葛凱特和藤井木（日本事業部門的總經理）來調查這些事件。以下即爲這兩位總經理最近一次召開會議的部份會議內容。

葛凱特：我已經訪談過大多數的美國籍經理人。這些經理人對於大部份美國事業部門投資報酬率向來都比日本事業部門高出二到三個百分比，但是績效卻始終不如日本的事業部門而大感不解。我彙整了一份報告，列出美日事業部門之間的典型差異（以銷貨收入的百分比例和美元製表）：

銷貨收入	100.0%	100.0%
銷貨成本	70.2%	75.3%
銷售與行政費用	19.8%	14.7%
所得稅	3.4%	5.5%
資產	100.0%	125.0%

藤井木：日本這方面的經理人則認爲是因爲國度的不同才會產生投資報酬率的差異。舉例來說，我們是利用稅後淨益來計算投資報酬率，但是日本的事業營利所得稅率卻比美國還要高。

葛凱特：嗯，這倒也有理。或許我們可以建議總公司統一採用稅前收益來計算投資報酬率。

藤井木：原因還不止這一項。在日本，申報所得稅和財務報表上的收益是一樣的。換言之，日本的事業部門總是採用加速折舊法。然而美國的事業部門多半在財務報表上採用直線折舊法，而在申報所得稅的時候採用加速折舊法。你們是否有調整這項差異？

葛凱特：沒有。我們沒有做任何調整。但是我還知道美國採用後進先出法來編製財務報表，而日本則是採用加權平均法。日本企業很少採用後進先出法。此外，你們採用成本法來認列可以出售的股票，我們則是採用成本與市價孰低法來認列可以出售的股票。

藤井木：沒錯。我想我們可以向總公司做出另一項建議－－也就是統一現行兩國事業部門所採行的會計原則。

葛凱特：嗯，這是不錯的建議。即便如此，我還是不認爲兩國事業部門之間可以做出合理的比較。我和你部門的經理人談話的時候，也發現了一些兩國環境的基本差異。舉例來說，你的經理人對於高市場佔有率相當自豪，卻比較不關心獲利比率的問題。而且相較之下，日本事業部門的應收帳款流動率偏低，反而存貨週轉率偏高。

藤井木：這當中參雜了許多文化、政治、和經濟上的因素。如果我們想要維持分散授權的模式，就必須這麼做。我也順帶一提某些來自日本經理人的抱怨。他們認爲總公司要求他們儘量壓低移轉產品給美國事業部門的價格，等於犧牲了他們的獲利。然而由美國移轉至日本事業部門的移轉定價政策卻恰恰相反－－這些價格在他們眼中簡直就是高通膨的價格。如果獲利比率是重要的績效衡量指標的話，那麼顯然地我們需要更多在移轉定價決策上的自治權。

作業：

1. 請分別計算美國事業部門與日本事業部門的稅前與稅後的「典型」投資報酬率（利用題目當中所提供的「典型」資料）。計算出來的答案是否能夠解決兩國事業部門關於投資報酬率的問題？現在再請計算兩國事業部門的邊際與週轉率－－包括稅前與稅後。請探討這些數據背後的意義。
2. 假設美國事業部門針對題目當中的會計差異進行調整。請就每一項會計差異，說明其調整對於投資報酬率的可能影響。爲了回答之便，假設用以計算投資報酬率的資產是一樣的。

3. 假設第二題的調整結果只讓美日兩國事業部門的投資報酬率拉近了四分之一個百分點 (0.25%)。請問還有哪些因素可以解釋剩餘的差異？針對雅士公司應該如何採用投資報酬率這項績效衡量指標，你有什麼建議？
4. 請就企業採行集權式移轉定價政策的作法，提出合理的解釋。你是否同意藤井木所提出的移轉定價決策應該予以分散授權的觀點？並請解說你的理由。
5. 你是否能夠想出任何理由來解釋應收帳款流動比率較低、存貨流動比率較高的現象？當這些現象涉及兩國之間績效衡量結果出現差異的情況，這些現象背後究竟有何涵意？

19-12
出口，合資工廠，外貿特區

百樂公司利用其位於美國明尼蘇達州的小型工廠生產普通紙傳眞機。隨著百樂公司將市場由美國延伸至加拿大與墨西哥，過去三年來每一年的銷貨數量都呈現百分之五十 (50%) 的高成長率。因此，明尼蘇達廠已經發揮最大產能。百樂公司總經理艾貝莉正擬訂出下列可行方案。

1. 長期增加一個八小時的夜班生產線。然而負責組裝傳眞機的半技術性人工相當缺乏。爲了吸引外地的人工，可能必須將目前 $15 的時薪提高至 $18。薪資增加（包括福利）總數將達 $125,000。工廠設備的使用增加也將提高工廠維護與小型工具的成本。
2. 在墨西哥設置一座新工廠。薪資（包括福利）平均爲每小時 $3.50。工廠與設備的投資將達 $300,000。
3. 在外貿特區（可能在美國的達拉斯市）設置一座新工廠。薪資可能略低於明尼蘇達州，但是會高於墨西哥。延後進口零件的關稅費用可以達到每一年 $50,000。

作業：請針對艾貝莉所擬訂的每一項可行方案，分別提出其優、缺點。

19-13
外幣交換；避險

凱門公司利用分批生產方式，生產客戶訂製的百葉窗。凱門公司投注大筆資金購買精密的百葉窗生產設備。因此，凱門公司的百葉窗產品向來以品質優良著稱。七月一日的時候，凱門公司接到法國與日本的室內設計師的訂單。凱門公司的總經理兼大股東凱瑞克感到相當振奮。法國訂單總價是 $50,000，九月一日交貨至法國馬歇里，全部貨款則在十月一日時支付。日本訂單總價則是 $65,000，八月一日交貨至日本東京，全部貨款也是在十月一日時支付。這兩份訂單都將以客戶的貨幣支付。這家法國客戶向來有延遲付款的現象，而且據說可能長達六個月。凱門公司從未接過以外幣付款的訂單。他要求公司的會計人員提供下列匯率表。

	美金 $1 對下列外幣之匯率	
	法國法郎	日圓
即期匯率	5.4235	107.60
未來三十天	5.4456	107.61
未來九十天	5.4825	107.60
未來一百八十天	5.5300	107.55

作業：

1. 如果百葉窗的價格是依七月一日即期匯率計，請問凱門公司預期到了十月一日可以收到多少法國法郎？又請問凱門公司預期到了十月一日可以收到多少日圓？
2. 根據第一題的答案，請問凱門公司預期到了十月一日可以收到多少美元？凱門公司是否真的能夠收到這麼多美元？此一情況下的避險價值是多少？

19-14
移轉定價法

超大公司的美國事業部門擁有超額產能。超大公司的歐洲事業部門位於里斯本，提出向美國事業部門購買零組件的意願，如此將可使得美國事業部門的產能提高至百分之七十至八十 (70-80%)。這項零組件在美國擁有外部市場，單位售價是 $12。生產這一項零組件的變動成本是每一單位 $6。每一單位的運輸成本是 $2，採取內部移轉則可避免每一單位 $1.25 的變動行銷成本。歐洲與美國事業部門經過談判商議之後，訂出 $9 的移轉價格。歐洲事業部門在當地購買這項零組件的價格是每一單位 $12。

作業：假設你已經安排好接受國稅局官員的約談，請問你會提出哪些論點和理由來支持你擬訂單價 $9 的預先定價合約？

19-15
移轉定價法

鑽石公司在其位於美國阿肯色州、達拉威州和懷俄明州的工廠生產自動除草機。此外，鑽石公司也在巴西、比利時和加拿大的蒙特婁設置鋪貨中心。型號 413 自動除草機的市價是 $350，其單位成本如下：

變動產品成本	$125
固定工廠費用	60
運輸成本（加拿大）	20
運輸成本（比利時）	25
可避免的行銷成本	45

鑽石公司針對加拿大與比利時的事業部門擬訂出 $350 的移轉價格。

作業：

1. 請根據可比較的失控價格法，分別計算加拿大與比利時事業部門的移轉價格。
2. 請問國稅局是否會特別注意鑽石公司實際訂出的移轉價格？

19-16
從事國際貿易

季梅恩是健康食品公司的老闆。季梅恩認為擴大公司規模的時機已經成熟，因此打算將產品銷往歐洲、加拿大與墨西哥。目前，季梅恩所面臨的主要問題是如何才是最好的方法。

作業： 請就季梅恩可以從事國際貿易的方法，提出你的建議。

19-17
移轉定價法與倫理道德課題

派德森公司是一家總部位於美國的跨國性企業，主要業務是在全球各地生產與銷售電子零組件。基本上所有的製造作業都是在美國。派德森公司在歐洲設置許多行銷事業部門，其中一個行銷事業部門位於法國。季黛比是法國事業部門的總經理，她是在三年前由派德森公司自競爭對手那裡挖角過來的。最近，季黛比聽說主要產品線之一大幅提高了售價，於是和總公司的行銷副總費傑夫召開了一次會議。

「費傑夫，我不明白為什麼主要產品的單價由 $5 提高至 $5.50。今年初，我們才和美國費城的製造事業部門達成協議，今年度的價格都將維持在 $5。我和那個事業部門總經理通過電話，他表示他仍然可以接受原來的價格，但是調價的動作是總公司下的命令。因此我想要先和你開個會。我需要瞭解背後的理由。當初總公司僱用我的時候，曾經表示定價決策是授權事業部門自行負責－－也就是說各個事業部門擁有相當高的決策權力。總公司的漲價命令不僅有違分散授權的政策，更因此減少我的部門的利潤。根據目前的市場情況，我們不可能將增加的成本反映在售價上面。如果售價不變的話，我的部門至少會減少 $600,000 的利潤。我認為在年度當中調漲成本對我的部門來說是不合理的。」

「季黛比，在正常情況下，總公司絕對不會干涉事業部門的決策。然而，妳剛才所提到的正是產品價格調漲的原因。我們希望所有歐洲的行銷事業部門的利潤能夠向下調整。」

「等一會兒。你說總公司希望利潤向下調整是什麼意思？這一點兒道理也沒有。我們的目標不就是要賺錢嗎？」

「季黛比，妳所欠缺的是從公司整體的觀點來分析事情。我們的目標的確是要賺錢，所以總公司才希望歐洲事業部門的利潤能夠向下調整。妳先聽我解釋。今年度，美國的事業部門獲利並不理想。根據預估數字顯示，美國的事業部門將會出現龐大的虧損。在此同時，歐洲的事業部門表現卻非常地好。藉由提高移轉至歐洲事業部門－－譬如說妳的部門－－的主要產品的成本，將可提高美國事業部門的收入和獲利。藉由減少妳的部門的利潤，我們在法國可以減少稅賦的支出。而在美國，由於其它事業部門的虧損仍然大於費城事業部門所增加的利潤，因此我們也可以避免支付美國的營利事業所得稅。如此一來，總公司的現金流量將可大幅提高。此外，妳應該明白我們很難將資金移出這些歐洲國家。因此，這是最名正言順的作法。」

「我不確定這樣是否名正言順。我不覺得這是正確的作法。我不確定稅法可以允許這樣的作法。這又是另外一個問題。你知道總公司的獎金計畫和事業部門的獲利息息相關。這樣的作法將會使得歐洲事業部門的總經理的獎金大幅縮水。」

「季黛比，妳倒毋須擔心獎金的問題－－或者是績效評估的問題。總公司已經考慮過這個問題。獎金計畫的發放依據是在維持原來價格的情況下，各個事業部門的收益。我也打算和其它事業部門的總經理會面，把這個情況解釋清楚。」

「雖然獎金計畫的調整聽起來還算合理。但是我擔心幾年之後我有可能升遷的時候，還有誰會記得當初利潤下降的眞正原因。此外，我還是非常關切這項作法的正當性。這樣的作法究竟有沒有違反稅法？」

「技術上我們是符合稅法規定的。美國內部收入法第482條就有規定這一類的交易。這條法規和大多數歐洲的法規一樣，是必須提出價格的計算來源。既然妳是我們的經銷商，因此我們可以採用經銷價格法來擬訂這樣的價格。基本上，移轉產品的價格等於你的售價加上一定比例的外加金額，再加上關稅和運費這些法律規定的項目。」

「如果我是法國的查稅官員，我一定會質疑爲什麼今年度的外加比例比去年度低。此外，我很懷疑我們這麼做是否符合這些國家的財政規定。」

「嗯，法國方面的查稅官員的確可能會質疑外加比例的問題。然而調降外加比例仍然是有道理可循的，我們可以解釋是因爲成本增加的緣故。事實上，我們已經要求製造事業部門儘量提出依法可以分配至歐洲產品線的成本。截至目前爲止，情況都很樂觀。我相信我們準備的資料一定可以合理、合法地增加妳的成本。季黛比，妳不必過份擔心稅務機關的問題。我們的稅務部門已經做過仔細的研究和規劃－－查稅的時候一定不會有問題。一切都是合法的，而且都是檯面上的動作。我們已經有過幾次成功的經驗。妳大可以放心總公司稅務部門的能力。」

作業：

1. 你認爲費傑夫向季黛比提起的減少稅賦支出計畫是否符合高階管理人員所應遵循的倫理道德行爲？爲什麼符合，或爲什麼不符合？如果你是季黛比的話，你會怎麼做？
2. 很顯然地，派德森公司的稅務部門是主導減少稅賦支出計畫的主要成員之一。假設負責擬訂這項計畫的會計人員具有成本管理會計師的資格，而且是內部管理會計師協會的成員。根據規定，這些會計師和協會成員必須遵守內部管理會計的倫理道德標準。請複習本書第一章所介紹的內部管理會計倫理道德標準。請問，派德森公司稅務部門的會計人員是否違反了任何一條倫理道德標準？如果這些稅務會計人員被公司要求擬訂可能違法的減少稅賦支出計畫時，應該怎麼做？

19-18
移轉定價法；國際環境；稅賦規定

山谷電子公司是一家從事各種電子零組件的生產與行銷的大型跨國企業。最近，山谷公司總經理古藍達接到許多事業部門總經理對於總公司的國際移轉定價作法的抱怨。基本上，這些事業部門總經理認爲他們無法有效地掌控移轉價格。在瞭解了公司關於移轉價格的規定之後，古藍達發現總公司總共採取了三種移轉定價方法：(1) 可以比較的失控價格法，(2) 經銷價格法，以及 (3) 成本外加法。由於古藍達不明白爲什麼會採取三種不同的方法，以及這些方法究竟有何差異，於是古藍達和總公司的財務副總席偉恩召開了一次會議。

古藍達：席偉恩，我必須回覆許多事業部門總經理針對總公司移轉定價政策所提出的質疑。我發現總公司採取三種不同的移轉定價方法，而且不同的事業部門似乎適用不同的方法。

席偉恩：這三種方法都是內部收入法第 482 條規定所允許的定價方法。至於採用哪一種方法則視移轉零組件轉入國家的情況而定。

古藍達：所以在某種程度上，我們的內部移轉定價基本上還是符合稅法的規定。這倒有趣。或許要請你解說這三種方法的差異，以及在何種情況下適用哪一種方法。

席偉恩：我們所採用的移轉價格基本上是出於合理價位的概念。理想情況下，合理價位係指不相關的第三者所願意支付的移轉產品的價格。國稅局允許四種決定合理價位的方法。我們公司則採用了其中的三種。可以比較的失控價格法是以市價爲基礎。如果移轉的產品具有外部市場，那麼移轉價格應該是不相關的第三者所願意支付的價格，再加上其它合理、必要的調整。

古藍達：什麼樣的調整？請你舉出實例說明。

席偉恩：嗯，除了市價之外，還可以針對運輸成本（運費、保險、關稅和其它特別稅賦等）與行銷成本（內部移轉可以避免佣金和廣告費用的支出）等進行調整。稅法允許我們在市價之外，進行加上運輸成本、扣除可以避免的行銷成本等調整。

古藍達：我懂了。那麼如果我們將產品賣給相關的買主，然後這個買主沒有經過再加工就把產品轉售出去呢？又或者移轉的產品並沒有任何外部市場呢？

席偉恩：如果買主直接出售移轉產品的話，我們是採用經銷價格法。我將行銷事業部門實現的經銷價格，加上一定比例的外加部份之後，再進行和可以比較的失控價格法所做的調整。我們是根據第三者的售價來往前推算法令容許的移轉價格。

古藍達：我們如何決定外加的比例？

席偉恩：外加的比例則視經銷商所賺取的毛利比例，或者買賣類似產品的其它第三者所賺取的毛利比例而定。

古藍達：我慢慢瞭解爲什麼我們會採用三種不同的移轉定價法。我們公司的某些事業部門適用第一或第二種情況。也有某些事業部門的移轉產品根本沒有外部市場，也不可能轉售出去。這些移轉產品只能當做生產其它產品的零組件。在這種情況下，是不是就必須採用成本外加法？

席偉恩：完全正確。遇此情況，移轉價格就定義爲生產成本外加合理的毛利比例，以及運輸成本等的調整。

古藍達：什麼樣的毛利比例才是合理呢？

席偉恩：嗯，可能是最終產品銷售者所賺取的毛利比例，也可能是銷售類似產品的第三者所賺取的毛利比例。

古藍達：在我看來，成本外加法似乎可以適用所有的情況。爲什麼我們不乾脆統一移轉定價方法呢？

席偉恩：統一移轉定價法有其問題存在。如果情況符合某一種方法的規定的話，就必須採用那一種方法－－除非我們能夠證明另一種方法更爲合理。舉證責任在我們公司。我不認爲法律允許我們統一移轉定價的方法。如果國稅局查帳的時候發現我們沒有確實認列美國地區的獲利，國稅局可以要求我們重新計算公司的收益，重新課稅。

作業：

1. 假設山谷公司將一項零組件以 $11.70 的單價自美國的事業部門移轉至德國的事業部門。運輸成本是每一單位 $2.50，可以避免的佣金和廣告費用是每一單位 $0.50。這項零組件在美國的市價是 $10。試問山谷公司是否符合可以比較的失控價格法的規定？如果移轉價格高於調整後的市價，是否會引起國稅局的格外關注？為什麼會，或為什麼不會？
2. 假設美國的製造事業部門將零組件移轉至行銷事業部門以供轉售。轉售價格是 $8，毛利比例（毛利除以銷貨收入）是百分之二十五(25%)，而運輸成本總計為每一單位 $1.20。假設實際移轉價格（運輸成本沒有包括在內）是 $4.50。請問山谷公司是否應該維持 $4.50 的移轉價格？
3. 假設美國的事業部門出現超額產能。某一歐洲事業部門表示願意購買美國事業部門的零組件以提高其產能使用率。這項零組件在美國擁有外部市場，單位售價是 $12。生產這項零組件的變動成本是每一單位 $6。運輸成本總計為每一單位 $2，而內部移轉可以避免每一單位 $1.25 的行銷成本。歐洲事業部門在當地能以 $12 的價格取得這項零組件。如果不考慮所得稅，請問歐洲事業部門應該支付的最低移轉價格（包括運輸成本）是多少？歐洲事業部門願意支付的最高移轉價格又是多少？現在請探討內部收入法第 482 條規定對於此一決策之影響。（提示：請參考席偉恩的結論。）

19-19 研究工作

請至圖書館查閱北美自由貿易協定 (NAFTA) 的發展始末。這項協定的演進對於位於美國、墨西哥和加拿大的企業有何影響？

第二十章
當代責任會計制度

學習目標

研讀完本章內容之後，各位應當能夠：

一. 比較傳統責任會計制度與當代責任會計制度之異同。

二. 描述製程價值分析之內容，並解說製程價值分析在當代責任會計模式當中所扮演的角色。

三. 描述作業制彈性預算制度。

四. 描述生命週期成本預算制度。

五. 探討當代環境當中作業水準的控制與傳統環境之差異。

企業身處的經營環境對於其所選擇與施行的控制制度具有攸關影響。試以生產水泥管與水泥磚的企業說明之。產品與生產過程的定義明確，而且相較於其它產品而言，改變較少。企業面臨的競爭多來自於當地或僅限於特定地區，而非全國性或全球性的競爭。身處這一類環境的企業多半強調維持現狀：維持目前的市場佔有率、維持穩定的成長和保持有效率的生產。相反地，諸如惠普公司等生產電腦與電腦相關產品的企業，其身處的環境變化快速——產品和製程不斷地重新設計與改良，且來自於全國與全球的競爭不斷。身處機動、變化快速的環境當中的企業逐漸體認，調適與變革可謂企業存續的要件。惠普公司與其它身處類似環境的企業被迫重新評估做事的成效——確認提升績效的方法。提升績效意味著不斷地尋找消除浪費的方法——亦稱爲「永續的改善」(Continuous Improvement)。藉由諸如及時採購與製造制度、再造工程、全面品質管理、員工授權和電腦輔助製造系統等各式各樣的減廢工具，可望達到永續改善的宗旨——減廢。這些措施或方法用意在於消除以各種形式——存貨、不必要的作業、瑕疵產品、重製作業、設定時間以及未能充份利用員工的天賦與技能等——存在的浪費。

企業評估、監督和獎勵的標的深深影響企業達成目標的成效。舉凡「你會獲得你所用心評估和獎勵的」、「如果你不用心評估，事情就不會改善；如果你不用心監督，事情就會變糟」等耳熟能詳的說法實爲企業設計與選擇控制制度時的背後動機。試以就業服務的仲介機構爲例說明之。就業服務機構想要提高仲介成功的人數，因此管理階層便以「訪談求職者的人數」做爲績效評估指標，並據此獎勵其員工。結果這所仲介機構訪談過的求職者果然增加，但是眞正被客戶挑上的人數卻反而減少。當管理階層把績效評估指標改爲成功仲介人數的時候，員工的行爲和結果也隨之改變。由本例可以看出，身處穩定環境的企業所採行的控制制度應與身處機動環境的企業所採行的控制制度有所不同。維持現狀的目標畢竟和持續改善的目標大不相同。換言之，企業選擇的控制制度必須配合其身處的經營環境。

責任會計制度

會計制度在評估行動與結果、定義個別員工獲得的獎勵等方面，扮演著相當關鍵的角色。此一角色稱為責任會計制度，實為管理控制的基本工具。責任控制模式可由四項要素來定義：(1) 分配責任，(2) 建立績效評估指標或標準，(3) 評估績效以及 (4) 分配獎勵。

學習目標一

比較傳統責任會計制度與當代責任會計制度之異同。

傳統責任會計制度與當代責任會計制度

適用於穩定經營環境的責任會計制度稱為*傳統責任會計制度 (Traditional Responsibility Accounting)*。傳統責任會計制度興起於大多數企業都處於相對穩定的經營環境的時代背景。另一方面，*當代責任會計制度 (Contemporary Responsibility Accounting)* 則是源於企業經營環境多變的時代背景。**圖** 20-1 與**圖** 20-2 說明了每一種方法的四項責任要素。逐項比較這兩種方法的要素有助於吾人瞭解兩種經營環境的差異。

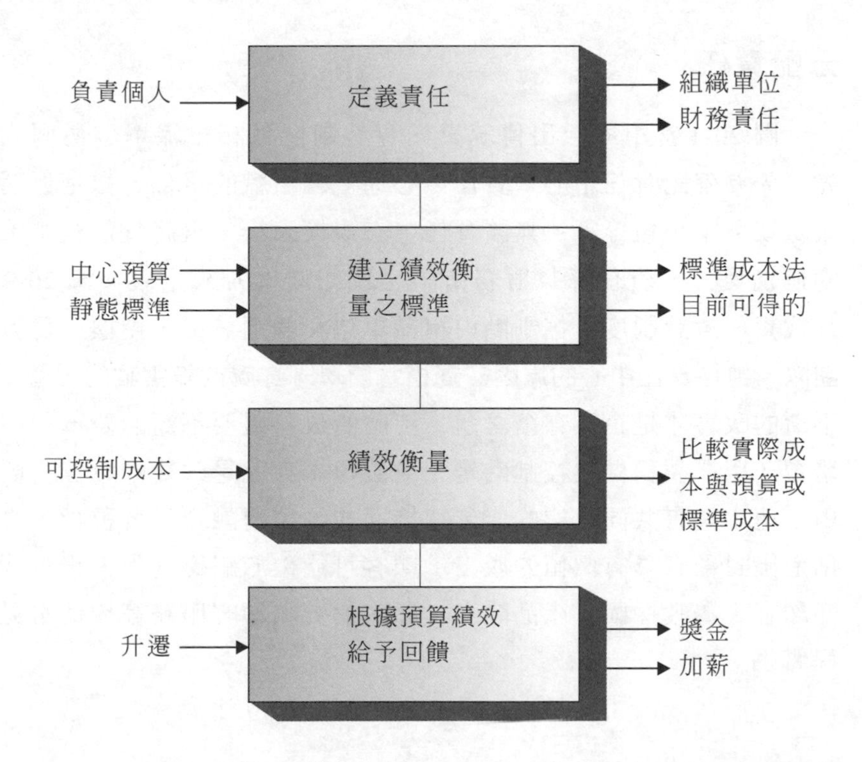

圖 20-1

傳統責任會計制度之內容

圖 20-2

當代責任會計制度之內容

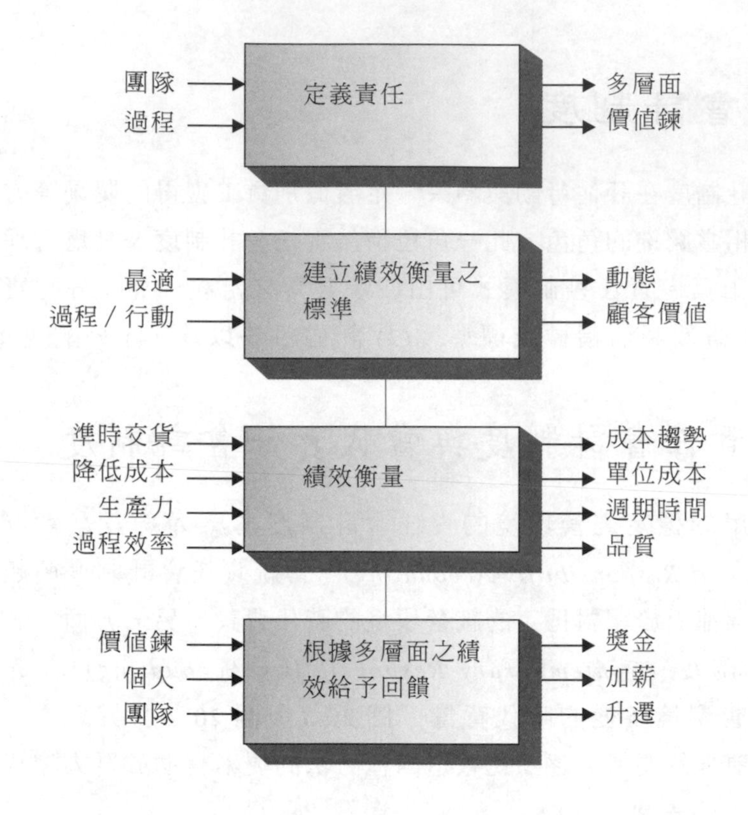

分配責任

圖 20-1 當中顯示出傳統責任會計制度強調組織單位與個人。首先，先要確認責任中心。責任中心通常爲組織的單位，像是部門或生產線或專案小組等等。無論責任中心規模大小，再將責任指派予負責的個別員工。責任係以財務術語（例如成本）來定義。圖 20-2 則爲當代責任會計制度。控制點由組織單位與個別員工，轉換成爲製程與團隊。轉移責任中心的原因其實相當簡單。身處波詭雲譎的經營環境，不斷的改善才是企業存續之道。持續的改善需要不斷的變革和不斷的學習。選擇製程做爲控制點是因爲製程本身就是改變的單位。製程是由一連串具有共同目標的作業連接而成。製程融合了各種投入之後，創造出對顧客具有價值的產出。顧客可能位於組織內部，也可能是外部顧客。舉凡採購、產品開發、顧客消費和顧客服務等皆爲常見的製程實例。

製程就是做事的方式，因此改變做事方式就是改變製程的意思。改變做事方式的方法有二：*製程改善 (Process Improvement)*與*製程創新 (Process Innovation)*。**製程改善** (Process Improvement) 係指持續地、累積地提升現有製程的效率。**製程創新** (Process Innovation)，又稱**企業再造工程** (Business Reengineering)，則指為獲得反應時間、品質和效率等方面的重大改善而大幅提升製程績效。舉例來說，IBM租賃公司便曾大幅重新設計其信用審核的程序，將租賃電腦的報價時間由七天縮減至一天。同樣地，零件製造商聯盟公司也曾利用製程創新，把原型零件的開發時間由二十週縮減至短短二十天。

許多製程跨越了功能上的界限，有助於導出強調企業價值鍊作業的整合性方法。此一特點也意味著有效的製程管理需要跨越不同功能的技術。團隊的組合能夠強化友誼和歸屬感，進而提升工作生涯的品質。製程改善與創新需要相當多的團隊作業（和支援），很難單由個人來完成。舉凡通用電子 (General Electric)、全錄 (Xerox) 和安泰人壽保險公司 (Aetna Life Insurance) 等企業紛紛業已開始利用團隊來做為基本的工作單位。

選擇標準

訂定標準的用意在於其可做為績效評估指標。根據**圖** 20-1所示，預算制度與標準成本方法均為傳統架構下的標準作業。長期來看，這些標準似乎都處於穩定不變的狀態。此外，這些標準多屬目前可以達到的正常水準。然而根據**圖** 20-2所示，身處於機動環境的企業卻出現許多驚人的差異。首先，標準是以製程為導向。這些標準多與製程效率和製程產出有關。標準的建立用意在於輔助變革的完成。因此，企業會建立最適或理想標準，並竭盡所能地來達成理想中的水準。再者，標準的本身亦非一成不變。企業必須不斷地改變標準來反映新的情況與新的目標，以維續任何業已實現的進步。舉例來說，企業可以建立標準來反映特定製程的預期改善水準。一旦達成預定水準之後，便可改變現階段的標準來鼓勵更進一步的改善成果。面對以持續的改善為目標的環境，企業當然無法死守一成不變的標準。標準的擬訂亦應輔助提高顧客認定價值的目標。

評估績效

在傳統的架構下（參見圖 20-1），績效的評估是藉由實際結果與預算結果的比較而得。原則上，個人必須爲其可以控制的項目負責。傳統制度非常強調成本績效。然而在現代的架構下，時間、品質和效率都是績效的重要指標（參見圖 20-2）。縮減將製程的產出交給顧客的時間是基本的要求。換言之，諸如週期時間和準時交貨等均爲重要的評估指標。與品質和效率相關的績效評估指標也不容忽視。成本評估指標也是重要的效率評估指標。改善製程必須轉換爲更良好的財務結果。因此，成本的節省、成本的趨勢和單位產出的成本等都是判斷製程是否改善的指標。企業必須評估達成最適標準的情況，方法之一便是瞭解實際成本（或者其它實際作業性評估指標）相對於最適成本的趨勢。此法的用意在於及時地提供低成本、高品質的產品給顧客。換言之，績效評估指標實則融合了作業性與財務因素，其目的均在於改善製程績效。

獎勵

無論在傳統制度或當代制度下，企業均會依照高階管理階層的政策與指示給予員工獎勵或懲罰。誠如圖 20-1 所示，傳統獎勵制度的設計用意在於鼓勵個人妥善地管理成本－－達成或超越預算標準。就圖 20-2 列示的當代制度而言，個人的獎勵遠比傳統制度更爲複雜。個人必須同時負責團隊與個人的績效。由於制度本身強調製程改善，而製程的改善往往必須透過團隊的努力，因此比較適合採用以團隊爲基準的獎勵方式。舉例來說，某公司（電子零組件的製造商）針對單位成本、準時交貨、品質、存貨流動率、廢料和週期時間等建立了最適標準。只要所有的指標均達到標準，且有至少一項指標獲得改善，公司就會發放獎金給相關的團隊。值得注意的是，本例當中的公司是採用多重指標的績效評估與獎勵制度。

前述兩種方法的差異相當地大。然而，此處必須釐清的邏輯問題是傳統責任會計制度爲什麼不適用於機動多變的經營環境。傳統責任會計制度強調管理成本、維持現狀與組織的穩定。因此，將這樣的控制制度套用在機動多變、競爭激烈的環境當中的成效不免令人質疑。身處瞬息萬變的環境當中的企業追求的是時間、品質和效率。原因何在？其實都是爲了回應顧客的需求。顧客要求他們欲購的產品能夠準時送達、要求產品零缺點、要求交貨時間愈短、要求價格低廉、要求購後成本愈低愈好。顧客期望更多的價值：更多的實現、更少的犧牲。爲了提供更多的價值，企業必須以較少的資源來做較多的事，亦即企業必須設法提高生產力。倡導持續改善的企業通常將標準成本方法和預算制度的角色轉變成爲管理控制工具。原因非常簡單。傳統的績效評估指標可能反而會阻礙了持續改善的目標。傳統的績效評估指標無法支援持續改善的目標，亦無法做爲施行及時制度、全面品質管理和尖端科技的工具。爲了確實瞭解企業改採當代責任會計制度的原因，接下來便逐一介紹說明傳統責任會計制度的缺點和限制。

傳統責任會計制度的限制

傳統責任會計制度過份強調標準和變數的計算（就機動多變的經營環境而言）。這些標準多屬靜態性質，過時的標準可能無法反映出業已在組織內部（或其身處環境當中）發生的變化。傳統責任會計制度的標準鼓勵現狀的維持和組織的穩定。這些標準通常也會容許一定水準的效率不彰、接受生產力偶爾低落、廢料發生和缺乏技能等等的事實。此外，計算出來的變數是管理階層行動與組織績效的結果 (Result)，變數並非視爲管理階層行動與組織績效的原因 (Cause)。瞭解績效發生的原因是提升績效的基本要件。一位經理人曾經表達下列看法：「利用財務評估指標來改善績效就好像在足球比賽當中緊盯著記分板一樣。記分板雖然一五一十地告訴你是贏是輸，但是卻無法告訴你球賽究竟打得多麼精彩。」如果硬生生地把傳統責任會計制度套用在機動多變的環境當中，將會出現許多缺點與限制－－這些缺點與限制明明白白地顯示出企業需要的是如圖 20-2 所說明的新的責任會計制度。

內部重點

舉凡標準、預算和變數等多以內部績效爲重點。標準通常是以內部期望爲基礎。變數則是內部期望與實際結果的比較。然而誠如某位高階主管所言，「雖然我們公司的銷貨收入比去年增加百分之十五 (15%)，並且超前預算百分之五 (5%)，然而如果整體市場成長百分之三十 (30%)，而我們的主要競爭者的銷貨收入提高百分之四十 (40%) 的話，相較之下，根本沒有值得高興之處。」績效的評估同樣必須考慮外部因素。

過度強調人工

在傳統的經營環境當中，許多企業對於人工成本的重視遠超過對於其它投入成本的重視。然而就自動化的企業而言，直接人工佔產品當中的比重卻大幅下滑。再者，就業已施行及時制度的企業而言，直接人工與間接人工之間的分別並不明顯。製造中心的作業員工不僅負責產品加工而已。某些製造作業當中的人工比重甚至低於百分之二 (2%)，使得人工標準不再具有太大的意義。舉例來說，惠普公司不再單獨追蹤人工成本，而是把人工成本併入費用成本當中。技術先進的製造環境更爲著重*製程效率 (Process Efficiency)*，而非人工效率。一位在採行及時制度方法的工廠擔任廠長的人士觀察認爲：「是制度將物料加工成產品，而非各站的員工將物料加工成產品。因此，製程效率比人工效率來得重要許多。同樣地，利用直接人工來執行間接任務亦可改善製程…」

忽略不具附加價值之成本

傳統的責任會計制度並未將成本分門別類，也沒有特別挑出計劃消除的成本項目。在追求持續改善的環境中，企業必須確認並單獨追蹤某些稱爲不具附加價值之成本的成本項目，最終目的則是消除這些不具附加價值的成本。這些成本之所以成爲消除的目標是因爲其爲不必要的成本，無法提供任何價值給顧客或組織。確認並單獨追蹤不具附加價值之成本的動作是持續改善計畫的基礎。企業必須追蹤並報告不具附加價值的成本，否則企業便無變革之可否：「沒有報告出來的成本有如隱形成本，將會在管理過程中爲人所忽略。」

負面誘因

標準成本方法鼓勵負責達成標準的單位或員工儘可能地產生數值爲正的變數。然而達到標準的壓力卻可能引發不當行爲。舉例來說，採購部門可能爲了讓物料價格變數的值爲正，而採購品質較差的物料或者一次超過需要的數量。如此一來，廢料、瑕疵品數目和重製作業的負擔可能會增加，或者原料的存貨會超過規定存貨水準。這些結果在在都與現代企業追求全面品質控制和零存貨的目標相違背。

誠如前述，先進的製造環境並不如以往一般強調人工效率報表－－然而此一事實卻造成了誘因問題和人工比重的減少（某些企業可能仍然保有較高的人工比重）。製造中心的人工效率變數可能會誘導作業員工生產超過需要的數量，以期達到目標效率水準或藉以避免產生負的數量變數。舉例來說，將設定人工納入人工標準（實務上常見）等於鼓勵較大的生產週期和超額產量；然而較少的設定時數卻可以讓實際時數更接近標準。然而生產超過需要的產量卻與企業追求零存貨的目標相違背。在採行及時制度的環境中，（短期內）閒置工人的存在並非全然是件壞事－－爲了讓工人忙碌而生產超額產量的成本可能反倒遠遠超過損失的人工服務成本。

物料使用變數亦可能在先進的製造環境當中帶來問題。工人爲了避免產生負的物料使用變數，而讓品質不佳的零組件放水過關。遺憾的是，瑕疵零件在及時制度的環境當中反而會阻礙生產作業。由於企業沒有保留存貨做爲生產中斷的緩衝機制，因此便不存在任何誘因讓有瑕疵的零組件過關。換言之，傳統上利用效率報告與變數分析來控制作業的方法不再適用當代的製造環境。

過於強調個別的費用變數也可能帶來負面影響。爲了讓預算變數成爲正値而規避預防性維護作業可能導致生產設備不堪使用的後果。此一行徑實則違背了及時制度中全面預防性維護的目標，並且營造出需要緩衝存貨的假象。

目前可得標準的觀念也和持續改善的目標不符。目前可得標準容許一定程度的效率不彰。在標準成本制度之下，業已達到標準的人往往認爲自己既然已經達到標準，就不需要再更努力地來提升效率。由於標準的本身容許一定程度的無效率，而且標準多屬靜態的性質，因此前述心態與行爲並非全無可能。然而及時制度和新的製程卻會要求組織成員不斷地努力來提升品質、改善效率、確認更好的方法來做同樣的事情。企業鼓勵並獎勵創新與簡化的行爲與成效。持續不斷的改善需要搭配機動的效率觀點——而非靜態的觀點。

過份強調財務評估指標

傳統責任會計制度非常強調財務控制。然而這一套制度卻獲得了許多非財務性質的成果。舉例來說，回應時間就不能夠以金錢來評估，但卻是企業的主要競爭優勢之一。此一事實顯示出當代責任會計制度必須整合績效的財務評估指標與非財務評估指標。**圖** 20-3 扼要列出傳統責任會計制度的缺點與限制。

作業制管理

確認傳統責任會計制度的缺點與限制之後，吾人或可眞正瞭解爲什麼需要如**圖** 20-2 所示的當代責任會計模式。**圖** 20-2 只是針對當代責任會計制度進行了一般性的說明，並未詳述作業性的細節。作業制會計方法的出現實爲將**圖** 20-2 當中的概念落實在例行作業的關鍵。在當代責任會計制度當中，製程是責任與控制的重點。製程是由

圖 20-3

傳統責任會計制度之限制

1. 過度依賴標準與變數。
2. 標準多爲靜態的。
3. 標準成爲組織安定的基礎。
4. 標準容許一定程度的效率不彰。
5. 變數是消極的指標：只能反映結果，而非原因。
6. 強調內部，而非外部。
7. 過度強調直接人工。
8. 忽略不具附加價值的成本。
9. 傳統變數與績效報告提供負面誘因（不適當的績效衡量指標）：
   a. 變相過度生產與不必要的存貨。
   b. 刻意忽略零缺點與全面品質控制。
   c. 可能過度使用機器（尤其在瓶頸部份）。
10. 過度強調財務指標。

一連串的作業組合而成，目的在於完成特定的目標。改善製程意味著改善執行作業的方法。換言之，作業－－而非成本－－的管理是身處多變環境中一切成功控制的關鍵。由於作業對於改善產品成本方法與有效的控制具有攸關影響，因此實務上發展出了另一種新的企業製程觀點，稱為*作業制管理 (Activity-Based Management)*。

作業制管理 (Activity-Based Management，簡稱 ABM) 係指管理階層為達提升顧客認定價值與提供此一價值所能獲得的利潤之目標，所採用的全面系統的整合性方法。作業制管理同時涵蓋了產品成本方法與製程價值分析。換言之，作業制管理模式可以分為兩個層面來探討：*成本面 (Cost Dimension)* 和*製程面 (Process Dimension)*。本書第二章已經介紹過作業制管理模式，然為說明之便，再次摘錄於**圖 20-4** 當中。成本面提供了關於資源、作業、產品和顧客（其它企業可能感到興趣的成本標的）等方面的成本資訊。誠如圖中所示，資源

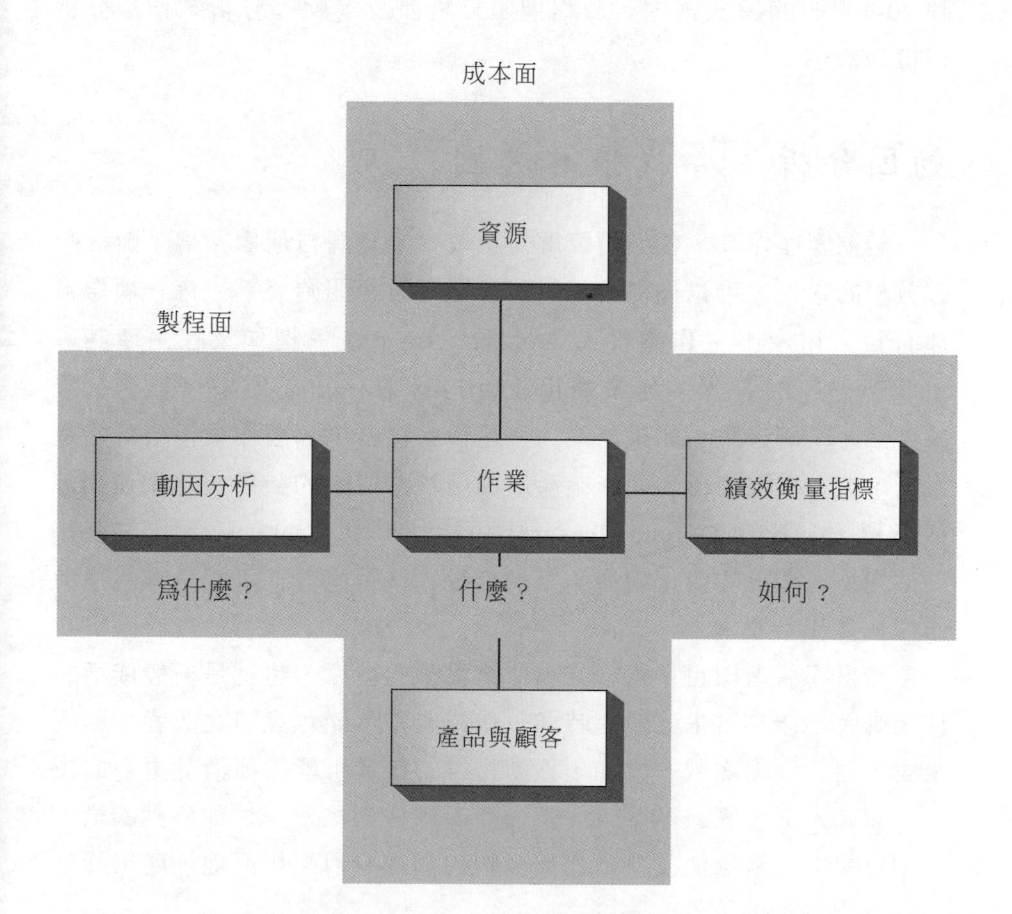

圖 20-4
雙面作業制管理模式

成本會追蹤至作業，然後再將作業成本分配到產品和顧客身上。作業制成本方法適用於產品成本方法、策略性成本管理和戰略性分析。作業制管理模式的第二個層面－－製程面－－則是提供了關於執行了哪些作業，爲什執行這些作業以及執行的成本好壞等資訊。製程面的資訊有助於企業實現持續改善的目標、評估持續改善的成效。爲了掌握製程的觀點和持續改善目標之間的關係，必須更進一步地瞭解製程價值分析。

製程價值分析

學習目標二

描述製程價值分析之內容，並解說製程價值分析在當代責任會計模式當中所扮演的角色。

製程價值分析 (Process Value Analysis) 提出了作業制責任會計制度的定義，強調作業而非成本，重視整體制度的績效，而非個人的績效。製程價值分析讓當代責任會計制度成爲作業水準的標準。在**圖** 20-4 說明的模式當中，製程價值分析涉及了動因分析、作業分析和績效評估。

動因分析：尋找根源起因

若欲管理作業，就必須瞭解作業成本究竟源自何處。爲了瞭解動因分析的意義，可以先從常用的作業專門術語開始著手。每一項作業都有投入和產出。**作業投入** (Activity Inputs) 係指作業在生產其產出時所消耗的資源。**作業產出** (Activity Outputs) 則指作業的結果或產品。舉例來說，如果作業內容是移動物料，那麼作業投入可能是人工、燃料和堆高機，而作業產出則是物料移動的結果。**作業產出評估指標** (Activity Output Measure) 係指作業執行的次數。作業產出評估指標是產出的量化指標。舉例來說，移動次數就可能是物料移動作業的產出評估指標。

產出評估指標也是對於某項作業需求的指標，也就是一般咸稱的作業動因。作業需求改變的時候，作業成本可能也會隨之改變。舉例來說，隨著移動次數的增加，移動物料的作業可能需要消耗更多的投入（諸如人工、燃料等等）。然而產出評估指標－－例如移動次數－－卻可能也通常無法反映出作業成本的根本原因；相反地，產出評估指標其實是執行作業的結果。動因分析的目的便在於顯示出根本原因。換言之，**動因分析** (Driver Analysis) 的用意在於確認作業成本的根本原因。舉例來說，根據分析結果指出，物料移動成本的根本原因是工廠佈置。一旦確認根本原因之後，便可採取適當行動來改善作業。例如，重新安排工廠佈置或可因此降低物料移動成本。

某項作業成本的根本原因往往也是其它相關作業的根本原因。舉例來說，檢查採購零件的成本（產出評估指標 = 檢查小時時數）和再訂購的成本（產出評估指標 = 再訂購訂單份數）可能都是因為供應商品質不佳所引起。藉由施行全面品質管理與供應商評估計畫，這兩項作業和採購過程或可獲得改善。無論是哪一種情況，根本動因都代表著雷同的結果。誠如本書前面的章節所言（請參閱第九章），根本原因也稱爲執行性（或程序性）作業動因 [Executional (Procedural) Activity Drivers]。舉凡工廠佈置效率、品質管理方法、員工參與程度和其它執行性動因都可能是組織內部作業的典型動因。

作業分析

製程價值分析的精義在於作業分析。**作業分析** (Activity Analysis) 係指確認、說明與評估組織所執行的作業的過程。作業分析應該產生四種結果：(1) 執行了哪些作業、(2) 多少人執行這些作業、(3) 執行這些作業所需要的時間與資源，以及 (4) 分析這些作業的價值－－包括選擇與保留具有附加價值的作業的建議。第四道步驟－－決定作業的附加價值內容－－可能是作業分析當中最重要的步驟。作業可以分爲*附加價值 (Value-Added)* 作業或*不具附加價值 (Nonvalue-added)* 作業。**附加價值作業** (Value-Added Activities) 屬於必要作業－－爲了維持存續的必要作業。**附加價值成本** (Value-Added Costs) 係指以完美效率執行的作業所發生的成本。**不具附加價值作業** (Nonvalue-Added Activities) 非屬必要作業－－除了企業維持存續所必須的作業以外的所有作業。**不具附加價值成本** (Nonvalue-added Activities) 則指因不具附加價值作業所發生或因不具效率的附加價值作業所發生的成本。由於競爭不斷增加，許多企業紛紛致力於消除不具附加價值作業，因爲這些作業只會徒增不必要的成本、影響效率。此外，企業也不斷地努力修正附加價值作業。換言之，作業分析的用意在於確認最後終能消除所有的非必要作業，進而提升必要作業的效率。

作業分析的主旨在於消除浪費。如果能夠消除所有的浪費，就可以降低成本。成本降低會隨著消除浪費而來。值得注意的是，管理成本起因的價值遠勝於成本本身的價值。管理成本或可提高作業效率——但如果作業本身屬於非必要作業，其是否具有效率究竟有何干係？非必要作業是一種浪費，應該予以消除。舉例來說，移動原料與半成品通常被視爲不具附加價值作業。引進自動化物料處理系統或可提高物料移動作業的效率，但是如能改採現場及時傳遞原料的核心製造方法或可完全消除這項作業。各位不難看出哪一種方法比較適用。

不具附加價值之釋例

因爲瑕疵零件而衍生的重新訂購、生產外包和重製等都是常見的不具附加價值作業。其它的例子包括了保證作業、處理顧客抱怨和報告瑕疵品等。不具附加價值的作業可能存在於組織的任何地方。製造作業中，常被視爲浪費且非必要的作業計有五項。接下來即分別列記並定義這五項作業。

1. 排程 (Scheduling)：利用時間與資源來決定什麼時候不同的產品進入生產階段以及生產多少數量（或者什麼時候應該進行幾次設定）的作業。
2. 移動 (Moving)：利用時間與資源將原料、在製品和製成品移動至另一部門的作業。
3. 等待 (Waiting)：原料或在製品等待進入下一道製程時，使用時間與資源的作業。
4. 檢查 (Inspecting)：利用時間與資源來確定產品符合規定的作業。
5. 儲存 (Storing)：產品或原料成爲存貨而利用時間與資源的作業。

前述五項作業均未替顧客帶來附加價值。這些作業亦非維持企業經營之必要作業。因此，作業分析的困難點在於確認不利用前述作業來生產產品的方法。

降低成本

持續改善的目標是降低成本。競爭激烈的環境促使企業必須以可能範圍內最低的價格，準時將顧客想要的產品送達顧客手中。換言之，組織必須不斷地設法改善成本。作業分析即爲達到降低成本目標的關鍵因素。作業分析能以四種方式節省成本：

1. 消除作業
2. 選擇作業
3. 減少作業
4. 共享作業

消除作業 (Activity Elimination) 強調附加價值作業。一旦確認不能夠創造附加價值的作業，則應設法消除這些作業。舉例來說，檢查進料零件的作業似乎是確保使用這些零件的產品能夠發揮規定的功能。使用不良零件可能產生不良的最終產品。然而惟有在供應商品質績效不佳的情況下，檢查進料零件才是必要的作業。挑選能夠提供高品質零件的供應商或者願意改善品質績效來達到目標的供應商才是消除檢查進料零件作業的根本之道。如此一來，才能有效降低成本。

選擇作業 (Activity Selection) 係指在由不同策略所產生的不同作業組合當中擇一而行。不同的策略會引發不同的作業。舉例來說，不同的產品設計策略需要的作業可能南轅北轍。作業則會引發成本。每一種產品設計策略都有各自的作業組合和相關成本。其它條件不變的情況下，企業應該選擇成本最低的策略。因此，作業的選擇對於降低成本的成效具有重大影響。

減少作業 (Activity Reduction) 係指減少作業所需要的時間與資源。此一降低成本的方法應以提升附加價值作業的效率爲主，或者擬訂出提升不具附加價值作業的效率之短期策略，直到可以消除不具附加價值作業爲止。舉例來說，設定作業經常是企業致力於使用更少的時間和資源的必要作業。

共享作業 (Activity Sharing) 是利用規模經濟的原理來提升必要作業的效率。最典型的例子就是在不增加作業總成本的前題之下，提高作業產出的數量。此舉可以降低作業產出的單位成本，以及可以追蹤至消耗該項作業的產品之成本。舉例來說，設計新產品的時候可以利用其它產品已經使用的零組件。利用現有的零組件和其相關的現有作業，企業得以避免創造出全新的作業內容。

績效評估

作業是當代績效評估制度的基礎之一。作業績效評估制度涉及品質、時間、成本和彈性，亦即同時具有財務和非財務的性質。這些指標的作用在於瞭解作業執行的成效以及達成的結果。這些指標也可顯示出特定作業項目是否實現了持續改善的目標。提升作業績效意味著消除不具附加價值的作業，並將附加價值作業發揮到極限。因此，企業必須確認並列記每一項作業的附加價值成本和不具附加價值之成本。藉由預擬趨勢與成本節省之報告，企業才得以瞭解朝目標前進的狀況。

附加價值成本與不具附加價值成本報表

企業的會計制度必須能夠分辨附加價值成本和不具附加價值成本。如此一來，管理階層才能夠著手降低、乃至最終能夠消除所有不具附加價值的成本。特別標註不具附加價值之成本的作法亦可顯示出企業此刻正發生的浪費程度。單獨報告不具附加價值成本能夠輔助經理人格外重視不具附加價值之成本的控制。此外，長期追蹤這些成本有助於經理人瞭解其作業管理計畫的成效。作業管理之後繼之而來的是成本的降低。瞭解實際節省下來的成本金額在策略目的上具有重要意義。舉例來說，如果消除某項作業之後，節省下來的成本便可追蹤至個別產品。節省下來的成本可以用以調降售價，提升企業的競爭力。然而改變定價策略必須先對作業分析所能創造的成本節省有所瞭解。因此，成本報告制度實爲作業制責任會計制度的重要內容。作業制成本報告應該同時涵蓋附加價值成本與不具附加價值之成本。

附加價值成本是組織應該發生的唯一成本。附加價值標準的達成是完全消除不具附加價值的作業；就不具附加價值的作業而言，其最適產出是零，成本也是零。附加價值標準的達成也是完全消除必要作業效率不彰的情形。換言之，附加價值作業也會有最適產出水準。因此，**附加價值標準** (Value-Added Standard) 能夠訂出最適作業產出。企業如欲擬訂最適作業產出，就必須進行作業產出評估。

建立附加價值標準並不代表著企業將會（或應該）立即達到這些標準。持續改善的觀念是指朝向理想目標前進，而非立即達到目標。員工（團隊）可依其改善的成效獲得獎勵回報。此外，非財務性質的作業性績效評估指標亦可用於輔助達成消除不具附加價值成本的目標（本章將於稍後再行討論）。最後，評估個別員工和主管的效率並非消除不具附加價值作業的方法。請各位謹記的是，作業跨越了部門的界限，而且是製程的一部份。強調作業、提供改善製程的誘因才是更具成效的方法。

藉由實際作業成本與附加價值作業成本之比較，管理階層得以掌握不具生產力的作業之情況，瞭解改善生產力的可能性。確認與計算附加價值成本與不具附加價值成本，是擬訂每一項作業的產出評估指標的必要前置工作。確定了產出評估指標之後，便可定義每一項作業的附加價值標準數量。再將附加價值數量乘上標準價格，便可求出附加價值成本。不具附加價值成本則為作業產出的實際水準和附加價值水準之間的差額，乘上單位標準成本之後的乘積。**圖** 20-5說明了這些公式的內容。除此之外，作者將再進一步地解釋部份細節。就在需要的時候才取得的資源而言，AQ係指使用作業的實際數量。就在使用之前預先取得的資源而言，AQ代表取得的作業產能的實際數量－－利用作業實際產能評估而得。這樣的定義使得吾人可以求算出變動作業成本與固定作業成本當中不具附加價值的部份。就固定作業成本而言，SP係指預算作業成本除以AQ以後的商，而AQ係代表實際作業產能。

附加價值成本 ＝ 標準數量×標準價格
無附加價值成本 ＝（實際數量 － 標準數量）標準價格
其中，
標準數量係指作業之附加價值產出水準
實際數量係指使用作業產出之實際數量（資源在需要的時候才供給的情況下）
或者
實際數量係指取得作業產能之實際數量（資源在使用之前預先取得的情況下）

圖 20-5

附加價值成本與無附加價值成本之計算公式

此處謹以及時環境當中製造的產品的四項作業——物料使用、瑕疵產品重製、設定和進料檢查——爲例，說明前述概念的用處。這四項作業當中，物料使用和設定作業視爲必要作業，檢查和重製作業則視爲非必要作業（在理想狀況下，應該不會出現瑕疵零件或產品。）此外，假設前三項作業均在需要的時候才取得，而進料檢驗產能則是在使用之前預先取得（兩位品檢員的薪資估計爲 $60,000。）這四項作業的相關資料如下：

	作業動因	標準數量	平均數量	標準價格
物料使用	磅	40,000	44,000	$40.00
重製	人工小時	0	10,000	9.00
設定	設定時間	0	6,000	60.00
檢查	檢查小時	0	4,000	15.00

值得注意的是，重製和檢查作業的附加價值標準代表著必須消除這兩項作業；設定作業的附加價值標準則是零次設定。誠如前述，理想狀況下不應該出現瑕疵產品和零件；藉由品質的改善可以改變生產過程等等，最終乃可消除檢查作業。設定雖然屬於必要作業，但是及時制度的目標仍然是將設定次數降爲零。

圖 20-6 當中將前述四項作業分類爲附加價值作業或不具附加價值作業。爲了說明簡便、且能顯示出作業動因之實際單位價格與成本之間的關係，假設作業動因之實際單位價格等於標準價格。如此一來，附加價值成本加上不具附加價值成本便等於實際成本。正常情況下，或許應該考慮加上價格變數的欄位。本章將在稍後介紹彈性預算制度時，再來說明此一情形。

經理人可以由**圖** 20-6 當中觀察不具附加價值的成本；於是，這份報告的結果強調出改善的可能性。藉由減少廢料和浪費的方式，管理階層得以降低物料成本。藉由訓練製造中心的員工、改善人工技能的方式，管理階層得以減少重製作業。管理階層亦可採取減少設定次數、落實供應商評估計畫等行動來改善設定作業與檢查作業的績效。

換言之，適時地提出附加價值成本與不具附加價值成本的報告有助於催生更有效率的管理作業之行動。瞭解浪費的金錢或可促使經理

圖 20-6

附加價值成本報告與無附加價值成本報告

附加價值成本與無附加價值成本報告
一九九八年十二月三十一日

作業	附加價值	無附加價值	實際
物料使用	$1,600,000	$160,000	$1,760,000
設定	0	360,000	360,000
重製	0	90,000	90,000
檢查	0	60,000	60,000
總計	$1,600,000	$670,000	$2,270,000

人尋找減少、選擇、共享和消除作業的方法來降低成本。成本報告亦可輔助經理人提升規劃、預算與定價等決策之品質。舉例來說，如果經理人能夠看出降低不具附加價值成本來吸收降價的影響，則或可考慮調降售價來配合競爭者的降價行動。

趨勢報告 (Trend Reporting)

經理人採取行動減少、消除、選擇和共享作業的時候，是否會如預期般地降低成本？回答此一問題的方法之一是比較一定期間內每一項作業的成本之變化。由於企業的目標是改善作業－－利用降低成本的程度來評估，因此我們可以看出不具附加價值成本會隨著時間而降低－－假設作業分析結果正確的情況下。舉例來說，假設一九九八年初，某公司採取了下列行動來管理**圖** 20-6 當中的四項作業：

1. 物料使用作業：實施統計製程控制，預期將可減少廢料和浪費。
2. 設定：重新設計產品，簡化產品的組合成份。簡化以後的成份應該可以縮減設定時間。
3. 重製：針對新的組裝過程提供訓練，預期將可減少瑕疵產品的數量；另外，統計製程控制預期亦可帶來正面影響。
4. 進料檢查：展開供應商評估計畫，只與願意提供毫無瑕疵品的供應商維持往來（公司會給予供應商修正配合的緩衝時間；然而某些供應商雖然可能達到短期內的改善成果，但因配合意願不佳而不再往來。）

這家公司擬訂出四項重要的作業管理決策：統計製程控制、重新設計產品、針對新的組裝過程提供訓練以及供應商評估計畫。這些決策的成效究竟如何？ 是否眞如預期般地降低了成本？ **圖** 20-7的成本報告當中比較了一九九八年度（採行了前述的改變之後）和一九九九年度所發生的不具附加價值成本。一九九九年的成本雖然是假設的數據，但仍然是利用和一九九八年度相同的方法計算而得。本例當中假設兩個年度的標準數量一樣。如欲直接比較一九九九年度的不具附加價值成本和一九九八年度附加價值成本，則兩個年度的標準數量必須維持不變。如果標準數量改變，則必須假設當年度實現的標準差比例和前一年度相同，也就是針對前一年度的不具附加價值成本進行適當的調整。

趨勢報告可以顯示出這家公司果然如預期中地降低了成本。幾乎半數的不具附加價值成本均已刪除。公司仍有改善的空間，但至少目前已經達到作業改善的目標。不具附加價值成本的報告不僅顯示出成本降低的事實，亦能提供經理人關於還有多少節省成本的空間之資訊。然而有一點値得注意的是，附加價値標準－－就和其它標準一樣－－並非一成不變。舉凡新科技、新設計和其它創新等都可能改變執行作業的本質。附加價值作業可以轉換成爲不具附加價值作業，而且附加價值水準也可能產生變化。因此，隨著愈來愈多的改善方法不斷地出現，附加價值標準也可能隨之改變。經理人不應爲眼前的成果感到自滿，而是應該持續不斷地設法達到更高水準的效率。

圖 20-7

趨勢報告：無附加價值成本

作業	1998	1999	改變
物料使用	$160,000	$100,000	$ 60,000 F
設定	360,000	160,000	200,000 F
重製	90,000	50,000	40,000 F
檢查*	60,000	30,000	30,000 F
總計	$670,000	$340,000	$330,000 F

*當年度，供應商評估計畫成功地減少瑕疵零件的數量，因此得以將一位品檢員轉調至組裝部門。

目前可達標準的角色

如果企業著重降低不具附加價值的成本，那麼可以建立標準，定義下一年度預期改善的金額。這些標準也可視爲目前可達標準。目前可達標準反映出下一年度預期提升的效率。比較實際成本與目前可達標準可以做爲達成當年度改善目標的成效評估指標。然而此處所謂的目前可達標準和傳統觀念裡的標準並不相同。目前可達標準是機動而彈性的－－每一年都會變動以反映各該年度的改善目標。

建立目前可達標準的作法等於強調實際成本與實際成本的趨勢。企業建立降低成本目標；評估經理人達成這些目標的成效。很顯然地，比較實際成本與成本降低目標的作法，其實就是比較成本降低目標與目前可達標準－－當目前可達標準定義爲最近年度實際成本減去目標降低金額的餘額。

舉例來說，假設某醫療產品事業部門會檢查每一台生產出來的特定手術儀器。這個產品的單位水準附加價值標準是每一單位的檢查小時爲零，且每一單位的附加價值檢查成本亦爲零。假設前一年度這家公司使用了15分鐘來檢查每一台手術儀器，成本爲每一檢查小時$15。換言之，每一單位的實際檢查成本，也就是不具附加價值的成本是$3.75（$15 × 1/4小時）。下一年度，這家公司將會引進新的生產製程，預期將可提高手術儀器的精確度。這些改變預期將可縮減檢查時間，由原來的十五分鐘縮減爲十分鐘。換言之，成本降低目標爲每一單位$1.25。目前可達標準定義爲每一單位十分鐘。目前可達的標準單位檢查成本是$2.50，亦即前一年度的實際成本減去預期節省金額($3.75 - $1.25)。到了下一年度，這家公司仍將繼續不斷地設法改善，重新定義新的目前可達標準。舉例來說，這家公司計畫引進一套統計控制系統，將可提升製程可靠度，或者將可更進一步地縮減檢查時間。於是，又會產生新的－－和今年度不同的－－目前可達標準。

建立標竿

另一種用於協助確認作業改善機會的方法稱爲*建立標竿*

(Benchmarking)。**建立標竿** (Benchmarking) 係指以最佳的成效做為評估作業績效的標準。許多企業均曾利用建立標竿的方法獲得重大的改善成效，例如 Alcoa 、 DuPont 、 Hewlett Packard 、 Johnson & Johnson 、 Kodak 和 Motorola 等企業。目前共有三種標竿：內部、競爭和通用。內部標竿係以組織內部績效最好的單位為標準。企業針對同一組織內部執行相同作業的不同單位（例如位於不同地點的工廠）進行評比，由在特定作業項目上表現最好的單位來建立標準。其它的單位便有目標可以追趕或超越。此外，表現最好的單位可以和其它單位交流如何達到優良績效的心得。建立內部標竿的前題是組織內部的各個單位對於作業的定義和作業產出的評估指標都一模一樣。諸如作業比率、作業產出的單位成本、或每一單位製程產出所產生的產出數量等均可用於評比績效，確認表現最好的單位。

舉例來說，假設採購作業的產出係以採購單份數做為評估指標。再假設某工廠的採購作業成本是 $90,000 ，作業產出是 4,500 份採購單。將採購作業成本除以採購單份數則可求得每一份採購單的單位成本是 $20 。如果最佳單位成本是每一份採購單 $15 ，那麼這座工廠至少還可提升作業效率達每一單位 $5 。這座工廠如能仔細研究表現最好的工廠的採購方法，應該可以提高作業效率。

建立標竿的目的在於成為作業與製程的最佳執行者。理想狀況下，標竿的建立必須和競爭者做一比較，亦即*競爭標竿 (Competitive Benchmarking)*。競爭標竿的方法是確認表現最好的競爭者，分析優異表現的因素。實務上可以利用比較相同產業的類似功能的方式來建立競爭標竿。建立競爭標竿的時候，往往還會選擇第三者以避免忽略了敏感的競爭性資訊之可能。儘管如此，實務上想要取得建立競爭標竿的必要資料卻相當困難。最後值得一提的是，實務上或許可以考慮改採非競爭者的優異表現做為建立標竿的參考依據。所有的企業都會有特定的共同作業與流程。*通用標竿 (Generic Menchmarking)* 就是研究這些共同作業的最佳典範，並以這些典範為標竿來激勵內部的改善－－當然是在外部最佳表現超越任何內部單位的表現的情況下。

動因與行為影響

企業必須知道作業產出評估指標，才能夠計算及追蹤不具附加價值的成本。減少不具附加價值作業應該產生減少作業需求的結果。如果某團隊降低不具附加價值成本的能力會影響其績效，那麼動因的選擇（做為產出的評估指標）和使用方式也可能影響行為。舉例來說，如果以設定時間做為設定成本的產出評估指標，那麼便可能產生誘導工人縮減設定時間的動機。由於設定成本的附加價值標準是完全消除設定作業，因此將設定時間縮減為零的誘因則與企業的目標相符，也就是說產生的行為是正面而有益的。

然而假設某團隊的目標是減少公司加工的特有零件的數目，進而簡化進料檢查、領料單的製作和供應商的選擇等作業。如果這些成本是以零件數目為基礎來分配至各個產品，那麼便可能產生誘導員工減少某項產品的零件數目的動機。雖然這樣的行為可能適用某個階段，但卻也可能造成負面結果。設計人員可能會因為大幅減少零件數目而影響產品功能，損害了產品成功上市的機會。

如果企業能夠妥善地利用標準成本方法，則可避免前述取巧行為。首先，如果零件數目是進料檢查成本的動因，那麼便可計算出單位作業動因的預算成本（例如單位標準成本）。其次，應該確認每一種產品的附加價值標準零件數目（即標準數量）。然後將標準價格與標準數量相乘 (SP × SQ)，便可求得附加價值成本。誠如前述，不具附加價值成本即為實際使用零件與標準零件之間的差額，乘上標準價格之後的乘積 [(AQ × SQ)SP]。

舉例來說，假設某企業生產兩種機器：車床和鑽床。這家公司認為零件驅動的作業成本應為每一個零件 $400（亦即 SP）。接下來列出每一種產品的附加價值數量與實際數量。

	車床	鑽床
附加價值數量 (SQ)	5	10
實際數量 (AQ)	10	15

每一種產品的附加價值成本與不具附加價值成本分述如下。

	車床	鑽床
附加價值成本	$2,000	$4,000
不具附加價值之成本	2,000	2,000

公司應該提出誘因，鼓勵設計人員降低不具附加價值之成本，達到附加價值標準。但是不當的作業動因卻可能誘發不當行為。本例說明了建立標準的重要性。漫無標準的情況可能導致設計人員一味地減少使用零件以降低成本，沒有任何明確的方向或目的。儘管如此，在事實發生之前以零件數目做為作業動因，確認每一種產品應該使用的零件數目有助於設計人員努力地減少不具附加價值成本。標準就是明確的目標，並且針對誘因所允許的行為提出明確的定義。

作業制彈性預算制度

學習目標三

描述作業制彈性預算制度。

確認作業成本隨著作業產出評估指標變動的趨勢的能力有助於經理人更加謹慎小心地規劃與監督作業的改善。**作業制彈性預算制度** (Activity Flexible Budgeting) 能讓經理人預測出當作業（產出）使用改變的時候，其作業成本的變化。在此作業制架構下進行的變數分析能讓經理人將作業成本細分為附加價值與不具附加價值的部份，分辨價格效果與數量效果，並提出使用與未使用產能的成本報告。同樣地，計算不同作業使用水準下的成本亦可讓經理人計算出目前可達標準下的預期成本。最後，藉由作業制彈性預算的落實亦可大幅改善傳統預算績效報告制度的成效。

在傳統架構之下，計算實際作業水準的預算成本的時候是假設所有的成本均由單一的單位基礎動因（通常為直接人工小時）所驅動。每一個成本項目都是利用直接人工小時為函數，發展出其成本公式，然後再利用這些公式來預測特定作業水準下之成本。**圖** 20-8 即為傳統彈性預算的內容。然而如果成本非僅跟隨單一動因而變動，且其動因與直接人工小時並無太多相關，則其預估出來的作業成本可能會有誤導作用。

很顯然地，解決此一問題的方法是建立不止一個動因的彈性預算公式。為了簡化多重動因彈性預算的格式，必須將同質性的作業分門別類，然後利用單一動因擬訂出每一個同質性類別的預算。實務上可以利用成本估計步驟（例如高低差法和最小平方法）來預擬每一項作業的成本公式。原則上，每一項作業的變動成本部份應該對應其在需要的時候才取得的資源，而固定成本部份則應對應其在使用之前預先取得的資源。多重公式法有助於經理人更精確地估計出不同作業使用水準下，利用作業產出評估指標所計算出來的成本。最後再將這些成本與實際成本進行比較，瞭解預算執行成效。**圖** 20-9 即為作業制彈性預算的內容。值得注意的是，物料、人工、和耗用物料的預算金額應與**圖** 20-8 當中的金額相同；這些作業使用相同的作業產出評估指標。其它作業項目的預算金額則與傳統方法出現很大的差異，因為兩者使用了不同的作業產出評估指標。

假設**圖** 20-9 當中的第一種作業水準即為實際作業使用水準。**圖** 20-10 則針對實際作業使用水準下的預算成本與實際成本進行比較。其中一項作業達到目標，另外的七項則或超越或未達預算目標。最後的淨結果是 $18,000 的正變數。

圖 20-10 的績效報告針對每一項作業的實際作業水準下的總預算成本與總實際成本進行了一番比較。實務上亦可比較實際固定作業成本和預算固定作業成本，以及實際變動作業成本和預算變動作業成本。舉例來說，假設實際固定檢查成本是 $82,000（因為年度中調薪的緣故，工會合約的結果較不如預期理想），而實際變動檢查成本則是 $43,500。檢查作業的變動預算變數與固定預算變數的計算過程如下：

作業檢查	實際成本	預算成本	變數
固定	$ 82,000	$ 80,000	$2,000U
變動	43,500	52,500	9,000F
總計	$125,500	$132,500	$7,000F

將每一項變數區分為固定部份與變動部份可以讓我們更進一步瞭解規劃與實際支出之間的變異來源。

圖 20-8

傳統彈性預算

	公式		直接人工小時	
	固定	變動	10,000	20,000
直接物料	$ —	$10	$100,000	$200,000
直接人工	—	8	80,000	160,000
耗用物料	—	2	20,000	40,000
維護	20,000	3	50,000	80,000
電力	15,000	1	25,000	35,000
檢查	120,00	—	120,000	120,000
設定	16,000	—	16,000	16,000
收料	22,000	—	22,000	22,000
總計	$193,000	$24	$433,000	$673,000

圖 20-9

作業制彈性預算

動因：直接人工小時				
	公式		作業水準	
	固定	變動	10,000	20,000
直接物料	$ —	$ 10	$100,000	$200,000
直接人工	—	8	80,000	160,000
耗用物料	—	2	20,000	40,000
小計	$ 0	$ 20	$200,000	$400,000
動因：機器小時				
	公式		作業水準	
	固定	變動	8,000	16,000
維護	$20,000	$ 5.50	$ 64,000	$108,000
電力	15,000	2.00	31,000	47,000
小計	$35,000	$ 7.50	$ 95,000	$155,000
動因：設定次數				
	公式		作業水準	
	固定	變動	25	30
設定	$ —	$ 800	$ 20,000	$ 24,000
檢查	80,000	2,100	132,500	143,000
小計	$80,000	$2,900	$152,000	$167,000
動因：訂單份數				
	公式		作業水準	
	固定	變動	120	150
收料	$ 6,000	$ 200	$ 30,000	$ 36,000
總計			$477,500	$758,000

圖 20-10

作業制績效報告

	實際成本	預算成本	預算變數
直接物料	$101,000	$100,000	$ 1,000 U
直接人工	80,000	80,000	–
耗用物料	23,500	20,000	3,500 U
維護	55,000	64,000	9,000 F
電力	29,000	31,000	2,000 F
檢查	125,500	132,000	7,000 F
設定	21,500	20,000	1,500 U
收料	24,000	30,000	6,000 F
總計	$459,500	$477,500	$18,000 F

* 成本動因之實際水準: 10,000 直接人工小時，8,000 機器小時，25 次設定，以及 120 份收料訂單。

然而這些總變異數據無法說明所有的事實。經理人必須瞭解浪費了哪些金錢，瞭解哪裡存在著改善的機會。比較實際作業水準下的預算作業成本和實際作業成本並非全無用處，但是卻無法反映出改善的機會，亦無法顯示出已經發生了哪些改善事實。作業制彈性預算制度如欲成為當代製造環境當中的有利工具，則應配合持續改善的目標。作業制彈性預算制度可將預算內的作業區分為附加價值作業與不具附加價值作業，然後針對每一項作業確認其標準作業動因數量。根據這些資訊，經理人便可進行更詳盡的分析，獲得有利於規劃與控制的重要資訊。

固定作業變數：細目分析

為了說明如何擴大應用固定作業變數分析，此處再以前例當中的檢查作業為例。預算表當中其它作業的固定成本分析也會進行類似的分析。假設 $80,000 的預算固定檢查成本代表了兩位品檢員的薪資，每一位品檢員的薪水是 $40,000。換言之，$80,000 是為了檢查作業而在使用之前預先取得的資源的預期成本。假設每一位品檢員可以有效地執行 20 批次的檢查作業，那麼實際作業產能就是 40 批次，而固定作業比率 (SP) 則為每一批次 $2,000 ($80,000 / 40)。

耗用與數量變數 (Spending and Volume Variances)

圖 20-11 當中的第一欄說明了如何利用兩種作業水準來細分總彈性固定預算變數：取得的實際作業水準（亦即實際產能 AQ）和應該使用的附加價值標準數量 (SQ)。此處假設檢查作業屬於不具附加價值作業，最終目標是要消除所有的檢查作業；因此，SQ = 0 即爲附加價值標準。此一架構下的數量變數具有重要的經濟意義： 其乃檢查作業的不具附加價值成本。耗用變數屬於*價格 (Price)* 變數。

未使用產能變數 (Unused Capacity Variance)

數量變數可以評估出經由不斷的作業分析與管理所可能達成的改善程度。然而由於特定作業（例如檢查作業）的供給必須一次取得定量（一次僱用一位品檢員），因此吾人也應當瞭解作業的需求（實際使用）。當供給大幅超過需求的時候，管理階層便可採取行動來減少執行作業的數量。因此，代表著可得作業與作業使用之間的差額的未使用產能變數也是管理階層必須瞭解的重要資訊。**圖** 20-11 的第二個欄位說明了如何計算未使用產能變數。值得注意的是，未使用產能是 15 批次，價值爲 $30,000。假設此一未使用產能係因管理階層採行品質改善計畫使得檢查特定批次的產品的需求降低所致。檢查資源的供給與使用之間的差異應會影響未來耗用計畫（不具附加價值作業的減少將爲正值。）

舉例來說，我們知道檢查資源的供給大於使用。此外，由於品質改善計畫的影響，我們可以預期檢查資源的供給和使用之間的差異會逐漸擴大（最終目標是將檢查作業成本縮減爲零）。於是，管理階層必須願意刪除他們所創造出來的未使用產能。經理人可以透過幾種方式來達到這個結果。如果檢查需求再減少五個批次，公司將只需要一位全職的品檢員。公司可以重新指派多出來的那一位品檢員，長期擔任其它資源供給短缺的作業。〔即使在目前的階段，其中一位品檢員的百分之七十五 (75%) 的工作時間亦可用於執行其它資源供給短缺的作業。〕如果重新指派工作並不可行的話，公司便應該資遣這一位多餘的品檢員。

圖 20-11

固定作業成本之變數分析

第一欄：耗用與數量變數

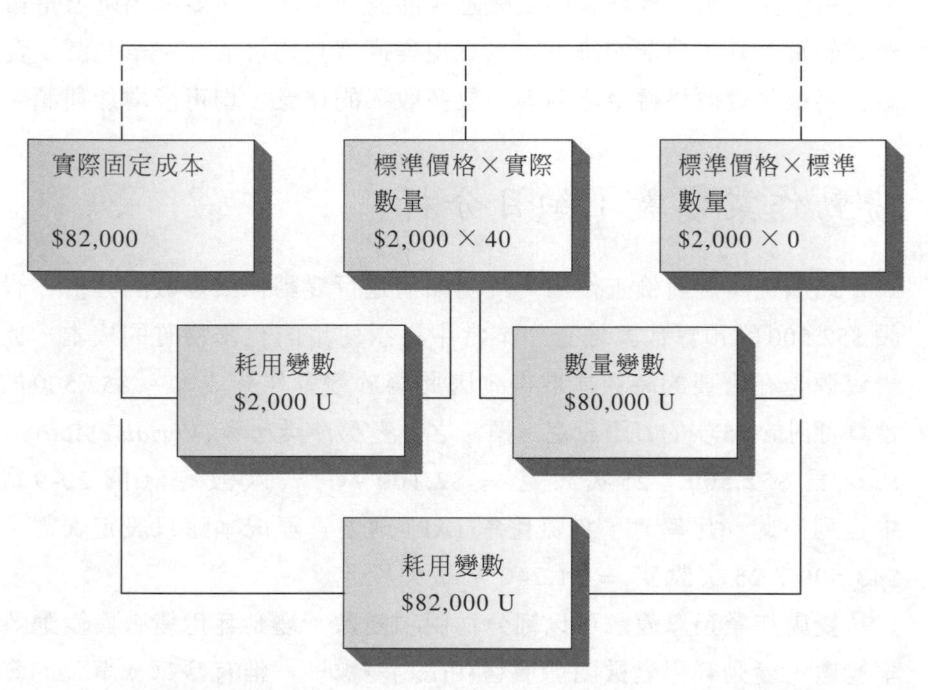

第二欄：未使用產能變數

實際數量 = 可得作業（實際產能）
實際使用 = 作業使用（執行之作業之實際數量）

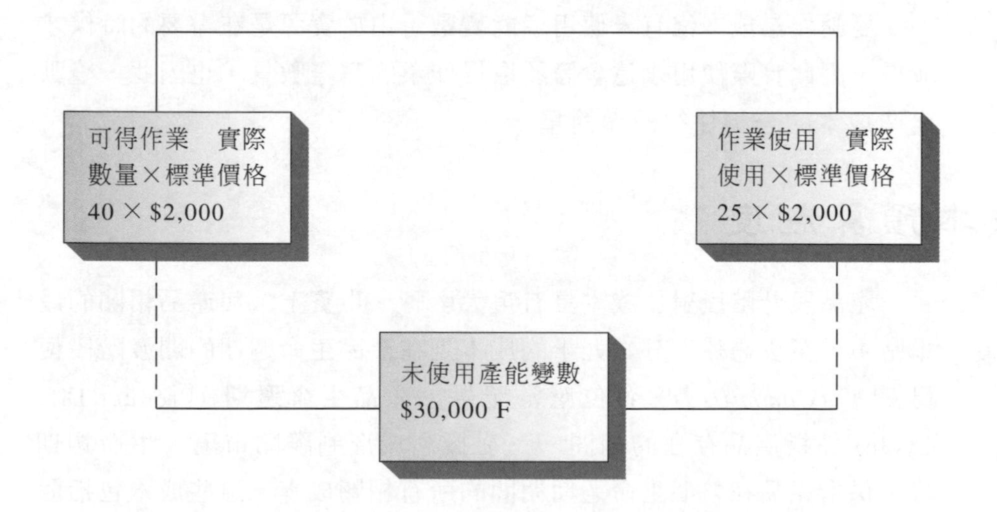

這個例子點出了作業改善的一大重要特色。作業改善可能創造出未使用產能，但是經理人必須願意且能夠痛下決心，擬訂出降低重複作業的資源耗用情形的決策，以實現提高獲利的可能性。舉凡減少資源耗用或將資源移轉至能夠創造更多收入的作業，均可能增加利潤。

變動作業變數：細目分析

此處也將針對檢查作業，說明如何進行變動作業變數的分析。假設 \$52,500 的預算代表檢查作業當中必須使用的化學物質的成本。此一資源是在需要的時候才取得，因此屬於變動作業成本。\$52,500 的預算可用於 25 次的實際設定；換言之，*變動作業比率 (Variable Activity Rate)*爲 \$52,500 / 25 次設定 = \$2,100 / 每一次設定（**圖** 20-9 當中也列出此一比率）。實際比率 (AP) 則爲實際成本除以設定次數：\$43,500 / 25 次設定 = \$1,740 / 每次設定。

變動作業預算變數可以細分爲兩項變數：變動耗用變數與變動效率變數。變動耗用變數屬於價格(Price)變數－－惟有當每一單位的資源的價格和預期價格不同的時候才會發生的變數。變動效率變數則是爲執行檢查作業所發生的*不具附加價值之成本 (Nonvalue-Added Costs)*。**圖** 20-12 說明了這兩項變數的計算過程。

變動作業成本沒有未使用產能變數。由於資源是在需要的時候才取得，因此實際使用永遠會等於取得作業的實際數量。也因此，變動作業成本的分析往往較爲簡單。

生命週期成本預算制度

學習目標四

描述生命週期成本預算制度。

產品設計階段對於成本具有重大影響。事實上，與產品相關的成本當中，至少高達百分之九十的成本是在產品生命週期的開發階段便已*確定 (Committed)*。各位應當記得，**產品生命週期** (Product Life Cycle) 係指產品存在的期間－－從概念成形到離開市場。生命週期成本係指產品在整個生命週期期間的所有相關成本。這些成本包括開發成本（規劃、設計與測試）、生產成本（加工作業）以及後勤支援成本（廣告、鋪貨與保證等）。新興的企業非常重視總顧客滿意度，

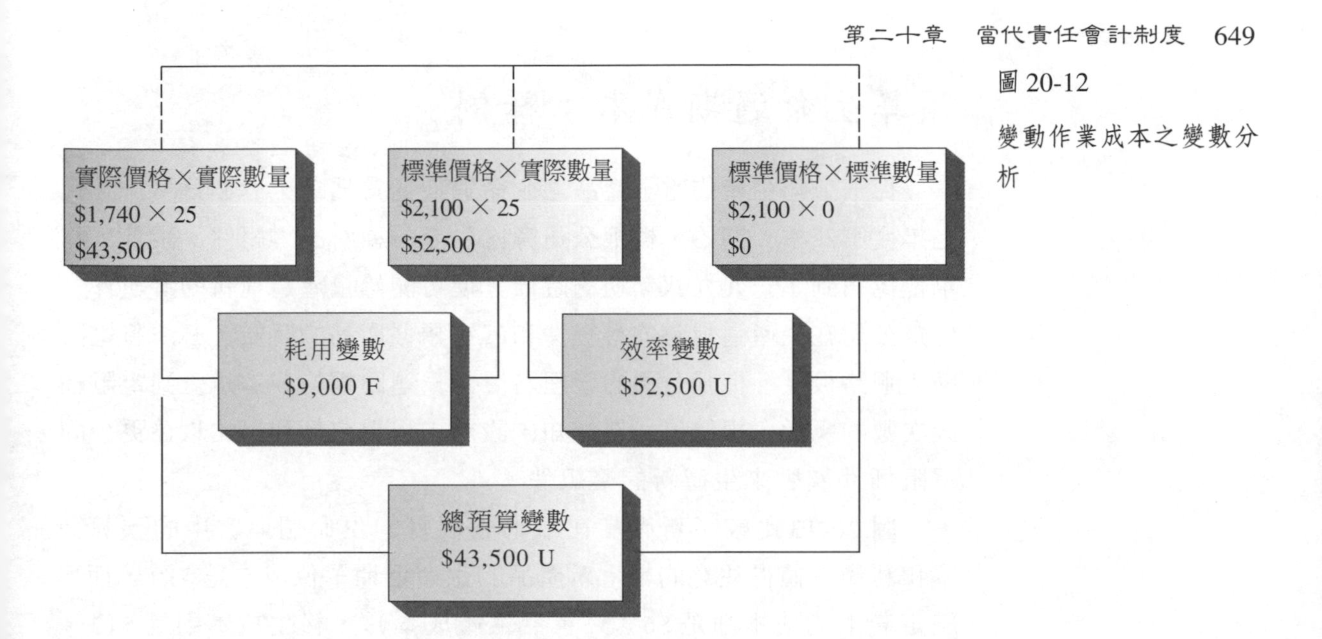

圖 20-12

變動作業成本之變數分析

因此終生成本業已成爲生命週期成本預算制度的核心焦點。**終生成本** (Whole-Life Cost) 係指產品的生命週期成本再加上顧客所發生的購後成本——包括操作、支援、維護與棄置。由於顧客在購買產品之後所發生的成本可能在終生成本當中佔有重要比例，同時也是顧客購買決策的重要考量，因此企業莫不設法管理作業以降低終生成本，進而創造重要的競爭優勢。

產品終生成本 (Whole-Life Product Cost)

從終生的觀點來看，產品成本係由四大成份組合而成：(1) 一次性成本（規劃、設計與測試），(2) 製造成本，(3) 後勤成本，以及 (4) 顧客購後成本。企業如能評估、計算與報告產品的所有終生成本，將有助於經理人更明確地掌握生命週期規劃的成效，進而建立更有效、更精確的行銷策略。比較實際的終生成本和預算終生成本則是方法之一。生命週期預算制度與績效報告制度亦有助於強化經理人擬訂良好定價決策與改善產品獲利的能力。生命週期預算制度與績效報告對於生命週期較短的產品尤其重要。由於企業少有機會在生命週期的當中進行調整與修正，因此完備的事前規劃便顯得格外重要。

預算生命週期成本：釋例

梅飛公司生產的電子產品之生命週期通常爲二十七個月。一九九七年度第四季一開始，梅飛公司考慮生產一種新的零組件。設計工程單位認爲到了一九九八年初的時候，便可開始量產這種新的零組件。梅飛公司在生產這種新的零組件和其它類似產品的時候，必須將電阻插入迴路板上。梅飛公司的管理階層認爲迴路板的成本是受到電阻插入次數的驅動。根據這一層認知，設計工程單位便利用比以往更少的電阻插件次數來生產新的零組件。

圖 20-13 比較了新產品在二十七個月的生命週期當中的預算成本和利潤。值得注意的是，新產品的生命週期單位成本是 $10，而傳統定義下的成本卻是 $6（只包括生產成本），終生成本則是 $12。理所當然地，新產品必須打平所有的終生成本，並且帶來合理的利潤。也因此，梅飛公司打算將這項新產品的價格定爲 $15。如果梅飛公司只考慮 $6 的成本，將可能做出非最佳選擇的定價決策。經理人必須擺脫傳統的、以財務爲主的產品成本定義。傳統成本制度並不直接認列產品的開發成本。然而終生成本卻可以提供更多的資訊－－證明梅飛公司的生命週期策略有效的資訊。舉例來說，如果競爭者以同樣的價格銷售類似的產品，然而其單位購後成本卻只有 $1，那麼梅飛公司將可能落居競爭弱勢。根據前述資訊，梅飛公司便可考慮採取行動來消除競爭弱勢（例如重新設計產品以降低購後成本）。

管理階層亦不得忽略提供關於生命週期規劃成效的回報。回報資訊能夠幫助梅飛公司規劃未來的新產品，有利於管理階層瞭解設計決策對於作業成本和支援成本的影響。比較實際生命週期成本和預算生命週期成本亦能提供有用的觀點。**圖** 20-14 即爲簡單的生命週期成本績效報告。誠如圖中所示，生產成本超過預期水準。根據調查結果顯示，成本係由總插件次數所驅動，而非由電阻插件數所驅動。進一步的分析結果也顯示出，梅飛公司如果能夠減少總插件數，將可降低購後成本。於是，梅飛公司未來在設計類似產品的時候，便可針對這一點著手改進。

圖 20-13

生命週期成本法：預算成本與收益

單位成本與價格資訊	
單位生產成本	$ 6
單位生命週期成本	10
單位全期成本	12
預算單位售價	15

	預算成本			
項目	1997	1998	1999	項目總和
開發成本	$200,000	$ —	$ —	$ 200,000
生產成本	—	240,000	360,000	600,000
後勤成本	—	80,000	120,000	200,000
年度小計	$200,000	$320,000	$480,000	$1,000,000
購後成本	—	80,000	120,000	200,000
年度總計	$200,000	$400,000	$600,000	$1,200,000
產量		40,000	60,000	

預算產品損益表				
年度	收入	成本	年度收益	累積收益
1997	$ —	$(200,000)	$(200,000)	$(200,000)
1998	600,000	(320,000)	280,000	80,000
1999	900,000	(480,000)	420,000	500,000

注意事項：購後成本係指顧客所發生之成本，因此並未列入預算損益表內。

圖 20-14

績效報告生命週期成本

年度	項目	實際成本	預算成本	變數
1997	開發	$190,000	$200,000	$10,000 F
1998	生產	300,000	240,000	60,000 U
	後勤	75,000	80,000	5,000 F
1999	生產	435,000	360,000	75,000 U
	後勤	110,000	120,000	10,000 F

分析：生產成本超出預算的原因在於積體電路的插件也會驅動成本（同時包括生產與購後成本）。

結論：未來產品設計應該嘗試將總插件減至最低。

作業水準的控制

學習目標五

探討當代環境當中作業水準的控制與傳統環境之差異。

績效的非財務評估指標在當代責任會計制度當中扮演著非常關鍵的角色。身處日新月異的環境當中，作業性控制逐漸成爲事前動作，而非傳統觀念裡的事後動作。在傳統的環境當中，企業會定期比較實際結果與標準結果。雖然每一次的比較可能間隔一星期或一個月，但是從達成實際績效到經理人接到報告的過程卻可能出現延遲。當代環境的控制比較講求時效。爲了獲得及時回報，員工參與控制過程的程度逐漸提高。企業鼓勵員工減少廢料、重製，甚至確認改善生產過程和產品整體品質的方法。營業結果的報告更爲即時－－在發生的時候就提出報告，不再需要曠日費時的冗長過程。立即的回報使得反應時間縮短，效率隨之提升。

由於員工對於作業性評估指標的掌握遠勝於財務性評估指標，因此諸如廢料和重製等結果會同時以作業性和財務性的方式來表達。因此，管理會計人員必須參與評估與報告許多作業績效的實體的和非傳統的標準。如果管理會計人員無法參與控制，那麼其所能發揮的正面影響將會打折扣。相反地，適時適度的參與可以擴大管理會計人員的角色。參與作業性過程的管理會計人員不再只是扮演提供控制資訊的單純角色。這些管理會計人員同時也是輔助和落實控制與評估過程的重要人物。

作業性評估指標 (Operational Measures) 係指投入與產出的實體評估指標。舉例來說，將廢料的重量除以發出物料的重量所求得的結果，可以讓作業經理和員工瞭解產生廢料的情形。作業性評估指標對於企業的競爭能力具有攸關影響。作業性評估指標必須能夠激勵與支持持續改善的整體目標。此外，企業亦應將作業性評估指標轉換成財務性數據。實務上業已確認五項重要的作業性控制：品質、存貨、物料成本、交貨績效和機器績效。除了這五項之外，或許應該再加上生產力。企業想要成功的關鍵因素之一是顧客滿意度。交貨績效和品質都是與顧客滿意度相關的重要指標。另一項致勝的重要因素則是製造上的零缺點。舉凡物料成本、機器績效、存貨和生產力等都是達成製造零缺點的重要因素。

品質

本書將在第二十二章專文探討品質成本的控制。然而企業不宜過度強調品質控制的重要性。企業如能提升產品品質，將可節省下可觀的成本。品質的作業性指標包括了單位瑕疵品、瑕疵品數量相對於總產量的比例、外部機能不全的比例以及廢料重量相對於發料總重量的比例等等。全面品質控制的整體目標是零缺點。因此，作業性評估指標的目的在於瞭解企業朝向目標前進的程度，以及激勵員工不斷地尋找改善品質的方法。長時期地追蹤這些作業性指標尤其重要。許多企業在作業現場的公佈欄裡張貼圖表報告。企業爲了達到控制目的，往往會採用並公佈這些作業性評估指標和品質成本。

存貨

控制在製品存貨和製成品存貨也是企業節省成本的絕佳機會。本書曾在第十三章討論過如何利用存貨控制來節省成本。控制這些存貨的關鍵就是採用及時製造制度與看板資訊網路。諸如存貨週轉率、存貨天數和存貨項目等都是可以用於瞭解企業降低存貨成效的作業性指標。舉例來說，企業可以設法瞭解存貨天數的變動趨勢；如果存貨天數逐漸縮短，那麼變動趨勢就會出現正值。

物料成本

物料成本也是常爲人所忽略的控制途徑。實施及時制度的企業並不強調物料價格變數，這些企業強調的是*品質 (Quality)*和*可得程度 (Availability)*。企業可以利用和供應商簽訂長期合約的方式來降低售價。藉由定期的、可靠的買賣關係，企業可以有效地掌握價格，選擇願意也能夠提供高品質原料的可靠廠商。和供應商建立緊密的合作關係是控制物料成本的關鍵要素。

生產力

生產力係指投入用於生產產出的效率。本書第二十二章將針對此一課題予以詳盡的說明。企業必須研擬和提出生產力的作業性與財務性評估指標。事實上，作業性指標和財務性指標之間息息相關。此處將就作業性生產力做一扼要說明。生產力的作業性評估指標計有產出／物料之比、產出／人工小時之比、產出/仟佤小時之比和產出／員工人數之比等等。產出可以是產品的單位數量，也可以是作業產出數量。採用作業產出評估指標的用意在於提高生產力。舉例來說，企業利用較少的投入來生產同樣的產出，或者利用同樣的投入來生產更多的產出。

交貨績效

由於競爭不斷增加，交貨績效的重要性也隨之提高。舉例來說，電實公司 (Tellabs) 是一家電訊產品製造商，同時也是摩托羅拉公司的客戶。電實公司希望摩托羅拉公司能夠百分之百地達成交貨時間的規定。爲了回應客戶的要求，摩托羅拉公司在電實公司的廠區內設置了兩處店面，將交貨時間由原先的五十天縮短爲不到二十四小時。如此一來，電實公司只需要競爭者的前置作業時間的一半。再者，摩托羅拉公司對電實公司的銷貨收入由一九九三年度的一百七十萬美金，攀升至一九九四年度的四百五十萬美金。

實務上可以由兩個層面來評估交貨績效：*可靠度 (Reliability)* 和*回應能力 (Responsiveness)*。可靠度係指依照預定日準時交貨的能力。回應能力則指完成訂單所需要的前置作業時間。兩者都是企業致勝的關鍵因素。

可靠度

交貨績效的評估指標之一是*準時交貨 (On-Time Delivery)*。爲了瞭解是否準時交貨，企業必須擬訂交貨日期，然後將準時交貨的訂單除以已交貨總訂單數來評估準時交貨績效。此舉的目標在於達到百

分之百 (100%) 的準時交貨率。然而實務上卻發現，企業如果誤用可靠度指標將可能導致負面的行爲結果。工廠經理人可能索性放棄已經延遲的訂單，來趕製還沒有延遲的訂單。準時交貨指標可能會誤導經理人寧可只有一筆嚴重延遲交貨的記錄，而不願意有許多稍微延遲交貨的記錄。

週期時間與速度：回應能力的評估指標

準時交貨是交貨績效的重要指標，卻不是最重要的指標。完成客戶訂單所需要的時間可能影響更爲重大。週期時間和速度都是更爲重要的指標，因爲這兩者能夠顯示出企業回應顧客要求的能力。**週期時間** (Cycle Time) 係指企業用以製造一單位產品的時間（時間除以產出單位數量）。**速度** (Velocity) 則指特定期間內可以生產出來的單位數量。速度和週期時間都是企業用以評估製造中心生產產品所需時間的指標。

由於實務界愈來愈重視時間能力，因此速度和週期時間也成爲績效的重要作業性評估指標。事實上，對於身處一九九O年代的企業而言，時間能力儼然成爲企業的競爭利器。也因此，企業莫不愈來愈重視時間評估指標。

企業可以設計誘因來鼓勵作業經理縮減週期時間、增加速度，進而改善交貨績效。達成此一目標的簡便方法是嚴密控制週期時間內的產品成本，並鼓勵作業經理積極降低產品成本。舉例來說，製造中心的加工成本可以根據其生產產品的時間爲基礎，分配至產品上。利用一定期間內（以分鐘計）可以獲得的理論生產時間，便可計算出每一分鐘的附加價值成本。

每分鐘標準成本 = 製造中心加工成本／可得分鐘

單位加工成本等於每一分鐘標準成本乘上特定期間內用以生產的實際週期時間。將利用實際週期時間計算出來的單位成本和利用理論或最適週期時間計算出來的單位成本做一比較，經理人便可掌握改善的機會。值得注意的是，製造中心生產一單位所需的時間愈長，單位產品成本愈高。企業可以利用前述產品成本方法來鼓勵作業經理和製造中心員工積極尋找縮減週期時間和增加速度的方法。

此處謹以實例說明這些概念。假設某家公司的其中一個製造中心的相關資料如下：

理論速度：每小時 12 單位
可得生產分鐘（每年）：400,000
年度加工成本：$1,600,000
實際速度：每小時 10 單位

圖 20-15 列出每一單位的實際加工成本與理論加工成本。值得注意的是，如果週期時間能由每一單位六分鐘縮減爲每一單位五分鐘（或者將速度由每一小時十單位提高爲每一小時十二單位），這家公司的單位加工成本便可由 $24 降爲 $20，並可同時達成改善交貨績效的目標。

製造週期效率

另一項以時間爲基礎的作業性評估指標是製造週期效率 (MCE)，其計算公式如下：

製造週期效率 = 加工時間／（加工時間 + 移動時間 + 檢查時間 + 等待時間）

其中，加工時間係指將原料轉換爲製成品的時間。其它作業均已在本章前面的段落裡面介紹過，而且也都是屬於不具附加價值作業。相反地，加工作業則屬於附加價值作業。換言之，此處的目標是將花費在這些作業項目上的時間縮減爲零，消除不具附加價值的作業。一旦達成目標，製造週期效率就是 1.00。隨著製造週期效率的提升（朝 1.0 接近），週期時間也隨之減少。此外，由於提升製造週期效率的唯一方法是減少不具附加價值作業，因此在提升製造週期效率的同時，亦可收降低成本之效。

爲了說明製造週期效率，謹以**圖** 20-15 當中的資料爲例。已知實際週期時間是 6.0 分鐘，而理論週期時間則是 5.0 分鐘。換言之，

圖 20-15

加工成本之計算

單位實際加工成本	
每分鐘標準成本	= \$1,600,000/400,000
	= \$4 / 每分鐘
實際週期時間	= 60 分鐘 / 10 單位
	= 6 分鐘 / 每單位
實際加工成本	= \$4 × 6
	= \$24 / 每單位
單位理論（理想）加工成本	
理論週期時間	= 60 分鐘 / 12 單位
	= 5 分鐘 / 單位
理想加工成本	= \$4 × 5
	= \$20 / 單位

可以歸屬於不具附加價值作業的時間為 1.0 分鐘 (6.0 - 5.0)，而製造週期效率的計算過程如下：

$$\text{製造週期效率} = 5.0 / 6.0 = 0.83$$

由計算結果來判斷，這家公司的製程效率其實相當地高。許多製造商的製造週期效率甚至沒有達到 0.10。

機器績效 (Machine Performance)

在及時制度的環境當中，機器績效的重要性與日俱增。實務上可以將機器設備分為兩類：*非瓶頸設備 (Nonbottleneck Equipment)* 與*瓶頸設備 (Bottleneck Equipment)*。瓶頸設備對於生產功能非常重要，企業對於瓶頸作業的需求最大（通常需求大到超過企業能夠處理的程度，因此被喻為瓶頸）。一旦瓶頸設備故障，往往會造成生產中斷的情形。就採行及時制度的企業而言，生產中斷的成本非常地高，因為沒有任何存貨可以做為生產中斷的緩衝。因此，企業應當努力地確保這一類的機器設備的產能充足，並且運作正常。

就非瓶頸設備而言，可得機器產能才是相關的績效評估指標，而非機器使用率。這一類的機器設備並非隨時隨地都派得上用場，因此不應經常性地使用。以機器使用率做為評估指標等於鼓勵不必要的生產，進而造成存貨的堆積。儘管如此，一旦需要的時候，仍應隨時備妥這一類的機器設備；換言之，所有的機器設備都必須隨時可以使用。

機器使用率和可得機器產能都屬於作業性，而非財務性的評估指標。除了這些指標外，詳細的維護記錄也是輔助經理人監督機器設備是否獲得適當照顧的工具之一。

作業性評估指標：限定條件

作業性評估指標可以創造無限的價值。實務上可以很快地計算出作業性評估指標，並以作業人員可以理解的語言和方式表達出來。這些指標如果單獨使用的話，卻可能對企業整體目標造成傷害。作業性評估指標之間可能互有衝突－－例如提高物料生產力可能造成人工生產率的下降。儘管如此，企業或許寧可捨一就一，而不願見到兩項指標同時攀升的局面。遇到衝突時究竟應該如何取捨，端視指標之間的相對價值而定。如欲有效地運用作業性評估指標，則必須將作業控制制度和企業整體目標緊密結合在一起。由於企業的整體成敗是藉財務術語來表達，因此作業績效和財務績效之間其實也具有相當程度的關

圖 20-16

作業性評估指標之扼要說明

品質：

瑕疵 / 數量
瑕疵數量 / 總數量
外部退貨之比例
廢料重量 / 發料重量

存貨：	時間基礎：
存貨週轉率	週期時間
存貨天數	速度
存貨項目	存貨天數之趨勢

生產力：	機器效率：
產出 / 物料重量	可得機器
產出 / 人工小時	機器使用
產出 / 仟佤小時	
產出 / 僱用人數	

連。本書第二十二章將會介紹和利潤相關的生產力指標，並舉例說明如何建立這兩種指標之間的關連。瞭解此一關連之後，作業經理便可用以監控企業策略性目標的達成狀況。

為了說明之便，**圖** 20-16 扼要摘錄了常見的作業性評估指標。該**圖**僅列示了部份常見的指標，並非涵蓋了全部的作業性評估指標。

結語

傳統製造環境當中所採用的控制程序無法轉換至當代企業經營的環境。以目前可達標準為基礎的詳盡變數分析可能引發和當代環境所特有的營業目標矛盾的誘因。舉例來說，以物料價格變數做為評估指標可能變相鼓勵經理人購買超出需要的數量，藉此得到數量折扣或較差的品質。此一行為將會堆積原料存貨和品質不佳的存貨，兩者均和零存貨與全面品質控制的目標相違。

當代責任會計強調管理作業，而非成本。當代責任會計制度認為作業會帶來成本，而妥善地管理作業將可獲得更有效率的結果。作業制成本管理的定義可以從兩個層面來看：成本面與製程面。成本面的定義是指精確地分配作業成本至成本標的－－尤其是產品。第二個層面－－製程價值分析－－則能提供為什麼可以完成作業以及作業品質優劣等資訊。製程面的定義還牽涉到作業動因分析、作業分析以及績效評估等。這些分析實踐了持續改善的理念。作業制控制的關鍵要素是作業分析。作業分析係指確認並說明企業的作業、分析作業對於組織的價值以及只保留眞正具有價值的作業的一連串過程。企業可以經由減少、消除、選擇和分享作業等方式來實現成本降低的目標。作業分析的重點在於確認不具附加價值的成本，然後設法去除這些成本。不具附加價值的成本源於不必要的作業，以及不具效率的必要作業。

作業彈性預算制度利用多重動因，計算不同作業水準下之成本，進而產生更正確的預算內容。此外，作業彈性預算制度會訂出作業動因的附加價值標準，預算變數可以細分為反映出不具附加價值的成本變數以及價格變數等兩項。就固定作業成本而言，吾人可以瞭解未使用作業的成本，並利用這些資訊來擬訂資源分配決策。

作業評估指標在當代製造環境當中愈來愈重要。實務上愈來愈強調即時的回報和作業性評估指標的使用。企業鼓勵員工更積極地參與每一天的例行控制過程。員工的參與將可對品質、存貨、物料成本、交貨績效、生產力和機器績效等產生正面影響。企業努力縮減生產與交貨時間，以期提升競爭能力。諸如週期時間和製造週期效率等時間性評估指標則為企業能否提升改善時間能力的參考標準。

習題與解答

I. 傳統責任會計與當代責任會計

某公司生產一單位產品的人工標準是2.0小時，其中包括了設定時間。最後一季開始的時候，總共生產了20,000單位，使用了44,000小時。生產經理對於年底報告當中人工效率變數可能爲負的情形感到相當關切。變異程度超過標準值百分之九到十(9-10%)，通常表示當年度的績效評比結果會很差。獎金的發放就會受到績效不佳的影響。因此，在最後一季當中，這位生產經理決定減少設定次數，採用較長的生產週期。他知道他的生產工人通常會在標準值的百分之五(5%)以內。眞正的問題出在設定作業。藉由減少設定次數，使用的實際小時將會落在允許的標準時數的百分之七到八(7-8%)的範圍。

作業：

1. 請解說爲什麼生產經理的行爲不被當代製造環境所接受。
2. 請解說當代責任會計方法不鼓勵前述行爲的原因。

解答

1. 當代製造環境強調減少存貨，消除不具附加價值的成本。然而生產經理片面強調達成人工使用標準，卻忽略了較長的生產週期可能對存貨產生的影響。
2. 當代責任會計強調作業內容與作業績效。就設定作業而言，附加價值標準係指零設定時間與零設定作業。因此，避免設定作業無法節省人工時間，也不會影響人工變數。可想而知，這家公司並不會計算人工變數——至少不會計算作業水準的人工變數。

II. 附加價值成本與不具附加價值成本之報告：目前可達標準

寶來公司業已針對物料使用、採購與檢查作業擬出附加價值標準。每一項作業的附加價值產出、達成的實際水準和標準價格分述如下：

	作業動因	標準數量	平均數量	標準價格
物料使用	平方英呎	24,000	30,000	$10
採購	採購訂單	800	1,000	50
檢查	檢查小時	0	4,000	12

假設物料使用與採購資源係於需要的時候才取得，而檢查作業則是以每 2,000 小時為取得單位。因為投入而支付的實際價格等於標準價格。

作業：

1. 請編製詳細說明附加價值成本與不具附加價值成本的成本報告。
2. 假設寶來公司希望在下一年度減少百分之三十 (30%) 的不具附加價值成本。請訂出可以用於評估寶來公司達成目標情況的標準。此舉將可節省多少資源耗用？

解答

1.

	附加價值成本	不具附加價值成本	總計
物料使用	$240,000	$ 60,000	$300,000
採購	40,000	10,000	50,000
檢查	0	48,000	48,000
總計	$280,000	$118,000	$398,000

2.

	內部標準	
	數量	成本
物料使用	28,200	$282,000
採購	940	47,000
檢查	2,800	33,600

如果達到標準的話，則可節省下：

物料使用：$10 × 1,800 =	$18,000
採購：$50 × 60 =	3,000
總計	$21,000

檢查作業的資源耗用並未減少，因為檢查作業的取得係以 2,000 次為單位，僅能節省 1,200 小時－－另外的 800 小時必須在節省其它資源耗用之前就先減少。

重要辭彙

Activity analysis 作業分析

Activity elimination 消除作業

Activity flexible budgeting 作業制彈性預算

Activity inputs 作業投入

Activity output 作業產出

Activity output measure 作業產出評估指標

Activity reduction 減少作業

Activity selection 選擇作業

Activity sharing 分享作業

Activity-based management (ABM) 作業制管理

Benchmarking 建立標竿

Business reengineering 企業再造工程

Cycle time 週期時間

Driver analysis 動因分析

Nonvalue-added activities 不具附加價值之作業

Nonvalue-added costs 不具附加價值之成本

Operational measures 作業性評估指標

Process improvement 製程改善

Process innovation 製程創新

Process life cycle 製程生命週期

Value-added activities 具附加價值的作業

Value-added costs 具附加價值的成本

Value-added standard 附加價值標準

Velocity 速度

Whole-life cost 終生成本

問題與討論

1. 請描述傳統責任會計制度。
2. 請描述當代責任會計制度。其與傳統責任會計制度有何不同？
3. 請解說物料價格變數可能和及時制度當中的零存貨與全面品質控制等目標衝突的地方。
4. 請解說物料使用變數可能不符合及時製造制度的地方。
5. 傳統的目前可達標準和持續改善的目標並不相符。你是否同意前述看法？並請解說你的理由。
6. 作業制管理模式的兩個層面爲何？這兩個層面之間有何差異？
7. 何謂「動因分析」？動因分析在製程價值分析當中扮演何種角色？
8. 何謂「作業投入」？何謂「作業產出」？何謂「作業產出評估標準」？
9. 何謂「作業分析」？這項方法爲什麼符合持續改善的目標？
10. 請指出並定義四種管理作業、進而降低成本的不同方法。
11. 何謂「不具附加價值作業」？何謂「不具附加價值成本」？並請各舉一例說明之。
12. 何謂「附加價值成本」？

13.請解說如何利用附加價值標準來確認附加價值成本與不具附加價值成本。
14.何謂不必要的不具附加價值作業所容許的標準成本？並請解說你的理由。
15.請解說如何利用不具附加價值成本的趨勢報告。
16.請解說如何利用標準的建立來改善作業績效。
17.請解說在控制不具附加價值作業的時候，作業產出評估指標（作業動因）如何引發有益或有害的行爲。並請解說如何利用附加價值標準來降低不當行爲的可能性。
18.請描述生命週期成本預算制度的好處。
19.請解說如何利用多重作業動因來改善比較實際成本與預算成本的績效報告。
20.何謂「固定作業數量變數」？並請解說未使用產能變數對於經理人有何用處。
21.請解說爲什麼績效的非財務評估指標多用於作業層次的理由。
22.在沒有採行及時制度的企業裡，原料的降低多以數量折扣方式取得。在採行及時制度的企業裡，又是如何降低成本呢？
23.請指出並定義兩種交貨績效的作業性評估指標。
24.何謂「週期時間」？何謂「速度」？
25.何謂「製造週期效率」？
26.請解說爲什麼時間基礎的績效評估指標愈來愈重要的理由。
27.請確認兩種機器績效的評估指標。
28.機器績效在及時環境當中的重要性大於非及時環境。你是否同意前述說法？並請解說你的理由。

個案研究

20-1
人工效率變數；倫理道德課題；誘因

擔任廠長的布朗恩負責生產噴射飛機所使用的螺栓200,000個。布朗恩擁有兩個星期的時間來完成這項工作。事業部門總經理指示他要優先處理螺栓的生產工作。布朗恩是否能夠達到交貨日期的要求，對於公司是否能夠和一家大型飛機製造商續約影響重大。每一個螺栓需要十五分鐘的直接人工和四盎斯的金屬原料。生產完畢的每一批次螺栓都必須應過壓力測試。通過壓力測試的螺栓才可以放進紙箱，紙箱外並會打印「品檢合格，品檢員第XX號驗」等字樣。有瑕疵的螺栓一律丟棄，不具任何剩餘價值。受到製程特性的限制，生產完畢的螺栓不可能重製。

第一個星期結束的時候，工廠已經完成了 100,000 個螺栓，並使用 27,000 直接人工小時，比容許標準超出了 2,000 小時。此外，工廠其實總共生產了 106,000 個螺栓，但是其中的 6,000 未能通過品檢測試，使得物料使用變數變成負值。布朗恩知道當他完成 200,000 個螺栓的生產的時候，公司將會編製績效報告。績效報告會比較使用的人工與物料，和容許的人工與物料之間的差異。只要變異程度超過標準值百分之五 (5%)，就會被上級調查。布朗恩預估下一星期的績效恐怕更糟，因此對於自己的績效評比感到憂心。於是，布朗恩在第二個星期一開始，就將品檢員移至生產線上（所有的品檢員都具備生產經驗。）然而爲了讓報告的數字好看一點，品檢員所提供的時間將不列入直接人工。此外，布朗恩更進一步要求品檢員將生產完畢的螺栓直接裝入紙箱內，並印上檢驗通過的字樣。其中一位品檢員拒絕布朗恩的要求，因而被臨時調去支援物料處理作業。布朗恩另外刻了一個檢驗章，交給願意代爲蓋章的生產線員工。

作業：

1. 請解說爲什麼布朗恩停止檢查生產完畢的螺栓，並將品檢員調至生產與物料處理作業的理由。並請探討此一決策在倫理道德上的偏差。
2. 傳統責任會計制度當中的哪些特點提供了布朗恩採取前述行爲的誘因？
3. 布朗恩的行動對於螺栓的品質可能會有何等影響？爲了爭取續約——而且這份訂單完成之後，公司又會回復正常的品檢程序，是否就可以擬訂這樣的決策？對於這家公司採取的品質方法，你是否有任何建議？

20-2
傳統控制方法

請就下列各項行爲，分別描述：(1) 其係因傳統責任會計制度的哪些特點所致，以及 (2) 控制方法的缺點或弱點（並請扼要探討各項行動的後果）。

1. 採購部門買進價格較低、品質較差的零件。
2. 爲了爭取數量折扣而一次購買大批原料。
3. 爲了減少重製作業的負擔，將檢查人員暫時調去支援物料處理作業。

4. 提高產量以便將直接人工的閒置時間降至最低。
5. 為了達到預算目標，維護主管拒絕購買一項重要的診斷儀器。因此，維護工人被迫在修理作業上花費更多時間，而在預防性維護上花費較少時間。
6. 廠長不願聽取製造工程師所提出關於目前製造程序效率的問題。廠長認為畢竟過去三年以來人工效率變數和物料效率變數都是正值。何必自找麻煩呢？

20-3
傳統責任會計與當代責任會計

下列三段內容係摘錄自本章的內文，請再仔細閱讀一次：

「在市場成長百分之三十 (30%)，而我們的主要競爭對手銷貨收入提高了百分之四十 (40%) 的情況下，我們的銷貨收入增加百分之十五 (15%)，並超前預算百分之五 (5%) 的結果並沒有令人值得高興的地方。」

「製程將物料轉換成產品，而不是生產線員工將物料轉換成產品。換言之，製程效率比人工效率來得重要許多…」

「沒有列入報告的成本有如隱形的成本，會在管理過程中為人忽略、遺忘。」

作業：請探討前述內容何以能夠被視為對於傳統責任會計制度的負面評價，並描述當代責任會計制度當中修正了這些缺點的特色。

20-4
當代責任會計與傳統責任會計

請就下列每一種情況，確認哪一項特徵 (A 或 B) 係代表了當代責任會計制度，而哪一項特徵代表的又是傳統責任會計制度。並請針對每一種情況，扼要說明兩種會計制度之間的差異，以及當代責任會計制度優於傳統責任會計制度的地方。

情況一

A：控制重點強調製程與團隊。

B：控制重點強調組織的單位與個人。

情況二

A：獎勵以團隊為基礎，並以多種層面的績效評估結果為依據。

B：根據個人的預算績效來施行獎勵。

情況三

A：假設作業可以組合成爲獨立的小組合。

B：假設作業之間是交互相關的。

情況四

A：焦點是組織。

B：焦點是個人。

情況五

A：藉由比較實際財務結果與預算財務結果的方式來評估績效。

B：藉由許多財務與非財務因素——與時間、品質、成本和效率等製程績效特色相關的因素——來評估績效。

情況六

A：控制重點是成本。

B：控制重點是作業。

情況七

A：經過重整之後的標準具有固定不變的傾向。

B：標準是最適的、機動的，且以製程爲導向的。

情況八

A：焦點同時著重內部與外部因素。

B：焦點多爲內部因素。

20-5
動因分析；作業分析

請就下列各種強況，提出三類資訊：

a. 每一項作業引起的不具附加價值成本的估計值。

b. 作業成本的根本發生原因。

c. 降低成本方法：消除作業、減少作業、分享作業或選擇作業。

情況一：利用傳統製程來生產某一產品需要三十分鐘和五英磅的物料。一項製程重整研究結果顯示，新的製程設計（利用現有技術即可達成）將只需要十五分鐘的時間和四英磅的物料。每一人工小時的成本是 $12，而每一英磅物料的成本則爲 $8。

情況二：根據原始的設計，某項產品需要五小時的設定時間。重新設計這項產品之後可以將設定時間降爲最低三十分鐘的時間。每一設定小時的成本爲 $500。

情況三：某項產品目前需要八次移動作業。重新設計製程佈置之後，移動次數可以減少爲零。每一次移動的成本是 $10。

情況四：某工廠的外包時間每一年爲八千小時。外包成本當中包括每一外包小時百分之五十 (50%) 的加班費用，再加上一位外包工人的薪資。工資比率爲每小時 $10，而薪資則爲 $27,000。如改採及時採購與製造制度，則可消除外包的需要。

情況五：某產品每一單位須要五個零組件。然而因爲零組件不良、重製等影響，實際上使用零組件的平均數量爲 5.3。如能與優秀的供應商之間建立良好關係，並提高採購零組件的品質，使用的平均零組件數目可以降低每一單位五個零組件的標準。零組件的單位成本是 $600。

情況六：某工廠生產一百種不同的電子產品。每一種產品平均需要八個外購的零組件。每一種電子零件需要的零組件各不相同。藉由重新設計產品的方式，可以讓這一百種產品共有四種共同的零組件。如此一來將可減少採購、收料與付款等作業的需求，估計每一年將可節省下 $900,000。

20-6
具附加價值成本與不具附加價值成本之計算；未使用產能

楚門公司生產各式各樣水上運動產品。楚門公司採用傳統的部門別組織結構。經過仔細的研究之後，楚門公司認爲運輸訂單可以做爲運輸成本的作業動因。去年度，楚門公司發生的 $192,000 固定運輸成本（八位員工的薪資），並花費了平均每一份訂單 $8 的變動運輸成本。管理階層認爲運輸訂單的附加價值標準應爲 16,000。訂單份數爲訂單大小的函數。楚門公司訂有最小訂單金額的政策，此一政策加上楚門公司的市場佔有率目標對於決定附加價值數量具有重要影響。許多不具附加價值成本的發生係因楚門公司並未強制執行其最小訂單金額的政策。固定成本可以處理 32,000 份訂單（每一位員工實際處理 4,000 份訂單）。假設實際處理的運輸訂單爲 28,000 份，並假設前述成本公式可以正確地預測運輸成本。

作業：

1. 請計算未使用運輸產能的成本。
2. 請計算運輸的附加價值成本和不具附加價值成本。

3. 請編製說明附加價值成本、不具附加價值成本與實際成本的報告，並請解說爲什麼必須格外注意不具附加價值成本的理由。

20-7
成本報告；附加價值成本與不具附加價值成本

吉斯公司業已擬訂出四項作業的附加價值標準：執行設定、發放零件、操作機器和組裝零組件。下表爲一九九七年的作業項目、作業動因、附加價值與實際數量以及價格標準。

作業項目	作業動因	標準數量	實際數量	標準價格
執行設定	設定次數	750	1,050	$450
發放零件	零件數目	12,000	12,750	15
操作機器	機器小時	90,000	99,000	9
組裝零組件	人工小時	30,000	37,500	10

每項作業動因之單位實際價格等於標準價格。

作業：

1. 請編製詳列出每一項作業的附加價值成本、不具附加價值成本以及實際成本的成本報告。
2. 前述四項作業當中哪一項不具附加價值？並請解說爲什麼附加價值作業會發生不具附加價值的成本。

20-8
趨勢報告；不具附加價值之成本

沿用個案20-7的資料。假設一九九八年，吉斯公司進行了作業分析計畫以期降低不具附加價值成本。下表則爲一九九八年的附加價值標準、實際數量與價格。

作業項目	作業動因	標準數量	實際數量	標準價格
執行設定	設定次數	750	900	$450
發放零件	零件數目	12,000	11,700	15
操作機器	機器小時	90,000	93,000	9
組裝零組件	人工小時	30,000	39,000	10

作業：

1. 請編製比較一九九七年與一九九八年不具附加價值成本的報告。

2. 請就趨勢報告的價值，提出你的看法。

20-9
作業分析，作業動因，動因分析以及行為上的影響

利貴公司的會計長魏肯席負責協助外部顧問人員來建立公司的當代成本管理制度。這套新的會計制度用意在於輔助公司（藉由創造競爭優勢的方式）達成更具競爭力的目標。過去兩個星期以來，魏肯席已經確認了許多作業項目、分配作業項目需要的人工，並且訂出個別作業使用的時間與資源。現在，魏肯席和顧問人員準備進入作業分析的第四階段：瞭解價值。在此一階段，魏肯席和顧問們也計劃確認分配成本至成本標的的動因。此外，他們決定確認作業成本的可能根源原因，做為改善作業效率的前置準備。目前魏肯席的任務是瞭解五項作業的價值，選擇適當的作業動因，並確認作業的可能根源原因。下表則為這五項作業以及其可能的作業動因。

作業	可能作業動因
設定設備	設定時間，設定次數
產生廢料	廢料重量，瑕疵單位數量
操作機器	機器小時，人工小時
物料處理	移動次數，移動距離
進料檢查	檢查小時，瑕疵單位數量

魏肯席針對每一項可能的作業動因進行了迴歸分析，並使用最小平方法來估計變動成本與固定成本的部份。在五項作業項目當中，成本均與可能動因之間出現高度相關的關係。換言之，所有的動因似乎都是分配產品成本的良好選擇。利貴公司計畫以獎勵的方式來鼓勵生產經理降低產品成本。

作業：

1. 請確認每一項作業的價值內容，並將每一項作業項目分類為附加價值作業或不具附加價值作業。並請就每一項作業，確認一些可能的根源原因，並說明如何利用此一知識來改善作業管理。為了討論之便，假設附加價值作業並未處於最佳效率狀態。
2. 請描述每一項作業動因鼓勵的行為，並且評估這些行為相較於利貴公司建立長期存續的競爭優勢的目標是否相符。

20-10
附加價值標準；不具附加價值之成本；數量變數；未使用產能

塑王公司（生產多種塑膠產品）副總經理莫凱門負責導入當代成本管理制度。莫凱門的目標之一是藉由定義製程來改善作業，進而提升製程效率。爲了向總經理證明新制度的好處，莫凱門決定以兩道製程爲主：生產與顧客服務。莫凱門已經就這兩道製程，分別選出一項作業來進行改善：生產的物料使用和顧客服務的持續工程（持續工程師負責根據顧客的需求與回報來重新設計產品）。每一項作業都訂有附加價值標準。就物料使用而言，附加價值標準是每一單位產出六英磅。（雖然各種塑膠產品的外形與功能不儘相同，然而其以重量評估的規格卻是一致的。）附加價值標準係以消除不良模具所造成的所有浪費爲依據。物料的標準價格是每磅 $5。就持續工程而言，附加價值標準爲目前實際作業產能的百分之五十 (50%)。此一標準係基於大約半數的顧客抱怨都和可以避免或可以預期的設計有關的事實。目前的實際產能（一九九七年底）係以下列規定來定義：每一個已經上市或處於開發階段不超過五年的產品，三千工程小時；至於超過五年的產品則爲一千兩百工程小時。目前已知有四個產品尙未超過五年，而有十個產品已經超過五年。塑王公司共有十二位工程師，每一位工程師的薪資是 $50,000。每一年，每一位工程師可以提供兩千服務小時。除了薪資之外，工程作業並無其它重要的成本。

一九九七年的實際物料使用超過附加價值標準的百分之二十 (20%)；工程使用爲兩萬三千小時。塑王公司總共生產了四萬單位的產品。莫凱門和作業經理已經選定部份改善措施，預期一九九八年的不具附加價值作業使用將可減少百分之三十 (30%)。一九九八年選定達成的實際結果如下：

產出單位數量	40,000
使用物料	292,400
工程小時	17,700

物料和工程小時所支付的實際價格恰恰等於標準或預算價格。

作業：

1. 請就一九九七年，計算出物料使用與持續工程的不具附加價值使用情形與成本。並請計算出工程作業未使用產能的成本。

2. 請利用減少作業的目標，建立一九九八年度物料與工程的標準。
3. 請利用第二題的標準，（同時以實際的與財務的評估指標表示之）計算一九九八年度物料與工程的使用變數。（就工程作業而言，請比較實際資源使用情形與目前標準之差異，並解說進行此一比較的原因。）請就塑王公司是否能夠達成預定的減少作業目標，提出你的看法。其中，務必探討塑王公司必須採用哪些評估指標來瞭解已經實現的任何減少資源使用的情形。

20-11
建立標準與不具附加價值作業

醫友公司擁有兩座生產輪椅的工廠，其中一座位於西武市，另一座位於聖路易斯市。每一座工廠都是獨立的利潤中心。去年度，這兩座工廠生產的一般型輪椅售價都是 $340。每一座工廠每一年的平均銷貨數量爲 10,000 單位。最近，西武廠的廠長由於他們成功地減少了不具附加價值成本，亦即減少了製造與銷售成本，因此可以考慮降價的動作。西武廠的一般型輪椅的製造與銷售成本爲每單位 $260。西武廠表示願意商調其會計經理來協助聖路易斯廠達到同樣的結果。聖路易斯廠的廠長欣然同意，因爲他深深明白自己的工廠必須趕上西武廠和其它競爭者的腳步。一家當地的競爭者已經宣佈調降同型產品的價格，而聖路易斯廠的行銷經理指出他們必須跟著降價，否則銷貨收入將會受到重創。事實上，這位行銷經理建議如果在年底前將售價降爲 $290 的話，可以擴大百分之二十 (20%) 的市場佔有率。廠長同意行銷經理的看法，但是堅持必須維持目前的單位利潤。聖路易斯廠的廠長希望瞭解他的廠是否至少能夠達到和西武廠一樣每單位成本 $260 的水準。同時他也希望瞭解他的工廠是否能夠利用西武廠的方法來降低成本。工廠的會計長和西武廠的會計經理蒐集到了下列關於最近年度的資料，包括生產投入的實際成本、附加價值（理想）數量水準和實際數量水準（當產量爲 10,000 單位時）等。假設作業數量的實際價格與標準價格並無差距。

	標準數量	實際數量	實際成本
物料（磅）	237,500	250,000	$1,500,000
人工（小時）	57,000	60,000	750,000
設定（小時）	—	4,000	150,000
物料處理（移動次數）	—	10,000	100,000
保證（修理數量）	—	10,000	500,000
總計			$3,000,000

作業：

1. 假設單位獲利維持在廠長的規定水準，請計算出聖路易斯廠爲增加百分之二十 (20%) 市場佔有率的目標成本。
2. 請計算不具附加價值單位成本。假設不具附加價值成本可以減少至零的水準，視問聖路易斯廠是否能夠達到西武廠的單位成本？聖路易斯廠是否能夠達成提高市場佔有率的目標成本？如果你是聖路易斯廠的廠長，你會採取哪些行動？
3. 請描述在聖路易斯廠爲保護並改善其競爭地位所做的努力當中，標準建立所扮演的角色。

20-12
多重動因的彈性預算制度

下表爲已確認的作業項目及其動因：

作業內容	產出評估指標（動因）
使用物料	產出單位數量
處理物料	移動次數
訓練員工	受訓人數

利用最小平方法可以訂出下列成本公式：

物料成本 = $10X
物料處理成本 = $100Y
訓練成本 = $50,000 + $200Z

每一道公式當中的變數分別爲各該作業之產出評估指標的值。

就下一個月份而言，這家公司估計出作業的三種可能水準。

	水準一	水準二	水準三
產出單位數量	40,000	60,000	80,000
移動次數	100	120	150
員工人數	30	40	45

作業：請利用前述成本公式，編製三種作業水準下之彈性預算。

20-13
生命週期預算制度

電通公司總經理奧比爾才剛審核過兩種用於音響的零組件的預估獲利報告。這兩種音響產品都還處於規劃階段，因此他必須決定是否繼續開發這兩種音響產品。這兩種零組件都是同時開發、生產與銷售。每一種零組件的生命週期是三十個月。這兩種零組件的預估利潤績效至少為百分之八 (8%) 的報酬率－－低於公司百分之十四 (14%) 的標準。就下表而言，奧比爾認為問題在於零組件 S11－－其毛利比例遠低於零組件 S10。零組件 S11 的貢獻尚不足以打平當期成本。

	零組件 S10	零組件 S11	總計
銷貨收入	$1,000,000	$1,000,000	$2,000,000
銷貨成本	(500,000)	(700,000)	(1,200,000)
毛利	$ 500,000	$ 300,000	$ 800,000
研發費用			(500,000)
銷售費用			(140,000)
稅前獲利			$ 160,000

作業：

1. 請解說奧比爾在分析兩種零組件的相對績效時，可能判斷錯誤的原因。你會建議電通公司如何改變其生命週期預算方法？
2. 假設百分之八十的研發與銷售費用可以追蹤至零組件 S10。請分別編製兩種零組件的生命週期預算損益表，並計算出個別的投資報酬率。根據計算出來的結果，你認為正確的生命週期預算制度有何重要性？管理階層所採用的產品成本方法又有何重要性？

3. 請解說為什麼相較於生命週期成本，終生成本會是比較好的產品成本評估方法。並請解說為什麼生命週期成本預算制度應該融合企業的價值鍊。

20-14
週期時間與速度；單位加工成本；製造週期效率

某製造中心理論上具有每一季生產 60,000 具電熱器的產能。每一季的單位加工成本是 $300,000。該製造中心每一季可以提供 20,000 生產小時。

作業：

1. 請計算出理論速度（每小時）和理論週期時間（每生產一單位的分鐘數）。
2. 請計算每一台電熱器將會分配到的理想加工成本金額。
3. 假設生產一台電熱器的實際時間是三十分鐘。請計算出實際分配到每一台電熱器的加工成本金額。並請探討此一分配加工成本的方法如何能夠改善交貨時間。
4. 請計算出製造週期效率。題目當中的製造中心使用了多少不具附加價值的時間？ 每一台電熱器使用的不具附加價值成本是多少？
5. 舉凡週期時間、速度、製造週期效率、單位加工成本（理論加工比率×實際加工時間）和不具附加價值成本等等都是評估製造中心製程績效的指標。請就這些指標所帶來的誘因，逐一討論之。

20-15
製造週期效率

某公司生產的產品必須經過下列作業與時間：

生產排程	2 小時
加工（兩個部門）	15 小時
移動（三次）	4 小時
檢查	1 小時
等待（下一道製程）	13 小時
儲存（交貨給顧客之前）	15 小時

作業：

1. 請計算出這個產品的製造週期效率。

2. 請探討製程價值分析如何改善效率評估指標。

20-16
傳統責任會計與當代責任會計

持續不斷的改善是當代責任會計制度的首要原則。下面列出許多績效評估指標。這些評估指標當中某些係與傳統責任會計制度有關，某些則與當代責任會計制度有關。

a. 物料價格變數
b. 週期時間
c. 實際產品成本與目標成本之比較
d. 物料數量或效率變數
e. 不同時期之實際產品成本比較（趨勢報告）
f. 實際費用成本與對應預算成本之逐項比較
g. 產品成本與競爭者產品成本之比較
h. 準時交貨之比例
i. 品質報告
j. 附加價值成本與不具附加價值成本之報告
k. 人工效率變數
l. 機器使用比率
m. 存貨天數
n. 機器故障時間
o. 製造週期效率 (MCE)
p. 未使用產能變數
q. 人工比率變數
r. 利用姐妹廠的最佳作法做為績效標準

作業：

1. 請將每一項評估指標分類為傳統或當代。如屬傳統，請探討該項評估指標用於當代環境之限制。如屬現代，請描述該項指標如何輔助當代環境之目標。
2. 請將每一項評估指標分類為作業類或財務類。並請解說為什麼作業類指標會比財務類指標更適合用於生產控制的理由。財務類指標是否應該用於作業性層次？

20-17
作業分析；不具附加價值成本；目標成本

台安公司總經理米喬治相當注意他剛從行銷經理艾凱洛手上拿到的年底行銷報告。艾凱洛在報告當中建議，下一年度公司生產的商業用計算機應該降價。根據艾凱洛的說法，爲了維持公司的年度銷貨數量，就必須考慮降價。台安公司生產的商業用計算機曾經非常賺錢。然而目前 $27 的單位售價只有 $3 的單位利潤－－只有行規每單位 $5 利潤的百分之六十 (60%)。外國競爭者不斷調降售價，迫使台安公司不得不跟進。爲了配合競爭者最近一次的降價動作，台安公司必須將單位售價由 $27 向下調整爲 $22。換言之，台安公司每賣出一台商業用計算機，就虧損 $2。米喬治對於競爭者竟然能夠提出這麼低的價格感到十分驚訝。

米喬治最近閱讀了幾篇關於製程改善與作業管理的商業雜誌之後，決定聘請顧問公司來確認公司內部的作業問題。或許可以設法改變一些缺點或弱點。顧問公司將評估範圍鎖定在兩道製程上：製造與顧客支援。這兩道製程及其成本即爲定義台安公司產品成本的生產投入。經過兩個星期之後，顧問公司針對每一道製程確認了下列作業內容與相關成本：

製造製程作業：	
設定設備	$ 187,500
處理物料	270,000
檢查產品	183,000
使用物料	750,000
使用電力	72,000
使用組裝人工[a]	375,000
使用其它直接人工	225,000
總製程	$2,062,500
顧客支援製程：	
提供工程支援	$ 180,000
處理顧客抱怨	150,000
實現保證	225,000
儲存產品	120,000

（接續下頁）

外包產品	112,000
總製程	$ 817,500
總成本	$2,880,000[b]

[a] 積體電路板是由人工插入計算機的機板。

[b] 總成本可以換算出去年度銷貨數量的單位成本是 $24。

負責輔導計畫的顧問指出，初步的分析結果顯示單位成本至少可以降低 $10。行銷報告當中指出如果售價可以降爲 $20，則積體電路板的市場佔有率（銷貨數量）將可提高百分之五十 (50%)。對此，米喬治感到相當振奮。在與顧問公司電話交談的時候，對方顧問向米喬治保證一定可以節省下可觀的成本，然而前題是台安公司必須致力於作業管理方法，並確實施行從大規模的製程價值分析所得到的結果。這位顧問並且建議台安公司或許可以考慮製程創新，而非製程改善－－尤其是如果台安公司想要達到初步報告當中的鉅額成本節省的效果。

作業：

1. 何謂「作業制管理」？題目當中的顧問公司提供的是哪一階段的製程價值分析？接下來還需要做些什麼？
2. 請解說製程創新與製程改善之間的差異。你是否贊同顧問的看法？台安公司是否應該強調製程創新？如果台安公司專注於製程的創新，是否還有可能進行製程改善？並請解說你的理由。
3. 請實際瞭解每一道製程的價值內容，並儘可能地確認不具附加價值的成本。如果這些作業可以減少或消除的話，請計算出每一單位可以實現的成本節省金額。這位顧問在初步成本節省報告當中的說法是否正確？請探討台安公司爲減少或消除不具附加價值的作業所能採取的行動。對於確認這些行動而言，哪一部份的製程價值分析格外重要？並請解說你的理由。
4. 請計算爲了維持目前的市場佔有率並且賺取 $6 的單位利潤，所需要的目標成本。現在再請計算爲了增加百分之五十 (50%) 的銷貨收入，所需要的目標成本。爲了達成前述兩項目標，各需要降低多少成本？

5. 假設進一步的分析研究結果指出：如果改採自動組裝方法將可節省 $90,000 的工程支援成本和 $285,000 的直接人工成本。那麼現在根據作業分析結果，每一單位所可能節省下來的總成本金額是多少？如果真的能夠進一步地節省下更多的成本，台安公司是否能夠達到為了維持目前的銷貨數量所需要的目標成本？此外，台安公司是否又能夠達到為了提高百分之五十 (50%) 的銷貨收入所需要的目標成本？這是屬於哪一種型式的作業分析：降低、分享、消除或選擇？

20-18
生命週期成本預算制度

高登玩具公司生產的玩具產品平均生命週期為三年。這三年當中的第一年用於產品開發，其餘兩年則用於生產與銷售。下表為其中兩項玩具產品的生命週期預算損益表。每一項產品都將銷售 400,000 單位。價格係以賺取百分之五十 (50%) 的毛邊際比率而擬訂。

	大吉普車	三輪車	總計
銷貨收入	$8,000,000	$10,000,000	$18,000,000
銷貨成本	(4,000,000)	(5,000,000)	(9,000,000)
毛邊際	$4,000,000	$ 5,000,000	$ 9,000,000
當期費用：			
研發			(4,000,000)
行銷			(2,300,000)
生命週期損益			$2,700,000

高登公司總經理杜安妮看到這份預算表的時候，便召集了行銷經理史傑瑞和設計工程師歐吉姆一同開會。

杜安妮：這兩項產品的報酬率都只有百分之十五 (15%)。我們公司規定的投資報酬率是百分之二十 (20%)。難道我們不能提高售價嗎？

史傑瑞：我不認為市場上還能夠接受任何的漲價動作。當然我還是會進行一些其它的研究，看看是否還有其它的辦法。毛利率其實已經很高了。問題似乎出在研發上面。這兩項產品的研發費用超出正常標準。

歐吉姆：這些產品比以前複雜許多，所以我們需要更多的資源－－至少要讓這些玩具確實具備我們宣稱的功能。此外，我們的設計目的在於減少消費者必須支付的購後成本，包括了操作、支援、維護和棄置等等。史傑瑞，如果你還記得的話，一年前你曾經向我們表示我們的競爭者的產品之購後成本比較低。這一次的新設計可以讓我們公司在這方面躍居同業的領導者。長期下來－－當我們在這方面累積了足夠經驗之後，或可減少許多維護成本。估計大概有 $50,000 左右。

杜安妮：就算產品的績效改善之後，我們的毛利也只有大約百分之十五點六 (15.6%)。或許我們應該考慮維持標準的功能即可。

史傑瑞：在我們決定放棄這兩種新玩具之前，或許應該個別分析一下兩種產品的特色。或許可以保留其中一種玩具。這些新功能可以讓我們在市場上獨樹一格。此外，我相信歐吉姆一定可以重新設計產品，讓生產成本再低一點－－如果他能夠知道成本動因在哪裡的話。我相當在意競爭者的購後成本優勢。我認爲我們公司必須在這方面超越所有的競爭者－－否則公司的信譽將會受到極大影響。如果我們不小心一點，恐怕會失去目前的市場佔有率。

作業：

1. 爲了改善高登公司的生命週期成本預算制度，你會提出哪些明確的改善建議？
2. 假設「當期費用」可以追蹤至個別的產品上。大吉普車佔了百分之六十 (60%) 的研發成本和百分之五十 (50%) 的行銷成本。請編製每一項產品的修正損益表。根據修正過後的損益表，高登公司是否應該生產其中任何一種產品？
3. 根據修正過後的損益表（參閱第二題），高登公司必須降低多少生產成本，生產這兩種產品才是可行的計畫？請探討如何利用製程價值分析來達到此一結果。並請解說爲什麼是在此一階段進行製程價值分析，而不是在產品進入生產階段的時候。
4. 根據歐吉姆的看法，新設計的用意在於減少新產品的購後成本。請解說爲什麼終生成本應爲生命週期成本預算制度的重心。

20-19
成本報告：附加價值成本與不具附加價值成本；目標成本；作業制管理

一九九八年度，百寧公司預期生產並銷售 200,000 台放影機，其中 180,000 台是陽春型放影機，20,000 台則是豪華型放影機。前述預期產出和剛剛結束的年度產出相同。下表爲一九九七年度，百寧公司生產陽春型和豪華型放影機所使用的作業之實際數量及其實際成本：

作業	實際使用		實際成本
	豪華型	陽春型	
塑膠零組件	112,000	728,000	$6,720,000
電子零組件	114,000	726,000	8,400,000
人工（小時）	60,000	540,000	6,000,000
電力（仟佤小時）	20,000	180,000	600,000
收料（訂單）	10,000	36,000	1,500,000
設定（設定時間）	4,000	8,000	480,000
物料處理（移動次數）	8,000	32,000	960,000
維護（維護小時）	12,000	60,000	1,512,000
保證（瑕疵品數量）	1,000	11,000	1,098,000
總計			$27,270,000

前述九項作業當中，五項爲標準的變動作業成本（僅在需要的時候才取得的資源）：塑膠零組件、電子零組件、人工、電力和保證。至於收料、物料處理和維護等都是在使用之前預先取得的資源（代表了固定短期成本）。下表爲這四項作業的可得產能（當年度取得的實際產能），並列出每一項資源的批次數量：

	實際產能	批次數量*
收料	50,000 份訂單	1,000
設定	16,000 設定小時	2,000
物料處理	48,000 次移動	1,200
維護	75,600 小時	1,800

*批次數量係指必須一次取得的資源之單位數量。舉例來說，就收料作業而言，每一年每一位員工可以處理 1,000 份訂單；換言之，收料作業的取得必須以 1,000 爲單位。

一九九七年度，每一單位投入的實際價格等於當年度的標準價格。下表則為生產陽春型與豪華型放影機所應使用的每一項作業的附加價值數量。

	附加價值數量		
	豪華型	陽春型	總計
塑膠零組件	100,000	720,000	820,000
電子零組件	100,000	720,000	820,000
人工（小時）	54,000	506,000	560,000
電力（仟佤小時）	18,000	162,000	180,000
收料（訂單）	2,000	8,000	10,000
設定（設定時間）	0	0	0
物料處理（移動次數）	1,000	3,800	4,800
維護（維護小時）	10,800	54,000	64,800
保證（瑕疵品數量）	0	0	0

豪華型放影機的單位售價是 \$216。最大競爭者的單位售價則是 \$190。百寧公司行銷經理薛安妮估計，公司如果能將售價調降為 \$180，可將目前的銷貨數量由目前的 20,000 台增加為 30,000 台〔也就是提高百分之五十 (50%) 的市場佔有率〕。百寧公司總經理柯羅德表示，如果能將豪華型放影機的總利潤提高百分之十 (10%) 的話，他同意立刻降價。然而惟有能在一九九八年底之前達到前述獲利目標，他才願意採取降價的動作。

作業：

1. 請編製詳述一九九七年度總附加價值成本與不具附加價值成本的成本報告。
2. 請計算出一九九七年度，生產一單位的豪華型放影機的實際成本－－不包括未使用作業產能成本。計算單位產品成本的時候，是否應該把未使用產能成本列入考量？ 並請解說你的理由。
3. 請計算陽春型放影機的單位附加價值成本。
4. 假設售價降為 \$180，且必須達到利潤增加百分之十 (10%) 的情況下，豪華型放影機的單位目標成本是多少？

5. 延續第四題的問題。假設所有的成本降低都是來自於消除不具附加價值的成本。百寧公司是否可能達到目標成本？回答這個問題之前，請先計算一九九八年度的附加價值單位成本－－假設產出爲 30,000 單位。並請解說如何利用作業制管理來達成此一目標。

20-20
不具附加價值成本；未使用產能

沿用個案 20-19 的資料。假設一九九八年度，陽春型放影機的銷貨數量維持不變，並假設爲了維持目前的銷貨數量，必須降低豪華型放影機的售價。總經理同意在一九九八年開始就調降價格。緊接著百寧公司進行了一項降低不具附加價值成本的計畫。

作業：假設一九九八年度，不具附加價值作業數量的使用減少了百分之五十 (50%)。請計算所有未使用的不具附加價值作業數量所可能節省下來的成本金額。如果減少不具附加價值的作業數量，是否自然而然就能實現成本的節省？若否，那麼管理階層還必須採取哪些額外的行動來節省成本？

20-21
彈性預算制度；多重作業動因；變數分析

西科公司會計長艾比利編列了兩種不同作業水準下，一九九八年的製造成本預算：

直接人工

	作業水準	
	50,000	100,000
直接物料	$300,000	$ 600,000
直接人工	200,000	400,000
折舊	100,000	100,000
小計	$600,000	$1,100,000

機器小時

	作業水準	
	200,000	300,000
維護	$360,000	$510,000
電力	112,000	162,000
小計	$472,000	$672,000

物料移動

	作業水準	
	20,000	40,000
物料處理	$120,000	$120,000

檢查批次數量

	作業水準	
	100	200
檢查	$ 125,000	$ 225,000
小計	$1,317,000	$2,117,000

一九九八年度，西科公司總共使用了80,000直接人工小時，250,000機器小時，32,000次移動和120批次檢查。西科公司總共發生了下列實際成本：

直接物料	$440,000
直接人工	355,000
折舊	100,000
維護	425,000
電力	142,000
物料處理	132,500
檢查	160,000

西科公司係以直接人工小時、機器小時、移動次數、批次數目爲基礎，利用成本群比率來分配費用成本。第二種作業水準（前面表格當中右邊欄位的作業水準）即爲實際作業水準（使用之前預先取得的可得作業資源）。西科公司並利用第二種作業水準來計算預定費用成本群比率。

作業：

1. 請編製一九九八年度，西科公司製造成本的績效報告。
2. 假設西科公司生產的某項產品使用了10,000直接人工小時、15,000

機器小時、500次物料移動作業和5批次的生產週期。當年度總共生產了10,000單位的該項產品。請計算出該項產品的單位製造成本。

3. 假設物料處理作業的附加價值數量爲零（亦即標準數量爲零），並假設物料處理作業必須以200次移動的單位一次取得。請計算出物料處理作業的耗用變數、數量變數和未使用產能變數，並探討前述各項變數之意義。
4. 假設批次檢查作業的附加價值數量爲零（亦即標準數量爲零）。請計算檢查作業的變動耗用變數與變動效率變數，並解說這兩項變數的意義。假設實際變動檢查成本爲$135,000。

20-22
週期時間；速度；產品成本方法

銀河公司已經採行了及時制度。每一個製造中心都負責生產一種單一產品或者負責一項主要組裝作業。其中一個負責生產手槍的製造中心共有四道程序：沖壓、刨光、組裝和檢驗（測試）。沖壓製程是一道自動化製程，由電腦控制。沖壓製程會完成手槍的槍身、手把和扳機。刨光製程則是以砂紙來磨平模型的粗糙部份。組裝製程將槍身、手把和扳機組裝成一把完整的手槍。最後，檢驗製程再以連續擊發二十次的方式測試每一把手槍。

下一年度，檢驗中心擬訂出（理論產能下的）預算成本與工作時間：

預算加工成本	$2,500,000
預算原料	$3,000,000
工作時間	4,000 小時
理論產出	30,000 把手槍

當年度的實際結果如下：

實際加工成本	$2,500,000
實際物料	$2,600,000
實際工作時間	4,000 小時
實際產出	25,000 把手槍

作業：

1. 請計算理論上檢驗中心可以達成的速度（每一小時測試的手槍數量）。現在再請計算生產一把手槍所需要的理論週期時間（每一把手槍所需要的小時或分鐘）。
2. 請計算實際速度與實際週期時間。
3. 請計算製造週期效率，並請就此一製程的效率，提出你的看法。
4. 請計算每一分鐘的預算加工成本。根據此一數據，請計算出如果達到理論產出的情況下，每一把手槍的加工成本。再根據此一數據，請計算出實際產出水準下，每一把手槍的加工成本。此一產品成本方法是否可以提供製造中心經理人努力縮減週期時間的誘因？並請解說你的理由。

20-23
倫理道德課題

羅精電子公司會計長艾提姆正在和首席設計工程師喬吉米一道吃午餐。艾提姆和喬吉米是一對很好的朋友，在大學時代他們還是屬於同一個教會的教友。然而，這一頓飯主要還是爲了公事而來。

喬吉米：艾提姆，你今天早上提到有重要的事情要告訴我。我希望不是什麼嚴重的事。我可不希望這個週末又泡湯了。

艾提姆：嗯，這件事很重要。你知道今年初的時候，公司指派我負責預估新產品的購後成本。這件工作實在不容易。

喬吉米：我瞭解。這就是爲什麼我已經要我的部門提供給你新產品的規格－－像是零組件的預期壽命等等的資料。

艾提姆：你正在開發的新產品有一個問題。根據你的報告內容，會有兩個零組件在十四個月左右的期間就必須汰換。此外，報告中還指出，新產品在第十三個月的時候就會開始出現功能不正常的現象。

喬吉米：但是那些都已經超過十二個月的保證維修期限了。你大可不必擔心。公司又不需要支付任何保證成本。

艾提姆：話是沒錯－－但是顧客就必須支付可觀的修理成本。而且產品在壽終正寢之前，顧客還必須修理一次零組件。預估的修理成本加上正常的生命週期成本之後，新產品的終生成本就會超過目標成本。或許你可以想出其它新的設計，避免使用這兩種零組件－－或者改善零組件的品質，延長零組件本身的壽命。

喬吉米：艾提姆，我根本沒有時間或預算來重新設計這項產品。我必須維持在預算範圍內，我必須達到目標生產日期的要求，不然我就會被事業部門的經理砍頭。還有，你應該知道我有機會升為總公司的工程管理職位。如果手上的計畫順利的話，我就可以擊退另一個事業部門的首席工程師。如果我還得重新設計的話，我就沒有升遷的機會了。艾提姆，你就算是幫我個忙吧。你應該知道這個機會對我來說有多重要。

艾提姆：我不確定我可以幫上什麼忙。我還是得把終生成本報告呈核上去，而且我也需要行銷和工程部門提供相關的文件資料。

喬吉米：這很容易解決。負責測試新產品的工程師是林達。林達還欠我一個人情，我會要求她重做測試，讓測試結果顯示出零組件的可靠度長達二十四個月。如此一來，你就可以減掉一半的預估修理成本。這樣是不是就可以達到目標終生成本？

艾提姆：是可以沒錯，但是…

喬吉米：嘿，別擔心了。如果我告訴林達我會幫忙讓她升上首席工程師的話，她一定會樂意配合的。一點而也不費事兒。而且僅此一次，下不為例。怎麼樣？你幫不幫我這個忙？

作業：

1. 假設你是艾提姆。若他應允了喬吉米的請求，他將會面臨哪些壓力？你認為艾提姆是否應該接受喬吉米的請求？如果你是艾提姆，你會答應喬吉米的請求嗎？如果你不答應，你將如何處理這樣的情況？
2. 假設艾提姆和喬吉米配合，隱瞞了設計瑕疵的事實。此一行為違反了哪一項管理會計人員必須遵守的倫理道德標準？（參閱本書第一章關於「內部管理會計人員倫理道德標準」一節的內容。）
3. 假設艾提姆拒絕配合，但是喬吉米還是要求林達重新做了測試，並且交出了這一份比較樂觀的測試結果報告。喬吉米並且表示，不管艾提姆提出任何重新設計的建議，他都會用測試的結果一一反駁。請問艾提姆應該怎麼做？

第二十一章

品質成本法：衡量與控制

學習目標

研讀完本章內容之後，各位應當能夠：

一. 提出「品質」的定義，探討達到品質標準的不同方法，並描述四種不同類型的品質成本。

二. 編製品質成本報告，並解說可以接受的品質水準在傳統觀點下與全面品質控制的觀點下的差異。

三. 解說爲什麼需要品質成本資訊的理由，以及如何使用品質成本資訊。

四. 描述並編製三種不同類型的品質績效報告。

過去二十年來，美國的企業在國際性市場和本地市場都受到來自外國企業的前所未有的激烈競爭。這些國外廠商紛紛以更高的品質和更低的價格來搶奪美國業者的市場佔有率。爲了因應激烈的競爭態勢，美國企業也愈來愈加重視品質。重視品質的結果不僅使得市場的競爭更爲白熱化，也提高了消費者對於更高品質的產品和服務的需求。改善品質遂成爲許多企業存續的關鍵要素。許多企業相信，改善品質可以改善企業的財務狀況，強化企業的競爭地位。舉例來說，IBM就宣稱改善品質可能才是他們此刻正面臨的競爭劣勢的根本解決之道。

美國政府也體認到品質在現今經濟體制當中的重要性。一九八七年成立的馬可罕國家品質獎 (Malcolm Baldridge National Quality Award) 則爲適足以顯示美國政府和民間普遍體認品質的重要性的證明。這項獎項主要在於表揚致力於品質管理與品質改善，且成效卓著的企業。於一九八八年首度頒發獎項的馬可罕國家品質獎，將受獎企業分爲幾大類別：製造業、中小企業、服務業、教育業和健康服務業。由於每一個產業類別都只頒發唯一一個獎項，因此企業莫不以獲獎爲榮。曾經獲得馬可罕國家品質獎的企業計有：Motorola, Inc.、Federal Express、Cadillac Motor Car Company、Texas Instruments, Inc.、Ritz-Carlton Hotel Company、Zytec Corporation和Globe Metallurigical, Inc.等等。

強調品質可以從兩方面來提升獲利：(1) 提高顧客的需求，(2) 降低提供產品和服務的成本。品質對於製造業和服務業而言同樣重要。本章將解說品質成本的概念，並逐一檢視衡量與報告品質成本的方法。

品質成本之衡量

學習目標一

提出「品質」的定義，探討達到品質標準的不同方法，並描述四種不同類型的品質成本。

品質成本可能是企業的沉重負荷，也可能是企業節省成本的重要來源。根據研究結果指出，美國企業的品質成本多在銷貨收入的百分之二十至三十 (20-30%) 的水準之間。然而品質專家卻認爲最適品質水準應爲銷貨收入的百分之二到四 (2-4%) 之間。百分之二十至三十 (20-30%) 的實際水準和百分之二到四 (2-4%) 的理想水準之間出現巨大差異，意味著企業眼前就有節省成本的最佳來源。改善品質可以大幅提升獲利。舉例來說，全錄公司 (Xerox Corporation) 就是拜品質改善之賜，在短短四年內節省了超過二億美元的品質成本。

過去二十年間，品質成爲服務業和製造業的重要競爭利器。對於所有的組織而言，品質是全面性的整合作業。國外企業不斷以更低的價格，推出品質更好的商品與服務。因此，美國企業的市場佔有率節節下降。爲了因應鯨吞蠶食的競爭，美國企業愈來愈重視品質和生產力的課題，以期同時間內能夠降低成本，並且改善產品品質。舉例來說，IBM公司的資深經理人便體認到品質不佳是許多問題的根本原因。爲了解決這些問題，IBM執行了一項名爲「市場驅動品質」的品質改善計畫。IBM公司董事長艾約翰就開宗明義地指出，品質改善是攸關企業存續的關鍵課題。其它的美國企業也都紛紛急起直追，努力地達到消費者對於品質的期望。許多人甚至將這一波改善品質的熱潮稱爲「第二次工業革命」。

諸如IBM等企業施行品質改善計畫的同時，也必須開始監督與報告這些計畫的進展。經理人必須瞭解公司發生哪一些品質成本，以及這些成品出現哪些變化。報告與衡量品質績效絕對是持續不斷地落實品質改善計畫的成功關鍵。品質績效報告的基本前題是衡量品質成本。爲了要確實衡量品質成本，企業必須確立「品質」的意義。

品質的定義

「品質」在字典上的傳統定義是完美的程度或等級；換言之，品質是完善的相對衡量指標。「完善」的定義過於廣泛，不具有作業性的意涵。吾人究竟應該如何針對「品質」擬訂出作業性的定義？ 實務上不妨以顧客爲出發點來嘗試。由作業層次觀之，**品質良好的產品或服務** (Quality Product or Service) 係指能夠符合或超越顧客期望的產品或服務。易言之，品質就是顧客滿意度。但究竟何謂顧客滿意度？由作業層次觀之，期望可以用品質屬性或一般稱爲品質構面等內容來說明。換言之，品質良好的產品或服務就是在下列各項上符合或超越顧客期望的產品或服務：

1. 績效
2. 美感
3. 服務性
4. 特色
5. 可靠度
6. 耐用年限
7. 規範
8. 可用性

第一個構面屬於重要的品質屬性，但是卻難以衡量。**績效** (Performance) 代表產品的運作穩定、正常。就服務而言，不可分割的原則代表了服務必須在顧客面前執行。因此，服務的績效可以進一步地定義爲回應、保證、和同理心等屬性。回應是指幫助顧客，並提供立即的、穩定的服務意願。保證是指員工的知識和禮貌，以及表達信任與自信的能力。同理心是給予顧客眞心的、個別的注意。**美感** (Aesthetics) 則指有形產品的外觀，以及和服務相關的設備、儀器、人員和溝通媒介的外觀。**服務性** (Serviceability) 是指維護和修理產品的難易程度。**特色或產品設計** (Features or Quality of Design) 則指和類似產品功能不同的產品特徵。舉例來說，汽車的功能是提供運輸服務。然而某一輛汽車可能配備了四汽缸引擎、手動排檔、絲絨座椅、可供四位乘客乘坐的舒適空間和前輪碟煞；而另一輛車則可能配備六汽缸引擎、自動排檔、眞皮座椅、可供六位乘客乘坐的舒適空間和防鎖死煞車系統。同樣地，飛機的頭等艙和經濟艙行程也代表著不同的品質設計。舉例來說，頭等艙的座位空間較爲寬敞、餐點較爲精緻、座椅本身也較爲舒適。不論是前例當中汽車配備或飛機艙，都代表著不同的產品特色。更高的設計品質通常需要較多的製造成本，售價也就相對提高。設計品質有助於企業鎖定其目標市場。無論是四汽缸引擎或六汽缸引擎，無論是頭等艙或經濟艙都有其市場存在。

可靠度 (Reliability) 係指產品或服務在一定期間內可以正常執行功能的機率。**耐用年限** (Durability) 的定義是產品可以運作的期間。**合格品質** (Quality of Conformance) 則是產品是否符合規格的衡量指標。舉例來說，某項機器生產的零件規格可能是中間必須有一個直徑三英吋，加減八分之一英吋的鑽孔。凡在此一範圍內的零件定義爲合格零件。**適用性** (Fitness for Use) 則指產品能夠執行廣告宣傳的適用程度。如果產品有根本上的設計瑕疵，那麼就算符合規格，仍然可能被市場淘汰。產品回收通常是因爲適用性的問題所導致的補救行動。

因此，改善品質其實意味著改善前述八項品質構面的其中任何一項或幾項，而同時又能夠維持其它構面的原有績效。提供比競爭者的品質更好的產品代表了至少在某一方面超越競爭者，而其餘構面則與競爭者不相上下。雖然所有的八項構面都很重要，都會影響顧客滿意度，但是企業往往比較注重能夠量化衡量的品質屬性。其中，又以合格品質最爲業者所重視。事實上，許多品質專家認爲，「品質就是合格規範」是最好的作業層次定義。此一觀點不無道理。產品規格必須確實地考慮到可靠度、耐用年限、適用性和績效等因素。換言之，合格的產品就是可靠的、耐用的、適用的產品，並且能夠發揮應有的功能。產品的生產必須明白地符合原始的設計與規格，也就是必須符合規格。合格規範至少是定義瑕疵產品的基準。

所謂的**瑕疵產品** (Defective Product) 係指不符合規格的產品。**零缺點** (Zero-Defect) 代表所有的產品均符合規格。或許各位會問，符合規格代表什麼意思？傳統觀點裡對於規範的定義是假設每一項規格或品質特徵都有其可以接受的範圍。定義出目標值之後，便可設定特定品質特徵的變異範圍的上限與下限。凡是變異程度在範圍內的產品視爲零缺點產品。舉例來說，每一個月加快或變慢的分鐘數可以做爲手錶的目標值，而凡是誤差在每一個月加減兩分鐘的範圍內的手錶均判定其品質可以接受。相反地，積極的品質觀點裡對於規範的定義卻強調適用性。新世代的品質標準係指每一次都確實達到目標值，不接受任何的變異情況。惟有每一個月都不會加快或變慢任何分秒的手錶才稱得上非瑕疵品。由於實務上有證據顯示產品變異可能帶來高額成本，因此當代的積極的品質定義遠遠超越了傳統的品質定義。

此處謹以新力公司的兩座工廠爲例，說明零缺點法與積極品質法的差異。新力公司位於日本東京和美國聖地牙哥的工廠都是生產彩色電視機。彩色電視機的重要特色之一是色彩解析度。新力公司除了設定色彩解析度的目標值之外，也擬訂出可以接受的規格的上下限。凡是不在規格限制範圍內的電視機都視為瑕疵產品。然而這是否意味著凡是符合規格限制的電視機就是可以接受的產品？這兩座工廠的觀點就出現明顯的差異。聖地牙哥廠強調的是傳統觀念裡面的零缺點。在判斷電視機色彩解析度的品質時，只要符合規格範圍的電視機都可通過品檢標準，運送給顧客。然而傾向當代的積極品質觀點的東京廠卻致力於確實達到色彩解析度的目標值。**圖** 21-1 說明了這兩座工廠運送給顧客的電視機的色彩解析度之分佈情形。

新力公司在評估顧客滿意度的時候發現，顧客比較喜歡東京廠所生產的變異較小的電視機。這些顧客的滿意度較高，而且要求保證服務的情形也較少見。

品質成本的定義

與品質相關的作業係指因為品質可能或確實不佳而採行的補救行動成本。採取這些補救行動的成本稱為品質成本。換言之，**品質成本** (Costs of Quality) 係指因為品質可能或確實不佳而發生的成本。此

圖 21-1

新力牌電視機顏色密度之分佈

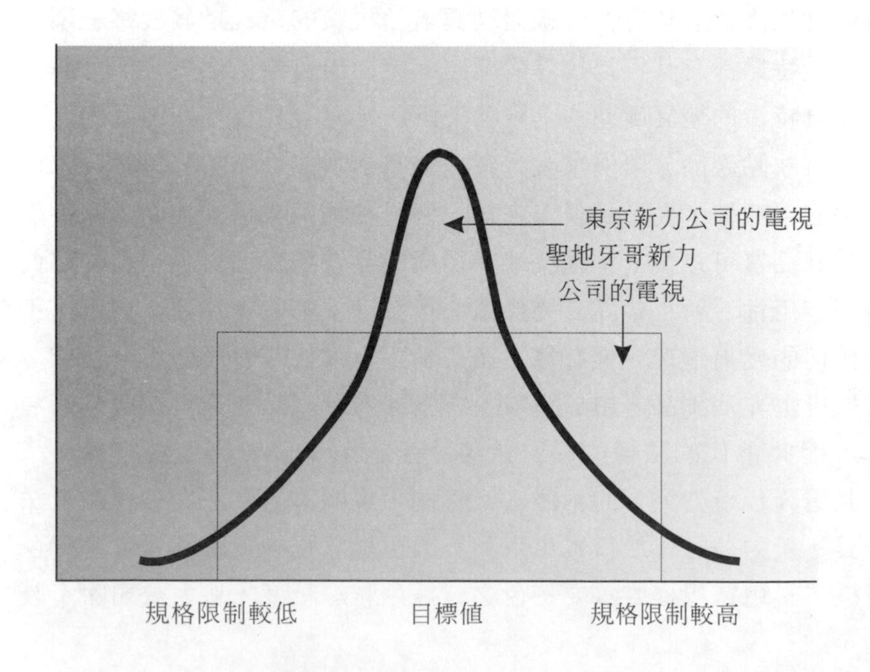

一定義暗示著品質成本和兩種類別的品質作業相關：*控制作業 (Control Activities)* 與*機能不全作業 (Failure Activities)*。**控制作業** (Control Activities) 係指組織為避免或偵測不良品質而執行的作業。換言之，控制作業包括了預防作業和評估作業。**控制成本** (Control Costs) 即為執行控制作業的成本。**機能不全作業** (Failure Activities) 則為組織或其顧客因為不良品質（不良品質確實存在）而執行的作業。如果機能不全作業係於交貨給顧客之前執行，則稱為內部機能不全作業，否則即稱為外部機能不全作業。**機能不全成本** (Failure Costs) 則為組織因為執行機能不全作業而發生的成本。值得注意的是，機能不全作業和機能不全成本的定義暗示著顧客對於不良品質的反應可能為企業帶來成本。品質相關作業的定義同樣地暗示著品質成本可以分為四類：預防成本、評估成本、內部機能不全成本和外部機能不全成本。

預防成本 (Prevention Costs) 係因為避免產品或服務的品質不佳而發生的成本。隨著預防成本不斷增加，企業當可預期機能不全成本隨之減少。常見的預防成本實例計有品質工程、品質訓練計畫、品質規劃、品質報告、供應商評估和選擇、品質稽核、品管圈、現場測試以及設計審核等等。

評估成本 (Appraisal Costs) 係指為了判斷產品與服務是否符合規格或顧客需求而發生的成本。常見的評估成本包括檢查與測試原料、包裝、檢查、監督評估作業、產品檢驗、製程檢驗、衡量（檢查與測試）設備與外部背書等等。其中兩項需要進一步的解釋。

產品檢驗 (Product Acceptance) 係指由數批次的製成品當中抽樣，判斷這些批次的產品是否達到可以接受的品質標準；如果達到，則這些批次的產品就可以通過檢驗。*製程檢驗 (Process Acceptance)* 則指由在製品當中抽樣，判斷製程是否都在掌握之中，以及是否生產出零缺點的產品；如果不是，則關閉這道製程直到採取修正行動為止。評估功能的主要目標在於避免將規範不符的產品交到顧客手上。

內部機能不全成本 (Internal Failure Costs) 是因為產品與服務未能符合規範或顧客標準而發生的成本。產品與服務是在送貨或交付給顧客之前，經由評估作業發現其不符規範或顧客需求的情形。常見的內部機能不全成本計有廢料、重製、減產（因為瑕疵的緣故）、重檢、重測和設計變更等等。如果沒有瑕疵出現，就不會發生這些成本。

外部機能不全成本 (External Failure Costs) 是因爲產品與服務在交付給顧客之後未能符合規範或滿足顧客需求而發生的成本。在所有類型的品質成本當中，外部機能不全成本的殺傷力最爲駭人。舉例來說，回收產品的成本可能高達數億美元。其它的負面影響則有因爲產品績效不佳而損失銷貨收入、因爲品質不佳而導致退貨與折讓、保證、修理、產品信譽受損、顧客抱怨以及喪失市場佔有率等等。和內部機能不全成本一樣地，如果沒有瑕疵出現，就不會發生外部機能不全成本。

圖 21-2 摘錄出四種不同類型的品質成本，並針對每一項類別提出實例說明。

品質成本之衡量

品質成本亦可區分爲*可觀察* (*Observable*)成本或*隱藏性* (*Hidden*)

圖 21-2

品質成本分類之釋例

預防成本	評估（偵測）成本
工程	原物料之檢查
訓練	包裝檢查
招募	產品接受度
品質稽核	製程接受度
設計審閱	磁場測試
品管圈	持續性供應商認證
行銷研究	原型產品測試
零售商認證	
內部不良成本	**外部不良成本**
廢料	銷貨收入減少（與績效相關）
重製	退貨 / 換貨
減產（與瑕疵相關）	保證
重檢	瑕疵品折讓
重測	產品可靠度
設計變更	抱怨之處理
修理	回收
	惡意

成本。**可觀察品質成本** (Observable Quality Costs) 係指可由組織的會計記錄當中查詢而得的成本。**隱藏性成本** (Hidden Quality Costs) 則指因爲品質不良而導致的機會成本（機會成本在會計記錄通常不予認列）。試以前面段落當中的品質成本項目爲例，除了損失銷貨收入、顧客抱怨和喪失市場佔有率之外，所有的品質成本均可經由觀察得知，並可由會計記錄當中查詢而得。值得注意的是，隱藏性成本均屬於外部機能不全成本。這些隱藏性品質成本可能相當驚人，因此必須衡量出這些成本的金額。雖然估計隱藏性品質成本並非易事，然而實務上仍有三種方法可以考慮：(1) 倍數法、(2) 市調法、(3) 田口式品質損失函數。

倍數法 (The Multiplier Method)

倍數法係假設總機能不全成本恰爲衡量出來的機能不全成本的整數倍數：

總外部機能不全成本 = k（衡量的外部機能不全成本）

公式當中的常數 k 係由經驗判斷而得。舉例來說，西屋電器公司 (Westinghouse Electric) 根據經驗計算出來 k 值介於 3 和 4 之間。換言之，如果衡量出來的外部機能不全成本是 $2,000,000，那麼實際的外部機能不全成本就介於 $6,000,000 和 $8,000,000 之間。分析外部機能不全成本的時候也將隱藏性成本納入考量，有助於管理階層更精確地判斷預防作業與評估作業的資源耗用水準。當機能不全成本增加時，我們便可預期管理階層會隨之增加控制成本的投資。

市調法 (Market Research Method)

企業亦可利用正式的市調法來瞭解不良品質對於銷貨收入與市場佔有率之影響。針對顧客進行調查，訪談公司的銷售人員均有助於確切瞭解企業的隱藏性成本。企業並可利用市調結果來預測未來因爲不良品質而損失的利潤。

田口式品質損失函數 (Taguchi Quality Loss Function)

傳統的零缺點定義是假設只會超過規格上下限的產品才會發生隱藏性成本。**田口式損失函數** (Taguchi Loss Function) 則是假設任何品質特性的變異均會導致隱藏性成本。此外，當實際值與目標值之間的變異程度愈大之時，隱藏性成本也會隨之以四倍的速度成長。**圖** 21-3 即爲田口式品質損失函數的圖形，並可以下列公式表達：

$$L(y) = k(y - T)^2 \tag{21.1}$$

其中，k = 隨組織的外部機能不全成本結構而變動的常數

y = 品質特性的實際值

T = 品質特性的目標值

由**圖** 21-3 可以看出，目標值的品質成本爲零；當實際值離目標值愈來愈遠的時候，品質成本便以遞增的比率同步增加。舉例來說，假設 k = \$400 且 T = 直徑十英吋。**圖** 21-4 說明了如何計算四個產品的品質成本。值得注意的是，當實際值與目標值的差異增加一倍的

圖 21-3

田口式品質損失函數

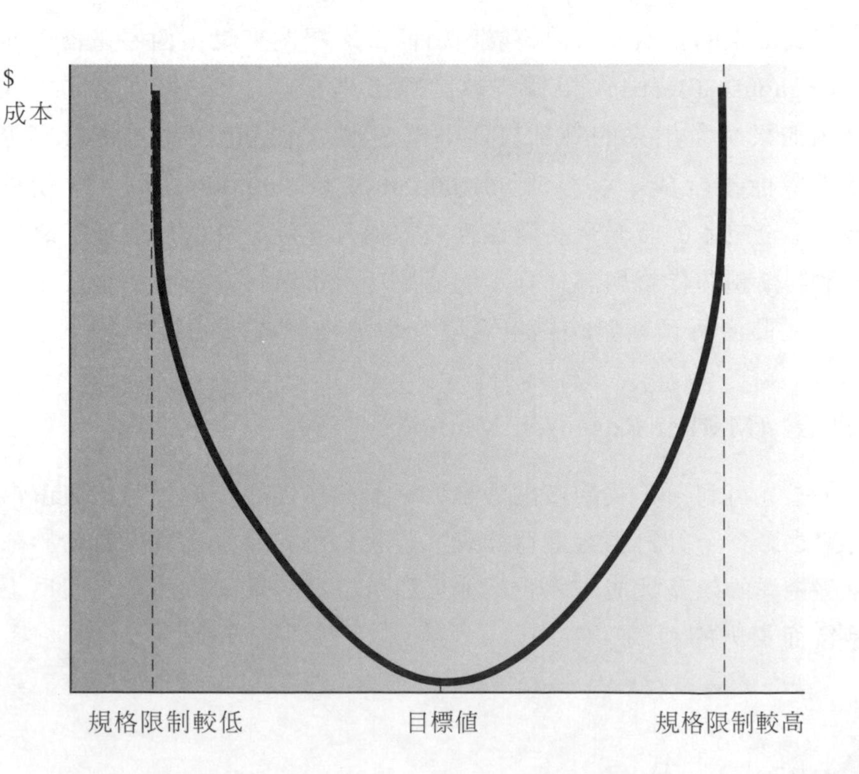

單位編號	實際直徑(y)	y - T	$(y - T)^2$	$k(y - T)^2$
1	9.9	-0.10	0.010	$ 4.00
2	10.1	0.10	0.010	4.00
3	10.2	0.20	0.040	16.00
4	9.8	-0.20	0.040	16.00
			0.100	$40.00
平均			0.025	$10.00

圖 21-4

品質損失計算之釋例

時候（單位二和單位三的產品），成本會以四倍的速度增加。另外亦須注意的是，實務上可以計算出單位平均標準差和單位平均損失。最後再利用這些平均數據來計算產品的總預期隱藏性品質成本。舉例來說，如果總產量為 2,000 單位，而平均標準差為 0.025，那麼單位預期成本則為 $10 (0.025 × $400)，而產量為 2,000 單位時的總預期損失則為 $20,000 ($10 × 2,000)。

企業如欲應用田口式損失函數，必須先估計出 k 值。將特定規格限制的估計成本除以該限制與目標值的標準差，即可求出 k 值：

$$k = c / d^2$$

其中，c = 下限或上限的損失

d = 界限與目標值的差距

換言之，企業仍須估計出特定變異值下的損失。此時，便可利用前兩種方法－－倍數法與市調法－－來估計 d 值。一旦求出 k 值之後，便可計算出任何變異情況下的隱藏性品質成本。

品質成本資訊之報告

學習目標二

編製品質成本報告，並解說可以接受的品質水準在傳統觀點下與全面品質控制的觀點下的差異。

企業如果重視品質成本的改善與控制，則應導入品質成本報告制度。建立品質成本報告制度的第一步也是最簡單的步驟是報告目前的實際品質成本。分門別類地詳細列出實際品質成本可以提供兩個重要的參考依據。首先，這樣的一份報告可以顯示出每一類品質成本花費了多少金額及其對利潤的財務影響。其次，報告可以顯示出各類品質成本的分佈情形，有助於經理人瞭解每一類品質成本的相對重要性。

品質成本報告

以品質成本佔銷貨收入的百分比例來表示，有助於企業更精確地掌握品質成本在財務上的重要性。舉例來說，**圖** 21-5 爲傑森公司一九九八年度的品質成本報告。根據這一份報告指出，品質成本幾乎佔了銷貨收入的百分之十二 (12%)。有鑑於品質成本不得超過銷貨收入百分之二點五 (2.5%) 的基本原則，傑森公司仍有機會藉由降低品質成本的方式來改善利潤。然而必須注意的是，降低成本應由改善品質著手。一味地試圖降低品質成本，卻不願改善品質的作法將會產生致命的策略。

利用圓形圖可以清楚地顯示品質成本的相對分佈情形。**圖** 21-6 就是以**圖** 21-5 的品質成本資料爲基礎所繪製的圓形圖。經理人必須

圖 21-5

傑森公司
品質成本報告
一九九八年三月三十一日

	品質成本		佔銷貨收入之比例[a]
預防成本：			
品質訓練	$35,000		
可靠度工程	80,000	$115,000	4.11%
評估成本：			
物料檢查	$20,000		
產品接受度	10,000		
製程接受度	38,000	68,000	2.43
內部不良成本：			
廢料	$50,000		
重製	35,000	85,000	3.04
外部不良成本：			
顧客抱怨	$25,000		
保證	25,000		
修理	15,000	65,000	2.32
總品質成本		$333,000	11.90%[b]

[a] 實際銷貨收入爲 $2,800,000 。

[b] $330,000 / $2,800,000 = 11.89% 。誤差係因四捨五入之故。

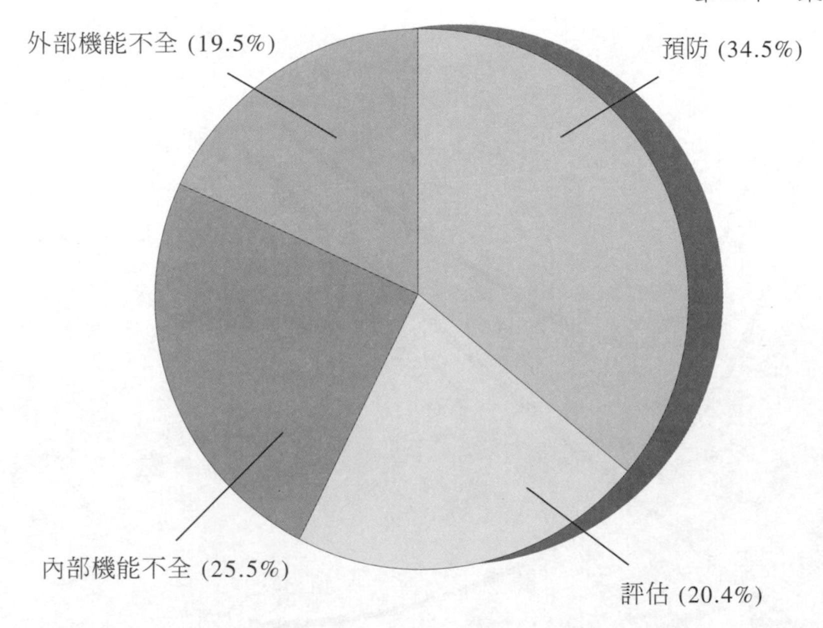

圖 21-6

圓形圖：品質成本

負責判斷品質成本的最適水準，以及每一類品質成本應該分佔的相對金額。實務上關於最適品質成本也有兩種觀點：傳統觀點裡可以接受的*品質水準 (Acceptable Quality Level)*，以及當代觀點裡的*全面品質控制 (Total Quality Control)*。這兩種觀點均有助於經理人瞭解應該如何管理品質成本。

品質成本的最適分佈：傳統觀點

傳統的品質觀點認爲控制成本（預防成本與評估成本）與機能不全成本（內部機能不全成本與外部機能不全成本）之間具有互補關係。當預防成本和評估成本增加的時候，機能不全成本應會減少。當機能不全成本減少的幅度大於控制成本的相對增加幅度時，那麼企業則應努力避免或偵測出不符合規範的產品，直到再增加這一類的成本可使得機能不全成本相對減少更多時爲止。在技術不變的前題之下，此一平衡點代表著總品質成本最低的水準。**圖** 21-7 所示即爲控制成本與機能不全成本之間的最適平衡狀態。

圖 21-7 當中假設了兩個成本函數：一爲控制成本的函數，另一爲機能不全成本的函數。值得注意的是，控制成本函數爲遞減斜率，

圖 21-7

傳統品質成本圖

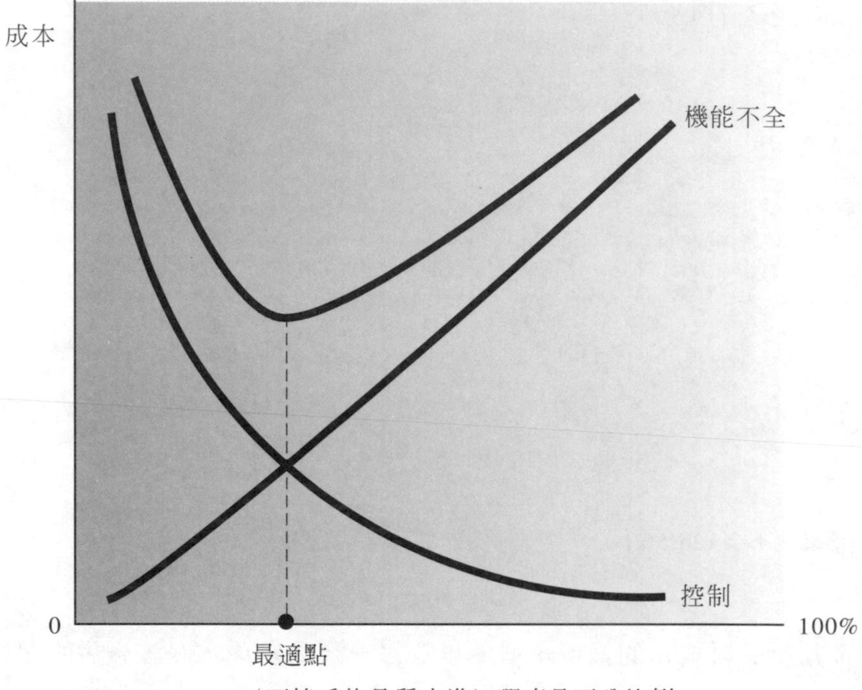

代表了瑕疵產品的數量增加，將會導致預防作業與評估作業的成本減少。相反地，機能不全成本函數爲遞增斜率，代表了機能不全成本會隨著瑕疵產品的數量增加而增加。就總品質成本函數而言，則會隨著品質的改善而遞減。到了定點之後，不可能再有任何品質改善的可能。這一點即爲瑕疵產品的最適水準，也是企業必須努力達成的目標。此一可以接受的瑕疵產品水準稱爲**可接受的品質水準** (Acceptable Quality Level，簡稱 AQL)。

品質成本函數：當代觀點

可以接受的品質水準係由傳統觀念裡的瑕疵產品定義而來。在傳統的觀念裡，品質特性沒有在容忍範圍內的產品即爲瑕疵品。根據此一觀點，惟有當產品未能符合規範，且機能不全成本與控制成本之間存在有最適互補關係時，才會發生機能不全成本。可以接受的品質水準觀點容許－－事實上也鼓勵－－經理人生產出一定數量的瑕疵產品。

這樣的觀點曾經盛行一時，直到一九七O年代後期才出現變化。一九七O年代後期出現的零缺點模式，挑戰了可以接受的品質水準的模式。基本上，零缺點模式認爲將不符規範的產品數量降爲零，有利於企業節省成本。相較於仍然採用傳統的AQL模式的企業，生產出愈來愈少不符規範的產品之企業，其競爭力也愈來愈強。到了一九八O年代中葉，零缺點模式進一步地被積極品質模式所取代。積極品質模式直接明瞭地質疑瑕疵產品的定義。根據積極品質模式的觀點，凡是生產出來的產品其實際值和目標值的差距愈大，帶來的損失就愈多。此外，即使實際值和目標值的差距落在規格界限內，仍會發生損失。換言之，偏離理想狀況的任何變異情況都會產生成本，而規格界限的設定不僅沒有意義，反而可能具有誤導作用。零缺點模式低估了品質成本，以及進一步改善品質而節省更多成本的機會（各位不妨回憶一下西屋電器公司的例子）。因此，積極品質模式對於瑕疵產品的定義較爲嚴謹，不僅修正了實務界對於品質成本的觀點，更加快了品質競賽的步調。

對於身處競爭激烈的企業而言，品質可以成爲非常重要的競爭優勢。如果積極品質的觀點正確的話，那麼企業便可藉由減少瑕疵產品數量來達到同時降低總品質成本的目標。多數正在努力採行積極的零缺點目標（積極的零缺點目標亦即零容忍度的目標）的企業已經開始驗收成果。品質成本的最適水準就是生產的產品確實達到目標值。爲了找出達到目標值的方法，企業界逐漸形成一股積極的品質觀點，和傳統上AQL的靜態品質觀點大不相同。

品質成本的機動性質

如何管理不同類別的品質成本之間的互補關係，並不一定要依照**圖**21-7當中所示，誠如存貨成本之間的互補關係並不一定要依照傳統存貨模式（經濟訂購量）的作法一樣。基本上，企業在增加預防成本與評估成本、降低機能不全成本的同時，會發現他們其實可以回過頭來降低預防成本與評估成本。原有的互補關係不再存在，取而代之的是所有的品質成本均可同步降低的事實。**圖**21-8說明了品質成本關係的改變，並顯示出品質成本關係當中的品質成本常數。這份圖表當中有幾處重要的差異。首先，如果達到積極的零缺點狀態後，控制

圖 21-8

當代品質成本圖

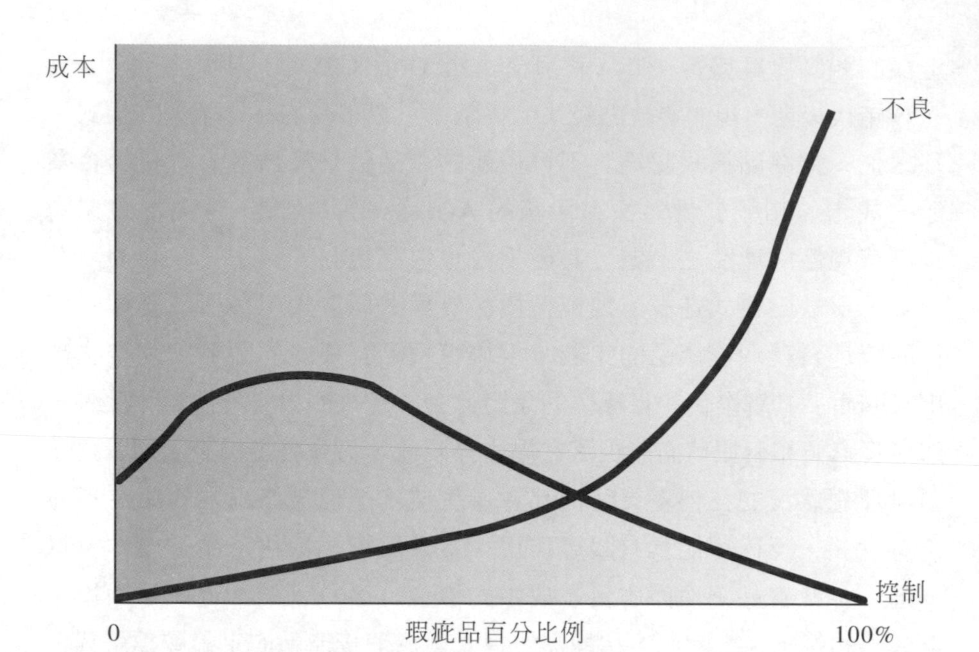

成本不再毫無限制地增加。其次，達到積極的零缺點狀態後，控制成本可能增加，也可能減少。第三，機能不全成本可能趨近於零。

舉例來說，假設某家公司決定推動供應商選擇計畫來改善原料投入的品質。這項計畫的目標在於找出並使用願意符合特定品質標準的供應商。這家公司在推動供應商選擇計畫的時候，可能發生額外的成本（例如拜訪供應商、與供應商溝通以及合約談判等等）。而且一開始，其它預防成本與評估成本仍會以目前的水準繼續增加。儘管如此，一旦這項供應商選擇計畫眞正落實之後，且有證據顯示機能不全成本開始降低之後（例如重製作業、顧客抱怨和修理作業減少），那麼這家公司便可決定減少原料的進料檢查作業，以及減少製成品檢驗作業等等。最後的結果便是所有類別的品質成本均會降低，而且品質得以提升。

這個例子恰與美國品管協會(American Society for Quality Control)所建議的降低品質成本策略不謀而合：

善用品質成本的策略其實相當簡單：(1) 直接以機能不全成本為目標，努力把機能不全成本降為零；(2) 投入「正確的」預防作業以尋求改善；(3) 根據達到的結果來降低評估成本；以及 (4) 持續不斷地評估與分配預防資源來獲得更多的改善。此一策略的前題是：

- 每一項機能不全均有其根本原因。
- 原因是可以預防的。
- 預防的成本永遠低於矯正的成本。

實務上已經見到大幅降低所有類別的總品質成本的例證。舉例來說，工業樓層養護產品的製造商田能公司 (Tennant Company) 成功地將其品質成本由一九八O年佔銷貨收入的百分之十七 (17%) 降為一九八八年佔銷貨收入的百分之二點五 (2.5%)。同時，各類品質成本的相對分佈情形也大幅改變。回顧一九八O年的時候，機能不全成本佔總品質成本的百分之五十 (50%) ——亦即銷貨收入的百分之八點五 (8.5%)，控制成本也佔總品質成本的百分之五十 (50%) ——也是銷貨收入的百分之八點五 (8.5%)。到了一九八八年，機能不全成本僅佔總品質成本的百分之十五 (15%) ——亦即銷貨收入的百分之零點三七五 (0.375%)，而控制成本則佔總品質成本的百分之八十五 (85%) ——亦即銷貨收入的百分之二點一二五 (2.125%)。田能公司提升了品質、降低了所有類別和整體的品質成本、並將品質成本的分佈轉為以控制成本為主，強調預防作業的重要性。此一結果恰與**圖** 21-7 所列示的傳統品質成本模式相反。西屋電器公司的例子更進一步地支持了全面品質控制模式的觀點。西屋公司的利潤不斷地改善，直到控制成本佔了總品質成本的百分之七十至八十 (70-80%) 為止。根據這兩家公司的經驗，吾人可以瞭解實務上可以大幅地降低總品質成本，而在此過程中，各類品質成本的相對分佈情形也會隨之改變。

作業制管理與最適品質成本

作業制管理制度將作業區分為附加價值作業與不具附加價值作業，而且只保留附加價值作業。此一原則恰與全面品質管理相符，因為顧客只想要也只願意支付附加價值作業，不想要也不願意支付不具附加價值的作業。值得注意的是，品質成本分為四類，作業內容也會依其標準區分為四類。換言之，區分附加價值作業與不具附加價值作業的工作便顯得容易許多。

內部機能不全作業與外部機能不全作業及其相關成本屬於不具附加價值作業，最終的目標應當是予以完全消除。所謂最終目標係基於全面品質管理乃一機動過程的特性。一開始，企業難免會生產某些數量的瑕疵產品，企業必須持續不斷地執行重製與保證等機能不全作業。預防作業－－如能有效執行的話－－可以視為附加價值作業，應予保留。然而一開始企業可能無法有效地執行預防作業，因此可以利用作業減少與作業選擇（甚至包括作業分享）等方式來達到預定的附加價值狀態。在實務上，評估作業更難以掌握。一開始，企業可能會將所有的評估作業視為不具附加價值作業。然而事實上，企業可能還是需要些許的評估作業以避免走回頭路。舉例來說，品質稽核作業就可能達到附加價值的目標。同樣地，完全消除供應商認證作業可能不切實際。隨著情勢的改變，如果沒有適當的監督，供應商也可能恢復不符規範的狀態。

一旦找出每一類品質成本的相關作業之後，便可利用資源動因來改善分配至個別作業的成本。找出根源或執行性動因亦有助於經理人瞭解作業成本發生的原因。這些資訊可以用於選擇方法來降低品質成本至**圖** 21-8 所揭示的水準。基本上，作業制管理適用於品質成本的零缺點觀點與積極品質觀點。控制成本與機能不全成本之間並無最適的互補關係。機能不全成本屬於不具附加價值成本，應設法縮減為零。不具效率的控制作業所可能引發的成本，亦應設法降低。

成本管理與全面品質管理之間的交集

會計人員在製作品質成本資訊的過程中，扮演著非常重要的角色，因此會計人員必須瞭解這些資訊對於企業經營的影響。此處謹以實例說明之。

一九八七年，積體電路製造商類比儀器公司 (Analog Devices, Inc.) 開始推行全面品質管理計畫。三年期間，類比儀器公司在品質上獲得了重大的改善。半導體的收益幾乎增加一倍，製造週期時間減少百分之五十 (50%)，瑕疵產品數量也大幅降低。或許各位會認為類比儀器公司的財務績效應該也會同時獲得改善。實則不然。類比儀器公司的股價不升反降，股東權益也為之縮水，甚至被迫進行公司成立以來有史的第一次裁員行動。究竟原因何在？

根據一項分析結果指出，類比儀器公司的的確確已經落實了全面品質計畫。財務危機的發生卻是因為這項計畫意料之外的副作用所導致。吾人必須謹記，改採全面品質控制意味著改變，而此一改變過程往往並非一路平順。舉例來說，類比儀器公司雖然見到了短期內的製造收益增加一倍，但是卻也面臨了存貨過盛、生產排程等以前不成問題的問題。另一項問題則在於定價。在以往，類比儀器公司是以製造成本為定價基礎。品質改善計畫使得作業快速改善，直接成本大幅減少。遺憾的是，研發、銷售和行政等間接成本卻未同步快速減少。於是，由於售價降得太快，反倒侵蝕了合理的營業邊際。

善用品質成本資訊

學習目標三

解說為什麼需要品質成本資訊的理由，以及如何使用品質成本資訊。

企業必須報告品質成本，以改善管理規劃、控制與決策等績效。舉例來說，如果公司希望採行一項供應商選擇計畫來改善原料採購的品質，就需要瞭解：每一項品質成本類別和每一項原料的目前品質成本、這項計畫的相關額外成本、以及預期每一項品質成本類別和每一項原料所將節省的成本金額。企業亦應預期什麼時候將會發生哪些成本，將可節省哪些成本。接下來可以利用資本預算分析來判斷預定計畫的好處。如果結果是好的，便可開始這項計畫，最後的工作便是利用績效報告來監督計畫的成效。

利用品質成本資訊來落實與監督品質計畫的成效只是品質成本制度的其中一項用途而已。品質成本資訊可以做為管理決策的重要參考依據。品質成本資訊亦有助於外部人士藉由ISO 9000等計畫來瞭解企業的品質。

善用品質成本資訊來擬訂決策

經理人需要品質成本資訊來輔助其擬訂決策。常見的兩種用途分別為策略性定價決策與成本－數量－利潤分析決策。

策略性定價 (Strategic Pricing)

此處謹以生產電子量器的愛迷公司(AMD, Inc.)爲例說明之。近來。愛迷公司的低階電子量器的市場佔有率節節下降。行銷經理魏琳達發現價格是主要的問題所在。魏琳達知道日本廠商的製造成本和售價都比愛迷公司低了許多。如果愛迷公司把售價降到和競爭者一樣的水準，將會低於成本。然而如果愛迷公司不採取任何因應行動，等於坐視日本廠商瓜分低階電子量器的市場。愛迷公司可以考慮乾脆放棄低階產品線，專注於中高階電子量器的產品線和市場。儘管如此，魏琳達知道這只能解決燃眉之急，因爲很快地，日本廠商也會進軍中高階電子量器的市場。下面的表格扼要地摘錄了低階電子量器的損益表：

銷貨收入(1,000,000單位，單價 $20)	$20,000,000
銷貨成本	(15,000,000)
營業費用	(3,000,000)
產品線收益	$ 2,000,000

魏琳達堅決相信只要調降百分之十五(15%)的售價將可挽回原有的市場佔有率和利潤。推動全面品質管理或可解決此一問題。魏琳達的第一個反應是要求取得低階電子量器的品質成本資訊。愛迷公司會計長史尤金表示以往並沒有單獨追蹤品質成本。舉例來說，廢料成本直接記入在製品帳目。然而史尤金向魏琳達保證仍然可以估計出某些品質成本。史尤金提出了低階電子量器的報告：

品質成本（估計值）	
原料檢查	$ 200,000
廢料	800,000
拒斥產品	500,000
重製	400,000
製成品檢驗	300,000
保證作業	1,000,000
總估計值	$3,200,000

魏琳達收到這份報告之後，便和會計長史尤金、品質控制經理史艾特共同召開會議，商議如何來降低低階電子量器產品線的品質成本。史艾特有信心在十八個月內把品質成本降低百分之五十 (50%)。事實上，史艾特已經開始規劃一項新的品質計畫。魏琳達計算出如果能夠降低百分之五十 (50%) 的品質成本，那麼每一單位的成本便可減少大約 $1.60 ($1,600,000 / 1,000,000) ——幾乎可以達到降低售價 $3的目標的一半。根據此一結果，魏琳達決定分三個階段來降低售價：立刻調降 $1的售價，六個月後再調降 $1，再過十二個月後最後再調降 $1。階段性地調降售價一則或可避免市場佔有率被競爭者鯨吞蠶食，另則或可給予品管部門充裕的時間來降低成本、避免任何巨大的損失。

愛迷公司的例子說明了品質成本資訊和全面品質計畫的施行都是策略性決策的重要內容。這個例子也說明了改善品質並非萬靈丹。降低品質成本並不能彌補所有的降價損失。企業仍然需要改善其它的生產力方能確保產品線的長期存續。舉例來說，採行及時製造制度便可減少存貨、降低物料處理與維護成本。

成本－數量－利潤分析

傳統上，成本－數量－利潤分析必須以固定成本和變動成本的分析爲基礎。某企業的行銷經理費泰莉和設計工程師胡雪倫在提議新產品的時候，發現了傳統分析的缺點。他們原以爲新產品一定會獲得通過。然而他們卻收到會計長的下列報告。

報告：新產品分析，專案 #675

預期銷貨數量：44,000單位
產能：45,000單位
單位售價：$60
單位變動成本：$40
固定成本：

產品開發	$ 500,000
製造	200,000
銷售	300,000
總計	$1,000,000

(接續下頁)

預期損益兩平點：50,000單位
決定：拒絕
理由：損益兩平點高於生產產能和預期銷貨收入。

為了瞭解為什這項看起來一定賺錢的專案之成本數據竟然如此低，費泰莉和胡雪倫和副會計長白包伯召開了一次會議。下列對話係擷取自會議當中的部份內容：

胡雪倫：白包伯，我想要瞭解一下為什麼會出現每一單位 $3 的廢料成本。能不能請你解釋一下？

白包伯：這是根據我們追蹤現有類似產品的廢料成本所估計出來的結果。

胡雪倫：嗯，我想你可能忽略了這項新產品的新的設計特色。新產品的設計可以消除所有的浪費——事實上這項新產品是以電腦數值控制機器來製造的。

費泰莉：此外，報告當中的 $2 的單位修理成本也不應該存在。胡雪倫的設計可以解決目前相關產品的不能問題。換言之，報告當中的修理中心的固定成本 $100,000 也應該刪除。

白包伯：胡雪倫，你確定新的設計將可消除這些品質問題？

胡雪倫：我非常確定。目前的原型產品完全達到我們預期的績效。提案報告裡面說明了這些測試結果。

白包伯：沒錯。如果單位變動成本可以減少 $5，固定成本可以減少 $100,000，損益兩平點就是 36,000 單位。單看這些變動，這項新產品計畫應該可行。我會修正報告來反映出比較正面的結果。

前述對話顯示出依照成本習性進一步區分品質成本的重要性。雖然對話中只針對單位基礎的成本習性進行假設，然而作業制分類確能提升品質成本的決策效用。此舉亦可強化分別找出與報告品質成本的重要性。新產品的設計可以降低品質成本，惟有瞭解品質成本的分配情形，胡雪倫和費泰莉才可能發現損益兩平分析的錯誤。

透過ISO 9000來進行品質認證

企業除了瞭解供應商的品質之外，亦可能與其它需要品質認證的企業往來。為了因應供應商品質認證的標準流程的需求，企業界興起了新的計畫稱為 ISO 9000。

ISO 9000是品質衡量的標準。由瑞士日內瓦的國際標準化組織開發出來的ISO認證制度是由五大國際性品質標準組合而成的系列。這些標準是以文件概念與規範、變革控制為主。ISO 9000在歐洲推行地非常成功，而美國企業是第一波搭上ISO 9000列車的乘客，因為這是打入歐洲市場的必要條件。獲得ISO 9000認證的企業是由獨立的測試機構負責確認申請人達到特定的品質標準。這些標準不僅適用於特定產品或服務的生產作業，尚包括企業測試產品、訓練員工、保留記錄和矯正瑕疵的方法。「為了取得認證資格，企業必須證明其檢驗生產製程、更新工程圖樣、維護機器設備、保養機器設備、訓練員工和處理顧客抱怨等流程均符合一定標準。」

值得注意的是，ISO 9000並不保證產品本身的品質、或為取得認證資格的企業背書，證明其持續改善的成效。事實上，ISO 9000只是一個術語，其實是由五項標準組合而成。**圖**21-9說明了ISO 9000的內容。因此，要求供應商取得ISO 9000認證資格的企業仍然不斷地稽核供應商的品質。要求ISO 9000認證資格只是全面品質控制的開端而已。

從正面的角度觀之，許多企業發現取得ISO 9000認證的過程雖然費時費力（可能長達數月，可能花費數十萬美金），但是卻能帶來重大的好處。舉例來說，辦公傢俱製造商海威公司 (Haworth, Inc.)

圖 21-9

ISO 9000標準

ISO 8402：品質－－用語範圍。
ISO 9000：品質管理與品質保證標準－－選擇與使用的指導綱要。
ISO 9001：品質制度－－設計／發展，生產，安裝與服務之品質保證模式。
ISO 9002：品質制度－－生產與安裝之品質保證模式。
ISO 9003：品質制度－－最終檢查與測試之品質保證模式。
ISO 9004：品質管理與品質制度內容－－指導綱要。

在旗下的五座工廠張貼了許多圖片和文字標語，提醒員工應該做哪些事情，應該如何去做。這些海報有助於確保作業員工遵守公司的政策，落實符合規範的品質。同樣地，愛倫公司 (Allen-Bradley) 位於雙堡市的工廠也利用電子郵件系統來取代傳統的操作手冊，大幅改善了品質和生產力。現在，每當工程變更的時候，這套系統就會刪除舊的工作指示，加入新的工作指示。作業員工不再需要自備個人的工作指示。

ISO 9000並非品質制度。 ISO 9000只是供應商認證的第一步而已。儘管如此，企業卻很難拒絕付費聘請獨立的稽核公司來檢驗其品質過程。一九九三年中，將近1,400家美國企業取得了ISO認證標準。在英國，也發出了將近17,000張認證書。 ISO 9000標準也爲六十個國家所採用。許多大型企業－－包括杜邦公司、通用電子公司、柯達公司和英國電信公司 (British Telecom) 等－－莫不積極地要求其供應商取得ISO認證資格。

美國企業也紛紛將ISO 9000認證資格視爲競爭利器。舉例來說，玻璃和化學產品的製造商 PPG實業 (PPG Industries, Inc.) 也鼓勵其事業部門取得此一認證標準。 PPG實業發現許多競爭者均已取得ISO 9002認證，因此認爲如能取得範圍更廣的認證資格將有助於其超越其它競爭者。 ISO認證亦有助於製造業者更加善用研發設備。申請認證的過程中必須不斷地進行品質稽核。舉例來說， PPG實業在品質稽核的過程中發現了文件標準化的必要。標準化文件能夠按步就班地列出應該遵循的步驟以及採行這些步驟的方法。

善用報告品質做爲決策的參考依據只是完備的品質成本制度的衆多目標之一。另一項目標則是控制品質報告－－實現決策的預期結果的攸關因素。舉例來說，前文當中的愛迷公司在擬訂定價策略的時候，就需要詳實的品質計畫來降低品質成本。

控制品質成本

學習目標四

描述並編製三種不同類型的品質績效報告。

企業除了必須報告品質成本之外，也必須控制品質成本。控制成本能夠輔助經理人比較實際結果與標準結果，衡量績效，進而採取必要的修正行動。品質成本績效報告涵蓋了兩項基本內容：實際結果和標準－－或預期結果。實際結果和預期結果之間的差異可以用於評估管理績效，點出潛在的問題。

績效報告是品質改善計畫的重要環節。類似**圖** 21-5 當中的報告可以要求經理人找出必須記載於績效報告當中的各項成本，瞭解組織目前的品質績效水準，進而開始思考應該達到的品質績效水準。找出品質標準是品質績效報告的關鍵要素。

選擇品質標準

傳統方法

在傳統方法當中，適當的品質標準是可以接受的品質水準（簡稱AQL）。AQL 代表著企業可以生產與銷售一定數量的瑕疵產品。舉例來說，如果企業設定 AQL 爲百分之三 (3%) 的話，凡是瑕疵數量沒有超過百分之三 (3%) 的批次（或生產週期）均可交貨給顧客。基本上，AQL 代表著目前的營運狀況，而非企業可以達成的完美品質狀況。做爲品質標準的基準，AQL 會出現利用歷史經驗來決定物料與人工使用標準的同樣問題：過去的經驗有誤。

可惜，AQL 還有其它的問題。百分之三 (3%) 的 AQL 代表著企業可能會將瑕疵產品送交給顧客。每賣出 1,000,000 單位的產品，其中的 30,000 單位會造成顧客的不滿。爲什麼企業還要執意生產一定數量的瑕疵產品呢？爲什麼不規規矩矩地根據標準規格來生產產品呢？此一作法是否涉及正義公理？有多少顧客如果事先知道某個商品是瑕疵品的話，還會願意買下它呢？有多少病患在明知某位醫生容許每進行一百次手術可以失敗三次的情況下，還願意向這位醫師就診呢？

全面品質控制方法

前述種種疑慮帶來了企業界對於品質的新觀點。企業紛紛採行更爲敏感的標準來生產產品。此一標準稱爲積極的*零缺點標準 (Zero-Defects Standard)*。積極的零缺點標準反映出全面品質控制的理念，以生產與銷售確實達到目標值的產品與服務爲唯一標準。各位應當記得，全面品質控制的需求係由及時製造方法延伸而來。換言之，推行及時制度的企業紛紛朝向全面品質控制的目標邁進。儘管如此，及時制度並非推動全面品質控制的必要前題。企業仍可單獨進行全面品質控制方法。

無可否認地，全面品質標準並非一蹴可幾的目標；然而仍有實證顯示企業確實可以非常接近全面品質控制的目標。瑕疵品的產生可能源於缺乏知識或缺乏共識。只要施以適當的訓練便可修正知識不足的問題；只要廣為宣導管理亦可修正共識不足的問題。另外亦須注意的是，全面品質控制意味著最終目標是要消除所有的機能不全成本。凡是相信不應容許任何瑕疵產品與服務的企業必須不斷地努力尋找改善品質成本的新方法。

許多人士可能會質疑堅持理想是否可行。此處謹以下面的例子來說明。一家美國企業向日本廠商發出特殊零組件的訂單。在訂單當中，美國的買主明白規定 1,000 單位零組件的可接受品質標準為百分之五 (5%) 的瑕疵品。到了交貨的時間，美國的買主收到了兩箱貨物－－一個大箱和一個小箱。日本的供應商並且隨貨附上一張說明，內容是大箱子裡面是 950 個正常的零組件，小箱子裡面則是 50 個瑕疵零組件。說明末尾還提出一個疑問，就是為什麼美國的買主需要五十個有瑕疵的零組件（暗示著供應商具有交出完整的 1,000 單位的品質良好的零組件的能力）。

再以另外一個例子說明之。某家公司的業務當中有極大部份是以郵寄方式進行。平均來看，會有百分之十五 (15%) 的郵寄交貨會送錯地址，也因此帶來退貨、延遲付款和損失銷貨收入等問題。有一次，這家公司繳納稅款的郵件恰好送錯地址。等到郵件終於送達國稅局的時候，已經錯過繳納期限，因此被追繳了美金 $300,000 的滯納金。這家公司為什麼不乾脆利用一些資源（肯定會低於 $300,000 美金的滯納金）讓郵件的寄送不再出錯？難道這家公司沒有辦法製作出百分之百 (100%) 正確的郵件寄送名單？為什麼不在第一次的時候就把事情做對？

品質標準的量化 (Quantifying the Quality Standard)

品質可以利用其成本來衡量；品質成本減少的同時，品質水準隨之提高－－至少提高到某一程度。即便是已經達到零缺點的標準，企業還是必須發生預防成本與評估成本。落實完善的品質管理計畫的企業應當可以達到品質成本控制在銷貨收入百分之二點五 (2.5%) 的水準。（如果已經達到零缺點的標準，那麼這些品質成本屬於預防成本和評估成本。）許多品管專家和採取積極的品質改善計畫的企業多半認爲百分之二點五 (2.5%) 應爲合理可行的標準。

百分之二點五 (2.5%) 的標準係針對總品質成本而定。個別品質類別－－例如品質訓練或物料檢查等－－的成本應該更低。每一個組織均應建立每一項個別因素的適當標準，利用預算來決定每一項標準的成本，使得總預算成本能夠符合百分之二點五 (2.5%) 的目標。

實體標準 (Physical Standards)

就生產線經理人與作業員工而言，品質的實體標準－－例如單位瑕疵品數量、外部機能不全的比例、帳單錯誤、合約錯誤和其它實體衡量指標等－－的意義較爲明確。如以實體的衡量標準言之，品質標準就是零缺點或零誤差。零缺點的目標是讓每一位員工都在第一次的時候就把事情做對。

目前可達標準

對於大多數的企業而言，零缺點的標準屬於長程目標。企業是否能夠達到此一長程目標，供應商的品質影響甚鉅。對於大多數的企業而言，向外部供應商購買的物料和服務佔了產品成本的重要部份。舉例來說，田能公司的產品成本當中，超過百分之六十五 (65%) 是來自於超過五百家不同的物料與零件供應商。爲了達到預定的品質水準，田能公司必須推行一項規模龐大的計畫來要求供應商同步採取類似的品質改善計畫。開發及確保與供應商之間的緊密關係需要長時間的努力－－事實上通常長達數年之久。同樣地，教育組織內部的成員瞭解品質改善的必要，進而建立對於品質改善計畫的信心也需要長時間的耕耘。

由於追求零缺點水準的品質改善過程可能耗時數年，因此企業必須建立年度性的品質改善標準以利經理人編製績效報告，掌握目前可達標準的進展。這些**目前可達品質標準** (Interim Quality Standards) 係說明當年度的品質目標。經理人和員工應該瞭解計畫的進展，以強化爲達零缺點的最終目標所需要的信心。雖然達到零缺點水準是長程的計畫，但是每一年仍應出現明顯的進步。舉例來說，田能公司將品質成本由一九八O年佔銷貨收入百分之十七 (17%) 的水準降爲一九八六年佔銷貨收入百分之八 (8%) 的水準－－平均每一年就降低了超過百分之一 (1%)。再者，一旦達成百分之二點五 (2.5%) 的目標之後，企業仍應繼續努力維持此一水準。這時候，績效報告就扮演了嚴格的控制角色。

品質績效報告的類型

品質績效報告衡量的是組織的品質改善計畫所實現的進展。實務上可以衡量並報告三種不同類型的進展：

1. 當期標準或目標的相關進展（亦即「目前可達標準報告」）。
2. 自從推動品質改善計畫以來的進展趨勢（亦即「多期趨勢報告」）。
3. 長程標準或目標的相關進展（亦即「長程報告」）。

目前可達標準報告 (Interim Standard Report)

組織必須建立每一年的目前可達標準，並且擬訂達成此一目標水準的計畫。由於品質成本是衡量品質的指標，因此實務上能以實際金額來表示每一個品質成本類別和每一個類別當中的成本項目的預算水準。到了每一期期末的時候，組織必須編製**目前可達品質標準績效報告**(Interim Quality Performance Report)來比較當期的實際品質成本和預算品質成本。這份報告會衡量出當期達成的進度相對於當期規劃的進度。**圖** 21-10 即爲目前可達品質標準績效報告的釋例。

這份報告當中顯示出當期的品質改善進度，相較於當期的預算數據的比較情形。以前文當中的傑森公司爲例，其整體績效相當接近規劃目標：總實際品質成本和總預算品質成本僅差距 $2,000，僅佔銷貨收入的百分之零點零七 (0.07%)。

圖 21-10

傑森公司 暫時標準績效報告： 品質成本 一九九八年三月三十一日			
	實際成本	預算成本	變數
預防成本：			
品質訓練	$ 35,000	$ 30,000	$ 5,000 U
可靠度工程	80,000	80,000	0
總預防成本	$115,000	$110,000	$ 5,000 U
評估成本：			
物料檢查	$20,000	$ 28,000	$ 8,000 F
產品接受度	10,000	15,00	5,000 F
製程接受度	38,000	35,000	3,000 U
總評估成本	$ 68,000	78,000	$10,000 F
內部不良成本：			
廢料	$ 50,000	$ 44,000	$ 6,000 U
重製	35,000	36,500	1,500 F
總內部不良成本：	$ 85,000	$ 80,500	$ 4,500 U
外部不良成本：			
顧客抱怨	$ 25,000	$ 25,000	$ 0
保證	25,000	20,000	5,000 U
修理	15,000	17,500	2,500 F
總外部不良成本	$ 65,000	$ 62,500	$ 2,500 U
總品質成本	$333,000	$311,000	$ 2,000 U
佔實際銷貨收入之百分比例*	11.89%	11.82%	0.07% U

* 實際銷貨收入為 $2,800,000。

多期趨勢(Multiple-Period Trend)

圖 21-10 提供了當期內相較於特定目標的進展。另一項有用的資訊則是品質改善計畫自施行以來的成效。多期趨勢－－品質成本的整體改變－－是否朝著正確的方向前進？每一個期間內是否獲得了重大的品質改善？這些問題的答案可以藉由追蹤從計畫開端到目前為止，品質變動的趨勢圖表一窺究竟。這一類的圖表稱為**多期品質趨勢報告**(Multiple-Period Quality Trend Report)。圖面上標示出不同時間的品質成本相對於銷貨收入的比例，即可瞭解品質計畫的整體趨勢。趨勢圖中的第一年是施行品質改善計畫之前的年度。假設傑森公司經歷

了下列改變：

	品質成本	實際成本	品質成本佔銷貨收入的比例
1994	$440,000	$2,200,000	20.0
1995	423,000	2,350,000	18.0
1996	412,000	2,750,000	15.0
1997	406,000	2,800,000	14.5
1998	280,000	2,800,000	10.0

假設一九九四年爲第零年，一九九五年爲第一年，依此類推，則可繪出如**圖** 21-11 當中所示的趨勢圖。橫軸代表時間，縱軸則爲品質成本佔銷貨收入的百分比例。在圖表中，最終的品質成本目標是百分之二點五 (2.5%) （亦即目標比例）是以一條水平的直線表示。

趨勢圖顯示品質成本佔銷貨收入的比例呈現穩定下降的趨勢。這份圖表同樣顯示出，傑森公司距離長程目標比例尚有相當的改善空間。

圖 21-11

多期趨勢圖：全面品質成本

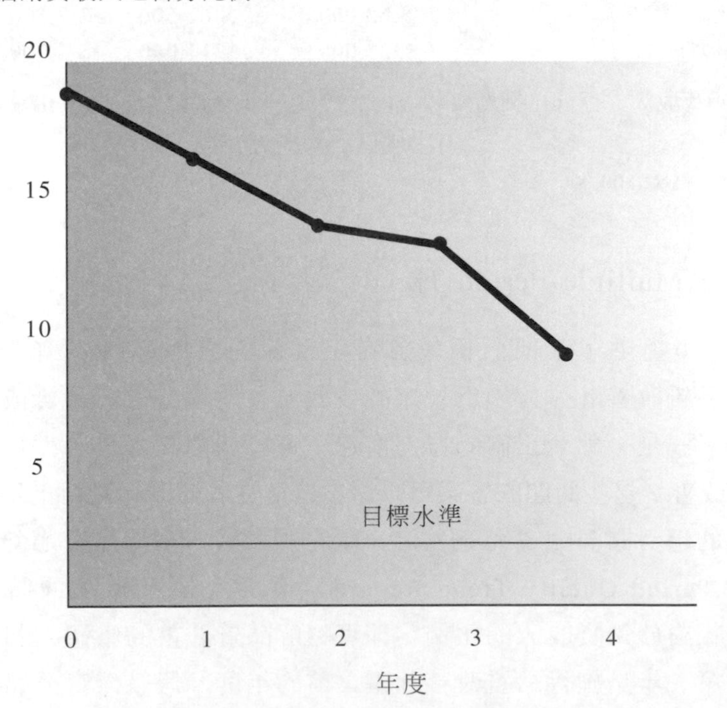

繪製個別品質成本類別的趨勢圖亦可提供不同的觀點。假設每一個類別的成本均以同期間內的金額相對於銷貨收入的百分比例表示之。

	預防成本	評估成本	外部機能不全成本	內部機能不全成本
1994	2.0%	2.0%	6.0%	10.0%
1995	3.0	2.4	4.0	8.6
1996	3.0	3.0	3.0	6.0
1997	4.0	3.0	2.5	4.5
1998	4.1	2.4	2.0	1.5

圖 21-12即爲個別品質成本類別的趨勢圖。由**圖** 21-12當中可以看出，傑森公司已經成功地大幅降低外部機能不全成本與內部機能不全成本，並且花費較多的資金在預防作業上（以銷貨收入表示的金額成長了一倍）。評估成本則是先增後減。另外值得注意的是，各類

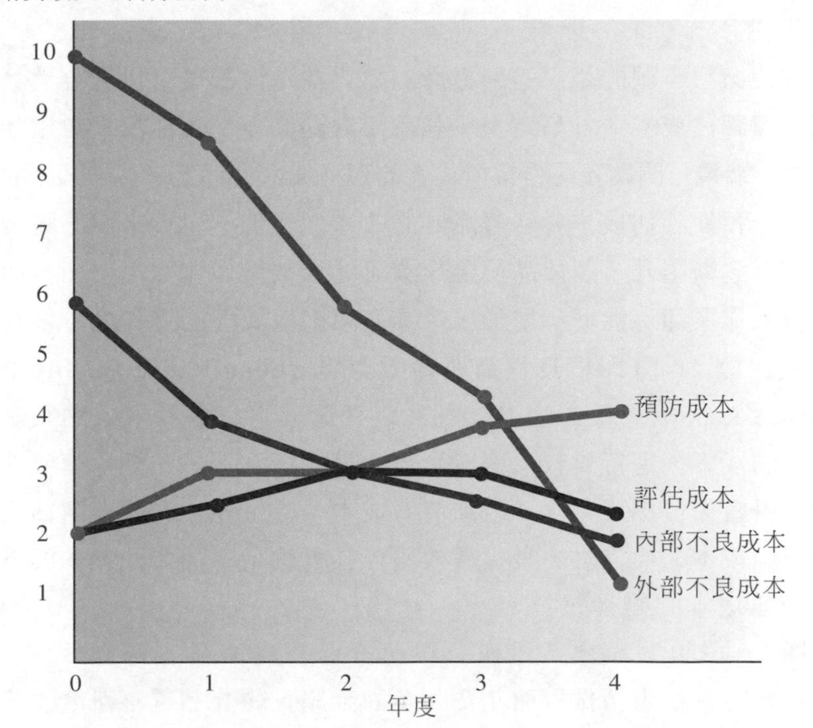

圖 21-12

多期趨勢圖：個別品質成本類別

品質成本的相對分佈情形也隨之改變。回顧一九九四年的時候，機能不全成本佔總品質成本的百分之八十 (80%) －－ 16% / 20%。到了一九九八年，機能不全成本僅佔總品質成本的百分之三十五 (35%) －－ 3.5% / 10%。降低品質成本的機會同樣會影響決策的制訂。企業實在不宜低估了品質成本資訊對於決策與規劃作業之影響。

長程標準

每一期間結束的時候，企業必須編製報表來比較實際品質成本和企業最終希望達成的目標成本。這份報告除了能夠督促管理階層時時刻刻謹記著最終的品質目標，亦能突顯出有待改善的空間，並可做爲下一期間的規劃參考依據。在零缺點的理念下，機能不全成本到了最後應該全數刪除（因其屬於不具附加價值成本）。降低機能不全成本得以提升企業的競爭能力。前文當中的田能公司正是拜品質改善之賜，有效地降低了外部機能不全比率，因而得以提出比競爭者的保證時間多上兩倍至四倍的保證期間。換言之，田能公司的品質成本不僅降低了近百分之五十 (50%) 的水準，更因爲品質改善之故，使得銷售績效同步提升。

各位必須牢記的是，達到更高的品質並不代表著可以完全消除預防成本與評估成本。（事實上，強調零缺點的作法可能反而會增加預防成本，端視一開始預防作業所代表的類型與水準而定。）一般而言，吾人仍然預期評估成本會隨著品質的改善而降低。舉例來說，隨著產品的品質逐漸提升，製成品檢驗作業可能會被慢慢淘汰；另一方面，製程檢驗作業卻可能同步增加。企業必須確保製程的運作處於零缺點的模式。**圖** 21-13 即爲**長程品質績效報告** (Long-Range Quality Performance Report)。報告當中針對當期實際成本與達到零缺點狀況下所容許的成本，進行比較（假設銷售水準等於當期的預期水準）。如果選用得當，目標成本應爲附加價值成本。產生變異的部份則爲不具附加價值成本。換言之，長程績效報告其實就是附加價值成本與不具附加價值成本的變異報告。

圖 21-13 也強調出，這家公司花費過多成本在品質上面－－因爲第一次沒有把事情做對而花費太多的金錢。隨著品質不斷地改善，

圖 21-13

傑森公司
長期績效報告
一九九八年三月三十一日

	實際成本	目標成本＊	變數
預防成本：			
固定：			
品質訓練	$ 35,000	$15,000	$ 20,000 U
可靠度工程	80,000	40,000	40,000 U
總預防成本	$ 115,00	$55,000	$ 60,000 U
評估成本：			
變動：			
物料檢查	$ 20,000	$ 5,000	$ 15,000 U
產品接受度	10,000	—	10,000 U
製程接受度	38,000	10,000	28,000 U
總評估成本	$ 68,000	$15,000	$ 53,000 U
內部不良成本：			
變動：			
廢料	$ 50,000	$ —	$ 50,000 U
重製	35,000	—	35,000 U
總內部機能不全成本	$ 85,000	$ -	$ 85,000 U
外部不良成本：			
固定：			
顧客抱怨	$ 25,000	$ —	$ 25,000 U
變動：			
保證	25,000	—	25,000 U
修理	15,000	—	15,000 U
總外部機能不全成本	$ 35,000	$ 0	$ 65,000 U
總品質成本	$333,000	$70,000	$263,000 U
佔實際銷貨收入之百分比例	11.89%	2.5%	9.39% U

＊係以實際當期銷貨收入 $2,800,000 爲基礎。這些成本屬於附加價值成本。

企業不再需要那麼多的員工來修正一開始所產生的錯誤，進而得以實現節省成本的目標。舉例來說，如果沒有重製作業，重製成本將會消失；如果沒有產品不能，就不需要保證成本。

企業如能在瑕疵產品上的花費減少，則可利用這些資金來擴充營業規模，僱用更多的員工來處理擴大之後的作業需求。品質如能改善，企業的競爭地位也隨之提升，往往自然而然地就會帶來擴大規模的結果。由於既有的產品問題逐漸減少，企業可以更專注於成長。換言之，即使品質改善可能意味著某些領域的工作機會減少，但是卻也意味著擴大營業規模的同時會創造出額外的工作機會。事實上，增加的工作機會可能多於減少的工作機會。

品質改善的誘因

大多數的組織會對品質改善具有重要貢獻的單位或個人，給予金錢上的與非金錢上的獎勵。這兩種誘因當中，大多數的品質專家認爲非金錢上的獎勵效用遠大於金錢上的獎勵。

誠如預算的擬訂一般，適度的參與能夠讓員工把品質改善目標視爲自己的工作目標。企業爲了讓員工親身參與品質改善，多會採用確認錯誤成因的方法。確認錯誤成因計畫是讓員工提出影響他們第一次就把事情做對的問題。錯誤成因移除法則是菲利浦．葛斯比的品質改善計畫當中十四道步驟的其中之一。爲了確保品質改善計畫的成效，每一位登記參與計畫的員工都會收到高階管理階層所製發的謝函。至於提供特別有用資訊的員工，則應收到其它額外的獎勵。舉例來說，田能公司便將第一年度因爲採納員工建議所節省下來的成本的百分之二十 (20%)，回饋給提出這些建議的員工以資鼓勵。

企業亦可利用非財務上的獎勵來認同員工的努力和參與。舉例來說，某家餐廳每一個月都會頒發獎狀，表揚當月份輸入顧客點餐內容到廚房的連線電腦上時完全沒有錯誤的服務人員。至於出錯最多的服務人員，餐廳會將其姓名公佈在錯誤排行榜上（除了公佈姓名之外，沒有其它懲罰）。此一作法使得錯誤率逐漸減少，每一個月餐廳可以節省下數千美元的成本。這個例子當中的重點不在於獎狀本身，而是管理階層公開地表揚優秀的成績。藉由公開地表揚傑出的品質貢獻的方式，管理階層等於是爲企業致力於品質改善的目標而背書。同樣地，獲得公開表揚的單位和個人也會感受到自尊、工作滿意度和更加盡力改善品質等好處。

善用品質報告以達控制功能

不同類型的品質報告與變數卻都有相同的問題－－究竟應該如何使用這些報告？誠如傳統的變數一樣，品質變數並非答案所在，而是問題的開端。品質報告是根本原因分析－－品質問題的根源分析－－的輔助工具。企業的預防成本逐年增加，然而機能不全成本卻未隨之減少的時候，就必須設法找出原因何在。爲什麼預防成本不能夠取代機能不全成本？是否因爲訓練不夠？是否訓練的人不對（受訓的是中階經理人，而非作業員工）？是否錯誤的制度仍然存在？找出根本原因之後，接下來便可採取適當的步驟來修正問題，讓品質回到正軌。舉例來說，過去五年來，奇異公司已經大幅度地改善其產品品質。其中一項成就是源自於供應商 CSX 的建議。CSX 發現他們的維護人員有時候會把錯誤的刷子插進電動馬達裡面，原因是維護作業所使用的兩種刷子外型相當接近。奇異公司重新設計了刷子把手，讓馬達只能插入正確的刷子。機能不全成本於是降爲零。

品質控制乃一動態過程，適用處於所有階段的企業。品質的提升亦有助於提升生產力。接下來的章節即以生產力爲討論重點。

結語

爲了瞭解品質成本，首先必須瞭解品質的意義。品質可以分爲兩種：設計品質與規範品質。設計品質係指功能相同但規格不同的產品之間所產生的品質差異。相反地，規範品質則是指產品所要求的規格。

本章介紹了兩種關於品質的觀念性方法。零瑕疵法容許特定規格範圍內的變異。絕對品質法則是儘量排除變異程度；絕對品質法認爲任何的變異都隱藏著品質成本。田口式品質損失函數說明了與絕對品質觀念相關的隱藏品質成本。

品質成本係指產品可能或確實無法達到設計規範所發生的成本（因此也和規範成本也關）。品質成本計有四類：預防、評估、內部機能不全、外部機能不全。預防成本係指爲避免不良品質所發生的成本。評估成本係指爲偵測不良品質所發生的成本。內部機能不全成本係指因爲產品未能符合規範，而在出售之前發現不符規範事實所發生的成本。外部機能不全成本則指因爲產品未能符合規範，而在出售之後發現不符規範事實所發生的成本。

品質成本報告係將品質成本的四種主要類型當中每一個項目的成本詳細記錄的報告。參見**圖** 21-2。涉及品質成本的最適分佈的觀點有二：傳統觀點與世界觀。傳統觀點認為機能不全成本與預防成本和評估成本之間具有互補關係。此一互補關係可以產生最適績效水準，亦即可接受的品質水準。可以接受的品質水準係指當總品質成本最低時的可容許瑕疵品數量。另一方面，全球普遍存在的觀點強調的則是全面品質控制。全面品質控制觀點認為機能不全成本、評估成本和預防成本之間存在著極大衝突。瑕疵品的實際最適水準是零缺點水準；企業必須致力於達到此一品質水準。雖然品質成本並不會因為達到最適水準而完全消失，卻仍遠低於傳統觀念裡的最適水準品質成本。

經理人需要品質成本資訊來控制品質績效，並做為擬訂決策時的參考依據。品質成本資訊可以用於評估品質改善計畫的整體績效，同時亦可用於改善各種管理決策－－例如策略性定價決策和成本數量利潤分析。實務上獲得的最重要觀察心得是品質成品資訊乃企業追求持續改善的基礎。品質是全球性企業的主要競爭利器。許多企業紛紛致力於取得外部獨立專業機構－－例如 ISO 9000－－的品質認證資格。

本章介紹了四種報告：(1) 目前可達標準報告、(2) 單期趨勢報告、(3) 多期趨勢報告，以及 (4) 長期報告。目前可達標準報告的用意在於評估企業達到預定品質標準的能力。經理人利用此類報告來比較實際品質成本與當期預算成本。單期趨勢報告的用意在於比較當期和前期的實際品質成本，針對出現差異的作業項目進行調整（彈性預算調整）。此類報告有助於經理人評估相較於前一年度之下，品質改善的進展程度。多期趨勢報告則是期間長達數年的趨勢圖表，可以輔助經理人瞭解自從採行全面品質計畫之後的變動方向與程度。最後一項的長期報告則是比較實際成本和理想水準之間的異同。

習題與解答

今年年初，凱爾公司開始推動品質改善計畫。公司花費了相當多的心力，致力於減少生產瑕疵品的數量。到了年底的時候，生產經理的報告顯示廢料和重製都減少了許多。凱爾公司的總經理對於這樣的結果感到相當欣慰，但是他還希望瞭解這樣的品質改善成效對於財務的影響。為此，他蒐集了當年度和前一年度的財務資料如下：

	前年度 (1997)	當年度 (1998)
銷貨收入	$ 10,000,000	$10,000,000
廢料	400,000	300,000
重製	600,000	400,000
產品檢查	100,000	125,000
產品保證	800,000	600,000
品質訓練	40,000	80,000
物料檢查	60,000	40,000

作業：

1. 請將前述各項成本分別歸類爲預防性成本、評估成本、內部機能不全成本或外部機能不全成本。
2. 請分別計算每一個年度裡，品質成本佔銷貨收入的比例。凱爾公司因爲品質改善的成效而增加了多少利潤？假設品質成本可以降爲銷貨收入的百分之二點五 (2.5%)，那麼品質改善將可帶來多少額外的利潤（假設銷貨收入維持不變）？

解答

1. 預防性成本：品質訓練
   評估成本：產品檢查和物料檢查
   內部機能不全成本：廢料與重製
   外部機能不全成本：保證
2. 前年度－－總品質成本：$2,000,000；
   佔銷貨收入的比例：百分之二十 [20%, ($2,000,000 / $10,000,000)]。
   當年度－－總品質成本：$1,545,000；
   佔銷貨收入的比例：百分之十五點四五 [15.45%, ($1,545,000 / $10,000,000)]。
   利潤增加了 $455,000。如果品質成本降爲銷貨收入的百分二點五 (2.5%)，則可能再增加 $1,295,000 的利潤 ($1,545,000 - $250,000)。

重要辭彙

Acceptable quality level (AQL) 可接受的品質水準

Aesthetics 美學

Appraisal costs 評估成本

Control activities 控制作業

Control costs 控制成本

Costs of quality 品質成本

Defective product 瑕疵產品

Durability 可用年限

Error cause identification 確認誤差原因

External failure activities 外部機能不全作業

Failure costs 機能不全成本

Features (quality of design) 特色（設計品質）

Fitness for use 適用性

Hidden quality performance report 隱藏性品質績效報告

Interim quality standards 目前可達品質標準

Internal failure costs 內部機能不全成本

Long-range quality performance report 長期品質績效報告

Multiple-period quality trend report 多期品質趨勢報告

Observable quality costs 可觀察的品質成本

Performance 績效

Prevention costs 預防成本

Quality of conformance 規範品質

Quality product or service 品質良好的產品或服務

Reliability 可靠度

Serviceability 服務性

Taguchi function 田口式函數

Zero defects 零缺點

問題與討論

1. 設計品質與規範品質之間有何差異？
2. 爲什麼以錯誤的方式做事會產生品質成本？
3. 零缺點理念與健全品質理念之間有何差異？
4. 請描述田口式品質損失函數，並說明其與健全品質之間的關係。
5. 找出並討論四種品質成本。
6. 解說爲什麼對於企業而言，外部機能不全成本的傷害比內部機能不全成本還大的原因。
7. 可接受品質標準與零缺點標準之間有何差異？
8. 解說爲什麼作業制管理制度偏好採用零缺點標準，而非可接受品質標準的原因。
9. 許多品管專家認爲品質是免費的。你是否贊同前述說法？爲什麼贊同或爲什麼反對？
10. 建立目前可達品質標準的目的爲何？
11. 請描述品質績效報告的三種類型。經理人如何應用每一種報告來評估其品質改善計畫的成效？

12. 探討可以用以激勵員工更積極地參與品質改善計畫的各種誘因。
13. 如果某家公司的年度銷貨收入是兩億美元，則應花費多少比例在品質成本上面？假設這家公司目前是提撥百分之十八 (18%) 的銷貨收入做爲品質成本。如果推動品質改善計畫，可能節省下多少品質成本？
14. 解說爲什麼經理人必須瞭解品質成本在四種類型當中的分佈型態的原因。
15. 探討簡單列出各類品質成本金額的品質成本報告的好處。
16. 解說爲什麼會計制度應該負責編製品質成本報告的原因。
17. 何謂「ISO 9000」？爲什麼許多企業都希望獲得此項認證？

個案研究

21-1
品質的定義和品質成本

陸金蒂是一家製造電子零組件公司的總經理。她對於品質定義和品質成本有些疑問，也曾聽說過下列關於品質的說法。

1. 何謂「品質優良的產品」？請說明定義品質的構面。
2. 「品質優良的產品」和「品質優良的服務」之間是否有任何差別？如果有，是什麼樣的差別？
3. 品質成本的發生是因爲品質不良的事實可能或確已存在。請就第一題當中定義品質的構面，說明這些品質成本是如何存在的。
4. 除了第一題的回答之外，是否還有任何定義品質的其它構面？品質認知是否也是其中之一？畢竟品質認知並不會產生成本。陸金蒂最近擬訂了一項重要的廣告計畫，來矯正市場上對於其公司產品品質的錯誤認知。
5. 昨天，陸金蒂公司的品保經理表示，公司必須重新定義瑕疵產品的定義。這位品保經理認爲一味地強調符合規範反倒忽略了產品變異的成本，而且公司如果能夠降低產品變異程度的話，等於爲公司找到了垂手可得的金礦。這位品保經理的用意究竟爲何？

21-2
田口式損失函數

艾帝蒙公司已經決定利用田口式損失函數來估計其隱藏的外部機能不全成本。經過一番研究之後，艾帝蒙公司找出 k = $400，且 T = 30直徑英吋。四個抽樣產品的數值如下：

產品編號	實際直徑 (y)
1	29.8
2	30.2
3	30.4
4	29.6

作業：

1. 請計算單位平均損失。
2. 假設產量爲10,000單位，則總隱藏成本是多少？
3. 假設艾帝蒙公司採用的乘數是4，則衡量出來的外部成本是多少？並請解說衡量成本和隱藏成本之間的差異。

21-3
品質成本的分類

請將下列各項品質成本分別歸類爲預防成本、評估成本、內部機能不全成本、或外部機能不全成本：

1. 廢料
2. 檢查人工
3. 用於重製的多餘原料
4. 保證作業
5. 未能符合顧客規格而遭退貨的產品
6. 運送過程中受損而遭退貨的產品
7. 新進員工的訓練計畫
8. 停工以修正製程不良（利用統計製程控制流程所發現的）
9. 解決產品功能的法律訴訟
10. 用於重製的多餘費用與人工
11. 因爲貼錯產品標籤而損失的銷貨收入
12. 內部稽核
13. 工程設計變更
14. 採購訂單變更
15. 替代瑕疵產品
16. 測試人工
17. 外勤服務人員

18. 軟體修正
19. 供應商評估
20. 包裝檢查
21. 消費者訴怨部門
22. 原型產品的檢查與測試
23. 重新測試作業

21-4
品質改善與獲利能力

力鼎公司提出最近四個年度的銷貨收入與品質成本報告如下。假設所有的品質成本均爲變動成本，且所有品質成本比率的變動均源於品質改善計畫。

年度	銷貨收入	品質成本佔 銷貨收入之百分比例
1	$10,000,000	0.21
2	11,000,000	0.18
3	11,000,000	0.14
4	12,000,000	0.10

作業：

1. 請計算四個年度當中每一年度的品質成本。請問由第一年度到第二年度期間，力鼎公司因爲品質改善計畫而提升了多少淨益？由第二年度到第三年度期間呢？ 由第三年度到第四年度期間呢？
2. 力鼎公司的管理階層認爲可以將品質成本降低至銷貨收入的百分之二點五 (2.5%)。假設銷貨收入將會維持第四年度的水準，請計算力鼎公司可能實現的額外利潤。力鼎公司對於改善品質、並將品質成本降爲銷貨收入百分之二點五 (2.5%) 的期望是否可能實現？ 並請解說你的理由。
3. 假設力鼎公司只生產一種產品，並以競價的方式出售。第一和第二年度間，平均標價是 $200。第一年度的總變動成本爲每一單位 $125。第三年度由於競爭轉趨激烈的關係，競標價格降到 $190。假設第三年度和第一年度的品質成本一樣，請計算第三年度的總貢獻邊際。現在再請利用實際品質成本，計算第三年度的總貢獻邊際。請問由第一年到第三年期間，力鼎公司因爲品質改善而增加的獲利是多少？

21-5
品質成本；獲利改善與分佈

雷米公司在一九九一年的銷貨收入是 $10,000,000。一九九八年，銷貨收入增加爲 $12,500,000。雷米公司在一九九一年度的時候推行了品質改善計畫，並以整體規範品質爲主要改善目標。下表即爲一九九一年與一九九八年的品質成本。假設品質成本的所有變動均可歸因於品質的改善。

	1991 年	1998 年
內部機能不全成本	$ 750,000	$ 37,500
外部機能不全成本	1,000,000	25,000
評估成本	450,000	93,750
預防成本	300,000	156,250
總品質成本	$2,500,000	$312,500

作業：

1. 請分別計算兩個年度的品質成本相對於銷貨收入的比例。這樣的改善結果是否可能？
2. 請計算一九九一年每一類品質成本的相對分佈情形。你會如何評估這樣的成本分佈情形？你認爲當雷米公司逐漸達到零缺點的狀態時，這些成本會呈現什麼樣的分佈情形？
3. 請計算一九九八年每一類品質成本的相對分佈情形。你會如何評估這些成本的水準與分佈情形？你認爲是否還有繼續降低品質成本的可能？
4. 雷米公司的品保經理指出，報告當中的外部機能不全成本是唯一的預估成本。這位品保經理認爲一九九八年度的外部機能不全成本遠遠超過報告當中的金額，公司必須投資更多的資源在控制成本方面。請探討這位品保經理的觀點是否正當。

21-6
各類品質成本之間的互補關係；全面品質控制

安貝公司的銷貨收入和品質成本分別爲 $1,000,000 和 $200,000。安貝公司正在推動一項重要的品質改善計畫。未來三年期間，安貝公司計劃提高評估與預防成本，以降低機能不全成本。安貝公司將增加五種特定作業項目，來提高對於成本的控制，也就是兩項產品的分檢、製程控制、品保訓練、供應商評估和工程設計。下表列出了目前的品質成本和前述五項作業的成本。每一項作業都是循序加入，以便瞭解其對於不同成本類別的影響。舉例來說，加入分檢作業之後，控制成本增加為 $40,000，而機能不全成本則減少至 $130,000。雖然安貝公司採取依序加入每一項作業的方式，但實際上所有的作業之間都是彼此獨立。

	控制成本	機能不全成本
目前標準成本	$ 20,000	$180,000
分檢	40,000	130,000
製程控制	65,000	90,000
品保訓練	75,000	82,000
供應商評估	90,000	25,000
工程設計	120,000	15,000

安貝公司的總經理對於品質改善計畫的成效感到相當滿意——尤其對於所有五項作業都施行之後，總機能不全成本可以降低至只有 $15,000的水準。即便如此，安貝公司的總經理還是相當關注究竟是否五項作業都應該採行，或者只應採行其中幾項。他希望公司能夠達到最有利的結果。

作業：

1. 請找出應該採行哪些控制作業，並計算和這些作業相關的總品質成本。
2. 根據第一題的答案，請計算 (a) 總品質成本減少的金額，以及 (b) 分佈於控制成本和機能不全成本的比例。
3. 由第一題和第二題的結果來看，這兩種機能不全成本類別和評估成本與預防成本之間有何關係？你是否認為還可能再降低品質成本？並請探討作業管理在此一過程當中所扮演的角色。

21-7
趨勢；長期績效報告

一九九七年，魯爹冷凍點心公司施行了一項品質改善計畫。到了一九九八年底，魯爹公司的管理階層要求相關部門提出報告，列出當年度節省下來的成本金額。下表即為一九九七與一九九八年度的實際銷貨收入與實際品質成本：

	1997年	1998年
銷貨收入	$600,000	$600,000
廢料	15,000	15,000
重製	20,000	10,000
訓練計畫	5,000	6,000
消費者抱怨	10,000	5,000
損失銷貨收入（標籤錯誤）	8,000	—
測試人工	12,000	8,000
檢查人工	25,000	24,000
供應商評估	15,000	13,000

魯豸公司的管理階層認爲未來五年期間，品質成本將可降低至銷貨收入的百分之二點五 (2.5%)。到了第五年底，魯豸公司的銷貨收入預計可以增加爲 $750,000。第五年底的品質成本的相對分佈如下：

廢料	15 %
訓練	20
供應商評估	25
測試人工	25
檢查	15
總品質成本	100 %

作業：

1. 請問魯豸公司在一九九八年度，因爲品質改善計畫而增加了多少利潤？
2. 請編製長期績效報告，比較一九九八年底發生的品質成本和二OO三年底預期將會發生的品質成本結構。
3. 請問二OO三年度的目標成本是否均爲附加價值成本？如果目標成本均爲附加價值成本，你會如何解釋相關變數？
4. 如果魯豸公司在二OO三年達到百分之二點五 (2.5%) 的績效標準，請問將會增加多少利潤？

21-8
多年度趨勢報告

高金公司的會計長計算出過去五年期間，品質成本佔銷貨收入的比例。一九九八年度時，高金公司開始採行品質改善計畫。會計長提出的成本資訊如下：

	預防	評估	內部	外部	總計
1994	2%	3%	8%	12%	25%
1995	3	4	8	10	25
1996	4	4	5	7	20
1997	5	3	3	5	16
1998	6	4	1	2	13

作業：

1. 請繪製總品質成本的趨勢圖，並請就趨勢圖來說明品質改善計畫的成效。
2. 請繪製涵蓋所有品質成本類別的趨勢圖，並請就趨勢圖來說明品質改善計畫的成效。這一份趨勢圖是否提供了比總品質成本趨勢圖還要更多的有利資訊？並請就趨勢圖來說明一九九四年度品質成本的分佈情形。

21-9
品質成本報告：田口式損失函數

意美公司總經理諾百利對於銷貨收入和獲利水準變動的趨勢相當關心。近來，意美公司流失客戶的速度已經到了令人不得不警覺的程度。此外，意美公司幾乎無法達到損益兩平。根據調查結果顯示，品質不良是所有問題的根源。一九九八年底，諾百利決定開始施行品質改善計畫。首先，意美公司找出了會計記錄當中和品質相關的成本：

	1998 年度
銷貨收入（100,000 單位乘上單價 $40）	$ 4,000,000
廢料（沒有通過內部品管的產品）	120,000
重製	160,000
訓練計畫	48,000
顧客抱怨	80,000
保證	160,000

（接續下頁）

測試人工	120,000
檢查人工	100,000
供應商評估	12,000

作業：

1. 請依照品質成本類別，編製品質成本報告。
2. 請針對每一項品質成本類別，計算相對分佈比例，並就分佈情形，提出你的看法與見解。
3. 根據田口式損失函數，計算出來單位平均損失為 \$6。請問外部機能不全的隱藏成本是多少？ 此一成本對於相對分佈有何影響？
4. 意美公司的品保經理認為不必過度在意隱藏成本的問題。請問此一決定的原因為何？凡是能夠降低外部機能不全成本的行動也將降低隱藏成本。你是否同意前述說法？並請解說你的理由。

21-10
田口式損失函數

威爾公司製造手提電腦的零組件。這種零組件的重量是電腦製造商最為注重的部份。這種零組件的目標值為 1,000 公克。規範的限制是 1,000 公克加減 50 公克。以 950 公克之下限生產的零組件會損失 \$100。威爾公司抽樣測試五個零組件，並得到下列結果：

樣品編號	測得重量
1	1,010
2	1,025
3	1,050
4	925
5	950

第一季的時候，威爾公司生產了 40,000 單位的零組件。

作業：

1. 請計算單位損失，並請計算抽樣樣本的平均損失。
2. 請利用平均損失，計算第一季的隱藏品質成本。

21-11
品質成本：定價決策；市場佔有率

佳斯頓公司是一家傢俱製造商，其中一項產品是陽春型的餐桌。去年度，加斯頓公司總共生產並銷售了 100,000 張餐桌，售價為每一單位 $100。餐桌的銷售係以競標方式進行，但是當售價為 $100 的時候，佳斯頓公司總是能夠賣出足夠的數量。然而到了今年度，佳斯頓公司的銷貨數量逐漸縮減。佳斯頓公司的老闆兼總經理范李瑞對於這樣的情形感到憂心，於是召開了一次高階主管會議（包括行銷經理江梅根、品保經理戴費德、生產經理江凱文和會計長潔海倫）。

范李瑞：我不明白為什麼公司的銷貨數量會一路下滑。江梅根，妳能不能說明一下目前的情況？

江梅根：好的。事實上，有兩家競爭者把售價降為每一單位 $92。這樣的削價動作讓大多數的買主很難不心動。如果我們公司希望維持每一年 100,000 張餐桌的銷售量，就必須把價格也調降為 $92。否則，公司的銷貨數量將滑落至每年大約 20,000 到 25,000 單位的水準。

潔海倫：餐桌的單位貢獻邊際是 $10。如果銷售量維持在 100,000 單位，貢獻邊際將是 $200,000。如果價格維持 $100，那麼貢獻邊際大約是 $200,000 到 $250,000 之間。如果兩害相權取其輕的話，我們寧可犧牲少部份的市場佔有率，總比降低售價來得好。

江梅根：或許妳的判斷是對的。但是我們其它的產品也可能面臨同樣的困境。根據我的調查和瞭解，這兩家競爭者都已經到了重大品質改善計畫－－也就是讓他們能夠節省下可觀成本的計畫－－的尾聲。我們必須重新思考公司的整體競爭策略－－至少我們希望公司能夠繼續維持下去。理想狀況下，我們應該趕上競爭者降價的動作，努力降低成本以彌補損失的貢獻邊際。

戴費德：我倒有點意見要提。我們公司正在著手採行自己的品質改善計畫。我針對這種陽春型餐桌，估計出目前的品質成本。各位可以看到，費用成本大約是目前銷貨收入的百分之十六 (16%)。這樣的比例太高了。我認為長期而言，公司應該能夠把費用成本降到銷貨收入百分之四 (4%) 的水準。

廢料	$ 700,000
重製	300,000
退貨（以次級品的方式賣給折扣商店）	250,000
退貨（因爲人工作業品質不良而退貨）	350,000
	$1,600,000

范李瑞：這倒聽起來不錯。戴費德，你需要多少時間來達到降低成本的目標？

戴費德：這些成本都會隨著銷貨數量而改變，所以我又利用其它方式來說明節省成本的金額。樂觀估計，每一季我們都可以降低這些成本佔銷貨收入的一個百分比 (1%)。所以應該需要十二季，也就是三年的時間，來實現所有的好處。

江梅根：聽起來還蠻有希望的。如果我們能夠立刻宣佈降價，就可以保有目前的市場佔有率。此外，如果我們眞的能夠把價格降到 $92 以下的話，那麼反倒可以提高市場佔有率。我估計如果價格降到 $92 以下，每降一元就可以增加大約 $10,000 單位的銷貨數量。江凱文，這個產品線還有多少多餘的產能？

江凱文：每一年，我們可以再多處理 30,000 或 40,000 張餐桌。

作業：

1. 假設佳斯頓公司立即將售價降爲 $92。如果品質成本降低至預期水準，而且銷貨數量維持在每一年 100,000 單位（也就是每一季 25,000 單位）的話，請問佳斯頓公司需要多久的時間才能恢復 $10 的貢獻邊際？
2. 假設佳斯頓公司的售價一直維持在 $92，直到達到百分之四 (4%) 的目標爲止。在此一新的品質成本水準下，佳斯頓公司是否應該降價？如果應該調降售價，那麼應該降低多少，且可增加多少貢獻邊際？ 假設每一次只能夠調降 $1 的售價。
3. 假設佳斯頓公司宣佈立刻降價，並且開始施行品質改善計畫。現在再假設佳斯頓公司並未等到三年的期間後才調降售價。相反地，只要有利可圖，佳斯頓公司就會降價。假設每一次只能夠調降 $1 的售價。請指出佳斯頓公司在什麼時候會進行第一次的降價動作。

4. 請探討降低售價和短期貢獻邊際決策和短期貢獻邊際分析（由會計長潔海倫完成）之間的差異。請問品質成本資訊對於本例的策略性決策，是否扮演著重要角色？

21-12 品質成本分類

請將下列各項品質成本分別歸類爲預防、評估、內部機能不全、或外部機能不全，並請就每一項品質成本相對於銷貨數量之關係，歸類爲變動成本或固定成本。

1. 品質工程
2. 廢料
3. 產品回收
4. 因爲品質問題而造成的退貨和折讓
5. 因爲輸入錯誤而重新輸入資料
6. 線上品檢的管理
7. 品管圈
8. 零組件檢查與測試
9. 品質訓練
10. 重新檢查重製品
11. 產品信譽
12. 瞭解品保制度成效的內部稽核
13. 瑕疵產品的處置
14. 因爲品質問題造成的減產
15. 品質報告
16. 資料確認
17. 輸入錯誤的修正
18. 線上品檢
19. 製程控制
20. 原型產品的研究

21-13 簡述品質成本

威力公司總經理巴芭拉最近剛剛參加了一次有關品質與生產力的座談會。座談會上，她聽說許多美國企業的品質成本高達銷貨收入的百分之二十到三十 (20-30%)。然而，她卻對這項統計數據感到質疑。

但就算統計結果無誤，她相信自己公司的品質成本低了許多－－可能不到銷貨收入的百分之五 (5%)。另一方面，如果她的判斷有誤，那麼她可能會錯失了大幅提高利潤和強化競爭地位的絕佳機會。不管眞實情況如何，總是値得深入瞭解一下公司的情況。巴芭拉知道公司其實已經擁有大部份品質成本報告所需要的資訊－－只是從沒有人認爲需要正式地蒐集和分析品質資料。

座談會結束之後，巴芭拉深信企業如能改善品質，將可大幅提升獲利－－只要改善的機會存在的話。因此，在正式推動品質改善計畫之前，巴芭拉打算針對目前發生的總品質成本先進行粗略的估計。同時，她也要求必須將成本分爲四大類別：預防成本、評估成本、內部機能不全成本和外部機能不全成本。現在巴芭拉請你編製品質成本的簡報，比較總品質成本與銷貨收入和利潤之間的關係。爲了協助你編製報告，巴芭拉提供了去年度（一九九八年）的相關資訊如下：

a. 銷貨收入爲 $5,000,000；淨益爲 $500,000。
b. 去年度，顧客退回 30,000 單位的產品需要修理。修理成本平均爲每一單位 $1。
c. 威力公司僱用了四位品檢員，每一位的年薪都是 $20,000。這四位品檢員只負責最後的檢查（出貨品檢）。
d. 總廢料爲 50,000 單位，其中百分之六十 (60%) 和品質有關。廢料的成本大約是每一單位 $5。
e. 每一年，大約有 150,000 單位的製成品在出貨品檢的時候被淘汰。這些被淘汰的產品當中，百分之八十 (80%) 可以經過重製後再出售。重製成本是每一單位 $0.75。
f. 一位顧客取消訂單。這份訂單原可帶來 $50,000 的利潤。顧客取消訂單的原因是產品績效不佳。
g. 威力公司的顧客抱怨部門僱用三位全職員工。每一位員工的年薪都是 $13,500。
h. 威力公司因爲產品未達標準而給予的銷貨折讓總數爲 $15,000。
i. 威力公司要求所有的新進員工參加三小時的品質訓練課程。這項課程的成本估計每一年爲 $10,000。

作業：

1. 請編製簡單的品質成本報告，報告中必須將成本分門別類列記。
2. 請計算產品成本相對於銷貨收入的比率。此外，亦請計算總品質成本和總利潤。巴芭拉是否應該特別注意這樣的品質成本水準？
3. 請繪製品質成本的圓形圖，並請探討品質成本分佈於四種不同類別的情形。這樣的分佈是否恰當？並請解說你的理由。
4. 請探討威力公司如何能夠改善其整體品質水準，同時亦可降低總品質成本的方法。
5. 如果品質成本降至銷貨收入的百分之二點五 (2.5%) 的水準，請問將可增加多少利潤？

21-14
品質成本；獲利分析

寶威公司是一家大型的電子產品製造商。一九九五年底，寶威公司聘用海派特來管理公司的一個問題部門。眾所週知地，海派特向來精於讓表現不佳的企業起死回生。一九九六年，該部門的銷貨收入是 \$25,000,000，變動成本比率是 0.8，而總固定成本則是 \$6,000,000。這個部門只生產一種產品，而且都是賣給外部顧客。為了設法解決這個部門的問題，海派特要求部屬提供一九九六年度的品質報告，其內容如下：

	固定	變動
預防成本	\$ 200,000	\$ —
評估成本	300,000	1,000,000
內部機能不全成本	500,000	2,000,000
外部機能不全成本	1,000,000	5,000,000
總成本	\$2,000,000	\$8,000,000

海派特對於品質成本的龐大費用支出，感到十分訝異。雖然他聽說過有的公司品質成本高達銷貨收入的百分之六十 (60%)，但是他從未真正接觸過品質成本超過銷貨收入百分之二十到三十 (20-30%) 的水準的公司。這個部門的品質成本已經高達百分之四十 (40%)，顯然很不合理。海派特立刻推動了一項計畫來改善規範品質。到了一九九七年底，品質成本報告的內容如下：

	固定	變動
預防成本	$1,000,000	$ —
評估成本	1,000,000	1,000,000
內部機能不全成本	500,000	1,000,000
外部機能不全成本	1,000,000	3,000,000
總成本	$3,500,000	$5,500,000

一九九七年度的收入和其它成本都維持不變。

海派特預期到了二OO一年，產品拒斥率將降為百分之零點一(0.1%)，遠低於一九九六年百分之二 (2%) 的可接受品質標準。他同時也預期品質成本將會縮減為 $500,000，其分佈情況則為：

	固定	變動
預防成本	$200,000	$ —
評估成本	200,000	—
內部機能不全成本	—	20,000
外部機能不全成本	—	80,000
總成本	$400,000	$100,000

作業：

1. 請計算一九九六年損益兩平的銷貨收入金額。這個部門損失了多少錢？
2. 請計算一九九七年的損益兩平點，並請解說其中變化的原因。
3. 假設銷貨收入和其它成本維持不變的情況下，請計算二OO一年的損益兩平點。這個部門是否可能像海派特所預期地一般大幅降低品質成本？
4. 假設由一九九六年到二OO一年期間，這個部門被迫調價售價以至於總銷貨收入減少為 $15,000,000。現在請計算在二OO一年的品質成本結構之下（假設所有其它成本維持不變）的收益或虧損，並請探討品質成本管理在策略上的重要性。

21-15
品質成本報告：目前可達標準績效報告

最近，餘利公司收到一家外部顧問公司針對其品質成本所擬的一份報告。報告中指出，餘利公司的品質成本總計約爲銷貨收入的百分之二十一 (21%)。餘利公司的總經理羅伯對於高額的品質成本感到相當震驚，於是決定推動大規模的品質改善計畫。羅伯決定將下一年度的品質成本降到銷貨收入百分之十七 (17%) 的水準。雖然這樣的目標相當具有野心，但是大多數的主管認爲應該可以達成。爲了監督品質改善計畫的進行，羅伯要求會計長高蜜拉編製每一季的績效報告，針對預算品質成本和實際品質成本進行比較。當年度前兩個月的預算成本和銷貨收入分別如下：

	一月	二月
銷貨收入	$500,000	$600,000
品質成本：		
保證	$ 15,000	$ 18,000
廢料	10,000	12,000
進料檢查	2,500	2,500
出貨檢查	13,000	15,000
品質規劃	2,000	2,000
現場檢查	12,000	14,000
重新測試	6,000	7,200
折讓	7,500	9,000
新產品審核	500	500
重製	9,000	10,800
顧客抱怨處理	2,500	2,500
減產（瑕疵品）	5,000	6,000
品質訓練	1,000	1,000
總預算成本	$86,000	$100,500
品質成本相對於銷貨收入之比率	17.2%	16.75%

一月份的實際銷貨收入和實際品質成本則爲：

銷貨收入	$ 500,000
品質成本：	
保證	17,500
廢料	12,500
進料檢查	2,500
出貨檢查	14,000
品質規劃	2,500
現場檢查	14,000
重新測試	7,000
折讓	8,500
新產品審核	700
重製	11,000
顧客抱怨處理	2,500
減產	5,500
品質訓練	1,000

作業：

1. 請重新整理季預算，將品質成本分別歸類為：評估成本、預防成本、內部機能不全成本和外部機能不全成本（簡言之，就是編製品質成本的預算表）。此外，並將每一類品質成本區分為變動成本或固定成本。（假設沒有任何混合成本。）
2. 請編製一月份的績效報告，比較實際成本和預算成本之間的差異。

21-16
品質成本績效報告；年度趨勢；長期分析

一九九七年度，丹佛公司採行了一項大規模的品質改善計畫。到了年底的時候，丹佛公司總經理對於單位產量的瑕疵品數量比前一年度大幅減少的結果感到相當滿意。她對於公司和供應商之間的關係改善，瑕疵原料減少的情形感到高興。公司員工普遍也都相當接受新的品質改善計畫。然而總經理最感興趣的還是品質改善計畫對於公司獲利能力的影響。為了瞭解品質改善計畫對於獲利金額的影響，公司提供了依照品質成本類別編製的一九九七年和一九九八年的實際銷貨收入和實際品質成本如下：

	1997年度	1998年度
銷貨收入	$20,000,000	$25,000,000
評估成本：		
產品檢查	800,000	750,000
原料檢查	100,000	70,000
預防成本：		
品質訓練	10,000	100,000
品質報告	5,000	50,000
品質改善計畫	5,000	250,000
內部機能不全成本：		
廢料	700,000	600,000
重製	900,000	800,000
生產損失	400,000	250,000
重新測試	500,000	400,000
外部機能不全成本：		
原料退貨	400,000	400,000
折讓	300,000	350,000
保證	1,000,000	1,100,000

所有的預防成本均爲固定成本。假設所有其它品質成本均爲單位水準變動成本。

作業：

1. 請計算每一年度品質成本的相對分佈情形。你認爲丹佛公司的品質成本分佈的改變是否朝向正確的方向？並請解說你的理由。
2. 請編製一九九八年度的一年期趨勢績效報告。丹佛公司因爲品質的改善而增加了多少利潤？
3. 如果丹佛公司終於把品質成本降低到了銷貨收入的百分之二點五(2.5%)，假設銷貨收入是 $25,000,000，請估計將可增加多少利潤。

21-17 品質成本的分佈

某企業的紙製品事業部門生產紙尿布、餐巾紙、和面紙。這個事業部門的總經理認爲把品質成本平均分佈在四種品質成本類別當中，並將總品質成本降為銷貨收入的百分之五 (5%)，可將品質成本降至最低水準。這位總經理剛剛收到了品質成本報告：

紙製品事業部門

品質成本報告

一九九八年十二月三十一日

	紙尿布	餐巾紙	面紙	總計
預防成本：				
品質訓練	$ 3,000	$ 2,500	$ 2,000	$ 7,500
品質工程	3,500	1,000	2,500	7,000
品質稽核	—	500	1,000	1,500
品質報告	2,500	2,000	1,000	5,500
總預防成本	$ 9,000	$ 6,000	$ 6,500	$ 21,500
評估成本：				
物料檢查	$ 2,000	$ 3,000	$ 3,000	$ 8,000
製程檢查	4,000	2,800	1,200	8,000
出貨檢查	2,000	1,200	2,300	5,500
總評估成本	$ 8,000	$ 7,000	$ 6,500	$ 21,500
內部機能不全成本：				
廢料	$10,000	$ 3,000	$ 2,500	$ 15,500
棄置成本	7,000	2,000	1,500	10,000
減產	1,000	1,500	2,500	5,000
總內部機能不全成本	$18,000	$ 6,500	$ 6,500	$ 31,000
外部機能不全成本：				
折讓	$10,000	$ 3,000	$ 2,750	$ 15,750
顧客抱怨	4,000	1,500	3,750	9,250
產品信譽	1,000	—	—	1,000
總外部機能不全成本	$15,000	$ 4,500	$ 6 ,500	$ 26,000
總品質成本	$50,000	$24,000	$26,000	$100,000

假設所有的預防品質成本均為固定成本，而其它的品質成本則為變動成本。

作業：

1. 假設當年度的銷貨收入總數是 $2,000,000，每一種產品的個別銷貨收入則爲：紙尿布 $1,000,000；餐巾紙 $600,000；面紙 $400,000。請評估這個事業部門整體的成本分佈情形和個別產品的成本分佈情形。你會向這個事業部門的經理提出什麼建議？
2. 現在假設 $1,000,000 的總銷貨收入可以分爲：紙尿布 $550,000；餐巾紙 $300,000；面紙 $200,000。請評估這個事業部門整體和個別產品線的品質成本分佈情形。你認爲這個事業部門是否能夠同時讓整體的品質成本和個別產品線的品質成本都平均分佈在四個類別當中？你又會提出什麼建議？
3. 假設 $1,000,000 的總銷貨收入可以分爲：紙尿布 $500,000；餐巾紙 $180,000；面紙 $320,000。請評估品質成本的分佈情形。你會向這個事業部門的經理提出什麼建議？
4. 請探討各個產品線發生品質成本的價值性。

21-18
趨勢報告；品質成本

一九九四年，克讀電子公司總經理田吉姆收到一份報告指出，公司的品質成本佔銷貨收入的百分之二十三 (23%)。由於進口電子產品的競爭逐漸增強，田吉姆下定決心要改善公司產品的整體品質。克讀公司聘請了一位顧問之後，便在一九九五年開始施行一項頗具野心的全面品質控制計畫。到了一九九八年底，田吉姆要求相關單位提出公司在降低與控制品質成本方面的進展之分析。於是，會計部門整理出下列資料：

	銷貨收入	預防成本	評估成本	內部機能不全成本	外部機能不全成本
1994	$500,000	$ 5,000	$10,000	$40,000	$50,000
1995	600000	20,000	20,000	50,000	60,000
1996	700,000	30,000	25,000	30,000	40,000
1997	600,000	35,000	35,000	20,000	25,000
1998	500,000	35,000	15,000	8,000	12,000

作業：

1. 請分別計算出每一年度各類品質成本和總品質成本分佔銷貨收入的百分比例。
2. 請解說爲什麼一九九五年度（推動品質改善計畫的第一年）總品質成本佔銷貨收入的比例增加的原因。
3. 請分別編製各類品質成本和總品質成本的多年期趨勢圖，並請就趨勢圖來評估降低與控制成本的成效。這份趨勢圖是否足以證明品質確實已經獲得改善？並請解說你的理由。
4. 請利用一九九四年度品質成本關係（假設所有的品質成本均爲變動成本），計算一九九七年度仍會發生的品質成本。一九九七年度由於品質改善計畫的關係，可以增加多少利潤？另請就一九九八年度，進行同樣的分析。

21-19
品質成本績效報告釋例

儀歐公司是一家大型印刷公司，目前正處於五年品質改善計畫的第四個年度。這項品質改善計畫開始於一九九四年，當時是因爲一份內部報告指出公司已經開始發生品質成本。回顧一九九四年的時候，儀歐公司研擬出一項五年計畫，目標是到一九九八年底的時候把品質成本降到銷貨收入百分之十 (10%) 的水準。從推動這項計畫以來的每一個年度的銷貨收入和品質成本分述如下：

	銷貨收入	品質成本
1994	$10,000,000	$2,000,000
1995	10,000,000	1,800,000
1996	11,000,000	1,815,000
1997	12,000,000	1,680,000
1998*	12,000,000	1,320,000

＊預算數據

下表則爲各年度當中，各類品質成本佔銷貨收入的百分比例：

	預防成本	評估成本	內部機能不全成本	外部機能不全成本
1994	1.0%	3.0%	7.0%	9.0%
1995	2.0	4.0	6.0	6.0
1996	2.5	4.0	5.0	5.0
1997	3.0	3.5	4.5	3.0
1998	3.5	3.5	2.0	2.0

一九九八年度的品質成本預算明細則爲：

預防成本：	
品質規劃	$150,000
品質訓練	20,000
品質改善（專案）	80,000
品質報告	10,000
評估成本：	
審核	$500,000
其它檢查	50,000
機能不全成本：	
修正輸入錯誤	$150,000
重製（因爲顧客抱怨而發生）	75,000
晶片修正	55,000
減產	100,000
廢料（因爲工作品質不良而發生）	130,000
總品質成本	$1,320,000

所有的預防成本均爲固定成本；其它的品質成本則爲變動成本。

一九九八年度，儀歐公司的銷貨收入爲 $12,000,000。一九九七和一九九八年度的實際品質成本分述如下：

	1997年度	1998年度
品質規劃	$150,000	$140,000
品質訓練	20,000	20,000
專案	100,000	120,000
品質報告	12,000	12,000
審核	520,000	580,000
其它檢查	60,000	80,000
修正輸入錯誤	165,000	200,000
重製	76,000	131,000
晶片修正	58,000	83,000
減產	102,000	123,000
廢料	136,000	191,000

作業：

1. 請編製一九九八年度的目前可達標準品質成本績效報告。並請就儀歐公司達成當年度品質目標的能力，提出你的看法與見解。
2. 請繪圖說明自從推動品質改善計畫以來，總品質成本佔銷貨收入百分比例的變動趨勢。
3. 請繪圖說明一九九四年到一九九八年期間，各類品質成本的變化趨勢。這一份趨勢圖對於管理階層瞭解公司因爲品質改善而降低的總品質成本有何助益？
4. 假設儀歐公司正在擬訂第二項五年計畫，目標是將品質成本降爲銷貨收入的百分之二點五 (2.5%)。假設第五年底的銷貨收入是 $15,000,000，請編製長期品質績效報告。假設儀歐公司規劃出最後的品質成本相對分佈情形爲：審核，百分之五十 (50%)；其它檢查，百分之十三 (13%)；品質訓練，百分之三十 (30%)；品質報告，百分之七 (7%)。

21-20
品質績效與倫理道德行為

林道公司推動了一項頗具野心、以持續改善爲宗旨的品質計畫。持續改善的目標係透過逐年降低品質成本來達成。如果工廠能夠達到年度品質成本目標的話，林道公司會發放給廠長、生產主管和作業員工 $100 到 $1,000 不等的獎金。

林道公司伯思廠的廠長史藍認爲自己有義務盡全力幫助部屬爭取到這一筆額外的獎金。因此，史藍決定在當年度的最後一季採取下列行動，以期達到工廠的預算品質成本目標：

a. 減少百分之五十 (50%) 的在製品與製成品檢查作業，並且暫時安排品檢員去上品質訓練課程。史藍認爲此舉將可提升品檢員對於品管重要性的認知；此外，減少檢查作業亦可大幅降低減產時間和重製作業。藉由提高產出和降低內部機能不全成本的方式，伯思廠便可達到內部機能不全成本的預算目標。另外，品質訓練成本的增加也有助於達成預防成本的預算水準。

b. 將瑕疵產品的替換和修理作業延到下一年度再行處理。此舉雖然可能導致顧客的不滿意度增加，但是史藍認爲大多數的顧客還是會接受少許的不方便。此外，只要三個月之後，伯思廠就會立刻處理顧客的抱怨。在此同時，這樣的動作卻可以大幅降低外部機能不全成本，有助於伯思廠達到預算目標。

c. 取消作業員工參觀顧客工廠的行程。這項廣爲顧客接受的計畫用意原本在於讓員工瞭解顧客是如何使用他們所生產的機器設備，讓他們實際接觸關於機器設備的任何問題的第一手資訊。參加過這個行程的員工回到工作崗位上後，往往特別投入公司所推行的品質計畫。林道公司的品質計畫人員認爲這樣的參觀行程將可降低下一年度的瑕疵品數量。

作業：

1. 請評估史藍的道德行爲。進行評估的時候，請將史藍對於部屬的關心一併納入考量。史藍採取題目當中的種種行爲是否正當？ 如果不是，那麼他應該怎麼做？
2. 假設林道公司不贊同史藍的作法，那麼林道公司應該如何來扼止這樣的行爲呢？
3. 假設史藍本身具有成本會計施執照，而且是內部管理會計協會的成員。根據本書第一章介紹的管理會計人員的倫理道德標準，史藍是否違反了任何倫理道德標準？

第二十二章
生產力：衡量與控制

學習目標

研讀完本章內容之後，各位應當能夠：

一．解說生產效率之意義，並描述技術效率與投入效率之間的差異。

二．解說部份生產力衡量制度之意義，並說明其優點與缺點。

三．解說總體生產力衡量制度之意義，並描述其優點。

四．描述生產力衡量制度在分析作業改善成效上所扮演之角色。

持續改善意味著效率不斷地提高。事實上，為了確保競爭實力，企業也必須提高效率。企業在使用物料、人工、機器、電力和其它投入，轉換成高品質的產品與服務時，必須和競爭者不相上下，甚至超越競爭者。企業可以藉由使用更少的投入來生產既定產出，或藉由使用既定投入來生產更多的產出等方式，來創造競爭優勢。管理階層必評估效率提升決策的潛在好處與實際成效。管理階層也必須監督與控制效率變革。善用效率衡量指標便可達到這些績效與控制目標。本書前面幾個章節裡已經分別介紹過諸多用以衡量效率的方法，例如附加價值與不具附加價值成本報告、成本趨勢表以及作業制彈性預算制度等等。本章將要探討的是與投入－－產出之間的關係相關的的效率衡量指標，也就是一般咸稱的*生產力衡量指標 (Productivity Measures)*。

生產效率

學習目標一

解說生產效率之意義，並描述技術效率與投入效率之間的差異。

生產力 (Productivity) 係指有效率地生產產出，用途在於串連產出與用以生產產出的投入之間的關係。一般而言，實務上可以利用不同的投入組合來生產相同的產出。**總生產效率** (Total Productive Efficiency) 即為滿足下列兩項條件的點：(1) 能夠生產特定產出的投入，不增加必要之外的任何投入來生產這些產出，(2) 符合第一項條件的投入組合當中，成本最低的組合。第一項條件牽涉的是技術關係，因此稱為**技術效率** (Technical Efficiency)。第一項條件將作業視為投入，必須消除所有不具附加價值作業，並以生產既定產出所需的最少數量來完成附加價值作業。第二項條件牽涉的則是投入之間的相對價格關係，因此稱為**投入互補效率** (Input Tradeoff Efficiency)。投入價格決定了每一種投入所應使用的相對比例。如果實際使用情形和固定比例不同的話，則會產生投入互補無效率。

生產力改善計畫係指朝向特定的總生產效率目標前進。利用相對較少的投入來生產同樣、甚至更多的產出，可以達到生產力技術改善的目標。舉例來說，一九八七年度，伯明罕鋼鐵公司使用 184 名員工來生產 167,000 公噸的鋼鐵－－平均每一名員工生產 908 公噸的鋼鐵。到了一九九二年，產出增加為 276,000 公噸，使用的員工人數則為 207

位－－平均每一位員工生產 1,333 公噸。如果根據一九八七年的生產力標準來看，伯明罕公司需要大約 303 名員工才能夠完成 276,000 公噸的產出。換言之，伯明罕公司的產出雖然增加了，但是需要的員工人數反而減少。**圖** 22-1 說明了達到技術效率改善目標的三種方法。伯明罕公司的產出是以公噸計算的鋼鐵，投入則爲人工（員工人數）和資金（投資在自動化設備的金額）。值得注意的是，投入的相對組合必須維持不變，如此獲得的生產力改善成果才可歸因於技術效率的提升。以成本較低的投入來代替成本較高的投入，亦可達到提升生產力的目標。**圖** 22-2 說明了如何利用提高投入互補效率的方式來改善生產力。雖然提升技術效率是大多數人想要提升生產力時的必然選擇，但是投入互補效率亦可能有助於提升整體經濟效率。選擇正確的投入組合和選擇正確的投入數量同樣重要。值得注意的是，在**圖** 22-2 當中，投入組合一和投入組合二的產出相同，但是投入組合一的成本卻比組合二的成本少了 $5,000,000。生產力的整體衡量指標往往就是技術與投入互補效率的變化組合。

部份生產力衡量制度

學習目標二

解說部份生產力衡量制度之意義，並說明其優點與缺點。

生產力衡量制度 (Productivity Measurement) 其實就是生產力變化的量化分析。建立生產力衡量制度的目標在於瞭解生產效率業已提高或降低。生產力衡量制度可以依據實際結果，亦可依據預期數據。實際生產力衡量制度有助於經理人瞭解、監督、以及控制生產力的變化。預期生產力衡量制度則屬預估型式，可以做爲策略性決策的參考依據。預期生產力衡量制度尤其可以輔助經理人比較不同投入組合的相對好處，進而選擇能夠帶來最大利益的投入與投入組合。實務上可以單獨針對每一項投入或者針對整體投入，擬訂出生產力衡量指標。一次只衡量某一項投入的生產力稱爲**部份生產力衡量制度** (Partial Productivity Measurement)。

圖 22-1

提升技術效率

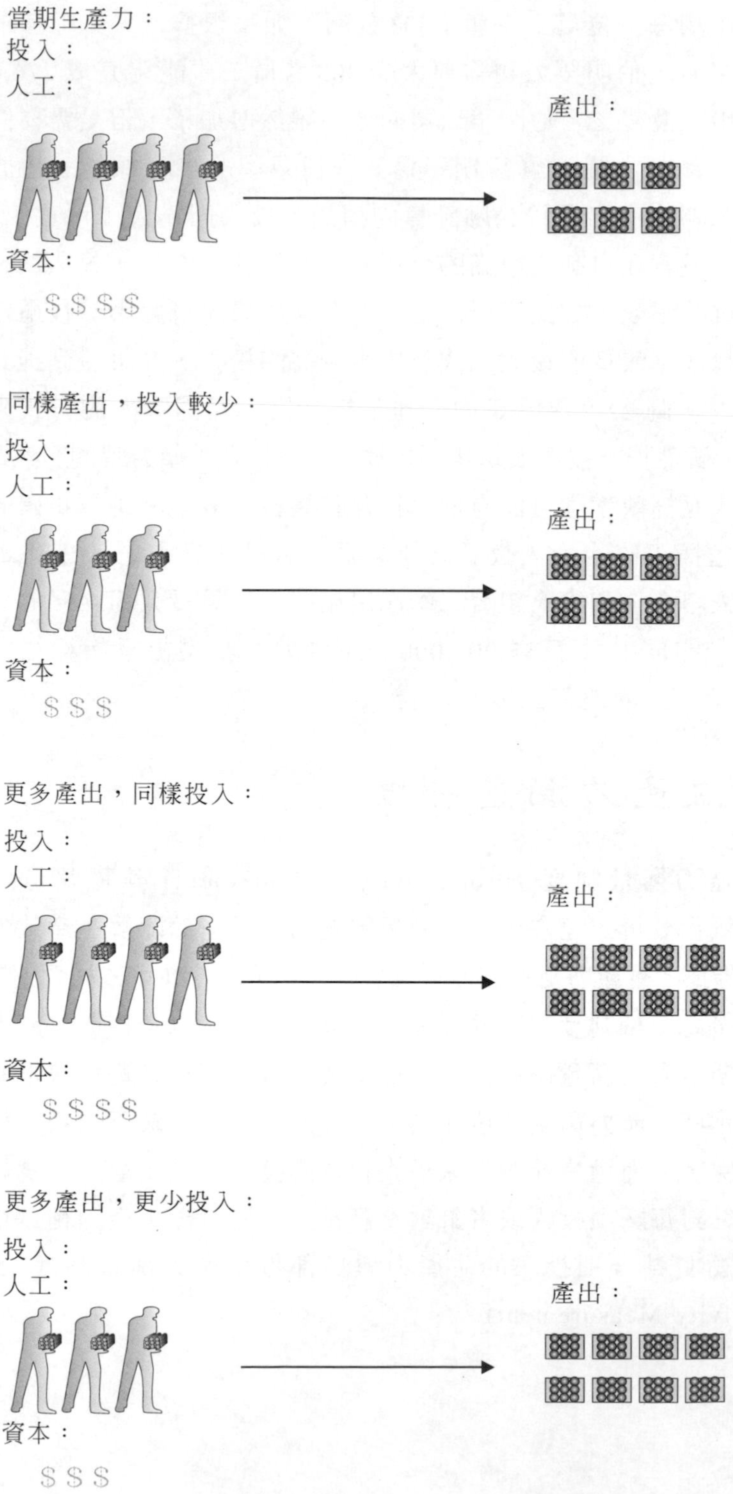

當期生產力：
投入：
人工：

產出：

資本：
$ $ $ $

同樣產出，投入較少：
投入：
人工：

產出：

資本：
$ $ $

更多產出，同樣投入：
投入：
人工：

產出：

資本：
$ $ $ $

更多產出，更少投入：
投入：
人工：

產出：

資本：
$ $ $

技術效率組合一：
總投入成本 = $20,000,000
人工：　　　　　　　　　　產出：

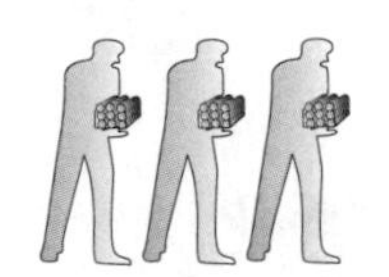

資本：

$ $ $

技術效率組合二：
總投入成本 = $25,000,000
人工：　　　　　　　　　　產出：

資本：

$ $ $ $

圖 22-2

投入互補效率

部份生產力衡量制度之定義

實務上通常是計算產出相對於投入的比率來衡量單一投入的生產力：

生產力比率 = 產出／投入

由於只單獨衡量一種投入，因此稱為*部份生產力衡量指標 (Partial Productivity Measure)*。如果產出與投入均以實際數量來衡量，那麼求得的結果就是**作業性生產力衡量指標** (Operational Productivity Measure)。如果產出或投入是以實際金額來表示，那麼求得的結果則為**財務性生產力衡量指標** (Financial Productivity Measure)。

舉例來說，假設凱歌公司在一九九七年度生產了 120,000 單位的小型窗型冷氣機馬達，總共使用了 40,000 人工小時。人工生產力比率則為每一人工小時三具馬達 (120,000 / 40,000)。此為作業性衡量指標，因為這個指標是以實際的單位數量來表示。如果每一具馬達的

售價是 $50，人工成本是每一小時 $12，那麼產出與投入則可改以金額表示。如以財務術語來表達，則人工生產力比率爲每一塊錢的人工成本可以帶來 $12.50 的收入。

部份衡量指標與衡量生產效率之變化

凱歌公司在一九九七年度的生產力可以每一人工小時三具馬達的人工生產力比率來表示。然而，人工生產力比率卻未能顯示出太多的生產效率資訊，或者凱歌公司的生產力已經提升或者反而下降的事實。因此，實務上可以藉由衡量生產力的變化－－也就是比較目前的實際生產力指數與前期的生產力指數，來瞭解生產效率是否提升或者下降。遇此情況，前一個期間稱爲**基期** (Base Period)，用途係做爲衡量生產效率變動的基礎或標準。企業可以自由地選擇任何一個期間或年度做爲基期。舉例來說，基期可以是前一年度、前一星期、甚至是前一批次的產品生產的期間。如以策略性評估的目的爲出發點，企業多會選擇前一年度做爲衡量生產力的基期。如以作業控制的目的爲出發點，企業則會選擇最接近現在的期間－－例如前一批次的產品生產的期間或者前一星期。

爲了說明之便，假設凱歌公司以一九九七年度爲基期，因此人工生產力標準應爲每一人工小時三具馬達。再假設一九九七年末尾的時候，凱歌公司決定嘗試新的生產與組裝馬達的製程，希望新的製程能夠使用較少的人工。一九九八年度，凱歌公司實際生產了 150,000 具馬達，總共使用 37,500 個人工小時。一九九八年度的人工生產力比率則爲每一人工小時四具馬達 (150,000 / 37,500)。換言之，每一單位的人工生產力增加了一具馬達－－由一九九七年度的每一小時三具馬達增加爲一九九八年度的每一小時四具馬達。對於凱歌公司而言，這樣的結果可謂人工生產力的重大改善，足以做爲新製程成效良好的證明。

部份衡量指標的優點

部份衡量指標有助於經理人專注於特定投入項目的使用。作業性部份衡量指標的優點在於淺顯易懂。換言之，組織內部的所有單位均能輕鬆地使用作業性部份衡量指標來瞭解作業人員的生產力績效。舉例來說，作業人員可以藉此瞭解每一人工小時的產出單位數量，或者每磅物料的產出數量單位。因此，作業性部份衡量指標可以提供與作業人員相關且能夠理解的回報－－這些衡量指標關係著他們所能控制的特定投入。管理階層採用作業人員能夠理解並且相關的衡量指標，便能增加作業人員接受這些指標的機會。再者，就作業控制層面觀之，績效標準往往是限於非常短的期間。舉例來說，衡量標準可能是前幾批次的產品的生產力比率。利用這樣的標準，便可追蹤當年度的生產力趨勢。

部份衡量指標的缺點

單獨使用部份衡量指標可能造成誤導。爲了提高某一項投入的生產力，可能必須降低另一項投入的生產力。如果企業的目標是降低整體成本，那麼或將必須制定類似的互補關係。如果單憑某一項部份衡量指標來做決策的話，可能就無法達到前述效果。舉例來說，改變製程以減少組裝產品所需的人工時間可能會增加廢料與浪費，使得總產出維持不變。人工生產力雖然得以提高，但是物料使用的效率卻反而降低。如果浪費與廢料的成本超過人工縮減所節省下來的成本，那麼整體生產力仍會下降。

藉由前例可以導出兩項結論。首先，投入之間存在的互補關係促使企業必須找出生產力的整體衡量指標，方能確實掌握生產力決策的好處。惟有全盤瞭解所有投入的整體生產力成效，經理人方能正確地評估整體生產力績效。其次，由於投入之間可能存有互補關係，企業也需要生產力的總體衡量指標來彙整財務結果。換言之，生產力的總體衡量指標應爲財務性衡量指標。

總體生產力衡量制度

學習目標三

解說總體生產力衡量制度之意義，並描述其優點。

一次衡量所有投入項目的生產力稱爲**總體生產力衡量制度** (Total Productivity Measurement)，然而實務上或許並不需要衡量所有投入項目的成效。許多企業僅就能夠顯示出企業績效與成敗的因素，進行生產力的分析。換言之，總體生產力衡量制度可以定義爲針對整體而言能夠顯示企業成敗的某幾項投入，進行分析研究。總體生產力衡量制度需要擬訂出考慮多重因素的衡量方法。相關文獻中經常提及(但是實務上鮮少應用)的多重因素法是加總生產力指數。加總指標的內容相當複雜。解讀加總指標的工作相當困難，因此較不爲人所接受與採用。實務上較爲常見的兩種方法則分別爲*背景資料衡量法 (Profile Measurement)*與*利潤關連生產力衡量法 (Profit-Linked Productivity Measurement)*。

背景資料生產力衡量制度

生產產品必須動用許許多多不可或缺的投入，像是人工、物料、資金和能源等等。**背景資料衡量法** (Profile Measurement) 則能提供一系列獨立個別的部份作業性衡量指標。比較不同時期的背景資料可以提供出關於生產力變化的相關資訊。爲了說明背景資料的衡量方法，此處再以前文當中的凱歌公司爲例，並且只考慮兩種投入：人工和物料。誠如前述，凱歌公司在一九九八年度採取新的生產與組裝製程。此處假設這項新製程會同時影響人工和物料。首先，如果人工和物料的生產力變動方向相同的話，則可求得一九九七與一九九八年度的資料分別如下：

	1977 年度	1998 年度
生產的馬達數量	120,000	150,000
使用的人工小時	40,000	37,500
使用的物料（磅）	1,200,000	1,428,571

圖 22-3 則爲兩個年度的生產比率背景資料。一九九七年的背景資料是 (3, 0.100)，而一九九八年度的背景資料則是(4, 0.105)。經由比較兩個年度的背景資料可以得知，人工和物料的生產力均雙雙提升（人工的生產力由 3 增加爲 4，而物料的生產力則由 0.100 增加爲 0.105）。背景資料的比較能夠提供足夠的資訊，幫助經理人確認新的組裝製程確實已經改善了整體生產力。然而，單由產出比率並無法顯示出前述改善的實際價值。

誠如前述，背景資料分析有助於經理人更容易地掌握生產力的變化。儘管如此，比較生產力背景資料並非總是能夠表現出生產效率的整體變化情形。在某些情況下，背景資料分析無法明確地顯示出某一生產力變動的事實究竟是好是壞。爲了說明之便，此處稍微修正凱歌公司的資料，使得兩項投入之間具有互補關係。假設所有的資料維持不變，除了一九九八年使用的物料之外。假設一九九八年度，凱歌公司使用了 1,700,000 英磅的物料。**圖** 22-4 便根據此一修正後的數據，列出一九九七與一九九八年度的生產力背景資料。一九九七年度的生產力背景仍然維持 (3, 0.100)，然而一九九八年度的生產力背景資料則變成 (4, 0.088)。兩個年度的生產力背景資料相較之下，發現人工生產力由 3 提高爲 4，然而物料生產力卻由 0.105 縮減爲 0.088。新的製程使得兩項投入的生產力之間產生互補關係。再者，雖然背景資料分析顯示出互補關係存在的事實，但是卻未透露這樣的互補關係是好是壞。如果生產力的改變能帶來正面的經濟效果，那麼投入之間的

圖 22-3

生產力衡量指標：無互補的簡要分析

部份作業生產力比率	1997 簡要分析[a]	1998 簡要分析[b]
人工生產力比率	3.000	4.000
物料生產力比率	0.100	0.105

[a] 人工：120,000 / 40,000；物料：120,000 / 1,200,000。
[b] 人工：150,000 / 37,500；物料：150,000 / 1,428,571。

圖 22-4

生產力衡量指標：有互補的簡要分析

部份作業生產力比率	1997 簡要分析[a]	1998 簡要分析[b]
人工生產力比率	3.000	4.000
物料生產力比率	0.100	0.088

[a] 人工：120,000 / 40,000；物料：120,000 / 1,200,000。
[b] 人工：150,000 / 37,500；物料：150,000 / 1,700,000。

互補關係便是好的；相反地，如果生產力的改變會對經濟造成負面影響，則應視為不好的互補關係。

評估投入之間的互補關係有助於吾人瞭解改變組裝製程決策的經濟面影響。此外，藉由生產力變化的評估，吾人亦可求出生產力的總體衡量指標。

利潤關連生產力衡量制度

瞭解生產力變動對於目前利潤的影響，是評估生產力變動之價值的方法之一。基期和當期的利潤總是不儘相同。某些利潤的增減可以歸因於生產力的變化。衡量因為生產力變動而帶來的利潤變動即定義為**利潤關連生產力衡量法** (Profit-Linked Productivity Measurement)。

分析生產力的變化對於當期利潤的影響，有助於經理人瞭解生產力的變化在經濟上的重要性。實務上可以利用下列法則，將生產力的變化與利潤連結在一起：

利潤連結法則 (Profit-Linkage Rule)。計算如果生產力不變的情況下，當期所需使用的投入成本，然後比較實際使用的投入成本。兩項成本之間的差異則是因為生產力變化而帶來的利潤增減的金額。

為了應用利潤連結法則，必須計算出生產力維持不變的情況下，當期所必須使用的投入。令PQ代表生產力不變的情況下的投入數量。將當期產出除以投入的基期生產比率：

PQ = 當期產出／基期生產比率

為了說明如何應用利潤連結法則，再以投入之間具有互補關係的凱歌公司為例。除了前述資料以外，還必須加入部份成本資訊。下表即為凱歌公司的相關資料：

	1997 年度	1998 年度
生產的馬達數量	120,000	150,000
使用的人工小時	40,000	37,000
使用的物料（磅）	1,200,000	1,700,000

（接續下頁）

	1997年度	1998年度
單位售價（每一具馬達）	$50	$48
每一人工小時的工資	$11	$12
每一磅物料的成本	$ 2	$ 3

當期產出（1998年度）是150,000具馬達。由**圖**22-4得知，基期的人工與物料生產比率分別爲3和0.10。根據上述資訊，可以求出在生產力不變的情況下，每一種投入的數量：

PQ （人工） = 150,000 / 3 = 50,000小時

PQ （物料） = 150,000 / 0.10 = 1,500,000磅

求算出來的數據代表著當生產力維持不變的情況下，一九九八年度所必須使用的人工和物料投入。如欲進一步求算這些數量的成本，則可將個別投入的數量 (PQ) 乘上目前的價格 (P)，然後再逐項加總起來：

人工成本：PQ × P = 50,000 × $12 =	$ 600,000
物料成本：PQ × P = 1,500,000 × $3 =	4,500,000
總投入成本	$5,100,000

再將實際數量 (AQ) 乘上每一項投入的當期價格 (P)，逐項加總起來，即可求得投入的實際成本：

人工成本：AQ × P = 37,500 × $12 =	$ 450,000
物料成本：AQ × P = 1,700,000 × $3 =	5,100,000
總投入成本	$5,550,000

最後，再將總投入成本減去當期的總投入成本，就是生產力變動對於利潤的影響。

利潤關連影響 = 總投入成本 − 當期總投入成本
= $5,100,000 - $5,550,000
= $450,000（利潤的縮減）

圖22-5扼要說明了利潤關連影響的計算過程。

根據**圖**22-5所示，製程改變帶來的是負面的淨效果。由於生產

圖 22-5

利潤連結生產力衡量法

投入	(1) PQ*	(2) PQ × P	(3) AQ	(4) AQ × P	(2) - (4) (PQ × P) - (AQ × P)
人工	50,000	$ 600,000	37,500	$ 450,000	$ 150,000
物料	1,500,000	4,500,000	1,700,000	5,100,000	(600,000)
		$5,100,000		$5,550,000	$(450,000)

* 人工：150,000 / 3；物料：150,000 / 0.10。

力改變的關係，利潤縮減了 $450,000。值得注意的是，實務上亦可計算個別投入的生產力對於利潤的影響。人工生產力的提高使得利潤增加 $150,000；然而物料生產力的降低卻造成利潤銳減 $600,000。利潤縮減的主要原因在於物料使用的大幅增加－－新製程所產生的廢料、瑕疵產品反而較多。換言之，利潤關連衡量指標可以同時顯示出部份生產力指數以及整體生產力指數。個別衡量指數加總起來，即爲利潤關連生產力的總指數。此一特色使得利潤關連生產力衡量指標尤其適用於分析投入之間的互補關係。除非企業能夠更有效地控制廢料，否則凱歌公司必須恢復原有的製程。可想而知，種種不利的數據也可能是因爲新製程的學習效果尚未完全發揮，凱歌公司在人工生產力方面可能還有更多的改善空間。等到作業員工逐漸熟悉新製程之後，物料使用情形可能也會隨之減少。

價格回復指數

利潤關連衡量指標可以計算出因爲生產力的改變，使得由基期到當期的利潤所產生的變動金額。然而利潤關連衡量指數往往並不等於兩個期間的利潤之間的差異。總利潤變動與利潤關連生產力變動之間的差異稱爲**價格回復指數** (Price-Recovery Component)。價格回復指數係指假設生產力維持不變的情況下，收入的變動減去投入的變動之後的差額。換言之，價格回復指數代表著企業在生產力維持不變的情況下，改變收入來吸收投入成本變動的能力。

爲了計算價格回復指數，首先必須找出每一期間利潤變動的金額。其計算過程如下：

	1998年度	1997年度	差額
收入	$7,200,000	$6,000,000	$ 1,200,000
投入成本	5,550,000	2,840,000	2,710,000
利潤	$1,650,000	$3,160,000	$(1,510,000)

價格回復指數 = 利潤變動金額－利潤關連生產力變動金額
= $(1,510,000) - $(450,000)
= $(1,060,000)

銷貨收入的增加並不足以吸引增加的投入成本。生產力的降低使得價格回復問題更加嚴重。然而值得注意的是，生產力的增加則能夠吸引價格回復的損失。

衡量作業效率之變動

學習目標四

說明生產力衡量制度在評估作業改善成效上所扮演之角色。

當代責任會計制度強調作業的重要性，其目的在於努力改善執行作業的效率。衡量作業效率的改變則是作業制管理制度的重要內容。誠如前述，生產力衡量制度的重點在於投入與產出之間的關係。本節將要探討兩種分析作業生產力的方法：(1) 作業生產力分析，以及 (2) 製程生產力分析。**作業生產力分析** (Activity Productivity Analysis) 係指直接衡量作業生產力變動情形的方法。換言之，作業被視為利用投入來生產產出的機制。**製程生產力分析** (Process Productivity Analysis) 則是將作業視為生產產出的製程當中的一項投入，來衡量作業生產力。因此，作業產出被視為製程投入，並利用部份生產力衡量指標來評估作業效率。作業生產力分析與製程生產力分析都是相當常用的方法，然而因為後者考慮到了作業之間的關連，因此能夠提供較為完整的分析數據。

作業生產力分析

作業可以視為將投入轉換為產出的機制。投入係指作業消耗的資源。各位應當記得，資源是執行作業的必要經濟要素。換言之，資源就是作業用以創造產出所使用的生產投入或生產要素。這些投入或者資源的概念其實就等於用以生產產品的要素：物料、人工、資金和能源等等。因此，進行作業生產力分析的第一要件就是定義作業產出，以及適當的作業產出衡量指標。一旦決定了產出衡量指標之後，便可進行背景資料分析與利潤關連生產力分析。**圖** 22-6 說明了作業生產力分析下的作業模式。

釋例

為了說明如何進行作業生產力分析，此處將以單一作業爲例。假設討論的對象是採購作業。採購作業的產出是訂購單，因此或許可以採用訂購單份數來做爲產出衡量指標。爲了說明之便，假設採購作業只會消耗人工和物料（表格、郵資和信封等）。一九九七年底，某公司藉由重新設定訂購單格式、減少供應商數目以及減少必須訂購的個別零件數目等方式來簡化採購作業。下表爲一九九七與一九九八年度，採購作業的相關資料。一九九八年度的資料代表著作業改善的成效。

	1997 年度	1998 年度
訂購單份數	200,000	240,000
使用物料（磅）	50,000	50,000
使用人工（員工人數）	40	30
每一磅物料成本	$1	$0.80
每一位員工成本（工資）	$30,000	$33,000

圖 22-6

作業生產力模式

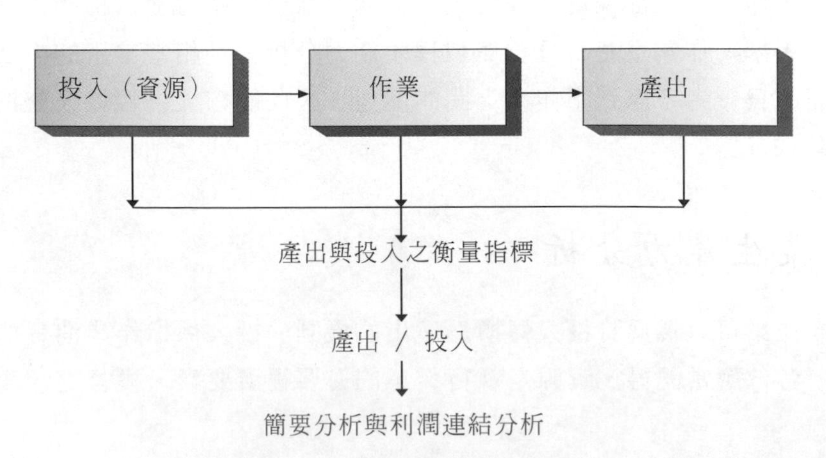

圖 22-7

作業生產力分析之釋例

簡要分析：

	1997	1998
物料	4	4.8
人工	5,000	8,000

利潤連結生產力衡量：

	(1)	(2)	(3)	(4)	(2) - (4)
投入	PQ*	PQ × P	AQ	AQ × P	(PQ × P) - (AQ × P)
人工	60,000	$48,000	50,000	$40,000	$8,000
物料	48	1,584,000	30	990,000	594,000
		$1,632,000		$1,030,000	$602,000

*240,000/4;240,000/5,000

圖 22-7 即爲採購作業的背景資料分析與利潤關連分析。根據背景資料分析的結果顯示，兩項投入的部份生產力指數均獲改善。這些生產力改善的價值是 $602,000 －－大多數來自於採購人工生產力的提升。因此，吾人便可利用同樣的方法來評估製造生產力，進而分析或預測作業生產力的變化。

作業生產力分析之限制

組織內部的作業可以分爲附加價值作業與不具附加價值作業。執行效率不彰的附加價值作業會造成不具附加價值成本，因此必須予以改善。因此，作業生產力分析可以用於預測與監督附加價值作業的效率改善情形。不具附加價值作業屬於非必要作業，因此企業必須努力消除這些作業。提高非必要作業的效率不具太大意義。事實上，由長期的生產比率來看，不具附加價值作業的效率可能獲得不少改善。這樣的事實所隱含的意義可能代表著企業正朝著減少與消除不具附加價值作業的目標前進。舉例來說，假設物料處理作業的產出係以移動次數爲衡量指標，而人工則是物料處理作業的唯一重要投入。再假設某公司業已設法降低使用者對於物料處理作業的需求。一九九七年，這家公司使用了十位員工來完成 50,000 次移動。一九九八年，物料移動需求減至 22,000 次移動和五名員工，而每一位員工的生產比率則爲 4,400 次移動。兩相比較之下，吾人應可發現作業生產力不升反降。

然而根據這家公司所採取的行動的結果卻顯示，前述數據其實和減少與消除物料處理作業的目標相符。換言之，實務上宜將作業生產力分析限制在附加價值作業上。

製程生產力分析

製程生產力分析將作業視爲投入，並利用作業與製程的產出之間的關係來評估作業生產力。屬於特定製程的作業項目，都會分別求算其部份生產力指數。這些部份生產力指數則可再應用於背景資料分析與利潤關連分析。製程生產力分析法的優點在於能夠同時考慮附加價值作業與不具附加價值作業。維持或提高製程產出，並且減少與消除不具附加價值作業應該視爲生產力提升的成效（利用較少的投入來生產同樣或者更多的產出稱爲「技術效率改善」）。同樣地，附加價值作業的改善也應該視爲生產力提升的成效。此外，實務上亦可評估由於流程當中各項作業的互補關係變化對於製程生產力所造成的影響。製程改善或創新意味著找出生產產出的新方法－－通常是大幅更新的方法。利用選擇、減少、消除以及分享作業等方式，即可改善或創新製程。製程改善或創新的結果將會改變流程當中的各項作業的組合與數量。製程生產力分析有助於企業管理階層衡量製程改善或創新的預期與實際經濟效益。

製程生產力模式

圖 22-8 即爲製程生產力模式的簡略說明。定義每一項作業的投入衡量指標，是應用製程生產力模式的關鍵步驟。由於製程的產出會消耗每一項作業的產出，因此投入衡量指標其實也就是作業產出的衡量指標。每一單位作業投入的成本稱爲**作業比率** (Activity Rate)。此外，吾人亦應找出製程產出的定義與衡量指標。每一個組織都有不同的流程－－例如產品開發、採購、製造、銷售、訂單完成以及顧客服務等等。每一道流程都有一種或數種產出。舉例來說，製造流程可能生產出兩種或更多的產品。換言之，產品即爲製造流程的產出。如果流程擁有一項以上的產出衡量指標，那麼必須針對每一項產出進行

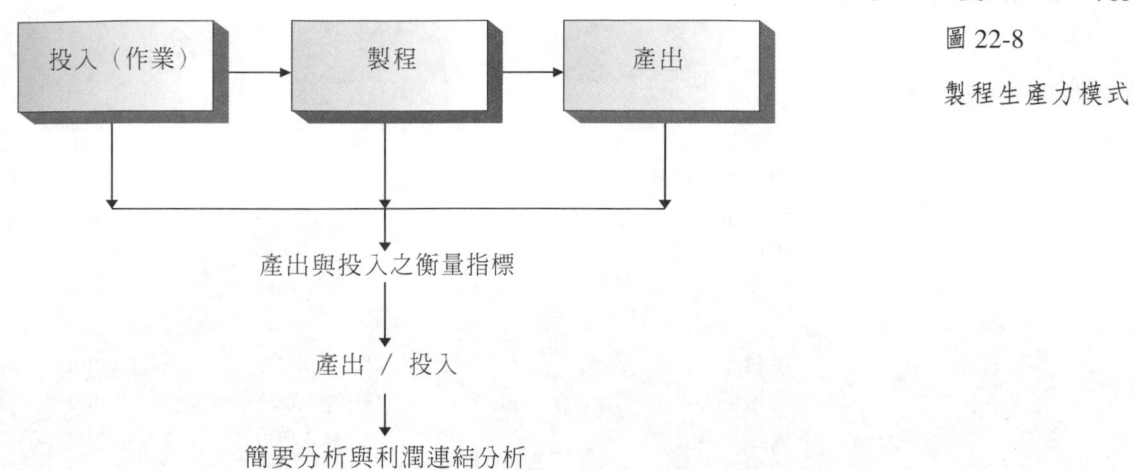

圖 22-8

製程生產力模式

生產力分析。投入的衡量是指計算每一種產品（產出）對於每一項作業的需求。就利潤關連分析而言，將每一項產出的利潤關連指數加總起來，即可求出整體製程生產力指數。

釋例

卡吉公司的同一座工廠生產兩種不同的獵槍：型號甲和型號乙。假設生產獵槍的製程係由下列各項作業所定義：機器生產、組裝、檢查與重製。四項作業當中，機器生產與組裝屬於附加價值作業，而檢查與重製則屬不具附加價值作業。一九九七年底，卡吉公司著手改變某些製程，以期改善品質與生產方法。改變生產方法的目的在於提高機器生產的精確度，減少所需的機器時間；然而，零件的組裝變得稍微困難，因此預估將會需要較多的組裝時間。如果品質的提升能夠達到預期水準，那麼檢查與重製作業將可望減少許多。**圖** 22-9 列出有關這一道製程與兩種產品的相關資訊。**圖** 22-10 則是根據**圖** 22-9 的資料，所進行的製程生產力分析。

根據**圖** 22-10 的分析結果顯示，除了組裝作業以外，其它所有各項作業的生產力均獲提升（根據兩種型號產品的背景資料分析）。值得注意的是，產出增加，而不具附加價值投入則大幅減少，使得兩項不具附加價值作業的生產力比率大幅提高。換言之，卡吉公司已經達到改變作業生產力的預期目標。此外，生產力變動的價值爲正數，意味著作業之間的互補關係良好－－組裝生產力減少的事實並不是一

圖 22-9

生產力資料釋例：卡吉公司

	1997	1998
款式甲：		
產量	20,000	25,000
使用機器小時	20,000	20,000
使用組裝小時	5,000	6,500
使用檢查小時	10,000	5,000
重製數量	1,000	500
款式乙：		
產量	10,000	12,000
使用機器小時	5,000	4,000
使用組裝小時	2,000	2,600
使用檢查小時	4,000	2,200
重製數量	400	200
作業比率：		
機器生產（每一機器小時）	$39	$40
組裝（每一組裝小時）	9	10
檢查（每一檢查小時）	10	12
重製（每一重製單位）	20	20

項壞結果。最後值得一提的是，根據整體生產力指數來看，整體製程生產力改善了 $417,300。此一結果正是因為不具附加價值作業的水準降低，且機器生產作業的比率改善所致。

服務生產力

製程生產力模式亦可應用於服務業。所有的組織都有流程可循。企業可以定義這些流程、定義作業內容與產出、進而衡量每一項作業的生產力。舉例來說，IBM信用服務公司是一家服務業者，專門提供IBM公司所銷售的電腦、軟體與服務的租賃融資服務。就IBM信用服務公司而言，主要流程之一是報價準備流程。報價準備流程定義為下列各項作業： 記錄信用服務需求、評估信用、修正貸款合約、定價以及製作與寄送報價單等作業。由於這些作業係由不同的部門負責，因此，報價準備流程其實也是一種移動式的作業－－需要將每一項作業的產出由甲地移往乙地的作業。基本上，顧客的信用交易申請是由一個部門移往另一個部門，惟有前一個部門的作業完成之後才會

圖 22-10

製程生產力分析釋例：卡吉公司

款式甲

簡要分析：

	1997	1998
機器生產	1	1.25
組裝	4	3.8
檢查	2	5.0
重製	20	50.0

利潤連結生產量衡量：

投入	(1) PQ*	(2) PQ × P	(3) AQ	(4) AQ × P	(2) - (4) (PQ × P) - (AQ × P)
機器生產	25,000	$1,000,000	20,000	$800,000	$200,000
組裝	6,250	62,500	6,500	6,500	(2,500)
檢查	12,500	150,000	5,000	60,000	90,000
重製	1,250	25,000	500	10,000	15,000
		$1,237,500		$935,000	$302,500

*25,000/1; 25,000/4; 25,000/2; 25,000/20

款式乙

簡要分析：

	1997	1998
機器生產	2.0	3.0
組裝	5.0	4.6
檢查	2.5	5.5
重製	25.0	60.0

利潤連結生產量衡量:

投入	(1) PQ*	(2) PQ × P	(3) AQ	(4) AQ × P	(2) - (4) (PQ × P) - (AQ × P)
機器生產	6,000	$240,000	4,000	$160,000	$ 80,000
組裝	2,400	24,000	2,600	26,000	(2,000)
檢查	4,800	57,600	2,200	26,400	31,200
重製	480	9,600	200	4,000	5,600
		$331,200		$216,400	$114,800

*12,000/2; 12,000/5; 12,000/2.5; 12,000/25

加總製程生產力：

利潤連結衡量

款式甲	$302,500
款式乙	114,800
總計	$417,300

轉入另一個部門（例如核貸部門在評估完顧客的信用之後，才將申請案件轉給商業交易部門）。信用交易流程的產出可以定義爲融資核准，並以報價的筆數做爲衡量指標。在著手流程改善之前，IBM信用服務公司必須花費大約六個工作天的時間來準備報價。IBM信用服務公司藉由消除不具附加價值作業的方式，來重新設計流程。IBM信用服務公司改專人從頭到尾處理所有的申貸流程。這樣的作法產生了兩種結果。首先，處理申貸案件的時間由六天縮減爲數小時之內即可完成。其次，人工生產比率也獲得大幅改善。員工人數大致不變，但是處理的報價筆數卻增加了一百倍。舉例來說，如果改善流程之前的部份人工生產比率是10的話，改善流程之後就激增爲1,000了！

製程生產力衡量制度之限制與警訊

由於作業的產出即爲製程的投入，因此減少不具附加價值作業應可帶來製程生產力的改善。原因何在？減少不具附加價值作業意味著找出利用更少的不具附加價值作業產出以生產同樣甚至更多的製程產出的方法；換言之，產出／投入比率將會增加。製程生產力改善的最終目標是消除所有的不具附加價值作業。減少與消除不具附加價值作業代表了提高製程的技術效率。因此，吾人必須找出製程當中的所有不具附加價值作業。也就是說，吾人在找出與定義製程當中所包含的作業時，尤其應該格外謹慎小心。

試以採購流程說明之。採購流程係由三項主要作業組合而成：採購、收料與付款。一般而言，這三項作業都是屬於附加價值作業。然而實務上，這些作業還可以區分出更多的細項作業。這些細項作業卻可能不具任何附加價值。舉例來說，付款作業可能包括了比較原始文件、解決資料不符的問題以及開立支票等三項細部作業。這三項細部作業當中，解決資料不符的問題顯然不具任何附加價值；如能消除這項作業，應可改善整體的流程生產力。然而如果管理階層只是單看付款作業，可能無法找出提升生產力的契機。更有甚者，消除解決資料不符問題的作業可能並不會影響作業產出的衡量指標（支付帳單的份數）或者流程產出衡量指標（購買並付款的零件數量）。換言之，製程生產力雖然獲得改善，但是生產力衡量指標可能維持不變。解決此一困難的方法便是以更細微的作業水準來定義流程（將解決資料不符問題視爲製程投入，並以解決的問題數目爲衡量指標）。

附加價值作業也會出現類似的問題。提高製程內部的附加價值作業的效率可能無法反映在製程生產力的改善成效上。舉例來說，企業可能使用更少的投入來生產同樣的附加價值作業產出，再利用作業產出來生產同樣的製程產出。於是，企業亦應針對個別的附加價值作業，進行作業生產力分析。將製程內所有附加價值作業的個別利潤關連指數加總起來，便可用以衡量個別作業生產力的改善對於製程生產力的影響。經理人必須同時考量製程生產力衡量指標與特定的附加價值作業的個別利潤關連指標，方能掌握健全的績效資訊。

品質與生產力

提高品質或可改善生產力；同樣地，改善生產力或可有助於提高品質。此處謹以重製作業－－內部不能作業－－說明之。如果生產出來的瑕疵產品較少，則可減少重製作業，進而得以利用較少的人工和物料來生產同樣的產出。減少瑕疵產品亦可提高品質；減少使用的投入數量則可改善生產力。

由於大多數的品質改善成果均可減少用以生產與銷售產出的資源，因此大多數的品質改善成果亦可提高生產力。換言之，品質改善通常會反映在生產力衡量指標上。儘管如此，除了品質改善之外，實務上仍有許多其它提升生產力的方法。企業可能生產出完全沒有瑕疵或少有瑕疵的產品，然而其製程卻仍不具效率。

舉例來說，假設某種產品必須經過兩道各爲五分鐘的製程。（假設這種產品沒有任何瑕疵。）換言之，生產一單位的產品需要十分鐘的時間來通過兩道製程。目前，這種產品是以每一批次 1,200 單位的方式進行生產。第一道製程完成 1,200 單位的產出之後，利用堆高機送往第二道製程。每一道製程生產一批次的產出總計需要六千分鐘，也就是一百小時的時間。換言之，生產 1,200 的製成品總計需要兩百小時（每一道製程一百小時），再加上輸送時間（假設爲十五分鐘）。

藉由重新設計製造流程，企業得以提升效率。假設第二道製程和第一道製程之間的距離夠近的話，那麼便可將第一道製程完成的產品立即送往第二道製程。如此一來，第一道製程與第二道製程便可同時運作。第二道製程不再需要等待第一道製程完成 1,200 單位的產品外加輸送時間之後，方可開始運作。生產 1,200 單位製成品的時間縮短 6,000 分鐘外加第一道製程完成第一個單位產品的時間（亦即五分鐘）。換言之，生產 1,200 單位產品的時間已由爲兩百小時又十五分鐘，縮減爲一百小時又五分鐘。企業得以利用更少的投入來生產更多的產出。移動與等待作業均不具附加價值，因此最終目標應將這些不具附加價值作業予以消除，進而提升製程生產力。

結語

生產力代表著企業如何使用投入來生產產出的效率。生產力的分項衡量指標係評估單一投入的使用是否發揮效率。生產力的整體衡量指標則是評估全部投入的使用是否發揮效率。實務上可以利用關連法則來計算利潤關連的生產力效果。基本上，利潤效果就是生產力沒有改變的情況下所使用的投入成本和實際使用的投入成本之間的差異。由於投入之間可能存在有互補關係，因此必須評估生產力變動的價值。惟有如此方能正確地掌握生產力變動之影響。生產力分析亦有助於作業績效之瞭解。實務上可以利用兩種方法來瞭解作業效率：作業生產力分析與製程生產力分析。作業生產力分析主要係用於瞭解附加價值作業之效率變動。製程生產力分析則可用於瞭解製程的生產力，以及定義各該製程的附加價值作業與不具附加價值作業的生產力。

習題與解答

生產力

一九九七年底，荷馬公司推動了一項新的人工製程，並且重新設計產品以期提高投入的使用效率。現在，到了一九九八年底，荷馬公司的總經理希望瞭解前述變動對於公司生產力的影響。荷馬公司的相關單位提出了下列資料：

	1997年度	1998年度
產出	10,000	12,000
產出價格	$20	$20
物料（磅）	8,000	8,400
物料單位價格	$6	$8
人工（小時）	5,000	4,800
每小時人工比率	$10	$10
電力（仟仮）	2,000	3,000
每一仟仮價格	$2	$3

作業：

1. 請分別計算出兩個年度裡，每一項投入的部份作業性衡量指標。並請根據衡量指標的結果，來判斷生產力提升計畫的成效。
2. 請分別編製兩個年度的損益表，並請計算出利潤的總變動金額。
3. 請計算一九九八年度的利潤關連生產力衡量指標。並請根據衡量指標的結果，來判斷生產力提升計畫的成效。
4. 請計算價格回復指數。這樣的結果代表什麼意義？

解答

1. 部份衡量指標：

	1997年度	1998年度
物料	10,000 / 8,000 = 1.25	12,000 / 8,400 = 1.43
人工	10,000 / 5,000 = 2.00	12,000 / 4,800 = 2.50
電力	10,000 / 2,000 = 5.00	12,000 / 3,000 = 4.00

根據利潤分析結果顯示，物料和人工的生產效率均已提升，而電力的生產效率則呈現下降。結果有升有降，因此在沒有評估其互補關係之前，無法論斷整體生產力的改善成效。

2. 損益表：

	1997年度	1998年度
銷貨收入	$200,000	$240,000
投入成本	102,000	124,200
損益	$98,000	$115,800

利潤總變動爲 $115,800 - $98,000 = 增加 $17,800。

3. 利潤關連衡量指標：

投入	(1) PQ*	(2) PQ × P	(3) AQ	(4) AQ × P	(2) - (4) (PQ × P) - (AQ × P)
物料	9,600	$76,800	8,400	$67,200	$9,600
人工	6,000	60,000	4,800	48,000	12,000
電力	2,400	7,200	3,000	9,000	(1,800)
		$144,000		$124,200	$19,800

*物料：12,000/1.25；人工：12,000/2；電力：12,000/5。

物料和人工效率所增加的價值大於電力使用增加的成本。換言之，生產力提升計畫可謂成功。

4. 價格回復：

價格回復 = 總利潤變動 − 利潤關連生產力變動

價格回復指數 = $17,800 - $19,800

= $(2,000)

此一結果意味著如果沒有施行生產力提升計畫，那麼利潤將會減少 $2,000。銷貨收入雖然增加了 $40,000，卻仍少於投入成本的增加。由第三題的答案來看，在生產力沒有提高的情況下，投入成本應爲 $144,000（第二欄）。換言之，在生產力沒有提高的情況下，投入成本增加了 $144,000 - $102,000 = $42,000，比銷貨收入增加的額度還超出 $2,000。惟有提高生產力，荷馬公司才能夠提高獲利。

重要辭彙

Activity productivity analysis 作業生產力分析

Base period 基期

Financial productivity measure 財務生產力分析

Input tradeoff efficiency 投入互補效率

Operational productivity measure 作業性生產力衡量指標

Partial productivity measurement 部份生產力衡量法

Price-recovery component 價格回復指數

Process productivity analysis 製程生產力分析

Productivity 生產力

Productivity measurement 生產力衡量制度

Profile measurement 背景衡量制度

Profit-linked productivity measurement 利潤關連生產力衡量法

Total productive efficiency 總生產效率

Total productivity measurement 總體生產力衡量制度

問題與討論

1. 請提出「總生產效率」的定義。
2. 請解說技術互補效率和投入互補效率之間的差異。
3. 何謂「生產力衡量制度」？
4. 請解說生產力的部份衡量指標與整體衡量指標之間的差異。
5. 何謂「作業生產力衡量指標」？何謂「財務生產力指標」？
6. 請探討生產力部份衡量指標的優點與缺點。
7. 請問基期的目的爲何？
8. 何謂「背景衡量與分析」？此一方法的限制條件爲何？
9. 何謂「利潤關連生產力衡量與分析」？
10. 請解說爲什麼利潤關連生產力衡量制度相當重要的原因。
11. 何謂「價格回復指數」？
12. 何謂「作業生產力分析」？作業生產力分析有何限制？
13. 何謂「製程生產力分析」？
14. 如未提升品質，是否可能達到生產力改善的目標？ 並請解說你的理由。
15. 爲什麼經理人必須同時著重生產力與品質？
16. 請探討會計在生產力衡量制度當中所扮演的角色。
17. 品質和生產力之間有何差異？ 有何相似之處？

個案研究

22-1
技術效率與價格效率

下表爲生產 1,000 單位的男用手錶的數種可能投入組合，其中兩種投入組合在技術上具有效率。

	物料	人工	能源
單位投入價格	$8	$10	$2
投入組合：			
A	100	200	500
B	110	220	550
C	95	190	760
D	90	180	720

作業：

1. 請找出技術上具有效率的投入組合，並請解說你的選擇所持的理由。
2. 你認爲前述兩種投入組合當中，應該採用哪一種？ 並請解說你的理由。

22-2
生產力衡量制度；技術與投入互補效率；部份衡量指標

愛麗毛衣公司使用兩種投入－－物料與人工－－來生產 alpaca 毛衣。最近一季總共生產了 2,000 件毛衣，使用了 8,000 磅的物料和 4,000 人工小時。一項由當地的大學進行的工程效率研究結果指出，愛麗公司可以利用下列兩種組合當中的任一種來生產 2,000 毛衣的相同產出：

	物料	人工
組合 A	7,000	3,500
組合 B	8,000	3,000

物料成本爲每磅 $5；人工成本則爲每小時 $10。

作業：

1. 請計算組合 A 當中每一項投入的產出－投入比率。計算出來的結果是否代表著組合A的生產力優於目前的投入使用情形？ 生產力改善的總金額價值是多少？並請將此一改善歸類爲技術互補效率改善，或者是投入互補效率改善。

2. 請計算組合B當中每一項投入的產出－投入比率。計算出來的結果是否代表著組合B的生產力優於目前的投入使用情形？現在再請比較組合A與組合B的結果。請問兩種組合比較理想？
3. 請先計算利用組合B來生產2,000單位的產出的成本，再計算利用組合A來生產同樣產出的成本。比較兩種組合的生產成本之後，是否可以斷定改採組合B的生產力會優於組合A？並請解說你的理由。

22-3
衡量跨越期間的生產力：背景資料；利潤關連衡量指標；價格回復

哈里遜公司針對其作業內容，推行了一項持續改善的計畫。哈里遜公司的其中一座工廠提出了基期與最近年度的作業結果如下：

	1997年度	1998年度
產出	32,000	40,000
電力（使用的數量）	4,000	2,000
物料（使用的數量）	8,000	9,000
單位價格（電力）	$1.00	$2.00
單位價格（物料）	$8.00	$10.00
單位售價	$3.00	$4.00

作業：

1. 請計算每一年度的生產力背景資料。生產力是否有所改善？並請解說你的理由。
2. 請計算利潤關連的生產力衡量指標。由於生產力提升的緣故，這座工廠增加了多少利潤？
3. 請計算一九九八年度的價格回復指數，並請說明其意義。

22-4
生產力衡量制度：互補關係；背景資料與利潤關連分析

白雪公司最近採用了一套電腦輔助製造系統。白雪公司擬訂自動化決策的用意在於減少物料浪費，同時預期達到更好的品質，並且降低人工投入。經過一年之後，管理階層希望瞭解是否已如預期般改善生產力。白雪公司的總經理對於資本、人工與物料之間的互補關係是否正常，尤其感到興趣。下表即爲採用前述電腦輔助製造系統之前一個年度與後一個年度當中，產出、人工、物料與資本的相關資料。

	採用之前	採用之後
產出	100,000	120,000
投入數量：		
物料（磅）	25,000	20,000
人工（小時）	5,000	2,000
資本（美元）	10,000	300,000
投入價格：		
物料	$5	$5
人工	$10	$10
資本	10%	10%

作業：

1. 請編製每一年度的生產力背景資料，並請評估生產力變動的情形。
2. 請計算因爲三項投入的生產力改變，所導致的利潤變動金額。假設只有三種投入，並請就白雪公司自動化決策的成效提出你的看法與見解。

22-5
前瞻性的生產力衡量制度；技術與投入之互補效率；背景資料與利潤關連分析

百利公司的經理正在審核製模部門的兩項互斥計畫。這兩項計畫的內容是以不同的方法來準備公司某項比較受歡迎的產品線所需要的模具。其中一項計畫改變了沖模的方式，應可節省物料的使用。另一項計畫則是重新設計製程，使人工的使用更具效率。目前的會計年度即將結束，因此這位經理希望能夠在下一年度推動變革決策，改採變更後的製程－－如果這項決策的成效良好的話。製程變更將會影響投入的使用情形。就即將結束的年度而言，會計部門提出了爲生產 100,000 單位產出所使用的投入資訊：

	數量	單位價格
物料	200,000 磅	$8
人工	80,000 小時	10
能源	40,000 仟佤小時	2

前述兩項計畫的製程設計都和目前使用的製程不同，而且這兩項計畫都不需要額外的成本。這兩項計畫生產 120,000 單位（下一年度的預期產出）的預期投入使用如下：

	計畫一	計畫二
物料	200,000 磅	220,000 磅
人工	80,000 小時	60,000 小時
能源	40,000 仟佤小時	40,000 仟佤小時

下一年度的投入價格預期仍然維持不變。

作業：

1. 請分別編製最近結束的年度與每一項計畫的生產力背景資料分析。是否有任何一項計畫提升了技術效率？並請解說你的理由。單憑這些實體衡量指標，你是否能夠建議百利公司採行哪一項計畫？
2. 請分別計畫每一項計畫的利潤關連生產力指數。哪一項計畫可以爲百利公司帶來最好的結果？此一結果與價格效率的概念有何關連？並請解說你的理由。

22-6
生產力衡量制度的基本原則

曼帝公司蒐集了過去兩年的資料如下：

	基準年度	目前年度
產出	300,000	360,000
產出價格	\$30	\$30
投入數量：		
物料（磅）	400,000	360,000
人工（小時）	100,000	180,000
投入價格：		
物料	\$10	\$12
人工	\$16	\$16

作業：

1. 請分別編製每一年度的生產力背景資料。
2. 請分別編製每一年度的損益表，並請計算收益的變動總金額。
3. 請計算因爲生產力改變而帶來的利潤變動金額。
4. 請計算價格回復指數，並請解說其意義。

22-7
作業生產力

爲了提升競爭力，哈帝公司採取了一項降低與消除不具附加價值作業、提升附加價值作業效率的計畫。付款作業一向被視爲附加價值作業，因此需要予以改善。付款作業的主要投入計有出納、個人電腦與耗用物料。付款作業的產出定義爲「支付的帳單筆數」，並以開立的支票張數爲衡量指標。相反地，物料處理作業則被視爲不具附加價值作業，因此需要減少，甚至完全消除（至少成爲比重較低的作業）。物料移動（產出）的主要投入計有人工、堆高機和耗用物料。經過兩年期間，哈地公司已經改變了每一項作業的執行方式。舉例來說，哈帝公司重新設計廠房佈置，以減少物料移動的需求。製程創新同樣地也大幅度改變了付款方式。哈帝公司已經完成了基準年度與最近結束年度的相關資料。最近結束年度恰爲哈帝公司採行改善計畫的第二個年度。

作業	基準年度	最近結束年度
付款：		
產出	300,000	320,000
投入：		
出納（人數）	15	5
個人電腦（台數）	15	5
耗用物料（磅）	150,000	40,000
移動物料：		
產出	20,000	5,000
投入：		
人工（小時）	10,000	3,000
堆高機（台數）	5	2
耗用物料（磅）	4,000	2,000

作業：

1. 請編製兩項作業的生產力背景資料。並請就這些背景資料是否適用於瞭解作業績效改善程度的用處，提出你的看法與見解。
2. 假設最近一個年度付款作業的投入價格如下，請計算付款作業的利潤關連指數：

出納：每位 $25,000
個人電腦：每套 $5,000
耗用物料：每磅 $1

22-8
製程生產力與作業生產力

一九九四年，加頓汽車公司的馬達事業部門聘請一家顧問公司來協助找出並定義該事業部門所使用的製程。馬達事業部門的總經理杜威森並且要求這家顧問公司針對如何重整製程以提升整體效率提出建議。這家顧問公司定義出六大製程，並針對每一道製程編製一份文件。下表當中的內部聯絡單即爲這家顧問公司的負責人之一費莎莉針對採購流程（採購流程屬於前述六大製程當中之一）所做出的摘要。

內部行文

收文：馬達事業部門總經理，杜威森

發文：傑克森顧問公司負責人，費莎莉

主旨：採購流程

日期：一九九六年三月十五日

採購流程包括三項主要作業：採購、收料與付款。目前，採購流程係由採購部門開始，發出訂購單給供應商。採購部門收到供應商交貨的時候，收料部門會塡寫收料單，送交應付帳款部門。應付帳款部門也會收到供應商（郵寄）的發票。應付帳款部門負責核對三項文件，如果文件無誤，便開立支票。如果發現錯誤，應付帳款部門必須先解決資料不符的問題之後方得付款。解決前述問題可能費時數週時間，而且往往必須耗費相當多的人力。解決帳單問題的作業不具任何附加價值，如果能夠重新設計採購流程，應可消除核對帳單的作業，節省下可觀的資源。我們估計應付帳款部門當中約有百分之八十 (80%) 的人力是用於處理帳單不符的問題上面。

我們建議把核對帳單的職責由應付帳款部門轉至收料部門。這樣的改變需要添購數台終端機，以利收料部門取得公司資料庫裡的採購資訊。此舉同時需要新的軟體來完成下列作業：(1) 當供應商交貨的時候，收料員可以透過套裝軟體來確認交貨內容與訂購單是否吻合，(2) 如果交貨內容與訂購單內容吻合，收料員便可將驗貨合格的資料輸入電腦，電腦便會在適當時機開立支票，(3) 如果收料員沒有查詢到任何訂購單，或者交貨內容與訂購單內容不符，便直接退貨給供應商。

看完內部行文的內容之後，杜威森立即採取必要行動來落實顧問公司的建議。杜威森購買了終端機，並且要求相關單位開發出適合的套裝軟體程式。由於供應商通常是採分批交貨的方式，因此軟體也針對此一特色。現在，也就是兩年之後，杜威森希望針對流程變革是否確實提高了生產力的結果進行分析。採購流程的產出定義爲採購並付款的(所有產品的)單位數量。下表爲一九九六年度與一九九八年度的採購流程相關資料：

	1996 年度	1998 年度
採購並付款的單位數量	3,000,000	3,600,000
訂購單	100,000	120,000
收料單	150,000	180,000
支付帳單	150,000	180,000
作業比率：		
採購（每一份訂購單）	$6.00	$6.25
收料（每一份收料單）	$8.33	$12.50
付款（每一份帳單）	$16.67	$1.40

作業：

1. 請分別計算一九九六年度與一九九八年度的生產力背景資料。這樣的結果是否代表製程生產力已經大幅改善？你是否相信這樣的結果？並請解說與探討背景分析的限制。

2. 請計算採購流程生產力的利潤關連指數，並請解說此一結果的意義。

3. 假設你擁有三項採購流程作業之投入的相關資訊如下：

	採購	收料	付款
1996年度：			
耗用物料（磅）	50,000	40,000	75,000
出納（人數）	24	50	100
資金（美元）	$100,000	$200,000	$50,000
1998年度：			
耗用物料（磅）	60,000	30,000	5,000
出納（人數）	25	50	10
資金（美元）	$120,000	$300,000	$100,000

請分別編製每一項作業的生產力背景資料，並請解說計算出來的結果所代表的意義。

4. 重新設計採購流程消除了不具附加價值的核對帳單作業。馬達事業部門的核對帳單作業由一九九六年的8,000件驟減爲一九九八年的0件。這樣的資訊對於第一題和第二題的分析有何影響？這樣的結果是否意味著馬達事業部門原先採用的製程生產力分析方法已經經過重大修正？並請解說你的理由。

22-9
生產力與品質；前瞻性分析

貝里公司正在考慮引進一套電腦化製造系統。這套系統具有內建的品管功能，可以加強產品規格的控制。每當產品落在程式的規格範圍以外時，這套系統就會發出警鈴響聲。操作人員便可立即進行調整，以達到預定的產品品質。這套系統預期將可減少品質不良的瑕疵產品的數量，亦可減少生產所需的人工投入。生產經理強力建議貝里公司購買這一套電腦化製造系統，因爲他相信如此一來將可大幅提升生產力－－尤其可以節省龐大的人工與物料投入。下表即爲這一套電腦化製造系統的預估產出與投入資料。

	目前的系統	電腦化系統
產出（單位）	50,000	50,000
產出售價	\$40	\$40
投入數量：		
物料	200,000	175,000
人工	100,000	75,000
資金（美元）	100,000	500,000
能源	50,000	125,000
投入價格：		
物料	\$4.00	\$4.00
人工	\$9.00	\$9.00
資金（百分比例）	10.00％	10.00％
能源	\$2.00	\$2.50

作業：

1. 請分別計算每一套系統之下的人工與物料的部份作業比率。生產經理認爲自動化系統可以提升人工與物料生產力的看法是否正確？
2. 請分別計算每一套系統的生產力背景資料。試問這一套電腦化系統是否眞的能夠提高生產力？
3. 如果貝里公司採取新的電腦化製造系統，請計算出利潤變動的金額。投入之間的互補關係是否有利於引進這一套電腦化製造系統？請就這套新的電腦化製造系統提升生產力的能力，提出你的看法與見解。

22-10
生產力衡量制度；基本原則

法絡公司生產手工製作的皮包。基本上所有的製造成本包括了人工和物料。近年來，由於前述兩大投入的成本不斷提高，使得法絡公司的利潤逐年下降。法絡公司的總經理法威瑪指出，皮包的售價不可能再提高；換言之，改善或者至少維持利潤的唯一方法就是提高整體生產力。一九九八年初，法威瑪採取了新的切割與組裝製程，以減少廢料，並加快生產時間。到了一九九八年底，法威瑪希望瞭解新的製程是否使得利潤產生任何變化。爲了提供這些資訊給法威瑪，法絡公司的會計長蒐集了下列資料：

	1997 年度	1998 年度
單位售價	$16	$16
生產與銷售的皮包	18,000	24,000
使用的物料	36,000	40,000
使用的人工	9,000	10,000
物料的單位價格	$4	$4.50
人工的單位價格	$9	$10.00

作業：

1. 請分別計算每一年度的生產力背景資料，並請就新生產製程的效益，提出你的看法與見解。
2. 請計算因爲生產力提升而增加的利潤金額。
3. 請計算價格回復指數，並解說其所代表的意義。

22-11
生產力衡量制度；技術效率與價格效率

一九九七年，玫瑰公司使用了下列投入組合來生產 10,000 單位的產出：

物料	6,000 磅
人工	12,000 小時

一九九八年，玫瑰公司同樣計劃生產 10,000 單位的產出，但是正在考慮兩種製程上的改變。這兩種製程變動均可生產預定的產出單位數量。下表即爲這兩種製程變動的相關投入組合：

	第一種變動	第二種變動
物料	7,000 磅	5,000 磅
人工	8,000 小時	10,000 小時

下表則爲生產 10,000 單位產出的最適投入組合。然而，玫瑰公司並不知道這樣的最適投入組合。

物料	4,000 磅
人工	8,000 小時

物料成本是每磅 $60，而人工成本則是每小時 $15。一九九七年度與一九九八年度的投入價格都維持不變。

作業：

1. 請分別計算下列各項的生產力背景資料：
   a. 一九九七年度使用的實際投入
   b. 一九九八年度預定進行的兩種製程變動的投入
   c. 最適投入組合
   無論玫瑰公司是否改變製程，一九九八年度的生產力是否能夠獲得改善？根據前瞻性的生產力背景資料，你會建議玫瑰公司採取哪一種製程變動？
2. 請計算一九九七年度，相對於最適投入組合之下，玫瑰公司所發生的生產無效率成本。再請就一九九八年度預定進行的製程變動，重覆計算一次。如果改變製程的話，由一九九七年跨越到一九九八年，玫瑰公司的生產力是否獲得改善？改善了多少？ 並請解說你的理由。解說理由的時候，並請一併探討技術與投入互補效率的變化。
3. 由於玫瑰公司並不知道最適投入組合的內容，請向玫瑰公司建議衡量生產力提升程度的方法。並請利用建議的方法來衡量玫瑰公司由一九九七年跨越到一九九八年所提升的生產力指數。相較於利用最適投入組合衡量出來的生產力提升程度，你建議的方法所計算出來的結果有何異同？

22-12
製程生產力衡量制度

來特公司最近正在研究完成訂單流程，並且推動一些變革以期改善這道流程的效率。來特公司預定推動的變革包括了重新設計廠房規劃、重新設計文件、鍵盤輸入訓練以及改善自動化系統的控制成效等等。這些改變預計將可提升製程生產力達數年之久。完成訂單流程係由三項作業所定義：處理商品、輸入資料與檢查錯誤。這道流程的產出衡量指標是完成的訂單份數。商品處理作業的產出（商品移動）衡量指標是移動的距離；資料輸入作業的產出衡量指標是資料輸入時間；而錯誤檢查作業的產出衡量指標則是檢查的文件份數（比較文件資料與投入記錄）。下表爲推動前述變革的前一年度與後兩年度的相關資料：

	1996年度	1997年度	1998年度
產出衡量指標：			
完成訂購單份數	150,000	165,000	200,000
移動距離	1,500,000	825,000	400,000
資料輸入（小時）	50,000	41,250	40,000
檢查文件	150,000	82,500	50,000
作業比率：			
處理商品（每一碼）	$1	$1	$1.25
輸入資料（每一小時）	$7	$7	$8.00
檢查錯誤（每一份文件）	$2	$2	$2.00

作業：

1. 請分別計算每一年度的生產力背景資料。根據計算出來的結果，你認爲來特公司的生產力是否已經改善？並請就多年度生產力背景資料之比較的好處，提出你的看法與見解。
2. 請以一九九六年度爲一九九七年度的基期，以一九九七年度爲一九八年度的基期，計算一九九七度與一九九八年度的利潤關連指數。改變計算基期是否具有任何意義？並請解說你的理由。

22-13
生產力衡量制度；價格回復

寶森公司的小型馬達事業部門最近非常積極地藉由提高生產力的方式（製程創新），努力降低製造成本。過去幾年來，市場上的價格競爭非常激烈，迫使寶森公司不得不跟進。如果不調降價格，寶特公司的行銷經理預估小型馬達事業部門將會失去百分之三十 (30%) 的市場佔有率。這位行銷經理並且預估，一九九八年度的單位售價必須調降 $5.00，才能夠保有目前的市場佔有率。（由於小型馬達的市場不斷擴大，因此想要保有目前的市場佔有率就必須增加銷貨數量。）一九九七年，小型馬達的單位售價是 $70。小型馬達事業部門的總經理表示，因爲降價所減少的收入必須藉由提高成本效率來彌補。如果利潤也跟著縮水，那麼小型馬達事業部門的生存將會受到威脅。因此，在一九九八年度，小型馬達事業部門積極地進行製程再造工程，以期提升生產力。到了一九九八年底，這個事業部門總經理想要瞭解製程變革的成效，並獲得下列資料：

	1997年度	1998年度
產出	50,000	60,000
投入數量：		
物料	50,000	40,000
人工	200,000	100,000
資金	$2,000,000	$5,000,000
能源	50,000	150,000
投入價格：		
物料	$8.00	$10.00
人工	$10.00	$12.00
資金	$0.15	$0.10
能源	$2.00	$2.00

作業：

1. 請計算每一個年度的生產力背景資料。根據計算出來的結果，你是否能夠論定生產力已經改善？並請解說你的理由。
2. 請計算由一九九七跨越至一九九八年期間，利潤變動的總金額。這些變動金額當中有多少可以歸功於生產力的提升？又有多少可以歸功於價格回復？
3. 請計算一九九七年度與一九九八年度的單位成本。小型馬達事業部門是否能夠降低至少 $5.00 的單位成本？並請就競爭優勢與生產效率之間的關係，提出你的看法與見解。

22-14
品質與生產力；互動；作業性衡量指標的使用

生產經理康安迪拜訪了廠長季威爾，並向季威爾請教了一些關於目前採用的新作業性衡量指標的問題。

康安迪：季威爾，我希望你能夠先瞭解我的問題純粹是出於好奇。今年年初的時候，公司開始推行新的流程，要求我們設法提高每一磅的產出，減少每一人工小時的產出。根據公司的指示，我便開始追蹤今年度到目前為止每一批次的作業指標。下面是今年度前五批次的趨勢報告。每一批次的產量是 10,000 單位。

批次	物料使用	比率	人工使用	比率
1	4,000 磅	2.50	2,000 小時	5.00
2	3,900 磅	2.56	2,020 小時	4.95
3	3,750 磅	2.67	2,150 小時	4.65
4	3,700 磅	2.70	2,200 小時	4.55
5	3,600 磅	2.78	2,250 小時	4.44

季威爾：康安迪，這份報告看起來相當樂觀。這樣的趨勢正是我們所期望看到的結果。我敢說我們一定可以達到預定的批次生產力目標。我看看，這些目標分別是每一英磅物料產出 3.00 單位，每一小時人工產出 4.00 單位。去年度的數據則是每一磅物料產出 5.00 單位，每一小時人工產出 2.50 單位。看起來情況不錯嘛！我猜想利用獎金和加薪的誘因來改善生產力的確是不錯的主意。

康安迪：或許吧－－但我不明白的是，爲什麼你會定出人工和物料之間的這種互補關係。人工成本是每一小時 $10，而物料成本卻只有每一磅 $5。從表象來看，你反而是在增加生產產品的成本。

季威爾：乍看之下似乎是如此，但事實上當然不是。公司還考慮了其它因素。你也知道我們一直在談論品質改善的事情。嗯，目前你正在採行的新流程就能夠生產出符合規範的產品。改善品質需要更多的人工時間，隨著花費的時間不斷增加，廢料的情形則會愈來愈少。但是眞正的好處是能夠降低外部不能成本。每生產一批次 10,000 單位當中只要出現一個瑕疵產品，公司就必須付出 $1,000 的成本－－包括保證作業、損失的銷貨收入和顧客服務人力等等。如果公司可以達到人工生產力與物料生產力的目標，瑕疵產品的數量可以由每一批次 20 單位降低爲每一批次 5 單位。

作業：

1. 請探討只採用生產力的作業性衡量指標來控制商店水準作業的優點。
2. 假設到了年底的時候，公司確實達到了批次生產力的目標。請計算由年初到年底，因爲人工與物料生產力的改變而產生的批次利潤的變動金額。

3. 現在假設公司將要評估三種投入：物料、人工和品質。品質係依每一批次的瑕疵產品數量來衡量。請計算由年初到年底，因爲三項投入的生產力的改變而產生的批次利潤的變動金額。你是否贊成品質也是一種投入的觀點？並請解說你的理由。

22-15
生產力；互補關係；價格回復

卡本工業清潔用品公司的總經理史凱菲剛剛和公司的兩位廠長開完會議。在會中，史凱菲告訴這兩位廠長，明年度他們負責生產的工業清潔產品的需求會比今年增加百分之五十 (50%) ——今年的預期產出是 50,000 桶。受到貿易制裁的影響，卡本公司無法再和一家原料的主要供應廠商往來。近幾年內恐怕無法解除貿易制裁的僵局。這樣的結果其實有好有壞。首先，原料的價格預期將會出現四倍的成長。其次，許多效率較差的競爭者將會被市場淘汰，對於卡本公司而言，反而是市場需求增加、售價提高的利多——事實上，產出價格預期將會提高一倍。

史凱菲和兩位廠長討論這個情況的時候，提醒兩位廠長自動化製程可以幫助他們提高原料的生產力。機器小時增加，可以使得化學原料的蒸發情況大幅減少（這是卡本公司新開發出來的技術，預計在新的會計年度開始才會施行）。然而對於卡本公司而言，其實還有另外兩種可能的投入使用情況。下表列出生產 50,000 桶產出（亦即目前的產出水準）和另外兩種產出水準下，所分別使用的投入。另外兩種投入使用情況均以 75,000 桶的產出爲基準。物料的投入係以桶計，設備的投入則以機器小時計算。

	目前水準	組合一	組合二
投入數量：			
物料	125,000	75,000	150,000
設備	30,000	75,000	37,500

今年度的投入價格是每一桶物料 $3，每一機器小時 $12。明年度，物料價格的變化已經說明過了，而 $12 的機器小時比率則將維持不變。

目前，化學清潔用品的售價是每一桶 $12。根據不同的生產力分析結果，其中一位廠長選擇了組合一，而另一位廠長則選擇了組合二。

選擇組合二的廠長說明如下：組合二明顯地可以看出物料和設備的生產力指標均有成長。另一位廠長雖然同意組合二可以帶來某些改善成效，但是卻認爲組合一的成效更好。

作業：

1. 請分別編製今年度和兩種組合的生產力背景資料。試問哪一項組合可以同時增加物料和設備的生產力？
2. 請分別計算明年度每一種組合所將實現的利潤。哪一種組合可以增加最多的利潤？
3. 請分別計算兩種組合之下，因爲生產力提升而增加的利潤金額。哪一種組合可以帶來最大的生產力改善成效？改善多少？並請解說其原因何在。

22-16
倫理道德課題：研究工作

請到圖書館，翻閱最近三年內報章雜誌，找出兩則關於企業倫理道德偏差的實例。並請就下列各項議題，寫出一篇短文：

1. 扼要說明倫理道德行爲偏差的事實。
2. 說明哪些行爲違反了倫理道德標準。
3. 分析導致這些不道德行爲的誘因。
4. 說明前述行爲違反了哪些倫理道德標準。（參閱本書第一章關於「內部管理會計人員的倫理道德標準」之內容。）
5. 分析倫理道德行爲的正式標準的重要性與成效。

綜 合 個 案 研 究 四

範圍：第十六章至第二十二章

電通公司生產各種規格與功能的電腦。電通公司設置了三個事業部門，其中兩個事業部門位於美國境內，另一個事業部門則位於新加坡。磁碟機事業部門則是設於科羅拉多州的春泉市。另外兩個事業部門則分別負責電腦的製造和組裝。美國的製造和組裝事業部門位於丹佛市。磁碟機事業部門則是生產硬碟機和軟碟機。這些磁碟機同時銷往美國國內與國外市場。製造和組裝事業部門製造主機板、外殼和所有其它的零組件（磁碟機除外）。製造和組裝事業部門再向磁碟機事業部門或外部供應商購買硬碟機和軟碟機。所有的三個事業部門都被總公司視為投資中心。

電通公司的三個事業部門都採用標準成本制度。下表為磁碟機事業部門生產 170 百萬位元(Megabyte，以下簡稱 MB)硬碟機的標準成本表：

物料（3 磅，每磅 $16.00）	$48.00
人工（2 小時，每小時 $9.00）	18.00
固定費用（2 小時，每小時 $3.00）*	10.00
變動費用（2 小時，每小時 $3.00）*	6.00
標準單位成本	$82.00

*費用比率係以所有產品使用 1,600,000 直接人工小時的實際產能為計算基礎。

磁碟機事業部門擁有生產與銷售 400,000 單位的 170MB 磁碟機的產能。但是由於市場競爭激烈的關係，磁碟機的需求呈現疲軟。磁碟機事業部門預估明年度只能銷售 320,000 單位。這個事業部門生產的其它規格的磁碟機也面臨同樣的需求減少的窘境。根據最近完成的一項市場調查結果顯示，國外競爭者正以更低的價格在銷售績效品質更好的磁碟機。電通公司在美國和新加坡的磁碟機市場佔有率節節下降。其它的兩個事業部門也都面臨了強大的競爭壓力。

有鑑於市場競爭激烈，電通公司聘請了一家顧問公司來評估磁碟機事業部門的效率。這家顧問公司向來以製程創新聞名。如果磁碟機事業部門的生產力能夠獲得大幅改善，另外兩個事業部門也將接受顧問公司的輔導。經過兩個月的研究分析之後，這家顧問公司的兩位顧問提出了分析結果與建議的完整報告。根據報告內容指出，磁碟機事業部門必須調降售價，配合（甚至領先）競爭者的降價行動。然而單是調降售價還不夠。磁碟機事業部門也必須降低成本，才能夠賺取合理的利潤。此外，磁碟機事業部門必須著手改善品質績效。事實上，根據兩位顧問的看法，提升品質的同時就能夠降低成本。這兩位顧問還表示，如能提升生產力，將可進一步地降低成本。減少不具附加價值作業，投入的需求也會隨之減少。為了達到前述目標，必須進行製程分析。惟有專心一致地改善組織內部的作業成效－－而非改善組織的結構，才能夠達到最好的改善成效。這兩位顧問找出了磁碟機事業部門的六項主要流程：管理、支援、爭取新客戶、產品與服務設計、生產和售後支援。他們同時指出，這些主要流程又可以細分為細部流程，而細部流程又可以再細分為不同的作業項目。如欲持續不斷地改善，勢必需要進行動因分析、作業分析和監督作業績效。

為了幫助管理階層瞭解作業制成本管理制度的好處，兩位顧問蒐集了許多關於生產流程內的作業資訊。生產流程的定義為所有和生產品質良好的產品相關的所有作業。下表即為磁碟機事業部門的作業資訊－－包括預算供給（實際供給）、預算成本以及預算需求。

作業動因	可得作業	預算作業使用
與品質相關的：		
檢查小時	168,000	128,000
品質訓練小時	16,000	16,000
廢料重量	800,000	800,000
重製小時	50,000	50,000
保證小時	400,000	320,000
現場測試小時	8,000	8,000

（接續下頁）

作業動因	可得作業	預算作業使用
非與品質相關的：		
機器小時	3,200,000	3,200,000
設定小時	240,000	240,000
收料單	80,000	56,000
直接人工小時	1,600,000	1,600,000

作業[a]	預算成本[b]
檢查（製成品）	$3,280,000
品質訓練	320,000
廢料	1,200,000
重製	400,000
保證作業	3,200,000
現場測試	400,000
機器生產	4,400,000
設定	2,400,000
收料	800,000

[a]計算直接人工小時費用（固定和變動）比率的時候，廢料、重製和機器生產成本（減去折舊）均視爲變動成本。就作業制觀點而言，檢查、品質訓練和收料等毫無疑問地均屬固定作業成本（均在使用之前預先取得的資）；廢料和重製等則毫無疑問地屬於變動作業成本（在需要的時候才取得的資源）；百分之二十(20%)的保證、現場測試和設定成本代表在需要的時候才取得的資源，其餘則代表在使用之前預先取得的資源；機器折舊屬於預先取得的資源，而其餘的機器生產成本則屬在需要的時候才取得的資源。

[b]預算成本係利用作業制成本公式計算而得。

[c]$1,200,000 爲機器折舊（採用直線法、折舊年限尚有十年，折舊完畢之後預期將無剩餘價值）。

作業：

1. 假設磁碟機事業部門的期初製成品存貨有 96,000 單位的 170MB 硬碟機。每一台硬碟機的售價是 $100。參考了顧問公司的報告之後，這個事業部門計劃引進及時製造制度來修正生產流程。降低存貨水準則是計畫當中的一部份。針對下一年度，磁碟機事業部門希望170MB硬碟機的製成品存貨能夠減少為16,000單位。用以生產170MB硬碟機的期初原料存貨則有200,000英磅。由於預期將與供應商簽訂及時交貨合約，因此這個事業部門預期將原料存貨預算降為20,000磅。根據上述資訊、170MB硬碟機的標準成本表以及其它必要資訊，請分別編列170MB硬碟機的下列預算：

a. 生產預算表
b. 銷售預算表
c. 原料採購預算表
d. 直接人工預算表
e. 變動費用預算表
f. 銷貨成本預算表

並請探討標準成本法對於編列這些預算有何幫助。如果身處當代製造環境，標準成本表在編列預算時所扮演的角色是否就不存在？並請解說你的理由。

2. 假設170MB硬碟機的實際產量恰等於預算產量（同第一題），並假設為生產這些硬碟機所使用的投入的實際結果如下：採購物料558,000磅，每一磅$16.10；物料使用760,000磅；人工475,000小時，每一小時$8.90。請分別計算下列變數：

a. 物料價格變數
b. 物料使用變數
c. 人工比率變數
d. 人工效率變數

請探討這些變數在當代製造環境當中所扮演的角色。

3. 假設磁碟機事業部門產生下列全廠相同的結果：

實際固定費用	$8,200,000
實際變動費用	5,000,000
總實際直接人工小時	1,700,000
實際產量所容許的人工小時	1,650,000

請分別計算下列費用變數

a. 變動費用耗用變數

b. 變動費用效率變數

c. 固定費用耗用變數

d. 固定費用數量變數

4. 請編製磁碟機事業部門的品質成本報告，並請探討目前品質成本的分佈情形。假設磁碟機事業部門的總銷貨收入是 $64,000,000，你是否能夠估算出因爲品質改善而可能節省下來的成本金額？

5. 請編製預算附加價值與不具附加價值成本報告。假設 (a) 資源的實際價格等於標準價格；(b) 總銷貨收入爲 $64,000,000，而附加價值品質成本則佔銷貨收入的百分之二點五 (2.5%)；(c) 附加價值機器成本（不包括折舊）爲總預算金額的百分之八十 (80%)；(d) 磁碟機事業部門計劃採行及時採購與製造制度。

6. 下表的作業係以整批方式取得：

作業	批量
檢查	2,100 小時
品質訓練	2,000 小時
現場測試	1,000 小時
保證作業	2,500 小時

請分別計算每一項作業的未使用產能與數量變數，並請解說每一項變數所代表的意義。管理階層如何因應這些變異數據？假設磁碟機事業部門的總銷貨收入爲 $64,000,000。

7. 顧問公司提出的報告建議磁碟機事業部門的管理階層改採流程的觀點。請說明流程觀點的主要內容，並指出這樣的方法與傳統會計控制方法之差異。

8. 假設磁碟機事業部門的總投資爲 $120,000,000。如果所有的不具附加價值成本都得以刪除的話，請計算投資報酬率的增加幅度。試問投資報酬率的增加有多少是可以歸功於達成零缺點的狀況？

9. 假設磁碟機事業部門的管理階層考慮引進 170MB 硬碟機的新製造流程。這項新流程將會增加人工的比重，但是將會減少廢料的產生，使得總物料使用減少。下表爲新製程的預期效果和去年度使用投入的比較（去年度的產出爲 320,000 單位；使用情形係以 400,000 的預期產出爲預估基礎）：

	去年度使用	預期使用
人工小時	640,000	840,000
物料重量（磅）	1,000,000	1,200,000

請分別計算每一年度的生產力背景資料。如果採用新的製程的話（利用標準投入價格來計算利潤關連生產力指數），請計算新製程對於利潤的影響。磁碟機事業部門是否應該改採新的製程？並請探討利潤關連生產力衡量制度的價值。

10. 新加坡的事業部門擁有閒置產能，並且接到了一份特殊訂單，這份特殊訂單的內容是以 $700 的單價出售 64,000 台（目前的閒置產能能夠應付的產量）配備 170MB 硬碟機的電腦。正常情況下，新加坡事業部門向磁碟機事業部門購買 170MB 硬碟機的價格是 $100 －－含稅（每一台映碟機的營業稅是 $5），而且沒有透過其它管道購買硬碟機所必須支付的行銷成本 $3。新加坡事業部門的製造與銷售成本－－不包括 170MB 硬碟機的成本是 $610。新加坡事業部門亦可向亞洲的供應商購買硬碟機：此時，價格則爲 $80，外加每一台硬碟機 $5 的進口關稅。請利用春泉市磁碟機事業部門所採用的傳統標準成本制度，計算 64,000 台硬碟機的最低與最高移轉價格。假設聯合利益係由兩個事業部門之間平分，那麼談判移轉價格應該是多少？如果採用談判移轉價格，兩個事業部門的利潤分別可以增加多少？爲了向國稅局取得預先定價合約以便採用談判移轉價格，你會提出什麼論點？新加坡的稅務機關是否可能反對這樣的作法？並請解說你的理由。

重要辭彙解釋

A

Absorption costing 吸收成本法

將所有製造成本、直接物料、直接人工、變動費用以及一定比例的固定費用分配至每一單位產品的成本方法。

Acceptable quality level (AQL) 可接受的品質水準

企業容許出售的瑕疵產品的預定水準。

Accounting rate of return 會計報酬率

將平均會計淨收益除以原始投資金額（或除以平均投資金額）所求得的報酬率。

Activity analysis 作業分析

確認、描述與評估組織所執行的作業的過程。

Activity elimination 作業消除

消除不具附加價值作業的過程。

Activity flexible budgeting 作業制彈性預算制度

預測作業使用情形變動時，作業成本變動的制度方法。

Activity inputs 作業投入

作業生產產出時所消耗的資源。（作業投入即為促使作業能夠執行的因素。）

Activity output (usage) 作業產出（使用）

作業的結果或產品。

Activity output measure 作業產出衡量指標

分析作業執行次數的指標，亦即產出的量化指標。

Activity reduction 作業減少

減少作業所需的時間與資源。

Activity selection 作業選擇

從不同策略所導引出的作業組合當中，選擇最適作業組合的過程。

Activity sharing 作業分享

發揮規模經濟的原理，提高必要作業的效率。

Administrative expense budget 行政費用預算

涵蓋組織整體與企業運作的預估費用的預算。

Advance pricing agreement 預先定價合約

國稅局和納稅人之間，對於移轉價格之接受程度的合約。此份合約屬私約性質，在一定期限內對於合約雙方具有約束力。

Aesthetics 美學

與有形產品的外觀(例如樣式與美感)，以及機器、設備、人員及傳媒等外型上與服務相關的品質屬性。

Annuity 年金

一連串的未來現金流量。

Appraisal costs 評估成本

爲決定產品與服務是否符合規範所發生的成本。

Arbitrage 賺取價差

以低價購買商品的顧客能夠轉賣給其它顧客的情況。

B

Base period 基期

用以建立衡量生產力變化的標準的過去期間。

Benchmarking 標準建立

利用最好的表現做爲評估作業績效的標準的方法。

Binding constraint 主要限制

其有限資源爲產品組合所充份利用的限制條件。

Break-even point 損益兩平點

總銷貨收入等於總成本的點，例如利潤爲零的點。

Budget 預算

以財務術語表達的行動計畫。

Budget committee 預算委員會

負責建立預算政策與目標、審核與通過預算，並解決預算擬訂過程中所可能出現之差異的專責委員會。

Budget director 預算指導員

負責整合與指導整體預算擬訂過程的專人。

Budgetary slack 預算浮濫

高估成本與低估收入的預算擬訂手段。

Business reengineering 企業再造工程

參見 process innovation「製程創新」的解釋。

C

Capital budgeting 資本預算

擬訂資本投資決策的過程。

Capital expenditures budget 資本支出預算

扼要說明長期資產取得的財務計畫。

Capital investment 資本投資

規劃、建立目標及優先順序、安排資金、並找出進行長期投資的考慮因素的過程。

Capital investment decisions 資本投資決策

與規劃、建立目標及優先順序、安排資金、並找出選擇長期資產的考量因素等過程相關的決策。

Carrying costs 持有成本

持有存貨的成本。

Cash budget 現金預算

說明現金的所有來源與用途的詳細計畫。

Cash flow 現金流量

現金流入減去現金流出。

Centralized decision making 集權式決策

決策係由組織的最高階層所擬訂，並指派事業部門經理人負責執行的決策制度。

Common fixed expenses **共同固定費用**

無法追蹤至個別產品，且即使減少其中一項產品也維持不變的固定成本。

Comparable uncontrolled price method **比較式不受控制價格法**

美國稅法第482條最偏好採用的移轉價格，通常會等於市價。

Compounding of interest **複利**

支付利息的利息。

Constraint **限制**

表達資源之限制的數學公式。

Constraint set **限制組合**

與特定的最適問題相關的所有限制的組合。

Contemporary responsibility accounting **當代責任會計制度**

以製程與團隊的責任爲重點，並以時間、品質與效率來衡量作業績效的控制制度。

Continuous (or rolling) budget **連續（或「滾動」）預算**

每一個月結束之後，便延續至下一個月，始終維持十二個月份的移動預算。

Continuous replenishment **持續供貨**

製造商替零售商決定存貨管理功能的作法。

Contribution margin **貢獻邊際**

收入與所有變動費用之間的差額。

Contribution margin ratio **貢獻邊際比率**

貢獻邊際除以銷貨收入的比率，亦即每一塊錢銷貨收入當中可以用於支付固定成本並賺取利潤的比例。

Contribution margin variance **貢獻邊際變數**

實際貢獻邊際與預算貢獻邊際之間的差異。

Control **控制**

建立標準、獲得實際績效的回饋以及當實際績效與預定績效之間差異過大時採取修正行動的過程。

Control activities **控制作業**

組織爲避免或偵測不良品質（因爲不良品質可能存在）所執行的

作業。

Control costs **控制成本**

爲執行控制作業所發生的成本。

Control limits **控制限制**

偏離標準的可容許的最大差異。

Controllable costs **可控制成本**

經理人有權影響的成本。

Cost center **成本中心**

經理人負責控制成本的責任中心。

Cost of capital **資金成本**

投資資金的成本，通常視爲所有來源的資金的加權平均成本。

Cost-plus method **成本外加定價法**

稅法第482條核准的移轉價格。成本外加定價法通常就是成本基礎移轉價格。

Cost-volume-profit graph **成本－數量－利潤圖**

解說成本、數量、與利潤之間的關係的圖表，包括總收入線與總成本線。

Costs of quality **品質成本**

因爲不良品質可能存在或因不良品質確實存在所發生的成本。

Currency appreciation **貨幣升值**

一國貨幣走強，可以購買更多的另一國家的貨幣的情況。

Currency depreciation **貨幣貶值**

一國貨幣走弱，只能購買較少的另一國家的貨幣的情況。

Currency risk management **貨幣風險管理**

企業管理階層爲因應匯率浮動，其對於交易、經濟情勢與交換等之管理。

Currently attainable standard **目前可達標準**

反映出有效率的營業狀況，雖然頗具企圖心，但並非無法達成的標準。

Cycle time **週期時間**

用以生產一單位產品所需要的時間長度。

D

Decentralization 分散授權

將決策自由授予較低的作業水準。

Decentralized decision making 分散決策

決策係由較低階經理人擬訂與執行的制度。

Decision model 決策模式

導引出決定的一連串步驟。

Decision package 決策內容

說明決策單位可以或能夠提供的服務及其相關成本的內容。

Defective product 瑕疵產品

不符合規範的產品或服務。

Degree of operating leverage (DOL) 營業槓桿

衡量利潤變動相對於銷貨數量變動的敏感程度之指標，亦即衡量因為銷貨數量改變的百分比例所導致的利潤改變的百分比例。

Direct fixed expenses 直接固定費用

可以追蹤至每一分項，且如果該分項不存在則可避免的固定成本。

Direct labor budget 直接人工預算

顯示出為達生產預算當中的產量所需要的總直接人工小時及其相關成本的預算。

Direct materials budget 直接物料預算

列出物料生產的預期使用以及所需直接物料的採購之預算。

Discount factor 折扣係數

用以將未來現金流量換算成現值的係數。

Discount rate 折扣率

用以計算未來現金流量的現值之報酬率。

Discounted cash flows 折扣現金流量

以現值表示的未來現金流量。

Discounting 折扣

找出未來現金流量的現值之行動。

Discounting model 折扣模式

明白地以金錢的時間價值做為接受或拒絕提案計畫之考量因素的

資本投資模式。

Driver analysis **動因分析**

為找出作業成本的根本原因所付出的努力。

Drummer-buffer-rope system **限制前題－緩衝－同步制度**

屬於全面品質控制的存貨管理制度，強調根據主要限制資源、時間緩衝等因素來決定存貨水準。

Dumping **傾銷**

在國際市場上推出具侵略性的低價作法。

Durability **耐用年限**

產品正常運作的期間。

Dysfunctional behavior **不當行為**

與組織目標衝突的個人行為。

E

Economic order quantity (EOQ) **經濟訂購量**

為將總訂購成本（或設定成本）與持有成本降至最低所應訂購（或生產）的數量。

Economic risk **經濟風險**

企業的未來現金流量的現值可能受到外匯波動影響的可能性。

Economic value added (EVA) **經濟附加價值**

稅後營業利潤減去資金的總年度成本。

Efficiency variance **效率變數**

參閱 Usage variance「使用變數」之解釋。

Elastic demand **彈性需求**

價格上漲（下降）時，其需求數量減少（增加）的比例高於價格變動比例。

Electronic data interchange (EDI) **電子資料交換**

存貨管理方法的一種，供應商能夠藉由電子資料交換系統進入買主的線上資料庫。

Ending finished goods inventory budget **期末製成品存貨預算**

以金額與數量說明預期期末製成品存貨的預算。

Error cause identification 確認錯誤原因

員工說明影響效益的問題（使他們無法第一次就把事情做對）的計畫。

Exchange gain 交換利得

由於本國貨幣升值，而在兌換外幣時所得到的利潤。

Exchange loss 交換損失

由於本國貨幣貶值，而在兌換外幣時所產生的虧損。

Exchange rate 匯率

外幣和本國貨幣交換的比率。

External constraints 外部限制

由外部資源向企業所施加的限制因素。

External failure costs 外部機能不全成本

因爲產品在出售給外部顧客之後，未能符合規範而發生的成本。

F

Failure activities 機能不全作業

組織或其顧客回應不良品質（品質不良確實存在）所執行的作業。

Failure costs 機能不全成本

組織爲執行機能不全作業而發生的成本。

Favorable variance 正變數

實際金額低於預算或標準容許金額時，即產生正變數。

Feasible set of solutions 可行方案組合

所有可行方案的組合。

Feasible solutions 可行方案

滿足所有限制的產品組合。

Features (quality of design) 特色（設計品質）

與類似產品在功能上有所差異的產品特徵。

Financial budget 財務預算

總預算的一部份，包括現金預算、預算損益表、預算現金流量表，以及資本預算表。

Financial productivity measure **財務生產力衡量指標**

投入與產出均以實際金額表示的生產力衡量指標。

Fitness for use **適用性**

產品適合發揮其廣告宣稱的功能的程度。

Five-year assets **五年期資產**

預估折舊年限爲五年的資產;常見的五年期資產計有小型卡車、汽車和電腦設備等。

Fixed overhead spending variance **固定費用耗用變數**

實際固定費用與分配固定費用之間的差異。

Fixed overhead volume variance **固定費用數量變數**

預算固定費用與分配固定費用之間的差異;亦即產能使用率的衡量指標。

Flexible budget **彈性預算**

列出一定範圍內作業的成本的預算。

Flexible budget variance **彈性預算變數**

實際成本與彈性預算內的預期成本之間的差異。

Foreign Trade Zones **外貿特區**

位於美國本土上,但視爲美國貿易範圍以外的區域。進口至外貿特區的商品在再出口之前,享有免稅優惠。

Forward contract **期貨合約**

要求買方在未來指定的日期,以指定匯率交換指定金額的貨幣的合約。

Future value **未來價值**

如果投資計畫賺取到指定複利報酬的話,累積到投資計畫期限截止時的價值。

G

Goal congruence **目標一致性**

經理人的績效目標與組織的績效目標相符。

Gross profit (gross margin) **毛利(毛邊際)**

銷貨收入與銷貨成本之間的差額。

H

Half-year convention 半年期法則

無論新購資產實際開始使用的日期為何，均假設其在應稅的第一年度的前半年即已開始使用的法則。

Hedging 避險

確保外匯交易的利得與損失的方法。

Hidden quality costs 隱藏性品質成本

因為品質不良所導致的機會成本。

Hurdle rate

參閱 required rate of return「預定報酬率」的解釋。

I

Ideal standards 理想標準

反映出完美的營業狀況的標準。

Incentives 誘因

組織為誘導經理人達成組織目標而採取的正面或負面的衡量指標。

Incremental (for baseline) budgeting 連續（或基準）預算

以前一年度的預算為基準，向上或向下調整以決定下一年度的預算的作法。

Independent projects 獨立計畫

無論通過或否決，都不影響另一項計畫的現金流量的計畫。

Inelastic demand 無彈性需求

價格上漲（下降）時，其需求數量減少（增加）的比例低於價格變動比例。

Input tradeoff efficiency 投入互補效率

成本最少的具技術效率的投入組合。

Interim quality performance report 目前可達品質績效報告

目前實際品質成本與短期預算品質目標的比較。

Interim quality standard 目前可達品質標準

以短期品質目標為依據的標準。

Internal constraints 內部限制

企業內部的限制因素。

Internal failure costs 內部機能不全成本

在產品與服務出售給外部顧客之前，發現產品與服務未能滿足規範所發生的成本。

Internal rate of return 內部報酬率

投資計畫的現金流入的現值等於其現金流出的現值之報酬率（例如令淨現值等於零）。

Inventory 存貨

組織用於將原物料轉換成產出的金錢。

Investment center 投資中心

經理人負責收入、成本與投資的責任中心。

J

Joint products 聯產品

同一道製程在分離點之前，所同時生產出來的兩種或兩種以上、價值相當的產品。

Joint venture 合資企業

投資人共同擁有企業的一種合夥型式。

K

Kanban system 看板制度

以需求拉動爲基礎，透過紙板或海報來控制生產作業的資訊系統。

Keep-or-drop decision 保留或撤銷決策

以保留或取消企業的某一產品線的相關成本分析。

L

Labor efficiency variance 人工效率變數

使用的實際直接人工小時和容許的標準直接人工小時之間的差異，

乘上標準小時工資比率。

Labor rate variance 人工比率變數

支付的實際每小時工資比率和標準每小時工資比率之間的差異，乘上實際工作小時。

Lead time 前置時間

就採購作業而言，是發出訂單之後到收到訂購貨物的時間。就製造作業而言，是由開始生產到完成產品的時間。

Linear programming 線性規劃

分析研究不同的可行方案，直到找到最適方案爲止的方法。

Long run 長期

所有成本均屬變動成本的期間，亦即長期而言，沒有任何固定成本的期間。

Long-range quality performance report 長期品質績效報告

比較目前實際品質成本與長期的目標品質成本的績效報告〔通常介於百分之二至百分之三 (2% - 3%) 的範圍〕。

Loose constraints 鬆散限制

其有限資源未被產品組合所充份利用的限制。

M

Make-or-buy decision 自製或外購決策

強調是否應該自行製造（提供）或向外購買零組件（服務）的決策。

Maquiladoras 合資工廠

位於墨西哥境內，加工進口物料，再回銷至美國的製造工廠。

Margin 邊際

淨營業損益相對於銷貨收入的比率。

Margin of safety 安全邊際

實際銷售或預期銷售、且超過損益兩平點的單位數量，或實際賺得或預期賺得、且超過損益兩平點的銷貨收入。

Market share 市場佔有率

企業的銷貨收入佔整體產業銷貨收入的比例。

Market share variance 市場佔有率變數

實際市場佔有率和預算市場佔有率之間的差異，再乘上產業的實際銷貨數量和預算平均單位貢獻邊際的乘積。

Market size 市場規模

整體產業的總銷貨收入。

Market size variance 市場規模變數

實際產業銷貨數量與預算產業銷貨數量之間的差異，再乘上預算市場佔有率和預算平均單位貢獻邊際的乘積。

Marketing expense budget 行銷費用預算

列出銷售與鋪貨作業的計劃費用的預算。

Markup 外加

為計算價格所分配至基準成本的比例;外加部份包括預定的利潤以及所有沒有包括在基準內的成本。

Master budget 總預算

涵蓋所有層面與所有作業，且代表企業整體行動計畫的預算。

Materials price variance 物料價格變數

實際的物料單位價格與容許的物料單位價格之間的差異，乘上採購物料的實際數量。

Materials usage variance 物料使用變數

實際使用的直接物料與容許的直接物料之間的差異，乘上標準價格。

Maximum transfer price 最高移轉價格

對於買入部門而言，內購不會使其受損的移轉價格。

Mix variance 組合變數

實際物料投入組合的標準成本與應該使用的物料投入組合的標準成本之間的差異。

Modified accelerated cost recovery system (MACRS) 修正加速成本回復制度

計算年度折舊的一種方法；被定義為加倍減少餘額法。

Monetary incentives 金錢誘因

利用經濟回饋來激勵經理人。

Monopolistic competition 寡佔競爭

接近自由競爭市場。寡佔市場的買賣者衆多，進入障礙低，但是產品仍有某些差異。

Monopoly 獨佔

市場進入障礙極高，以至於只有唯一一家企業銷售一種獨特的產品。

Multinational corporation (MNC)跨國企業

企業的經營業務當中有相當的比例是在超過一個國家以上的地區進行。

Multiple-period quality trend report 多期品質趨勢報告

標示出不同時間點上的品質成本（佔銷貨收入的比例）的圖表。

Mutually exclusive projects 互斥計畫

如果某一項計畫獲得通過，其它計畫就一定會被否絕的特性。

Myopic behavior 不當行爲

爲改善短期預算績效，而犧牲組織的長期福祉的管理行爲。

N

Net income 淨收益

營業收益減去稅賦、利息費用與研發費用之後的淨額。

Net present value 淨現值

投資計畫的現金流入之現值與其現金流出的現值之間的差異。

Nondiscounting model 非折扣模式

不考慮金錢的時間價值，而找出通過或否絕投資計畫的及它考量因素的資本投資模式。

Nonmonetary incentives 非金錢誘因

利用心理與社會獎勵來激勵經理人。

Nonvalue-added activities 不具附加價值作業

非屬必要，或雖屬必要但不具效率且可以改善的作業。

Nonvalue-added costs 不具附加價值成本

因不具附加價值作業或因附加價值作業的不良績效而發生的成本。

O

Objective function 目標函數

最適化的函數，常指利潤函數；換言之，最適化意指利潤最大化。

Observable quality costs 可觀察的品質成本

由組織的會計記錄當中可以查詢得到的品質成本。

Oligopoly 寡佔

賣方只有少數，且進入障礙頗高的市場結構。

One-price policy 單一價格政策

向所有顧客都收取同一價格。

Operating assets 營業資產

用以創造營業收益，通常包括現金、存貨、應收帳款、機器設備、和廠房等的資產。

Operating budgets 營業預算

與組織內創造收益的作業相關的預算。

Operating expenses 營業費用

組織用以將存貨轉換成為產出的金錢。

Operating income 營業收益

企業正常運作下的收入減去費用之後的餘額。營利事業所得稅則不記入營業收益。

Operating leverage 營業槓桿

利用固定成本來創造隨著銷售作業變動而變動比例更高的利潤。利用增加固定成本、減少變動成本的方式來達到槓桿原理。

Operational measures 作業性衡量指標

績效之實際的或非財務性的衡量指標。

Operational productivity measurers 作業生產力衡量指標

以實際術語表示的衡量指標。

Opportunity cost approach 機會成本法

找出銷售部門願意接售的最低價格與購買部門願意支付的最高價格的移轉定價制度。

Optimal solution 最適解決方案

創造目標函數的最高價值的可行方案。

Ordering costs **訂購成本**

發放訂單與收貨的成本。

Outsourcing **外包**

企業將自行負責的功能交由外部供應商處理的費用。

Overhead budget **費用預算**

顯示所有間接製造項目的計劃費用之預算。

P

Partial productivity measurement **部份生產力衡量指標**

衡量單一投入的生產效率的比率。

Participative budgeting **參與預算制度**

讓負責預算績效的經理人實際參與預算的擬訂過程的預算方法。

Payback period **回收期**

投資計畫開始回收所需要的時間。

Penetration pricing **滲透定價法**

以極低的價格——甚至低於成本的價格——引進新產品，以迅速建立市場佔有率。

Perfectly competitive market **完全競爭市場**

買賣同質產品的家數衆多——沒有任何企業大至足以影響市場——且進出容易的市場。

Performance **績效**

產品運作的好壞與穩定程度。

Perquisites **獎金**

經理人在薪資之外，另外獲得的一種福利。

Postaudit **後續稽核**

投資決策的後續追蹤分析。

Predatory pricing **掠奪定價法**

訂定極低的價格，以傷害競爭者並且消弭競爭的作法。

Present value **現值**

未來現金流量的現在價值。現值代表了在特定複利下，如欲獲得未來的現金流量所必須投資的金額。

Prevention costs 預防成本

為避免生產的產品或服務出現瑕疵而發生的成本。

Price discrimination 價格歧視

出售基本上相同的商品給不同的顧客時，收取不同價格的作法。

Price elasticity of demand 需求的價格彈性

需求數量因應價格變動的程度。

Price gouging 搜括定價法

具有市場力量的企業（例如市場上幾乎或完全沒有競爭的企業）將價格定得「過高」的作法。

Price skimming 吸脂定價法

在產品生命週期一開始收取較高的價格，然後逐漸降價的定價策略。

Price standard 價格標準

每一單位投入所應支付的價格。

Price takers 價格接受者

個別來看，不具影響價格能力的企業。

Price variance 價格變數

標準價格與實際價格之間的差異，乘上使用投入的實際數量。

Price volume variance 價格數量變數

實際銷貨數量與預期銷貨數量之間的差異，再乘上預期價格。

Price-recovery component 價格回復指數

總利潤變動與利潤關連生產力變動之間的差異。

Process improvement 製程改善

現有製程效率的不斷提升。

Process innovation 製程創新

以相當新的方式來提升製程績效，以達到大幅改善回應時間、成本、品質和其它重要競爭要素的目標。

Process productivity analysis 製程生產力分析

將作業視為製程投入，並以投入來計算製程生產力，藉以衡量作業生產力的方法。

Process value analysis 製程價值分析

定義作業制責任會計制度，強調作業而非成本，並以整體制度績效而非個別績效的最大化爲目標的分析。

Product life cycle 產品生命週期

產品存在的時間——由概念的形成到放棄;產品在四個不同階段的獲利歷史——進入、成長、成熟與衰退。

Production budget 生產預算

顯示爲達銷貨收入需求，並滿足期末存貨標準所應生產的單位數量的預算。

Production Kanban 生產看板

註明前一製程應該生產的數量的卡片或海報。

Productivity 生產力

儘可能地利用最少的投入數量，有效率地生產產出。

Productivity measurement 生產力衡量指標

分析生產力的變動。

Profile measurement 背景資料衡量指標

一連串個別的部份作業性衡量指標。

Profit 利潤

商業行爲的收入與費用之間的差異。

Profit center 利潤中心

經理人同時負責收入與成本的責任中心。

Profit-linked productivity measurement 利潤關連生產力衡量指標

評估因爲生產力改變而造成的利潤變動——由基期到當期——的金額。

Profit-volume graph 利潤數量圖

說明利潤與銷售作業之間的關係的圖表。

Prospect theory 期望理論

預期效益分析的一種，強調利得與損失的不對等評價（例如人們對於損失的感受遠大於對於利得的感受），並分析利得與損失相對於某一參考點的價值。

Pseudoparticipation **象徵式參與**

高階管理階層雖然要求中低階經理人提供資料，但是卻忽略這些投入的預算制度。換言之，事實上預算的擬訂是由上而下進行。

Q

Quality of conformance **規範品質**

符合產品設計規範。

Quality of design **設計品質**

具有相同功能，但規格不同而產生的品質差異。

Quality product (service) **品質成本（服務）**

達到或超越顧客期望的產品。

Quantity standard **數量標準**

每一單位產出所容許的投入數量。

R

Rate variance **比率變數**

參閱 price variance「價格變數」的解釋。

Reference transaction **參考交易**

價格與獲利對於企業具有參考價值的相關歷史交易。

Relevant costs **相關成本**

各種方案之間的不同未來成本。

Relevant range **相關範圍**

企業在正常的運作情況下，其假設的成本關係成立的範圍。

Reliability **可靠度**

在一定期間內，產品或服務能夠發揮預期功能的機率。

Reorder point **請購點**

必須發出新訂單（或進行新設定）的時間點。

Required rate of return **預定報酬率**

投資計畫為獲通過，所必須賺取的最低報酬率。

Resale price method **轉售價格法**

國稅局根據第482條規定而可接受的移轉價格。轉售價格法的移轉價格等於轉售價格扣除適當的外加比例。

Research and development expense budget **研發費用預算**

說明研發作業之預估費用的預算。

Residual income **剩餘利潤**

營業收益和企業營業資產的最低報酬金額之間的差異。

Responsibility accounting **責任會計制度**

衡量每一個責任中心的結果，並比較預期結果與實際結果之間異同的制度。

Responsibility center **責任中心**

經理人負責特定作業的組織單位。

Return on investment (ROI) **投資報酬率**

營業收益相較於平均營業資產的比率。

Revenue center **收入中心**

經理人只負責銷貨收入的組織單位。

Ropes **同步**

爲控制原物料釋出的比率和限制資源的生產比率相當的行爲。

S

Safety stock **安全存量**

爲因應需求浮動所持有的額外存貨。

Sales budget **銷售預算**

說明下一期間的預期銷貨數量與銷貨金額的預算。

Sales mix variance **銷售組合變數**

個別產品的銷貨數量的變動乘上預算邊際貢獻與預算平均單位貢獻邊 際之間的差異，再將所有的產品項目加總即可求得。

Sales price variance **銷售價格變數**

實際價格和預期價格之間的差異，乘上實際銷貨數量。

Sales volume variance 銷貨數量變數

實際銷貨數量和預算銷貨數量之間的差異，乘上預算平均單位貢獻邊際。

Sales-revenue approach 銷貨收入法

成本－數量－利潤分析的一種。利用銷貨收入來衡量銷售作業。變動成本與邊際貢獻均以銷貨收入的百分比例表示。

Second-market discounting 次級市場折扣

企業擁有過剩產能，且顧客的需求彈性各有不同時，向主要市場收取較高價格（因爲需求不具彈性），而向次級市場收取較低價格（因爲需求具有彈性）。

Sell or process further 出售或再加工

強調在分離點之後是否應該繼續加工產品的相關成本分析。

Sensitivity analysis 靈敏度分析

檢視改變特定主要變數時對於原始結果之影響的假設情況分析技巧。

Serviceability 服務性

產品的維護與修理的容易程度。

Setup costs 設定成本

準備機器設備以用於生產的成本。

Seven-year assets 七年期資產

預期折舊年限爲七年的資產，舉凡設備、機器和辦公傢俱等均屬於七年期資產。

Shadow price 影子價格

每增加一單位的稀有資源，將可增加的產出金額。

Short run 短期

至少有一項成本屬於固定成本的期間。

Simplex method 簡化法

找出線性規劃問題的最適解決方案的方法之一。

Special-order decisions 特殊訂單決策

強調是否應該接受或拒絕特殊價格的訂單的決策。

Split-off point 分離點

聯產品分開爲個別產品的時間點。

Spot rate 即期匯率

立即兌換外幣的匯率。

Standard bill of materials 標準物料表

列出特定產出水準下所容許的物料種類與數量的表格。

Standard cost per unit 單位標準成本

特定物料、人工與費用標準下所應達到的單位成本。

Standard cost sheet 標準成本表

逐項列出應該分配至某項產品的直接物料、直接人工與費用成本的標準成本和標準數量的報表。

Standard hours allowed 容許的標準小時

爲生產實際產出所應使用的直接人工小時（單位人工標準×實際產出）。

Standard quantity of materials allowed 容許的物料標準數量

爲生產實際產出所應使用的物料數量（單位物料標準×實際產出）。

Static budget 靜態預算

特定作業水準下的預算。

Stock option 股票選擇權

以固定價格購買一定數量的股票的權利。

Stock-out costs 缺貨成本

因爲存貨不足而發生的成本。

Sunk cost 沉入成本

歷史成本——已經發生的成本。

T

Tactical cost analysis 戰略性成本分析

利用相關成本資料來找出可以爲組織帶來最大好處的方案。

Tactical decision making 戰略性決策

在不同的可行方案——只具有一種立即的或有限的目的——當中選擇最適方案。

Taguchi loss function 田口式損失函數

假設任何偏離品質特性的目標值之變異都會造成隱藏性品質成本的函數。

Target costing 目標成本法

根據顧客願意支付的價格，決定產品或服務的成本的方法。並請參閱 price-driven costing「價格驅動成本法」的解釋。

Tariff 關稅

中央政府針對進考商品所課徵的稅賦。

Technical efficiency 技術效率

在已知特定投入組合能夠生產特定產出的情況下，不增加任何非屬必要的投入。

Three-year assets 三年期資產

預期折舊年限為三年的資產，大多數的小型工具均屬三年期資產。

Throughput 總處理能力

組織藉由銷貨來創造金錢的比率。

Time buffer 時間緩衝機制

為使得限制資源在特定期間內能夠獲得善用所需要的存貨。

Total budget variance 總預算變數

投入的實際成本與規劃成本之間的差異。

Total (overall) sales variance 總（整體）銷售變數

銷售價格變數與銷貨數量變數的總和。

Total preventive maintenance 總預防維護

將機器機能不全的機率降為零的預防性維護計畫。

Total productive efficiency 總生產效率

達到技術效率和價格效率的點。

Total productivity measurement 總生產力衡量制度

全部投入的整體生產效率分析。

Traditional responsibility accounting 傳統責任會計制度

將責任集中在組織內的單位與個人，並利用傳統的預算和標準成本法來評估與監督績效的控制制度。

Transaction risk 交易風險

未來現金交易可能受到匯率變化影響的可能性。

Transfer price 移轉價格

商品由某一部門移轉至另一部門，所收取的價格。

Transfer pricing problem 移轉定價問題

尋找能夠同時滿足精確績效評估、目標一致性與自治等三項目標的移轉定價制度的問題。

Translation (or accounting) risk 轉換（或會計）風險

企業財務報表受到外匯浮動的影響程度。

Turnover 流動率

銷貨收入相對於平均營業資產的比率。

U

Unfavorable variance 負變數

實際投入金額大於預算或標準容許金額時，所產生的變數。

Usage variance 使用變數

標準數量與實際數量之間的差異，乘上標準價格。

V

Value-added activities 附加價值作業

爲達到企業目標，並維持企業存續所必須的作業。

Value-added costs 附加價值成本

附加價值作業所引起的成本。

Value-added standard 附加價值標準

作業的最適產出水準。

Variable budget 變動預算

參閱 flexible budget「彈性預算」的解釋。

Variable cost ratio 變動成本比率

變動成本除以銷貨收入，亦即每一塊錢的銷貨收入當中必須用以支付變動成本的比例。

Variable costing 變動成本法

僅分配變動製造成本至產品的成本方法;這些成本包括直接物料、直接人工與變動費用。固定費用則視爲當期成本，在發生的當期以費用處理。

Variable overhead efficiency variance 變動費用效率變數

使用的實際直接人工小時與容許的標準人工小時之間的差異，乘上標準變動費用比率。

Variable overhead spending variance 變動費用耗用變數

實際變動費用與用以生產實際產出的預算變動費用之間的差異。

Variable pricing policy 變動定價政策

企業銷售同一商品時，向不同的顧客收取不同的價格的定價策略。

Vendor Kanban 供應商看板

指示供應商必須遞送的物料數量以及遞送時間的卡片或海報。

W

What-if analysis 假設分析

參閱 sensitivity analysis「靈敏度分析」的解釋。

Whole-life cost 終生成本

產品的生命週期成本外加顧客發生的成本，包括操作、支援、維護與處理。

Withdrawl Kanban 取貨看板

顯示下一道製程應向前一道製程領取之數量的卡片或海報。

Y

Yield variance 收益變數

標準收益的標準物料成本與實際收益的標準物料成本之間的差異。

Z

Zero-base budgeting 零基預算制度

不將前一年度的預算水準視爲當然標準的預算方法。零基預算制度會分析現有營運狀況，視組織的需要或對組織的用途來判斷是否需要繼續使用任何作業。

Zero defects 零缺點

要求所有產品與服務均應根據規範來生產與遞送的品質績效標準。

個案研究解答

10-1	2. 損益兩平的單位數量 = 1,500組
10-2	1. 損益兩平的單位數量 = 20,000
10-3	1. 損益兩平的單位數量 = 2,500
10-4	2. 批號#190的每月虧損 = $200
10-5	價格 = $3.93
10-6	2. 單位數量 = 2,500
	3. 方案乙的稅後利潤 = $239,400
10-7	每月銷貨收入 = $2,250,000
10-8	1. 損益兩平的銷貨收入 = $636,364
	2. 損益兩平的銷貨收入 = $782,178
10-9	1. 新客戶數目 = 10,220
	2. 每一年客戶數目 = 18,000
10-10	1. 旅行用滑雪鞋 = 13,118雙
	2. 銷貨收入 = $880,000
10-11	1. a. 營業收益 = $178,750
	1. b. 營業收益 = $203,750
	2. a. 人工除草機的損益兩平銷貨收量 = 350
	2. b. 人工除草機的損益兩平銷貨收量 = 428
10-12	1. 1,100,000袋
	4. 400,000袋
10-13	C固定成本 = $6,100
10-14	2. 安全邊際 = $389,286
10-15	價格 = $230
10-16	1. 損益兩平的銷貨收入 = $165,000
	5. 新的淨利 = $17,400
10-17	2. $20,000

10-18 2. 乙公司 = $416,667
10-19 2. 銷貨收入 = $5,600,000
10-20 1. 損益兩平的銷貨數量 = 80,000
4. 銷貨收入 = $412,500
10-21 3. 安全邊際 = $300,000
10-22 2. 損益兩平的銷貨收入 = $83,333
10-23 1. 損益兩平的銷貨數量 = 119,985
6. 營業槓桿 = 5
10-24 2. 新價格 = $.45
10-25 2. $375,000
5. 損益兩平的銷貨收入 = $400,000
10-26 2. 銷貨收入 = $333,513
3. 價格增加百分之十一點六 (11.6%)
10-27 2. 甲零食的損益兩平銷貨箱數 = 9,000
10-28 2. 營業收益 = $94,000
10-29 2. 安全邊際 = $318,000
10-30 1. 比歐利亞廠的損益兩平銷貨數量 = 73,500
2. 營業收益 = $4,094,400
10-31 1. 損益兩平的銷貨收入 = $18,025
10-32 1. Bugaku的B座位 = 3,024
Nutcracker的銷貨收入 = $753,000
2. Pertoushhka的損益兩平表演場次 = 7
5. 虧損 = $135,980
10-33 2. 變動成本比率 = .67
4. 損益兩平的銷貨收入 = $606,061
10-35 1. 額外利潤 = $62,000
2. 損益兩平的銷貨數量 = 20,920
10-36 1. 玫瑰花香古龍水的損益兩平箱數 = 14,960
10-37 2. 總固定成本 = 209,475
10-38 1. 損益兩平的銷貨收入 = $180,582
2. 損益兩平的銷貨收入 = $192,916

11-3　3. 未使用作業成本 = $12,160
　　　4. (a) $600
11-4　1. 收益增加 $8,750
11-5　2. 最高價格 = $6.30
11-6　1. 相關製造成本 = $240,000
11-7　1. 收益增加 $20,900
　　　2. 收益增加 $25,900
　　　3. 收益增加 $24,100
11-8　1. 傳統成本制度下，顆粒狀花生醬的邊際 = $90,000；
　　　作業制成本制度下，顆粒狀花生醬的邊際 = $ (7,500)
　　　3. 撤銷顆粒狀花生醬將可節省 $32,500
11-9　1. $35,000
　　　2. 再加工可增加利潤 $4,000
11-10　1. 撤銷將可增加利潤 $25,000
　　　2. 應該進行廣告，因可增加收益 $2,500
11-11　1. $240,000
　　　2. 不應接受，因將產生虧損 $192,000
11-12　2. 固定比率 = $42 / 每一次測試
　　　4. 每一次測試的費用 = $77.38
　　　6. $70.71
11-13　1. 自製可節省 $50,875
11-14　2. 減少 $1,316,200
11-15　1. 外購可以節省 $10,500
　　　4. 自製具有 $29,000 的優勢
11-16　2. 增加 $1,233,000
11-17　1. $3,000,000，所以選擇外購（沒有一次性成本）
11-18　1. 撤銷與自製將可節省 $3,000 的租賃費用，比外購多節省
　　　了 $2,000

12-1　3. $ (15,000)
　　　4. 百分之六 (6%)

12-2 3. $68,500
4. 14% - 16%
12-3 1. 視力保健，$7,460（淨現值）
12-4 2. 淨現值 = $4,638
12-5 1. 現金流量 = $41,180.50
2. 投資金額 = $24,020
3. 十四年
4. 成本 = $60,350
12-6 3. 淨現值 = $1,492,000
12-7 1. 系統甲，淨現值 = $23,995；內部報酬率 = 百分之十六點五 (16.5%)
12-9 1. 淨現值 = $5,457
2. 淨現值 = $5,792
12-10 2. 淨現值 = $858
12-11 3. (a) $50,000，(d) $8,000
12-12 2. 淨現值，先進技術 = $399,600
4. 淨現值 =$190,900（傳統設備）
12-13 1. 淨現值，計畫甲 = $37,645
12-14 2. $8,850
3. $10,064
12-1 淨現值，新系統 = $ (631,624)
12-16 2. 淨現值，電腦輔助設計系統 = $1,387,259
12-17 2. 淨現值，新的自動化設備 = $20,133,000
3. 淨現值 = $13,680,000
12-18 2. 淨現值 = $3,039,662
12-20 2. 淨現值，機器人 = $708,254

13-1 3. $3,750
13-2 3. $750
13-3 2. 持有成本 = $375
13-4 2. 請購點 = 250單位

13-5 2. 總成本 = $28,000
4. 總成本 = $60,000
13-7 1. 需要時間 = 14天
3. 經濟訂購量 = 1,502；前置時間 = 7.5小時
13-11 1. 基本數量，100,000，且貢獻邊際 = $500,000
2. 總邊際 = $410,000
13-12 2. 總邊際 = $900
13-13 3. 最適邊際 = $81,840
13-14 1. 400,000單位的麥麩片
2. X=50,000， Y=300,000
13-15 3. 最適邊際 = $113,250
13-17 3. 每一天邊際增加 $7,200
13-18 4. 淨改善 = $11,200
13-19 1. 每一天的貢獻 = $5,800
4. 每一天的貢獻增加 $990

14-1 1. 價格彈性 = 1.56
14-4 2. $1,210,000
14-6 1. 第一項方案虧損 = $25,000
14-7 1. 價格數量變動 = $525,000負
14-8 2. 三年虧損@ $25價格 = $150,000
14-11 2. 價格 = $29.90
14-12 1. $2,300負
14-13 1. 產品丙的價格數量變數 = $600,000正
14-15 連鎖店的每箱成本 = $1.70

15-2 1. 單位成本 = $8
15-3 2. a. 營業收益 = $43,000
15-4 1. 第二年的銷貨成本 = $390,000
2. 第一年的銷貨成本 = $180,000
15-5 1. 營業收益 = $146,720

15-6 1. 邊際貢獻變數 = $27,000 正
3. 銷售組合變數 = $7,500 正
15-7 2. 市場規模變數 = $11,000 負
15-8 1. 總收益 = $72,250
15-9 2. 第三年收益 = $26,200
15-11 1. 淨虧損 = $350,000
15-12 1. 中西部事業部門利潤 = $50,000
15-14 1. 營業虧損 = $75,000
3. 營業收益 = $350,000
15-15 1. 第一年利潤 = $675
2. 第三年利潤 = $1,425
15-16 2. 營業收益 = $265,280
15-17 2. 第六季利潤 = $472,000
15-20 1. a. 掛鐘單位成本 = $3.60
2. 淨虧損（吸收成本法）= $177,500
3. 淨虧損 = $135,500
15-21 2. 銷售組合變數 = $362,520 正

16-1 1. 第四季的總銷貨收入 = $2,165,000
16-2 三月份的產量 = 108,000
16-3 1. 十二月份的採購數量 = 1,545,000 盎斯
2. 總直接人工成本 = $153,000
16-4 型號 W-6 的總銷售收入 = $156,000
16-5 1. 四月份的單位採購數量 = 265
16-6 五月份的現金收入 = $22,685
16-7 作業水準 = 1,100 直接人工小時
16-8 1. 總可得現金 = $55,250
16-9 1. 總費用成本 = $179,000
2. 減少百分之二十 (20%) 的總費用成本 = $153,700
16-10 3. $283,500
16-12 總費用成本 = $43,500

16-13 九月份的現金收入 = $82,233

16-14 1. 八月份的現金支出 = $29,800

1. 七月份的現金支出 = $35,933

16-15 3. 三月份的銷貨收入 = $2,700,000

4. 三月份採購編號 326 的金額 = $180,000

5. 一月份的總銷售與行政費用 = $91,000

6. 預算銷貨成本 = $5,805,620

10. 三月份的期末現金餘額 = $354,621

16-16 1. 七月份的採購金額 = $71,250

2. 八月份的期末現金餘額 = $17,420

16-18 3. 總可得現金 = $541,927

16-19 當年度淨銷貨收入 = $32,736,000

當年度銷貨成本 = $22,049,000

16-20 2. 五月份總預算成本 = $96,565

16-21 g. 製成品的單位成本 = $333.33

h. 銷貨成本 = $96,666,700

i. 第三季期末現金餘額 = $4,868,000

16-23 1. 五月份總費用 = $1,806,000

16-26 1. 營業收益 = $122,400

2. 營業收益變數 = $45,400 負

17-1 2. 總標準主要成本 = $27.95

17-3 1. 物料使用變數 = $80 負

2. 人工比率變數 = $0

17-4 1. 數量變數 = $15,000 正

2. 變動費用耗用變數 = $20,000 正

17-5 1. 預算變數 = $25,000 負

2. 耗用變數 = $5,000 負

17-6 1. 組合變數 = $20,000 負

2. 物料使用變數 = $36,000 負

17-7 1. 收益變數 = $12,500 負

	2. 人工效率變數 = $7,500 負
17-9	3. 物料使用變數 = $3,000 負
17-10	3. 數量變數 = $10,720 負
	4. 變動費用效率變數 = $22,015
17-11	1. 物料價格變數 = $37,200 正
	2. 人工比率變數 = $5,600 正
	4. 變動費用效率變數 = $10,500 負
17-12	1. 實際直接人工小時 = 60,000
	3. 12,500 單位
17-13	1. 物料使用變數 = $60,000 負
	2. 人工比率變數 = $15,750 負
	4. 數量變數 = $10,500 正
17-14	2. 物料使用變數（小型訂書機）= $200 正
	3. 人工效率變數（一般訂書機）= $5,600 負
17-15	組合變數 = $388.50 正
17-16	2. 變動費用耗用變數 = $1,000 負
	4. 人工效率變數 = $4,625 負
17-17	2. (a) 物料使用變數 = $15,000 負
	(e) 變動費用效率變數 = $4,800 負
17-18	1. 50,000 單位
	3. 總計劃人工變數 = $13,140 負
17-19	3. 每袋成本 = $0.7294

18-1	1. 一九九九年度的投資報酬率 = 百分之十六 (16%)
18-2	2. 一九九八年度的流動率 = 2.5
18-3	1. 背包的投資報酬率 = 百分之十三點四 (13.4%)
18-4	2. c. 剩餘利潤 = $607,000
18-5	1. 經濟附加價值 = $161,000
18-6	2. 資金的加權平均成本 = 百分之九點一八 (9.18%)
18-7	1. 最低價格 = $.58
18-8	2. 塑膠 = 3%

18-9 乙公司的投資報酬率 = 百分之十二點五 (12.5%)
丁公司的收入 = $19,200

18-10 丙公司的剩餘利潤 = $480

18-12 1. 單位貢獻邊際 = $5
2. b. 剩餘利潤 = $153,750

18-13 1. 認購股票價值 = $220,000

18-14 2. 投資報酬率 = 百分之一百五十 (150%)

18-15 利得 = $22,000

18-16 1. 公司的貢獻邊際 = $600,000

18-17 3. 最低移轉價格 = $64

18-18 3. 塑膠事業部門的利潤將可增加 $35,000

18-20 1. b. 威靈頓公司的獎金額度 = $50,500

18-21 2. 娛樂租賃公司的剩餘利潤 = $120,000

18-22 2. 剩餘利潤 = $48,000

19-4 2. 匯兌損失 = $1,800

19-6 以新的匯率計算，需要 $40,625

19-7 1. 英國事業部門的投資報酬率 = 百分之十一點五 (11.5%)

19-9 2. 移轉價格 = $51.50

19-13 1. 法國訂單 = 271,175 法國法郎

19-14 比較控制移轉價格 = $12.75

19-15 1. 比利時的移轉價格 = $330

19-18 2. 可接受的移轉價格 = $7.20

20-6 1. $24,000 負
2. 不具附加價值 = $192,000

20-7 1. 不具附加價值（總額） = $302,250

20-8 1. 總變動 = $113,250 負

20-10 1. 未使用產能變數（工程作業） = $25,000 正
2. 標準數量（物料） = 273,600 磅

20-11 1. 目標成本 = $250

	2. 單位不具附加價值成本 = $86.25
20-13	1. 銷貨報酬（零組件 S11）= 百分之十七點二 (17.2%)
20-14	2. 單位成本 = $5
	3. $15；製造週期效率 = 0.67
20-15	1. 0.30
20-17	3. 單位成本可能減少 $10.65
	5. 每單位可節省成本 $13.78
20-1	2. 銷貨報酬（大吉普車）= 百分之五點六 (5.6%)
20-19	1. 不具附加價值成本總額 = $4,678,000
	3. 附加價值單位成本 = $134.50
	4. 單位目標成本（一九九八年度） = $153.82
20-20	可節省的成本總額 = $2,567,000
20-21	3. 數量變數 = $120,000 負；
	未使用產能變數 = $24,000
20-22	3. 製造週期效率 = 0.83
	4. 可能節省的金額 = $16.68 / 每一單位
21-4	1. 第三年品質成本 = $1,540,000
	3. 第三年的貢獻邊際不變 = $3,763,158
21-5	2. 評估 = 百分之十八 (18%)
21-6	2. a. 總淨利得 = $87,000
21-7	2. 總長程目標成本 = $18,750
21-11	1. 損失的貢獻邊際 = $200,000 / 每一季
21-13	1. 外部機能不全成本 = $135,500
21-14	1. 損益兩平點 = $30,000,000
	3. 新的變動成本比率 = .484
21-15	1. 一月份的評估成本 = $27,500
	2. 內部機能不全變數 = $3,000 負
21-16	1. 一九九八年度外部機能不全成本 = 百分之三十六點一三 (36.13%)
	2. 評估作業變數 = $305,000